U0416337

国家“十二五”规划重点图书

中国地质调查局
青藏高原1:25万区域地质调查成果系列

中华人民共和国

区域地质调查报告

比例尺 1:250 000

阿拉克湖幅

(I47C001001)

项目名称： 1:25万阿拉克湖幅区域地质调查

项目编号： 1999130000402l

项目负责： 王国灿 贾春兴

报告编写： 王国灿 朱云海 林启祥 向树元

（中国地质大学·武汉）

贾春兴 王青海 安守文 朱耀生 邓中林

（青海省地质调查院）

编写单位： 中国地质大学(武汉)地质调查研究院

单位负责： 周爱国(院长)

张克信(总工程师)

内 容 提 要

本书以岩石地层单位为基础，合理地建立了测区地层系统，对部分地层进行了多重地层划分与对比，按照构造混杂岩地层系统和有序地层系统分别阐述了各地层单元的特点及时代依据。以岩性和年代学资料为基础，建立了测区各种侵入岩填图单元，对区内大量分布的花岗岩类建立了侵入岩等级体制，鉴别出一些具异源岩浆演化特点的侵入体，讨论了岩浆岩的构造环境。对测区主要变质岩系的基本特点、变质温压条件、变质相系、变质相带进行了归纳。以新全球构造理论为指导，突出主构造旋回，以地层、岩石、构造及其时空配置关系为基础，合理划分了测区5个一级构造单元，对各构造单元的地质涵义作了明确的界定。建立了测区构造变形事件与变形序列，提出了测区构造演化模式，反演了测区地质构造发展历程，对东昆仑地区中生代古成山作用进行了探索，恢复了巴颜喀拉山群经历的构造-热历史。对阿拉克湖湖积地层及风成沙进行了较详细的阐述，并对测区第四纪气候演化特征进行了探讨，特别是总结了近4.5ka以来测区暖冷期变化规律，为高原隆升的环境响应提供了新的资料。对测区主要山系第四纪以来成山作用过程进行了讨论，提出了未来黄河将加快溯源侵蚀，并将袭夺柴达木盆地内陆水系的见解。

本书内容翔实，资料丰富，文图并茂，全面系统地反映了测区的地质构造特征。

图书在版编目(CIP)数据

中华人民共和国区域地质调查报告·阿拉克湖幅(I47C001001)：比例尺1∶250 000/王国灿，朱云海等著.
——武汉：中国地质大学出版社，2014.11

ISBN 978-7-5625-3399-3

Ⅰ.①中…
Ⅱ.①王… ②朱…
Ⅲ.①区域地质调查-调查报告-中国②湖泊-地质调查-调查报告-都兰县
Ⅳ.①P562

中国版本图书馆CIP数据核字(2014)第118398号

中华人民共和国区域地质调查报告
阿拉克湖幅(I47C001001)　比例尺1∶250 000　　　　王国灿　朱云海　等著

责任编辑：胡珞兰　刘桂涛　　　　责任校对：戴　莹

出版发行：中国地质大学出版社(武汉市洪山区鲁磨路388号)　　　　邮政编码：430074
电　　话：(027)67883511　　传　　真：67883580　　E-mail：cbb@cug.edu.cn
经　　销：全国新华书店　　　　http：//www.cugp.cug.edu.cn

开本：880mm×1 230mm 1/16　　　　字数：520千字　印张：16.125　附图：1
版次：2014年11月第1版　　　　印次：2014年11月第1次印刷
印刷：武汉市籍缘印刷厂　　　　印数：1—1 500册

ISBN 978-7-5625-3399-3　　　　定价：480.00元

前　言

青藏高原包括西藏自治区、青海省及新疆维吾尔自治区南部、甘肃省南部、四川省西部和云南省西北部，面积达 260 万 km^2，是我国藏民族聚居地区，平均海拔 4 500m 以上，被誉为地球第三极。青藏高原是全球最年轻、最高的高原，记录着地球演化最新历史，是研究岩石圈形成演化过程和动力学的理想区域，是“打开地球动力学大门的金钥匙”。

青藏高原蕴藏着丰富的矿产资源，是我国重要的战略资源后备基地。青藏高原是地球表面的一道天然屏障，影响着中国乃至全球的气候变化。青藏高原也是我国主要大江大河和一些重要国际河流的发源地，孕育着中华民族的繁生和发展。开展青藏高原地质调查与研究，对于推动地球科学研究、保障我国资源战略储备、促进边疆经济发展、维护民族团结、巩固国防建设具有非常重要的现实意义和深远的历史意义。

1999 年国家启动了“新一轮国土资源大调查”专项，按照温家宝总理“新一轮国土资源大调查要围绕填补和更新一批基础地质图件”的指示精神。中国地质调查局组织开展了青藏高原空白区 1∶25 万区域地质调查攻坚战，历时 6 年多，投入 3 亿多元，调集来自全国 25 个省(自治区)地质调查院、研究所、大专院校等单位组成的精干区域地质调查队伍，每年有近千名地质工作者，奋战在世界屋脊，徒步遍及雪域高原，实测完成了全部空白区 158 万 km^2 共 112 个图幅的区域地质调查工作，实现了我国陆域中比例尺区域地质调查的全面覆盖，在中国地质工作历史上树立了新的丰碑。

青海 1∶25 万阿拉克湖幅(I47C001001)区域地质调查工作，开始于 1999 年 12 月，2000 年元月完成项目初步设计并报送中国地质调查局，通过 2000 年 5—9 月份的野外踏勘和试填图，于 9 月底完成了设计书的编写及设计图的修编，11 月份通过了由中国地质调查局组织的项目设计审查，并获得优秀成绩。根据设计审查意见，于 12 月上旬完成设计书的修改并报送中国地质调查局区调处和中国地质调查局西北项目办公室进行认定。与北京市三联计算机技术公司开展有关测区遥感图像处理工作，以 1∶10 万 TM 图像为基础进行了全面的 TM 图像解译，编制了 1∶25 万 TM 图像解译图，在野外对解译的 TM 图像进行了实地验证。购置了航空遥感图片，在野外工作的基础上，室内结合野外资料对 TM 图像和航片图像进行了进一步的遥感解译工作。2000 年 5 月 14 日至 9 月 11 日、2001 年 5 月 20 日至 9 月 1 日及 2002 年 6 月 15 日至 6 月 25 日进行了野外地质调查。2002 年 7 月 20 日至 8 月 4 日由西安地质矿产研究所组织的专家组对项目进行了野外验收，野外质量被评定为优秀级(90.6 分)。2003 年 4 月 14 日—19 日中国地质调查局在成都组织对本项目成果进行了终审，被评定为优秀(91 分)。

本书(报告)的编写分工如下：前言、第一章、第二章由王国灿执笔；第二章由林启祥、王青海、邓中林执笔；第三章由朱云海、朱耀生执笔；第四章由王青海执笔；第五章第一、二、四、五节由王国灿执笔，第三节由向树元执笔；第五章第三节和第六章由王国灿、向树元执笔；结束语由王国灿、朱云海等执笔。作者编稿原图、实际材料图、地质图由王国灿、贾春兴、向树元、朱云海等编绘。除了本报告的编写人员外，参加本图幅野外和室内工作的还有王发明、马昌前、Wintsch P R、吴燕玲、陈启国、雷裕红、佘振兵、双燕、宣闯、杨奎峰、郑泉峰、王岸和郑磊磊等。

本报告孢粉处理和鉴定由中国地质大学(武汉)俞建新老师完成,放射虫化石鉴定由中国地质大学(武汉)冯庆来教授完成,介形虫处理与鉴定由中国地质大学(武汉)周修高教授完成。杨逢清教授、王治平教授、黄其胜教授帮助进行了部分古生物大化石的鉴定。常规锆石U-Pb同位素测试,Sm、Nd和Rb、Sr同位素测试由宜昌中国地质调查局同位素地球化学开放研究试验室完成,锆石U-Pb SHRIMP年龄测定在中国地质科学研究院高精度离子探针实验室完成。常规化学全分析、稀土元素分析和微量元素分析由湖北省地质矿产局试验测试中心完成。光释光年龄由中国科学院西安黄土与第四纪地质研究室和国家地震局地质研究所光释光测年实验室测试,^{14}C年龄由青岛海洋地质研究所海洋地质测试中心测试,$\delta^{18}O$、$\delta^{13}C$同位素由中国地质大学(武汉)测试中心同位素室测试。裂变径迹年龄分析在美国Union College地质系裂变径迹实验室完成。部分砂岩成分统计分析在美国Indiana University地质系完成。遥感图像的处理和初步解译由北京航空遥感中心完成。地质图计算机制图和空间数据库建库由甘肃省第三地质矿产勘查源鑫隆图形图像公司完成。在此报告完成之际,特向以上为本项目完成付出辛勤劳动的单位和个人表示真诚的谢意。

本项目是由中国地质大学(武汉)和青海省地质调查院合作共同完成的,本项目成果是合作双方精诚团结合作的体现。在项目运行过程中得到了双方领导的积极支持和关怀,中国地质大学(武汉)校党委书记张锦高教授曾率团亲赴高原第一线对项目组进行慰问。中国地质调查局、西安地质矿产研究所有关领导和专家也对本项目予以了大力支持和关怀。格尔木工作总站为本项目的顺利实施提供了强大的安全保障。在此一并致以衷心感谢!

为了充分发挥青藏高原1∶25万区域地质调查成果的作用,全面向社会提供使用,中国地质调查局组织开展了青藏高原1∶25万地质图的公开出版工作,由中国地质调查局成都地质调查中心组织承担图幅调查工作的相关单位共同完成。出版编辑工作得到了国家测绘局孔金辉、翟义青及陈克强、王保良等一批专家的指导和帮助,在此表示诚挚的谢意。

鉴于本次区调成果出版工作时间紧、参加单位较多、项目组织协调任务重以及工作经验和水平所限,成果出版中可能存在不足与疏漏之处,敬请读者批评指正。

“青藏高原1∶25万区调成果总结”项目组

2011年

目 录

第一章 绪 言

第一节 目标与任务

“青海省1∶25万阿拉克湖幅(I47C001001)区域地质调查”项目是中国地质调查局于1999年10月以中地调函[1999]50号“关于发送一九九九年度第二批国土资源大调查地质调查项目任务书的函”正式委托给中国地质大学(武汉)负责、青海省地质调查院参加共同完成的地质调查项目。根据任务书要求,本项目目标任务是:通过填图①研究构造运动与黄河的形成发展及未来黄河发展趋势;②研究高原隆升的环境效应及环境演化史;③晚新生代以来地球表层各圈层耦合及整体演化研究;④对造山带特别是其中混杂岩带的组成与精细结构,及混杂岩带中构造岩片的就位方式与构造过程、造山带理论和方法进行研究;⑤对主要矿产资源,特别是成矿地质背景进行调查;⑥研究晚新生代以来地貌发展史和隆升构造变形史等。2000年下发的项目任务书对填图作了进一步明确要求,即要求本项目按照1∶25万区域地质调查技术要求及其他有关规范、指南,应用遥感等新技术手段,以区域构造调查与研究为先导,合理划分测区构造单元,对测区进行全面的区域地质调查,同时将上述6个方面的研究内容作为专题研究内容。2001年11月10日—14日,中国地质调查局西北地区项目管理办公室组织对项目进行了设计审查,将研究专题整合为两个:①造山带混杂岩带研究,主要研究造山带特别是其中混杂岩带的组成与精细结构及混杂岩带中构造岩片的就位方式和构造过程,探讨造山带理论和研究方法;②晚新生代以来黄河源地区地壳隆升演化过程以及对环境变化的影响。

项目起止时间为1999年12月至2002年12月。

第二节 位置、交通和自然地理概况

阿拉克湖幅(I47C001001)位于青海省东昆仑山系中部,隶属青海省海西蒙古族藏族自治州都兰县、玉树藏族自治州曲麻莱县及果洛藏族自治州玛多县所管辖。地理坐标:E96°00′—97°30′,N35°00′—36°00′,图区总面积15 120km^2(图1-1)。国道109线(青藏公路诺木洪段)距测区北部约40km,沿诺木洪河有汽车便道可达测区。国道214线(青康公路玛多段)距测区东南角约60km,沿黄河北有汽车便道可达测区。区内交通极为不便,除东南部两湖北部地区、中部灭格滩根柯得—阿拉克湖、北部哈拉郭勒—八宝滩及南部麻多乡一带可季节性通车以外,大部分地区车辆难以抵达,特别是布尔汗布达山主脊及马尔争山腹地沟谷纵横、石流遍布,南部青南高平原区沼泽、融冻泥流发育,通行困难,只能以骆驼、马匹、牦牛为交通工具;马尔争山主脊一带冰雪常年覆盖,难以逾越。

测区北起柴达木盆地南缘,南抵扎陵湖、鄂陵湖高原盆地。北部布尔汗布达山脉,呈近东西向横亘测区;中部马尔争山脉,呈北西西向东与布青山连为一体,属强起伏极高山区。山势陡峻,峰谷相间,基岩裸露,寒冻风化强烈,石流发育。马尔争山以南为黄河源丘状山盆地区,沼泽、高原草甸、融冻泥流发育。测区最高点布尔汗布达山主峰海拔5 536m,最低点柴达木盆地南缘海拔约3 000m,相对高差大于2 000m,平均海拔在4 100m以上。位于测区中南部的扎日加-扎加-查安西里客布气山脉为北部柴达木内陆水系系统和南部黄河外泄水系系统的分水岭。北部内陆水系系统又以马尔争山脉和布尔汗布达山的草木策-赫拉赫那仁山脉为分水岭分 3 个次一级水系，东部由西向东流的红水川向东流入加鲁河，属于加鲁河水系；西部由东向西流的扎加曲向西流入舒尔干河，属于格尔木河水系；北部为由南向北流的小河流，如诺木洪郭勒、波洛斯太、哈图等，属于小河流水系。

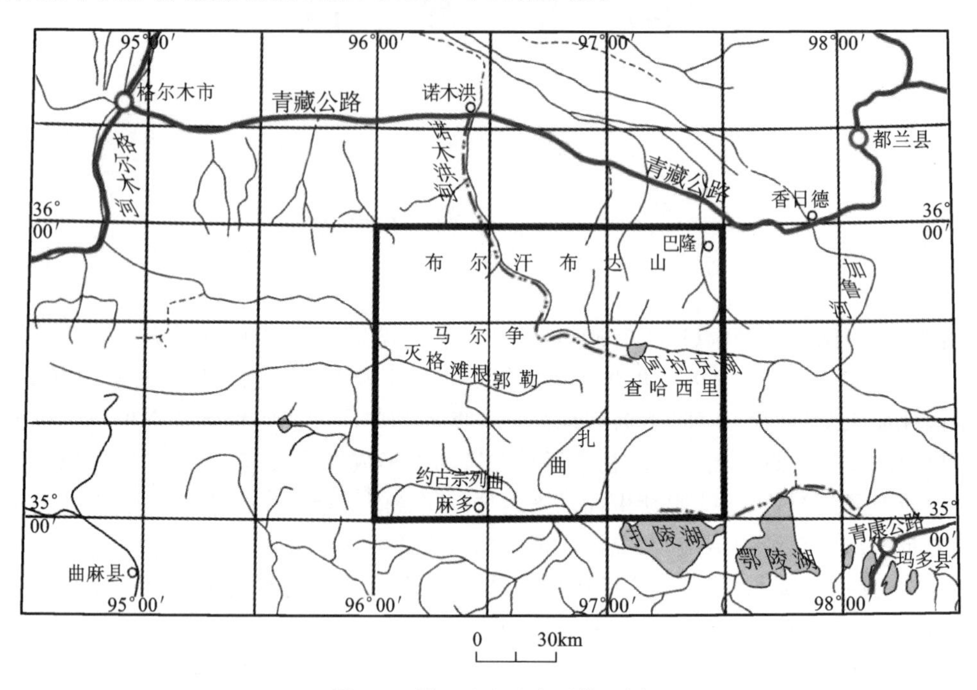

图 1-1　测区地理及交通位置图

该区地处中纬度高海拔山区，属典型高原大陆性气候，以低温干燥、冰冻期长、无霜期短、温差大，四季不明为特征。每年 6—9 月气温略高，气候凉湿，多雨雪及冰雹；10 月至翌年 5 月气温低，干冷多风，最大风力可达 9 级，最冷的 1 月平均气温为－26 ℃。气候垂直分带较明显，海拔 4 500m 以上地区为常年冰冻霜雪天气。测区年平均气温在－2～－5℃，最高温度 25℃。

区内植被不发育，多为草本植物，沿山间沟谷地带分布，其中八宝滩-阿拉克湖及麻多-两湖地区较为集中，为主要牧草(场)，诺木洪郭勒中游沿河地带有沙柳等灌木，西侧沟坡地带偶见柏树等乔木稀疏生长。海拔 4 500m 以上多为岩石裸露或常年积雪区，寸草不生。野生动物主要有狼、岩羊、黄羊、羚羊、野驴、雪鸡、石鸡、高原蝮蛇及鹰类等。

第三节　地质调查及研究程度

区内地质调查始于新中国成立以后，其主要的地质工作及其成果见表 1-1、图 1-2。

表 1-1　测区研究程度一览表

序号	工作性质	工作时间(年)	工作单位	主要成果
1	基础地质调查	1965—1967	青海省区域地质调查队	玉树 1∶100 万地质图、矿产图及报告
2		1970—1973	青海省区域地质调查队	Ⅰ-47-[Ⅱ]阿拉克湖幅 1∶20 万地质、矿产报告及相应图件
3		1975	国家地震局航磁大队 902 队	对青海中南地区进行 1∶50 万航空磁力测量，著有《青海中南地区航空磁力测量成果报告》

续表 1-1

序号	工作性质	工作时间(年)	工作单位	主要成果
4	区域地质调查	1978—1980	青海省区域地质调查队	I-47-[I]德勒斯特幅 1:20 万地质、矿产报告及相应图件
5		1990—1992	青海省区域地质调查队	I-47-[7]麻多幅、I-47-[8]扎陵湖幅 1:20 万地质、矿产报告及相关图件
6		1991	青海第一地质勘查大队	对 I-47-[7]麻多幅进行了 1:20 万简易水文地质调查和 1:50 万工程地质调查
7		1996—1998	青海地质调查院	I-47-[I]埃坑德勒斯特幅 1:20 万区域重力报告及图件
8		1998	青海地质调查院	I-47-[7]麻多幅、I-47-[8]扎陵湖幅 1:20 万区域化探报告及图件
9		1988	青海水文队	I-47-[8](扎陵湖幅) 1:20 万水文地质调查报告及相关图件
10		1993—1994	青海省区域地质调查队	完成本测区 N35°40′—36°00′、E96°—97°范围内的 1:5万遥感区域地质调查(联测)工作，著有地质、矿产报告及相关图件
11		1996—1999	中国地质大学(武汉)	在东邻幅冬给措纳湖幅(I47C001002)1:25 万填图方法研究中运用非斯密斯地层方法、构造岩片填图法、大地构造相理论、非威尔逊旋回理论进行了有益探讨，发表了一系列论文，出版了课题报告、专题报告、地质图及系列专著
12	矿产地质调查	1957—1958	青海石油普查大队	对八宝山煤矿进行了地表检查工作
13		1958	青海省区域地质调查队	对大场金矿初步进行了普查
14		1969—1970	青海地质局第八地质队	对埃坑德勒斯特矿化点做过 1:10 万普查找矿工作，提交储量报告
15		1986—1987	青海地质四队	对扎陵湖北、布青山南龙拉加过以东地区进行了砂金普查，编写了《青海省玛多县扎陵湖北砂金初查总结》
16		1997—1999	青海地质四队	对大场金矿进行了普查，提交了《青海省曲麻莱县大场岩金普查报告》
17		2000—2003	青海省地质调查院	在昆仑山口—大场—玛多地区进行铜、金矿产资源普查评价；在驼路沟—布青山进行铜、金矿产资源普查评价；在大干沟—小庙—托克安进行铜、金矿产资源普查评价
18	专题研究	1978	青海黄河考查组	对鄂陵湖及以西进行了综合考查，著有《黄河源考查文集》一书
19		1978—1980	青海省地质矿产研究所和南京地质古生物研究所	著有《青海省布尔汗布达山南坡石炭纪、三叠纪地层和古生物》
20		1980—1982	地质矿产部青藏高原地质调查大队	著有《昆仑开合构造》
21		1987—1989	青海省地质矿产研究所	著有《青海省东昆仑东段南坡变火山岩系的基本特征及其含矿性的研究》及有关图件
22		1990—1991	青海省区域地质调查队	著有《遥感技术在青海省东昆仑—西秦岭地区解译地质构造及几种主要矿产中的应用》
23		1991—1995	地质矿产部、国家科委国际合作司及法国宇宙科研院	进行了"东昆仑及邻区岩石圈缩短机制"项目研究
24		1990—1992	青海省区域地质调查队	著有《青海省东昆仑山缝合带及基底构造对比研究》
25		1991—1993	青海省区域地质调查队	在测区北部及邻区进行科研工作，著有《青海省东昆仑山北坡中—酸性侵入岩及成矿作用研究》
26		1993	潘保田等	著有《黄河上游发育历史初步研究》
27		1991—1996	青海省地质矿产局	著有《青海省岩石地层序列及多重对比划分研究》
28		1994	周尚哲等	著有《黄河源区更新世冰盖初步研究》
29		1996	李吉均等	著有《晚新生代黄河上游地貌演化与青藏高原隆起》

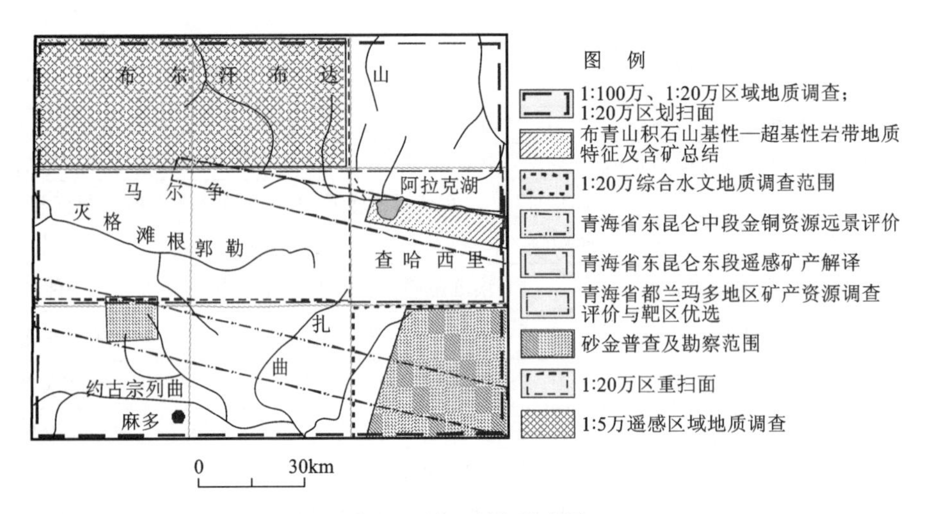

图 1-2　测区研究程度图

一、基础地质研究

1. 各种比例尺填图

(1) 1∶100 万区域地质调查完成于 1965—1967 年，涉及测区的路线仅数条，对测区的地层序列及地质构造格架提出了一些初步认识，限于工作精度，各类地质体控制极低。

(2) 涉及测区的 1∶20 万区域地质调查包括埃坑德勒斯特幅(面积 6 679.45km^2)、阿拉克湖幅西半幅(面积 3 339.7km^2)、麻多幅北半幅和扎陵湖幅西北角四分之一幅(后两个图幅为联测图幅，面积 5 191km^2)。这些图幅资料及调查成果为本次 1∶25 区域地质调查奠定了重要基础。

(3) 涉及图幅北部所进行的 8 幅 1∶5万遥感区域地质调查由青海省区域地质调查综合地质大队于 1993—1994 年完成，总面积为 3 341.8km^2，该 8 幅联测图幅采用遥感解译与野外地质调查验证相结合的方法，对涉及地区岩石地层单位、花岗岩谱系单位进行了地质填图，建立了有关沉积岩区的岩石地层格架及花岗岩等级体制，其成果和原始资料是本次调查的重要基础资料之一。

2. 其他专题研究

东昆仑地区的专题研究重点集中在图区中北部地区；图区东部邻幅冬给措纳湖幅(I47C001002)开展了 1∶25 万填图试点，西邻青藏公路沿线进行了格尔木-亚东地学断面研究；全省性的《青海省区域地质志》《青海省岩石地层》《1∶50 万青海省地质图》对图区的一些重要地质问题进行了分析总结。

东部邻幅 1∶25 万冬给措纳湖幅为我国新一轮 1∶25 万造山带填图试点图幅。该图幅填图工作于 1996 年开始，对造山带组成、结构、演化、高原隆升等方面作了调查研究，这些成果对本测区的地质调查有重要的指导和借鉴作用。

二、矿产地质研究

总体研究程度较低，建国初期主要对测区的煤矿及砂金矿产进行了初步的地表检查和普查工作。在 1∶20 万区调、1∶5万遥感地质调查工作中，对一些铁、铜、金矿化线索进行了必要的地表检查，取得了初步的认识。1∶20 万区域化探工作截至目前为止已覆盖全区，圈出了一批 Au、Cu、W、Mo、As、Sb、Hg 异常。依据区域地质特征、矿产的分布及物化遥异常的特点，对东昆仑地区进行了成矿区划及成矿远景预测工作，初步在区内圈定了一些 Au、Cu－Au 成矿远景区。近年来，围绕一些成矿远景区及矿化异常区开展了铜、金矿产普查工作。这些资料是本次工作中矿产地质背景分析的重要基础资料。

三、环境地质调查研究

除1∶20万区域地质调查有所涉及外，主要在图幅南部的黄河源地区进行过多次考察工作，其考察历史可以追溯到先秦，对黄河源区的自然地理、历史地理、地名作了概略考察。20世纪70年代以后，中国科学院地理研究所及青海省等有关单位对黄河源区进行卫片植被解译，绘制了植被类型图，对源区的地貌、断裂及生物等作了考察。20世纪90年代，黄河源地貌及环境变迁研究受到重视，有关专题研究涉及测区南部。

第四节　队伍组织、总体工作部署及完成的实物工作量

一、队伍组织

本项目由中国地质大学(武汉)与青海省地质调查院协作共同完成。项目承担单位为中国地质大学(武汉)，由中国地质大学(武汉)地质调查研究院直接领导，参加单位为青海省地质调查院。

人员结构充分体现了生产、科研和教学三结合，实行合作双方单位联合组队，技术队伍由合作双方单位派出，组成一支学科齐全、队伍精干和年龄结构合理的调研队伍，基本技术人员12人，参与部分工作的其他技术人员4人，研究生4人，本科生9人。

另外，在项目执行过程中，积极引入国际合作，美国印第安纳大学地质系Wintsch P R教授于2001年参加了为期一个月的野外地质调查。项目的部分测试通过合作形式在美国Indiana University、Union College和Plattsburgh State University of New York等的实验室完成。

主要技术人员组织分工如下：

项目负责：王国灿(教授)、贾春兴(高级工程师)

总工程师：朱云海(副教授)

技术负责：向树元(副教授)、邓中林(高级工程师)

地层组：林启祥(副教授)、邓中林(高级工程师)

岩矿组：朱云海(副教授)、朱耀生(工程师)、王青海(工程师)、拜永山(工程师)

构造组：王国灿(教授)、向树元(副教授)

第四纪地质组：向树元(副教授)、王国灿(教授)

矿产组：安守文(高级工程师)、贾春兴(高级工程师)

二、工作部署

本课题依据中国地质调查局《区域地质调查总则》《1∶250 000区域地质调查技术要求(暂行)》、中国地质大学地质调查研究院质量监控的具体要求和阿拉克湖幅1∶25万区调填图设计书进行工作部署。工作部署中贯彻地质调查与科学研究紧密结合、遥感先行和重点突破的原则，在收集分析前人资料的基础上，依据测区地质复杂程度、基础地质研究程度和存在的重大基础地质问题，科学、合理地部署填图路线，打破点线密度，不平均使用工作量。实施重点填图、重点研究、重点投入的综合研究性填图计划，运用多学科结合和多方法技术手段配用的综合填图方法，以解决测区区域重大基础地质问题为目的，获取了重大地质成果。

三、完成的实物工作量

野外总工作天数为 236 天，设立基站 17 站，对测区的地质体进行了全面的实测剖面研究和路线地质调查。根据项目要求进行了系列样品分析测试，测试项目绝大部分超额完成设计数量，同时根据任务需要和测区具体情况，对原设计方案进行了适当调整，增加了部分测试项目，删减了少部分测试项目和数量。总体工作量达到并相当大部分超额完成设计要求（表 1-2）。

表 1-2　阿拉克湖幅（I47C001001）实物工作量一览表

序号	工作项目	设计工作量	完成工作量
1	TM 遥感图像处理及解译	1∶10 万 TM 图像 9 张 1∶25 万 TM 图像 1 张	完成
	航空遥感图像的解译	全套	对部分解译标志清晰的图片进行路线地质解译验证
2	野外地质调查总面积	15 120km^2	完成
3	野外地质调查路线总长	3 000km	3 060km
4	地质点		1 337 个
5	利用已有 1∶20 万和 1∶5地质路线	2 000km	完成
6	野外实测地质剖面	30 条，总长约 200km	45 条，计 203km
7	野外草测地质剖面	约 50km	4km
8	重点解剖区及重点走廊	5 个，3 000 km^2	完成
9	主干路线	50 条约 500km	完成
10	浅井	20m	2.6m
11	槽探	100m^3	190m^3
12	采集各类岩石标本	3 000 块	4 103 块
13	岩石薄片切片及鉴定	1 600 片	1 620 片
14	构造定向薄片切片及鉴定	100 片	70 片
15	化石薄片	140 片	145 片
16	微古分析样	350 件	408 件，其中孢粉样 380 件，牙形石样 15 件，放射虫样 13 件
17	大化石鉴定	200 块	210 块
18	粒度分析样	50 件	28 件
19	分子化石样	25 件	17 件
20	电子探针分析	300 点	243 点
21	常量元素分析	150 件	183 件
22	微量元素分析	150 件	183 件
23	稀土元素分析	150 件	183 件
24	包体分析	30 件	6 件
25	电镜扫描照相	200 张	43 张
26	热释光年龄、光释光年龄、ESR	30 件	30 件
27	^{14}C 定年	10 件	4 件
28	古地磁	200 件	488 件

续表 1-2

序号	工作项目		设计工作量	完成工作量
29	Sm－Nd、Rb－Sr、U－Pb、Ar－Ar、K－Ar、FT 等同位素定年	颗粒锆石 U－Pb 年龄	约 150 件	24 件 52 点
		颗粒锆石 Pb－Pb 年龄		4 件
		颗粒锆石 U－Pb SHRIMP 年龄		7 件，113 点
		Sm－Nd 同位素测年		3 组 19 件
		裂变径迹测年		24 件
		Ar－Ar		4 件
30	碳氧稳定同位素分析		40 件	239 件
31	Cu、Au 化学分析样		60 件	Au:46;Cu:41;Pb:17;Zn:17;Ag:17;Fe:1(件)
32	Nd、Sr、Pb 同位素示踪		40 件	38 件
33	人工重砂		10 件	5 件
34	$CaCO_3$		未设计	29 件
35	矿物成分统计样品		未设计	42 件
36	土壤样		未设计	5 件

第二章 地 层

第一节 测区地层系统划分

测区地层出露比较齐全，包括东昆北单元的变质基底岩系、东昆中和东昆南构造混杂岩带中的构造混杂岩系、马尔争-布青山构造混杂岩带和巴颜喀拉构造单元中的阿尼玛卿混杂岩以及其他成层有序的晚古生代—第四纪的浅变质—未变质的沉积或火山-沉积地层。通过剖面测制，将测区基岩地层填图单位（正式的和非正式的）划分如表 2-1。

第二节 前寒武纪变质岩系

测区内前寒武纪变质岩系以东昆中构造混杂岩带南界为界，以北地区出露古元古代白沙河岩群（Pt_1B）和中元古代小庙岩群（Pt_2X），以南为古中元古代苦海杂岩（$Pt_{1-2}K$）。

一、白沙河岩群（Pt_1B）

分布于测区西北拉忍地区，测区东北莫托妥、扎哈那仁、瑙木浑那仁一带，该岩群多被侵入体蚕食成分散的小片或孤岛状，与相邻地层皆为断层接触。

（一）岩石组合

白沙河岩群（Pt_1B）以大套的片麻岩、大理岩为主，有较多的混合岩及少量的片岩。拉忍地区的主要岩性有含橄榄石（透辉石）大理岩、含石榴石黑云二长片麻岩、黑色斜长角闪岩及黑（二）云斜长片麻岩，夹长英质变晶糜棱岩、花岗质片麻岩和少量含矽线石二云石英构造片岩、角闪黑云斜长石英片岩。哈图地区岩性以二（黑）云二长片麻质初糜棱岩为主，兼有黑云钾长片麻岩、黑云斜长片麻质初糜棱岩、角闪黑云斜长片麻岩，偶见黑云斜长角闪岩。

（二）剖面描述

1. 西北部达哇切北实测剖面（AP45）（图 2-1）

上覆地层：沱沱河组（Et^1）：红色砂岩

═══════ 断 层 ═══════

白沙河岩群（Pt_1B）	**>1 284.22m**
38. 灰白色大理岩质变晶糜棱岩	43.62m
37. 浅灰色黑云斜长角闪岩	20.25m
36. 灰色长英质糜棱岩（原岩可能为黑云二长花岗岩）	3.23m
35. 浅灰色长英质糜棱岩	73.81m

表 2-1 测区地层系统及填图单元划分一览表

年代地层			构造单元					构造演化阶段	
界	系	统	巴颜喀拉 三叠纪浊积盆地	马尔争-布青山 晚古生代构造混杂岩带	东昆南 早古生代构造混杂岩带	东昆中 早古生代构造混杂岩带	东昆北 古老基底单元		
Cz	Q		Qp^{1l-ld}、Qp^{1al}、Qp^{1l}、Qp^{1l-al}、Qp^{1pal}、Qp_2^{pal}、Qp_2^{gl}、Qp_2^{gfl}、Qp^{2-3l}、Qp_3^{pal}、Qp_3^{gl}、Qp^3-Qh^l、Qh^{pal}、Qh^{fl}、Qh^l、Qh^f、Qh^{eol}					高原隆升阶段	
	N		曲果组(Nq):杂色含砾砂岩、砂岩夹粉砂岩、泥岩						
			五道梁组(Nw):下部石膏层及膏溶角砾岩						
	E		沱沱河组(Et):上段(Et^3):紫红色泥岩、粉砂质泥岩 中段(Et^2):砂岩、含砾砂岩至粉砂岩、泥岩的多旋回韵律层 下段(Et^1):中下部砾岩夹砂岩,上部紫红色泥岩夹石膏层						
Mz	J	J_1			羊曲组(J_1y):上段(J_1y^2)为砂砾岩 下段(J_1y^1):砂页岩			陆内调整阶段	
	T	T_3	巴颜喀拉山群(TB): 五组(TB_5):砂板岩互层 四组(TB_4):砂岩夹板岩 三组(TB_3):砂板岩互层 二组(TB_2):砂岩夹板岩 一组(TB_1):砂板岩互层		八宝山组(T_3b): 上段(T_3b^2):砂页岩含煤 下段(T_3b^1):砂砾岩 鄂拉山组(T_3e): 火山岩、火山碎屑岩夹碎屑岩			多旋回洋陆转换阶段	
		T_2			闹仓坚组(T_2n): 上段(T_2n^3):灰岩、灰质砾岩 中段(T_2n^2):碎屑岩夹火山岩 下段(T_2n^1):薄层灰岩、核形石灰岩				晚海西—印支旋回
		T_1			洪水川组($T_{1-2}h$) 上段($T_{1-2}h^2$):灰绿色砂岩、粉砂岩 下段($T_{1-2}h^1$):紫红色砾岩、砂砾岩				
Pz_2	P	P_3		格曲组(P_3g):下部砾岩、砂岩夹灰岩,上部礁灰岩					
		P_2		马尔争组(Pm):碳酸盐岩组合(Pm^{Ca}); 超镁铁岩组合(Pm^{Σ});碎屑岩组合(Pm^d) 中基性火山岩组合($Pm^{\alpha\beta}$) 玄武岩组合(Pm^{β})					
		P_1		树维门科组($P_{1-2}sh$):礁灰岩	浩特洛哇组[$(C—P)h$]: 灰岩与砂岩互层				海西旋回
	C	C_2							
		C_1		哈拉郭勒组(C_1h):下部碎屑岩,中部灰岩,上部碎屑岩夹灰岩及少量火山岩					
	D						牦牛山组(Dm): 复成分砾岩夹 变质砂岩、板岩		
Pz_1	S				纳赤台群[$(O—S)N$]:变碎屑岩组合[$(O—S)N^d$];玄武岩组合[$(O—S)N^{\beta}$]; 变火山碎屑岩组合[$(O—S)N^v$];超镁铁岩组合[$(O—S)N^{\Sigma}$] 中基性火山熔岩组合[$(O—S)N^{\alpha\beta}$];碳酸盐岩组合[$(O—S)N^{Ca}$]				加里东旋回
	O								
Pt_2					苦海杂岩($Pt_{1-2}K$): 各种片麻岩、片岩	狼牙山组(Pt_2l):硅质条带白云岩、灰岩夹硅质岩、板岩		基底形成阶段	
						小庙岩群(Pt_2X):石英岩、石英片岩、变粒岩及大理岩			
Pt_1						白沙河岩群(Pt_1B):片麻岩、斜长角闪岩及大理岩			

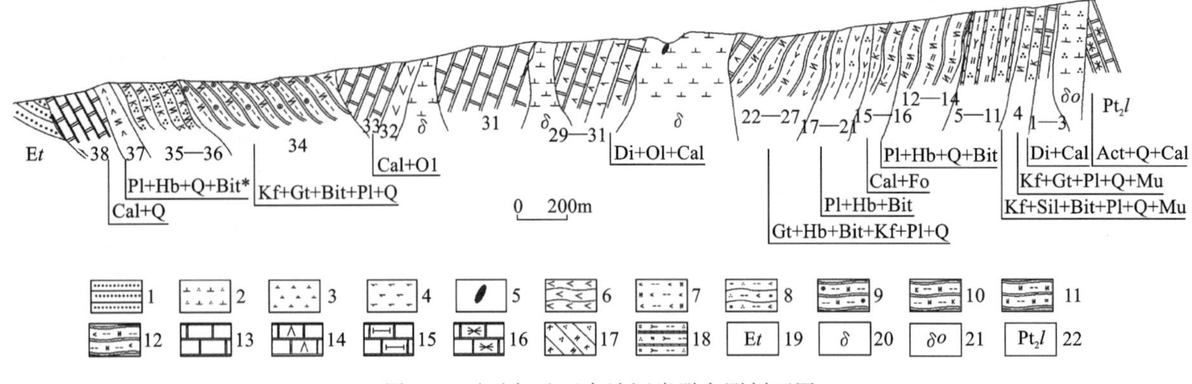

图 2-1　达哇切地区白沙河岩群实测剖面图

1. 砂岩；2. 石英闪长岩；3. 闪长岩；4. 单辉辉石岩；5. 变橄榄苏长岩包体；6. 角闪岩；7. 黑云斜长角闪岩；8. 角闪二云石英片岩；9. 含石榴石黑云斜长片麻岩；10. 黑云二长片麻岩；11. 黑云斜长片麻岩；12. 角闪黑云斜长片麻岩；13. 大理岩；14. 橄榄石大理岩；15. 透辉石大理岩；16. 阳起石化硅质条带大理岩；17. 长英质糜棱岩；18. 含矽线石二云石英构造片岩；19. 古近纪沱沱河组；20. 闪长岩体侵入单元；21. 石英闪长岩侵入单元；22. 中元古代狼牙山组

34. 灰色含石榴石黑云二长片麻岩　156.19m

33. 灰色条带状、糖粒状含橄榄石大理岩　158.40m

32. 灰黑色角闪片岩，夹有大理岩　27.10m

——————— 侵入接触 ———————

深灰色闪长岩侵入

——————— 侵入接触 ———————

31. 浅灰色糖粒状含橄榄石大理岩，穿插闪长岩、钾长花岗岩等岩脉　100.17m

30. 深灰色单斜辉石岩，穿插较多不规则状闪长岩脉

29. 浅灰色糖粒状含橄榄石大理岩，有灰色闪长岩侵入　1.57m

28. 灰黑色变橄榄苏长岩，为灰色闪长岩中的包体，有灰色闪长岩侵入

——————— 侵入接触 ———————

27. 深灰色绿帘斜长角闪岩，有灰色闪长岩侵入　2.62m

26. 灰色大理岩　1.05m

25. 深灰色黑云斜长角闪岩　24.94m

24. 浅灰色混合岩　18.82m

23. 灰色黑云角闪斜长片麻岩夹灰色二云角闪片岩　63.83m

22. 浅灰色含石榴石角闪黑云二长片麻岩　1.92m

21. 灰色角闪二云石英片岩　47.00m

20. 浅灰色弱钾质混合岩化黑云斜长片麻岩　44.44m

19. 浅灰色眼球状长英质变晶糜棱岩　6.79m

18. 深灰—灰黑色透闪石化、阳起石化含斜长透辉石岩

17. 深灰色含黑云斜长角闪岩　2.09m

16. 灰色弱钾化黑云斜长片麻岩　10.80m

15. 灰白色含橄榄石大理岩　1.57m

14. 浅灰色眼球状角闪黑云斜长石英片岩　1.57m

13. 浅灰色眼球状黑云二长花岗质片麻岩　64.21m

12. 灰色糜棱岩化含二云斜长片麻岩　172.38m

11. 浅灰色浅粒岩　9.26m

10. 浅灰白色眼球状花岗质片麻岩　14.06m

9. 灰色含金云母硅灰石透辉石岩　1.10m

---

* Pl. 斜长石；Hb. 角闪石；Q. 石英；Cal. 方解石；Kf. 钾长石；Gt. 石榴石；Ol. 橄榄石；Fo. 镁橄榄石；Di. 透辉石；Act. 阳起石；Mu. 白云母；Sil. 矽线石；Cor. 刚玉；Ad. 红柱石；Ser. 绢云母；Chl. 绿泥石；Ep. 绿帘石；Bit. 黑云母；Dm. 金刚石；Tl. 透闪石；Phl. 金云母。

8. 灰白色花岗质片麻岩　1.46m
7. 深灰色含矽线石二云石英构造片岩　50.91m
6. 浅粒岩质糜棱岩　15.41m
5. 深灰色糜棱岩化(含)二云二长片麻岩　58.90m
4. 灰色长英质糜棱岩　49.28m
3. 灰色条带状大理岩　1.57m
2. 灰绿色英安质变晶糜棱岩　4.56m
1. 灰色含透辉石大理岩　30.91m

———— 侵入接触 ————

灰绿色绿泥石化石英闪长岩侵入

2. 哈图沟实测剖面(AP1 剖面)(图 2-2)

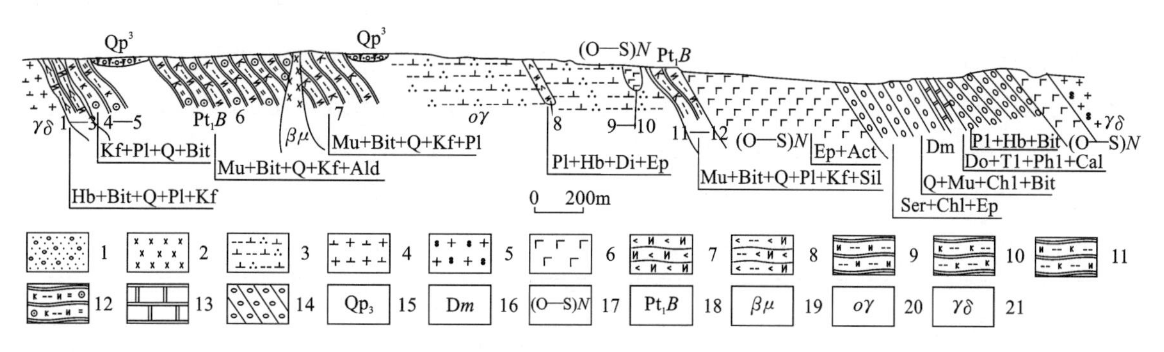

图 2-2　哈图沟中游白沙河岩群实测剖面图

1. 第四系洪冲积物；2. 辉绿岩；3. 英云闪长岩；4. 花岗闪长岩；5. 片麻状花岗闪长岩；6. 玄武岩；7. 斜长角闪片岩；8. 黑云斜长角闪片岩；9. 黑云斜长片麻岩；10. 黑云钾长片麻岩；11. 黑云斜长片麻岩；12. 含石榴石黑云二长片麻岩；13. 大理岩；14. 强变形砾岩；15. 第四系洪冲积阶地；16. 泥盆系牦牛山组；17. 早古生代纳赤台群；18. 古元古代白沙河岩群；19. 辉绿岩脉；20. 英云闪长岩侵入单元；21. 花岗闪长岩侵入单元

上覆地层：纳赤台群[(O—S)*N*]　灰绿色变玄武岩

════ 韧性断层 ════

白沙河岩群(Pt₁*B*)　**>818.47m**

12. 黑云斜长片麻质初糜棱岩　47.94m
11. 灰白色黑云钾长片麻岩　29.95m

———— 侵入接触 ————

灰白色英云闪长岩侵入，岩体内有黑云斜长片麻质糜棱岩的捕虏体
灰黑色石英闪长岩侵入，发育辉绿岩脉、英云闪长岩脉

———— 侵入接触 ————

纳赤台群[(O—S)*N*]

10. 灰黑色辉长岩
9. 灰黑色玄武岩

———— 侵入接触 ————

灰白色英云闪长岩侵入，见较多闪长岩、斜长角闪岩和片麻岩的包体
灰黑色细粒石英闪长岩侵入
灰白色英云闪长岩侵入，发育闪长质包体、细粒闪长岩残留体，第四系覆盖

———— 侵入接触 ————

8. 灰黑色糜棱岩化条带状透辉绿帘斜长角闪岩，是石英闪长岩体中的残留体

———— 侵入接触 ————

灰白色英云闪长岩侵入，发育石英闪长岩脉、橄榄辉绿岩脉

———— 侵入接触 ————

白沙河岩群(Pt_1B)

7. 灰白色黑云二长片麻质初糜棱岩,发育辉绿岩脉 200.26m
6. 灰白色(含石榴石)二云二长片麻质初糜棱岩,发育辉绿岩脉、闪长玢岩脉 376.36m
5. 灰黑色黑云二长片麻质初糜棱岩 83.27m
4. 灰白色糜棱岩化眼球状黑云钾长片麻岩 18.56m
3. 灰白色糜棱岩化黑云二长片麻岩,有糜棱岩化花岗闪长岩脉侵入 9.10m
2. 灰黑色角闪黑云斜长片麻岩 46.63m
1. 含黑云斜长角闪岩 6.34m

——————— 侵入接触 ———————

灰白色花岗闪长岩侵入

(三) 原岩恢复

白沙河岩群(Pt_1B)岩石组合中夹有较多大理岩,可推测原岩有浅海相物质建造。岩石组合中其他岩性经历了较深层次的变质、变形,原岩结构、构造荡然无存。通过岩石地球化学图解恢复原岩(成分分析数据见第四章表4-1、表4-2)表明,白沙河岩群中片麻岩多投在砂岩、杂砂岩区,斜长角闪岩投在火山岩和杂砂岩区,由此,白沙河岩群的原岩建造以灰岩和杂砂岩为主夹中基性火山岩-火山碎屑岩(表2-2)。

表2-2 白沙河岩群变质岩原岩恢复结果一览表

序号	岩石名称	原岩恢复结果				
		(al+fm)-(c+alk)图解	(al−alk)-c图解	La/Yb-TR图解	(Al+Fe+Ti)-(Ca+Mg)图解	综合判断
1	糜棱岩化含二云母二长片麻岩	火成岩	杂砂岩			杂砂岩受到混合岩化
2	花岗质片麻岩	火成岩	杂砂岩	杂砂岩		杂砂岩受到混合岩化
3	糜棱岩化含二云母斜长片麻岩	杂砂岩	杂砂岩	粘土岩		杂砂岩
4	糜棱岩化含二云母斜长片麻岩	杂砂岩	杂砂岩	粘土岩		杂砂岩
5	深灰色含黑云母斜长片麻岩	火成岩	火成岩	火成岩	火成岩	侵入岩
6	灰色二云角闪片岩	火成岩	火成岩	杂砂岩	变质的白云质杂砂岩	火山凝灰岩
7	角闪斜长片麻岩	火成岩	火成岩		变质的白云质杂砂岩	火山凝灰岩
8	斜长角闪岩	火成岩	火成岩		变质的白云质杂砂岩	火山凝灰岩
9	黑云斜长角闪片岩	火成岩	火成岩		火成岩	火山岩
10	透辉角闪岩		火成岩		白云岩	火成岩
11	含透辉石黑云斜长片麻岩	杂砂岩	杂砂岩			杂砂岩
12	黑云条痕状片麻岩	杂砂岩	杂砂岩			杂砂岩
13	斜长黑云石英片岩			杂砂岩		杂砂岩

(四) 区域对比与地层时代讨论

测区内白沙河岩群(Pt_1B)相当于前人所划金水口岩群中白沙河岩组,由于构造破坏、岩体侵入,出露极不完整。

本次工作在巴隆哈图沟小庙岩群采集了两件变质碎屑岩样品(片麻岩)进行锆石U-Pb SHRIMP年龄分析,获得一组25亿~24亿年的较老的群组年龄,并有28亿~26亿年的年龄散布,个别碎屑锆石达32亿年,另外一组约10亿年的群组年龄为小庙岩群的变质年龄。东邻1∶25万冬给措纳湖幅在上覆的小庙岩群中也获得变质石英砂岩碎屑锆石Pb-Pb年龄为21亿~19亿年,侵入其中的古侵入体锆石年龄为10亿年左右。推断中元古代变质碎屑岩地层中的碎屑锆石主要来自于白沙河岩群,因此,白沙河岩群地质时代主要应为古元古代,并可能跨入到太古宙。另外,前人在测区北部金水口地区混合花岗岩中获得1 990Ma的Rb－Sr全岩等时年龄值，考虑到Rb－Sr年龄因受热事件干扰，原岩年龄应大于该年龄值，从而也从另一侧面证明了白沙河岩群的地质时代至少为老于1 990Ma的古元古代，并可能跨入到太古宙。

二、小庙岩群（Pt_2X）

小庙岩群（Pt_2X）分布于东昆中构造混杂岩带南界以北地区，主要位于测区东北部，集中分布在两个条带中，其一为哈图沟下游、波洛斯太沟下游和瑙木浑沟口的近东西向条带，被岩体侵蚀，与南侧早古生代地层之间为韧性断层接触；其二为布尔汗布达山主脊的乌拉斯太沟脑—瑙木浑渴特里—赫拉特那仁一线的北西向条带，以断片形式出现。

（一）岩石组合

小庙岩群（Pt_2X）以变粒岩、片岩为主，夹少量的构造片麻岩和大理岩。具体岩性为哈图和波洛斯太一带以二云更长变粒岩、二（黑）云（长石）石英片岩和透辉石大理岩、透辉石变粒岩为主，夹黑云母片岩及少量的片麻岩、混合岩。布尔汗布达山主脊一带岩性组合复杂，有云母石英片岩、斜长角闪片岩、大理岩、条带（痕）状混合岩化黑云斜长片麻岩等。

（二）剖面描述

1. 哈图沟小庙岩群实测剖面（AP5）（图2-3）

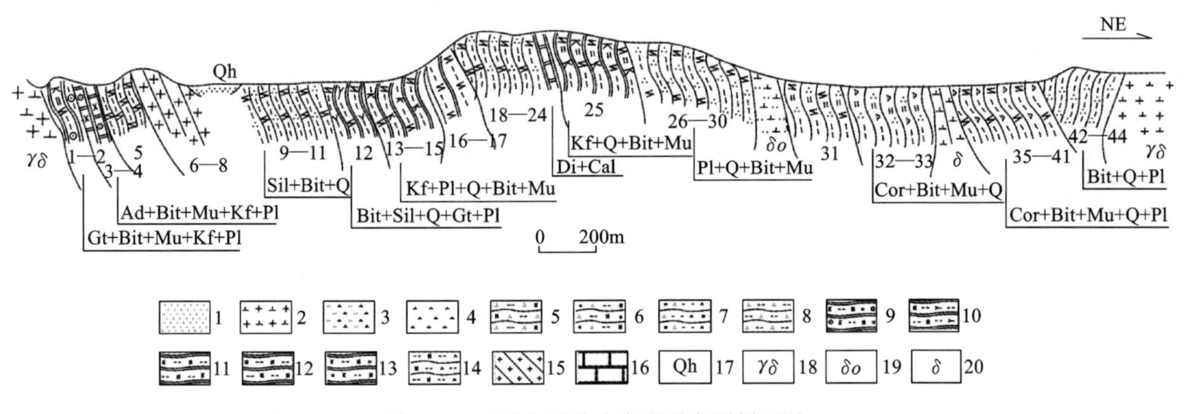

图2-3 哈图沟下游小庙岩群实测剖面图

1.粉砂、细砂；2.花岗闪长岩；3.石英闪长岩；4.闪长岩；5.斜长黑云石英片岩；6.斜长二云石英片岩；7.二云石英片岩；8.黑云石英片岩；9.含石榴石二云二长片麻岩；10.矽线黑云斜长片麻岩；11.黑云二长片麻岩；12.黑云斜长片麻岩；13.二云二长片麻岩；14.堇青黑云斜长变粒岩；15.花岗质糜棱岩；16.大理岩；17.全新世风成砂；18.花岗闪长岩；19.英云闪长岩；20.闪长岩

小庙岩群（Pt_2X）	＞1 894.1m
44. 灰色黑云更长变粒岩	57.19m
43. 灰色含黑云母石英岩	52.41m
42. 深灰色黑云更长变粒岩，有浅灰色二长花岗岩侵入	10.11m
41. 深灰色黑云长石石英岩	19.28m
40. 灰色长石黑云石英片岩	0.56m
39. 深灰色黑云更长变粒岩	39.55m
38. 灰色长石二云石英片岩	2.30m
37. 灰色黑云更长变粒岩夹灰色长石二云石英片岩，发育闪长质糜棱岩脉	14.90m
36. 深灰色含堇青石黑云斜长片麻岩	41.16m
35. 灰色二云更长变粒岩	39.40m

34. 灰色闪长质糜棱岩 1.29m
33. 灰色长石二云石英片岩 8.65m
32. 灰色长石二云石英片岩夹灰色长石黑云石英片岩及灰色堇青石二云母片岩 38.57m
31. 深灰色堇青长石二云母片岩夹深灰色堇青石二云母片岩和长石黑云石英片岩 191.75m

——————— 侵入接触 ———————

灰色似斑状英云闪长岩侵入

——————— 侵入接触 ———————

30. 深灰色长石二云片岩 67.14m
29. 深灰色长石黑云石英片岩 32.77m
28. 灰色长石二云片岩 84.58m
27. 深灰绿色含透辉石角闪岩 18.87m
26. 深灰色长石黑云石英片岩，有深灰绿色含透辉石角闪石岩侵入 94.10m
25. 深灰色二云二长片麻岩 109.45m
24. 灰白色糜棱岩化透辉石大理岩，有浅灰色闪长质糜棱岩侵入 0.52m
23. 灰色黑云斜长正片麻岩 1.57m
22. 灰白色透辉石大理岩 2.18m
21. 深灰色黑云斜长片麻岩 2.53m
20. 深灰色长石黑云片岩 69.05m
19. 灰白色透辉石大理岩 1.05m
18. 灰色黑云斜长片麻岩夹长石黑云石英片岩，有似斑状石英闪长岩脉侵入 65.20m
17. 灰绿色透辉(斜长)变粒岩夹长石黑云石英片岩及黑云斜长片麻岩，有浅灰色碎裂岩化二长花岗岩脉侵入 40.35m

——————— 侵入接触 ———————

16. 浅灰色糜棱岩化黑云斜长片麻岩 14.69m
15. 灰色二云二长片麻岩夹淡绿色透辉变粒岩及长石黑云片岩，发育片麻状花岗闪长岩脉 53.03m
14. 浅灰色透辉变粒岩夹矽线长石黑云片岩 9.80m
13. 灰色黑云斜长片麻岩夹长石黑云片岩 12.30m

——————— 侵入接触 ———————

深灰色闪长岩脉侵入

——————— 侵入接触 ———————

12. 灰色矽线黑云斜长片麻质初糜棱岩 138.48m
11. 深灰色长石黑云片岩 65.30m
10. 灰黑色钠长阳起片岩 1.22m
9. 灰白色透辉石大理岩，有灰白色碎裂岩化伟晶岩脉侵入 4.58m
8. 灰黑色糜棱岩化长石黑云石英片岩 35.16m
7. 灰色花岗质糜棱岩 31.78m
6. 灰白色长英质条带状混合质黑云斜长片麻岩 66.45m
5. 灰黑色云英岩化长石黑云片岩，夹浅灰色混合岩 90.48m

——————— 侵入接触 ———————

浅灰色二长花岗岩侵入

——————— 侵入接触 ———————

4. 灰黑色红柱石黑云片岩 21.53m
3. 灰白色透辉石榴矽卡岩 12.17m
2. 浅灰色石榴二云二长片麻岩 27.66m
1. 灰色长石黑云石英片岩 2.99m

——————— 侵入接触 ———————

浅灰色片麻状花岗闪长岩侵入

（三）原岩恢复

小庙岩群的岩石组合中含有透辉石变粒岩、透辉石大理岩，绢英岩（应为变粒岩）残留有变余粒序韵律层构造，均反映其原岩为浅海相沉积岩，再结合岩石化学、稀土元素和微量元素特征分析结果，通过原岩恢复图解进行原岩恢复。混合岩（片麻岩）、片岩、绢英岩（变粒岩）投点于杂砂岩和长石砂岩分布区（表 2-3）。因此，小庙岩群原岩为杂砂岩、泥质岩夹不纯泥砂质灰岩，偶见不纯的石英岩夹层的岩石组合，属浅海陆缘碎屑岩建造。

表 2-3　小庙岩群变质岩原岩恢复结果一览表

序号	岩石名称	原岩恢复结果					
		(al+fm)-(c+alk)图解	(al−alk)-c 图解	La/Yb-TR 图解	AF 图解	$lg(Na_2O/K_2O)$-$lg(SiO_2/Al_2O_3)$图解	综合判断
1	深灰色长石黑云石英片岩	杂砂岩	杂砂岩	杂砂岩	杂砂岩	长石砂岩	杂砂岩
2	深灰色长石黑云石英片岩	杂砂岩	杂砂岩	杂砂岩	杂砂岩	岩屑砂岩	杂砂岩
3	深灰色黑云条痕状混合岩	杂砂岩	杂砂岩	杂砂岩	杂砂岩	杂砂岩	杂砂岩
4	浅灰绿色绢英岩	砂岩	杂砂岩	杂砂岩	长石砂岩	长石砂岩	长石砂岩

（四）区域对比与地层时代讨论

测区内小庙岩群（Pt_2X）相当于前人所划金水口岩群中的小庙组，与前人界定的小庙组岩性较为一致，但石英岩的数量较少。可能是构造破坏、岩体侵蚀导致出露不完整所致。

在测区哈图沟采集了 3 件同位素年龄样品，其中一件绢英岩样品采用锆石 Pb-Pb 法同位素测年获得年龄（975±45）Ma，另外两件片麻岩样品用离子探针对其锆石进行 U-Pb 同位素年龄测定，两件样品的结果较一致，变质锆石或继承锆石重结晶环带形成的年龄为（1 097±30）Ma、（969±32）Ma（见第四章），说明小庙岩群在晋宁期发生过强烈的变质作用，而继承锆石或变质锆石的内核年龄多集中在（2 444±35）Ma 附近，代表了小庙岩群锆石源区的成岩年龄或变质事件年龄。因此，小庙岩群（Pt_2X）沉积年龄应在 2 400～1 100Ma 之间。结合区域资料，含蓟县纪叠层石的狼牙山组覆于小庙岩群之上，由此推断其地层时代为中元古代早期。

三、苦海杂岩（$Pt_{1-2}K$）

苦海杂岩（$Pt_{1-2}K$）主要分布于东昆南构造混杂岩带，见于可可晒尔、哈拉郭勒沟北侧、桑根乌拉和草木策等地，呈分散的片状，多被侵入体围绕，与早古生代纳赤台群、早石炭世哈拉郭勒组等地层呈断层接触，少量以断片形式见于马尔争-布青山构造混杂岩带的塔温查安。

（一）岩石组合

可可晒尔沟中岩性以眼球状黑云母（角闪石）钾（二）长正片麻岩、糜棱岩化含石榴石黑云斜长变粒岩、含矽线石石榴黑云斜长片麻岩及条带状含石榴石黑云斜长混合质初糜棱岩为主，夹斜长角闪岩及大理岩透镜体。哈拉郭勒北侧一带，岩性以灰绿色眼球状黑云母（角闪石）钾（二）长正片麻岩为主，夹少量糜棱岩化黑云斜长片麻岩和浅粒岩。肯得乌拉、桑根乌拉一带，以灰色条痕（带）状黑云斜长片麻岩为主。草木策东北有眼球状片麻岩、黑云变粒岩、黑云石英片岩夹大理岩及斜长角闪岩。塔温查安附近以斜长角闪片岩为主。总之，苦海杂岩岩石组合复杂，变形和混合岩化作用较强。

（二）剖面描述

1. 埃里斯特苦海杂岩($Pt_{1-2}K$)实测剖面(AP44剖面)(图2-4)

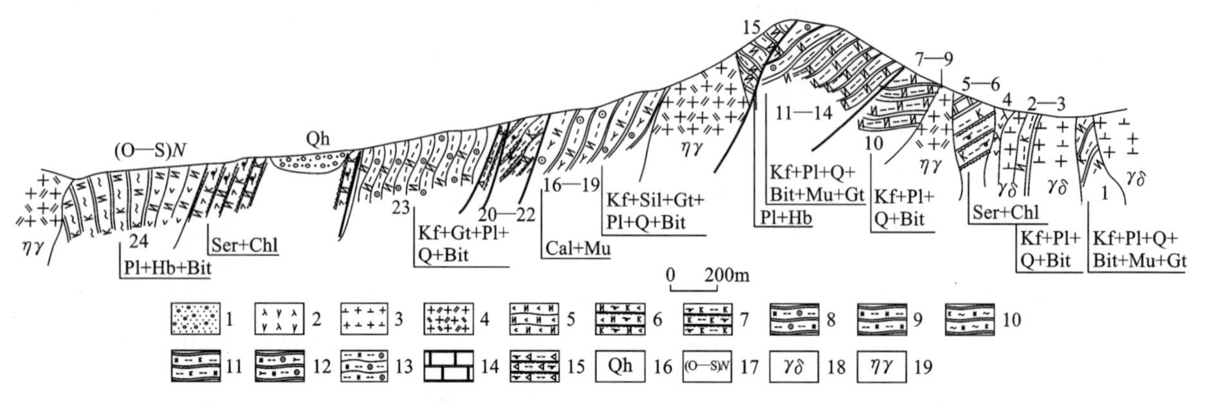

图2-4　埃里斯特苦海杂岩实测剖面图

1.第四系洪冲积物；2.安山玢岩；3.花岗闪长岩；4.二长花岗岩；5.斜长角闪岩；6.眼球状二长正片麻岩；7.眼球状黑云钾长正片麻岩；8.含石榴石黑云斜长片麻岩；9.黑云斜长片麻岩；10.绿泥二长片麻岩；11.黑云二长片麻岩；12.矽线石榴黑云斜长片麻岩；13.含石榴石黑云斜长变粒岩；14.大理岩；15.碎裂岩化眼球状正片麻岩；16.全新世洪冲积扇；17.奥陶纪—志留纪纳赤台群；18.花岗闪长岩侵入体单元；19.(眼球状)二长花岗岩侵入体单元

上覆地层：纳赤台群[(O—S)N]

24. 深灰绿色眼球状绿泥二长片麻岩夹墨绿色斜长角闪片岩及墨绿色糜棱岩化眼球状绿泥钾长片麻岩(被二长花岗岩破坏，出露不全)

═══════ 韧性断层 ═══════

灰绿色弱糜棱岩化眼球状(黑云)角闪二长正片麻岩

═══════ 断　　层 ═══════

苦海杂岩($Pt_{1-2}K$)	**>1 045.52m**
23. 浅灰色糜棱岩化含石榴石斜长变粒岩，发育灰白色含石榴石微晶二长花岗岩脉	193.76m

═══════ 断　　层 ═══════

灰色眼球状黑云二长正片麻岩

═══════ 断　　层 ═══════

22. 灰红色条带状黑云斜长片麻岩	8.79m
21. 灰绿色糜棱岩化含石榴石黑云斜长片麻岩	4.45m

═══════ 韧性断层 ═══════

灰红色糜棱岩化眼球状黑云二长(正)片麻岩

═══════ 韧性断层 ═══════

20. 灰黑色斜长角闪岩透镜体	9.49m

═══════ 韧性断层 ═══════

灰红色眼球状黑云二长(正)片麻岩

═══════ 韧性断层 ═══════

19. 灰色糜棱岩化黑云斜长片麻岩	31.77m
18. 灰白色片状白云母大理岩	1.94m
17. 灰色含矽线石石榴黑云斜长片麻岩	11.32m
16. 灰色弱糜棱岩化含石榴石黑云斜长片麻岩	88.94m

——————— 侵入接触 ———————

灰色细粒花岗闪长岩侵入

——————— 侵入接触 ———————

15. 灰色糜棱岩化黑云斜长片麻岩 149.62m
14. 灰色、灰绿色绿泥石化(角闪)黑云斜长片麻岩夹灰黑色斜长角闪岩透镜体 25.93m
13. 灰色含石榴石黑云斜长片麻岩 117.20m
12. 深灰色二云斜长片麻岩 98.76m

══════ 韧性断层 ══════

灰红色糜棱岩化眼球状钾长(正)片麻岩

══════ 韧性断层 ══════

11. 深灰绿色糜棱岩化黑云二长片麻岩夹深灰绿色黑云斜长片麻岩 9.55m
10. 灰色细粒含石榴石黑云斜长片麻岩 51.51m

—————— 侵入接触 ——————

肉红色钾长花岗岩侵入
灰红色细粒二长花岗岩

—————— 侵入接触 ——————

9. 灰色细粒黑云斜长片麻岩 100.78m
8. 灰白色大理岩 6.75m
7. 灰色黑云斜长片麻岩 31.97m

══════ 韧性断层 ══════

灰红色眼球状黑云钾长(正)片麻岩

══════ 韧性断层 ══════

6. 灰绿色角闪石岩 5.30m
5. 暗绿色阳起石岩 50.50m

—————— 侵入接触 ——————

4. 灰色斑状花岗闪长岩,花岗闪长岩中有深灰色蚀变球粒辉长岩的包体

—————— 侵入接触 ——————

3. 灰色细粒黑云斜长片麻岩,为花岗闪长岩中的包体 0.70m
2. 为灰色条带状辉石斜长石岩、灰色黑云二长片麻岩和灰绿色角闪石岩的包体,赋存于灰色蚀变细粒花岗闪长岩中 21.76m

—————— 侵入接触 ——————

灰色蚀变细粒花岗闪长岩

—————— 侵入接触 ——————

1. 浅绿灰色(含石榴石)黑云二长片麻岩,发育辉绿岩脉 24.73m

—————— 侵入接触 ——————

灰色细粒黑云母花岗闪长岩侵入

2. 哈拉郭勒苦海杂岩($Pt_{1-2}K$)实测剖面(图 2-5)

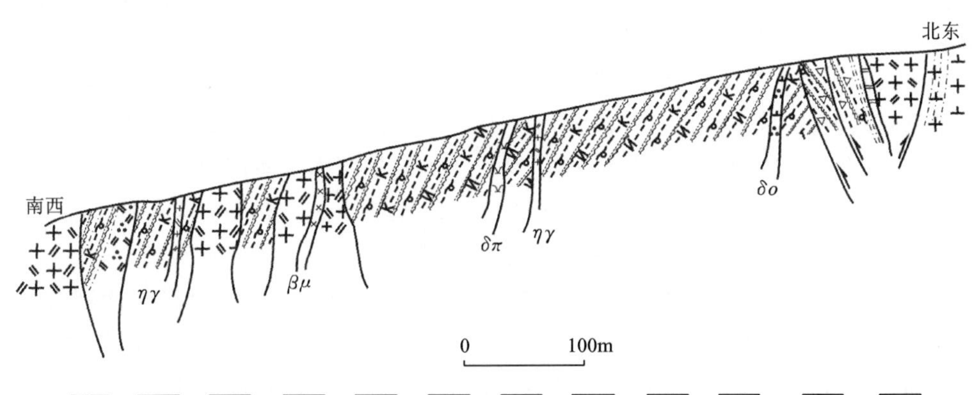

图 2-5 哈拉郭勒苦海杂岩($Pt_{1-2}K$)实测剖面图(AP 19)

1. 花岗闪长岩;2. 二长花岗岩;3. 石英二长岩;4. 眼球状钾长正片麻岩;5. 眼球状二长正片麻岩;6. 构造角砾岩;7. 石英闪长岩脉;8. 二长花岗岩脉;9. 辉绿岩脉;10. 英安斑岩脉;11. 逆断层;12. 韧性剪切带

苦海杂岩($Pt_{1-2}K$)

1. 灰绿色眼球状黑云二长(构造)正片麻岩(被灰绿色片麻状含石英二长岩破坏),发育灰色流纹岩脉
2. 灰绿色眼球状黑云钾长正片麻岩,发育流纹斑岩脉、辉绿岩脉和二长花岗岩脉

——————— 侵入接触 ———————

灰绿色片麻状混染中粗粒二长花岗岩、似斑状石英二长闪长岩和似斑状二长花岗岩侵入

——————— 侵入接触 ———————

3. 灰绿色眼球状黑云钾长正片麻岩,灰红色糜棱岩化斑状二长花岗岩脉侵入

——————— 侵入接触 ———————

灰红色似斑状二长花岗岩侵入,有灰色细粒二长花岗岩脉侵入,发育辉绿岩脉

——————— 侵入接触 ———————

4. 灰绿色眼球状黑云二长正片麻岩,发育安山玢岩脉及流纹斑岩脉
5. 灰绿色眼球状黑云钾长正片麻岩,发育灰绿色英安岩脉

——————— 侵入接触 ———————

灰色细粒二长花岗岩侵入

——————— 侵入接触 ———————

6. 灰绿色角闪钾长正片麻岩
7. 灰绿色眼球状黑云钾长(构造)正片麻岩,有灰绿色蚀变含石英闪长玢岩脉侵入
8. 灰绿色眼球状黑云斜长正片麻岩,有灰色花岗质初糜棱岩脉侵入
9. 灰绿色钙质绢云绿泥石片岩夹大理岩,呈透镜状产出

——————— 侵入接触 ———————

灰色碎裂片麻状斑状二长花岗岩侵入

(三) 原岩恢复

苦海杂岩($Pt_{1-2}K$)经历了较深层次的变质、变形,通过岩石化学、地球化学特征恢复原岩。眼球状片麻岩皆投于火成岩区。片麻岩在不同的图解中投出的结果差别较大,推测原岩主要为碎屑岩,后期经历了强烈的混合岩化作用。结合岩性中夹有大理岩和斜长角闪岩透镜体,苦海杂岩原岩主要为碎屑岩夹较少中—基性火山岩和碳酸盐岩,发育中酸性变质侵入体,说明曾发生过强烈的混合岩化作用。

(四) 区域对比及时代讨论

1961 年原北京地质学院昆仑山区测队将东昆仑山苦海一带的中高级变质岩系命名为苦海群,1997 年青海省地质矿产局在《青海省岩石地层》一书中认为,苦海群宏观岩性特征及组合方式与金水口(岩)群基本一致而将其归入金水口(岩)群,但是近几年随着 1∶25 万区调工作在东昆仑地区展开后,对该套高级变质岩系重新认识,发现它与金水口岩群无论是岩石组合还是在变质、变形历史方面都具有明显的差别。因此,本图幅沿用中国地质大学在 1∶25 万冬给措纳湖幅工作中使用的苦海杂岩的划分方案。

图幅北部可可晒尔沟苦海杂岩变粒岩中获得 Pb－Pb 年龄(706±17)Ma,应为晋宁期变质年龄。青海区域调查队(1993)在南木塘幅 1∶5万区调中获得基性岩墙群全岩 Sm－Nd 年龄(2 213±17.48)Ma。青海区域调查队(1999)在 1∶25 万兴海幅该套杂岩中获得一系列年龄值:角闪斜长片麻岩中获得锆石 U－Pb年龄(2 330±50)Ma 的上交点年龄和(746.8±6.1)Ma 的下交点年龄,角闪斜长片麻岩中得到角闪石 Ar－Ar 热谱年龄(957.64±1.609)Ma,含斜长角闪片岩角闪石 Ar－Ar 高温坪年龄(750.1±17.5)Ma,同时在扎那合热地区超基性岩中获得 Sm－Nd 年龄 1 440Ma。中国地质大学在 1∶25 万冬给措纳湖幅的二长变粒岩中获得锆石 U－Pb 年龄(1 644±46)Ma 的上交点年龄。上述年龄值反映苦海杂岩包含了地质年代跨度很大,岩石类型复杂的多时代、多成因的地质实体。因此,我们将苦海杂岩形成时代划归于古元古代—中元古代。

第三节　构造混杂岩地层

测区构造混杂岩地层分布广泛，褶皱、断裂等构造变形、片理化、劈理化和变质作用均很强烈，地层单元之间及地层单元内部的不同岩石组合之间基本上都是构造边界，或为断裂带，或为片理化带。测区的混杂岩地层主要分布于东昆中早古生代构造混杂岩带、东昆南早古生代构造混杂岩带及马尔争-布青山晚古生代构造混杂岩带，在巴颜喀拉山构造带中也有一些构造混杂岩系呈断块形式夹持于巴颜喀拉山群之中。东昆中和东昆南构造混杂岩带中的混杂岩地层主体为奥陶纪—志留纪纳赤台群[(O—S)*N*]，马尔争-布青山晚古生代构造混杂岩带和在巴颜喀拉构造带中的混杂岩地层主要为早中二叠世马尔争组(P*m*)，马尔争-布青山晚古生代构造混杂岩带中尚有少量早石炭世哈拉郭勒组和古中元古代苦海杂岩卷入混杂岩系中。混杂岩地层现在的叠置现状并不代表其沉积时的新老上下关系，即使一个地层单元内部也可能是不同时代的地质体混杂而成，这些地质体不仅是沉积地层，还可能是火山岩地层，老的变质岩地层或侵入岩地质体。

一、奥陶纪—志留纪纳赤台群[(O—S)*N*)]

纳赤台群由青海省地质局石油普查大队(632 队)1962 年创建"纳赤台系"一名演变而来。1997 年，青海省地质矿产局在《青海省岩石地层》一书中定义为一套中级变质的"绿片岩夹碳酸盐岩地层"未见顶、底。我们通过本次工作认为，该地层单元内部各岩石组合之间为断层接触，目前的叠置关系并不是它们之间的上下新老关系。

纳赤台群分布于诺木洪河三岔口两岸—埃肯肯得一带，断续分布于胡晓钦大哇及其河对岸，诺木洪郭勒—起次日赶特乌拉至浩特洛哇一带，出露面积约 204km^2。总体岩石组合特征是变形强烈、片理化强、蚀变强，岩层内部及岩层之间都为构造界面，主要岩石类型有变玄武岩、变凝灰岩、变安山岩、变流纹岩、变砂岩、板岩、片岩、蛇纹岩、碳酸盐化蛇纹岩、蚀变辉绿岩、辉石岩及放射虫硅质岩等。进一步划分 6 种基本岩石组合类型：①变碎屑岩组合[(O—S)N^d]；②变火山岩碎屑岩组合[(O—S)N^v]；③玄武岩组合[(O—S)N^β]；④中基性火山熔岩组合[(O—S)$N^{\alpha\beta}$]；⑤超镁铁岩组合[(O—S)N^Σ]；⑥碳酸盐岩组合[(O—S)N^{Ca}]。

(一) 剖面描述

1. 青海省都兰县诺木洪乡诺木洪郭勒早古生代纳赤台群实测剖面(AP9)(图 2-6)

碳酸盐岩夹火山岩组合[(O—S)N^{Ca+v}]

35. 灰绿色晶屑凝灰岩夹灰色含硅质条带大理岩　22.15m

══════ 断　层 ══════

34. 灰色中层状微晶灰岩夹黄灰色泥质灰岩　192.31m
33. 灰白色白云岩夹硅质岩　50.06m
32. 灰白色薄层状硅质岩夹灰色微晶灰岩　59.74m
31. 断层破碎带，断层角砾岩　6.16m
30. 灰白—浅灰色薄层状微晶灰岩夹泥质灰岩，上部见紫红色薄层状泥质灰岩　14.83m
29. 灰黑色灰岩发育鲍马层序 A、B、C、D 段，向上水体变深，A、B 段减少，C、D 段增加，直至只有 C、D 段　13.00m

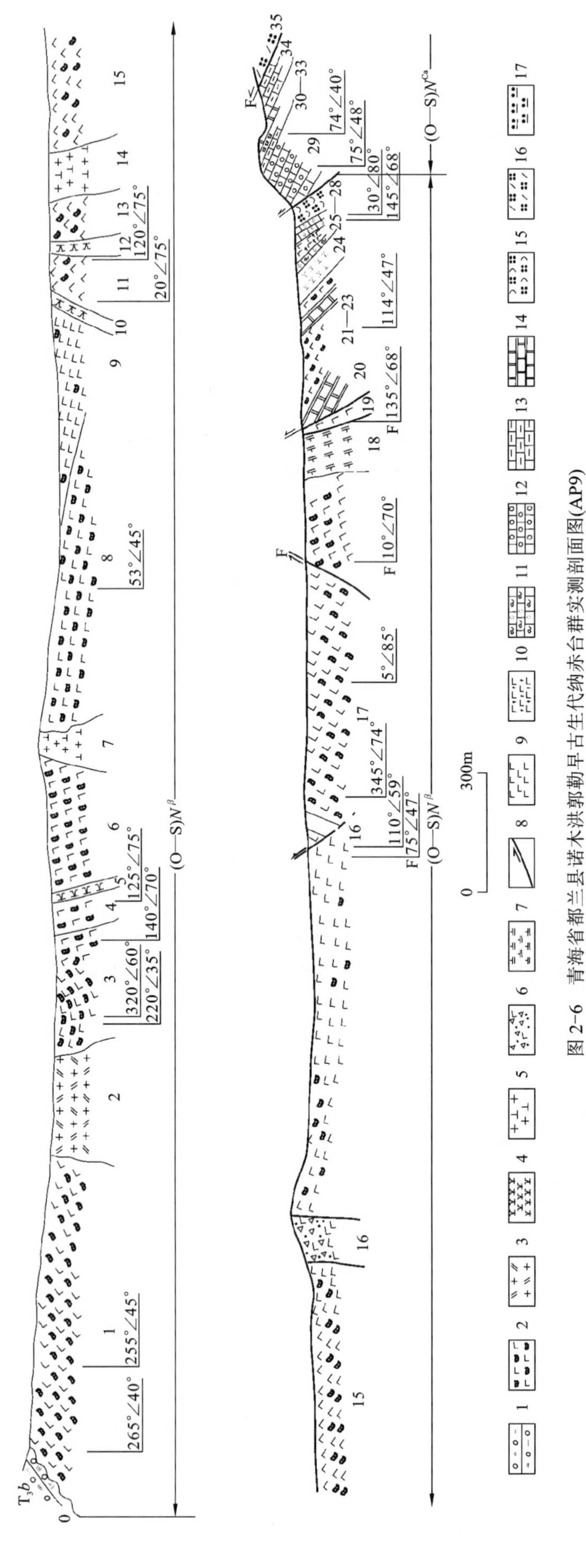

图 2-6　青海省都兰县诺木洪郭勒早古生代纳赤台群实测剖面图(AP9)

1.复成分砾岩；2.枕状玄武岩；3.二长花岗岩；4.英安斑岩；5.花斑岩；6.玄武质构造角砾岩；7.粗安岩；8.断层及运动方向；9.玻基玄武岩；10.玄武岩；11.条带状亮晶灰岩；12.砾屑灰岩；13.泥质灰岩；14.大理岩；15.玻屑凝灰岩；16.晶屑凝灰岩；17.硅质岩

28. 灰绿色含火山角砾碳酸盐化、绿泥石化玻屑凝灰岩　37.33m
27. 灰色含硅质条带碎裂岩化结晶灰岩　24.44m
26. 灰绿色枕状玻基玄武岩，中部夹凝灰岩　18.33m
25. 灰白色含硅质条带结晶灰岩　15.24m
24. 浅灰绿色英安岩　60.96m
23. 灰绿色蚀变玄武岩，局部可见枕状构造　27.06m
22. 灰白色条带状大理岩夹绿泥石化、绿帘石化凝灰岩及硅质岩　19.33m
21. 灰绿色枕状玄武岩，岩枕较发育　125.48m
20. 灰白色石英岩条带大理岩，条带宽 1～2cm　3.98m

═══════ 断　层 ═══════

玄武岩组合[(O—S)N^{β}]

19. 灰绿色枕状玄武岩　0.84m
17. 灰绿色枕状玄武岩，岩枕内部结晶较粗，基质粗玄结构岩，枕表面为玻璃质外壳，中心具有空腔，被后期石英充填，岩枕大小 20～80cm　419.5m
15. 灰绿色枕状玄武岩，枕状构造比较发育，岩枕较大，大者可达 1～1.5m，岩枕边部结晶较细，常为隐晶质—玻璃质结构，核部结晶较粗，多为辉绿结构　741.58m
13. 灰黑色枕状玄武岩，岩石整体结晶较差，为隐晶质结构　51.53m
11. 灰绿色枕状玄武岩，岩枕构造发育，大者 80cm 左右，小者 10～20cm，有时大的岩枕孔隙中充填有小的岩枕　57.59m
9. 灰绿色枕状玄武岩，斑状结构，基质玄武结构　103.14m
8. 灰绿色枕状玄武岩，岩枕大者 1～1.2m，小者 30～40cm，岩石结晶程度差，岩枕边为玻璃质，内部隐晶质　67.86m
6. 灰绿色枕状玄武岩，岩枕大小 50～80cm，边部为玻璃质壳，向内结晶较粗，为微晶结构，辉石斑晶可见　183.72m
4. 灰绿色枕状玄武岩，岩枕一般 50cm 大小，有时呈拉长状，除外壳结晶外，向内变为拉斑玄武结构　60.75m
3. 灰黑—绿色枕状玄武岩，岩枕大小不一，形成上凸下平的面包状，边缘为玻璃质，内部略有结晶　>49.96m

2. 青海省都兰县诺木洪乡诺木洪郭勒早古生代纳赤台群实测剖面(AP12)(图 2-7)

变碎屑岩组合[(O—S)N^{d}]

69. 灰黑色泥质粉砂质板岩夹砂岩透镜体　>47m
68. 灰白色含火山角砾蚀变玄武岩　11.33m
67. 灰色碎裂岩化英安岩夹灰黑色硅质岩透镜体　2.83m
66. 灰黑色斑点状千枚岩夹灰黑色硅质岩透镜体　16.34m
65. 灰色中粒石英砂岩夹黑色板岩及灰岩透镜体，片理化较强　39.44m
64. 灰黑色结晶灰岩夹中细粒石英砂岩透镜体，板劈理化较强　91.33m
63. 灰黑色斑点板岩夹灰色砂岩透镜体，板理发育　366.28m
62. 浅灰绿色片理化细粒石英砂岩夹灰色板岩，板劈理化强烈　106.48m
61. 灰黑—灰绿色强蚀变安山岩　7.38m
60. 灰色中细粒石英砂岩，岩石劈理化较强，破碎强烈　36.88m
59. 灰黑色泥质粉砂质板岩夹砂岩透镜体　25.09m
58. 灰黑色碎裂岩化硅质板岩，局部夹灰色砂岩　179.91m
57. 灰色板理化强蚀变安山岩夹灰黑色硅质岩透镜体　63.58m
56. 灰色含砾中粗粒长石砂岩　2.95m
55. 灰黑色细粒石英砂岩夹硅质岩及板岩，岩石构造变形强烈，砂岩多呈构造透镜体　2.95m
54. 灰黑色薄层硅质岩，褶皱发育　53.40m
53. 灰色硅质岩与深灰色微晶灰岩互层　14.27m

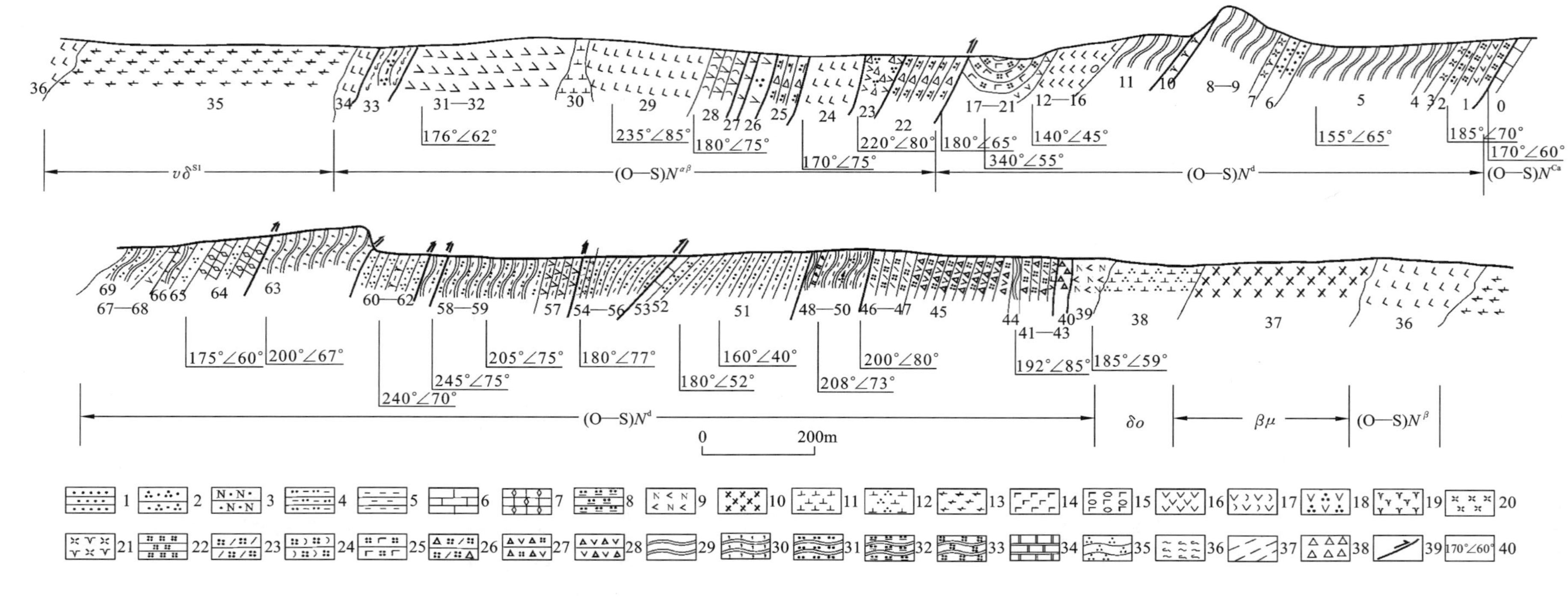

图 2-7　青海省都兰县诺木洪郭勒早古生代纳赤台群实测剖面图(AP12)

1.砂岩；2.石英砂岩；3.长石砂岩；4.泥质粉砂岩；5.泥质岩；6.灰岩；7.结晶灰岩；8.硅质岩；9.斜长角闪岩；10.辉绿岩；11.闪长岩；12.石英闪长岩；13.辉石闪长岩；14.玄武岩；15.杏仁状玄武岩；16.安山岩；17.玻基安山岩；18.石英安山岩；19.英安岩；20.流纹斑岩；21.英安流纹斑岩；22.凝灰岩；23.晶屑凝灰岩；24.玻屑凝灰岩；25.玄武质凝灰岩；26.含火山角砾晶屑凝灰岩；27.安山质凝灰角砾岩；28.安山质火山角砾岩；29.板岩；30.斑点状板岩；31.粉砂质板岩；32.硅质板岩；33.凝灰质板岩；34.大理岩；35.石英片岩；36.绿泥绿帘片岩；37.片理化；38.断层角砾岩及碎裂岩化；39.断层；40.产状

52. 深灰色微晶灰岩与深灰色硅质岩互层 21.54m

51. 深灰色泥质粉砂岩夹深灰色硅质岩 137.61m

50. 灰绿色凝灰质板岩夹灰黑色硅质岩透镜体，岩石板劈理化强烈 8.50m

49. 灰绿色含火山角砾安山质晶屑凝灰岩 1.67m

48. 灰绿色粉砂质泥质板岩夹砂岩透镜体，岩石板劈理化强烈，砂岩均被拉长为透镜体 6.24m

═══════ 断 层 ═══════

变火山碎屑岩组合[(O—S)N^{v}]

47. 灰绿色安山质晶屑凝灰岩 38.31m

46. 灰绿色安山质晶屑凝灰岩，片理化较强 37.48m

45. 灰绿色片理化安山质凝灰角砾岩 195.94m

44. 灰绿色安山质火山角砾岩夹灰黑色硅质岩及砂岩透镜体 11.97m

43. 灰绿色片理化含火山角砾晶屑凝灰岩 68.93m

42. 灰紫色熔结玻屑凝灰岩

41. 灰绿色蚀变杏仁状玄武岩，片理化较强

40. 断层破碎带，带内岩石劈理化极强

═══════ 断 层 ═══════

变中基性火山熔岩组合[(O—S)$N^{\alpha\beta}$]

39. 灰绿色玄武岩，杏仁构造，杏仁体大小1～2cm，杏仁体内充填物主要为绿泥石、方解石

36. 灰黑色玄武岩，斑状结构，基质拉斑玄武结构，块状构造 170.67m

34. 灰黑—灰绿色玄武岩，斑状结构，基质拉斑玄武结构，块状构造 45.43m

33. 灰绿色绿泥绿帘片岩 36.03m

32. 灰黑色强蚀变安山岩夹安山质火山角砾岩 64.36m

31. 灰黑色强蚀变安山岩 103.79m

29. 灰黑色玄武岩，局部劈理化较强 203.93m

28. 灰色玻基安山岩，少斑结构，基质隐晶质结构，块状构造 34.64m

27. 浅灰色强蚀变安山岩 6.97m

26. 灰色碎裂岩化石英安山岩 14.51m

25. 强片理化硅质岩 47.45m

24. 浅灰绿色蚀变玄武岩 80.1m

23. 断层破碎带，岩石破碎，片理化较强 64.81m

22. 灰绿色碎裂岩化硅质岩 95.64m

21. 灰色玄武质熔结凝灰岩 4.19m

═══════ 断 层 ═══════

变碎屑岩组合[(O—S)N^{d}]

20. 灰黑色玄武质熔结凝灰岩 51.72m

18—19. 深灰色细粉砂岩 6.67m

17. 浅灰绿色玻基安山岩，无斑隐晶结构，块状构造

16. 灰黑色蚀变玄武岩，斑状结构，基质隐晶质结构 52.47m

15. 灰黑色泥板岩 54.34m

14. 灰绿色强蚀变玄武岩 5.32m

13. 灰绿色杏仁状玄武岩，少斑结构，基质隐晶质结构 18.62m

12. 灰—灰黑色杏仁状玄武岩，少斑结构，基质隐晶质结构，杏仁状构造 32.87m

11. 浅灰—深灰色板岩，板理密集

10. 浅灰绿色英安斑岩 9.05m

9. 灰—灰绿色板岩 62.83m

8. 灰—深灰色板岩夹砂岩 44.64m

7. 浅灰绿色英安流纹斑岩 9.02m

6. 灰—灰黑色中细粒石英砂岩夹灰白色粉砂质板岩 36.07m

4—5. 灰黑色板岩　12.57m
3. 浅灰绿色流纹斑岩　26.88m
2. 灰黑色硅质岩,隐晶质结构,块状构造　10.75m
1. 灰绿色凝灰岩夹灰黑色凝灰质火山角砾岩及硅质岩　69.34m

═══════ 断　层 ═══════

碳酸盐岩组合($Pz_1 N^{Ca}$)
0. 灰—灰黄色薄层状含泥质条带微晶灰岩,岩石破碎较强　>6.91m

(二) 岩石组合特征

剖面和路线地质调查显示,测区纳赤台群[(O—S)N]可以分为6种基本岩石组合类型,分别是①变碎屑岩组合($Pz_1 N^d$):由变砂岩、板岩及片岩组成,片理化和变形强烈;②变火山岩碎屑岩组合($Pz_1 N^v$):由变凝灰岩夹变安山岩、变流纹岩等组成,变形强烈、片理化强;③玄武岩组合($Pz_1 N^{\beta}$):主要为枕状玄武岩、块状玄武岩、玻基玄武岩、粗玄岩,枕状构造发育;④中基性火山熔岩组合($Pz_1 N^{\alpha\beta}$):安山岩、玄武岩夹流纹岩,发育枕状构造及气孔杏仁构造;⑤超镁铁质岩组合($Pt_3 W^{\Sigma}$):蛇纹石化辉橄岩、辉石岩,岩石色调暗;⑥碳酸盐岩组合($Pz_1 N^{Ca}$):灰岩、硅质条带灰岩、硅质灰岩夹板岩及大理岩,硅质岩中可见丰富的放射虫化石。厚度0~1 750m。

(三) 时代讨论

该套混杂岩地层化石依据较少,故对其年代尚有争论。青海省区域调查队在进行埃肯德勒斯特幅1∶20万区调填图时曾根据混杂岩南部哈拉郭勒北侧灰岩中所采化石,把该套火山岩地层划归为早石炭世哈拉郭勒群,青海省区域调查综合大队在进行1∶5万海德郭勒等8幅联测区调填图时,根据区域地层对比及灰岩中的藻类化石,把该套地层划归为中新元古代万宝沟群,并获得玄武岩Sm-Nd全岩等时线年龄(884.1±37.6)Ma,并根据成层有序的思想,把该套地层分解为具有先后时序的4个组(下碎屑岩组、火山岩组、碳酸盐岩组、上碎屑岩组)。我们本次调研结果显示,原划的万宝沟群实为一套构造混杂岩系,上述的不同岩石组合之间以及组合内部都强烈片理化、劈理化,其界面都是构造界面,现在的空间叠置关系并不具备时代上的先后顺序。在原埃肯德勒斯特幅1∶20万区调填图时,在哈拉郭勒北侧灰岩中所采集的化石实际上是早石炭世哈拉郭勒组,并不是混杂岩系的构成部分。混杂岩系的时代总体应为奥陶纪—志留纪,主要依据有①诺木洪郭勒找到与玄武岩共生的含放射虫化石的硅质岩,由于重结晶比较强烈,未能鉴定到属种。但据冯庆来教授鉴定和判断,时代为显生宙无疑;②对玄武岩组合中的玄武岩的锆石SHRIMP测年,年龄测得(419±5)Ma(见后),为早古生代晚期;③潘裕生等(1996)在可可晒尔郭勒的碳质板岩中发现有微体化石(疑源类和微古植物):*Nodoapora* sp.,*Lophosphaeridium* sp.,时代为志留纪。在诺木洪郭勒南山岔口一带的阿德可肯德的早石炭世哈拉郭勒组北侧变火山岩中的板岩夹层中发现有 *Nodoapora* sp.,*Lophosphaeridium* sp.,*Micrhystridium* sp.等微古化石,经尹磊明鉴定,时代为奥陶纪—志留纪。

为此,我们将该套混杂岩地层与纳赤台群进行对比,划为奥陶纪—志留纪纳赤台群,并进一步划分为上述6个基本岩石组合。

二、早中二叠世马尔争组(P*m*)

青海省地质矿产局(1991)将都兰县树维门科—马尔争一带布青山群中部砂岩火山岩组和上部碳酸盐岩组命名为马尔争组。1997年,青海省地质矿产局对该组作了重新修订,定义为:指分布于布青山地区,位于树维门科组之上的地层体。下部为灰—灰绿色变火山岩、岩屑砂岩夹硅质岩;上部为灰—深灰色、玫瑰色灰岩偶夹砂砾岩,含腕足类及珊瑚化石。正层型为青海省第一区域调查队(1982)测制的都兰县树维门科-马尔争剖面第11—35层。通过本次工作,我们认为马尔争组与树维门科组之间的关系并非上下关系，两者之间原始总体为同时异相的产物，时代为早中二叠世，现表现为树维门科组构造叠覆于马尔争组之上。马尔争组内部各种岩石组合之间也不是整合接触，而是断层接触，或为劈理化带，呈现强烈构造混杂外貌，目前的叠置关系并不能代表其内部各岩石组合的新老关系。马尔争组内部可划分出系列不同类型的岩石组合，分别是：①碎屑岩组合（Pm^{d}）；②超镁铁质岩组合（Pm^{Σ}）；③玄武岩组合（Pm^{β}）；④中基性火山岩组合（$Pm^{\alpha\beta}$）；⑤碳酸盐岩组合（Pm^{Ca}）。

（一）剖面描述

1. 青海省都兰县诺木洪乡树维门科二叠纪马尔争组实测剖面(AP7)（图 2-8）

上覆地层：晚二叠世格曲组（P_3g）

9. 中细粒含钙长石砂岩	28.9m
═══════ 断 层 ═══════	
马尔争组碎屑岩组合（Pm^{d}）	**>532.2m**
10. 同生角砾状灰岩	123.8m
11. 含砾不等粒含钙含长石杂砂岩	46.4m
12. 灰色钙泥质千枚状板岩	32.3m
13. 含砾中细粒含钙凝灰质长石砂岩	47.4m
14. 变质长石细砂岩夹变质泥质粉砂岩	39.6m
15. 泥质粉砂质千枚状板岩夹含粉砂质千枚岩	26.0m
16. 含砾砂质含钙含长石白云母粉砂岩	128.9m
17. 强绿泥石碳酸盐化变玄武岩夹变粉砂岩	87.8m
═══════ 断 层 ═══════	
马尔争组玄武岩组合（Pm^{β}）	**2 517.7m**
18. 变细碧岩（玄武岩）	242.0m
19. 灰黑—灰白色、灰绿色中厚层石英岩夹少量灰黑色板岩及硅质岩	27.1m
20. 钙泥质粉砂质千枚岩	84.3m
21. 覆盖	91.3m
22. 变安山岩	98.1m
23—24. 板理化变细碧岩	135.8m
25. 碎裂岩化变玄武岩	13.8m
26. 深灰—灰黑色板岩夹浅灰绿色石英岩	9.9m
27. 石英岩（变硅质岩）	39.0m
28. 阳起石构造片岩	236.2m
29. 绿泥绿帘阳起石岩	34.0m
30. 强片理化变玄武安山质凝灰岩	200.8m
31. 钙硅质超糜棱岩	77.2m
32. 上部灰—灰黑色硅质岩，下部灰—灰褐色碎裂岩化硅质岩与片理化玄武岩相间出现	59.1m
33. 深灰—灰褐色板岩、千枚状板岩夹片理化玄武岩透镜体	27.8m
34. 浅灰色硅质岩与片理化变玄武岩交互出现	57.5m
35. 变玄武岩，具残留状构造	331.3m
36. 千枚状板岩夹富钙绿泥绢云石英片岩	117.5m
37. 上部为含钙绿泥绢云片岩，下部为砂质绿泥片岩	103.1m
38. 青灰—灰绿色绿泥片岩，片理化强	143.3m
39. 强蚀变片理化辉绿岩	102.3m
40. 片理化变质杂砂岩	65.1m
41. 碎裂岩化英安岩	28.5m
42. 片理化变玄武岩	36.5m
43. 绿泥片岩	22.6m

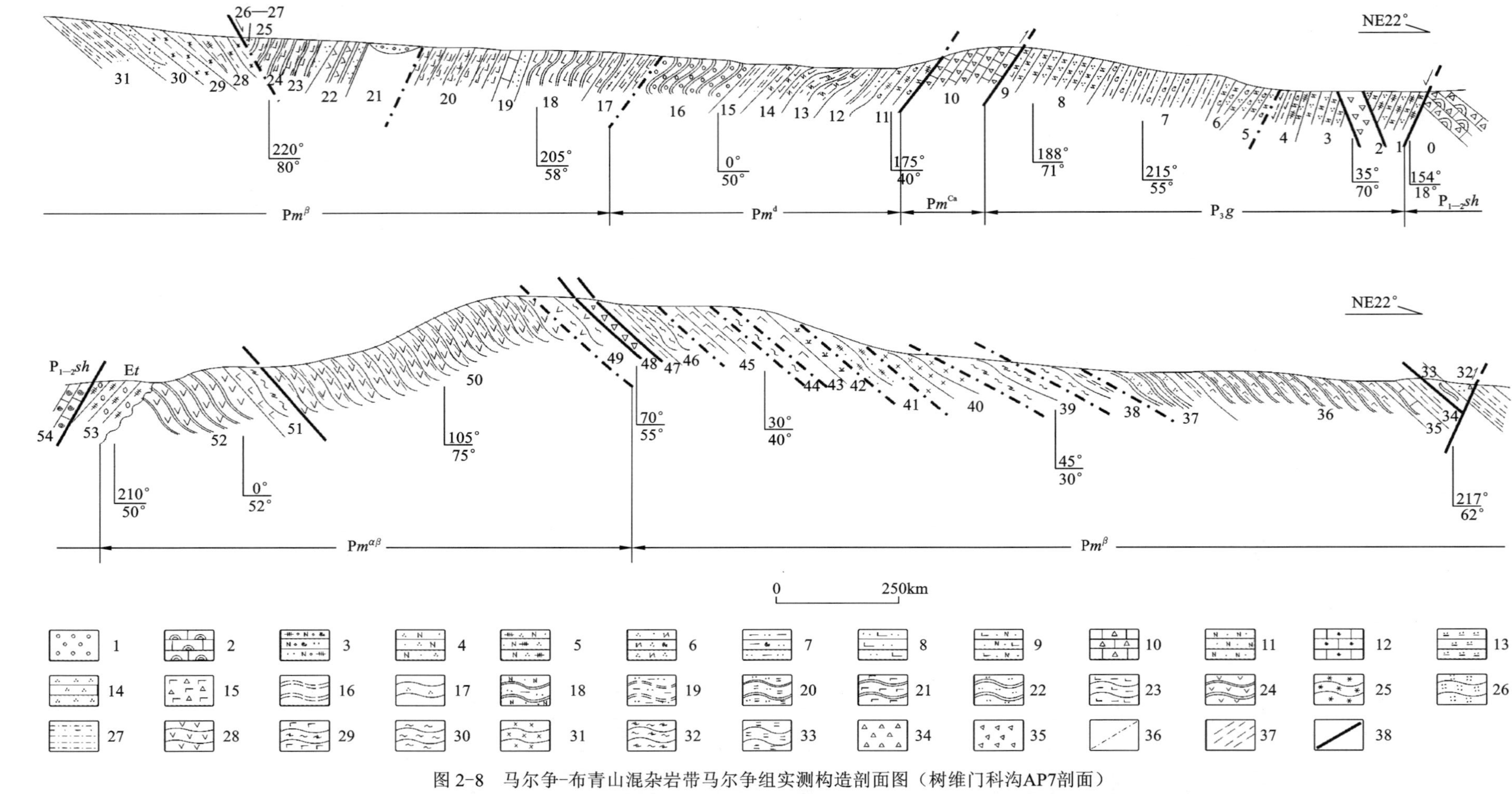

图 2-8　马尔争-布青山混杂岩带马尔争组实测构造剖面图（树维门科沟AP7剖面）

1.第四纪覆盖物、残坡积；2.生物礁黏结灰岩；3.含砾不等粒含钙含长石杂砂岩；4.细粒含钙泥质长石石英砂岩；5.细粒含钙含长石石英砂岩；6.含砾细粒含钙含长石石英砂岩；7.含钙泥质粉砂岩；8.紫红色钙质粉砂岩；9.中细粒钙质长石砂岩；10.同生角砾状灰岩；11.含砾中细粒含钙凝灰泥质砂岩；12.灰白色碎裂岩化生物黏结灰岩；13.硅质岩；14.灰黑—灰白色、灰绿色中厚层状石英岩；15.碎裂玄武岩；16.千枚状板岩；17.绢云石英片岩；18.变质长石细砂岩变质泥质粉砂岩；19.泥质粉砂质千枚状板岩夹含粉砂千枚岩；20.含白云母粉砂岩；21.强绿泥石碳酸盐化变玄武岩、碎裂岩化变玄武岩；22.变余粉砂岩；23.钙泥质粉砂质千枚岩；24.变安山岩、变细碧岩；25.阳起片岩、含角砾阳起石构造片岩；26.玄武安山质火山凝灰岩（强片理化）；27.钙硅质超糜棱岩；28.片理化变安山岩；29.绿帘绿泥石化安山岩；30.绿（泥）片岩；31.强蚀变片理化辉绿岩；32.绿帘绿泥石片岩；33.含钙绿泥绢云片岩；34.碎裂岩、构造角砾岩；35.碎裂岩化；36.韧性剪切带；37.片理化带；38.脆性断层

44. 片理化变玄武岩	114.9m
45—46. 绿泥片岩	58.0m
47. 断层角砾岩	9.5m
49. 玄武安山质绿泥片岩	49.3m

═══════ 断　层 ═══════

马尔争组中基性火山岩组合($Pm^{\alpha\beta}$)	**>551.7m**
50. 片理化变安山岩夹绿帘绿泥石化玄武岩	378.3m
51. 绿帘绿泥石化安山岩	40.6m
52. 蚀变安山岩，未见底，被第三纪地层所覆盖	>132.8m

（二）区域地层分布

马尔争组由不同类型的岩石组合而成，各种岩石组合的分布如下。

(1) 碎屑岩组合(Pm^{d})：分布于图幅中部至由西向东的马尔争—布青山一线，较大面积出露是在中东部的恩达尔可可—乌兰可一线，西部出露的岩片规模较小，出露面积约 190km^2，岩石组合为板岩、千枚岩、片岩、变砂岩夹大理石岩及凝灰岩，褶皱变形较强，变质程度为低绿片岩相-绿片岩相。

(2) 超镁铁质岩组合 (Pm^{Σ})：分布于马尔争山北坡及南部巴颜喀拉山的曲麻莱县麻多乡贡恰陇巴，出露面积很小，<1km^2，岩石组合为橄辉岩、辉橄岩。

(3) 玄武岩组合(Pm^{β})：分布于马尔争山一线及南部巴颜喀拉山扎拉依—哥琼尼洼一线，出露面积约 50km^2，岩石组合为玄武岩夹板岩、千板岩及凝灰岩。

(4) 中基性火山岩组合($Pm^{\alpha\beta}$)：零星分布于乌兰乌拉西边及南部巴颜喀拉山扎拉依—哥琼尼洼一线，出露面积约为 15km^2，岩石组合为安山岩夹玄武岩及玄武安山质火山凝灰岩。

(5) 碳酸盐岩组合 (Pm^{Ca})：零星分布于马尔争、扎拉依、稍日哦、贡恰陇巴及康前北侧，合计出露面积约为 8km^2，薄层泥晶灰岩、硅质灰岩。厚度 372～3 724m。

（三）时代讨论

关于马尔争组的时代归属，存在较大争议，这主要是由于混杂岩中混杂了不同时代的岩块。姜春发(1992)在花石峡以东下大武一带的蛇绿岩混杂岩带中选取玄武岩-安山岩-流纹岩组合做 Rb - Sr 等时线年龄测定，得出的年龄值为(260±10)Ma，相当于早二叠世晚期—中二叠世早期。张克信等(1999)在1∶25 万冬给措纳湖幅调查中，根据在花石峡西南的深海硅质岩所发现的放射虫化石，得出的时代为早二叠世。我们在本次工作中虽然采到了放射虫化石，但是由于受到较强的重结晶作用，无法鉴定出来。根据前人的工作和马尔争组往往与树维门科组一块出露，其时代应为早二叠世晚期—中二叠世。鉴于资料不够，目前暂定为二叠纪。

第四节　有序地层

测区有序地层的分布和出露比较齐全，包括中元古代狼牙山组、泥盆纪牦牛山组、早石炭世哈拉郭勒组、晚石炭世—早二叠世浩特洛哇组、早—中二叠世树维门科组、晚二叠世格曲组、早—中三叠世洪水川组、中三叠世闹仓坚沟组、三叠纪巴颜喀拉山群、晚三叠世八宝山组、早侏罗世羊曲组以及第四纪地层。本节将介绍除第四纪地层以外的所有有序地层。

一、中元古代狼牙山组(Pt_2l)

测区狼牙山组出露于图幅西北角温冷恩—木和德特一带、诺木洪郭勒东岸及波洛斯太—乌拉斯太一带，出露面积约 150km²，南与昆中结合带和纳赤台混杂岩群接触，其西与高西里中粒二长花岗岩侵入接触。其主要岩性为大理岩夹碎屑岩。为一套正常碳酸盐岩夹碎屑岩沉积建造。

（一）剖面描述

1. 青海省都兰县诺木洪乡达哇切中元古代狼牙山组(Pt_2l)实测剖面

上覆地层：早侏罗世羊曲组(J_1y)

19. 灰绿色细粒长石砂岩	>89.87m
══════ 断　　层 ══════	
中元古代狼牙山组(Pt_2l)	**>1 019.9m**
17. 灰色硅质条带白云岩夹灰黑色硅化灰岩透镜体	258.25m
16. 灰绿色长石砂岩夹灰绿色粉砂质板岩	81.58m
15. 灰色灰质砾岩	6.95m
14. 灰绿色细长石砂岩夹板岩	13.90m
13. 灰绿色粉砂质板岩	6.37m
12. 灰绿色硅质条带灰岩	62.22m
11. 浅灰色纹层状白云质灰岩	258.45m
10. 灰色含纹层白云质灰岩	2.93m
9. 灰白色碎裂岩化硅质白云岩	31.63m
8. 灰色含透辉石灰质大理岩	177.91m
7. 蛇纹石化大理岩	18.40m
6. 灰色硅质条带灰质白云岩	21.60m
5. 灰黑色碳质板岩	6.41m
4. 灰色蛇纹石化含橄榄大理岩	8.01m
3. 深灰色红柱石角岩	31.88m
2. 蛇纹石灰质大理岩	8.99m
1. 灰白色硅质团块灰质大理岩	>24.41m

（未见底）

（二）岩性组合

测区狼牙山组岩性组合为白云岩、白云质灰岩、硅质条带白云岩、硅质条带灰岩、硅质灰岩，及大理岩夹砂岩、板岩、红柱石角岩及硅质岩，厚度 1 019.9m，产叠层石。

（三）时代讨论

前人根据狼牙山组碳酸盐岩中的微古植物和叠层石，将狼牙山组的时代定为蓟县纪。根据测区狼牙山组产叠层石判断，其沉积环境主要为浅海陆棚，岩石组合基本可以与邻区狼牙山组对比。

二、泥盆纪牦牛山组(Dm)

测区的泥盆系分布比较局限，主要分布于图幅东北角的波罗斯太—哈图一带。

（一）岩性组合特征

测区泥盆纪牦牛山组岩性组合比较特殊，主要为一套强变形的砂岩质、大理岩质的砾岩、复成分砾岩，砾石之间往往充填胶结火山质，构造变形强烈，发育糜棱面理，砾石拉长定向。沿近东西向强韧性剪切变形带展布，已基本失去其原始层理的连续性，其南北均以断层与纳赤台群玄武岩接触。

（二）时代讨论

地层中没有获得化石，侵入其中的高角度密集岩墙群的锆石 U－Pb SHRIMP 年龄为 248Ma，因此形成时代应为此之前的晚古生代。根据区域对比，我们将其划为泥盆纪牦牛山组。

三、早石炭世哈拉郭勒组（C_1h）

测区内哈拉郭勒组分布于图幅的中北部及东部的哈拉郭勒、捎斯拦赶陇郭勒一带，在希里可特至草木策一带呈小而狭长的断夹块状出露，沿马尔争山脚下也有断续零星出露。哈拉郭勒至浩特洛哇一带下部与早古生代纳赤台群呈断层接触，上部与晚石炭世至早二叠世浩特洛哇组呈断层接触；马尔争一带被早—中二叠世树维门科组推覆体所压盖。厚度大于 685m。

（一）剖面描述

1. 青海省都兰县起次日赶特乌拉早石炭世哈拉郭勒组实测地层剖面（图 2-9）

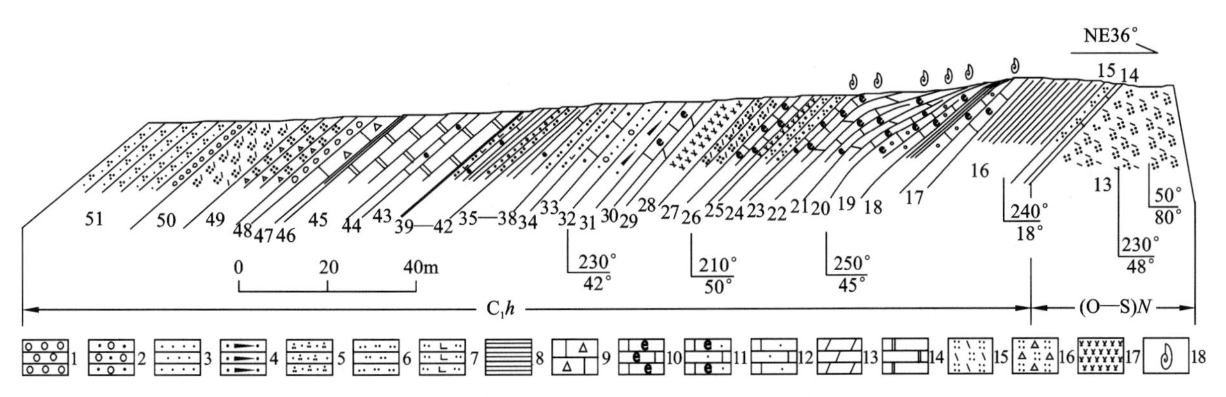

图 2-9 青海省都兰县宗加乡起次日赶特乌拉早石炭世哈拉郭勒组实测剖面图

1. 砾岩；2. 含砾砂岩；3. 砂岩；4. 岩屑砂岩；5. 细粒石英砂岩；6. 粉砂岩；7. 钙质粉砂岩；8. 页岩；9. 灰质角砾岩；10. 生物碎屑灰岩；11. 砂屑生物碎屑灰岩；12. 砂屑灰岩；13. 泥灰岩；14. 大理岩；15. 晶屑凝灰岩；16. 含火山角砾凝灰岩；17. 英安岩；18. 动物化石

（未见顶）

早石炭世哈拉郭勒组（C_1h）

51. 底部为厚约 50cm 的砾岩和厚约 60cm 的含砾砂岩，向上变为凝灰质粉砂岩，中部夹灰绿色凝灰质板岩，发育水平层理 ＞80.58m
50. 灰绿色岩屑晶屑凝灰岩 45.13m
49. 灰绿色含角砾凝灰岩 37.27m
48. 灰绿色厚层砾岩，砾石成分以粉砂岩为主，大小以 0.2～2cm 为主，砾石含量 70%～85%，顶部为宽约 3m 的灰绿色板岩 14.78m
47. 灰色厚层灰质角砾岩，角砾大小一般 2～4cm，含量 90% 16.71m
46. 灰绿色凝灰质板岩 6.43m

═══════ 断 层 ═══════

45. 白色厚层中晶大理岩 44.98m

═══════ 断 层 ═══════

44. 灰色厚层海百合茎生物碎屑灰岩，海百合茎为双圆形，含量 30%～35%，甚至可达 70%，海百合茎直径可达 8mm 10.41m

═══════ 断 层 ═══════

43. 白色厚层中晶大理岩 31.91m

═══════ 断　层 ═══════

42. 灰色薄层微晶灰岩与钙质石英粉砂岩互层，上部灰岩含砂屑 8.99m

41. 灰色厚层含生物碎屑灰岩，生物碎屑含量为29%～30%，主要为海百合茎和介壳碎片 6.59m

40. 浅黄绿色薄层砂岩与页岩互层，下部砂岩多，向上以页岩为主 10.19m

39. 底部为厚约95cm的细砾岩，砾石大小以2～5cm为主，成分为石英，向上变为细粒长石石英砂岩 4.19m

38. 浅灰绿色巨厚层海百合茎生物碎屑灰岩 4.19m

37. 深灰色巨厚层海百合茎生物碎屑灰岩，可见平行层理 2.40m

36. 灰色厚层及细粒钙质石英砂岩 2.40m

35. 灰黄色中薄层粉砂岩或灰岩与黑色钙质页岩互层 25.41m

34. 灰黄色中厚层细砂质含钙粉砂岩夹两层含细砾粗砂岩 15.31m

33. 灰色中厚层含砂屑灰岩与黄灰色薄层中细粒石英砂岩互层 15.31m

32. 灰绿色厚层含砾粗粒长石石英砂岩，向上变为中粗粒长石石英砂岩夹灰岩透镜体。底部发育平行层理、板状交错层理，并可见冲刷面 19.14m

31. 灰色中厚层中粗粒长石岩屑砂岩 19.14m

30. 灰黑色中厚层生物碎屑微晶灰岩，生物碎屑以海百合茎为主，中部夹碳质页岩 14.29m

29. 灰黄色中薄—中厚层泥灰岩 10.72m

28. 浅灰绿色英安岩 32.16m

27. 灰绿色含火山角砾晶屑安山质凝灰岩 28.92m

26. 深灰色厚层海百合茎生物碎屑灰岩 23.29m

25. 浅灰绿色英安岩 4.30m

24. 下部灰黄色中厚层泥质砂屑灰岩；中部风化面灰黄色，新鲜面灰黑色中层中粗粒石英砂岩；上部为灰色海百合茎生物碎屑灰岩 12.89m

23. 深灰色巨厚层生物碎屑泥灰岩，产丰富的珊瑚，顶部产腕足 *Sqamularia postula*，*Phricodothyris* sp. 6.52m

22. 灰黄色薄层泥灰岩与深灰色中层生物碎屑灰岩互层，产大量四射珊瑚 *Yannophyllum hubeiense*，? *Palaeosmilia* sp.；*Dibunophyllum* sp.；*Dibunophyllum rhidophyyloides*，*Palaeosmilia fraternal*，*Lophophyllum* sp.，*Neokoninckophhyllum* sp.，*Aspidiophyllum* sp. 及复体珊瑚 29.00m

21. 灰色、深灰色中厚层生物碎屑泥灰岩，生物碎屑以海百合茎为主，含量为20%～30%，产单体珊瑚 *Michelina*? *dubatolovi* 1.71m

20. 灰黄色中薄层泥灰岩与灰色中厚层生物碎屑灰岩两个旋回，夹煤。产腕足类 *Oretonia biserata*，*Cyrtospirifer* sp. 及珊瑚 *Aulina*(*Pseudoaulina*) *carinata* 0.50m

19. 灰黑色中厚层生物碎屑泥灰岩。下部生物碎屑以海百合茎为主，上部产大量化石，有腕足类 *Beecheria* sp.，*Leptagonia* sp.，*Schizophoria* sp.，*Echinoconchus minuta*，*Rhipidonella pecopsis*；苔藓虫 *Fenestella* sp. 1.03m

18. 灰黑色中薄层生物碎屑灰岩与灰色页岩组成两个旋回，生物碎屑以海百合茎为主 0.77m

17. 灰色中厚层海百合茎生物碎屑微晶灰岩 9.39m

16. 灰黄色千枚状变粉砂岩夹深灰色微晶灰岩，产海百合茎 65.98m

15. 灰白色薄层变质中细粒石英砂岩夹砾岩，砾石成分全为脉石英，砾石大小2～10cm，分选磨圆较好，砂岩中可见板状交错层理 64.00m

14. 深灰色劈理化结晶灰岩 >1.58m

═══════ 断　层 ═══════

下伏地层：奥陶纪—志留纪纳赤台群

13. 浅灰绿色晶屑凝灰岩 >48.35m

2. 青海省都兰县宗加乡克腾哈茨布哈早石炭世哈拉郭勒组实测剖面(图 2-10)

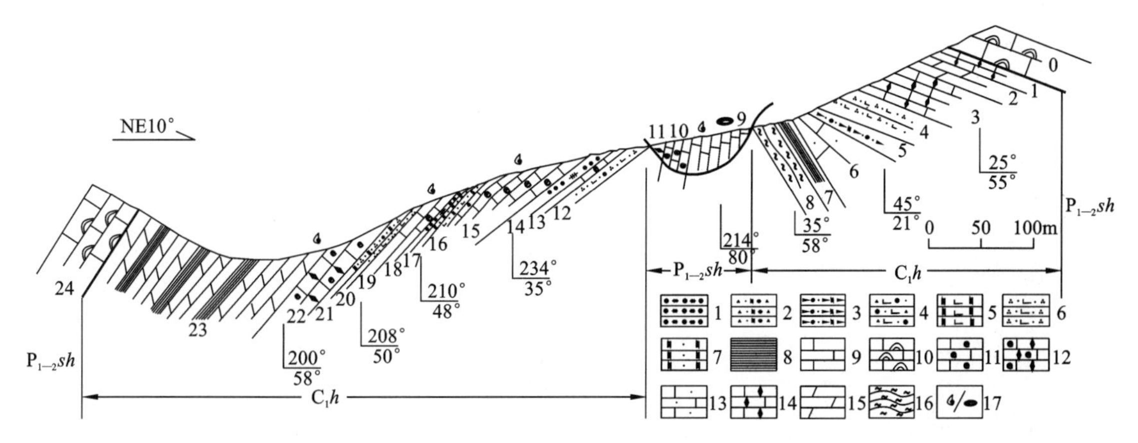

图 2-10　青海省都兰县宗加乡克腾哈茨布哈早石炭世哈拉郭勒组实测剖面图

1. 复成分砾岩;2. 含砾中粗粒长石石英砂岩;3. 含砾长石岩屑砂岩;4. 含砾钙质石英砂岩 5. 钙质长石砂岩;6. 钙质石英砂岩;7. 长石砂岩;8. 页岩;9. 灰岩;10. 礁灰岩;11. 生物碎屑灰岩;12. 泥晶生物碎屑灰岩;13. 砂屑灰岩;14. 泥晶灰岩;15. 泥灰岩;16. 绿泥片岩;17. 动物化石/䗴

上覆地层:下中二叠统树维门科组($P_{1-2}sh$)

24. 灰白色块状生物礁黏结灰岩,生物主要为藻类、海百合茎,见栉壳构造　　>49.06m

════════ 断　　层 ════════

下石炭统哈拉郭勒组(C_1h)　　264.29m

23. 灰色中薄层状泥灰岩夹灰色页岩,产腕足类 *Gigantoproductus moderatus*, *Tolmatchoffia robustus*　　171.61m
22. 深灰色中厚层含生物碎屑泥晶灰岩夹灰色薄层泥灰岩,发育水平纹理　　28.87m
21. 灰色中层状含砾粗粒长石石英砂岩　　4.14m
20. 灰色砂屑泥晶灰岩至灰色中层钙质中细粒石英砂岩　　8.28m
19. 灰色薄—中层状内碎屑灰岩与深灰色泥质页岩互层,含有孔虫,产腕足类?*Marginifera* sp.　　6.21m
18. 深灰色中层状泥晶灰岩,具水平层理,含少量介形虫碎片　　6.21m
17. 灰黄色中层状复成分砾岩　　0.44m
16. 灰色中层状细粒长石石英砂岩　　2.62m
15. 灰黄色薄层状生物碎屑泥晶灰岩夹灰黄色薄层状钙质砂岩,砂岩中见小型交错层理,生物组分含量为15%,有粗枝藻 *Pseudovermiporella* sp.,有孔虫等,产腕足类 *Martinia* sp.　　1.24m

12—14. 灰色中厚层状复成分砾岩夹钙质石英砂岩及生物碎屑灰岩,砾石成分主要为脉石英和火山岩,砾石含量40%~60%,大小0.2~4cm,分选磨圆较差。未见底,被早中二叠世树维门科组推覆体覆盖　　>34.68m

3. 青海省都兰县宗加乡浩特洛哇早石炭世哈拉郭勒组(C_1h)实测剖面(图 2-11)

上覆地层:晚石炭世—早二叠世浩特洛哇组[(C—P)h]

12. 灰白色中厚层状细粒变杂砂岩　　16.11m

════════ 断　　层 ════════

下石炭统哈拉郭勒组(C_1h)

11. 灰色块状构造角砾岩　　6.45m
10. 深灰色中厚层状含生物碎屑灰岩　　9.67m
9. 灰白色中厚层状中细粒菱铁矿石英砂岩　　9.42m
8. 深灰色薄—中层状生屑灰岩　　5.35m

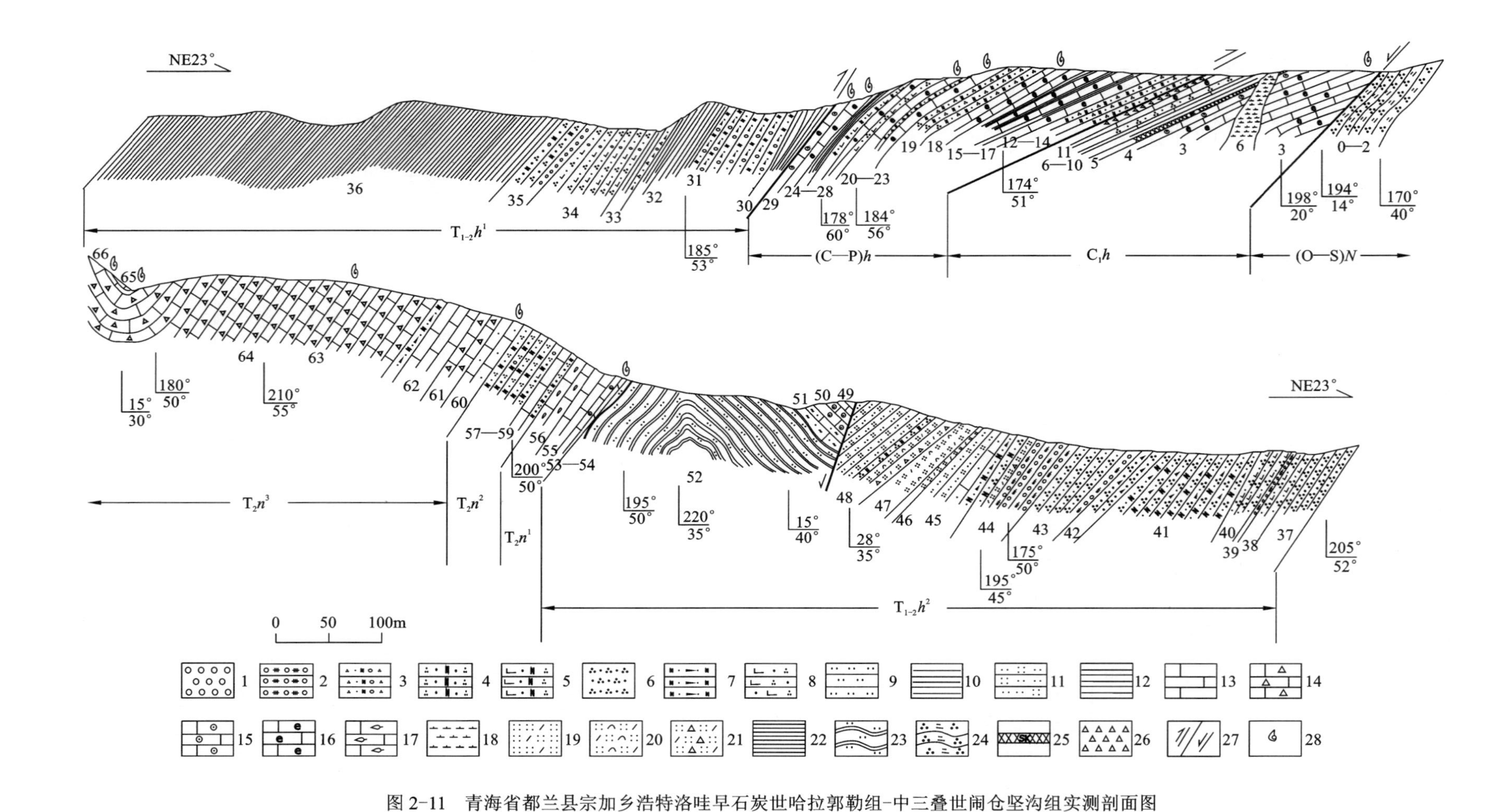

图 2-11　青海省都兰县宗加乡浩特洛哇早石炭世哈拉郭勒组-中三叠世闹仓坚沟组实测剖面图

1.砾岩；2.复成分砾岩；3.含砾中粗粒长石石英砂岩；4.中粗粒长石石英砂岩；5.中粗粒钙质长石石英砂岩；6.细粒长石石英砂岩；7.岩屑长石砂岩；8.钙质石英砂岩；9.粉砂岩；10.泥质粉砂岩；11.凝灰质粉砂岩；12.粉砂质泥岩；13.灰岩；14.灰质角砾岩；15.核形石灰岩；16.生物碎屑灰岩；17.竹叶状灰岩；18.闪长玢岩；19.晶屑凝灰岩；20.晶屑玻屑凝灰岩；21.含火山角砾晶屑凝灰岩；22.板岩；23.粉砂质板岩；24.绢云石英片岩；25.矽卡岩；26.断层角砾岩；27.逆断层/正断层；28.动物化石

7. 灰红色薄层状绢云母砂岩	6.95m
5. 透辉绿帘石矽卡岩	2.36m
4. 灰色薄层泥质灰岩与深灰色薄层状生物碎屑鲕状灰岩互层	11.68m
3. 深灰色中厚层状含生物碎屑泥晶灰岩	34.89m

═══════ 断 层 ═══════

下伏地层:奥陶纪—志留纪纳赤台群[(O—S)*N*]

2. 黄绿色绢云母粉砂质千枚岩	11.59m

(二) 岩石地层、区域变化及沉积环境

在哈拉郭勒起次日赶特主要岩性组合特征是下部为石英砂岩、粉砂岩、板岩夹含砾石英砂岩、灰岩;中部为灰黑色生物碎屑灰岩夹黑色页岩、煤线及少量凝灰岩;上部为长石石英砂岩夹砾岩,粉砂岩、板岩夹生物碎屑灰岩。可识别出 7 种基本层序:①下部为砾岩、含砾石英砂岩,上部为石英砂岩;②粉砂岩夹灰岩;③中薄层生物碎屑灰岩与黑色页岩互层;④灰黄色中薄层泥灰岩与深灰色厚层生物碎屑灰岩互层;⑤灰色中厚层含砂屑灰岩或泥灰岩与黄灰色薄层中细粒石英砂岩互层;⑥灰黄色薄层砂岩与页岩互层;⑦火山岩。在马尔争的克腾哈茨布哈,由于出露不全,主要为砂页岩与灰岩互层,而在浩特洛哇一带则变为砂岩与灰岩互层,所见化石均是早石炭世的常见化石或标准化石。

根据岩性组合、沉积层序、沉积结构构造及化石特征,哈拉郭勒组的沉积环境总体为滨浅海相,并可划分 6 个微相,各微相的岩石组合、海平面变化见图 2-12。

(三) 生物地层

哈拉郭勒组化石丰富,在实测剖面和路线调查中都可见到不少化石,主要有四射珊瑚 *Palaeosmilia* sp.,*P. fraternal*,*Dibunophyllum* sp.,*D. rhodophylloides*,*Heterocaninia intermedia*,*Archaeolasma irregulare*,*Lophophyllum* sp.,*Kueizhouphyllum* sp.,*Aspidiophyllum* sp.,*Neokoninckophyum* sp.;横板珊瑚 *Aulina*(*Pseudoaulina*)*carinata*,*Michelina* ? *dubatolovi*;腕足动物:*Martinia* sp.,*Marginifera* sp.,*Gigantoproductus moderatus*,*Tolmatchoffia ribustus*,*Beecheria* sp.,*Leptagonia* sp.,*Schizophhoria* sp.,*Echinoconchus minatus*,*Oretonia* sp.,*Rhipidomella* sp.,*Squamularia postula*,*Phricodothyris* sp.,*Linoproductus elongata*,*L. cora*,*L. praelongatu*,*Schirophoria* sp.,*Madiniopsis talishanensis*;软体动物:*Paromphalus* sp.,*Palaeolima* sp.;有孔虫:*Nodosaria hunanica*,*Palaeotextularia* sp. 等。其中 *Dibunophyllum*,*Kueizhouphyllum*,*Linoproductus*,*Echinoconchus*,*Heterocaninia intermedia* 等都是我国南方早石炭世晚期常见的标准化石,因此,根据前人资料和本次调查的实际资料,我们将测区哈拉郭勒组的时代确定为早石炭世晚期,即韦宪期。

(四) 层序地层划分

以 Vail 等(1990,1991)的层序分析方法划分体系域和沉积层序,尝试对测区早石炭世哈拉郭勒组及早中二叠世树维门科组进行层序地层分析,划分三级层序。测区哈拉郭勒组出露面积比较小,给层序地层研究带来了极大困难。本书根据实测剖面(主要为青海省都兰县起次日赶特乌拉石炭纪哈拉郭勒组实测地层剖面)资料对层序地层划分作初步探讨,初步划分出 5 个三级层序(图 2-12),现分别论述如下:

(1) 层序 SQ1(第 14 层),该层序由于断层破坏而出露不全,只有高水位体系域,由结晶灰岩组成,代表内陆棚环境。

(2) 层序 SQ2(第 15—30 层),底界面为较大的岩性转换面,为Ⅰ型层序界面,由第 15 层构成低水位体系域(LST),为滨海碎屑岩夹砾岩;第 16 层构成海侵体系域,为浅海相粉砂岩;由第 17—30 层构成高水位体系域(HST),主要为生物碎屑灰岩及砂屑灰岩等,产大量珊瑚、腕足及双壳类动物化石,局部已构成生物丘,说明水体浅。这期间还发生两次火山爆发事件(第 25、27、28 层)。

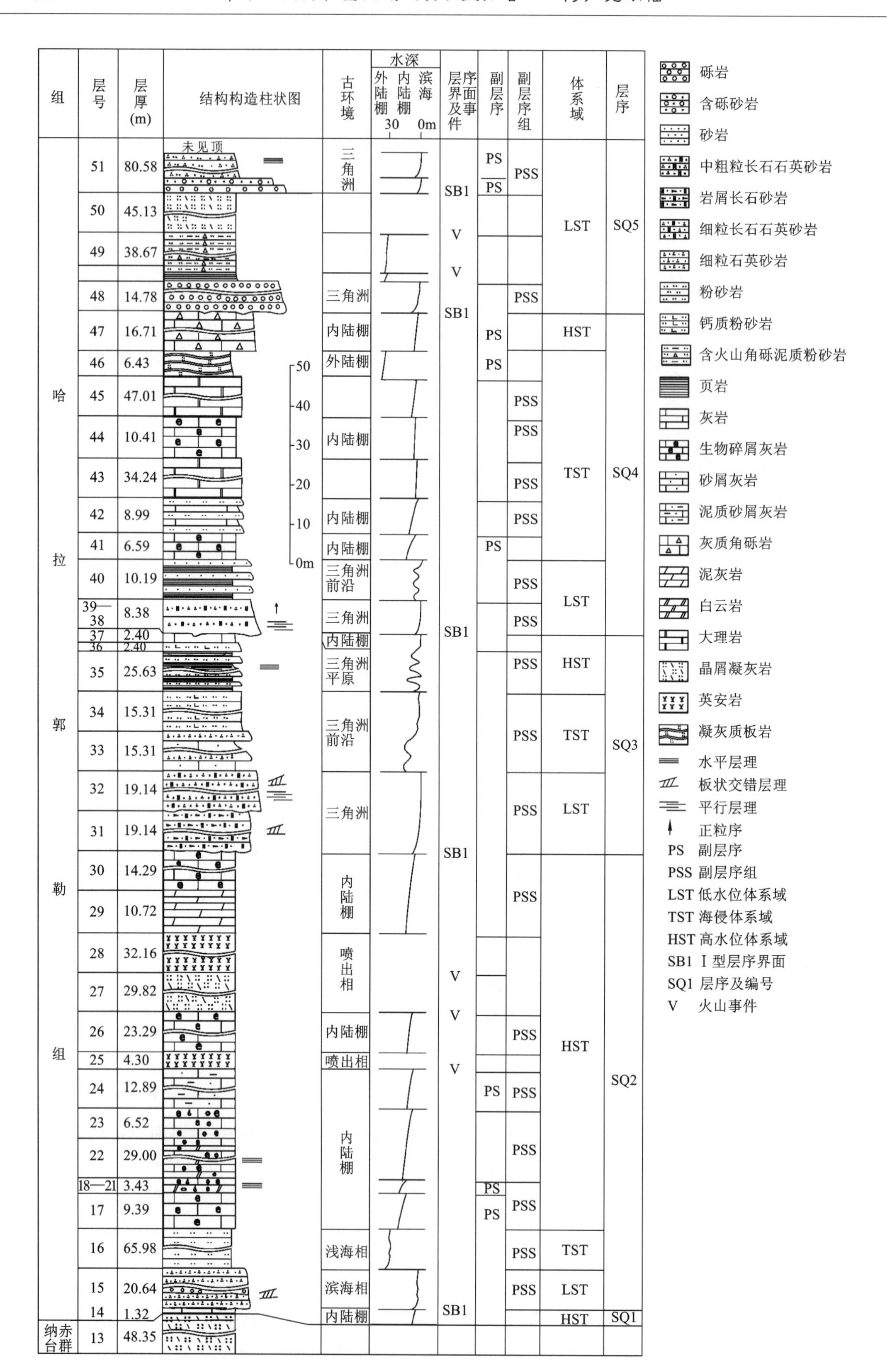

图 2-12　青海省都兰县宗加乡起次日赶特乌拉早石炭世哈拉郭勒组层序地层柱状图

(3) 层序 SQ3(第 31—37 层),底界面为Ⅰ型层序界面,低水位体系域由第 30—31 层的岩屑长石砂岩和长石石英砂岩两个退积型副层序组构成,为三角洲相沉积,发育交错层理及平行层理;海侵体系域由第 32—33 层的砂屑灰岩与细粒石英砂岩互层及钙质粉砂岩组成,为三角洲前缘的沉积;高水位体系域(第 35—37 层)的下部为三角洲平原的粉砂岩与页岩互层,发育水平层理,上部为灰岩,属内陆棚相。

(4) 层序 SQ4(第 38—47 层),底界面为Ⅰ型层序界面,低水位体系域(第 38—40 层)下部三角洲相为长石石英砂岩,发育平行层理和正粒序,上部三角洲前缘相为细砂岩与页岩互层;海侵体系域(第 41—46 层)由生物碎屑灰岩及粉砂岩与灰岩互层组成,其中的大理岩可能是断层导致的外来断夹块;高水位体系域(第 47 层)由水体很浅的角砾状灰岩组成。

(5) 层序 SQ5(第 48—51 层),底界面为Ⅰ型层序界面,该层序发育不全,只有低水位体系域,由三角洲相的砾岩和砂砾岩组成,期间有两次火山爆发事件。

四、石炭纪—二叠纪浩特洛哇组[(C—P)*h*]

测区内浩特洛哇组零星分布于图幅中北部的哈拉郭勒、捎斯拦赶陇郭勒一带及西部的乌苏郭勒一带,与下伏哈拉郭勒组呈断层接触,与上覆洪水川组呈角度不整合或断层接触,或与中三叠世闹仓坚沟组呈断层接触。出露面积约 24km^2。

(一) 剖面描述

1. 青海省都兰县宗加乡浩特洛哇石炭纪—二叠纪浩特洛哇组[(C—P)*h*]实测剖面(图 2-11、图 2-13)

上覆地层:下中三叠统洪水川组下段($T_{1-2}h^1$)

30. 猪肝色薄层状泥质粉砂岩夹灰绿色中层状粗粒长石石英砂岩	112.93m
═══ 断 层 ═══	
上石炭统—下二叠统浩特洛哇组[(C—P)*h*]	**>253.00m**
29. 下部灰色薄层状粉砂质板岩,中部深灰色薄中层生物碎屑核形石灰岩,上部灰白色中层含䗴生物碎屑灰岩	39.31m
28. 下部灰白色中厚层状细粒长石石英砂岩,上部深灰色薄—中层状生物碎屑灰岩,产䗴 *Parafusulina* sp.,*Schwagerina* sp.	18.68m
27. 灰黑色含碳质板岩夹深灰色中层状泥晶灰岩	25.01m
26. 底部为厚约 20cm 灰白色复成分砾岩,向上为灰白色中层状细粒钙质长石砂岩	8.60m
25. 灰色中层状细粒长石石英砂岩,顶部深灰色生屑泥晶灰岩	2.73m
24. 下部灰白色中薄层状细粒含粉砂钙质石英砂岩,中上部灰色粉砂质板岩	25.29m
23. 深灰色中厚层状生物碎屑灰岩,产腕足类 *Dielasma juresanensis* var. *minor*,*Cyathaxonia ningxiaensis*	11.67m
22. 灰—灰白色中厚层状石英粉砂岩	2.45m
21. 灰黄色薄层状生物碎屑亮晶灰岩	19.62m
20. 深灰色中厚层状含生物碎屑泥晶灰岩	2.45m
19. 灰色中层状泥质粉砂岩	31.49m
18. 深灰色中厚层状含䗴生物碎屑灰岩,产䗴 *Pseudostaffella* sp.,*Fusulinella* sp.	20.54m
17. 深灰色薄—中层状含生物碎屑灰岩与灰色粉砂质板岩互层夹灰白色中层状长石石英砂岩	58.68m
16. 灰褐色泥质粉砂岩	3.58m
15. 深灰色薄—中层状生物碎屑泥晶灰岩	12.53m
14. 灰白色中厚层状中粒石英砂岩	10.38m
13. 深灰色薄层状含生物碎屑泥晶灰岩	3.94m
12. 灰白色中厚层状细粒变杂砂岩	16.11m

═══ 断 层 ═══

下伏地层：早石炭世哈拉郭勒组(C_1h)

11. 灰色块状构造角砾岩　　6.45m

（二）岩性组合及沉积环境

浩特洛哇一带浩特洛哇组的岩性组合特征是：下部为生物碎屑灰岩与长石石英砂岩、粉砂岩互层；上部为长石石英砂岩、生物碎屑灰岩、鲕状灰岩夹粉砂岩，厚度大于253m。根据岩性特征和沉积特征，可以划分出11种基本层序(图2-13)：①泥晶生物碎屑灰岩；②细粒石英砂岩；③泥质粉砂岩；④生物碎屑灰岩；⑤细粒杂砂岩；⑥生物碎屑灰岩与粉砂质板岩互层；⑦下部为含粉砂钙质砂岩，上部为粉砂质板岩；⑧下部为长石石英砂岩，上部为生物碎屑灰岩；⑨下部为砾岩，上部为钙质长石砂岩；⑩含碳质板岩夹生物碎屑灰岩；⑪下部为粉砂质板岩，上部为生物碎屑灰岩。埃肯牙马托沟中部的浩特洛哇组中除碎屑岩和碳酸盐岩外，还出现一些灰绿—灰紫色安山质火山角砾岩、凝灰岩、安山岩及英安岩等。

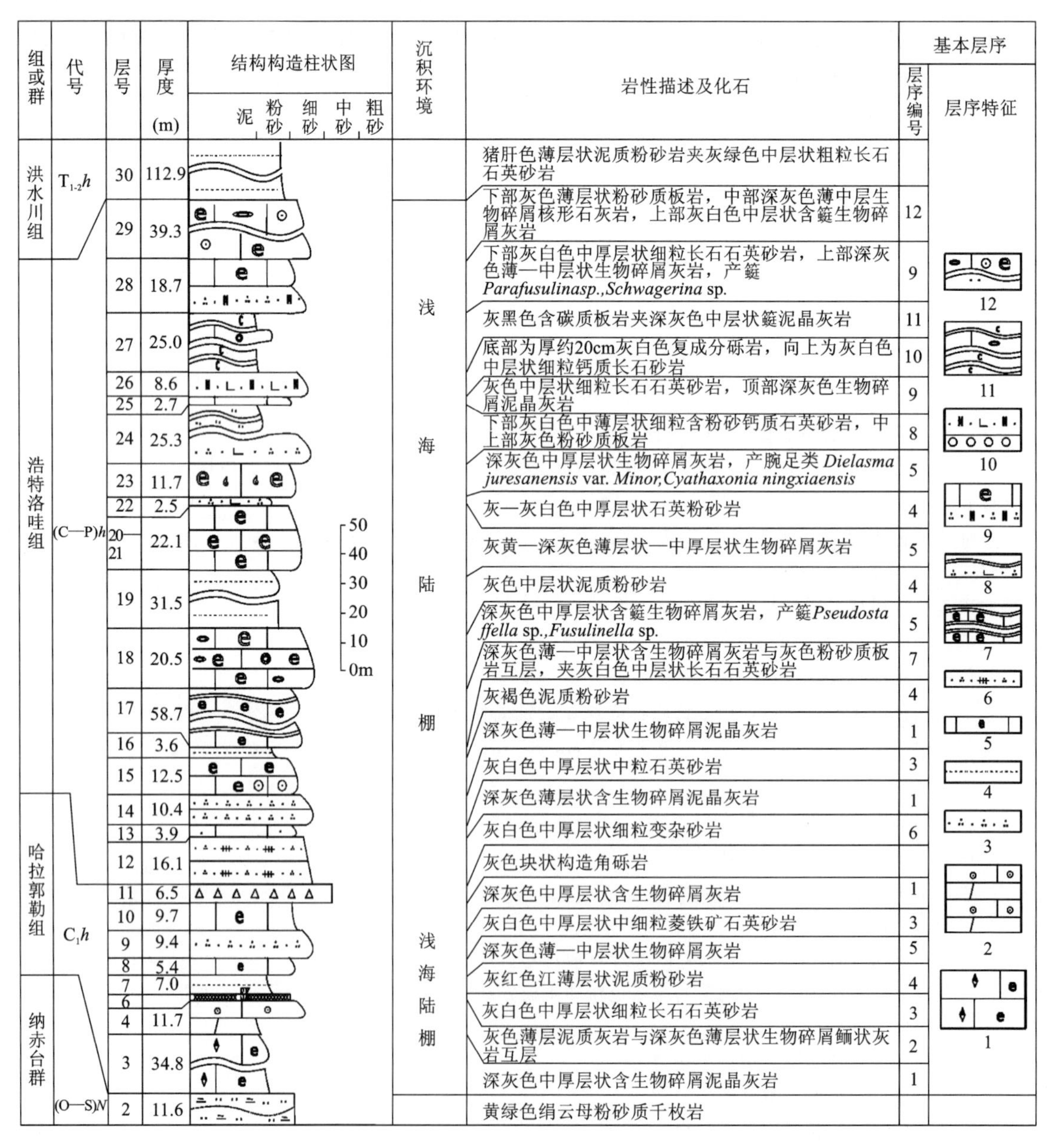

图2-13　青海省都兰县宗加乡浩特洛哇哈拉郭勒组-浩特洛哇组实测地层柱状图

浩特洛哇组岩石组合中碎屑岩的分选、磨圆较好，矿物成熟度也较高，灰岩中生物碎屑含量较高，还发育有核形石灰岩，化石中蜓、珊瑚、腕足动物等都是浅海相生物，根据岩性组合特征和生物化石分析，浩特洛哇组的沉积环境总体为滨浅海-陆棚相。靠南部的埃肯牙马托沟中部浩特洛哇组中出现的火山岩则显示构造环境具有一定的活动性。

（三）地层时代

本组化石较丰富，产蜓 *Pseudostffella* sp.，*Fusulinella* sp.，*Schwagerina* sp.，*Triticites* sp.，*Parafusulina* sp.；腕足类 *Dielasma jureanensis* var. *minor*；珊瑚 *Cyathaxonia ningxiaensis* 及双壳类等化石。根据蜓及珊瑚等化石，按照新的石炭纪二分、二叠纪三分的划分方案，其时代为晚石炭世—早二叠世。

五、早中二叠世树维门科组($P_{1-2}sh$)

测区树维门科组主要分布于图幅中部的马尔争乌兰乌拉一带，呈近东西向分布，呈外来推覆体覆于哈拉郭勒组、马尔争组、格曲组之上。在测区南部的哥琼尼洼以及图幅西南约古宗列北侧则呈狭窄长条形的楔状断片的形式产出。出露面积约 150km^2。

（一）剖面描述

1. 青海省都兰县马尔争早中二叠世树维门科组实测地层剖面(图 2-14)

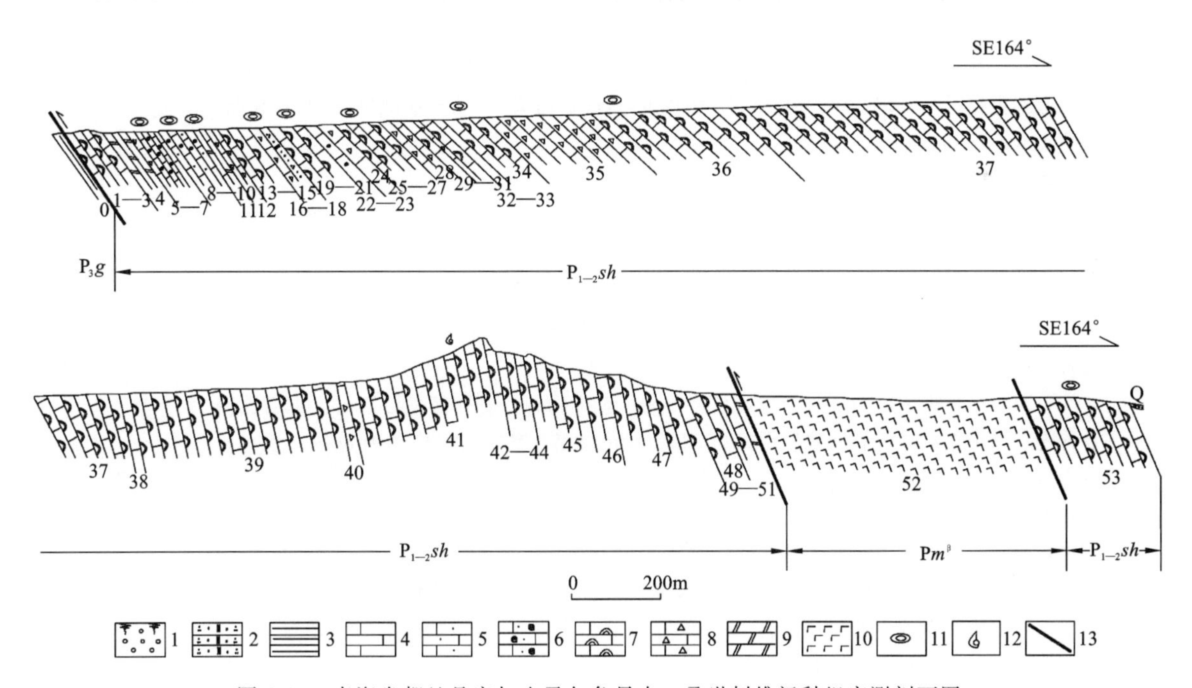

图 2-14 青海省都兰县宗加乡马尔争早中二叠世树维门科组实测剖面图

1. 第四纪砾石层；2. 长石石英砂岩；3. 泥质粉砂岩；4. 灰岩；5. 砂屑灰岩；6. 含砂屑生物碎屑灰岩；7. 礁灰岩；8. 礁前角砾岩；9. 白云岩；10. 玄武岩；11. 蜓化石；12. 动物化石；13. 断层

（未见顶）

下中二叠统树维门科组($P_{1-2}sh$)

53. 灰色块状古石孔藻黏结灰岩，黏结生物古石孔藻含量 30%，也具 *Tubiphytes* sp.，同时礁角砾发育，角砾大小以 0.5～4cm 为主，分布不均，有的地方多达 60%，有的地方少或无，角砾之间为灰质或被古石孔藻所包围，产丰富的生物碎屑，有孔虫，藻屑等 > 517.59m

══════ 断 层 ══════

二叠系马尔争组(P*m*)

52. 灰绿色玄武岩，无斑隐晶结构，块状构造，成分均为隐晶质。与第51层为断层接触，断层产状南倾，为逆断层　1 147.20m

═══════ 断　层 ═══════

下中二叠统树维门科组($P_{1-2}sh$)　>4 436.43m

51. 黄绿色厚层微晶—细晶灰岩　16.62m
50. 暗灰色块状古石孔藻黏结灰岩。古石孔藻含量已明显减少，约为30%，古石孔藻之间为灰泥　59.56m
49. 黄绿色厚层微晶—细晶白云岩。微晶—细晶结构，块状构造，发育方解石脉　6.71m
48. 暗灰色块状古石孔藻黏结灰岩。古石孔藻包壳较小，但古石孔藻的总体含量与第47层相当。同时产 *Tubiphytes* sp.，古石孔藻包围的大多为小角砾或生物碎屑。其他生物有藻类，有孔虫，粗枝藻　93.68m
47. 灰色块状古石孔藻黏结灰岩。古石孔藻及管壳石发育，同时栉壳构造也非常发育　124.59m
46. 灰红色块状古石孔藻黏结灰岩。古石孔藻非常发育，藻圈大大小小都有，栉壳构造也非常发育，但其他生物比较少见。黏结结构，块状构造　45.96m
45. 灰色块状古石孔藻黏结灰岩。古石孔藻及管壳石(*Tubiphytes obscurus*)含量占生物总量的80%以上，其他生物主要为粗枝藻藻屑，有孔虫以及串管海绵 *Colospogia* sp. 等。局部有礁角砾，大小为1～8cm，常被古石孔藻包围　217.84m
44. 灰红色块状泥灰岩，其中杂有灰色的古石孔藻黏结灰岩，为窝涡状，其周围均为古石孔藻黏结灰岩　61.82m
43. 灰色块状古石孔藻生物礁黏结灰岩，古石孔藻发育，约占80%，含小角砾，大小为2～3cm 并被古石孔藻包围，发育栉壳构造，黏结结构，块状构造　35.65m
42. 紫红色块状泥灰岩，其中杂有灰色的古石孔藻黏结灰岩，这种岩性横向不稳定，为窝涡状，其周围均为古石孔藻黏结灰岩　20.37m
41. 灰色块状生物礁黏结灰岩。古石孔藻含量为75%～80%，黏结生物以古石孔藻为主，见有少量造架生物纤维海绵，发育栉壳构造，黏结结构，块状构造，可见少量礁角砾，发育孔洞。产腕足 *Martinia* sp.　537.49m
40. 灰红色礁前角砾岩。角砾大小一般为5～50cm　8.55m
39. 灰色块状古石孔藻黏结灰岩。古石孔藻含量70%～80%，其他生物少见。发育栉壳构造，生物礁黏结结构，块状构造　608.33m
38. 深灰色古石孔藻黏结灰岩。古石孔藻含量85%，产串管海绵？*Sollasia* sp.　10.28m
37. 深灰色块状生物礁古石孔藻黏结灰岩。古石孔藻含量约80%，发育栉壳构造。黏结结构，块状构造　993.78m
36. 灰红色块状生物礁古石孔藻黏结骨架灰岩夹灰黑色生物礁古石孔藻黏结灰岩。古石孔藻及管壳石含量在灰红色黏结灰岩中约为55%，而在灰黑色黏结灰岩中约为80%。发育栉壳构造，黏结结构，块状构造　217.33m
35. 灰红色礁前角砾岩　235.33m
34. 灰黑色块状生物礁古石孔藻黏结灰岩。黏结生物古石孔藻及管壳石藻含量60%～70%，附礁生物有粗枝藻、䗴 *Parafusulina* sp.，*Neochwagerina* sp. 及少量海百合茎等化石　108.73m
33. 灰色厚层藻斑块含管壳石泥粒灰岩，藻斑块含量40%～70%，少量䗴碎片　11.25m
32. 灰白色块层状泥粒灰岩。未见大化石　18.40m
31. 灰色块状生物礁古石孔藻黏结灰岩。古石孔藻含量约占岩石总量的70%，从30m开始含藻屑，向上有增多的趋势。发育栉壳构造，黏结结构，块状构造　33.35m
30. 灰红色礁前角砾岩，角砾大小一般为1～15cm，形态极不规则，角砾成分为颗粒灰岩　17.56m
29. 灰白色块层状管壳石黏结灰岩，产黏结生物管壳石及藻屑　32.49m
28. 灰红色块状礁前角砾岩。角砾大小不一，小的1～8cm，大的40～80cm，可见古石孔藻及少量管壳石　56.39m
27. 灰色块状生物礁黏结灰岩，古石孔藻及管壳石占岩石总量的60%，附礁生物有䗴、有孔虫、海百合茎及少量腕足碎片。发育栉壳构造，向上古石孔藻含量有所减少，为30%～40%，在上部夹灰色含古石孔藻藻屑灰岩　58.33m

26. 灰白色块状藻核形石颗粒灰岩。核形石含量70%，并产丰富的䗴化石 *Neoschwagerina* sp.，粗枝藻 *Mizzia* sp. 及少量 *Tubiphytes* sp. 46.46m
25. 灰色块状生物礁古石孔藻黏结灰岩。古石孔藻含量为80%以上，发育栉壳构造，黏结结构，块状构造 16.17m
24. 灰红色块状礁前角砾岩，角砾大小3～15cm，角砾及胶结物中可见少量古石孔藻，角砾成分为管壳石生物礁黏结灰岩，*Tubiphytes* sp. 丰富 50.30m
23. 灰白色块层状含生物碎屑泥晶灰岩，具少量䗴碎片 19.66m
22. 灰色生物礁黏结灰岩，生物碎屑总量50%，主要为介壳、藻屑、海百合茎等 11.08m
21. 灰—深灰色生物礁黏结灰岩。黏结生物为 *Tubiphytes* sp.，占生物总量的60%，附礁生物为有孔虫 *Pachyphloia* sp.，䗴碎片及少量海百合茎、介壳，藻屑等 37.90m
20. 灰色生物礁黏结灰岩。生物丰富，以黏结生物 *Tubiphytes* sp. 为主，并有少量 *Tabulozoa*，附礁生物有䗴 *Neoschwagerina* sp.，有孔虫及粗枝藻 *Macroporella* sp. 21.48m
19. 深灰色生物礁黏结灰岩，生物丰富，主要有 *Tubiphytes* sp.，其次有䗴(*Parafusulina* sp.)、有孔虫、粗枝藻及腕足碎片、海百合茎等 38.95m
18. 灰黄色中厚层粉砂质细粒石英砂岩 14.43m
17. 深灰色生物礁黏结灰岩。生物总量约为80%，主要为黏结生物 *Tubiphytes* sp.，附礁生物为䗴 *Parafusulina* sp.、海百合茎、藻屑、介壳等 4.33m
16. 灰白色，风化后灰红色礁前角砾岩。角砾大小不一，小的1～3cm，大的可达20～30cm，角砾之间为方解石所充填，胶结物中局部可见古石孔藻 42.72m
15. 深灰色块状生物礁古石孔藻黏结灰岩，藻含量约为60%，黏结生物以 *Archaeolithoporella* sp. 为主，它包裹缠绕灰泥，从而形成抗浪构造发育栉壳构造，黏结结构，块状构造 21.36m
14. 灰白色块状生物礁古石孔藻黏结灰岩，块状构造 62.84m
13. 灰色块状生物礁古石孔藻黏结灰岩. 主要黏结生物为 *Archaeolithoporella* sp.，*Tubiphytes* sp.，*T. carinthiathus*，附礁生物有䗴、有孔虫、海百合茎等，生物总量为50%～60% 13.93m
12. 灰红色块状礁前角砾岩，角砾大小1～20cm，角砾形态极不规则，局部可见古石孔藻 37.53m
11. 灰白色巨厚层生物礁黏结灰岩。主要黏结生物为 *Tubiphytes* sp.，附礁生物有䗴、有孔虫、及海百合茎碎片等，局部可见含藻、藻斑点、藻团块 32.48m
10. 深灰色厚层含生物碎屑泥粒灰岩，生物碎屑总量为40%～50%，主要为䗴、有孔虫、介壳、藻屑及海百合茎等 13.06m
9. 灰色厚层生物碎屑泥粒灰岩。产䗴、有孔虫、藻屑等 59.21m
8. 深灰色中厚层生物碎屑䗴灰岩，生物碎屑总量为20%～30%，主要为䗴碎片、有孔虫、藻屑、海百合茎等，并有少量 *Tubiphytes* sp.。泥粒结构，块状构造，局部可见波状藻纹层 4.37m
7. 灰色厚层含藻屑泥晶灰岩，泥晶结构，块状构造，产䗴化石 13.10m
6. 深灰色厚层生物碎屑粒泥灰岩。生物碎屑以䗴 *Parafusulina* sp. 为主(60%)，核形石30%，粗枝藻 *Macroporella* sp.，海百合茎8%，介壳2%，及少量 *Tubiphytes* sp.，*Archaeolithoporella* sp.，生物碎屑总量在80%～90%以上。生物碎屑颗粒结构，块状构造 58.09m
5. 灰色厚层砾岩，砾石成分为灰岩，砾石及胶结物中产䗴 *Schwagerina* sp.，*Parafusulina* sp. 10.63m
4. 灰白色块状微晶白云岩 53.05m
3. 灰白色块状生物礁古石孔藻-管壳石黏结灰岩，造礁生物：古石孔藻 *Archaeolithoporella* sp. 70%，管壳石 *Tubiphytes obscurus*，*T. carinthiathus*，30%，占生物总量的70%，发育栉壳构造 14.50m
2. 灰白色块状生物礁管壳石黏结灰岩，产黏结生物 *Tubiphytes carinthiathus*，*T.* sp. 7.25m
1. 灰白色块状生物礁黏结灰岩，主要造礁生物为黏结生物古石孔藻 *Archaeolithoporella* sp. >73.45m

（未见底）

（二）生物礁的岩石特征及礁体群落特征

1. 生物礁的岩石类型及其特征

树维门科组生物礁的岩石组合比较齐全，礁核相主要为灰白色、灰红色块状古石孔藻黏结灰岩，管壳石黏结灰岩，发育栉壳构造，缺乏骨架岩，也未见障积岩。礁前相礁前角砾岩发育；礁后相总体水体还比较通畅，深灰色中厚层生物碎屑灰岩比较发育，而较局限的白云岩比较少见。这些不同相带的岩石类型的多旋回发展构成厚度巨大的生物礁复合体，超过 4 927m。

2. 礁体群落特征

(1) 造礁生物：主要为黏结生物古石孔藻 *Archaeolithoporella* sp.，这种藻类通过黏结、缠绕其他生物和灰泥或碎屑来构筑抗浪构造。管壳石包括 *Tubiphytes carinthiatus*，*T.* sp.，*T. obscuru*，以及 *Tabulozoa*，其次为造架生物串管海绵 *Polycystocoelia huajiaopingensis*，*Tabagathatamia* sp.，*Amblysiphonella* sp.，*A. specialis*，*Sollasia* sp.，纤维海绵 *Peronidella* sp. 及水螅，还常见丛状复体四射珊瑚 *Liangshanophyllum* sp.，局部见少量苔藓虫。黏结生物管壳石 *Tubiphytes obscurus*，*T. carinthiathus* 非常繁盛，这种生物黏结灰泥本身呈细小的壳状，是一种不断增生的泥晶方解石包壳生物，具有圆到小叶状、瘤转轨的低起伏外形(呈不规则管状或囊状)，由暗色隐晶到微晶方解石微粒组成，常附生、黏结包覆其他生物，或自生叠覆呈锥状生长，具有同心纹与叠覆增生的生长线(内部常有若干近同心状生长带，在其边缘或内部的生长带之间有时有不透明的暗色层)，体内中央或为模糊的空腔，或为亮晶方解石。

(2) 附礁生物：树维门科组生物礁中的附礁生物非常丰富，包括䗴 *Schwagerina* sp.，*Parafusulina* sp.，*Neochwagerina* sp.；有孔虫 *Pachyphloia* sp.；钙藻 *Macroporella* sp.，*Mizzia* sp.，*Gymncodium* sp.，*Permocalculus* sp.，*Pseudovermiporella* sp.，*Solenopora* sp.；腕足 *Martinia* sp.，*Pseudoavonia lopingensifermis*，*Dictyoclostus rithofeni*，*Dictyoclostus* sp.，*Marginifera* sp. 类；单体四射珊瑚 *Iranophyllum xinghaiensis*，*I.* sp.? *Michelinia* sp. 以及少量鹦鹉螺类和大量海百合茎碎片。

根据上述丰富的化石类别，尤其是䗴化石和四射珊瑚等化石对确定地质年代比较准确，树维门科组的时代定为早中二叠世应该不成问题，以中二叠世为主。

六、晚二叠世格曲组(P_3g)

测区格曲组分布于图幅中部，零星出露在亚门乌拉、乌兰乌拉及核特马尔争及依克马尔争一带，在马尔争山北坡以紫红色碎屑岩为主，在南坡只有底部为砾岩，向上变为生物礁灰岩。与下伏地层早中二叠世树维门科组或早石炭世哈拉郭勒组呈角度不整合接触，上被树维门科组的推覆体所压盖。面积总共不足 10km^2。

(一) 剖面描述

1. 青海省都兰县宗加乡依克马尔争晚二叠世格曲组实测剖面(图 2-15、图 2-16)

(未见顶)

上二叠统格曲组(P_3g)	**>166.50m**
12. 深灰色块状生物礁黏结灰岩，发育栉壳构造，造架生物有串管海绵 *Amblysiphonella* sp.，纤维海绵；黏结生物为 *Archaeolithoporella* sp.，*Tubiphytes carinthiahus*，*Tubiphytes obscurus* *Tubiphytes* sp.，*Tabulozoa*；附礁生物为有孔虫 *Pachyphloia* sp.；钙藻 *Epivermiporella* sp.，*Permocalculus* sp.，*Mizzia* sp.，*Mcroporella* sp.，*Pseudovermiporella* sp.，*Gymnocodium* sp. 等	>87.50m
11. 浅灰色块状生物礁黏结灰岩，具栉壳构造，生物丰富，占 55%，黏结生物 *Archaeolithoporella* sp.，*Tubiphytes carinthiahus*，*Tabulozoa*；具少量纤维海绵；附礁生物主要为有孔虫、粗枝藻	12.13m
10. 灰色块状礁前角砾岩，角砾成分为砂质灰岩，角砾之间可见中细粒石英砂，角砾中具少量造礁生物纤维海绵及藻屑等	12.85m

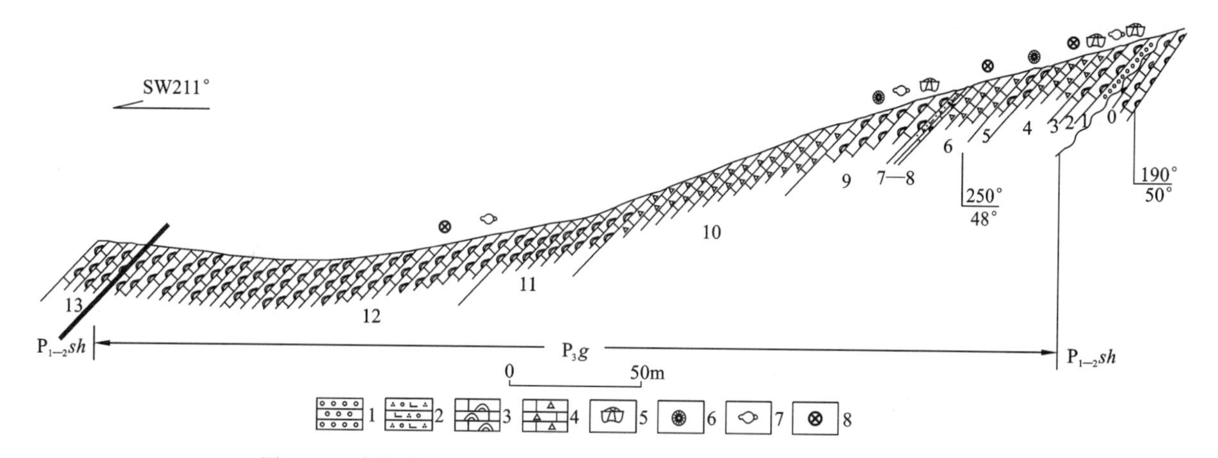

图 2-15　青海省都兰县宗加乡依克马尔争晚二叠世格曲组实测剖面图

1.砾岩；2.含砾钙质石英砂岩；3.礁灰岩；4.礁前角砾岩；5.腕足动物化石；6.珊瑚化石；7.有孔虫化石；8.钙藻化石

9. 灰色块状黏结-骨架岩，发育栉壳构造，造架生物为纤维海绵 *Peronidella* sp.，*Peronidella parva*，串管海绵 *Amblysiphonella* sp.，*Polycystocoelia huajiaopingensis*；四射珊瑚 *Waagenophyllum indicum crassiseptatum*；苔藓虫 *Tabagathatamia* sp.；黏结生物有 *Archaeolithoporella* sp.，*Tubiphytes* sp.，*Tabulozoa*；附礁生物有腕足、有孔虫、钙藻 *Mizzia* sp.，*Permocalculus* sp.，管孔藻等　　15.38m
8. 灰黄色含砾中粗粒钙质石英砂岩，砾石成分主要为古石孔藻泥结灰岩，含量为25%，局部可见少量脉石英，砾石中含量约10%　　1.69m
7. 灰色块状生物礁黏结灰岩，主要造礁生物为 *Archaeolithoporella* sp.，有少量纤维海绵，发育栉壳构造　　1.26m
6. 灰色块状礁前角砾岩，角砾成分除局部为脉石英外，主要为礁灰岩砾石，灰岩砾石中生物丰富，有造礁生物 *Archaeolithoporella* sp.，*Tubiphytes* sp.，串管海绵等；附礁生物 *Pseudovermiporella* sp.，*Permocalculus* sp.，有孔虫 *Pachyphloia* sp. 等　　9.69m
5. 浅灰色块状生物礁黏结-骨架岩，造架生物有串管海绵、纤维海绵、四射珊瑚 *Waagenophyllum* sp.；主要黏结生物为 *Archaeolithoporella* sp.，*Tubiphytes* sp.，*Tabulozoa*；附礁生物有腕足类 *Schuchertella* sp.，*Martinia* cf. *rectangularis* 以及海百合茎 *Pentagonocyclicus puctatus* 等　　4.73m
4. 灰色块状礁前角砾岩，角砾成分为生物礁黏结灰岩。其中造礁生物有 *Peronidella* sp.，串管海绵 *Archaeolithoporella* sp.，*Tubiphytes obscurus*，*Tabulozoa*；附礁生物有腕足动物 *Meekospira* sp.，*Squamularia* sp.，? *Hustedia* sp.，钙藻 *Pseudovermiporella* sp.　　11.35m
3. 灰色块状生物礁骨架岩，造礁生物丰富，造架生物有 *Peronidella* sp.，*Archaeolithoporella* sp.；附礁生物有腕足类 *Chianella* sp.，*Tylopecta* sp.，*Uncinuellina timorensis*，*Oldhamina decipiens* var. *regularis*，*Martinia* sp.，*M. yangxinensis*，有孔虫 *Colaniella* sp.，海百合茎　　2.84m
2. 灰黑色块状生物礁黏结骨架岩，造礁生物有 *Peronidella* sp.，*Archaeolithoporella* sp.，苔藓虫等；附礁生物有腕足动物 *Oldhamina decipiens* var. *regularis*，*Uncinuellina timorensis* *Martinia* sp.，有孔虫，海百合茎等　　3.78m
1. 灰黄色砾岩，砾石成分以脉石英为主，其次为硅质岩、粉砂岩，磨圆度非常好，钙质胶结。与下伏地层树维门科组为角度不整合接触　　3.31m

~~~~~~~~~~ 角度不整合 ~~~~~~~~~~

下伏地层：早中二叠世树维门科组（$P_{1-2}sh$）

0. 灰白色块状生物礁黏结灰岩，造架生物为串管海绵 *Solalsia* sp.，*Cystcoelia* sp.，纤维海绵 *Peronidella* sp.；黏结生物为 *Archaeolithoporella* sp.，*Tubiphytes* sp.；附礁生物有䗴、有孔虫、腕足类等　　>2.36m
~~~~~~~~~~

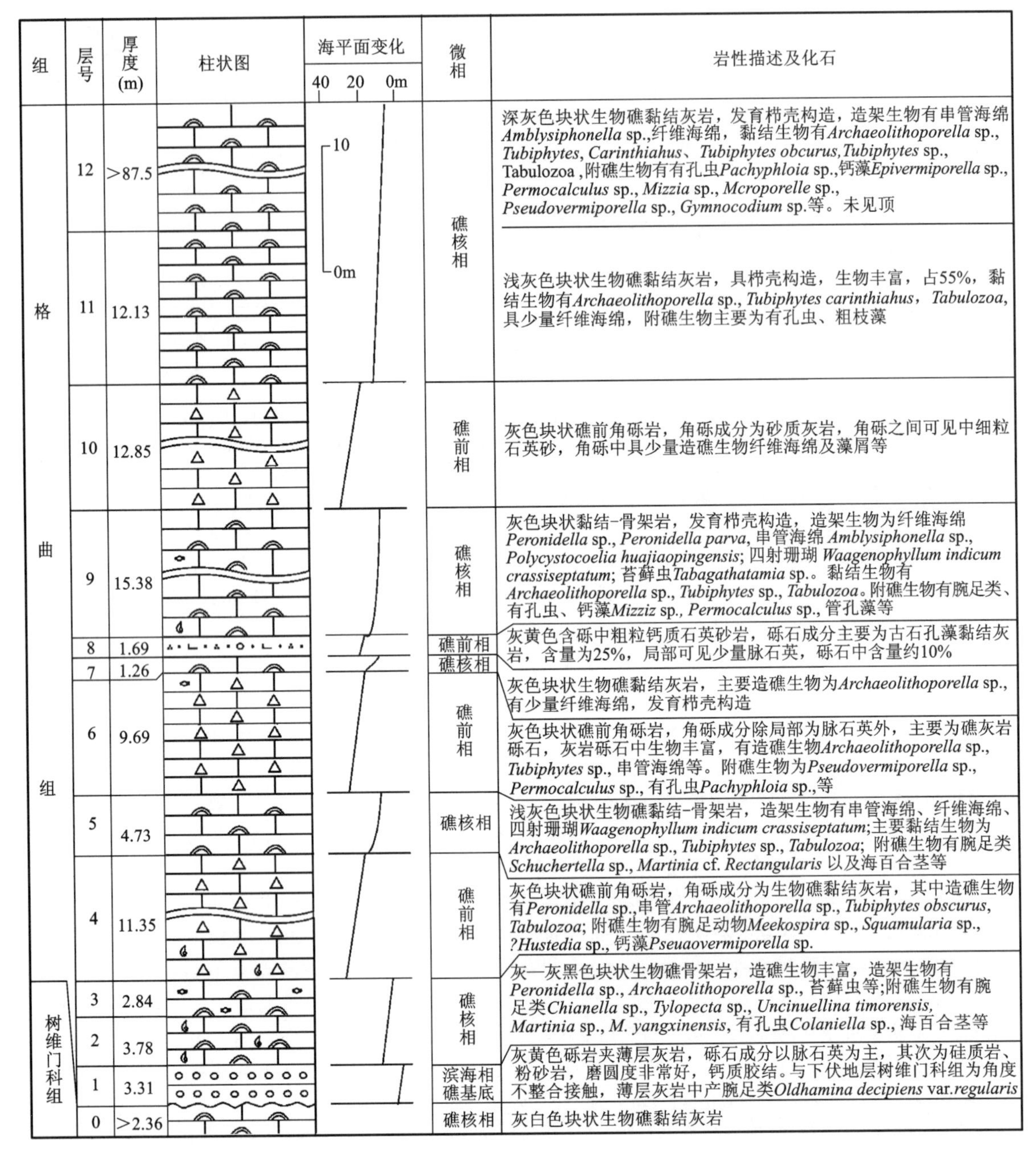

图 2-16　青海省都兰县宗加乡依克马尔争晚二叠世格曲组实测地层柱状图

（二）岩石地层及生物地层

格曲组在马尔争山链的南、北坡岩性差异较大。在马尔争山北坡岩性主要为紫红色长石石英砂岩、粉砂岩夹砂砾岩及泥岩，未见化石。在马尔争山南坡，下部为一套石英质砾岩、含砾砂岩、砂岩夹板岩及薄层灰岩，圆度和球度都非常好，结构成熟度和成分成熟度也都非常高，底砾岩的特征明显，还可见有暗紫色长石石英砂岩夹凝灰岩，为滨海相沉积，产腕足类 *Oldhamina decipiens* var. *regularis*，*Uncinuellina timorensis*，*Martinia* sp.；上部为灰白色、灰红色、灰黑色块状生物礁灰岩，生物礁的基本特征是①岩石组合为古石孔藻黏结灰岩、管壳石黏结灰岩、古石孔藻-管壳石黏结灰岩，发育栉壳构造。②造礁生物以黏结生物古石孔藻 *Archaeolithoporella* sp.，管壳石 *Tubiphytes Carinthiahus*，*Tubiphytes obscurus* *Tubiphytes* sp. 及 *Tabulozoa* 为主，造架生物较少，主要有串管海绵 *Amblysiphonella* sp.，*Intrasporeocoelia* sp.，纤维海绵 *Peronidella* sp.，水螅、复体四射珊瑚 *Waagenophyllum indicum crassiseptatum* 及苔藓虫。③附礁生物：腕足类 *Tylopecta* sp.，*Chianella* sp.，*Squamularia* sp.，*Martinia* cf. *rectangularis*.，*Schuchertella* sp.；䗴、有孔虫 *Colaniella* sp.，*Pachyphloia* sp.；藻类 *Pseudovermiporella* sp.，*Permocalculus* sp.，*Gymnocodium* sp.，*Mcroporella* sp.，*Mizzia* sp. 及单体珊瑚、海百合茎 *Pentagonocyclicus puctatus*；腹足类 *Meekospira* sp. 等化石。厚度大于 167m。其中四射珊瑚 *Waagenophyllum indicum crassiseptatum*，有孔虫 *Colaniella* sp. 是我国南方晚二叠世的标准化石，而且 *Colaniella* sp. 是长兴期的标准化石，腕足动物 *Oldhamina decipiens* var. *regularis*，有孔虫 *Pachyphloia* sp. 等也是晚二叠世的常见分子。因此，将测区格曲组的时代定为晚二叠世长兴期是合适的。该生物礁与扬子地台的湖北西部、贵州紫云、湖南慈利大罗坑长兴期生物礁比较，有相似之处，它们之间的差异表现在格曲组生物礁中串管海绵、纤维海绵等造礁生物比较少，大量发育的是黏结生物古石孔藻和管壳石，其中发育有 *Waagenophyllum*，与湖南慈利大罗坑长兴组生物礁更为相近。

七、早中三叠世洪水川组($T_{1-2}h$)

测区的洪水川组分布于图幅的中北部，出露于哈拉郭勒以南的浩特洛哇、埃肯牙马托及巴音呼萧以北及图幅西部马尔争北坡等地。不整合于下石炭统哈拉郭勒组(C_1h)、上石炭统—下二叠统浩特洛哇组[(C—P)h]之上或与之呈断层接触，中上部与闹仓坚沟组呈相变关系或与闹仓坚沟组呈断层接触，上覆八宝山组角度不整合于其上。

（一）剖面描述

1. 都兰县宗加乡浩特洛哇早中三叠世洪水川组($T_{1-2}h$)实测剖面（图 2-11、图 2-17）

上覆地层：中三叠统闹仓坚沟组上段(T_2n^3)

49. 灰色中厚层状微晶灰岩	22.14m
50. 深灰色中厚层状藻屑核形石灰岩，发育虫管	29.79m
51. 灰色中厚层状砂泥质灰岩	23.00m
下中三叠统洪水川组上段($T_{1-2}h^2$)	
52. 灰绿色薄层状含钙绢云母粉砂质板岩，发育水平层理	229.39m
═══ 断　层 ═══	
48. 下部灰绿色厚层状晶屑浆屑凝灰质角砾熔岩，中部灰绿色薄层状晶屑岩屑凝灰岩，上部灰绿色纹层状泥质粉砂岩	160.81m
47. 灰绿色中层状岩屑晶屑凝灰岩夹含砾粗砂岩，粗砂岩中具交错层理	28.03m
46. 灰绿色英安岩	3.72m
45. 下部灰绿色中厚层状凝灰质长石石英砂岩夹灰色薄层状砂屑泥晶灰岩，上部为灰绿色薄层状凝灰质粉砂岩	49.79m
44. 下部灰紫色厚层状复成分中—细砾岩，中部紫红色中层状含角砾岩屑晶屑凝灰岩，上部灰绿色薄—中层状凝灰质长石石英砂岩夹灰绿色薄层状凝灰质粉砂岩，产双壳类？*Pteria* sp.	99.00m
下中三叠统洪水川组下段($T_{1-2}h^1$)	
43. 下部灰色厚层状复成分砾岩，上部灰绿色中层状细粒石英砂岩	91.38m
42. 灰绿色中厚层状中粒岩屑石英砂岩，发育交错层理	28.93m
41. 底部灰色厚层状复成分砾岩，中上部灰绿色中层状中粒岩屑长石石英砂岩	114.39m
40. 灰绿色中厚层状中粒含钙质石英砂岩	50.16m
39. 下部浅灰绿色块层状钙质复成分砾岩，中上部浅灰绿色中厚层状中细粒长石石英砂岩夹灰绿色泥岩	10.50m
38. 下部灰绿色中层状中细粒钙质石英砂岩，上部灰黄色块状泥岩	23.11m
37. 浅灰绿色中厚层状中粒石英砂岩，具板状交错层理及平行层理	54.94m

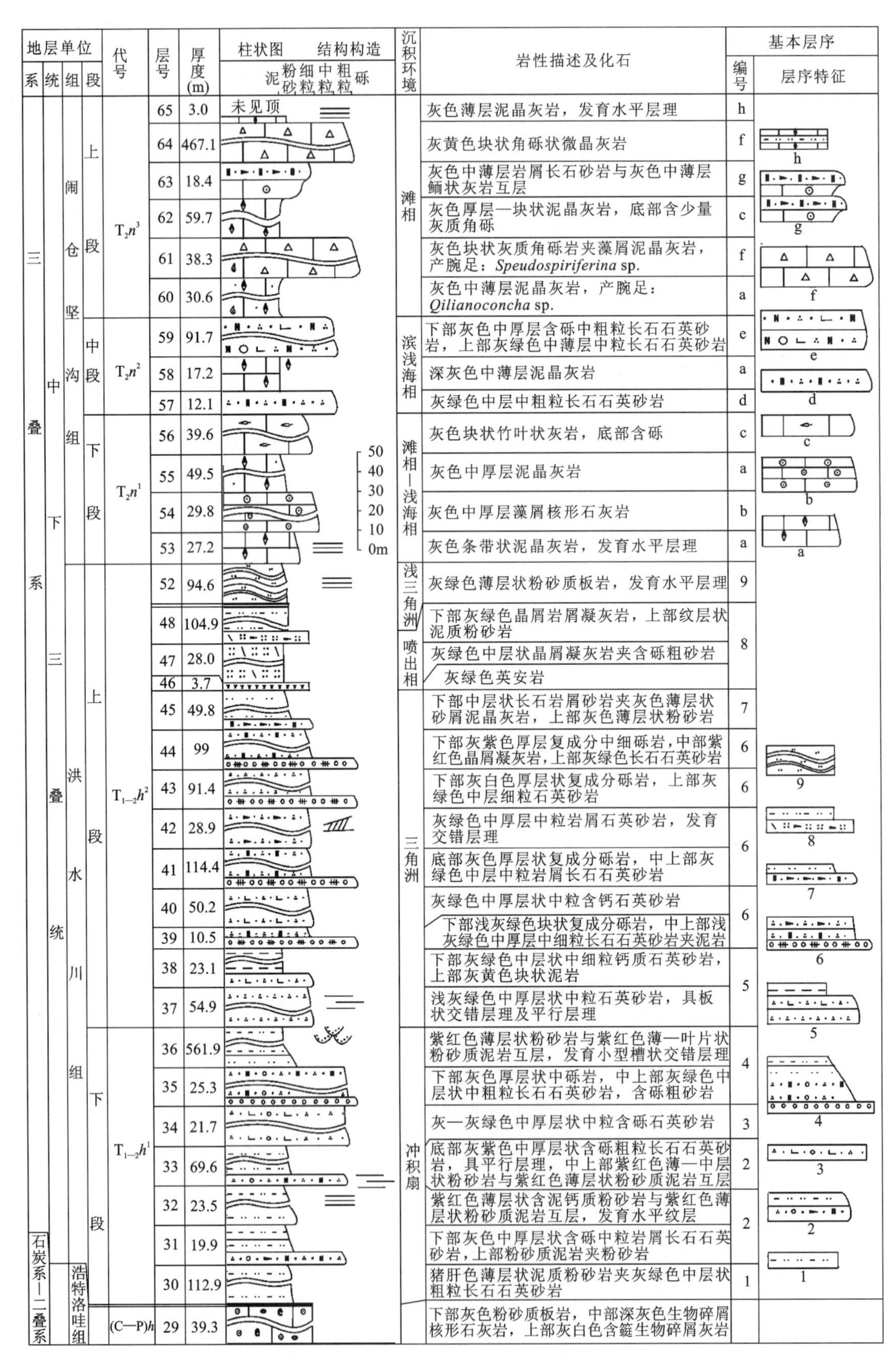

图 2-17 都兰县宗加乡浩特洛哇早中三叠世洪水川组-中三叠世闹仓坚沟组实测剖面柱状图

36. 紫红色薄层状粉砂岩与紫红色薄—叶片状粉砂质泥岩互层，发育小型槽状交错层理　561.91m

35. 下部灰色厚层状中砾岩，中部灰绿色中层状中粗粒长石石英砂岩，上部灰色中层状含砾粗粒长石石英砂岩　25.31m

34. 灰—灰绿色中厚层状中粒含砾钙质石英砂岩　21.69m

33. 底部灰紫色中厚层状含砾粗粒长石石英砂岩，具平行层理，中上部紫红色薄—中层状粉砂岩与紫红色薄层状粉砂质泥岩互层　69.64m

32. 紫红色薄层状含泥钙质粉砂岩与紫红色薄层状粉砂质泥岩互层，发育水平纹层　23.45m

31. 灰色中厚层状含砾中粒岩屑长石石英砂岩　19.93m

30. 猪肝色薄层状泥质粉砂岩夹灰绿色中层状粗粒长石石英砂岩　112.93m

═══════ 断　层 ═══════

下伏地层：上石炭统—下二叠统浩特洛哇组[(C—P)h]

29. 下部灰色薄层状粉砂质板岩，中部深灰色薄中层生物碎屑核形石灰岩，上部灰白色中层状含鲢生物碎屑灰岩　39.31m

（二）区域地层特征及时代

测区洪水川组自西向东岩性组合有较大变化，西部区为一套浊积岩相砂板岩，由于缺少化石而岩石组合单一，也难以对比，所以不能细分。中东部分上、下两段，下段砂砾岩段（$T_{1-2}h^1$）为灰紫色砾岩、含砾砂岩夹长石石英砂岩、泥质粉砂岩及粉砂质泥岩，厚度 1 208m；上段火山岩段（$T_{1-2}h^2$）下部为灰绿色砾岩、含砾粗砂岩夹火山岩及砂板岩，向东粒度变细，上部为各种凝灰岩、安山玄武岩夹变粉砂岩、砂岩及硅质岩、薄层灰岩，向西火山岩增多增厚，厚度 341m。产双壳类：？*Pteria* sp.，*Plagiostioma* sp.，*Entolium tilolicum*，*Neoschijodus laevigatu*，*Unionites* sp.。目前该组时代主要依据上段下部双壳类化石来确定。

根据前人资料及其与闹仓坚沟组的关系，我们将洪水川组的时代定为早中三叠世。

（三）沉积环境

从洪水川组的岩性组合可以看出，不同地区所处的沉积环境有较大的差别，在西部为斜坡浊积岩相砂板岩夹薄层灰岩，鲍马层序发育，主要为 C、D、E 段，A、B 段较少，为浊积扇的中端扇-远端扇的建造。中东部哈拉郭勒一带下段为紫红色碎屑岩，为冲积扇-三角洲的沉积；上段下部为灰绿色砾岩、含砾粗砂岩夹火山岩及砂板岩，具交错层理，水体也很浅，为滨海相环境，向东水体有所加深，上部为各种凝灰岩、安山玄武岩夹变粉砂岩、砂岩及硅质岩、薄层灰岩，说明水体加深已至浅海或更深的环境。由此可见，洪水川组各地岩石组合有较大的差异，所处的环境也大不相同，从冲积扇、滨浅海到斜坡相都有。

八、中三叠世闹仓坚沟组（T_2n）

测区闹仓坚沟组分布于图幅的中北部，呈北西西-南东东向断续出露在乌苏乌拉、得里特、巴音呼萧至哈日阿纸一带，以及东达青得、希里可特等地。地层展布近东西向，与区域构造线方向基本一致。

闹仓坚沟组由青海省第一区测队（1976）创名于玛多县花石峡乡闹仓坚沟，1997 年，青海省地质矿产局在《青海省岩石地层》中将闹仓坚沟组定义为：整合于洪水川组碎屑岩组合之上，平行不整合或整合于希里可特组（T_2x）碎屑岩组合之下的一套碳酸盐岩、碎屑岩，局部夹火山岩的地层序列。底部以碳酸盐岩的始现与洪水川组分界，顶部以平行不整合或碳酸盐岩的消失与希里可特组分界。

根据岩石组合特点，闹仓坚沟组可进一步分为三段。

(一)剖面描述

1. 都兰县宗加乡浩特洛哇中三叠世闹仓坚沟组(T_2n)实测剖面(图 2-11、图 2-17)

(未见顶)

中三叠统闹仓坚沟组上段(T_2n^3)

65. 灰色薄层含砂泥晶灰岩夹泥质粉砂岩,下部含有灰白色灰质砾石,中部见有灰色泥质条带,发育水平层理 >55.61m
64. 灰红色块状角砾状白云质微晶灰岩 467.10m
63. 灰色中薄层状岩屑长石砂岩与灰色中薄层状鲕状灰岩互层 18.38m
62. 灰色中厚层—块状内碎屑泥晶灰岩,底部含少量灰质砾石 59.65m
61. 灰红色块状灰质角砾岩夹藻屑核形石灰岩,产腕足类 *Pseudospiriferina* sp. 38.25m
60. 灰色中薄层状含砂屑泥晶灰岩,产腕足类 *Qilianoconcha* sp. 30.60m

中三叠统闹仓坚沟组中段(T_2n^2)

59. 灰绿色中厚层状含砾中粗粒钙质长石石英砂岩与灰绿色中薄层状中粒凝灰质长石石英砂岩互层 91.74m
58. 深灰色中薄层状泥晶灰岩 17.24m
57. 灰绿色中层状中粗粒长石石英砂岩 12.07m

中三叠统闹仓坚沟组下段(T_2n^1)

56. 灰色块层状泥晶灰岩夹竹叶状灰岩,底部含砾 39.64m
55. 灰色中厚层状泥晶灰岩 49.50m
54. 深灰色中厚层状微晶—泥晶灰岩 5.94m
53. 灰—灰白色条带状泥灰岩,发育水平层理 5.35m

下伏地层:下中三叠统洪水川组上段($T_{1-2}h^2$)

52. 灰绿色薄层状含钙绢云母粉砂质板岩,发育水平层理 229.39m

2. 青海省都兰县宗加乡哈拉郭勒哈洛恩乌苏中三叠世闹仓坚沟组实测剖面(图 2-18)

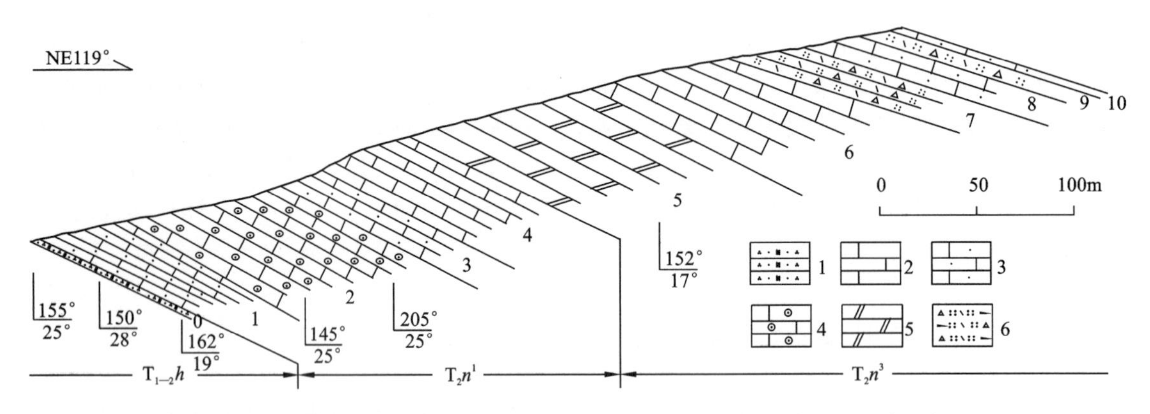

图 2-18 青海省都兰县宗加乡哈拉郭勒哈洛恩乌苏中三叠世闹仓坚沟组实测剖面图

1. 长石石英砂岩;2. 灰岩;3. 砂屑灰岩;4. 核形石灰岩;5. 白云岩;6. 含火山角砾岩屑晶屑凝灰岩

(未见顶)

中三叠世闹仓坚沟组上段(T_2n^3) **>194.15m**

10. 灰色中层状砂屑灰岩 4.50m
9. 灰绿色含火山角砾晶屑凝灰岩夹灰绿色凝灰质砂岩、砾岩 18.02m
8. 灰绿色厚层状凝灰质岩屑砂岩夹灰岩透镜体 26.43m
7. 灰绿色含火山角砾浆屑晶屑英安质凝灰岩 31.70m
6. 灰色厚—巨厚层微晶—细晶灰岩 64.48m
5. 灰白色块状微晶白云岩 49.01m

中三叠世闹仓坚沟组下段(T_2n^1) **176.53m**

4. 灰色深灰色厚层状微晶灰岩 40.22m
3. 灰黑色厚层状含砂屑灰岩，发育平行层理 25.00m
2. 灰色厚层状核形石灰岩 57.78m
1. 灰色薄层泥晶灰岩夹砂屑灰岩及似瘤状灰岩 53.53m

下伏地层：早中三叠世洪水川组($T_{1-2}h$)

0. 黄绿色厚层长石石英砂岩 >2.54m

（未见底）

3. 青海省都兰县希里可特中三叠统闹仓坚沟组中段实测剖面(AP32)(图 2-19)

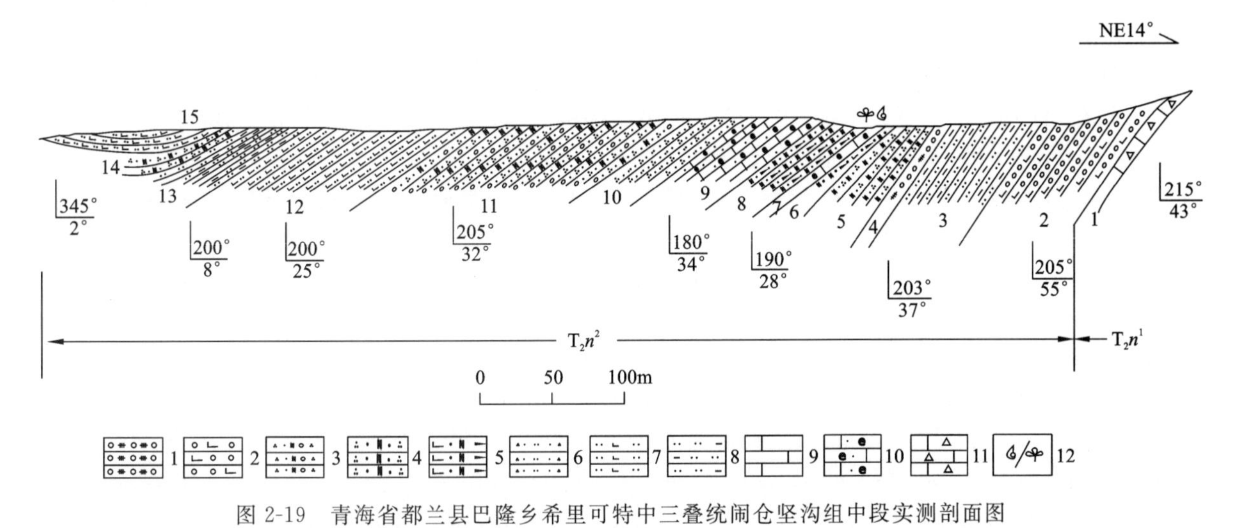

图 2-19 青海省都兰县巴隆乡希里可特中三叠统闹仓坚沟组中段实测剖面图

1.复成分砾岩；2.钙质砾岩；3.含砾长石石英砂岩；4.中粗粒长石石英砂岩；5.钙质岩屑长石砂岩；6.粉砂质细粒石英砂岩；7.钙质粉砂岩；8.泥质粉砂岩；9.灰岩；10.砂屑生物碎屑灰岩；11.角砾状灰岩；12.动物/植物化石

（未见顶）

中三叠统闹仓坚沟组中段(T_2n^2)

15. 深灰色中薄层钙质粉砂岩，具水平层理 >10.34m
14. 灰色中层细粒长石石英砂岩，细粒砂状结构 6.88m
13. 类似薄层含中砂泥质粉砂岩 17.11m
12. 深灰色中—薄层状钙质粉砂岩夹灰岩透镜体 55.50m
11. 灰绿色中厚层状含砾岩屑长石石英砂岩 76.33m
10. 深灰色中—厚层状钙质长石石英砂岩夹灰黑色薄层钙质粉砂岩 18.05m
9. 深灰色中厚层状含生物碎屑的砂屑灰岩，生物碎屑含量为5%～10%，主要为介壳，产腕足类化石 24.67m
8. 灰绿色中层状中粗—中细粒岩屑长石砂岩 23.16m
7. 深灰色中层状含生物碎屑砂屑灰岩，生物碎屑含量10%，生物种类有腕足类、双壳类、腹足类、菊石以及海百合茎等，主要产在灰岩与砂岩接触面上，局部形成生物滩 6.22m
6. 灰绿色厚层复成分砾岩与灰绿色中层状中粗粒长石石英砂岩构成韵律层沉积，复成分砾岩具正粒序，砂岩具平行层理 5.05m
5. 灰绿色中—薄层状中细粒长石石英杂砂岩，局部含砾，砾石成分为脉石英、岩屑等，含量小于5%，下与第4层呈渐变过渡关系 11.66m
4. 灰绿色厚层复成分砾岩，砾石含量55%，成分为紫红色砂岩、脉石英、火山岩等，大小为6～10cm，分选差，磨圆度次棱角—次圆状 8.26m
3. 紫红色中—薄层状粉砂质泥岩，局部含砾，约5%，砾石成分为脉石英、火山岩 44.45m
2. 紫红色块层状复成分砾岩，砾石含量为60%～70%，基底式支撑，局部颗粒支撑，砾石成分主要有灰岩、脉石英，少量火山岩等，砾径一般为5～15cm，小到2cm，大可达25cm，次棱角—次圆状，分选差，排列无定向性 60.01m

下伏地层：闹仓坚沟组下段(T_2n^1)

1. 灰色中薄层状纹层状灰岩 >3.8m

（二）区域地层特征、沉积环境及时代讨论

根据岩性组合，测区闹仓坚沟组可以分为三段，下段（T_2n^1）：为深灰色、灰色灰岩，核形石灰岩，薄层纹层状灰岩夹碎屑岩，产遗迹化石 *Didymaulichnus* sp.，*Planolites* sp.，*Palaeophycus* sp.，cf. *Glockeria*.。根据岩石组合及遗迹化石，其沉积环境为浅滩相-浅海相，厚度 100m，主要分布于图幅中部。中段（T_2n^2）：为一套碎屑岩、火山岩及火山碎屑岩，产菊石 *Hollandites* sp.，*H. hidimba*，厚度 121m。为浅海相沉积的产物。这套碎屑岩在希里可特原称为希里可特组，是 1986 年南京地质古生物研究所在《青海布尔汗布达山南坡石炭纪、三叠纪地层和古生物》中建立的，放在中三叠世拉丁期。当时主要根据双壳类化石来确定时代，在青海省地层清理中也采用了。我们综合分析认为，原希里可特组实际为闹仓坚沟组第二段，主要理由有三：①就岩性组合而言，原希里可特组与闹仓坚沟组中段相似；②我们在建组的层型剖面即希里可特剖面，发现了中三叠世安尼期的标准化石 *Hollandites*，何国雄、王义刚、陈国隆在《青海布尔汗布达山早、中三叠世头足动物群》一文中将该化石作为两个菊石化石带中的上带，即 *Beyrichites*－*Hollandites* 带，时代为中安尼期；③作为一个地层单位，希里可特组的区域分布过于局限，不具备区域可对比性，即使岩性与闹仓坚沟组中段有所差别，也只能是孤零零的一小块，更何况其时代并非属于拉丁期。根据以上三点我们提出废去希里可特组，将其并入闹仓坚沟组，置于闹仓坚沟组中段。上段（T_2n^3）：为灰红色块状灰质角砾岩夹灰色薄层岩屑长石砂岩、中厚层微晶灰岩、砂屑灰岩，底部为灰色中厚—中薄层砂屑灰岩，顶部为灰色薄层灰岩，厚度 617m。为浅海相环境。产腕足类 *Pseudospirina tsihaiensis*，*Balatonospira* sp.，*Costirhychia* sp.，*Costirhychia tienchungensis*，*Crurhynchia subfissicostata*，*Sulcatinella ovata*，*Spiriferina abiatica*，*Camerothyris* sp.，*Rhaetinopsis ovata*，*Oxycopella mulica*；腹足类 *Naticopsis* sp.；菊石 *Holldites* sp.，*Holldites hidimba*；双壳类 *Myophoria* (*Costatoria*) cf. *radata hsue*，*Myophoria* sp.，*Myophoria* (*Elegantinia*) *elegans*，*Myophoria* (*Neoschzodus*) *laeviguta*，*Unionites* aff. *elliptcus*，*Unionites spicatus*，*Palaeonucula* cf. *qingyanensis*。

根据以上化石以及前人的资料，我们将闹仓坚沟组的时代定为中三叠世安尼期。横向上该组在图幅内不同地区各段的出露及分布有所不同，在浩特洛哇一带，整合于洪水川组之上，出露也比较全，下、中、上三段均有出露，但在哈拉郭勒东坡只有下段和上段（AP42 剖面），中段因相变而相当于下段上部，而在哈拉郭勒西坡只有上段出露，在希里可特可见下段和中段；其与洪水川组的关系以前都认为是在洪水川组之上。通过本次工作，我们在哈拉郭勒西坡（AP43 剖面）发现闹仓坚沟组上段与洪水川组存在指状穿插关系，所以我们认为，闹仓坚沟组在洪水川组中部之上，与洪水川组中上部为相变关系。

九、三叠纪巴颜喀拉山群（T*B*）

巴颜喀拉山群指分布于可可西里—巴颜喀拉山地区的一套厚度巨大，几乎全由砂岩、板岩组成的地层，难见顶、底，偶见不整合于二叠系布青山群之上。

测区巴颜喀拉山群分布于图幅南部，约占图幅面积的 1/3～2/5，是图幅出露面积最大的地层单元。其岩性单调，由砂岩板岩组成，褶皱发育。自下而上划分为 5 个非正式的岩性组。

（一）剖面描述

1. 青海省曲麻莱县麻多乡扎拉依三叠纪巴颜喀拉山群 1～3 组（TB_{1-3}）实测剖面（图 2-20）

（未见顶）

巴颜喀拉山群 3 组（TB_3）	**＞402.13m**
62. 灰绿色中厚层中细粒岩屑砂岩夹灰—深灰色钙质板岩	＞18.65m
61. 灰—深灰色钙质板岩	33.96m
60. 中细粒含钙质长石岩屑砂岩夹灰—深灰色钙质板岩	209.05m
59. 灰绿色中厚层中细粒岩屑石英砂岩与灰—深灰色钙质板岩互层	140.47m

——————— 整　合 ———————

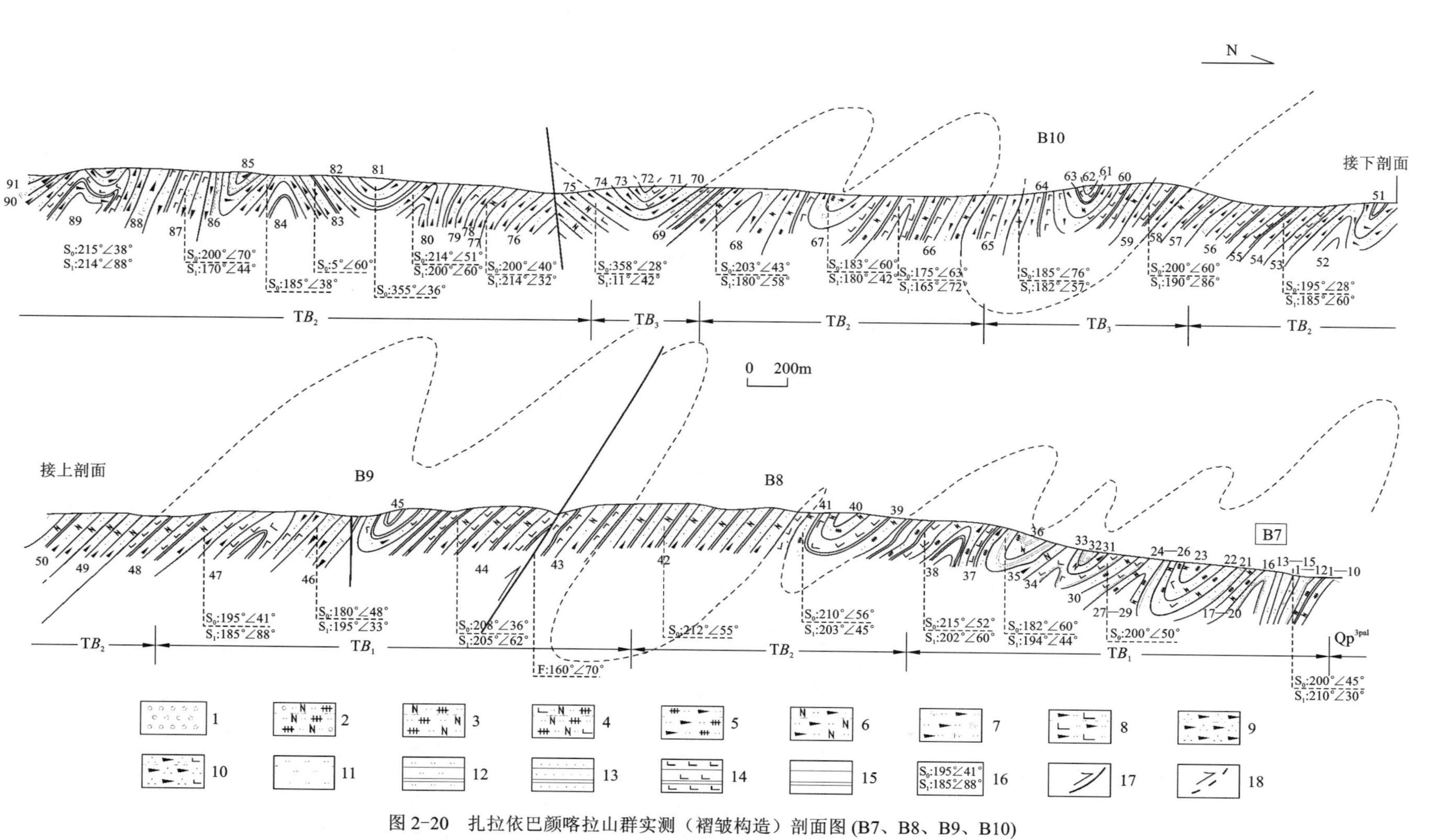

图 2-20 扎拉依巴颜喀拉山群实测（褶皱构造）剖面图 (B7、B8、B9、B10)

1.砾石;2.含砾长石杂砂岩;3.长石杂砂岩;4.含钙质长石杂砂岩;5.岩屑杂砂岩;6.长石岩屑砂岩;7.含铁质岩屑杂砂岩;8.钙质岩屑砂岩;9.岩屑石英砂岩;10.钙质岩屑石英砂岩;11.粉砂岩;12.粉砂质板岩;13.砂质板岩;14.钙质板岩;15.板岩;16.层理(S_0)和劈理(S_1)产状;17.逆断层;18.推测逆断层

巴颜喀拉山群 2 组(TB_2)　　**838.95m**

58. 灰绿色中厚层中细粒含长石岩屑石英砂岩与灰黄色中粒含钙铁质岩屑砂岩夹深灰色板岩　　59.55m
57. 灰绿色中厚层状细粒岩屑石英砂岩夹灰—深灰色钙质板岩,砂岩中有弱平行层理　　86.54m
56. 灰绿色中厚层状细粒岩屑砂岩与灰黄色细粒含钙铁质岩屑砂岩　　154.87m
55. 灰绿色中厚层中细粒岩屑砂岩与灰—深灰色钙质板岩互层　　30.17m
54. 灰黄色中粒岩屑石英砂岩与灰绿色岩屑砂岩互层,偶夹灰—深灰色板岩　　111.77m

51—53. 灰绿色中厚层中细粒岩屑砂岩与灰—深灰色钙质板岩互层,发育少量灰质扁豆体　　73.42m

50. 灰黄色中细粒长石岩屑砂岩与灰绿色中细粒岩屑砂岩互层夹少量深灰色板岩　　188.71m
49. 灰绿色中细粒岩屑砂岩夹灰黄色中粒长石岩屑砂岩　　138.02m

——————整　合——————

巴颜喀拉山群 1 组(TB_1)

48. 灰绿色中细粒长石岩屑砂岩与灰—深灰色钙质板岩互层,产孢粉化石:*Detoidospora plicata*,*Cyathidites* sp.,*Leiotriletes* sp.,*Dictyophyllidites mortoni*,*Stereisporites minor*,*Punctatisporites triassicus*,*P. microtumulocus*,*P.* sp.,*Calamospora* sp.,*Apicalalisporites subtilis*,*Lycopodiacidites* sp.,*Cyclogramisporites urius*,*C. crassirimosus*,*C. majior*,*C.* sp.,*Asseretosporites* sp.,*Limatulasporites limatulus*,*L.* sp.,*Stenozonotrilets* sp.,*Aratrisporites* sp.,*Retusotrites orcticus*,*Monosultidites* sp.,*Lycadopites* sp.,*Pilasporites creteratomis*,*Aracanacites* sp.,*Equisetosporites* sp.,*Misporites* sp.,*Colpecpollillina* sp.,*Quadraeculina* sp.　　203.63m

2. 青海省曲麻莱县麻多乡羊咯拉斯北坡三叠纪巴颜喀拉山群 4 组(TB_4)实测剖面(图 2-21)

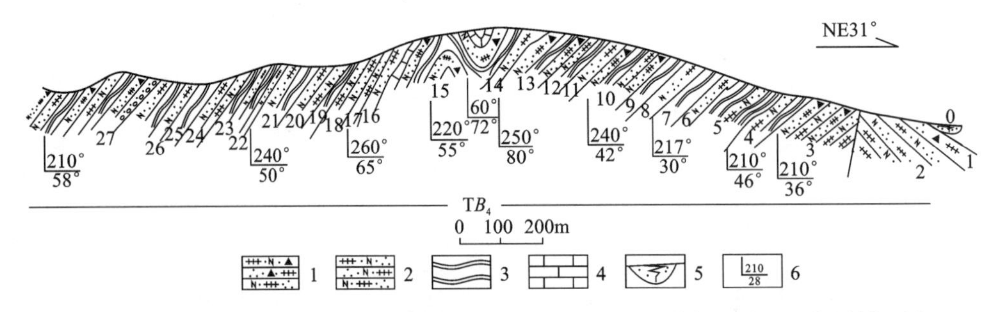

图 2-21　青海省曲麻莱县麻多乡羊咯拉斯北坡三叠纪巴颜喀拉山群 4 组实测剖面图

1. 岩屑长石杂砂岩;2. 长石石英杂砂岩;3. 板岩;4. 灰岩;5. 断层;6. 浮土覆盖

巴颜喀拉山群 4 组(TB_4)　　**>1 591m**

27. 灰绿色中厚层中细粒长石岩屑杂砂岩与深灰色板岩近等厚互层,砂岩∶板岩=3∶2　　>94m
26. 灰绿色中厚层中细粒岩屑长石杂砂岩夹深灰色板岩,砂岩∶板岩=4∶1　　4m
25. 灰绿色中厚层状中细粒岩屑长石杂砂岩与深灰色板岩近等厚互层,砂岩∶板岩=3∶2　　9m
24. 灰绿色中细粒岩屑长石杂砂岩夹深灰色板岩,砂岩∶板岩=4∶1　　37m
23. 灰绿色中细粒岩屑长石杂砂岩与深灰色板岩不等厚互层,砂岩∶板岩=5∶3　　21m
22. 灰绿色薄板状细粒岩屑长石杂砂岩夹深灰色板岩,砂岩∶板岩=9∶1　　2m
21. 灰绿色中厚层状中细粒岩屑长石杂砂岩与深灰色板岩不等厚互层,砂岩∶板岩=3∶2　　45m
20. 灰绿色中细粒岩屑长石杂砂岩夹深灰色板岩,砂岩∶板岩=7∶1　　35m
19. 深灰色板岩　　3m
18. 灰绿色中细粒岩屑长石杂砂岩夹灰色薄层粉砂岩　　25m
17. 灰绿色厚层状含细砾中粗粒岩屑长石杂砂岩夹黄褐色含细砾中粒岩屑长石杂砂岩　　7m
16. 灰绿色中厚层中细粒岩屑长石杂砂岩夹深灰色板岩,砂岩∶板岩=8∶1　　29m
15. 灰绿色中厚层细粒岩屑长石杂砂岩夹深灰色板岩及薄层灰岩,砂岩∶板岩∶灰岩=20∶6∶1　　88m
14. 灰绿色中厚层中细粒含岩屑长石杂砂岩与灰色板岩互层,砂岩∶板岩=1∶1　　42m
13. 灰绿色中厚层中细粒含岩屑长石杂砂岩夹灰色板岩,砂岩∶板岩=6∶1　　19m
12. 灰绿色中厚层中细粒含岩屑长石杂砂岩与灰色板岩近等厚互层,砂岩∶板岩=1∶1　　41m

11. 灰绿色中厚层状细粒岩屑长石杂砂岩夹灰褐色细粒岩屑长石杂砂岩及粉砂岩 9m
10. 灰绿色中厚层中细粒岩屑长石杂砂岩夹灰色钙质板岩，砂岩∶板岩＝6∶1 56m
9. 灰—灰绿色中细粒—细粒岩屑长石杂砂岩与深灰色钙质板岩近等厚互层，砂岩∶板岩＝1∶1 14m
8. 灰绿色中厚层中细粒长石杂砂岩夹深灰色板岩，砂岩∶板岩＝5∶1 66m
7. 灰—深灰色粉砂质板岩夹灰绿色中厚层岩屑长石杂砂岩，砂岩∶板岩＝4∶1 36m
6. 灰绿色含粗粒中细粒岩屑长石杂砂岩、灰色板岩及粉砂质板岩 26m
5. 深灰色钙质板岩夹灰绿色中细粒岩屑长石杂砂岩，板岩∶砂岩＝4∶1 82m
4. 灰绿色中薄层中粗粒岩屑长石杂砂岩与深灰色钙质板岩近等厚互层，砂岩∶板岩＝1∶1 61m
3. 灰绿色中薄层中细粒火山凝灰质岩屑长石杂砂岩 63m
2. 灰绿色厚层—巨厚层中细粒钙质岩屑长石杂砂岩 33m
1. 灰绿色厚层状中细粒岩屑长石杂砂岩 ＞13m

（未见底）

3. 青海省曲麻莱县麻多乡羊咯拉斯南坡三叠纪巴颜喀拉山群 4～5 组（TB_{4-5}）实测剖面（图 2-22）

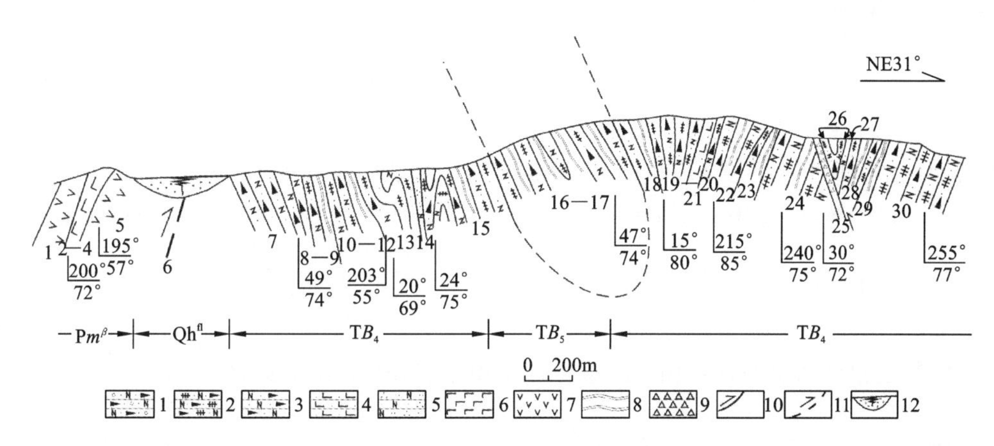

图 2-22 青海省曲麻莱县麻多乡羊咯拉斯南坡三叠纪巴颜喀拉山群 4～5 组实测剖面图

1. 含砾长石岩屑砂岩；2. 岩屑长石杂砂岩；3. 岩屑长石砂岩；4. 钙质细砂岩；5. 长石石英砂岩；6. 玄武岩 7. 安山岩；8. 板岩；9. 断层角砾岩；10. 逆断层；11. 解译逆断层；12. 浮土覆盖

（未见顶）

三叠纪巴颜喀拉山群 5 组（TB_5）

17. 浅灰绿色中—薄层中细粒长石岩屑杂砂岩与灰色薄板状板岩互层 ＞270.0m
16. 浅灰绿色中—厚层状中细粒长石岩屑杂砂岩 14.7m

三叠纪巴颜喀拉山群 4 组（TB_4）

15. 灰色中厚层状中—细粒含岩屑长石杂砂岩夹板岩 259.6m
14. 灰色中—薄层长石石英粉砂岩与板岩互层 29.7m
13. 灰绿色中层状长石杂砂岩夹板岩 228.2m
12. 灰色中—厚层状中细粒长石杂砂岩，局部夹薄层状细粒岩屑长石杂砂岩 77.5m
10—11. 灰色中层状细粒含岩屑长石杂砂岩夹板岩 50.7m
8—9. 灰色中厚层状细粒含岩屑长石杂砂岩与板岩互层 33.4m
7. 灰黄色中层状中细粒长石岩屑砂岩 314.4m

（未见底）

（二）岩石组合

结合实测剖面和野外路线调查结果，巴颜喀拉山群岩石组合综合如下。

1 组（TB_1）：灰绿色岩屑长石杂砂岩与板岩互层夹细砾岩或含砾中粗粒砂岩，产孢粉 *Deloidospora plicata*，*Dityophyllidites mortoni*，*Stereisporites minor*，*Monoscultidites* sp.，厚度 627m。

2 组(TB_2):灰绿色砂岩与黄灰色砂岩互层夹板岩,厚度 843m。

3 组(TB_3):灰绿色砂岩与深灰色板岩互层,厚度 402m。

4 组(TB_4):灰绿色岩屑长石杂砂岩夹深灰色板岩,产孢粉 *Monoscultidites* sp. ,*Caytonipollenites pallidus*,*Punctatiporites* sp. ,厚度 1 591m。

5 组(TB_5):灰绿色中细粒岩屑长石杂砂岩与灰色板岩互层,厚度大于 230m。

(三) 时代依据

巴颜喀拉山群化石稀少,属种单调,主要有双壳类、腕足类和头足类等。时代跨越整个三叠纪。

本次调查对测区砂岩的颗粒锆石裂变径迹年龄分析获得中三叠世的沉积年龄信息,邻区冬给措纳湖幅内获得早三叠世菊石和孢粉组合。综合邻区前人的资料,测区巴颜喀拉山群时代主要应为早中三叠世,但考虑到测区化石时代依据并不十分充分,本书仍总体将其置于三叠纪。

十、晚三叠世八宝山组(T_3b)

测区八宝山组分布于昆南断裂以北,从图幅西部的海德乌拉一直向东延伸至可鲁波、波洛斯太、莫冬阿洼喝特里以及阿拉克湖西北等地,以角度不整合覆于(或断层接触)前晚三叠世地层(或侵入体)之上。该套地层体夹持于昆南断裂与昆中断裂之间,地貌上形成狭长盆地。

根据岩石组合序列,八宝山组可划分为两段,即下段(砂砾岩段 T_3b^1)和上段(粉砂、页岩岩段 T_3b^2)。

(一) 剖面描述

1. 青海省都兰县诺木洪乡八宝山晚三叠世八宝山组(T_3b)实测剖面(图 2-23)

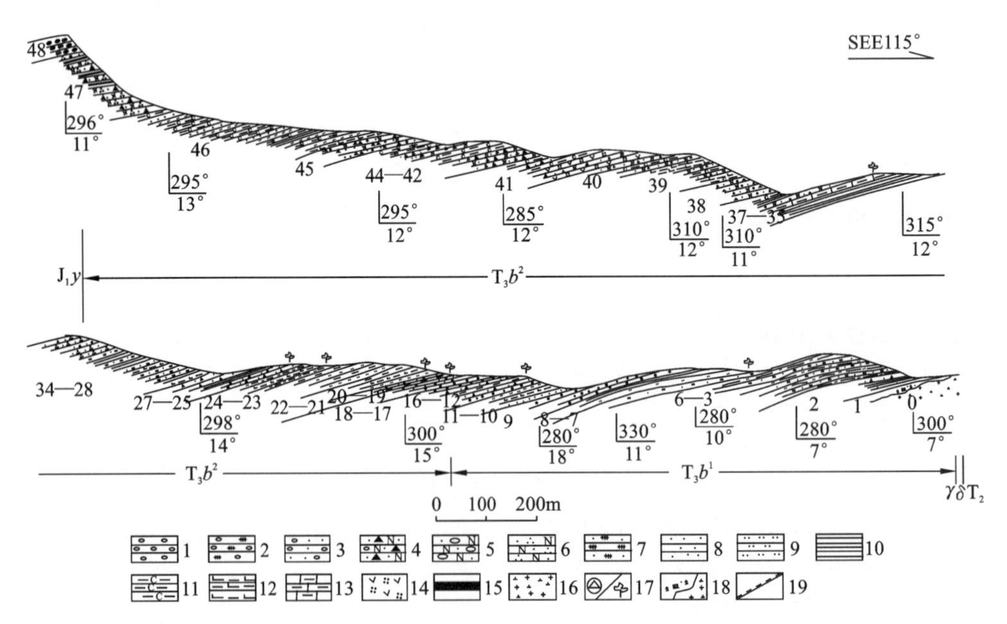

图 2-23　青海省都兰县诺木洪乡八宝山晚三叠世八宝山组实测剖面图

1. 砾岩;2. 复成分砾岩;3. 含砾粗砂岩;4. 含砾中粗粒岩屑长石砂岩;5. 含砾长石砂岩;6. 中粗粒长石石英砂岩;7. 杂砂岩;8. 中细粒砂岩;9. 粉砂岩;10. 粉砂质页岩;11. 碳质页岩;12. 钙质页岩;13. 泥灰岩;14. 安山质晶屑凝灰岩;15. 煤线;16. 中细粒花岗闪长岩;17. 孢粉/植物化石;18 沉积不整合;19. 平行不整合

上覆地层:羊曲组(J_1y):灰紫色复成分砾岩夹粗砂岩

----------------- 平行不整合 -----------------

八宝山组上段(T_3b^2)　　919.53m

47. 上部灰绿色含砾粗砂岩夹黑色页岩，中部灰色页岩夹灰绿色中细粒砂岩，底部灰绿色巨厚层—块状含砾粗砂岩　137.68m
46. 灰—灰黑色页岩夹灰绿色中薄层泥灰岩　145.04m
45. 灰绿色厚层状中粗粒含砾岩屑长石砂岩　28.44m
44. 灰黑色页岩　15.01m
43. 灰绿色巨厚层状含砾粗砂岩，局部夹泥钙质页岩　35.63m
42. 上部灰黑色页岩，中部中细粒砂岩夹含砾粗砂岩，底部黄褐色中细粒砂岩　33.54m
41. 上部灰黑色页岩，局部夹中细粒岩屑砂岩透镜体；中上部灰绿色凝灰质岩屑长石砂岩；中部黄褐色中细粒岩屑长石石英砂岩；底部灰绿色沉凝灰质岩屑长石砂岩　45.56m
40. 灰黑色页岩夹细砂岩　52.16m
39. 黄灰色页岩与黑色页岩互层，顶部夹粗砂岩，底部夹薄层褐铁矿化层　31.45m
38. 灰绿色巨厚层—块层状含砾中粗粒砂岩夹中细粒砂岩透镜体　44.05m
37. 灰绿色粉砂质页岩夹黑色页岩、中厚层状含砾中粗粒砂岩透镜体。产植物化石，枝脉蕨属 *Cladophlebis* sp.，多实拟丹蕨 *Danaeopsis fecunda* Halle，楔拜拉属 *Sphenobaria* sp.，披针苏铁杉 *Podozamites lanceolatus* (Lindley et Hutton) Braun　16.80m
36. 灰绿色巨厚层状含砾中粗粒砂岩夹中细粒砂岩　1.71m
35. 灰—灰绿色粉砂质页岩夹粉砂岩，顶部夹煤线、泥灰岩，粉砂岩中产植物化石：新芦木属(未定种)*Neocalamites* sp.　25.07m
34. 灰绿色巨厚层状含砾中粗粒砂岩，局部夹粉砂质泥岩　11.70m
33. 中上部中细粒砂岩夹粉砂质页岩，底部灰绿色巨厚层状含砾粗砂岩　23.80m
32. 上部细砂岩与粉砂质页岩互层，局部夹含砾砂岩透镜体；底部为灰绿色巨厚层状含砾中粗粒长石石英砂岩　41.77m
31. 上部粉砂质页岩夹细砂岩，底部为灰绿色巨厚层含砾中粗粒长石石英砂岩　28.75m
30. 灰色粉砂质页岩夹灰绿色细粒岩屑长石石英砂岩，局部夹泥灰岩　13.99m
29. 灰绿色厚层状中粗粒岩屑长石砂岩　8.50m
28. 灰色粉砂质页岩夹灰黑色泥质页岩及黄褐色中粒长石岩屑杂砂岩透镜体，局部夹泥灰岩透镜体　17.45m
27. 中上部灰绿色中厚层状中粗粒长石岩屑砂岩，底部灰绿色中厚层状中粗粒长石岩屑砂岩　24.59m
26. 上部灰绿色薄层状泥钙质粉砂岩夹灰黑色碳质页岩，局部夹煤线；底部灰绿色中薄层状中细粒岩屑长石砂岩，产多实拟丹蕨 *Danaeopsis fecunda* Halle　9.50m
25. 灰绿色中厚层状中粗粒长石岩屑砂岩夹灰绿色中薄层状粉砂岩　3.25m
24. 灰黑—深灰色泥钙质、粉砂质页岩夹灰黑色薄层泥灰岩及灰绿色薄板状粉砂岩，局部夹煤线。产植物新芦木 *Neocalamites carcinoides*　30.59m
23. 灰绿色板状粉砂岩与灰黑色钙质、碳质页岩互层　41.90m
22. 灰绿色厚层状中粗粒岩屑长石砂岩夹岩屑长石砂岩透镜体　8.49m
21. 灰褐色中薄层状粉砂岩夹灰黑色钙质、碳质粉砂岩，产植物枝脉蕨属 *Cladophlebis* sp.，新芦木属(未定种)*Neocalamites* sp.，苏铁杉(未定种)*Podozamites* sp.　28.43m
20. 灰褐色厚层、巨厚层状粗砂岩夹薄层状泥钙质板岩　4.27m
19. 灰绿色薄片状粉砂质页岩夹灰黑色泥钙质、碳质页岩(煤线)，产拟丹蕨属 *Danaeopsis* sp.，新芦木属(未定种)*Neocalamites* sp.，苏铁杉(未定种)*Podozamites* sp.　10.41m

八宝山组下段(T_3b^1)　　211.78m

18. 灰褐色厚层状含细砾长石岩屑粗砂岩　16.17m
17. 灰褐色中薄层状中砾岩夹中薄层状含细砾粗砂岩　7.62m
16. 灰褐色中厚层状中粗粒含砾长石岩屑砂岩夹卵砾石层透镜体　8.19m
15. 中上部灰褐色中厚层状中粗粒岩屑长石砂岩，底部灰褐色中厚层状含砾粗砂岩夹厚层状细砾岩　9.37m
14. 灰褐色中厚层中粗粒岩屑长石砂岩夹灰黑色碳质页岩及薄层细砂岩，产苏铁杉(未定种) *Podozamites* sp.　5.22m

13. 灰褐色中薄层细粒长石岩屑砂岩夹灰黑色碳质页岩，灰褐色中粗粒长石岩屑砂岩、薄层粉砂岩　6.65m
12. 灰褐色中厚层细砾岩夹含砾粗砂岩　5.35m
11. 灰绿色薄板状粉砂岩　5.35m
10. 灰绿色中厚层状中细粒长石岩屑砂岩与灰黑色碳质页岩互层　14.20m
9. 上部灰绿色中层状中细粒砂岩夹粉砂岩，顶部过渡为中粗粒长石岩屑砂岩；中部灰绿色含砾粗砂岩夹细砂岩、泥钙质页岩；底部灰绿色厚层状细砾岩夹含砾粗砂岩　30.29m
8. 灰黑色薄片状碳质页岩夹灰褐色中厚层状含砾长石岩屑粗砂岩、灰绿色薄板状泥钙质粉砂岩、粉砂质板岩　11.48m
7. 灰绿色薄板状泥钙质粉砂岩，产植物化石，卡勒莱新芦木 *Neocalamites carerri* Halle，新芦木属（未定种）*Neocalamites* sp.，枝脉蕨属 *Cladophlebis* sp.，赫斯托菌（未定种）*Hystertes* sp.，苏铁杉（未定种）*Podozamites* sp.　5.64m
6. 灰褐色中层状中粗粒长石岩屑砂岩夹灰褐色中厚层状细砾岩及灰绿色中薄层状细砂岩、页片状页岩　26.16m
5. 灰绿色中层状中粗粒长石岩屑砂岩夹细砂岩、粉砂岩及灰黑色薄片状碳质页岩　25.71m
4. 灰褐色中厚层、厚层状含砾粗砂岩，局部夹层状透镜体细砾岩　10.33m
3. 灰褐色中厚层中粒长石岩屑砂岩与灰色粉砂质页岩互层　1.40m
2. 黄褐色中粒长石石英砂岩夹灰褐色粉砂质页岩及灰褐色页片状泥质页岩　22.45m
1. 黄褐色、褐红色风化壳　0.20m

~~~~~~~~~~ 角度不整合 ~~~~~~~~~~

下伏地层：灰白色中细粒花岗闪长岩

2. 青海省都兰县巴隆乡瑙木浑牙马托晚三叠世八宝山组—早侏罗世羊曲组（T_3b—J_1y）实测地层剖面（AP39、AP41）（图 2-24）

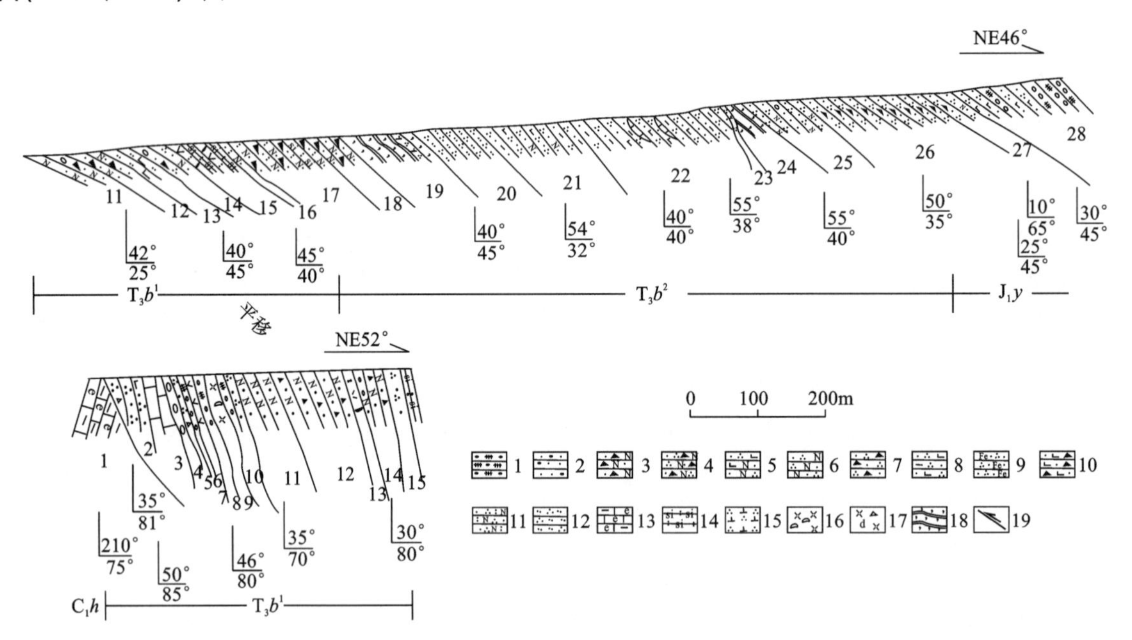

图 2-24　青海省都兰县巴隆乡瑙木浑牙马托晚三叠世八宝山组—早侏罗世羊曲组实测剖面图

1. 复成分砾岩；2. 含砾砂岩；3. 含岩屑长石砂岩；4. 岩屑长石石英砂岩；5. 钙质长石石英砂岩；6. 长石石英砂岩；7. 岩屑石英砂岩；8. 钙泥质石英砂岩；9. 铁钙质石英砂岩；10 钙质岩屑砂岩；11. 含凝灰质长石石英砂岩；12. 石英粉砂岩；13. 泥质生物碎屑灰岩；14. 凝灰质硅质岩；15. 石英闪长岩；16. 玻屑流纹岩；17. 流纹质岩屑晶屑凝灰岩；18. 斑点板岩；19. 逆断层

上覆地层：早侏罗世羊曲组（J_1y）

28. 灰色巨厚层状含砾粗粒含长石岩屑石英砂岩夹深灰色含长石泥质细粒石英砂岩及少量的灰绿色块层状细砾复成分砾岩　71.12m

---------------- 平行不整合 ----------------

晚三叠世八宝山组（T_3b）　>1 124.88m
~~~~~~~~~~

八宝山组上段(T_3b^2)　　**>664.95m**

27. 深灰色中层状钙泥质含长石石英细砂岩夹中—厚层状中粒钙质含岩屑石英砂岩，砂岩具槽状交错层理、平行层理　　30.85m
26. 深灰—灰黑色中厚层状含钙质泥岩屑石英粉砂岩，局部偶夹泥灰岩　　119.86m
25. 灰色厚—块层状中粒钙质长石岩屑石英砂岩夹灰色厚层状含砾粗粒岩屑砂岩及灰色厚层状细砾复成分砾岩　　63.85m
24. 灰色中—厚层钙质岩屑石英砂岩夹深灰色泥质斑点板岩　　>18.27m
23. 灰黑色中厚层状钙泥质粉砂岩，局部夹细粒长石石英砂岩及灰岩透镜体，灰岩产双壳类：*Unionites* aff. *griesbachi*, *Pleuromya sensimstista*, *Myophoriopis nuculiformis brevis*, *Yunnanophorus boulei*, *Schafhaeutlia* aff. *sphaerioides*, *Jiangxiella datianensis* 等化石　　>164.58m
22. 深灰—灰黑色中薄层状钙泥质石英粉砂岩夹灰色中—厚层状中粒含钙质岩屑砂岩　　114.33m
21. 深灰—灰黑色中薄层状钙泥质石英粉砂岩，局部夹灰色灰岩透镜体，粉砂岩发育不对称波痕　　71.39m
20. 深灰—灰黑色斑点板岩夹灰色厚层状钙泥质石英粉砂岩　　81.55m

八宝山组下段(T_3b^1)　　**>459.93m**

19. 浅灰色厚—巨厚层夹厚层状中粒岩屑长石砂岩　　40.48m
18. 灰色厚层状粗粒含凝灰质长石岩屑砂岩　　81.66m
17. 灰色中层状细粒含凝灰质岩屑长石砂岩　　7.49m
16. 灰绿色厚层状玻屑凝灰硅质岩夹灰绿色厚—巨厚层状安山质晶屑岩屑沉凝灰岩及灰绿色厚层状安山质含角砾晶屑玻屑沉凝灰岩　　80.31m
15. 深灰色厚层状泥质极细粒石英砂岩　　13.81m
14. 浅灰色厚—巨厚层状含砾粗粒长石砂岩夹深灰色厚层状泥质极细粒石英砂岩　　26.06m
13. 灰绿色厚—块层状流纹质岩屑晶屑凝灰岩　　7.76m
12. 浅灰色厚—块层状中粒岩屑长石砂岩夹深灰色中厚层状含铁质泥质极细粒石英砂岩　　54.29m
11. 灰色厚层状中粒长石砂岩　　33.78m
10. 浅灰色厚—块层状复成分细砾岩与深灰色含铁质泥质极细粒石英砂岩互层　　9.90m
9. 灰色含火山角砾岩屑玻屑凝灰质流纹岩　　19.17m
8. 灰色块层状钙质复成分砾岩夹深灰色薄层泥质含砂极细粒石英砂岩　　9.59m
7. 灰绿色含角砾流纹岩，底部为50cm厚的灰绿色含粗粒凝灰质细粒含岩屑石英砂岩　　4.31m
6. 紫红色厚层状中一粗砾复成分砾岩　　4.31m
5. 紫红色中厚层状含碳钙质细粒石英砂岩　　8.63m
4. 紫红色块层状复成分砾岩　　4.19m
3. 紫红色厚层状泥晶灰岩夹紫红色钙质板岩。灰岩顶面见冲刷痕　　19.58m
2. 灰绿色厚层状细粒钙质岩屑石英砂岩　　>34.61m

(未见底)

==================== 逆断层 ====================

下伏地层：早石炭世哈拉郭勒组(C_1h)

1. 深灰色中厚层状生物碎屑泥晶灰岩夹暗灰色中厚层状细粒岩屑长石砂岩　　>14.12m

(二)岩石地层特征

1. 岩石组合

根据上述剖面描述，八宝山组下段主要为一套粗碎屑组合，岩石类型包括有紫红色复成分砾岩、灰绿色钙质岩屑石英砂岩、灰色长石砂岩、细砾岩、含砾长石砂岩夹流纹岩、凝灰岩等，总体特征为下部岩石粒度较细，中部粒度变粗，向上复又变细的旋回。该岩段广泛分布于测区，角度不整合于前三叠纪地层之上，或以断层与闹仓坚沟组相接触。八宝山组上段岩石组合主要为泥钙质石英粉砂岩、粉砂质页岩、薄层泥灰岩、碳质页岩及煤线与长石岩屑砂岩、细砂岩，呈深灰—灰黑色，粉砂质页岩中产丰富的植物化石。该岩段与下部粗碎屑岩呈整合接触关系，与上覆侏罗纪地层平行不整合接触。

2. 基本层序特征

在海德乌拉一带，八宝山组下段基本层序特征是：下部为由复成分砾岩、长石岩屑砂岩组成的向上变细的自旋回性沉积，岩层向上由厚变薄再变厚，砾岩具递变层理，底界均不平整，砂岩具平行层理、板状交错层理；上部为由含砾岩屑砂岩、岩屑长石砂岩、粗粉砂岩、页岩构成的自旋回性沉积。中上部具兼并现象，粒度向上变细，厚度减薄，显示退积结构特征，砂岩具波状层理、平行层理，属旋回性基本层序。在八宝山一带，八宝山组下段表现为由砾岩、细砾岩、含砾粗砂岩等构成的自旋回性沉积，岩层厚度同样向上变薄，砾岩层具递变层理，所夹砂岩发育平行层理；上段则由粉砂岩、粉砂质页岩及泥灰岩组成的韵律性旋回沉积，砂岩普遍发育板状交错层理、平行层理。在沉积盆区东部的瑙木浑牙马托，该组基本层序特征与此极为相似，下部由砾岩、含砾粗砂岩、细砂岩、粉砂岩构成旋回性沉积，具粒序层理、中—小型板状交错层理、水平纹层理等，其上段表现为粉砂岩、泥质粉砂岩呈韵律性旋回基本层序沉积。总体上该组在图幅中的延展性较好，地层显示较强的韵律结构特征。

（三）生物化石及时代讨论

本次工作在八宝山、瑙木浑牙马托一带实测剖面采集有大量的植物化石，通过鉴定，主要属种有：*Cladophlebis* sp.，*C. raciboski*，*Danaeopsis fecunda* Halle，*Sphenobaria* sp.，*Podozamites lanceolatus* (Lindley et Hutton) Braun，*Podozamites* sp.，*Asterotheca okafujii* Kimura et Ohama，*Neocalamites* sp.，*Danaeopsis fecunda* Halle，*Neocalamites carcinoides* Harris，*Cladophlebis* sp.，*Podozamites* sp.，*Danaeopsis* sp.，*Podozamites* sp.，*Neocalamites carerri* Halle，*Hystertes* sp.，时代归属晚三叠世—早侏罗世。测区东北部的瑙木浑牙马托第28层灰岩中产双壳类：*Unionites* aff. *griesbachi*，*Pleuromya Sensimstista*，*Myophoriopis nuculiformis brevis*，*Yunnanophorus boulei*，*Schafhaeutlia* aff. *sphaerioides*，*Jiangxiella datianensis* 等化石。李璋荣等(1979)于八宝山进行地层剖面研究，发现大量植物化石：*Neocalamites carerri*，*Equisetites sarrani*，*Todites shensiensis*，*Danaeopsis fecunda*，*Cladophlebis asterotheca*，*Lepidotheca ottonis*，*Thinnfeldia*，*Glossophllum shensiensis*，*Podozamites lanceolatus* 等，属 *Dictyophyllum*-*Clathropteris* 植物群，该植物群种属延续整个八宝山组。向东的草木策一带岩屑砂岩内产半咸水瓣鳃类：*Utschamiella dulanensis* (Zhang)，*Utchamiella mianchiensis* Zhang 为晚三叠纪诺利克期地层的标准分子。

与此同时，我们对该套地层顶部层位粉砂质页岩采样，进行了孢粉分析，组合特征为：①组合中裸子植物花粉占绝对优势，含量为89.2%～92.1%，蕨类植物孢子较少，仅占7.9%～10.8%；②裸子植物花粉中以 *Classopollis* 为主，占组合的84.2%～86.1%，包含的种有 *Classopollis classoidites*，*C. annulatus*，*C. parvus*，*C. qiyangensis*，*C. monostriatus*，*C. major* 等。其他还见有：*Hunanpollis*，*Eucommiidites*，*Chasmotasporites*，*Cycadopites*，*Perinopollenites*，*Pilasporites*；③蕨类植物孢子见有 *Cyathidites*，*Leiotriletes*，*Sterreisporites*，*Calamospora*，*Annulatisporites*，*Cyclogranulatisporites*，*Limatulasporites*。孢粉组合中，从 *Classopollis* 高含量特征来看，反映的是早侏罗世孢粉组合面貌。这种孢粉组合还见于西藏羌塘盆地、吐哈盆地、准噶尔盆地等的侏罗纪地层中。因此该孢粉组合所代表的地质时代定为早侏罗世。

综上所述，该岩组动植物化石丰富，沉积主体时代应为晚三叠世，顶部沉积层穿越早侏罗世，并接受早侏罗世孢粉的沉积，因而认为该地层可能为一穿时的地层单位，顶部时代可能延续到早侏罗世。

（四）沉积环境分析

八宝山组沉积构造组合中发育大量的对称或不对称流水波痕、泥裂及雨痕等，砾岩底层面多具冲刷泥砾，粉砂岩及砂岩中见有较多的直筒状虫迹痕；层理类型有平行层理、波状层理、羽状层理、板状交错层理及透镜状层理。显示了水位升降频繁、较动荡的沉积环境。矿物组分以成熟度偏低的岩屑、长石为主，占岩石总量的50%以上，砾石级内，绝大部分由岩屑组成，成分复杂，砂级颗粒的岩屑主要为火山岩、硅质岩、板岩及千枚岩等，长石为钾长石和斜长石。石英它形粒状，表面干净，具次生加大边和波状消光。显示了近源搬运、快速堆积之特点。岩石结构表现为颗粒支撑结构，粒间胶结由钙质、硅质及铁质充填，杂基含量较少(1%～10%)，说明其为牵引流搬运沉积。此外，岩石颜色较杂，不同的沉积盆区颜色的差别很大，多取决于下伏及周边相对较老地质体的岩石本色。

1∶5万海德郭勒幅等8幅联测区调在该盆区内进行砂岩粒度分析(测试样共25件)，表明不同地区内砂岩粒度分布特征差异不大。主要以跳跃总体为主，具冲刷回流现象，悬浮总体及滚动总体斜率较大，分选较好，峰态极窄，偏度大部正偏，个别呈负偏。显示了支流河口砂及滨岸砂的特点。

生物相标志：以典型的陆生植物为特征，以真蕨类为主，草木策一带岩屑砂岩内产半咸水双壳类：*Utschamiella dulanensis*(Zhang)，*U. mianchiensis* Zhang为晚三叠世诺利克期地层的标准分子。显示了古气候温暖、潮湿、雨量充沛的海陆交互相沉积环境。

综前所述，晚三叠世初期，全区迅速海退，由西向东形成以山前断陷盆地为特征的陆相盆地，产丰富的植物化石(海德乌拉盆地、八宝山盆地)。海水退至草木策—阿拉克湖以北一线，并于此处形成海陆交互相沉积层，产半咸水双壳类化石。晚三叠世晚期，海水全部退出测区，接受陆相碎屑岩及火山岩沉积夹煤线，统一的盆地被分割，形成面积大小不等、以发育河流、湖泊沉积为特征的局限盆地，不同的盆地发育程度不一。在八宝山、草木策一线，湖盆相对稳定，湖水较深，而沉积地层结构具退积-进积型体系，相序为曲流河-湖相三角洲-湖滨-曲流河沉积，属水面上升-下降期沉积体系。在当时暖湿的气候条件下，沿湖滨发育大量的以羊齿、芦木、蕨类为特色的植物群落，局部富集形成煤线。

十一、晚三叠世鄂拉山组(T_3e)

晚三叠世鄂拉山组为一套陆相火山岩，主要分布于图幅的中部偏北，自西向东主要集中出露于海德乌拉、埃肯迭特、八宝山一线，形成了出露面积较广、厚度较大的一套双峰式火山岩，其中尤以西部的海德乌拉一带火山岩发育最全、厚度最大。前人在1∶20万区调填图和1∶5万区调填图中均把该套火山岩归入晚三叠世八宝山组。根据八宝山组的原始涵义及青海省地层清理成果，八宝山组为“一套以碎屑岩为主夹火山碎屑岩的地层序列”。本区晚三叠世火山岩尤其是海德乌拉地区出露的一套以火山岩为主的地层与八宝山组的原始定义相差较大，故在本次填图中，把该套以火山岩为主的地层从八宝山组中解体出来。根据对其中的玄武岩所作的锆石SHRIMP U－Pb年龄以及东邻幅资料与区域对比，我们把该套地层划归晚三叠世鄂拉山组，把以碎屑岩为主的地层仍放在八宝山组。其中鄂拉山组火山岩的形成时代与八宝山组基本同时或略晚，时代为晚三叠世，并可能跨入早侏罗世。

(一) 剖面描述

1. 青海省都兰县诺木洪乡海德乌拉三叠纪火山岩实测剖面(AP50、AP51)(图2-25、图2-26)

上覆地层：八宝山组下段(T_3b^1)

42. 灰绿色复成分砾岩，偶夹灰绿中薄层状粗砂岩	>8.5m
41. 深灰色间夹灰绿色中厚状粉砂岩	93.1m
40. 紫红色中厚层状含砾粗砂岩夹紫红色复成分砾岩	24.8m
39. 紫红色中薄层状中细粒长石砂岩	50.7m
38. 灰红色中层含砾中粗粒长石石英砂岩	68.2m

———————— 整合接触 ————————

晚三叠世鄂拉山组(T_3e)	**>3 465.67m**
37. 紫红色流纹岩	202.10m
36. 紫红色粗粒岩屑砂岩夹紫红色复成分砾岩	161.17m
35. 紫红色流纹岩	12.20m

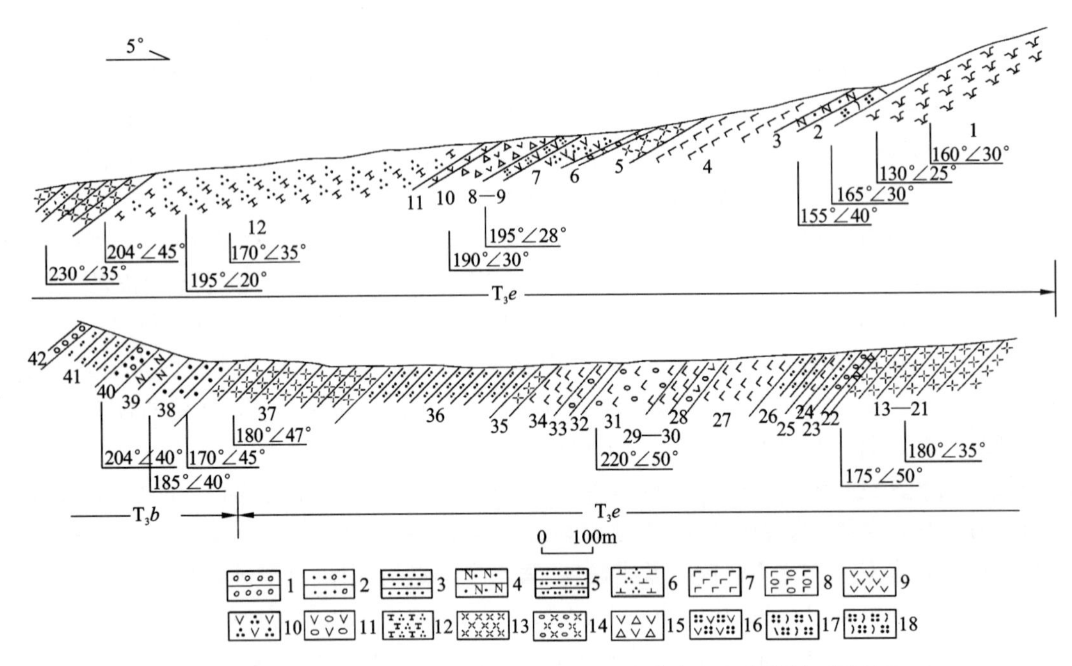

图 2-25　青海省都兰县诺木洪乡海德乌拉晚三叠世火山岩实测剖面图(AP50)

1.砾岩;2.含砾砂岩;3.砂岩;4.长石砂岩;5.粉砂岩;6.石英闪长岩;7.玄武岩;8.杏仁状玄武岩;9.安山岩;10.石英安山岩;11.杏仁状安山岩;12.粗面岩;13.流纹岩;14.豆状流纹岩;15.安山质火山角砾岩;16.安山质凝灰岩;17.晶屑玻屑凝灰岩;18.玻屑凝灰岩

33—34. 灰绿色玄武岩、灰色杏仁状玄武岩	68.2m
32. 灰紫色复成分细砾岩	3.7m
30—31. 灰绿色、灰色杏仁状玄武岩	105.5m
29. 暗绿色绿泥石化橄榄粗玄岩	18.0m
28. 灰色杏仁状安山岩	22.4m
27. 暗绿色玄武岩	91.4m
26. 灰—灰紫色粉砂岩	46.4m
25. 深灰绿色微晶玄武岩	19.6m
24. 灰紫色薄层状泥钙质胶结粉砂岩	22.6m
23. 灰紫色复成分砾岩	15.7m
22. 紫红色细粒中厚层状长石砂岩	6.1m
17—21. 灰紫色、暗紫色中层—厚层状流纹岩	130.2m
16. 灰色酸性玻屑凝灰岩	3.1m
13—15. 暗紫色、浅红色中厚层状流纹岩	86.1m
12. 灰紫色石英粗面岩	257.3m
11. 暗紫色安山岩	16.7m
10. 暗紫色安山质熔岩、火山角砾岩	52.9m
9. 灰紫色安山质岩屑凝灰岩	1.5m
7—8. 灰紫色安山岩、灰绿色碳酸盐化石英安山岩	30.1m
5—6. 灰紫色、肉红色豆状流纹岩	17.3m
4. 灰绿色玄武岩	139.4m
3. 肉红色含砾中粗粒长石砂岩	6.2m
2. 紫红色流纹质晶屑玻屑凝灰岩	42.1m
1. 灰紫红色英安岩	>33.1m

下接 AP51 剖面(图 2-26)

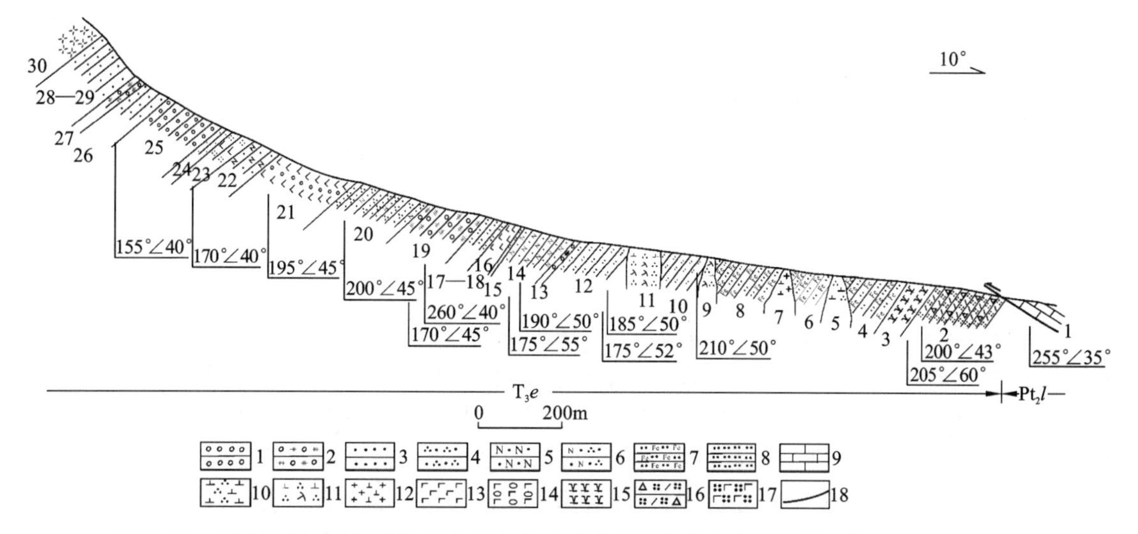

图 2-26　青海省都兰县诺木洪乡海德乌拉晚三叠世鄂拉山组火山岩实测剖面图(AP51)

1. 砾岩；2. 复成分砾岩；3. 砂岩；4. 石英砂岩；5. 长石砂岩；6. 长石石英砂岩；7. 铁质粉砂岩；8. 粉砂岩；9. 灰岩；10. 石英闪长岩；11. 石英闪长玢岩；12. 花岗闪长岩；13. 玄武岩；14. 杏仁状玄武岩；15. 英安岩；16. 含角砾晶屑凝灰岩；17. 玄武质凝灰岩；18. 断层

30. 紫红色流纹岩	53.6m
28—29. 紫红色、灰色中厚层中细粒长石岩屑砂岩	92.5m
27. 紫红色厚层复成分砾岩	17.6m
26. 灰紫色中厚层中粒长石岩屑砂岩	65.2m
25. 紫红色厚层中细砾安山质砾岩	138.0m
24. 灰紫色中层状中粗粒长石岩屑砂岩	18.0m
23. 灰绿色含角砾玄武质熔结凝灰岩	52.8m
22. 深灰色中厚层状中粒岩屑长石砂岩夹灰绿色薄层状粉砂岩	63.9m
21. 深灰色杏仁状玄武岩	168.8m
20. 灰色中厚层状中细粒海绿石长石石英砂岩夹灰色含砾中粒岩屑长石砂岩	141.8m
19. 灰绿色厚层复成分砾岩	118.4m
18. 暗紫色中厚层粉砂岩	8.7m
17. 紫红色块状复成分砾岩	37.7m
16. 暗绿色玄武岩夹灰绿色钙质粉砂岩透镜体	23.9m
15. 灰绿色薄层状钙质胶结粉砂岩	4.0m
14. 深灰色厚层状中粗粒长石砂岩，偶夹灰绿色含砾中粒岩屑长石砂岩	98.3m
13. 灰绿色厚层状复成分砾岩	7.6m
6—12. 紫红色厚层粉砂岩、中薄层铁质胶结粉砂岩，中下部见石英闪长玢岩、花岗闪长斑岩脉侵入，偶夹灰绿色泥质粉砂岩	485.3m
5. 灰色块状英安岩	17.7m
4. 紫红色中薄层铁质胶结粉砂岩	126.9m
2—3. 上部为灰紫色英安岩，下部为灰紫色含角砾英安岩，岩屑晶屑凝灰岩	112.9m

==================== 断层 ====================

中元古界狼牙山组(Pt_2l)

1. 灰岩	49.9m

(二) 岩石组合与区域变化

岩石组合在西部海德郭勒一带总体为紫红—灰紫色流纹岩、灰绿色玄武岩、灰紫色安山岩、粗面岩、火山角砾岩等岩石组合，下部以流纹岩、紫红色安山质凝灰岩等火山岩为主。岩石组合中夹紫红色钙质粉砂岩、长石岩屑砂岩、复成分砾岩，总厚度大于 3 504.57m。向东于八宝山地区火山岩呈夹层出现，岩性主要为晶屑(玻屑)凝灰岩、安山岩。至埃肯迭特一带,火山岩复又增多,表现为火山岩夹碎屑岩沉积组合,厚约 1 080.1m。该组区域上岩性组合变化较大,在都兰县海南寺(选层型剖面)以灰绿色流纹质火山碎屑岩为主,夹碎屑岩,总厚度大于 1 831.13m。在兴海县在日沟一带,不整合于隆务河群之上,下部以安山岩、安山玄武岩为主,中部以流纹质熔结凝灰岩、流纹岩、流纹质凝灰岩为主,夹凝灰质砂岩,上部以碎屑岩为主,夹生物碎屑灰岩、流纹质凝灰岩等。

(三) 时代讨论

青海省地质调查院 1∶5万诺木洪郭勒幅等 8 幅联测区调,在海德乌拉剖面(IAP1)及哈日纸剖面(2DP4)采集了 6 个 K－Ar 同位素年龄样,获得年龄分别为 204Ma、206Ma、226Ma、(203.3±2.4)Ma、(247.3±3.2)Ma、(191.1±2.9)Ma;2000 年 1∶5万开荒北幅等两幅联测在相邻测区的西部相同火山岩层获得 198.9Ma 的 Rb－Sr 年龄。我们此次在海德郭勒 AP50 实测剖面对采集的玄武质粗面安山岩样品进行锆石 SHRIMP U－Pb 年龄分析,测得年龄为(204±2)Ma。此外,该岩组与八宝山组呈相变接触关系,并于选层型剖面向东的兴海县在日沟一带顶部灰岩夹层中采到了双壳类及植物化石。这些年代依据说明鄂拉山组沉积时代为晚三叠世晚期,并可能延续到早侏罗世早期。

十二、早侏罗世羊曲组(J_1y)

测区侏罗纪羊曲组集中分布于昆南断裂以北,由西向东展布,于测区西北角八宝山一带分布面积较大,与下伏八宝山组平行不整合(局部整合)接触,或受断层改造,逆冲于前三叠纪地层之上。控制厚度于八宝山一带大于 935.4m,向东于波洛斯太一线有减薄之势。

(一) 剖面描述

1. 青海省都兰县诺木洪乡八宝山早侏罗世羊曲组实测剖面(AP13)(图 2-27)

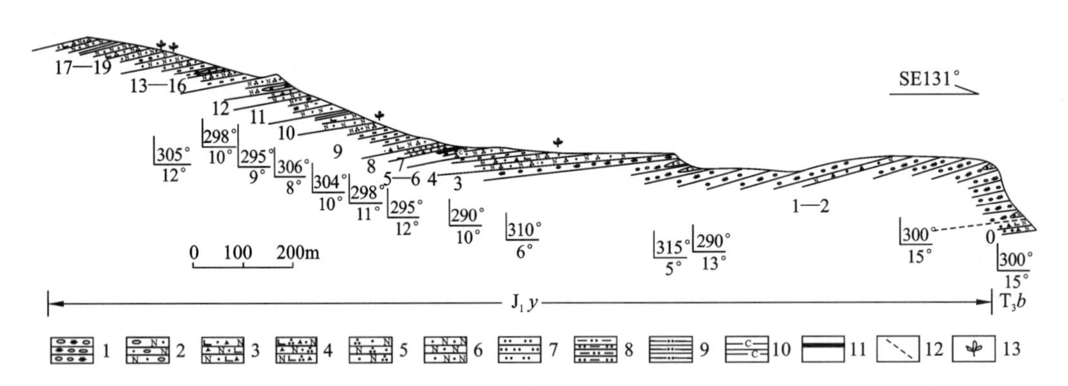

图 2-27　青海省都兰县诺木洪乡八宝山早侏罗世羊曲组实测剖面图

1.复成分砾岩;2.含砾长石砂岩;3.中粗粒含钙岩屑长石砂岩;4.中粗粒钙质岩屑长石石英砂岩;5.细粒长石石英砂岩;6.长石砂岩;7.粉砂岩;8.泥质粉砂岩;9.粉砂质页岩;10.碳质页岩;11.煤线;12.平行不整合;13.植物化石

(未见顶)

羊曲组(J_1y)　　**>704.48m**

砂页岩段(J_1y^2)　　**>416.72m**

19. 灰绿色中—厚层状中细粒长石砂岩、深灰色薄层状粉—细砂岩夹碳质页岩(向斜核)　　13.15m

18. 灰绿色厚层状中粗粒长石砂岩、中细粒长石砂岩夹深灰色薄片状粉砂质页岩及碳质页岩,产植物化石:*Podozamites* sp.,*Asterotheca okafujii* Kimura et Ohama,*Equisetites* sp.　　47.08m

17. 灰绿色厚层状中粗粒长石砂岩、灰色薄板状粉砂岩,产植物化石:*Todites* cf. *kuangyuanensis*　　19.20m

16. 灰绿色中厚层状中粗粒长石砂岩与灰—深灰色薄板状粉砂岩互层夹碳质页岩,产植物化石碎片　　36.87m

15. 灰—灰白色厚层状中粒长石石英砂岩与深灰色薄层状粉砂岩互层　22.84m
14. 灰—灰白色厚层状中粗粒长石砂岩与深灰色薄层状粉砂岩互层　12.20m
13. 灰—灰白色厚层状中粗粒长石砂岩、灰色薄层状粉砂岩，产植物化石碎片　27.11m
12. 灰—灰白色厚层状中粗粒长石砂岩、灰—深灰色薄层状粉砂岩夹细砂岩透镜体，产植物化石　22.18m
11. 浅灰绿—灰色厚层状中粗粒长石砂岩与灰色薄层、页片状粉砂岩，粉砂岩中产植物化石碎片　35.79m
10. 浅灰绿色厚层状含砾长石粗砂岩、灰绿色薄层状粉砂岩夹中细粒砂岩透镜体　36.0m
9. 浅灰绿色厚层状含砾长石粗砂岩与灰色页片状粉砂岩互层夹灰色中粒长石砂岩透镜体，产植物化石：*Cladophlebis* sp.　62.77m
8. 灰—灰白色中粒长石石英砂岩、深灰色薄层状石英粉砂岩夹灰黄色薄层中粗粒长石砂岩　15.84m
7. 浅灰绿色薄—中层状长石石英细砂岩、浅灰绿色粉砂岩，顶部为深灰色页岩　13.41m
6. 灰—灰绿色厚层状含砾中粗粒长石砂岩与灰—深灰色薄板状粉砂岩互层　16.70m
5. 灰色厚层状中细粒长石砂岩与深灰色粉砂岩，产植物化石：*Cladophlebis* sp.　35.58m

———— 整合接触 ————

砾岩段(J_1y^1)　**>287.76m**

4. 深灰色中厚层状中粒含砾长石砂岩　3.41m
3. 灰色厚层中粗粒砂砾岩　3.41m
2. 灰色巨厚层状含砂岩透镜体复成分砾岩　32.73m
1. 灰色巨厚—块状复成分砾岩　248.21m

-------- 平行不整合 --------

下伏地层：晚三叠世八宝山组(T_3b)

0. 灰绿色厚层状含砾岩屑长石粗砂岩

2. 青海省都兰县巴隆乡瑙木浑牙马托早侏罗世羊曲组实测地层剖面(图 2-28)

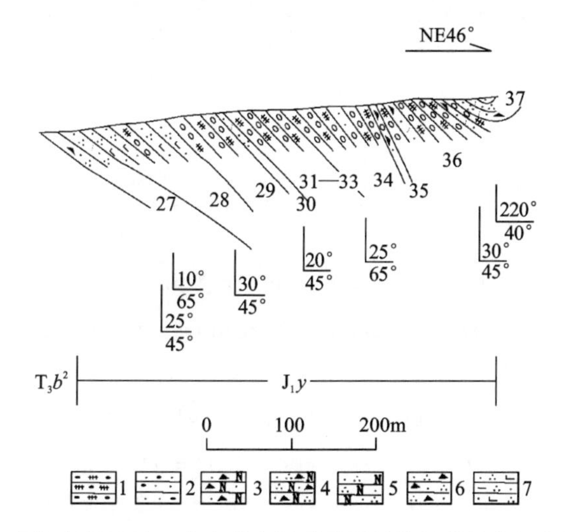

图 2-28　青海省都兰县巴隆乡瑙木浑牙马托早侏罗世羊曲组实测剖面图

1.复成分砾岩；2.含砾砂岩；3.含岩屑长石砂岩；4.岩屑长石石英砂岩；5.长石石英砂岩；6.岩屑石英砂岩；7.钙泥质石英砂岩

(未见顶)

早侏罗世羊曲组(J_1y^1)　**>352.18m**

37. 深灰色厚层状细粒含岩屑长石石英砂岩夹灰色厚层状中粒岩屑长石石英砂岩(向斜轴)　>32.91m
36. 灰色厚层—块状细砾复成分砾岩　85.41m
35. 灰色块状含砾粗粒岩屑砂岩　4.43m
34. 灰色块状中细砾复成分砾岩夹灰色块状含砾粗粒岩屑砂岩　28.11m
33. 灰—灰绿色块状中砾复成分砾岩夹少量厚层状细砾岩及灰色厚层状含砾粗岩屑砂岩　83.12m
32. 灰绿色块状细砾复成分砾岩　8.22m
31. 灰色块状中砾复成分砾岩　5.48m

30. 灰色巨厚层状中粒含长石岩屑石英砂岩夹灰色巨厚层状含砾中细粒含岩屑长石石英砂岩及砾岩，岩石中见有斜层理及水平纹层理　　5.48m

29. 灰色块状中砾复成分砾岩夹深灰色含长石泥质石英粉砂岩及灰色块状含砾粗粒岩屑砂岩　　27.90m

28. 灰色巨厚层状含砾粗粒含长石岩屑石英砂岩夹深灰色含长石泥质细粒石英砂岩及少量的灰绿色块状细砾复成分砾岩　　71.12m

---------------- 平行不整合 ----------------

下伏地层：晚三叠世八宝山组上段(T_3b^2)　　>1 124.88m

（二）岩石地层特征

1. 岩石组合

从实测地层剖面及路线追踪来看，测区的侏罗纪羊曲组下部砾岩段延伸稳定，岩性组合较简单，以大套灰—灰绿色复成分砾岩、中粗粒砂砾岩及含砾岩屑长石砂岩的岩石组合为特征，局部夹含砾砂岩透镜体，与上部砂页岩段整合接触，以平行不整合相覆于八宝山组之上。该岩段在八宝山、兰道湾乌苏一带顶、底出露齐全，控制厚度287.76m。上部砂页岩段表现为长石砂岩、长石石英砂岩、粉砂岩夹碳质页岩的大套碎屑岩沉积建造，产大量古植物化石；该段在区域上延伸不稳定，向东呈尖灭之势，沉积厚度于兰道湾乌苏一线最厚，大于704.08m。

2. 基本层序特征

砂页岩基本层序由含砾中粗粒长石砂岩、中细粒砂岩、粉砂岩、碳质页岩构成的自旋回性沉积，粒度向上变细，厚度变薄，具平行层理、中小型交错层理、水平层理及波纹层理等，属旋回性基本层序，同时在该套岩石组合中，局部表现为中粗粒砂岩与粉砂岩的韵律性旋回沉积特征，且具横向延展性。

砾岩段具明显的二元结构特征，即具砾岩—砂砾岩—含砾砂岩变化规律，粒度向上变细，具正粒序层理，含砾砂岩中见交错层理构造。

（三）时代依据及环境分析

1. 生物特征及时代讨论

羊曲组上段(粉砂页岩段)产丰富的植物化石碎片(多数由于岩石破碎，化石保存不完整)，经鉴定主要属种有：*Podozamites* sp.，*Asterotheca okafujii* Kimura et Ohama，*Equisetites* sp.，*Todites* cf. *kuangyuanensis* Li，*T. shensiensis*，*T. goeppertianus*，*Neocalamites* sp.，*Cladophlebis* sp.，*C. deticulata*；该岩层向东延入东部相邻图幅(冬给措纳湖幅)内，于上部砂页岩段中部钙质泥岩中富产淡水双壳类：*Ferganoconcha* cf. *yanchanensis*，*F.* sp.，并于含煤砂泥岩段底部获丰富的孢粉化石：*Alsporites* sp.，*A. toralis*，*Cycathidites* sp.，*C. minor*，*Chordasporites* sp.，*C. australiesis*，*Limatulasporites* sp.，*L. limatulus*，*L. inaequalalis*，*Punctatisporites minutus*，*Plicatipollenites* sp.，*Pinuspollenites*，*Retusotriletes arcticus*，*Stenozonotriletes* sp.，*Taeniaesporites*。从上述动植物化石及其分布来看，该岩组时代范围为三叠纪—侏罗纪，但1∶20万《埃肯德勒斯特幅区域地质调查报告》(1982)在该套地层相应层位采得植物化石：*Cladophlebis tsaidamemsis* Sze，*C. ingens* Harris，*C. pekingensis* Lee et Shen，*Ciliatopteris pectinata* Wu. X. W.，*Equisetites colunmanus* Brongniart，为早侏罗世地层常见或标准分子，由此，将该套地层时代厘定为早侏罗世为宜。

2. 环境分析

据岩性、岩相和古生物化石分析，测区羊曲组为造山后期陆内调整期山间小型断陷含煤盆地建造。早侏罗世早期，由于地壳差异性运动，形成大小不同的山间盆地，沉积一套河流相为主兼滨湖相复成分砾岩，砾石的成分、分选性、磨圆度及支撑类型说明水流强烈，冲刷砾石扁平面平均产状：38°∠27°，指示水体总体方向为由北东向南西，砾石成分复杂，其物源来自北部的布尔汗布达山；粒度分析表明，该套中砂岩粒度曲线主要由跳跃总体组成，中等斜率，分选较好，偏度极正偏，峰度很窄，具曲流河砂之特点。

早侏罗世晚期（羊曲组上段）粉砂质页岩发育平行层理、低角度交错层理、沙纹层理及透镜状层理，层面多见浪成波痕、冲刷构造，局部形成煤线；粒度分布曲线（1∶5万区调）揭示，主要由跳跃总体及悬浮总体组成，缺乏滚动总体，斜率较高，分选好，具河湖相砂之特点；植物化石相对富集于粉砂（泥）页岩层，以真蕨类为主，次为裸子植物。显示了气候温暖、潮湿的陆相滨-浅湖环境，湖水动荡多变。

十三、古近纪沱沱河组（E*t*）

测区的古近纪沱沱河组地层体总体沿昆南断裂带以南分布，角度不整合覆于二叠纪马尔争组、三叠纪巴颜喀拉山群之上，或以断层相接触。沱沱河组为测区第三纪地层靠下部的以紫红色粗—细碎屑为主的河湖相沉积体系，根据岩石组合可划分出3个岩性段，代表不同的环境演化阶段。

（一）剖面描述

青海省曲麻莱县麻多乡扎加村洛乌拉郭勒古近纪沱沱河组实测地层剖面（AP26）（图2-29）

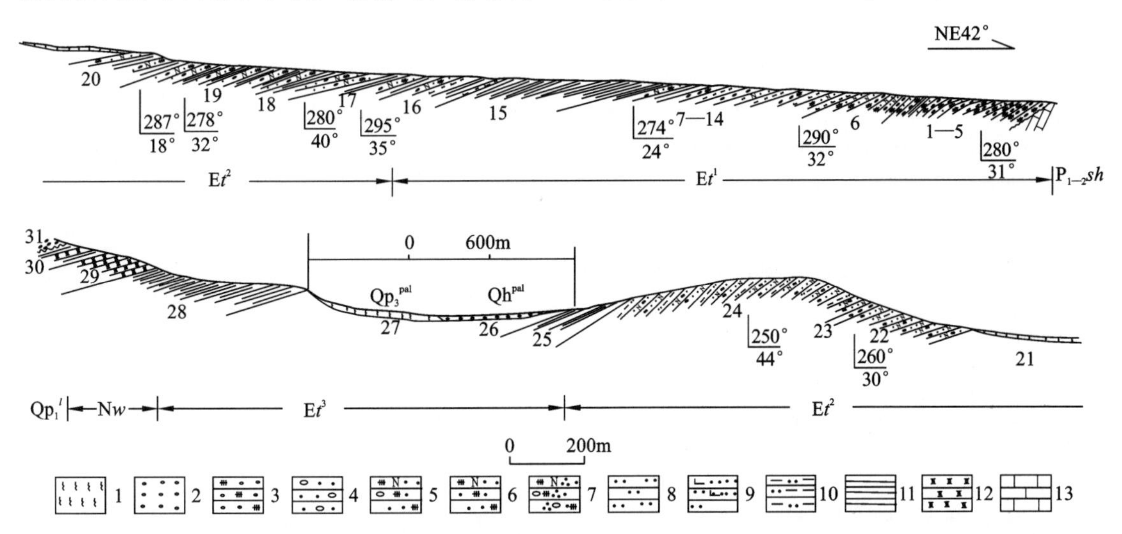

图2-29 青海省曲麻莱县麻多乡扎加村乌拉郭勒古近纪沱沱河组—新近纪五道梁组实测剖面图

1.浮土；2.冲洪积砾石层；3.复成分砾岩；4.含砾砂岩；5.含砾长石杂砂岩；6.长石杂砂岩；7.含砾长石石英杂砂岩；8.粉砂岩；9.钙质粉砂岩；10.粉砂质泥岩；11.泥岩；12.石膏层；13.灰岩

上覆地层：五道梁组（N*w*）

29. 灰白色中层状石膏层及膏溶角砾岩	73.3m
———— 整合接触 ————	
沱沱河组（E*t*）	**3 141.8m**
上段（Et^3）	**857.9m**
28. 紫红色厚层—块层状泥岩	173.7m
27. 紫红色泥岩，表层为第四系覆盖	354.2m
26. 紫红色泥质细碎屑岩，表层为第四系覆盖	330.2m
中段（Et^2）	**1 435.4m**
25. 紫红色中厚层状中细粒长石杂砂岩与紫红色厚层状泥岩不等厚互层	18.5m
24. 紫红色中厚层状中粗粒长石杂砂岩夹紫红色厚层粉砂质泥岩	322.3m

23. 紫红色中厚层状中粗粒长石杂砂岩夹紫红色厚层粉砂质泥岩	14.3m
22. 灰紫色中厚层中粗粒长石杂砂岩	178.2m
21. 灰紫色厚—巨厚层含砾粗粒长石杂砂岩与灰紫色厚层泥岩近等厚互层，发育大型板状交错层理、冲刷面及生物扰动构造。表层为第四系覆盖	465.4m
20. 灰紫红色巨厚层—块层状含砾粗粒长石杂砂岩夹中厚层泥岩	264.8m
19. 灰紫红色厚—巨厚层泥岩与中层状含砾粗粒长石杂砂岩不等厚互层	30.8m
18. 灰紫色巨厚层—块层状含砾粗粒长石杂砂岩	63.4m
17. 暗紫色厚层状含砾粗粒长石杂砂岩与泥岩近等厚互层	77.7m
下段(Et^1)	**848.5m**
16. 暗紫色厚层—块层状泥岩夹灰绿色薄层钙质粉砂岩	43.9m
15. 暗紫色块状泥岩	149.9m
14. 暗紫色厚层—块层状泥岩与中薄层含砾不等粒长石杂砂岩不等厚互层夹灰绿色厚层泥岩，泥岩中发育钙质结核	75.7m
13. 暗紫色厚层状复成分砾岩夹粗粒长石杂砂岩	15.1m
12. 暗紫色厚层—块状泥质粉砂岩	30.5m
11. 暗紫色厚层复成分砾岩夹含砾粗粒长石杂砂岩	21.9m
10. 暗紫色厚层泥质粉砂岩夹厚层不等粒岩屑长石杂砂岩	47.0m
9. 暗紫色厚层中粗粒长石杂砂岩夹厚层复成分砾岩或含砾砂岩	7.8m
8. 暗紫色厚—巨厚层状复成分砾岩夹厚层含砾粗粒长石杂砂岩	26.4m
7. 暗紫色厚层钙质粉砂岩与中厚层中粗粒长石杂砂岩不等厚互层夹厚层复成分砾岩	45.2m
6. 暗紫色厚层中粗粒长石杂砂岩与灰绿色复成分砾岩或含砾砂岩不等厚互层	112.7m
5. 暗紫色厚层含砾粗粒杂砂岩夹复成分砾岩	50.0m
4. 由暗紫色厚层复成分砾岩、含砾粗粒杂砂岩与泥质粉砂岩构成的韵律性旋回沉积	56.5m
3. 暗紫色复成分砾岩与含砾粗粒杂砂岩互层	69.3m
2. 暗紫色厚层复成分砾岩夹含砾粗粒长石石英杂砂岩	80.7m
1. 灰黄色块状复成分砾岩	15.9m
～～～～～～～ 角度不整合 ～～～～～～～	
下伏地层：早中二叠世树维门科组	
0. 灰白色块状微晶—细晶灰岩	13.9m

（二）岩石组合及横向变化

沱沱河组下段(Et^1)：总体表现为暗紫色复成分砾岩、含砾粗粒岩屑长石杂砂岩、含砾不等粒钙质岩屑砂岩夹长石岩屑砂岩、泥质粉砂岩、泥岩。盆地西北缘海德郭勒一带为灰紫、紫红色岩屑砂岩，钙质粉砂岩及薄层状泥岩，少量复成分砾岩，地层产状平缓，在8°～10°之间，厚度约420m。浩特洛哇南侧一带，岩石组合为砖红色复成分砾岩夹含砾粗砂岩及泥砂岩，厚度大于383m。盆地中心查哈西里则以大套猪肝色、暗紫色复成分砾岩、含砾粗岩屑长石砂岩等粗碎屑岩为主夹细碎屑岩沉积组合，出露厚度848.5m，不整合于早中二叠世树维门科组结晶灰岩之上，向东延入邻区。

沱沱河组中段(Et^2)：集中分布于昆中断裂以南，出露于阿尼玛卿构造带之上，与下部砾岩段呈整合接触关系，岩石组合为紫红色含砾长石砂岩、中粗粒长石砂岩、紫红色粉砂岩、泥岩，局部形成砂岩、粉砂岩与泥岩的韵律层，控制厚度1 435.4m。

沱沱河组上段(Et^3)：岩石组合单调，岩石类型为紫红色细碎屑岩、块状泥岩，局限分布于沉积盆地中心，呈带状展布，控制厚度857m。与下部层位及上部五道梁组整合接触。

（三）层序特征及环境演变

沱沱河组总体为一套红色陆相碎屑岩建造，下段具明显的旋回韵律特征，即由砾岩—含砾砂岩—泥质粉砂岩构成的自旋回性沉积,复成分砾岩具正粒序层理,砂岩层则发育平行层理、交错层理。中段基本层序特征为含砾粗砂岩与粉砂质泥岩构成的韵律性旋回沉积,发育平行层理、交错层理、水平层理。上段表现为由细碎屑岩、紫红色泥岩构成的向上变细的沉积韵律,泥岩中发育水平纹层理、交错层理,见有虫管化石。

由此,沱沱河组总体表现为湖三角洲沉积,下部砾岩代表河流入湖快速堆积的扇三角洲沉积环境,向上细碎屑岩及泥岩段的出现表明沉积环境逐渐向三角洲平原—三角洲前缘—浅湖演变,强氧化色反映了干旱气候环境。区域上该岩性段中发育菱铁矿,说明在古近纪一定时段内古气候处于低温多雨的还原环境。下段中大套复成分砾岩的出现揭示出在盆地初始发育阶段构造对盆地的形成起控制作用。

(四)时代厘定

测区未获沱沱河组时代资料。与区域资料对比,测区沱沱河组中下段相当于沱沱河组正层型剖面——格尔木市唐古拉山乡阿布日阿加宰剖面的沱沱河组全部。测区沱沱河组上段整合于可作为标志层的含石膏层五道梁组之下,相当于正层型剖面——格尔木市唐古拉山乡阿布日阿加宰剖面的雅西措组(因位于产石膏的五道梁组之下的雅西措组以碳酸盐岩为主,而测区以细碎屑岩为主,故将其并入沱沱河组)。层型剖面沱沱河组精确沉积时代尚有争议,大多数资料将其归于古近纪。

十四、新近纪五道梁组(N*w*)

测区五道梁组为新确定的岩石地层单位,分布于图幅中部的查哈西里可特林郭勒,出露面积约0.35km^2。主要特征为下部以石膏层的始现作为该组的开始而与下伏沱沱河组呈整合接触,顶部被第四纪早更新世湖积砾岩层覆盖。岩性组合为灰白色中厚层石膏层及膏溶角砾岩,上部为暗紫色块状泥岩夹石膏层,控制厚度135.9m。该组石膏层总厚度大于20m,为膏盐矿化点。

(一)剖面描述

青海省曲麻莱县麻多乡扎加村乌拉郭勒新近纪五道梁组实测地层剖面(AP26)(见图2-29)

上覆地层:第四系

31. 湖积砾岩层　　>22.88m

---------------- 平行不整合 ----------------

五道梁组(N*w*)　　135.9m

30. 暗紫色块状泥岩夹中厚层石膏层　　62.6m

29. 灰白色中层状石膏层及膏溶角砾岩　　73.3m

———————— 整合 ————————

下伏地层:沱沱河组上段(E*t*^{3})

28. 紫红色厚层—块层状泥岩　　173.7m

(二)岩性特征及环境意义

实测剖面显示该组为以化学盐岩沉积、细碎屑岩为特征的沉积组合,岩石类型主要为暗紫色泥岩、石膏层、膏溶角砾岩。石膏层厚10~40cm,具膏纹层理,石膏晶体纤柱状,直径2~3cm,垂直层面生长;膏溶角砾大小一般2~5cm,最大可达20cm,角砾之间为碎的石膏晶体及紫红色泥质充填,充填物占15%。泥质岩层中水平纹层发育。

区域上五道梁组广泛出露于可可西里盆地、沱沱河盆地,纵向上岩性稳定,产孢粉:*Abietineaepollenites*,*Tricolpopollenites*;介形虫类:*Eucypris qaibeigouensis*。岩石类型与沉积范围分布显示第三纪红盆的发展受新生代构造运动的影响,盆地在青藏高原整体抬升的背景下,局部出现差异隆升，并打破统一湖盆的整体沉积格局。测区内盆地中心收缩至查哈西里可特林郭勒一带，湖泊水体已相当浅，并生长着耐盐的介形虫类，随水体的进一步萎缩，出现石膏层沉积，膏盐层在溶蚀后伴随水流作用重新沉积，形成膏溶角砾岩层，说明此时盆地气候干旱，蒸发作用强烈，局部地段还出现盐沼堆积。

（三）时代依据

区域上五道梁组含介形虫：*Eucypris qaibeigouensis*；孢粉：*Abietineaepollenites*，*Tricolpopollenites*。时代相当于中新世。

十五、新近纪曲果组(N*q*)

该组分布于昆南活动断裂以南的埃力生口走不切及塔温查安郭勒一带。与下伏马尔争组呈角度不整合接触。上覆为第四纪地层。控制厚度 2 283.2m。

（一）剖面描述

该组有两条剖面控制，其中包括 1∶5万诺木洪郭勒幅等 8 幅联测报告所测剖面(6P3)，考虑到该剖面大部分在图幅内和具代表性，本书亦沿用。

1. 克腾哈布次哈郭勒曲果组(N*q*)实测剖面(6P3) *

新近纪曲果组(N*q*)

15. 灰色厚层状细砾岩(断层切割，出露不全)　162.0m
14. 土黄色厚层状粉砂质泥岩夹砂岩透镜体　159.5m
13. 灰色厚层状细砾岩　79.9m
12. 土黄色中厚层状钙质胶结复矿粗粉砂岩夹紫红色厚层状泥质粉砂岩及细砾岩　381.3m
11. 紫红色厚层状钙质胶结复矿粗粉砂岩夹泥岩　106.6m
10. 浅灰色厚层状泥质粉砂岩夹灰色厚层泥岩，产介形虫：*Cyprinotus* sp.　220.3m
9. 紫红色厚层状泥质粉砂岩夹灰绿色厚层状粉砂质泥岩　74.0m
8. 土黄色厚层状钙质胶结复矿粗粉砂岩夹青灰色厚层石英粉砂岩，产轮藻：*Charites* sp.；介形虫：*Ilyocypris* sp.，*Eucypris* sp.　160.1m
7. 土黄色中厚层状泥质粉砂岩夹青灰色厚层状粉砂质泥岩，产腹足类：*Pupilla* sp.，*Gyraulus* sp.；介形虫：*Leucocythere* aff. *tropis*，*Candoniella formosa*，*Ilyocypris* sp.　244.2m
6. 黄绿色中层状粗粉砂质灰岩夹灰色结核状粉砂岩，产腹足类：*Galba* sp.；介形虫：*Candoniella* sp.，*Cyclocypris* sp.　117.6m
5. 灰紫色中厚层状钙质胶结复矿粗粉砂岩夹青灰色泥岩，产介形虫：*Candoniella* sp.　71.9m
4. 土黄色中层状细粒长石岩屑砂岩夹灰色中层状粉砂质泥岩　76.0m
3. 棕灰色厚层状粉砂质灰岩夹灰绿色中层状泥岩，产腹足类：*Bithynia*? sp.，*Galba* sp.；介形虫：*Candoniella subcylindrica*，*Candoniella* sp.，*Candona* sp.，*Cyclocypris* sp.　295.0m
2. 灰绿色中层状泥岩夹灰黄色中层状泥质粉砂岩，产轮藻：*Charites* sp.；介形虫：*Candoniella* sp.，*Cyclocypris* sp.，*Eucypris*? sp.　30.5m
1. 灰色厚层砾岩　104.3m

~~~~~~~~ 角度不整合 ~~~~~~~~

下伏地层：马尔争组 (P*m*) 火山岩

2. 埃力生口走不切曲果组实测剖面(1CP) *

剖面位于埃勒岭南克腾哈布次哈郭勒中上游，沉积序列清楚，构造简单，顶与闹仓坚沟组断层接触。

* 资料来源：青海省地质调查院 1∶5万诺木洪郭勒幅等 8 幅联测报告，1996。
~~~~~~~~

（未见顶）

新近纪曲果组（*Nq*）

12. 灰褐色薄层状内碎屑（颗粒）泥粒灰岩夹薄层状泥岩	55.6m
11. 灰褐色薄层状内碎屑泥粒灰岩与灰色薄层状泥岩互层	20.3m
10. 浅灰褐色薄层状内碎屑（颗粒）灰岩夹薄层状中细粒岩屑砂岩	3.7m
9. 灰色薄层状泥岩夹灰褐色薄层状内碎屑（颗粒）泥粒灰岩	16.1m
8. 灰色薄层状泥岩与内碎屑泥粒灰岩互层	34.7m
7. 灰色薄层状泥岩夹薄层状内碎屑泥粒灰岩	36.1m
6. 土黄灰色薄层状内碎屑（颗粒）泥粒灰岩	4.2m
5. 灰褐色薄层状岩屑石英粉砂岩夹灰色薄层泥岩	25.1m
4. 浅灰白色薄层状泥晶灰岩夹内碎屑泥粒灰岩条带	33.9m
3. 浅灰褐色薄层变钙质胶结细砂质岩屑石英粉砂岩夹灰褐色薄层泥岩	23.2m
2. 灰褐色薄层状泥岩	77.2m
1. 灰褐色复成分变岩块砾岩	38.7m

~~~~~~~~~~~~ 角度不整合 ~~~~~~~~~~~~

下伏地层：马尔争组（P*m*）超糜棱岩

（二）岩石地层特征

克腾哈布次哈下部岩石组合为灰褐色复成分岩块砾岩、岩屑石英粉砂岩及薄层状泥岩，夹少量岩屑砂岩；上部为灰色、灰褐色薄层状泥粒灰岩，泥岩夹岩屑石英粉砂岩。与下伏马尔争组不整合接触，未见顶，控制厚度 388.8m。向西约 2.5km 处的同一沉积盆地内，主要为一套灰色、灰黑色砾岩，土黄色中层状细粒长石岩屑砂岩，紫红或土黄色泥质粉砂岩，泥岩夹粉砂质灰岩的沉积序列，与下伏马尔争组呈不整合接触，其顶被断层所截。

地层的基本层序为由砾岩、含砾粗砂岩、砂岩、粉砂岩及泥（页）岩组成的自旋回性沉积，单个层向上变细、变薄，显示退积结构特征，砾岩底界均不平整，具正粒序层理，粉砂岩与泥岩层具平行层理、细纹交错层理。属旋回性基本性层序。二者向上相互叠置构成高一级非对称旋回沉积层序。

（三）时代依据

曲果组产轮藻：*Charites* sp.；腹足类：*Galba* sp.；介形虫类：*Candona* sp.，*Candoniella* sp.，*Cyclocypris* sp.，*Ilyocypris* sp.，*Eucypris* sp.，*Leucocythere* aff. *tropis*，*Candoniella formosa*。其中 *Leucocythere* aff. *tropis* 常见于共和盆地上新世曲沟组和早更新世阿乙亥组，*Candoniella formosa* 见于柴达木盆地上新世晚期狮子沟组。区域上该套地层广泛分布于唐古拉山与巴颜喀拉山地区，局部地区见不整合覆于五道梁组之上，故时代归为上新世。

十六、第四纪地层

区内第四纪地层分布非常广泛，出露面积占全区面积的 1/4（图 2-30）。其成因类型主要有风积、湖积、冲积、湖冲积、洪冲积、沼泽沉积、湖沼沉积、冰碛和冰水堆积等，厚度大，岩相、岩性随地形变化大，地形地貌各异。现由老至新简述如下。

（一）早更新世地层

1. 早更新世湖积-湖三角洲沉积（Qp^{1l-ld}）

1）空间分布及岩性特征

该沉积地层主要出露于区内中部的乌兰乌苏郭勒两侧，呈小山包或平缓山坡，常发育指状冲沟。主
~~~~~~~~~~~~

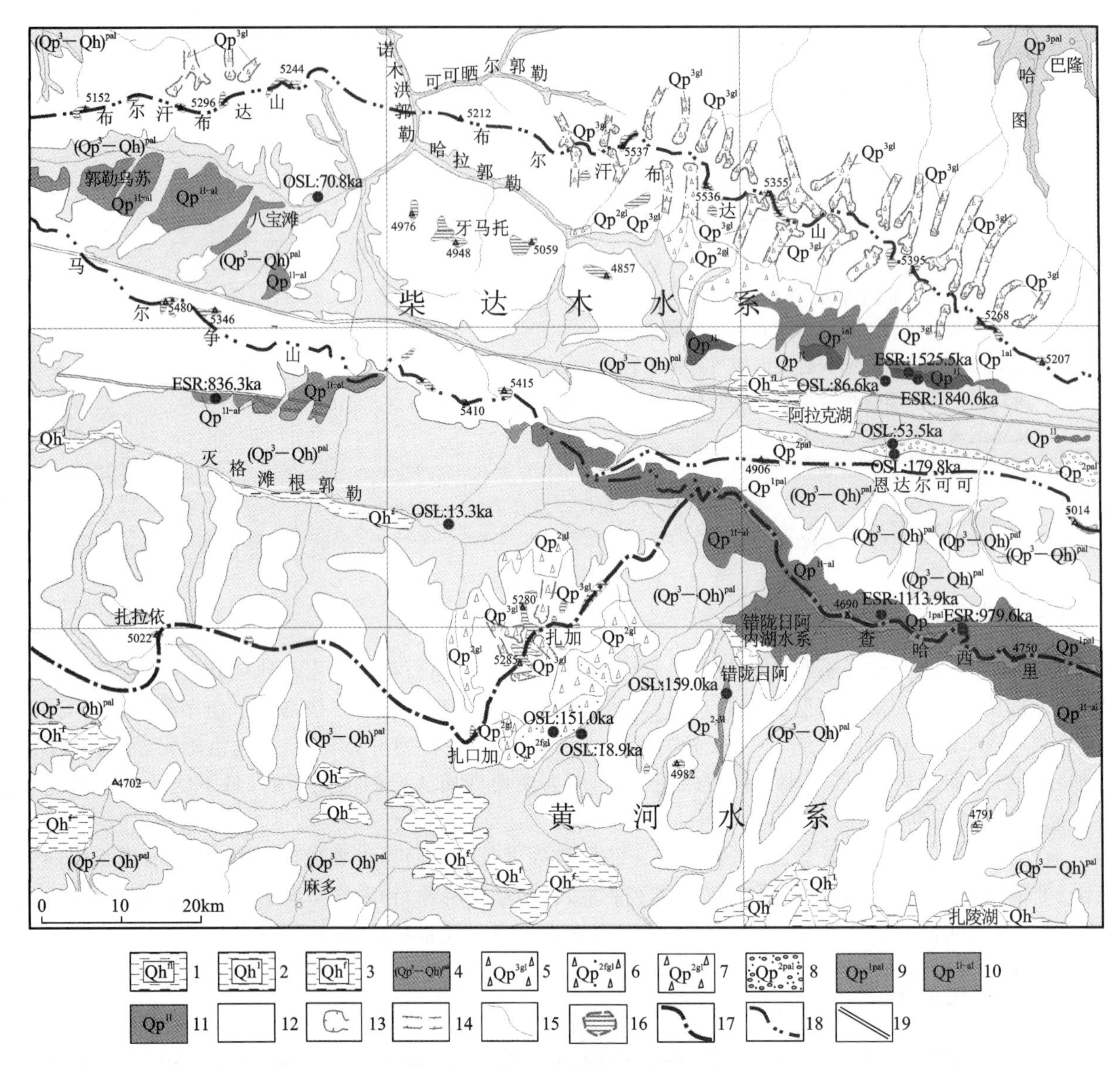

图 2-30　阿拉克湖幅第四纪地质简图

1. 全新世湖沼沉积：灰色淤泥质粉细砂、亚砂土及含钙质粘土；2. 全新世湖泊沉积：砂砾石、粉砂及次生黄土；3. 全新世沼泽沉积：灰色淤泥质粉细砂、亚砂土及含钙质粘土；4. 晚更新世—全新世洪冲积：灰色、杂色粘土、砂砾石；5. 中更新世冰碛：杂色泥砂质砾石及漂砾；6. 中更新世冰水沉积：杂色泥砂质砾石；7. 中更新世冰碛：杂色泥砂质砾石及漂砾；8. 中更新世冲洪积：灰黄色、杂色砂砾石；9. 早更新世洪冲积：灰色、杂色砂砾石；10. 早更新世河湖积：弱胶结杂色砂砾岩夹粉砂岩透镜体；11. 早更新世湖积：浅灰色粉砂质粘土、灰黄色粉砂夹砂砾石；12. 前第四纪基岩区；13. 冰斗；14. 冰川"U"形谷；15. 水系；16. 平坦夷平面；17. 水系系统界线；18. 主要山脊线、分水岭；19. 东昆南活动断裂

要由黄灰色砂层、灰黄色粉砂与浅灰—灰黄色薄层至极薄层粘土质粉砂、粉砂质粘土组成韵律层，下部粉砂质粘土较多，缟状层理发育；上部砾石夹层较多。未见底、顶。总厚 84.48m。

2）剖面简介

青海省都兰县巴隆乡阿拉克湖小园包早更新世湖积-湖三角洲沉积（Qp^{1l-ld}）实测剖面

上覆地层：早更新世冲积（Qp^{1al}）：土黄色砂砾层，砾石主要成分为玫瑰色灰岩、灰色灰岩、白色灰岩、砂岩、板岩，成分复杂，分选性极差，磨圆：次棱—尖棱角状

———————— 侵蚀接触 ————————

早更新世湖积-湖三角洲沉积（Qp^{1l-ld}）　　84.48m

上部湖三角洲沉积（44—80 层）：

80. 0～0.05m 土黄色薄层含砾细砂，0.05～0.3m 土黄色中厚层粉砂，0.3～0.4m 为黄色中厚层粗砂，不显层理　　0.4m

79. 0～0.15m的紫红色中厚层粉砂，不显层理；0.15～0.3m的灰绿色薄层状粉砂质粘土与土黄色薄层粘土质粉砂组成韵律层，发育水平层理，共29个韵律层。0.3～0.43m的紫红色中厚层粉砂，不显层理；0.43～0.65m的灰绿色薄层粉砂质粘土与土黄色薄层粘土质粉砂组成韵律层，发育水平层理，共13个韵律层。0.65～0.75m的紫红色中厚层粉砂，不显层理，0.75～1.0m为灰绿色粉砂质粘土 1.0m

78. 土黄色砂砾层，上部砾石较下部多，且粗砾石主要顺层分布，少数呈叠瓦状，砾石成分主要为玫瑰色灰岩、灰白色灰岩、脉石英、砂岩、板岩等，成分复杂，胶结物多为硫磺色，分选性差，磨圆度为次棱角—尖棱角状，＞4mm占50％，2～4mm占20％，＜2mm占30％，部分层位夹砂透镜体 2.6m

77. 紫红色厚层粉砂质粘土，不显层理，局部夹少量砾石，粒径20～50mm 1.0m

76. 灰黄色厚层状粉砂层，不显层理，中部夹透镜状砂砾 0.7m

75. 土黄色砂砾石层夹灰色中—粗砂，砾石以灰岩、砂岩、脉石英为主，分选性较差，次棱角—棱角状，＞4mm占50％，2～4mm占20％，＜2mm占30％ 0.9m

74. 0～0.2m的浅灰色薄层状细砂，发育水平层理，0.2～0.3m的灰黄色薄层细砂，发育水平层理；0.3～0.4m的灰色薄层粘土，发育水平层理 0.4m

73. 灰色砂砾层，夹少量灰黄色细砂透镜体，砾石成分主要为灰岩、砂岩、脉石英，中等分选，次棱角—棱角状，＞4mm占60％，2～4mm占20％，＜2mm占20％ 2.0m

72. 灰色中厚层状粉砂质粘土，不显层理 0.4m

71. 土黄色砂砾层，砾石占70％，以脉石英、砂岩、灰岩为主，分选性较差，次棱角—棱角状，＞4mm占50％，2～4mm占20％，＜2mm占30％，扁平面无明显优势方位 0.5m

70. 灰色中—粗砂，中间夹不规则状紫红色粉砂，发育平行层理 0.4m

69. 0～0.3m为灰色粘土质粉砂，0.3～0.5m为浅紫红色粉砂质粘土，不显层理 0.5m

68. 土黄色薄层粗砂、中砂、细砂、粉砂组成的韵律层，具有正粒序层理 0.5m

67. 黄灰色中厚层细砂夹黄色薄层粉砂，细砂中偶见平行层理 0.8m

66. 土黄色砂砾层，分选性极差，磨圆差 0.7m

65. 灰色中厚层粗砂，夹土黄色粉砂透镜体，粉砂中含少量砾石，粗砂中偶见平行层理，粉砂透镜体中有不明显的水平层理 1m

64. 土黄色厚层粉砂夹黄灰色不规则状细砂，下部偶见平行层理 0.8m

63. 土黄色含砾砂岩，分选性差，次棱角—棱角状 0.2m

62. 黄灰色中厚层粉砂，不显层理 0.8m

61. 肉红色细砂层，不显层理 0.9m

60. 黄灰色中厚层粉砂，不显层理 0.3m

59. 肉红色细砂层，不显层理 0.6m

58. 黄灰色含砾粘土质粉砂 0.4m

57. 灰色中厚层粉砂质粘土 0.5m

56. 灰黄色中厚层钙质粉砂 0.4m

55. 灰色砂砾层，含不规则状透镜状砂 0.5m

54. 灰色砂砾层，黄灰色砂层，黄灰色粉砂层组成的韵律层 1m

53. 黄灰色砂夹一层砂砾层，砂层中偶见平行层理，分选性差，尖棱角状 0.9m

52. 土黄色砂砾层，砾石分选性较差，尖棱角状 0.7m

51. 灰—灰黄色钙质细砂，底部有厚约0.05m的砾石层，砾石分选性差，次棱角状。上部夹黄灰色粉砂 1.7m

50. 黄色厚层状粉砂 0.8m

49. 黄色粉砂质粘土，上部夹砾石层及黄灰色不规则状粉砂 0.8m

48. 黄灰色中砾石层，局部夹透镜状砂，粉砂。砾石分选性极差，尖棱角状 0.8m

47. 灰色粉砂质粘土与土黄色粘土质粉砂组成的韵律层，48个韵律层/10cm，粉砂质粘土∶粘土质粉砂＝3∶1 1.2m

46. 黄灰色砂夹砾石层，砂层具水平层理 0.8m

45. 紫红色粉砂质粘土层，块状层理，局部具水平层理，含不规则状黄灰色粉砂 0.5m

44. 浅灰色细砾层，砾石分选中等，次棱角—次圆状 0.2m

下部湖积（1—43层）：

43. 黄灰色钙质粉砂，块状层理，局部夹灰色粘土质粉砂 0.9m

42. 深灰色块层状粉砂质粘土。含介形虫 *Herpetocyprella dvalyi*，*Limnocythere dubiosa*，*Leucocythere burangensis*　1.6m
41. 浅灰色细砂，黄灰色粉砂与灰色粉砂质粘土组成韵律层，8 个韵律层/10cm，水平层理发育，细砂∶粉砂∶粘土＝2∶4∶2　0.9m
40. 土黄色细砂，黄灰色粉砂与灰色粉砂质粘土组成的韵律层，5 个韵律层/20cm，细砂∶粉砂∶粘土＝3∶1∶2，水平层理发育　1.0m
39. 黄灰色钙质粉砂与灰色粉砂质粘土组成的韵律层，一般 10 个韵律层/10cm，局部粉砂层可占 5～8cm，小韵律层中粉砂∶粘土＝1∶3，部分 1∶2，水平层理发育　1.7m
38. 灰色中砂与黄灰色细砂组成的韵律层，12 个韵律层/10cm，平行层理发育　0.4m
37. 灰黄色粉砂与灰色粉砂质粘土组成韵律层，水平层理发育，韵律层厚 1～2cm，粉砂∶粘土＝1∶3，约 7 个韵律层/10cm　0.6m
36. 灰黄色钙质细砂层，块状层理　0.7m
35. 灰色极薄层状粉砂质粘土夹灰黄色极薄层状粘土质粉砂，缟状层理发育，单层厚 0.5～1cm。含介形虫 *Eucypris inflata*（Sars），*Cyprinotus chiuhsiensis*，*Herpetocyprella dvalyi*，*Candona himalayaensis*　0.7m
34. 为灰黄色中粗粒砂夹砾石层，具水平层理　0.5m
33. 灰黄色粉砂，块状层理　0.4m
32. 由土黄色含砾粗砂、中砂、细砂组成的韵律层　1.4m
31. 灰色厚层粉砂质粘土，内部层理不清　1.1m
30. 灰白色薄层钙质粉砂，粉砂质粘土与土黄—灰黄色薄层钙质粉砂，粉砂质粘土互层，水平纹层发育　1.3m
29. 灰黄色薄层粉砂质粘土夹灰白色钙质粘土，局部夹灰黄色粉砂、细砂，正粒序层理　1.3m
28. 浅灰色薄—极薄层粘土，粉砂质粘土与灰黄色薄—极薄层粉砂质粘土互层，水平层理发育　1.4m
27. 土黄色中厚层细砂、粉砂，显示正粒序层理　0.3m
26. 浅灰色薄—极薄层钙质粉砂与灰黄色细砂互层，水平纹理发育　0.5m
25. 灰黄色薄层细砂夹浅灰色极薄层钙质粉砂，水平层理发育，从细砂到粉砂表现出正粒序层理　1.8m
24. 灰黄色细砂与灰白色钙质粉砂构成韵律层　1.0m
23. 灰黄褐色薄—中厚层状细砾夹灰黄色极薄层状含粘土细粉砂，砾石单层厚 7～20cm，分选性较差，以次棱角状为主，杂基支撑，杂基为粉砂与粘土，砾石中具平行层理和斜层理，砾石排列具叠瓦状构造，底部具冲刷面　1.2m
22. 灰白色极薄层粘土与灰褐色极薄层细粉砂质粘土互层。产介形虫 *Eucypris inflata*（Sars）　0.5m
21. 灰褐—灰黄色极薄层粘土与极薄层含细粉砂质粘土互层，水平层理发育，介形虫特别丰富，常见介形虫有 *Cypricercus brevis*，*Eucypris inflata*（Sars），*Prionocypris gansenensis*，*Candona* sp.　0.8m
20. 灰色水平层理粉砂质粘土层，含介形虫 *Cypricercus brevis*　6.4m
19. 浅灰色粘土质粉砂层，水平层理发育，产植物茎干　0.9m
18. 浅灰色水平纹层粘土层夹极薄层细砂层　1.5m
17. 浅灰色粘土质粉砂与粉砂质粘土互层，发育水平层理　1.5m
16. 浅灰色细砂层，水平层理发育　0.9m
15. 灰色粉砂质粘土层，水平纹理发育，偶见介形虫化石　0.8m
14. 浅灰色含粗砂钙质胶结粉砂层，略显水平层理　0.6m
13. 浅灰色中粗砂层，平行层理发育　1.3m
12. 浅灰色中粗砂夹少量细砂，发育平行层理及楔状交错层理　1.5m
11. 浅灰色中粗砂、灰黄色细砂夹极薄层黄灰色粉砂及灰色粘土层。中粗砂具正粒序层理及平行层理，为鲍马序列 A、B 段；细砂层单层厚 1cm，发育包卷层理及水平纹层，为鲍马序列 C 段及 D 段。具湖浊积岩特征　2.3m
10. 灰色极薄层状粗砂与灰黄色极薄层状细砂互层，平行层理较为发育　0.7m
9. 浅灰—灰白色含介形虫粘土层，水平纹理发育，含介形虫化石 *Eucypris subgyirongensis*，常沿层面富集成 0.2～0.4cm 的介形虫层　5.0m
8. 浅灰色粗砂层与灰黄色细砂及浅灰色粉砂互层，粗砂—细砂—粉砂构成向上变细的正粒序层理　0.8m
7. 青灰色薄层状粉砂质粘土夹黄色极薄层细砂层。含介形虫 *Eucypris subgyirongensis*，*Limnocythere dubiosa*　2.6m

6. 浅灰色极薄层状粘土层与灰黄色极薄层状粉砂构成的韵律层，夹富高岭石粘土透镜体。水平纹理发育。含介形虫 *Eucypris subgyirongensis* 0.6m

5. 浅灰色薄层状粗砂与灰黄色薄层状细砂互层，夹浅灰色薄层状粉砂质粘土层，发育水平层理，粗砂以石英、长石含量高区别于细砂，且含钙质较高，呈半固结，局部呈浅灰色薄层状石英粗砂岩 2.0m

4. 青灰色块状粉砂质粘土夹黄色透镜状细砂，偶见青灰色角砾状钙质粘土团块 2.6m

3. 浅灰色极薄层粉砂质粘土层、极薄层粉砂层及黄灰色极薄层中细砂层互层，中细砂—粘土组成由上变细序列。正粒序及水平层理发育 0.3m

2. 浅灰色粗砂层夹少量灰黄色细砂层 0.7m

1. 灰黄色薄层状细砂层，夹浅灰色薄层状粗砂层 >1.2m

（未见底）

3）时代

实测剖面中介形虫化石，除 *Candona himalayaensis* 和 *Herpetocyprella dralyi* 曾见于上新统外，其余全部种都见于更新统，有的种还延续到现代。鉴于 *Eucypris subgyirongnsis* 见于下更新统，*Eucypris inflata* 和 *Limnocythere dubiosa* 也曾经见于下更新统，因此，含介形类化石地层的地质时代可能为早更新世—中更新世早期。

实测剖面中采集了 4 件 ESR 年龄样品，其中 3 件获得年龄数据，1 件因颗粒太细没能获得年龄数据。所获测试年龄为：厚 1.45m 处（第 2 层）ESR 年龄 1 840.6ka B P，厚 67.33m 处（第 49 层）ESR 年龄 1 560.0ka B P，厚 83.78m 处（第 79 层）ESR 年龄 1 525.5ka B P。3 个数据均为早更新世早期。

2. 早更新世冲积（Qp^{1al}）

该沉积地层主要分布于阿拉克湖至乌兰乌苏郭勒以北布尔汗布达山南坡上。下部以土黄色具平行层理的砂砾石层为主；上部以砾石层为主，局部夹卵石层，分选性较差，磨圆度以次棱角—次圆状为主。厚度大于 100m。与下伏地层早更新世湖积-湖三角洲沉积呈侵蚀接触。因其直接覆于早更新世湖积-湖三角洲沉积之上，其年龄应小于 1 525.5ka B P，时代应为早更新世中期。

3. 早更新世湖积（Qp^{1l}）

1）空间分布及岩性特征

该沉积地层主要分布于查哈西里北坡，为灰白—柠檬黄色砂砾石层夹透镜状砂体：砾石成分以花岗岩、脉石英、灰绿色砂岩为主，花岗岩砾石中钾长石的高岭石化较强，层理不发育，分选中等，磨圆度为圆—浑圆状，松散，厚 74.2m，与下伏地层新近纪五道梁组呈角度不整合接触，接触面上发育深褐色富铁锰质风化壳。

2）剖面简介

青海省都兰县巴隆乡查哈西里北坡早更新世湖积（Qp^{1l}）实测剖面（图 2-31）

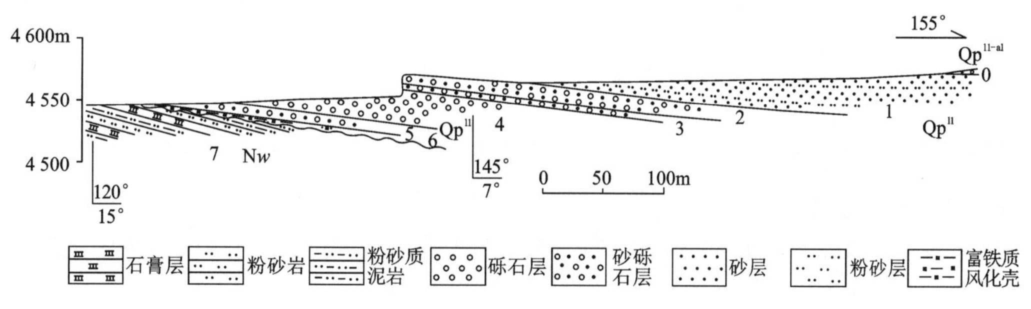

图 2-31 青海省都兰县巴隆乡查哈西里北坡早更新世湖积实测剖面图

上覆地层：早更新世河湖积（Qp^{1l-al}）：灰黄色砂砾岩，分选性较好，磨圆度为次圆—圆状，产状水平

———— 侵蚀接触 ————

早更新世湖积(Qp^{1l})：

1. 灰白色中细粒砂层夹硫磺色细砂—粉砂层，平行层理发育。局部层位含5%～20%中砾石，以脉石英为主　8.99m
2. 灰白色砂砾石层，砾石扁平面多顺层排列，块状，平行层理　25.87m
3. 浅灰色砂砾石层，分选性中等，砾石扁平面近顺层排列，平行层理为主　4.96m
4. 浅灰色砾石层，局部夹紫红色含砾砂层，砾石分选性较差，砾石扁平面近顺层排列，平行层理为主　25.52m
5. 柠檬黄色砂砾石层，砾石分选中等，砾石扁平面近顺层排列，平行层理为主　8.17m
6. 褐红色富铁质风化壳，蜂窝状　0.73m

~~~~~~~~~~ 角度不整合接触 ~~~~~~~~~~

下伏地层：五道梁组(Nw)为紫红色粉砂岩、粉砂质泥岩与灰黄色粉砂岩、粉砂质泥岩互层，局部夹石膏层

3）时代

直接覆于其上的早更新世河湖积的ESR年龄为1 113.9ka B P和早更新世洪冲积的ESR年龄为979.6ka B P。根据上覆地层年龄值判断其年龄应大于1 113.9ka B P。

4. 早更新世河湖积(Qp^{1l-al})

1）空间分布及岩性特征

该沉积地层主要出露于区内南部的查哈西里—马尔争南坡及马尔争北坡的不火赛日—郭勒乌苏一带，呈低山或长垅状地形，发育羽毛状冲沟。在查哈西里一带，为灰绿—灰黄色砂砾石层：与下伏地层早更新世湖积比较，花岗岩砾石减少，脉石英、灰绿色砂岩砾石增多，砾石略细，分选性较好，磨圆度为圆—浑圆状，平行层理发育，砾石扁平面叠瓦状排列不明显，厚约50m，与下伏地层早更新世湖积为侵蚀接触；在马尔争南坡及马尔争北坡的不火赛日—郭勒乌苏一带，为黄灰色块层状弱胶结砾岩—卵石岩，砾石成分灰白色灰岩占50%以上，其他为紫红色及灰绿色砂岩、花岗岩类等，分选性较差，磨圆度为次圆—浑圆状，下部砾石扁平面叠瓦状排列不明显，上部砾石扁平面叠瓦状排列明显，能反映沉积时水流方向，水流方向反映为以马尔争为中心向南东和向北东流。厚度大于67.2m。

2）时代

在查哈西里北坡采集的样品ESR年龄为1 113.9ka B P，在马尔争南坡采集的样品ESR年龄为836.3ka B P。属于早更新世晚期。

5. 早更新世洪冲积(Qp^{1pal})

断续分布于查哈西里山顶，主要为紫红色砂砾石层—卵石层夹粉砂透镜体。砾石成分中，紫红—灰绿色砂岩44.4%，灰岩15.2%，板岩10%，花岗岩9.4%，片麻岩类8.8%，粉砂岩8.8%，脉石英3.5%。向西灰白色灰岩砾石增多。砾石分选性较差，磨圆度为次棱角—次圆状，常因紫红色泥质和钙质胶结而成为砾岩，砾石扁平面叠瓦状排列明显。厚度大于50m。ESR年龄为979.6ka B P。与下伏地层早更新世河湖积呈侵蚀接触。

（二）中更新世地层

1. 中更新世洪冲积(Qp^{2pal})

1）空间分布及岩性特征

仅分布于乌兰乌苏郭勒—阿拉克湖南侧山脚一带，地貌上表现为冲沟发育的高阶地。岩性以棕黄—土黄色砂砾石层为主夹透镜状粉砂、砂。厚度大于278.76m。

2）剖面简介

青海省都兰县巴隆乡扎木吐中更新世洪冲积(Qp^{2pal})实测剖面(图2-32)
~~~~~~~~~~

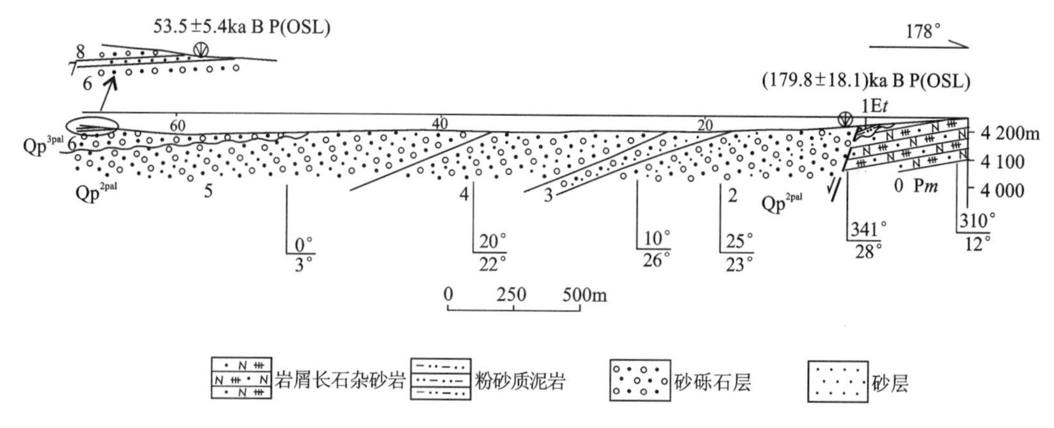

图 2-32　青海省都兰县巴隆乡扎木吐中更新世洪冲积(Qp^{2pal})实测剖面图

上覆地层:晚更新世洪冲积(Qp^{3pal})为肉红色中细粒砂层与肉红色细砂层互层状

——————— 侵蚀接触 ———————

中更新世洪冲积(Qp^{2pal})

5. 土黄色砂砾石层夹土黄色透镜状中—细粒砂层,砂层呈透镜状,厚 4~8cm,横向延展 3~5cm 不等。约 2~3 条/m,砂砾石层内砾石含量占 60%~75%,砂、粘土占 25%~40%,砾石成分主要为砂岩、灰岩、脉石英、花岗岩等,分选性中等—差,磨圆度为灰岩呈次圆状,其余砾石多呈次棱角状,其中板岩、砂岩砾石为扁平状　63.34m
4. 土黄色砂砾石层,砂砾石层呈块状,半固结状,砾石与砂、粘土质呈无序状,远观显现出北东倾斜层理,其中砾石含量占 65%~75%,砂、粘土质总体为 25%~35%,局部见砾石扁平面呈叠瓦状排列　115.79m
3. 棕黄色砂砾石层夹土黄色中层状细砂层　31.91m
2. 棕黄色砂砾石层夹土黄色透镜状、薄层状粘土细砂层。砂砾石层:砾石占 70%,磨圆度为次棱角—次圆状,分选性中等—差,砾径大小一般 0.8~2cm,大者超过 5cm,成分主要为灰绿色砂岩 45%、紫红色砂岩 15%、脉石英 20%、火山岩 6%、花岗岩 4%、灰岩 5%、板岩 5%。该层中砂、粘土占 30%,单层厚 10~20cm　67.72m

=================== 断层接触 ===================

下伏地层:古近纪沱沱河组为暗紫色块状粉砂质泥岩

3) 时代

实测剖面第 2 层采集的测年样品 OSL 年龄为(179.8±18.1)ka B P。东侧邻区冬给措纳湖幅的同套地层中采集的测年样品(距本图幅东部边缘约 5km)TL 年龄为(302±22)ka B P,属中更新世中晚期。

2. 中更新世冰碛(Qp^{2gl})

该沉积地层分布于布尔汗布达山南麓、扎加至扎日加南东和西北坡,查哈西里南坡、马尔争北坡有零星分布,地貌上常表现为底碛丘陵、终碛垄等垄岗状地形,岩性主要为灰黄色、土黄色泥质砂砾石,卵石,漂砾层,分选性极差,磨圆度以尖棱角状为主,无层理。厚度不详。因其常覆于早更新世地层之上且被晚更新世地层切割,时代应为中更新世。

3. 中更新世冰水沉积(Qp^{2gfl})

该沉积地层主要分布于扎加至扎日加东南坡至扎曲西北,地貌上为中更新世冰碛前缘的冰水冲积平缓台地。岩性主要为泥质砂砾石层,砾石大小混杂,但一般小于 6.4cm,分选性极差,磨圆度为尖棱角状,砾石扁平面排列无规律,并常见扁平面近直立排列。砂砾石层中常夹不规则状粉砂质团块。OSL 年龄为(151±13.2)ka B P。厚度大于 5m。

4. 中晚更新世湖积(Qp^{2-3l})

该沉积地层仅零星出露于错阿日陇周围河流冲沟中,常分布于晚更新世洪冲积砾石层之下。岩性为灰黄色含砾粉砂层与深灰色含泥质粉砂层互层。OSL 年龄为(195.0±21.4)ka B P。厚度大于 6m。

(三) 晚更新世地层

1. 晚更新世洪冲积(Qp^{3pal})

区内分布极广,是测区出露面积最大的第四纪地层,多分布于河流两岸及沟口,组成河流阶地及洪冲积扇。以砾石层为主,局部夹粉砂层,分选性较差,磨圆度中等,较松散,常具平行层理。根据沉积时代和阶地发育状况可划分为 5 个沉积区。

(1) 黄河源沉积区:常见为 T_2、T_1 两级阶地,T_1 阶地为堆积阶地,河拔高一般小于 2m,分布极广,并常在其上发育全新世沼泽沉积。OSL 年龄为(18.9±1.7)ka B P。T_2 阶地仅在麻多一带零星发育,可见侵蚀阶地、基座阶地和堆积阶地。河拔高一般 5~7m。OSL 年龄为(56.5±7.1)ka B P。

(2) 灭格滩根柯得沉积区:主要为 T_1 阶地和洪积扇组成的大滩,T_1 为堆积阶地,河拔高一般 1~5m。OSL 年龄为(13.3±1.4)ka B P。

(3) 阿拉克湖沉积区:为 T_2、T_1 两级阶地,T_1 阶地为堆积阶地,河拔高一般小于 3m,分布较广。T_2 阶地仅分布于山麓和沟口洪积扇区,亦为堆积阶地,河拔高一般 5~7m。OSL 年龄为(86.6±9.5)ka B P 和(53.5±5.4)ka B P。

(4) 哈图沉积区:为 T_5、T_4、T_3、T_2 阶地(图 2-33),T_2 阶地河拔高 4~5m,T_3 阶地河拔高 8~9m,T_4 阶地河拔高 13~15m,T_5 阶地河拔高 40~50m。其中 T_5 阶地为堆积阶地,其他阶地均为以 T_5 阶地为基座的内叠阶地。T_3 阶地的 OSL 年龄为(11.4±1.3)ka B P,T_4 阶地的 OSL 年龄为(13.3±1.2)ka B P,T_5 阶地的 OSL 年龄为(18.4±2.5)ka B P。

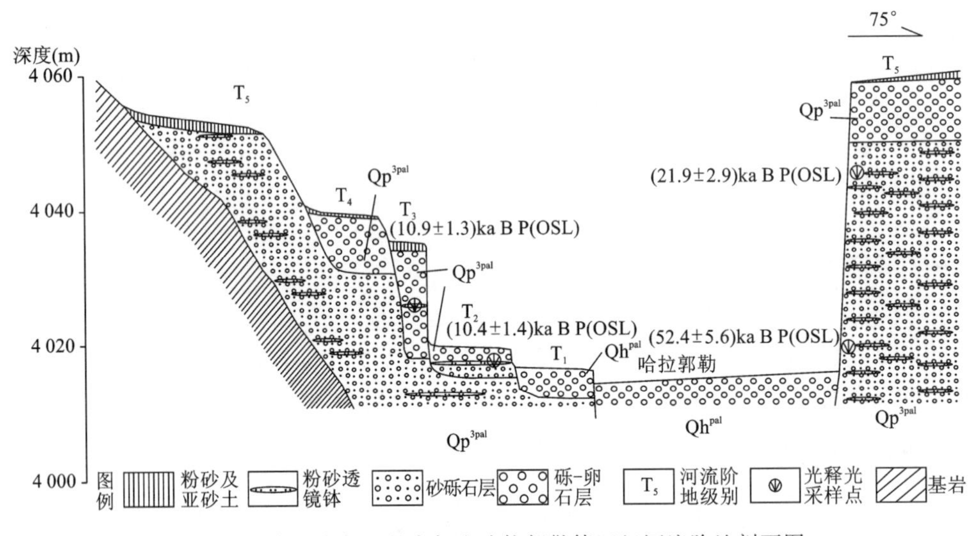

图 2-33　青海省都兰县宗加乡哈拉郭勒第四纪河流阶地剖面图

2. 晚更新世冰碛(Qp^{3gl})

主要分布于布尔汗布达山、扎加至扎日加 4 500m 以上“U”形谷中,地貌上为在保存完好的“U”形谷中呈侧碛垄、中碛垄或底碛丘陵,主要为灰黄色、土黄色泥质砂砾石,卵石,漂砾层,漂砾上可见到冰川擦痕,分选性极差,磨圆度以尖棱角状为主,无层理。厚度不详。

3. 晚更新世—全新世湖积(Qp^3—Qh^1)

仅出露于扎陵湖周围 T_1 湖积阶地和入湖河流三角洲上,与晚更新世洪冲积呈过渡关系。下部岩性为灰色砾石层,上部为黄灰—灰黄色粉砂层、含砾砂层等。厚度大于 2.5m。

（四）全新世地层

1. 全新世洪冲积（Qh^{pal}）

主要分布于现代河流河床与河漫滩及哈图和哈拉郭勒—诺木洪郭勒 T1 阶地上。总体以卵石和砾石层为主，局部以砾石和砂为主。卵石和砾石成分与物源有关，分选性差，磨圆度较好，松散。厚度不详。

2. 全新世洪湖沼沉积（Qh^{fl}）

主要分布于阿拉克湖湖滨及西侧，灰黄—灰色细砂、粉砂及灰黑色腐泥，局部有泥炭层，具水平层理。厚度不详。

3. 全新世洪湖泊沉积（Qh^{l}）

主要分布于错陇日阿周围，灰黄—灰色细砂、粉砂及灰黑色腐泥，具水平层理。厚度不详。

4. 全新世洪沼泽沉积（Qh^{f}）

主要分布于玛曲流域的星宿海、约古宗列、格尔木河流域的卡穷、灭格滩根柯得郭勒一带，为灰色粉砂质粘土、灰黑色腐泥等，局部有泥炭层。厚度不详。

5. 全新世风积（Qh^{eol}）

可分为风成沙和风成黄土。

1）风成沙

零星分布于柴达木盆地南缘、阿拉克湖东岸、星宿海—玛涌北缘，地貌上以风成隆起包和平缓坡地为主，风成沙丘不发育。岩性为黄褐—灰黄色中细砂、粉砂，分选良好，非常松散，一般不具层理或近水平层理。厚度一般 2～4m。

2）风成黄土

广泛发育于各级河流阶地和湖积阶地上。地质图上未圈出。岩性为灰黄色粉砂—粉砂质粘土等。据巴隆人类活动遗迹的黄土剖面测年样品结果，下部^{14}C 年龄为（3 970±90）a B P；中部^{14}C 年龄为（2 800±330）a B P。

第三章 岩浆岩

第一节 镁铁质—超镁铁质岩

测区内超镁铁质岩、镁铁质岩不太发育，出露面积较小，多以构造岩片的形式存在，部分被中酸性侵入岩所吞食，它们常与玄武岩、硅质岩等共同组成蛇绿岩，代表了地幔岩及其部分熔融的产物。

一、新元古代镁铁质—超镁铁质岩

（一）地质学及岩相学特征

测区新元古代镁铁质—超镁铁质岩主要见于东昆北古老基底单元和东昆南早古生代构造混杂岩带拉忍、阿得可肯德、哈图沟以及可可晒尔一带，均呈构造透镜体状产出，出露面积一般较小，岩石组合不全，岩石类型主要有纯橄岩、角闪橄榄岩、蛇纹岩、透辉石岩、斜方辉石岩、单辉橄榄岩、橄长岩及辉长岩等。岩片的延伸方向多为北西西-南东东向，与区域构造线方向一致。青海省区域综合地质队(1996)在进行区内8幅1∶5万联测填图时，于超镁铁质岩中获Sm－Nd等时线年龄为(1 004.71±10.4)Ma，为中元古代晚期—新元古代的产物。

（二）常量元素特征

测区新元古代超镁铁质岩常量元素分析结果见表3-1。其中辉石岩、橄辉岩的SiO_2大于45%，属基性的超镁铁质岩，其他均小于45%，属超基性岩范畴。SiO_2不饱和，贫钾、钠，富镁、铁，属钙碱性系列。大部分超基性岩Fe_2O_3含量一般比FeO高，H_2O和挥发分含量高，反映出岩石具较强的蛇纹石化。在Mg/Fe-(Fe+Mg)/Si关系图中(图3-1)，橄长岩和方辉辉石岩Mg/Fe比值高，落在超镁质岩区，反映了其富镁的特征；蛇纹岩、纯橄岩和辉石岩Mg/Fe比值较高，落在镁质和铁镁质过渡区，反映其较富镁；方辉橄榄岩和单辉橄榄岩的Mg/Fe比值较低，4.43～7.99，在图中落在铁质区，反映了其富铁的特征。从该图中投点较分散、不同的岩石类型在图中分布不均匀的特征来看，测区新元古代超镁铁质岩具有不同的来源，其中橄长岩、纯橄岩等较富镁，属阿尔卑斯型超镁铁质岩。

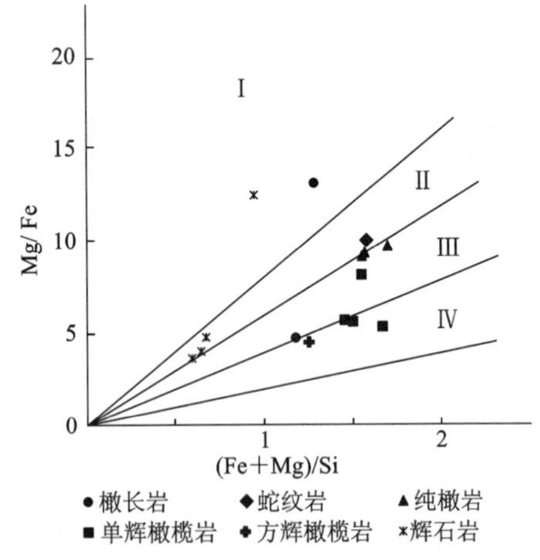

图3-1 超镁铁质岩Mg/Fe-(Fe+Mg)/Si图
(张雯华等,1976)
Ⅰ.超镁质区；Ⅱ.镁质区；Ⅲ.铁镁质区；Ⅳ.镁铁质区；Ⅴ.铁质区

从表3-1中可以看出，测区新元古代基性侵入岩SiO_2含量变化较小，SiO_2为48.51%～49.20%，Al_2O_3含量较高，为17.32%～18.40%，其固结指数(SI)为45～53，高于地幔来源的弱分异岩石，反映了其原始岩浆的性质。

表 3-1　新元古代镁铁质—超镁铁质岩岩石常量元素分析结果表　　（%）

样品号	岩石名称	SiO_2	TiO_2	Al_2O_3	Fe_2O_3	FeO	MnO	MgO	CaO	Na_2O	K_2O	P_2O_5	LOS	H_2O	Σ
2A317－2①	纯橄岩	38.12	0.03	0.79	6.23	1.73	0.11	39.22	0.22	0.00	0.00	0.00	12.98	1.54	100.97
2B137－1①	纯橄岩	40.28	0.03	1.12	4.35	3.39	0.12	37.67	0.97	0.05	0.00	0.02	10.82	0.60	99.42
2A403－1①	纯橄岩	38.38	0.02	0.91	5.64	1.87	0.10	36.31	1.12	0.05	0.00	0.02	14.80	0.64	99.86
2A207－3①	方辉橄榄岩	39.89	0.58	6.37	3.87	7.32	0.18	26.87	3.52	0.23	0.40	0.14	10.19	0.90	100.46
1AP425－1①	单辉橄榄岩	41.51	0.23	2.54	1.84	9.46	0.15	35.32	3.70	0.44	0.10	0.07	3.45	0.12	98.93
1A138－2①	单辉橄榄岩	35.96	0.17	1.57	8.57	3.35	0.13	32.89	2.96	0.08	0.05	0.02	12.81	0.48	99.04
IIS2084－2②	单辉橄榄岩	39.74	0.13	1.62	6.04	2.76	0.09	36.74	0.00	0.08	0.08	0.00	12.43	0.00	99.71
1528①	辉橄岩	43.56	0.04	2.43	1.63	3.27	0.07	34.75	1.39	0.46	0.22	1.01	10.61	0.00	99.44
2AP115－1①	橄长岩	38.35	0.21	4.28	5.72	4.96	0.16	31.59	3.05	0.20	0.07	0.08	9.96	0.58	99.21
1518①	蛇纹岩	39.61	0.06	1.06	5.93	1.64	0.02	37.93	0.43	0.15	0.16	0.00	12.83	0.00	99.82
AP_{45}Bb19－1	含斜长石透辉石岩	51.96	0.81	5.48	1.09	7.08	0.18	16.37	13.33	0.45	0.69	0.15	0.15	2.04	99.78
AP_{45}Bb19－3	方辉辉石岩	55.76	0.09	1.27	0.93	3.83	0.11	32.89	0.87	0.07	0.05	0.01	0.19	3.54	99.61
AP_{45}Bb53－3	橄长岩	43.36	0.72	7.41	1.59	9.40	0.22	28.40	4.84	1.30	0.14	0.08	0.33	1.98	99.77
ABb0322－6	橄辉岩	52.41	0.38	3.81	1.03	7.22	0.25	18.16	13.22	0.39	0.15	0.09	0.27	2.36	99.74
H－1	黑云辉长岩	48.51	0.57	18.41	1.14	3.82	0.10	7.64	10.37	2.78	1.48	0.10	4.36	0.22	99.50
H－2	角闪辉长岩	49.20	0.51	17.32	0.86	4.39	0.10	8.51	13.76	1.65	0.66	0.05	2.44	0.28	99.73

资料来源：①海德郭勒幅等 8 幅 1∶5万区调报告；②阿拉克湖幅 1∶20 万区调报告；其他为本次实测。

（三）稀土元素特征

测区新元古代镁铁质—超镁铁质岩稀土元素分析结果见表 3-2。超镁铁质岩稀土元素总量比镁铁质岩低。除方辉辉石岩稀土总量偏低，配分曲线（图 3-2）落在下部外，其他岩石稀土元素含量比原始地幔的值要高一个数量级，位于 10 附近，反映了方辉辉石岩可能源于亏损的地幔。其他辉石岩稀土含量较超基性岩略高，位于配分曲线图的上方，轻稀土富集较明显，配分曲线为略向右倾的形式，δEu＝0.49～0.67，Eu 负异常明显。超基性岩稀土总量较基性的超镁铁质岩略低，但总体为轻稀土略富集的近平坦型。除一个橄长岩样品可能由于斜长石的富集，Eu 基本无异常外，其他样品均有较明显的 Eu 负异常。

表 3-2　新元古代镁铁质—超镁铁质岩稀土元素分析结果表　　（$\times10^{-6}$）

样品号	岩石名称	La	Ce	Pr	Nd	Sm	Eu	Gd	Tb	Dy	Ho	Er	Tm	Yb	Lu	Y
2A317－2	纯橄岩	8.20	13.00	2.80	4.40	14.50	0.89	4.40	1.40	1.80	1.50	3.05	1.70	0.88	1.50	5.10
2A403－1	纯橄岩	1.90	11.00	1.00	4.20	1.75	0.25	1.80	0.20	0.50	0.20	0.78	0.42	0.26	0.30	2.30
2A207－3	方辉橄榄岩	13.00	29.00	1.00	16.50	2.65	0.66	2.00	0.20	1.42	0.20	0.90	0.26	0.86	0.30	9.40
1AP425－1	单辉橄榄岩	3.50	11.00	4.80	7.00	3.40	0.32	2.30	1.95	0.64	0.38	0.83	0.59	0.64	0.60	7.10
2AP115－1	橄长岩	3.90	11.50	3.60	7.60	2.30	0.39	1.50	0.36	0.82	0.20	0.76	0.34	0.44	0.30	5.00
H－1	辉长岩	22.00	33.00	3.40	22.00	5.30	1.10	4.20	1.40	3.60	0.38	1.85	0.40	2.05	0.30	24.00
H－2	辉长岩	30.00	36.00	1.00	21.50	3.60	1.10	2.80	0.20	0.50	0.20	1.31	0.25	1.20	0.30	16.20
AP_{45}Bb19－1	含斜长石透辉石岩	11.21	30.83	4.76	19.68	4.88	1.04	4.42	0.72	4.10	0.72	2.01	0.29	1.67	0.23	19.55
AP_{45}Bb19－3	方辉辉石岩	1.70	1.25	0.15	0.51	0.14	0.03	0.13	0.02	0.16	0.04	0.10	0.02	0.11	0.02	0.89
AP_{45}Bb53－3	橄长岩	2.92	8.61	1.40	6.65	1.88	0.67	2.00	0.32	1.95	0.37	1.03	0.16	0.95	0.14	9.94
ABb0322－6	橄辉岩	16.26	50.18	7.72	35.12	9.04	1.38	7.71	1.22	6.33	1.13	3.00	0.46	2.54	0.34	30.37

镁铁质岩稀土总量比超镁铁质岩要高，轻、重稀土分馏明显，中稀土亏损较强，配分曲线表现为向右倾斜的轻稀土富集型(图 3-3)，在中稀土附近由于中稀土亏损较强，曲线明显下凹，到重稀土变为平坦。δEu=0.67～0.99，从 Eu 负异常到无异常。

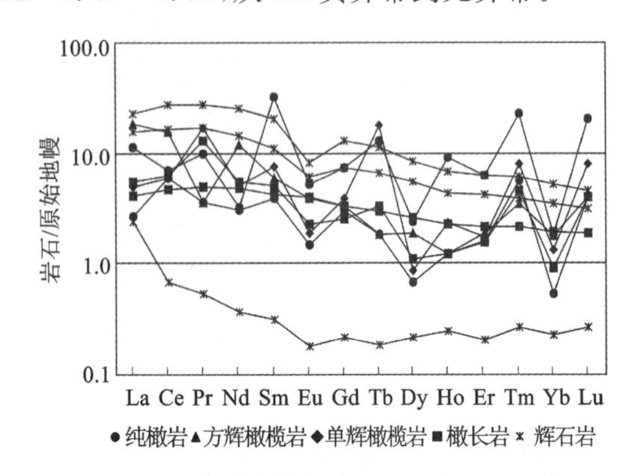

图3-2　新元古代超镁铁质岩稀土元素配分曲线图

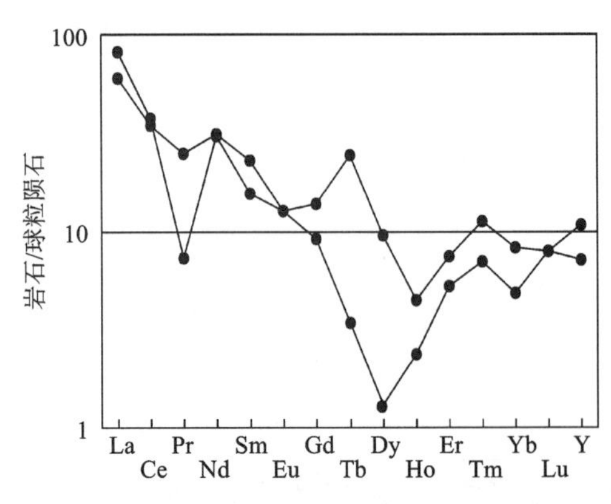

图 3-3　新元古代辉长岩稀土配分曲线图

二、诺木洪早古生代镁铁质—超镁铁质岩

(一) 地质特征

诺木洪早古生代镁铁质—超镁铁质岩呈构造岩片形式产于纳赤台群火山岩中，其出露面积不大，围岩为早古生代纳赤台群，镁铁质岩、超镁铁质岩岩石组合主要有蛇纹岩、蛇纹石化橄榄岩、辉石岩、辉绿岩，相伴有玄武岩、放射虫硅质岩，属于蛇绿岩组合。镁铁质—超镁铁质岩破碎强烈，超镁铁质岩受强烈的构造变动而呈构造角砾。岩石整体片理化较强。与围岩及其他岩石间呈断层接触。本次在硅质岩中发现早古生代放射虫化石，时代为早古生代。

(二) 岩相学特征

诺木洪蛇绿岩带岩石组合较齐全，主要岩石类型有蛇纹石化辉橄岩、玄武岩、辉石岩、硅质岩和岩墙，蛇绿岩岩石以超镁铁质岩为主。

蛇纹石化辉橄岩　岩石为墨绿色，鳞片变晶结构、片状变晶结构，岩球状构造、片理构造，岩石中矿物成分主要为蛇纹石。蛇纹石多为无色或略带绿色色调，为细小鳞片状集合体。原岩的矿物成分以橄榄石为主，少量辉石。岩石中见有方解石细脉。

辉石岩　岩石呈灰白色，细粒粒状镶嵌结构，网脉状构造，矿物成分主要为辉石，大小不一。不同的辉石间彼此呈镶嵌状。辉石呈半自形，干涉色Ⅱ级蓝绿，两组解理完全，沿解理缝常发生碳酸盐化而使辉石表面暗淡，同时可能由于蚀变而使辉石在手标本上颜色变浅。

蚀变辉绿岩　岩石为斑状结构、基质辉绿结构，块状构造，斑晶 5%，成分主要为斜长石，其呈板状自形晶，具强烈的泥化，聚片双晶发育。基质主要由板状斜长石微晶和绿泥石、绿帘石及少量不透明物质组成。

(三) 岩石化学特征

测区诺木洪地区早古生代镁铁质—超镁铁质岩常量元素分析结果见表 3-3。蛇纹岩的 SiO_2 含量较低，从 35.33%～39.97%，Fe_2O_3 含量明显比 FeO 高，H_2O 和 CO_2 的含量较高，反映了岩石蚀变较强。MgO 含量较高，Al_2O_3 含量普遍较低，均小于 1%。在 Mg/Fe -(Fe+Mg)/Si 关系图中(图 3-4)，蛇纹岩落在Ⅱ区和Ⅲ区，为镁质和铁镁质区，反映了岩石较富镁的特征。辉石岩 SiO_2 含量为 52.42%，Al_2O_3 的含量低，仅 0.91%，反映了其超镁铁质岩的特点。辉绿岩的化学成分与玄武岩的化学成分可以对

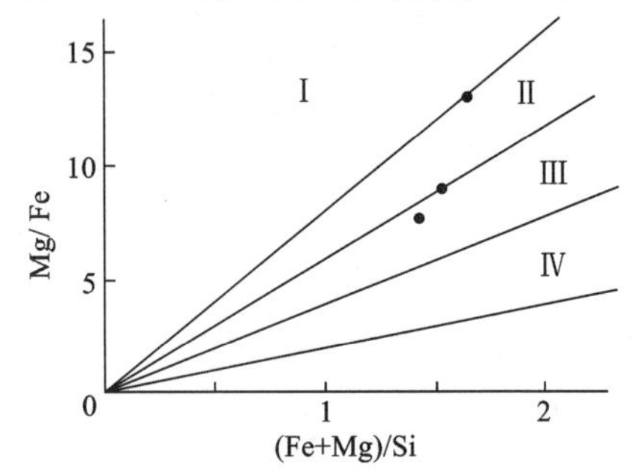

图 3-4　早古生代镁铁质—超镁铁质岩 Mg/Fe -(Fe+Mg)/Si 图
(张雯华等，1976)

比，SiO_2＝47.21％，alk＝3.36％，碱性程度不高，为钙碱性岩石。

表 3-3　早古生代镁铁质—超镁铁质岩化学分析结果　　(％)

样品号	岩石名称	SiO_2	TiO_2	Al_2O_3	Fe_2O_3	FeO	MnO	MgO	CaO	Na_2O	K_2O	P_2O_5	CO_2	H_2O	Σ
ABb0927－1	蛇纹岩	39.87	0.01	0.93	5.45	2.92	0.08	33.70	3.01	0.03	0.02	0.01	4.08	9.60	99.71
ABb2424－1	蛇纹岩	38.05	0.94	6.18	1.60	35.32	2.74	0.08	0.03	0.10	0.04	0.01	4.18	10.41	99.68
OP1	蛇纹岩	39.97	0.02	0.54	6.49	1.45	0.06	36.98	0.95	0.10	0.02	0.01	1.57	11.52	99.68
OP2	碳酸盐化蛇纹岩	35.33	0.01	0.42	3.80	1.48	0.17	36.32	4.59	0.07	0.02	0.01	7.01	10.48	99.71
OP3	辉石岩	52.42	0.03	0.91	0.01	1.05	0.04	19.50	20.65	0.20	0.02	0.01	3.03	2.07	99.94
OP4	辉绿岩	47.21	1.23	15.65	3.40	10.35	0.19	6.87	6.25	3.24	0.12	0.27	0.21	4.79	99.78

测试单位：湖北省武汉市地质实验研究中心。

（四）稀土元素特征

测区诺木洪地区早古生代镁铁质—超镁铁质岩稀土元素分析结果见表 3-4。从表中可以看出，超镁铁质岩稀土总量很低，$\sum$REE＝(3.52～5.26)×10^{-6}，反映了其应为部分熔融后的残余地幔物质，轻、重稀土分馏不明显，LREE/HREE＝1.20～2.13，其$(La/Yb)_N$＝ 2.50～5.34；$(La/Lu)_N$＝1.91～4.53，反映轻稀土富集，可能为富集地幔或经地幔富轻稀土流体的交代作用。其稀土元素配分曲线(图 3-5)为向右倾斜的轻稀土富集型，重稀土呈平坦型，具明显的 Eu 负异常。辉石岩和蛇纹岩的稀土配分曲线非常相近，揭示了其同源性，由于稀土含量较低，曲线位于下方。

表 3-4　早古生代镁铁质—超镁铁质岩稀土元素分析结果　　(×10^{-6})

样品号	岩石名称	La	Ce	Pr	Nd	Sm	Eu	Gd	Tb	Dy	Ho	Er	Tm	Yb	Lu	Y
ABb0927－1	蛇纹岩	0.87	1.63	0.19	0.67	0.17	0.05	0.18	0.03	0.19	0.05	0.12	0.02	0.11	0.02	0.96
OP1	蛇纹岩	0.66	1.30	0.16	0.58	0.17	0.05	0.17	0.03	0.16	0.04	0.10	0.01	0.09	0.02	0.90
OP2	碳酸盐化蛇纹岩	0.44	0.88	0.12	0.45	0.16	0.05	0.16	0.03	0.16	0.03	0.09	0.01	0.06	0.01	0.87
OP3	辉石岩	0.37	0.86	0.11	0.51	0.17	0.05	0.18	0.03	0.18	0.04	0.10	0.02	0.10	0.02	1.06
OP4	辉绿岩	28.50	62.94	8.23	33.23	7.08	1.89	5.97	0.94	5.17	1.00	2.99	0.45	2.86	0.42	28.04

测试单位：湖北省武汉市地质实验研究中心。

早古生代辉绿岩的稀土总量较高，$\sum$REE＝189.71×10^{-6}，轻、重稀土分馏比较明显，LREE/ HREE＝2.97。其$(La/Yb)_N$＝ 6.73，$(La/Lu)_N$＝6.99，稀土元素配分曲线(图 3-5)为向右倾斜的轻稀土富集型，重稀土呈平坦型，其稀土配分曲线与超镁铁质岩稀土配分曲线接近，可能为超镁铁质岩部分熔融后的结晶产物，反映了其与超镁铁质岩间的同源性，其稀土总量较高，位于曲线的上方。

（五）微量元素特征

早古生代镁铁质—超镁铁质岩微量元素分析结果见表 3-5。超镁铁质岩微量元素除 Ni、Cr 含量较高外，其他元素含量均较低，在原始地幔标准化蛛网图(图 3-6)上，Nb 亏损较明显，Nb 左侧的元素(Rb、Ba、Th、Ta)较富集，Nb 右侧的元素普遍亏损，仅 Sr、Zr、Hf 略富集，其他元素与原始地幔比值均小于 1。

辉绿岩微量元素较之原始地幔富集明显，与原始地幔的比值一般为 10 左右，其在蛛网图(图 3-6)中位于曲线的上方，与超镁铁质岩具有反向相关的特征，如超镁铁质岩 Sr、Zr、Hf 富集，Nd、Sm 亏损，而辉绿岩刚好相反，Nd、Sm 富集，Zr、Hf 亏损，这也从一个侧面反映了早古生代超镁铁质岩为地幔仅部分熔融后的残余，熔出的岩浆成分可能就是辉绿岩所代表的岩浆成分，两者间在微量元素成分上存在某种互补的关系。

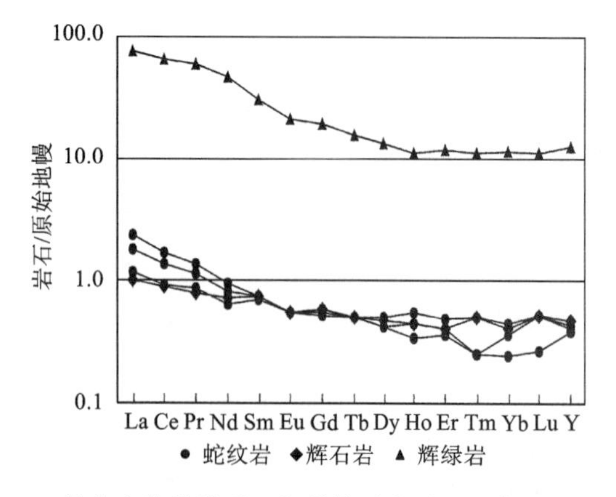

图3-5 早古生代镁铁质—超镁铁质岩稀土元素配分曲线图

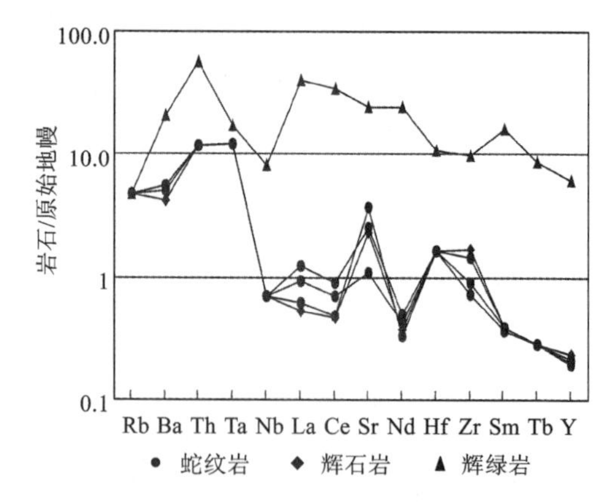

图 3-6 早古生代镁铁质—超镁铁质岩微量元素蛛网图

表 3-5 早古生代镁铁质—超镁铁质岩微量元素分析结果 （$\times10^{-6}$）

样品号	岩石名称	Rb	Ba	Th	Ta	Nb	Sr	Hf	Zr	V	Co	Ni	Cu	Cr	Pb
ABb0927－1	蛇纹岩	3	39	1.0	0.50	0.50	53	0.5	10	38	92.2	1 808	12	2 434	30.5
OP1	蛇纹岩	3	35	1.0	0.50	0.50	23	0.5	16	21	119.4	1 927	10	2 906	7.8
OP2	碳酸盐化蛇纹岩	3	39	1.0	0.50	0.50	79	0.5	8	15	98.6	1 760	11	904	4.4
OP3	辉石岩	3	29	1.0	0.50	0.50	48	0.5	19	60	12.8	235	3	21	11.8
OP4	辉绿岩	3	145	4.7	0.70	5.70	521	3.3	111	350	35.1	22	125	32	24.7

测试单位：湖北省武汉市地质实验研究中心。

三、马尔争晚古生代镁铁质—超镁铁质岩

1. 地质特征

晚古生代超镁铁质岩分布于马尔争构造混杂岩系中，现多已变成碎裂岩化角闪岩、碎裂的角闪辉石岩及辉石角闪岩等，均以构造岩片的形式存在。与超镁铁质岩相伴的有玄武岩、硅质岩、斜长花岗岩，为一套蛇绿岩组合。围岩为二叠纪马尔争混杂岩组碎屑岩组合。

在测区中西部塔温茶安一带尚见一小的镁铁质岩体，岩性为辉长岩，出露面积仅 0.75km^2，呈椭圆状产出，围岩为二叠纪马尔争混杂岩组。

2. 岩石学特征

碎裂岩化角闪石岩 岩石为灰绿色，碎裂结构，网络状构造，细碎的白云母和角闪石颗粒环绕粗粒的角闪石或角闪石集合体，并具明显的定向性构成早期面理，角闪石具淡黄绿—淡黄色多色性，柱面解理完全，粒度 0.3～1.5mm 不等。

碎裂角闪辉石岩 岩石为灰绿色，碎裂结构，由普通辉石和角闪石组成，不规则发育的裂隙使岩石呈碎裂外貌。普通辉石呈短柱状，干涉色Ⅱ级蓝绿，含量 60%；普通角闪石呈长柱状或针状，斜消光，多色性明显，柱面解理完全，干涉色达Ⅱ级绿，含量 40%。

片状辉石角闪石岩 有时具针柱状变晶结构，片状构造，主要矿物成分为普通辉石呈短柱状，柱面解理完全，正高突起，斜消光，含量 40%；普通角闪石呈长柱状或针状，具明显的多色性，柱面解理完全，斜消光，含量 55%。呈现较深层次变形，角闪石呈相对塑性，发生有塑性变形重结晶并构成强片理环绕相对刚性的辉石分布。

辉长岩 深灰色，变余细粒辉长结构，略具片理化构造，矿物成分主要为角闪石、斜长石及少量榍

石。角闪石(66%)呈青绿—浅黄绿色,外缘有一圈呈微粒状集合体分布的榍石(2%),整体显示等轴状或近方形轮廓的辉石假象;斜长石(32%)呈板状自形—半自形晶,蚀变强烈,见少量交代残余,由于蚀变,长石牌号不易测出,推测为基性斜长石。

3. 地球化学特征

1) 岩石化学特征

马尔争镁铁质—超镁铁质岩化学分析结果见表3-6。从表中可以看出,辉石岩和角闪石岩 Fe_2O_3 含量比 FeO 高,挥发分含量为5.76%~3.28%,反映岩石遭受较强的蚀变或变质作用,其 MgO 含量不高,反映其为岩浆结晶的产物,与地幔岩的差别较大。辉长岩 Fe_2O_3 含量较低,FeO 含量较高,反映岩石较新鲜,其 alk=3.34%,属钙碱性岩石。

2) 稀土元素特征

马尔争镁铁质—超镁铁质岩稀土元素分析结果及球粒陨石标准化值见表3-7。从表中可以看出,岩石稀土元素相差不大,轻、重稀土分馏不明显,稀土配分曲线为平坦型(图3-7),除辉长岩由于斜长石的分离结晶具有较明显的 Eu 负异常外,辉石岩和角闪石岩均无明显的 Eu 异常,反映其为原始岩浆结晶的产物。

表3-6　马尔争镁铁质—超镁铁质岩化学分析结果　(%)

样品号	岩石名称	SiO_2	TiO_2	Al_2O_3	Fe_2O_3	FeO	MnO	MgO	CaO	Na_2O	K_2O	P_2O_5	CO_2	H_2O	Σ
AP_{15}Bb31-1	碎裂角闪辉石岩	41.95	0.64	13.74	7.04	5.32	0.19	5.71	18.29	0.98	0.08	0.09	3.14	2.62	99.79
AP_{15}Bb33-1	片状辉石角闪岩	46.64	1.03	13.99	6.10	5.35	0.18	7.11	14.91	1.43	0.19	0.10	0.38	2.40	99.81
★	辉长岩	48.77	0.72	13.50	1.33	9.05	0.19	7.38	11.2	3.05	0.29	0.09	3.25	0.12	98.95

注:★者据海德郭勒幅等8幅1:5万区调报告,其他由湖北省武汉市地质实验研究中心测试。

表3-7　马尔争镁铁质—超镁铁质岩稀土元素分析结果　($\times 10^{-6}$)

样品号	岩石名称	La	Ce	Pr	Nd	Sm	Eu	Gd	Tb	Dy	Ho	Er	Tm	Yb	Lu	Y
AP_{15}Bb31-1	碎裂角闪辉石岩	2.81	5.83	0.92	3.98	1.55	0.65	2.37	0.48	3.35	0.70	2.23	0.36	2.17	0.33	20.17
AP_{15}Bb33-1	片状辉石角闪岩	4.02	9.73	1.62	7.00	2.52	0.93	3.38	0.64	3.92	0.79	2.28	0.37	2.17	0.31	21.73
★	辉长岩	2.74	6.37	1.99	7.50	2.01	0.57	3.35	0.50	2.85	0.70	2.00	0.30	2.01	0.30	15.55

注:★者据海德郭勒幅等8幅1:5万区调报告,其他由湖北省武汉市地质实验研究中心测试。

3) 微量元素特征

马尔争镁铁质—超镁铁质岩微量元素分析结果及 MORB 标准化结果见表3-8。从表中可以看出,超镁铁质岩 V、Cr 含量较高,镁铁质岩 Ba、Zr 含量高,在 MORB 标准化蛛网图(图3-8)中,活动性元素 Rb、Sr、Ba、Th 较富集,含量比 MORB 高,比值均大于1,而非活动性元素 Nb、Ce、Zr、Hf、Sm、Ti、Y、Yb 等较亏损,从蛛网图中曲线的形态来看,辉长岩与辉石岩和角闪石岩明显不同,反映可能来源于不同的岩浆源。

表3-8　马尔争镁铁质—超镁铁质岩微量元素分析结果　($\times 10^{-6}$)

样品号	岩石名称	Sr	Rb	Ba	Th	Ta	Nb	Zr	Hf	V	Zn	Co	Ni	Cu	Cr
AP_{15}Bb31-1	碎裂角闪辉石岩	319	3	52	1.2	0.50	2.60	38	1.5	361	86	44.6	149	98	256
AP_{15}Bb33-1	片状辉石角闪岩	278	3	62	1.0	0.50	3.80	65	1.9	337	103	52.2	126	89	213
★	辉长岩	228	71	460	3.0	0.84	12.00	166	—	177	63	—	—	—	38

注:★者据海德郭勒幅等8幅1:5万区调报告,其他由湖北省武汉市地质实验研究中心测试。

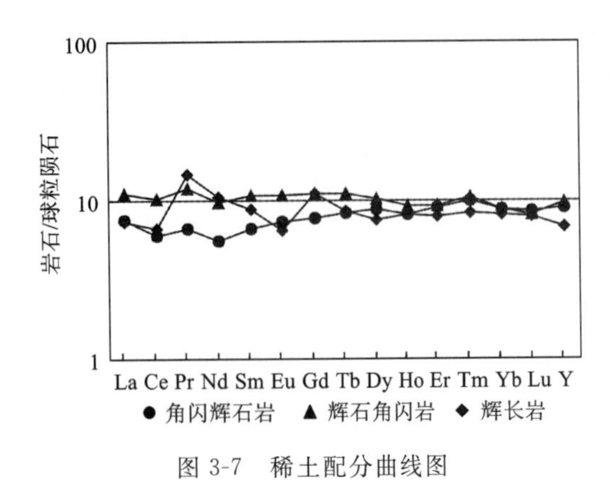

图 3-7　稀土配分曲线图

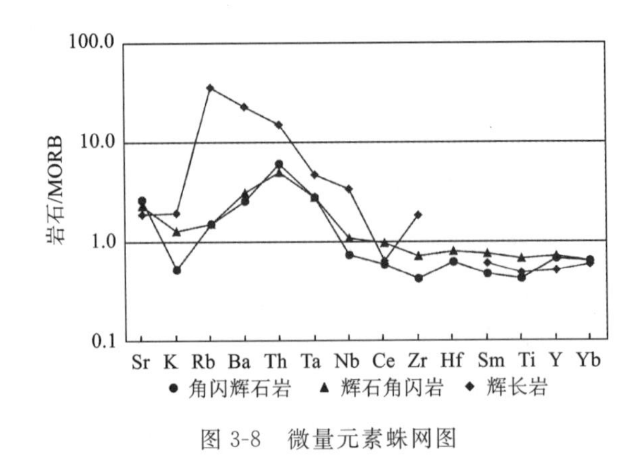

图 3-8　微量元素蛛网图

第二节　中酸性侵入岩

区内岩浆侵入具多期次、多阶段特点，岩石类型复杂多样。本报告遵循 1∶25 万造山带填图方法并结合花岗岩类岩石谱系单位的划分原则，将图区中酸性侵入岩圈定出 139 个大小不等的侵入体，建立 32 个单元，归并为 10 个超单元和 1 个岩石组合，3 个独立单元和 1 个独立侵入体（表 3-9）。

现按构造旋回从老到新分别将区内中酸性侵入岩各单元、超单元或岩石组合基本特征叙述如下。

表 3-9　测区侵入岩填图单元划分表

构造旋回	时代		超单元	单元	代号	岩石类型	侵入体个数	同位素测年值（Ma）
燕山期	早侏罗世	巴颜喀拉区	扎日加	扎纳豹	$\pi\eta\gamma_{Z}^{J1}$	浅灰白色斑状黑云二长花岗岩	4	
				东波扎陇	$\pi\gamma\delta_{D}^{J1}$	灰白色斑状黑云花岗闪长岩	2	190
		昆南区	注斯愣	怀德水外	$\xi\gamma_{H}^{J1}$	肉红色细粒钾长花岗岩	3	
				昂桑确没	$\eta\gamma_{A}^{J1}$	浅灰色细粒黑云二长花岗岩	2	197.4±9.6
				东达肯得	$\gamma\delta_{D}^{J1}$	灰色细粒黑云花岗闪长岩	4	
印支期	晚三叠世		呀勒哈特独立单元		$\gamma\delta_{Y}^{T3}$	灰白色中细粒角闪黑云花岗闪长岩	5	225
	中三叠世	巴颜喀拉区	喜马尕压	琼走	$\gamma\delta_{Q}^{T2}$	灰白色中细粒黑云花岗闪长岩	4	228
				喜马尕压陇巴	$\eta\delta o_{X}^{T2}$	浅灰色细粒石英二长闪长岩	2	
				浪卡日埃	δo_{L}^{T2}	灰色细粒黑云石英闪长岩	2	
		昆南区	八宝	埃坑德勒斯特浆混	Mm_{A}^{T2}	灰绿色石英闪长岩、灰色花岗闪长岩、二长花岗岩	3	
				土鲁英郭勒	$\eta\gamma_{T}^{T2}$	浅灰红色中细粒二长花岗岩	4	
				八宝山	$\gamma\delta_{B}^{T2}$	灰白色中细粒花岗闪长岩	4	245～233
				德特郭勒	$o\gamma_{D}^{T2}$	灰—深灰色中细粒英云闪长岩	2	
				牙马托多楼尕	δo_{Y}^{T2}	深灰—灰色中细粒石英闪长岩	3	
	早三叠世		波罗郭勒	下石头坑德	$\xi\gamma_{X}^{T1}$	肉红色中细粒钾长花岗岩	3	241.51
				高西里	$\eta\gamma_{G}^{T1}$	灰—灰红色中细粒（不等粒）黑云二长花岗岩	2	250.02

续表 3-9

构造旋回	时代		超单元	单元	代号	岩石类型	侵入体个数	同位素测年值(Ma)
华力西期	早二叠世	昆南	布尔汗布达岩石组合	埃肯肯得独立侵入体	$\eta\gamma_{A}^{P1}$	灰绿色中细粒二长花岗岩	1	289
		昆北		波洛斯太独立侵入体	$\gamma\delta_{B}^{P1}$	灰白色中粒黑云花岗闪长岩	1	285
		昆南		桑根乌拉	$o\gamma_{S}^{P1}$	灰色细粒黑云英云闪长岩	2	
		昆中		白木特	δ_{B}^{P1}	灰—深灰色细粒闪长岩	10	280
	晚石炭世		海德郭勒	木和德特	$\eta\gamma_{M}^{C2}$	浅灰—灰红色中细粒二长花岗岩	2	316.64
				布鲁吴斯特	$\gamma\delta_{B}^{C2}$	灰—浅灰色中细粒黑云花岗闪长岩	5	
	早石炭世		特里喝姿	东达桑昂	$\xi\gamma_{D}^{C1}$	肉红色中粗粒钾长花岗岩	21	352～351
				乌拉斯太	$\pi\eta\gamma_{W}^{C1}$	肉红—灰红色斑状二长花岗岩	4	
	中泥盆世		乌拉哈达丁独立单元		$o\gamma_{W}^{D2}$	灰—灰白色中细粒英云闪长岩	6	385～380
	早泥盆世		肯得乌拉	乌斯托	$\xi\gamma_{W}^{D1}$	灰白色中粒角闪钾长花岗岩	2	400
				可可晒尔	$\eta\gamma_{K}^{D1}$	灰色中粗粒二长花岗岩	6	408.23
				埃肯哈勒儿纸	$\eta\gamma_{A}^{D1}$	灰色中细粒二长花岗岩	2	414.49
加里东期	中志留世		胡晓钦独立单元		$\upsilon\delta_{H}^{S2}$	青灰—深灰色中细粒辉长闪长岩	4	426.5
	早志留世		乌拉斯太那	额尾	$\eta\gamma_{E}^{S1}$	浅灰色中细粒黑云二长花岗岩	2	
				瑙木浑	$\gamma\delta_{N}^{S1}$	灰—浅灰色中细粒黑云花岗闪长岩	4	430
	晚奥陶世		白石岭	埃驴改	ηo_{A}^{O3}	灰色中细粒黑云石英二长岩	5	
				达哇切	$\eta\delta o_{D}^{O3}$	灰—深灰色中细粒黑云石英二长闪长岩	3	
				拉忍	δo_{L}^{O3}	深灰色中细粒黑云石英闪长岩	9	446～445
	早奥陶世		埃里斯特独立侵入体		$\gamma\delta_{A}^{O1}$	灰色细粒黑云花岗闪长岩	1	500～470

一、加里东期侵入岩

本期中—酸性侵入岩集中分布于昆中断裂带南、北两侧，共圈定28个侵入体，出露面积约467.16km^2，占测区花岗岩类总面积的26.5％。根据岩石类型和与围岩的接触关系及同位素资料，进一步划分为早、晚奥陶世和早、中志留世4个阶段。

（一）早奥陶世埃里斯特独立侵入体

1. 地质特征

该独立侵入体岩性为细粒黑云花岗闪长岩（$\gamma\delta_{A}^{O1}$），出露于埃里斯特沟谷，为区内最老的一个侵入体，面积仅5.85km^2。岩体南东侧被后期侵入体侵入，北西侧与苦海杂岩呈侵入接触。

2. 岩石学特征

岩石为灰色中粒黑云花岗闪长岩，变余花岗结构，块状构造，矿物成分主要为斜长石：含量40％～55％，半自形—自形短柱状，聚片双晶发育；石英：含量21％～26％，它形粒状，波状消光极强；钾长石：含量13％～20％，它形粒状，发育不太好的条纹构造；黑云母：含量6％～9％，绝大部分已蚀变成绿泥石。副矿物为磷铁矿、磷灰石、榍石。

3. 地球化学特征

1）岩石化学特征

岩石化学分析结果见表 3-10，为中酸性花岗岩，Al_2O_3>(K_2O+Na_2O+CaO)，属铝过饱和的岩石化学类型，K_2O>Na_2O，表明该侵入体岩石中富钾贫钠。在 Wright 的 SiO_2－AR 图解（图 3-9）中投影于钙碱性岩区。岩石 SI 值不大，DI 值较大，表明岩浆分异程度较好，成岩固结较差。

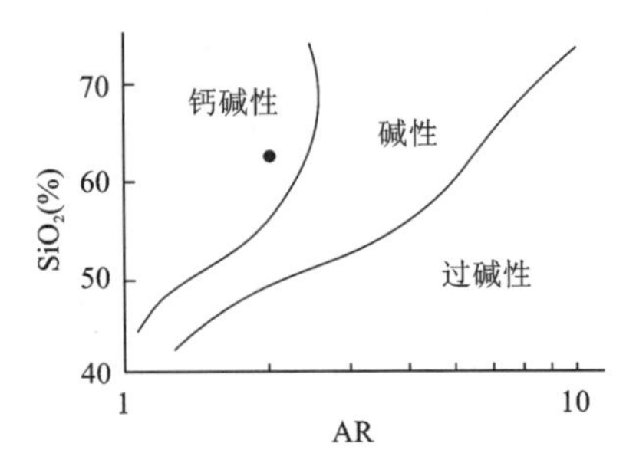

图 3-9　侵入岩 SiO_2－AR 图

表 3-10　埃里斯特独立侵入体岩石化学分析结果　（%）

样品号	SiO_2	TiO_2	Al_2O_3	Fe_2O_3	FeO	MnO	MgO	CaO	Na_2O	K_2O	P_2O_5	CO_2	H_2O^+	Σ
AGs1940－1	62.66	0.56	16.45	1.36	3.65	0.12	1.16	2.38	3.11	6.60	0.22	0.16	1.31	99.74

2）稀土元素特征

该侵入体稀土元素含量见表 3-11。LREE/HREE 比值较大，为轻稀土富集重稀土亏损型，配分模式曲线呈齿状右倾特征（图 3-10），表明轻、重稀土分馏明显。δEu<1，δCe>1，反映铕亏损较明显，铈略呈正异常，Sm/Nd 比值大，显示壳幔型花岗岩特点。

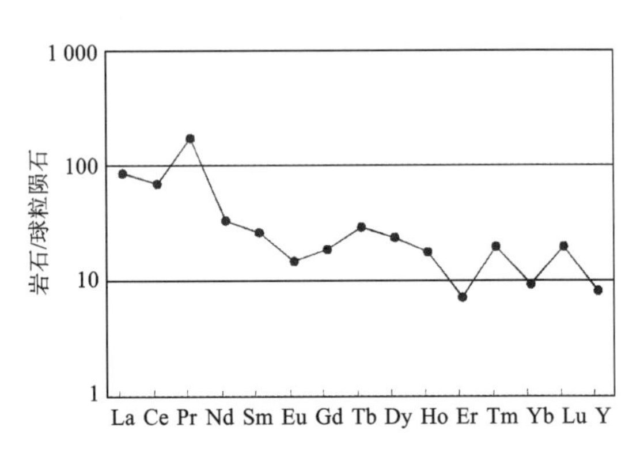

图 3-10　埃里斯特独立侵入体稀土配分曲线图

3）微量元素特征

微量元素分析结果见表 3-12。与世界花岗岩类平均值相比，Sc、Zr、Hf、Sr、Ba、Zn、W、Bi、Pb 等元素含量相对较富集，其中 Hf、Ba 两元素显示局部高点富集信息。Li、Be、Rb、Cu、Sb、Te、Th、Co、Ni、Nb、B、Ga、Ta 等多数元素含量略低于维氏（1962）平均值。Rb/Sr＝0.39，显示 S 型花岗岩的特点。

表 3-11　埃里斯特独立侵入体稀土元素分析结果　（$\times10^{-6}$）

样品号	La	Ce	Pr	Nd	Sm	Eu	Gd	Tb	Dy	Ho	Er	Tm	Yb	Lu	Y
AXT1940－1	31.96	65.80	24.20	23.38	6.13	1.35	5.77	1.76	8.93	1.61	1.78	0.79	2.33	0.80	18.38

表 3-12　埃里斯特独立侵入体微量元素分析结果　（$\times10^{-6}$）

样品号	Li	Be	Sc	Zr	Hf	Rb	Sr	Ba	Cu	Zn	W
ADY1940－1	16.30	4.70	11.70	680.00	14.20	107.00	409.00	1 145.0	11.10	84.00	2.00
样品号	Sb	Bi	Te	Th	Co	Ni	Nb	Pb	B	Ga	Ta
ADY1940－1	0.24	0.22	0.14	36.30	2.33	3.05	9.10	29.10	3.00	19.00	1.00

4. 年代学研究

对埃里斯特侵入体进行了单矿物锆石 U－Pb 同位素地质年龄测定，获得 500～470Ma 的侵入体成岩年龄，故将其形成时代归属为早奥陶世较为适宜。

（二）晚奥陶世白石岭超单元

该超单元共出露17个侵入体，主要分布于昆中断裂带附近，面积约87.99km^2，由拉忍中细粒黑云石英闪长岩（δo_L^{O3}）单元、达哇切中细粒黑云石英二长闪长岩（$\eta\delta o_D^{O3}$）单元及埃驴改中细粒黑云石英二长岩（ηo_A^{O3}）单元组成。

1. 地质特征

各深成岩体受近东西向构造控制。有4个复式深成侵入体，以草木策侵入体出露面积最大。侵入体以岩株状侵位于古元古代—早古生代地层中，或以残留体形式存在于后期侵入体中。

2. 岩石学特征

拉忍中细粒黑云石英闪长岩　岩石为深灰色，细粒结构，块状构造，矿物成分主要为斜长石（55%～70%）呈半自形板柱状，聚片双晶发育；黑云母（10%～20%）呈片状，具明显多色性；角闪石（7%～15%）呈半自形柱状，具浅绿—浅黄色多色性；石英（5%～9%）呈它形粒状，具弱波状消光。副矿物为磁铁矿、锆石、榍石等。

达哇切中细粒黑云石英二长闪长岩　岩石为灰—深灰色，中细粒结构，块状构造，矿物成分主要为斜长石（50%～64%）呈呈板柱状半自形晶，聚片双晶发育，略显环带构造；石英（6%～12%）呈它形粒状，具弱波状消光；钾长石（7%～15%）呈它形不规则粒状，可见格子双晶；黑云母（9%～12%）呈片状，具红褐—淡黄色多色性；角闪石（0～10%）呈柱状，被绿泥石等交代，仅保留假象，为普通角闪石。岩石中副矿物主要为磁铁矿、榍石。

埃驴改中细粒黑云石英二长岩　岩石为灰色，中细粒结构，块状构造，矿物成分主要为斜长石（32%～45%）呈半自形板状，聚片双晶发育；钾长石（35%～38%）呈它形粒柱状，可见卡氏双晶；石英（7%～11%）呈它形粒状，具波状消光；黑云母（10%～11%）全绿泥石化、绿帘石化；角闪石（2%～7%）蚀变强，仅保留角闪石外形。岩石中副矿物主要为磁铁矿、褐帘石、磷灰石。

3. 地球化学特征

1）岩石化学特征

超单元岩石化学分析结果见表3-13。从早到晚岩石SiO_2增高，FeO、MgO降低，岩浆向富Si方向演化。在SiO_2-AR图（图3-11）中，早期的岩石主要落在碱性区，反映了该超单元早期主要以碱性岩为主，晚期投点主要落在钙碱性区，体现了不同单元随时间演化在岩石化学成分上的差异。

2）稀土元素特征

该超单元稀土元素分析结果见表3-14，稀土元素配分曲线如图3-12。不同单元稀土元素特征相近，部分元素可能由于测试的误差而出现偏差。稀土元素配分曲线均为向右倾的轻稀土富集型。具有不太明显的Eu负异常。

3）微量元素特征

该超单元微量元素分析结果见表3-15。不同单元微量元素含量比较接近，说明该超单元物质来源相近。Li、Be、Sc、Hf、Rb、Ba、W、Sb、Bi、Th、Co、Ni、Pb、Ta等元素趋于富集，其中Bi元素含量大于维氏值15～18倍之多，Zr、Sr、Cu、Zn、Te、Nb、B、Ga元素相对贫化。由拉忍—达哇切—埃驴改单元微量元素变化规律为：Sr、Cu、Zn、Co、Nb等元素逐渐递减，Te、Ni、Ga三元素依次增加，多数元素不稳定变化可能与岩浆上升和在定位过程中物化条件不稳定、元素扩散差异和围岩的同化混浆有关。

表 3-13　白石岭超单元岩石化学分析结果　（%）

代号	样品号	SiO_2	TiO_2	Al_2O_3	Fe_2O_3	FeO	MnO	MgO	CaO	Na_2O	K_2O	P_2O_5	CO_2	H_2O^+	Σ
ηo_A^{O4}	AGs2186－1	64.37	0.54	15.54	0.63	2.70	0.04	1.27	2.27	3.20	5.73	0.26	1.63	1.47	99.65
	AGs1396－1	62.53	0.34	18.21	0.17	3.07	0.04	1.00	4.43	4.08	3.13	0.11	0.39	1.32	99.82
	1A139	62.29	0.74	16.24	1.31	3.76	0.07	1.38	3.81	3.45	4.42	0.16	1.63	—	99.26
	1A1597	64.57	0.52	15.73	1.30	3.01	0.16	2.19	4.94	3.40	2.00	0.16	1.30	—	99.28
$\eta\delta o_D^{O3}$	2B213	54.38	0.82	19.54	1.30	4.50	0.10	3.10	4.67	4.51	4.26	0.39	2.18	0.16	99.91
	2B16－1	60.65	1.05	16.60	3.20	2.96	0.08	1.94	4.53	4.15	2.15	0.44	1.98	0.14	99.87
	AGs0303－2	58.79	1.31	17.16	1.05	4.43	0.09	3.11	6.19	3.28	1.59	0.21	0.37	2.21	99.79
	1A137－4	59.88	0.73	14.45	0.76	4.55	0.09	6.93	5.43	3.18	2.52	0.23	1.19	0.06	100.00
	1A326	58.38	0.81	14.98	0.00	5.48	0.09	6.25	5.31	3.27	2.46	0.28	2.60	0.04	99.95
δo_L^{O3}	AGs2434－1	61.58	0.76	14.43	0.77	3.77	0.07	5.42	4.95	3.05	2.78	0.17	0.40	1.62	99.77
	AGs1394－2	53.94	1.76	16.51	2.51	6.05	0.13	4.16	5.29	2.96	3.46	0.47	0.20	2.42	99.86
	AGs1398－3	52.52	1.46	16.81	2.86	5.27	0.10	4.29	5.30	3.44	3.23	0.67	1.12	2.82	99.89
	AGs1933－1	54.32	1.28	15.95	0.97	6.83	0.12	4.55	6.92	3.51	2.26	0.25	0.37	2.48	99.81
	2B217	52.35	0.83	19.33	1.88	5.55	0.09	3.21	4.80	4.42	2.73	0.50	3.16	0.40	99.25
	2B11－2	53.69	1.45	16.59	2.64	6.45	0.17	3.84	4.71	4.33	2.64	0.73	2.39	0.24	99.87
	AGs1215－1	58.41	0.82	16.44	1.74	4.67	0.10	3.64	6.17	2.91	2.90	0.19	0.37	1.41	99.77

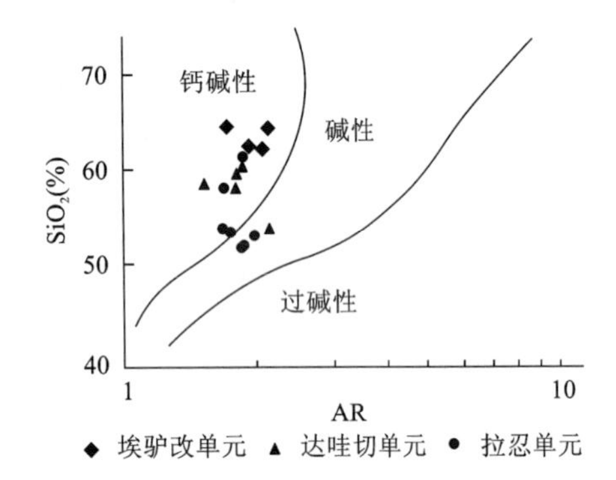

图 3-11　白石岭超单元 SiO_2－AR 图

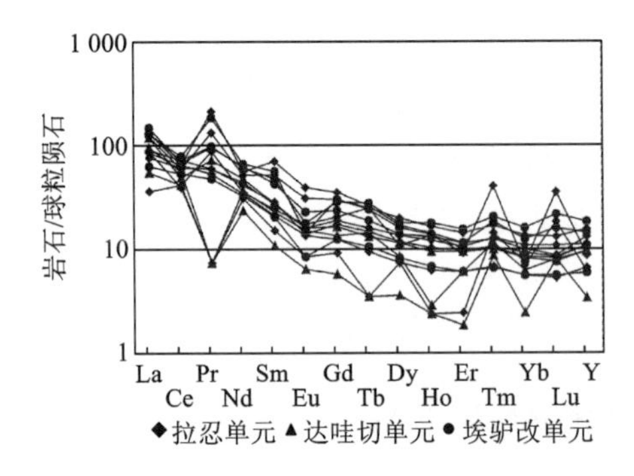

图 3-12　白石岭超单元稀土元素配分曲线图

表 3-14　白石岭超单元稀土元素分析结果　（$\times10^{-6}$）

代号	样品号	La	Ce	Pr	Nd	Sm	Eu	Gd	Tb	Dy	Ho	Er	Tm	Yb	Lu	Y
ηo_A^{O3}	AXT2186－1	48.12	76.00	25.05	47.34	13.03	1.23	9.23	1.40	5.98	1.18	2.48	0.36	2.07	0.31	24.18
	AXT1396－1	23.44	50.67	6.51	23.04	4.66	0.73	3.76	0.60	3.07	0.57	1.48	0.23	1.36	0.21	13.32
	2B15－1	47.00	70.00	13.50	44.00	11.00	1.55	8.60	1.60	6.80	1.52	3.80	0.72	3.90	0.82	41.00
	2B16－1	54.00	65.00	13.00	45.00	9.80	1.95	7.20	1.10	5.30	1.10	2.80	0.64	3.10	0.60	32.00
$\eta\delta o_D^{O3}$	AXT0303－2	43.77	46.68	9.90	34.34	6.39	1.37	4.95	0.76	4.29	0.79	2.31	0.35	2.02	0.29	21.70
	1A137－4	35.00	54.00	1.00	26.00	5.30	1.30	4.10	0.82	3.20	0.24	1.50	0.40	1.55	0.30	21.00
	1A326	20.00	39.50	1.00	16.50	2.50	0.55	1.75	0.20	1.35	0.20	0.46	0.31	0.60	0.30	7.50
δo_L^{O3}	AXT2434－1	31.11	61.56	7.37	24.29	4.86	1.16	3.76	0.54	2.82	0.53	1.48	0.24	1.37	0.20	14.71
	AXT1394－2	45.11	56.50	18.07	36.98	11.90	2.69	9.27	1.42	7.48	1.37	3.58	0.59	3.37	0.50	35.02
	AXT1398－3	49.21	62.80	29.18	40.70	16.29	3.39	10.70	1.50	6.46	1.21	2.84	0.44	2.43	0.33	29.22
	AXT1933－1	27.72	59.25	8.13	30.96	6.19	1.38	5.75	0.93	5.10	1.01	2.62	0.45	2.67	0.41	24.63
	2B137－2	13.50	40.00	12.00	25.00	5.50	1.50	6.30	1.45	4.10	1.15	2.30	1.45	1.70	0.70	13.50
	1A147－1	32.00	38.00	1.00	22.00	3.50	0.74	2.80	0.20	2.80	0.20	0.60	0.51	1.80	1.35	19.50
	AXT1215－1	32.95	68.54	8.23	29.84	6.48	1.21	5.23	0.84	4.49	0.86	2.43	0.37	2.25	0.32	24.06

表 3-15　白石岭超单元微量元素分析结果　（$\times10^{-6}$）

代号	样品号	Li	Be	Sc	Zr	Hf	Rb	Sr	Ba	Cu	Zn	W
ηo_{A}^{O3}	ADY2186－1	12.4	3.50	5.4	339	8.8	100	545	1 846	8.6	63	1.10
	ADY1396－1	32.7	2.40	4.9	128	3.8	96	309	420	6.2	37	0.50
	1A326	40.4	1.80	14.0	203	3.0	136	481	460	6.5	63	1.92
	1A139	38.6	3.00	13.0	102	4.0	133	457	452	7.8	63	—
$\eta\delta o_{D}^{O3}$	2B213	16.0	4.25	5.2	709	5.0	200	424	1 584	7.4	63	0.17
	2B16－1	25.8	5.35	4.9	549	5.0	275	587	2 510	6.5	76	0.43
	ADY0303－2	11.8	1.60	13.0	148	4.1	81	457	357	8.3	79	0.90
	1A137－4	36.8	2.20	11.0	172	5.0	129	433	444	9.7	63	5.60
δo_{L}^{O3}	ADY1394－2	41.9	3.80	15.8	331	7.7	59	582	1 237	22.6	96	1.00
	ADY1398－3	60.1	3.60	15.1	301	7.4	94	775	1 768	31.5	107	0.70
	ADY1933－1	20.8	1.90	23.6	208	5.2	99	284	450	28.2	85	1.70
	ADY2434－1	50.4	2.40	12.5	172	4.1	138	371	717	20.2	66	1.10
	2B217	20.6	1.39	16.5	312	6.3	60	485	401	23.5	83	0.85
	2B11－2	28.8	2.26	17.2	3.65	4.0	78	731	830	25.6	104	1.10
	ADY1215－1	28.4	1.90	18.8	144	3.9	127	430	798	8.2	86	1.50

代号	样品号	Sb	Bi	Te	Th	Co	Ni	Nb	Pb	B	Ga	Ta
ηo_{A}^{O3}	ADY2186－1	0.20	0.11	0.14	63.5	6.11	10.94	16.0	48.7	3.0	11.8	1.30
	ADY1396－1	0.19	0.14	0.11	11.5	3.09	2.39	8.5	31.0	10.0	20.4	1.60
	1A326	0.52	0.18	0.23	8.0	27.70	150.00	10.0	35.0	8.9	23.5	0.51
	1A139	0.43	0.20	0.08	8.5	25.60	150.00	9.5	36.5	10.3	20.8	0.43
$\eta\delta o_{D}^{O3}$	2B213	0.14	0.17	0.12	14.0	11.60	20.10	13.0	41.5	8.0	21.0	0.76
	2B16－1	0.16	0.20	0.21	8.5	9.10	22.30	15.5	96.0	5.0	19.5	0.58
	ADY0303－2	0.34	0.14	0.09	11.2	19.53	14.62	13.5	59.7	3.7	16.1	0.50
	1A137－4	0.34	0.22	0.12	9.0	23.50	150.00	9.0	38.0	12.0	18.0	0.36
δo_{L}^{O3}	ADY1394－2	0.23	0.2	0.12	19.8	22.42	15.01	22.8	26.8	19.0	21.5	1.80
	ADY1398－3	0.19	0.24	0.09	24.4	18.83	33.59	26.1	23.7	13.0	14.7	1.80
	ADY1933－1	0.41	0.14	0.10	9.0	21.00	22.66	10.6	13.2	27.0	12.4	0.86
	ADY2434－1	0.48	0.19	0.08	12.7	23.72	120.20	0.9	30.0	9.6	18.0	0.86
	2B217	0.19	0.11	0.13	5.8	24.80	20.60	14.3	14.6	12.0	19.3	1.25
	2B11－2	0.16	0.10	0.14	2.0	30.10	13.60	22.0	30.0	15.0	20.0	1.48
	ADY1215－1	0.27	0.17	0.09	14.4	23.80	26.88	11.5	24.9	9.3	20.4	1.00

4．构造环境

在花岗岩与构造环境 R_1-R_2 图（图 3-13）中，白石岭超单元不同单元的投点主要集中于 2 区和 3 区，反映出的构造环境为碰撞前及碰撞后隆起阶段形成的花岗岩。

在花岗岩微量元素与构造环境的图解（图 3-14、图 3-15）中，白石岭超单元投点大部分落在火山弧花岗岩区，反映形成环境为挤压背景下的火山弧构造环境。

5. 年代学研究

白石岭超单元侵入最新地层为早古生代纳赤台群，在哈图一带被早志留世侵入体所超动，由此推测该超单元形成时代应早于早志留世而晚于早古生代纳赤台群。本次调研对拉忍单元进行了单矿物锆石 U－Pb 同位素地质年龄测试，获得 446～445Ma 的侵位年龄。综上特征表明，该类侵入体形成时代应为晚奥陶世无疑，仍沿用前人命名的单元、超单元名称。

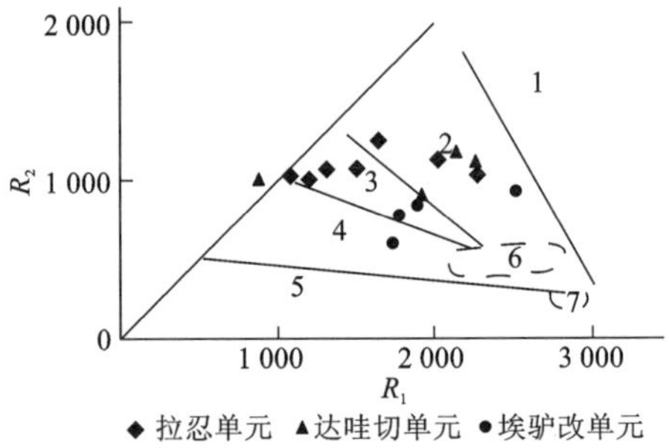

◆拉忍单元 ▲达哇切单元 ●埃驴改单元

图 3-13　白石岭超单元 R_1-R_2 图

（据 Batchelor 和 Bowden，1985）

1.地幔分异花岗岩；2.碰撞前花岗岩；3.碰撞后隆起花岗岩；4.造山晚期—晚造山期花岗岩；5.非造山期花岗岩；6.同碰撞花岗岩；7.造山后花岗岩

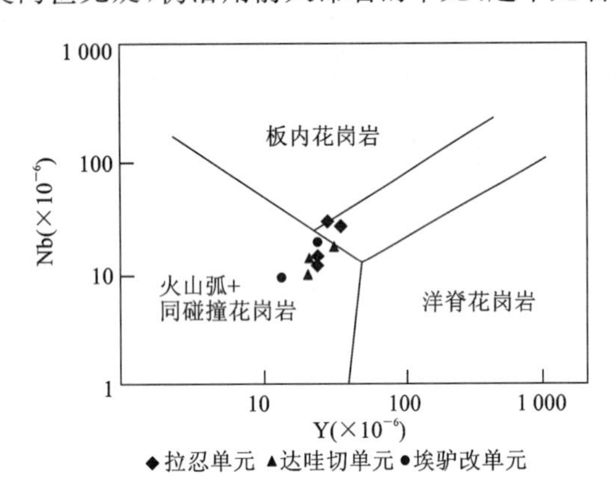

图 3-14　花岗岩 Nb－Y 与构造关系图

（据 Pearce 等，1984）

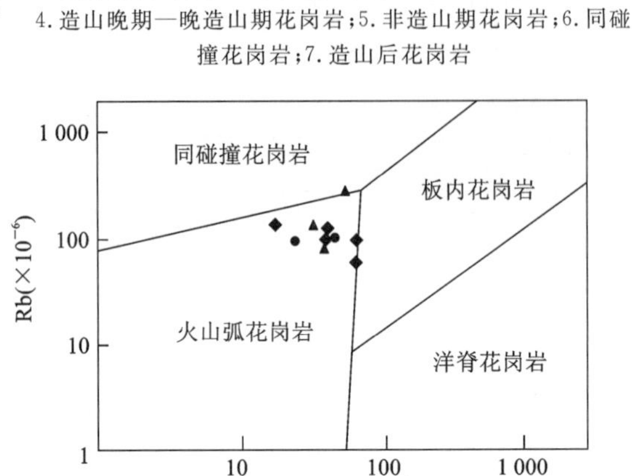

图 3-15　花岗岩 Rb－(Y＋Nb)图

（据 Pearce 等，1984）

（三）早志留世乌拉斯太那超单元

该超单元夹于昆北与昆中断裂带之间，集中分布在特里喝姿—乌拉斯太那—额尾一带，由 6 个侵入体构成一复式岩基，出露面积约 364.1 km²。可分为瑙木浑中细粒黑云花岗闪长岩（$\gamma\delta_N^{S1}$）单元和额尾中细粒黑云二长花岗岩（$\eta\gamma_E^{S1}$）单元。

1. 地质特征

岩体受北西—南东向构造控制，与古元古代—早古生代地层呈明显的侵入接触，部分地段见有 5～30m 宽的冷凝边。超单元内部额尾单元脉动型侵入瑙木浑单元中。各单元深源暗色包体和围岩捕虏体较发育。上述特征表明乌拉斯太那超单元侵位深度较大，剥蚀深度不大。

2. 岩石学特征

瑙木浑中细粒黑云花岗闪长岩　岩石为灰—浅灰色，中细粒花岗结构，块状构造，矿物成分主要为斜长石（40%～45%）呈板状自形晶，聚片双晶发育；石英（32%～35%）呈它形粒状；钾长石（13%～16%）呈它形粒状，格子双晶发育；黑云母（6%～7%）呈片状，具明显多色性。

额尾中细粒黑云二长花岗岩　岩石为浅灰色，中细粒花岗结构，块状构造，矿物成分主要为斜长石（29%～35%）呈自形板条状，聚片双晶可见，少数颗粒可见环带；钾长石（30%～34%）呈它形粒状，卡氏双晶可见，在与斜长石接触处可见蠕英石；石英（24%～31%）呈它形粒状；黑云母（5%～9%）呈片状集合体，棕红—浅绿色多色性。岩石中副矿物为磁铁矿、锆石、磷灰石等。

3. 地球化学特征

1）岩石化学特征

该超单元岩石化学分析结果见表 3-16。SiO_2含量变化于 60.93%～74.78%，属中酸性、酸性岩范围，从早到晚 SiO_2含量增加，Na_2O、K_2O 也增加，反映岩浆向富硅、富碱的方向演化。

在 SiO_2－AR 图（图 3-16）中，早期的瑙木浑单元投点均落在钙碱性区，而晚期的额尾单元则落在碱性岩区，反映岩浆向碱度升高的方向演化。

表 3-16　乌拉斯太那超单元岩石化学分析结果　　（%）

代号	样品号	SiO_2	TiO_2	Al_2O_3	Fe_2O_3	FeO	MnO	MgO	CaO	Na_2O	K_2O	P_2O_5	CO_2	H_2O^+	Σ
$\eta\gamma_E^{S1}$	AP_3Gs5-1	74.01	0.14	13.86	0.24	1.12	0.04	0.33	1.24	4.10	3.80	0.04	0.04	0.79	99.75
	AP_3Gs9-1	73.73	0.16	14.03	0.36	1.25	0.06	0.3	1.31	4.13	3.67	0.05	0.08	0.65	99.78
	AP_3Gs4-2	74.78	0.17	13.01	0.19	1.13	0.02	0.34	0.8	3.40	5.16	0.04	0.04	0.73	99.81
	AGs2507－1	68.39	0.65	14.22	3.07	2.67	0.06	0.44	1.68	4.42	3.00	0.06	0.12	1.04	99.82
	$AP_6Gs20-1$	74.61	0.21	13.01	0.01	1.28	0.02	0.49	1.44	3.22	4.44	0.06	0.23	0.85	99.87
$\gamma\delta_N^{S1}$	$AP_3Gs14-3$	61.88	0.65	16.70	2.02	3.63	0.13	2.11	4.99	3.50	2.70	0.18	0.06	1.21	99.76
	AP_3Gs1-7	62.93	0.66	16.21	1.42	3.47	0.07	2.67	4.94	3.32	2.89	0.15	0.14	0.92	99.79
	AP_6Gs4-2	67.06	0.51	16.50	0.36	2.75	0.05	1.33	3.80	3.86	2.36	0.15	0.02	1.04	99.79
	AP_6Gs7-1	68.15	0.48	15.09	0.15	2.93	0.05	1.03	2.31	4.13	3.06	0.14	0.80	1.47	99.79
	$AP_6Gs13-3$	62.51	0.86	16.40	0.52	3.97	0.07	2.16	4.65	3.30	2.62	0.18	0.31	2.23	99.78
	AGs0303－1	64.38	0.60	16.06	0.72	2.90	0.04	2.05	3.28	3.39	3.90	0.16	0.58	1.66	99.72
	AGs0817－1	60.93	0.64	17.37	1.08	4.07	0.12	1.91	5.30	3.26	3.38	0.16	0.26	1.21	99.69

2）稀土元素特征

该超单元稀土元素分析结果见表 3-17，稀土元素配分曲线见图 3-17。两单元稀土元素变化小，均为轻稀土富集，其配分曲线均为向右倾的轻稀土富集型，具明显的 Eu 负异常。

3）微量元素特征

该超单元微量元素分析结果见表 3-18。多数元素含量较低，仅 Hf、Zn、Ba、Pb 元素含量略高于维氏值，Sr、Ba、Cu、Co、Ni 元素含量仅在早期单元中稍大于维氏丰度值，其余各元素平均含量略有偏低。两单元之间微量元素变化规律有：Ba、Zr、Hf、Rb、Te、Th、Nb、Pb 元素含量以及 Rb/Li、Rb/Sr 比值均有明显差异，反映岩浆分异演化的特点。

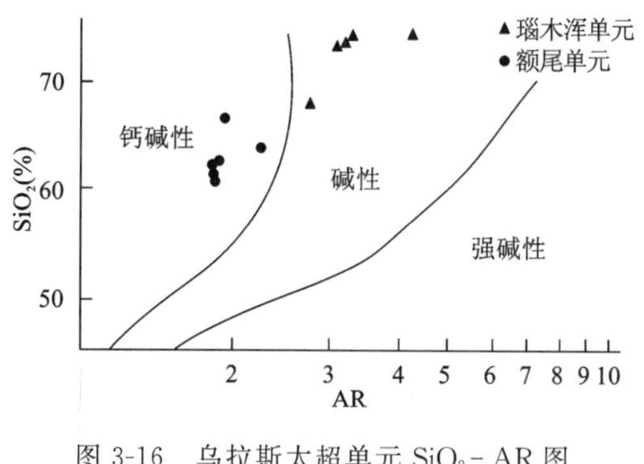

图 3-16　乌拉斯太超单元 SiO_2－AR 图

（据 Wright，1969）

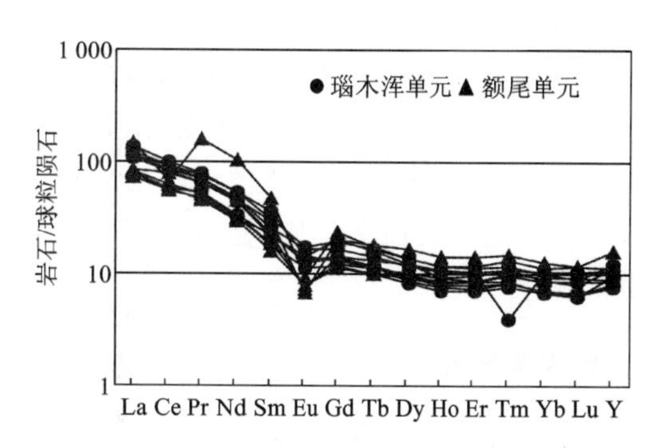

图 3-17　乌拉斯太超单元稀土元素配分曲线图

表 3-17　乌拉斯太那超单元稀土元素分析结果　　（$\times10^{-6}$）

代号	样品号	La	Ce	Pr	Nd	Sm	Eu	Gd	Tb	Dy	Ho	Er	Tm	Yb	Lu	Y
$\eta\gamma_{E}^{S1}$	AP$_3$XT4－2	32.00	75.05	9.08	32.43	6.80	0.60	6.11	1.06	6.28	1.23	3.55	0.52	3.16	0.44	35.90
	AXT2507－1	53.20	65.12	21.97	74.96	11.12	0.81	7.34	1.02	5.17	1.00	2.86	0.46	2.76	0.44	25.32
	AP$_6$XT20－1	26.76	53.08	6.53	22.27	5.31	0.64	4.40	0.77	4.67	0.91	2.54	0.38	2.23	0.30	25.70
	AP$_3$XT5－1	29.57	54.48	6.29	20.85	3.72	0.70	3.48	0.59	3.54	0.70	2.13	0.35	2.25	0.35	20.16
	AP$_3$XT9－1	30.04	59.33	7.07	23.00	4.32	0.69	3.74	0.65	3.79	0.79	2.37	0.39	2.54	0.39	23.04
$\gamma\delta_{N}^{S1}$	AP$_3$XT14－3	41.97	82.91	9.51	33.61	5.83	1.44	5.12	0.81	4.48	0.90	2.64	0.14	2.62	0.40	24.70
	AP$_3$XT1－7	26.98	52.94	6.45	23.08	4.19	0.97	3.62	0.58	3.12	0.61	1.73	0.27	1.68	0.25	16.90
	AP$_6$XT4－2	39.65	77.88	9.03	31.26	5.04	1.14	4.29	0.68	3.71	0.74	2.11	0.34	2.13	0.32	19.61
	AP$_6$XT7－1	43.83	89.12	9.68	33.09	5.31	1.10	4.24	0.69	3.30	0.66	1.81	0.29	1.74	0.26	17.82
	AP$_6$XT13－3	27.09	56.31	7.28	23.95	5.11	1.22	4.06	0.65	3.57	0.67	1.94	0.29	1.74	0.25	18.20
	AXT0303－1	41.21	87.32	10.50	38.76	8.25	1.22	6.09	0.94	4.64	0.80	2.14	0.30	1.69	0.24	21.24
	AXT0817－1	49.29	95.81	10.94	37.66	7.17	1.53	5.86	0.95	5.20	0.98	2.80	0.41	2.47	0.34	27.60

表 3-18　乌拉斯太那超单元微量元素分析结果　　（$\times10^{-6}$）

代号	样品号	Zr	Hf	Rb	Sr	Ba	Cu	Te	Th	Co	Ni	Nb	Pb
$\eta\gamma_{E}^{S1}$	AP$_3$DY5－1	102.5	4.3	123	150	1 257	3.3	1.90	11.1	1.40	1.00	11.1	18.6
	AP$_3$DY9－1	119.3	4.9	128	113	1 083	3.5	2.10	11.6	1.60	1.00	11.4	18.2
	AP$_3$DY4－2	145.5	5.2	236	113	551	5.0	2.70	32.8	1.80	2.10	15.8	35.6
	ADY2507－1	1 155.0	24.1	129	259	223	46.3	0.08	51.2	6.87	9.00	19.1	42.3
	AP$_6$DY20－1	118.0	3.5	213	158	507	9.0	0.08	15.9	4.04	8.44	10.0	44.6
$\gamma\delta_{N}^{S1}$	AP$_6$DY13－3	181.0	4.7	128	445	687	7.3	0.07	9.4	13.75	15.15	8.9	24.5
	ADY0303－1	194.0	5.3	206	392	941	80.4	0.09	22.0	10.43	14.90	10.2	41.4
	ADY0817－1	297.0	6.2	140	446	1 365	16.6	0.08	22.7	14.50	12.43	11.4	31.2
	AP$_3$DY14－3	208.0	7.4	88	442	849	9.1	1.50	7.7	12.30	5.50	11.5	19.4
	AP$_3$DY1－7	142.3	6.3	133	381	554	17.2	2.20	12.6	14.10	19.00	13.0	17.7
	AP$_6$DY4－2	169.9	6.7	122	428	552	5.8	1.00	11.5	5.40	3.40	9.9	17.5
	AP$_6$DY7－1	185.6	7.1	148	273	839	5.1	1.80	16.1	4.60	3.30	12.9	15.2

4. 构造环境

在花岗岩与构造环境 R_1-R_2 图（图 3-18）中，早期的瑙木浑单元投点落在 2 区，形成的构造环境为碰撞前的构造环境，而后期的额尾单元投点则落在 6 区，为同碰撞的构造环境，反映该超单元从早到晚由碰撞前的构造环境转化为同碰撞的构造环境，显示了不同单元构造环境的演化规律。

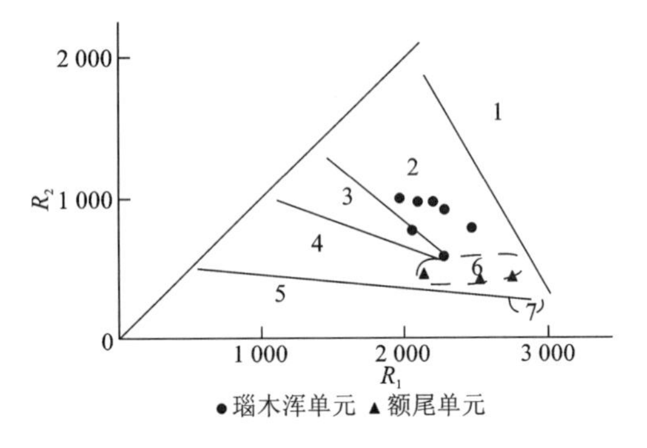

图 3-18　乌拉斯太超单元 R_1-R_2 图

（据 Batchelor 和 Bowden，1985）

1. 地幔分异花岗岩；2. 碰撞前花岗岩；3. 碰撞后隆起花岗岩；4. 造山晚期—晚造山期花岗岩；5. 非造山期花岗岩；6. 同碰撞花岗岩；7. 造山后花岗岩

5. 年代学研究

本次工作对瑙木浑单元花岗闪长岩进行了单矿物锆石 U－Pb 同位素地质年龄测试，获得上交点年龄 430Ma，它代表了该岩体形成年龄，故将其时代归属为早志留世。

（四）中志留世胡晓钦独立单元

该独立单元分布明显受北西西-南东东向的断裂构造控制，主要出露于哈拉郭勒—起次日赶特一带，岩性为中细粒辉长闪长岩（$\upsilon\delta_{\mathrm{H}}^{S2}$），出露面积约 9.22km²。

1. 地质特征

该独立单元共圈出侵入体 4 个。与早古生代纳赤台群呈侵入接触。岩体与围岩界线多呈波状弯曲，围岩包体稀疏可见。根据岩体内含暗色闪长质深源包体及围岩残留体推测该单元侵位深度较深，剥蚀程度较浅。

潘裕生、周伟明等(1996)在胡晓钦大哇侵入体中获得 Rb－Sr 等时线(426.5±2.9)Ma 年龄值，故将其形成时代确定为中志留世。

2. 岩石学特征

该独立单元岩石为中细粒辉长闪长岩。岩石为青灰—深灰色，中细粒结构，块状构造，矿物成分主要为斜长石(50%～63%)呈半自形—自形柱状，略显环带构造；辉石(10%～24%)呈半自形短柱状，最高干涉色二级底部；角闪石(10%～15%)呈半自形柱状，具多色性；黑云母(6%～10%)多已绿泥石化。副矿物主要为磁铁矿、榍石、磷灰石等。

3. 地球化学特征

1）岩石化学特征

该单元岩石化学分析结果见表 3-19。从表中可以看出，该独立单元的物质成分中 SiO_2 比较稳定，Al_2O_3、MgO、K_2O、Na_2O 的含量变化较大，SiO_2 含量较低，属基性侵入岩，在 SiO_2－AR 图(图 3-19)中，该独立单元主要落在碱性岩区，为基性的碱性岩。

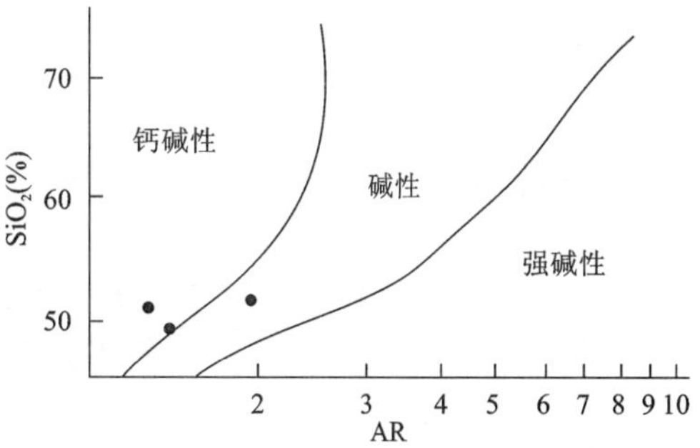

图 3-19 胡晓钦独立侵入体 SiO_2－AR 图
(据 Wright，1969)

2）稀土元素特征

稀土元素分析结果见表 3-20，稀土配分曲线见图 3-20。稀土总量明显高于同类岩石平均值，轻稀土富集，稀土配分曲线均为向右倾的轻稀土富集型，岩石具明显的铕负异常。

表 3-19 胡晓钦独立单元岩石化学分析结果 (%)

样品号	SiO_2	TiO_2	Al_2O_3	Fe_2O_3	FeO	MnO	MgO	CaO	Na_2O	K_2O	P_2O_5	CO_2	H_2O^+	Σ
AGs2202－1	49.1	1.06	13.46	0.66	6.27	0.13	10.11	11.62	1.70	2.21	0.36	0.14	2.90	99.72
2AP 13－1	51.6	1.33	17.30	1.22	7.07	0.17	4.67	5.26	4.15	3.05	0.46	3.13	0.18	99.59
2B104－1	50.6	1.04	17.95	1.36	5.25	0.13	5.89	10.49	0.77	2.56	0.39	3.28	0.14	99.85

表 3-20 胡晓钦独立单元稀土元素分析结果 ($\times10^{-6}$)

样品号	La	Ce	Pr	Nd	Sm	Eu	Gd	Tb	Dy	Ho	Er	Tm	Yb	Lu	Y
A2202－1	38.96	86.7	10.96	42.32	8.12	1.7	6.04	0.92	4.34	0.8	2.14	0.33	1.8	0.25	21.05
2AP 13－1	40.00	77.00	13.00	46.00	14.00	2.0	7.70	1.60	4.10	1.2	2.35	0.67	1.7	0.98	24.50

3）微量元素特征

本独立单元微量元素分析结果见表 3-21。微量元素含量变化不大，以富 Li、Be、Sc、Hf、Ba、Sb、Bi、

Th、Co、Ni、Pb、B,贫 Zr、Rb、Sr、Cu、Zn、W、Te、Nb、Ga、Ta 为特征。Rb/Li=0.54、Rb/Sr=2.17,显示 I 型花岗岩的特点。

表 3-21　胡晓钦独立单元微量元素分析结果　($\times10^{-6}$)

样品号	Li	Be	Sc	Zr	Hf	Rb	Sr	Ba	Cu	Zn	W
ADY2202-1	40.4	2.40	37.6	197	5.5	73	475	904	36.5	61	0.70
2AP13-1	28.3	1.62	24.5	176	4.0	20	440	811	32.0	50	0.44
2B104-1	37.0	1.70	26.5	76	4.0	194	144	1 092	34.0	56	0.50
样品号	Sb	Bi	Te	Th	Co	Ni	Nb	Pb	B	Ga	Ta
ADY2202-1	0.34	0.23	0.13	14.4	31.91	82.69	10.1	27.6	36	6.2	0.50
2AP13-1	0.22	0.10	0.15	3.0	39.4	51.30	2.0	10.0	34	9.4	0.52
2B104-1	0.30	0.20	0.13	7.0	37.5	65.00	12.0	25.6	37	8.5	0.70

4. 构造环境

在花岗岩与构造环境关系 R_1-R_2 图(图 3-21)中,该独立单元有两个点落在区外,有 1 个点落在 1 区,为地幔分异花岗岩,反映其为地幔成因。侵入岩 SI=36.21,在本区侵入岩中属最高,也反映了其地幔成因。

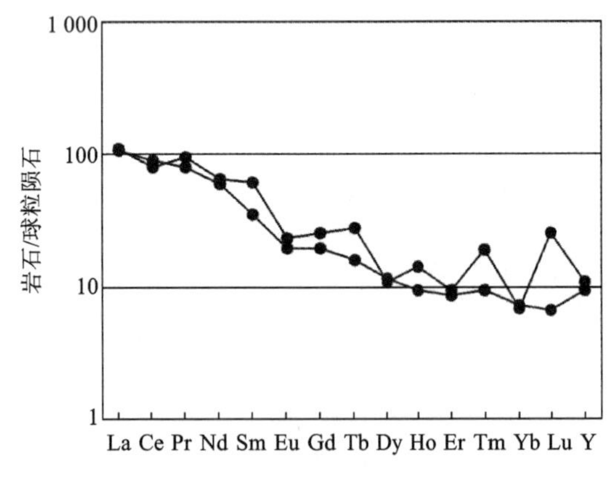

图 3-20　胡晓钦独立单元稀土配分曲线图

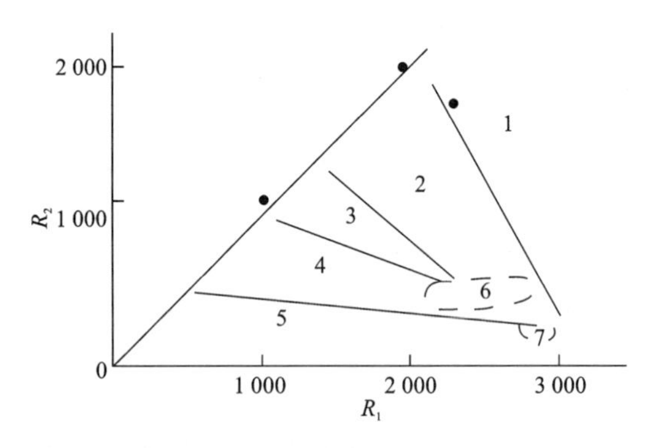

图 3-21　胡晓钦独立单元 R_1-R_2 图

1. 地幔分异花岗岩;2. 碰撞前花岗岩;3. 碰撞后隆起花岗岩;4. 造山晚期—晚造山期花岗岩;5. 非造山区花岗岩;6. 同碰撞花岗岩;7. 造山后花岗岩

二、华力西期侵入岩

区内华力西期中酸性岩浆活动强烈,主要分布于图幅北部。共有侵入体 62 个,出露面积约 755.15km²,占测区花岗岩类出露面积的 43%,按岩浆形成先后顺序可分为 5 个侵入阶段。

(一) 早泥盆世肯得乌拉超单元

该超单元共有 10 个侵入体。出露于可可晒尔郭勒沟两侧,在埃驴改—乌斯托及额尾等地有零星出露,分布面积约 191.58km²。由埃肯哈勒儿纸中细粒二长花岗岩(γ_A^{D1})单元、可可晒尔中粗粒二长花岗岩(γ_K^{D1})单元和乌斯托中粒角闪钾长花岗岩($\xi\gamma_W^{D1}$)单元组成。

1. 地质特征

该单元的分布受断裂控制。侵入体呈不规则的岩株状形式产出,与古—中元古代、早古生代地层及早期岩体均呈侵入接触。超单元内可可晒尔单元与埃肯哈勒儿纸单元呈断层接触,乌斯托单元与两个早期单元均未见直接接触。侵入体较高位置见有围岩残留体，故认为该超单元为浅成剥蚀的中深成岩相。

前人分别在埃肯哈勒儿纸单元、可可晒尔单元岩石中获得 Rb－Sr 及 K－Ar 年龄值 414～394Ma，时代归属为早泥盆世。我们在乌斯托单元岩石中取 Ar－Ar 同位素样品，经美国印第安纳大学 Robert Wintsch 教授测试，获 Ar－Ar 年龄值 400Ma，结果与上述地质年龄为同一世代，因此该超单元的就位时代当属早泥盆世。

2. 岩石学特征

埃肯哈勒儿纸中细粒二长花岗岩　岩石为灰色，中细粒花岗结构，块状构造，矿物成分主要为斜长石(30%～35%)呈半自形—自形板条状，聚片双晶发育；石英(27%～31%)呈它形粒状，弱波状消光；钾长石(32%～35%)呈它形粒状，多见条纹，卡氏双晶可见；黑云母(2%～4%)呈片状集合体，具棕红—浅黄绿色多色性，常绿泥石化。

可可晒尔中粗粒二长花岗岩　岩石为灰色，中粗粒花岗结构，块状构造，矿物成分主要为斜长石(30%～34%)多呈半自形柱状，聚片双晶发育，双晶纹细密；石英(24%～29%)呈它形粒状，波状消光；钾长石(30%～39%)多为微斜条纹长石，条纹构造明显，格子双晶发育；黑云母(4%～5%)具绿—黄色多色性，弱绿泥石化；角闪石(1%～3%)呈绿色柱状，为普通角闪石。

乌斯托中粗粒角闪钾长花岗岩　岩石为灰白色，中粗粒花岗结构，块状构造，矿物成分主要为钾长石(40%～45%)呈半自形—自形晶，多见条纹，可见格子双晶，为微斜条纹长石；石英(27%～30%)多呈它形粒状；斜长石(13%～18%)颗粒一般较小，呈自形—半自形晶，聚片双晶发育；角闪石(5%～11%)为普通角闪石，具多色性；黑云母(1%～8%)具深褐—棕黄色多色性。

3. 地球化学特征

1）岩石化学特征

各单元岩石化学成分分析结果见表 3-22。各单元主要化学成分较接近，反映同源岩浆演化的特征。SiO_2 含量较高，一般超过 70%，均属酸性岩，$K_2O>Na_2O$，在 SiO_2－AR 图(图 3-22)中均落入碱性区，为碱性的酸性岩。从早期到晚期单元岩石化学规律性变化不强，仅 K_2O 含量略有增加。

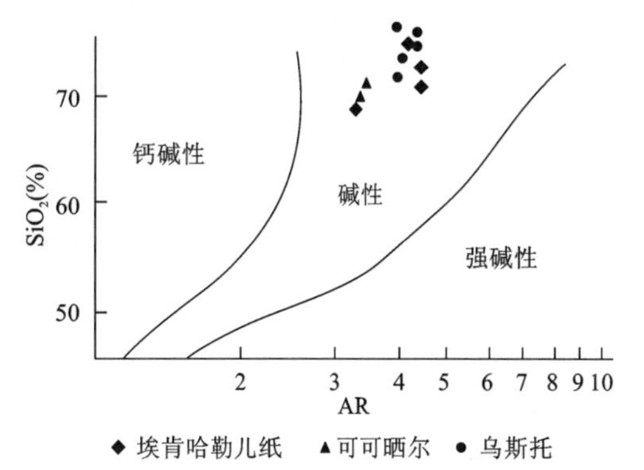

图 3-22　肯得乌拉超单元 SiO_2－AR 图
(据 Wright，1969)

表 3-22　肯得乌拉超单元岩石化学分析结果　(%)

代号	样品号	SiO_2	TiO_2	Al_2O_3	Fe_2O_3	FeO	MnO	MgO	CaO	Na_2O	K_2O	P_2O_5	CO_2	H_2O^+	Σ
$\xi\gamma_{W}^{D1}$	AGs2112－1	70.17	0.46	13.82	1.72	2.15	0.07	0.62	1.64	4.00	4.41	0.11	0.08	0.55	99.80
	AP_6Gs1－1	71.62	0.44	12.95	0.61	2.40	0.05	0.73	1.71	2.76	5.43	0.10	0.10	0.90	99.80
$\eta\gamma_{K}^{D1}$	AGs2209－3	76.62	0.09	12.06	0.17	1.13	0.02	0.21	0.84	2.96	4.74	0.01	0.36	0.67	99.88
	AGs2211－3	74.72	0.16	12.65	0.29	1.40	0.02	0.30	0.90	2.90	5.51	0.03	0.27	0.72	99.87
	AGs2565－2	73.82	0.23	12.88	0.30	1.80	0.03	0.32	0.79	2.76	5.55	0.05	0.37	0.94	99.84
	AGs0811－3	72.07	0.31	12.89	0.49	2.02	0.03	0.42	1.22	2.70	5.80	0.06	0.73	1.08	99.82
	AGs2139－2	75.64	0.18	12.08	0.08	1.53	0.02	0.34	0.85	2.78	5.27	0.03	0.26	0.81	99.87
	AGs1263－1	76.61	0.09	11.69	0.09	1.03	0.03	0.20	1.10	2.86	4.82	0.01	0.63	0.73	99.89
$\eta\gamma_{A}^{D1}$	2DP110－1	71.14	0.23	13.87	0.34	1.74	0.05	0.48	1.10	3.59	5.89	0.11	1.04	0.11	99.69
	2A426	72.79	0.24	12.79	0.58	1.75	0.03	0.33	0.88	3.25	5.41	0.09	1.08	0.36	99.58
	2B302	68.92	0.47	14.26	0.56	2.72	0.06	0.94	1.64	3.71	4.88	0.16	1.84	0.14	100.30
	AGs2129－1	74.87	0.17	12.49	0.09	1.38	0.02	0.32	0.70	2.44	5.72	0.03	0.63	0.98	99.84

2）稀土元素特征

各单元稀土元素分析结果见表 3-23，稀土配分曲线如图 3-23。与世界花岗岩类相对比，早、中期两个单元稀土总量明显偏高，晚期单元十分接近于赫尔曼（1970）总结的平均含量（250）值，LREE/HREE 比值大，δEu 值小，Sm/Nd 比值介于 0.19～0.48 之间。稀土配分曲线均表现为向右倾的轻稀土富集型，铕负异常非常明显，表现出同源岩浆演化的特征。

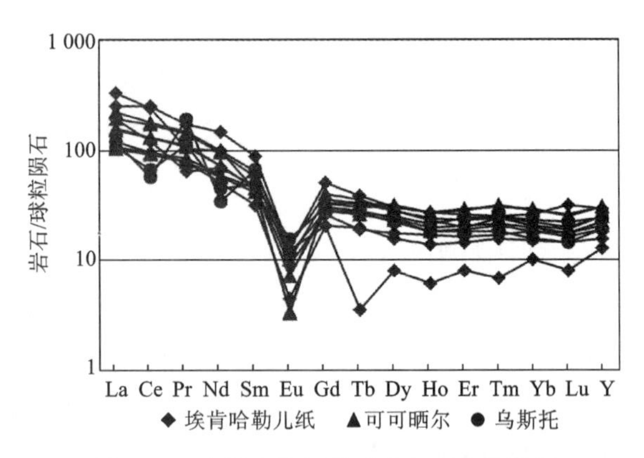

图 3-23　肯得乌拉超单元稀土配分曲线图

3）微量元素特征

肯得乌拉超单元微量元素分析结果见表 3-24。不同单元绝大多数元素含量相近，反映相同的物质来源，以亏损 Li、Be、Sr、Ba、Cu、Co、Ni、Nb、B、Ta，富集 Sc、Zr、Hf、Rb、Zn、W、Sb、Bi、Th、Pb 为特征。三单元微量元素变化规律主要为：Zr、Hf、Zn、Sb、B、Ga 含量增高，Be、Rb、Cu 降低，Rb/Li 比值增大。反映岩浆分异演化的特点。

表 3-23　肯得乌拉超单元稀土元素分析结果　（$\times10^{-6}$）

代号	样品号	La	Ce	Pr	Nd	Sm	Eu	Gd	Tb	Dy	Ho	Er	Tm	Yb	Lu	Y
$\xi\gamma_{W}^{D1}$	AXT2112－1	38.44	63.80	15.00	32.58	11.27	1.36	9.40	1.58	9.67	1.85	5.87	0.88	5.65	0.83	53.85
	AP6XT1－1	44.20	54.40	25.98	24.76	15.16	1.00	8.50	1.58	8.57	1.56	4.47	0.66	3.85	0.55	42.94
$\eta\gamma_{K}^{D1}$	AXT2209－3	39.43	90.30	11.47	42.41	10.27	0.28	10.03	1.93	11.91	2.28	7.31	1.10	7.28	0.97	69.25
	AXT2211－3	56.70	124.90	14.96	51.82	10.54	0.62	9.16	1.60	9.05	1.70	5.02	0.76	4.93	0.68	49.40
	AXT2565－2	70.70	160.80	19.02	66.75	13.09	0.88	11.07	1.88	10.70	1.94	4.97	0.85	5.43	0.75	55.29
	AXT0811－3	81.70	171.70	20.19	71.15	14.61	1.16	12.28	2.05	10.71	2.04	5.78	0.84	5.02	0.71	55.59
	AXT2139－2	58.40	124.70	14.41	52.13	10.26	0.62	8.74	1.48	8.69	1.55	4.75	0.73	4.50	0.67	45.79
	AXT1263－1	37.73	86.47	10.62	39.84	9.51	0.29	10.17	1.79	11.78	2.28	7.06	1.12	7.04	0.98	69.56
$\eta\gamma_{A}^{D1}$	2DP110－1	122.00	230.00	14.00	70.00	10.00	1.07	6.20	0.20	3.10	0.52	2.00	0.24	2.50	0.30	28.50
	2A426	70.00	115.00	8.80	49.00	11.00	0.78	8.00	1.10	6.60	1.45	4.00	0.61	4.50	0.62	42.50
	2A131	94.00	245.00	23.00	105.00	20.00	1.10	15.20	2.25	11.50	2.30	6.40	0.90	6.40	1.20	65.00
	AXT2129－1	43.31	89.68	10.67	35.53	7.35	0.39	6.23	1.13	6.05	1.16	3.53	0.56	3.74	0.55	35.00

表 3-24　肯得乌拉超单元微量元素分析结果　（$\times10^{-6}$）

代号	样品号	Li	Be	Sc	Zr	Hf	Rb	Sr	Ba	Cu	Zn	W
$\xi\gamma_{W}^{D1}$	ADY2112－1	14.1	4.2	7.2	462	10.7	231	102	720	8.4	89.0	4.4
	AP6DY1－1	9.1	3.3	7.3	456	10.4	261	132	637	4.5	64.2	2.1
$\eta\gamma_{K}^{D1}$	ADY2209－3	8.6	5.6	1.2	133	5.5	295	39	156	6.8	77.0	1.5
	ADY2211－3	17.5	4.1	2.3	179	5.5	248	51	311	9.9	49.0	4.9
	ADY2565－2	10.8	4.1	3.4	289	7.8	172	56	412	4.6	69.0	1.7
	ADY0811－3	10.8	2.4	4.5	360	8.0	269	78	614	9.5	76.0	2.8
	ADY2139－2	16.7	3.8	2.5	211	5.4	360	50	322	9.4	56.2	8.1
	ADY1263－1	4.9	3.9	1.0	134	4.3	321	37	147	4.3	72.7	3.2
$\eta\gamma_{A}^{D1}$	2DP110－1	8.4	5.8	3.5	368	6.0	280	44	370	7.6	52.0	3.6
	2A426	11.5	4.6	4.1	183	6.0	273	159	337	12.7	62.0	2.3
	2B302	19.5	8.6	3.7	25	6.0	397	67	221	5	29.0	3.8
	ADY2129－1	11.0	3.8	3.0	158	4.3	358	57	388	14.2	53.2	1.5

续表 3-24

代号	样品号	Sb	Bi	Te	Th	Co	Ni	Nb	Pb	B	Ga	Ta
$\xi\gamma_{W}^{D1}$	ADY2112-1	0.79	0.18	0.08	24.6	6.81	6.35	22.5	43.7	6.0	22.5	1.6
	AP6DY1-1	0.19	0.12	0.07	77.8	6.82	9.74	21.3	43.3	2.8	19.8	0.95
$\eta\gamma_{K}^{D1}$	ADY2209-3	0.44	0.47	0.12	57.8	2.13	4.19	21.2	35.3	2.0	18.2	3.40
	ADY2211-3	0.31	0.51	0.11	51.3	2.75	5.10	10.7	32.0	2.0	16.4	1.40
	ADY2565-2	0.27	0.40	0.10	40.6	2.17	2.70	17.2	27.3	2.0	16.9	1.40
	ADY0811-3	0.22	0.23	0.12	34.6	4.48	6.06	1.5	46.7	2.2	20.0	1.50
	ADY2139-2	0.20	0.50	0.10	45.5	4.01	5.75	12.8	39.7	8.8	24.4	0.99
	ADY1263-1	0.16	0.18	0.09	43.5	2.71	5.21	17.8	36.1	4.1	20.5	1.70
$\eta\gamma_{A}^{D1}$	2DP110-1	0.24	0.22	0.12	47.5	2.10	10.90	26.0	42.6	3.2	17.0	0.84
	2A426	0.19	0.22	0.21	64.0	3.10	10.35	23.0	70.0	2.6	18.5	0.52
	2B302	0.18	0.93	0.13	32.0	6.70	6.10	21.0	46.0	2.4	17.0	1.20
	ADY2129-1	0.14	0.17	0.10	44.4	3.91	4.26	1.8	39.1	5.1	21.5	1.80

（二）中泥盆世乌拉哈达丁独立单元

1. 地质特征

该独立单元分布在昆北断裂带两侧，由 6 个侵入体组成，面积约 30.1km²。以乌拉哈达丁侵入体较为典型，岩性为中细粒不等粒英云闪长岩（$o\gamma_{W}^{D2}$），围岩为古—中元古代、早古生代地层及早期侵入体，与围岩呈侵入接触。

2. 岩石学特征

岩石为中细粒（不等粒）英云闪长岩，呈灰—灰白色，中细粒结构，局部为斑状结构，矿物成分主要为斜长石（62%～68%）呈自形板柱状，环带构造发育，聚片双晶常见；石英（20%～28%）呈它形粒状，具波状消光；钾长石（3%～6%）呈它形粒状，为微斜长石；黑云母（3%～5%）呈片状，绿—棕褐色多色性，部分被绿泥石化交代。

3. 地球化学特征

1）岩石化学特征

该独立单元岩石化学分析结果见表 3-25。从表中可以看出，该独立单元 SiO_2 含量较高，$Na_2O>K_2O$，在 SiO_2-AR图（图 3-24）中投点均位于钙碱性与碱性的界线附近靠钙碱性一侧，为钙碱性的酸性岩。

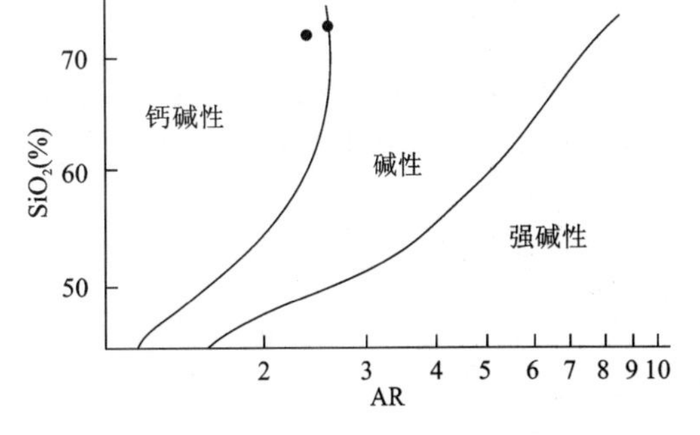

图 3-24　乌拉哈达丁独立单元 SiO_2-AR 图

（据 Wright，1969）

表 3-25　乌拉哈达丁独立单元岩石化学分析结果　　（%）

样品号	SiO_2	TiO_2	Al_2O_3	Fe_2O_3	FeO	MnO	MgO	CaO	Na_2O	K_2O	P_2O_5	CO_2	H_2O^+	Σ
AGs2106-3	72.54	0.2	14.63	0.01	1.42	0.02	0.74	1.61	5.22	1.70	0.04	0.73	0.97	99.8
AP1Gs21-1	72.40	0.31	14.16	0.36	1.58	0.03	0.73	2.66	3.33	3.18	0.07	0.12	0.78	99.7

2）稀土元素特征

该独立单元稀土元素分析结果见表3-26。两件样品稀土元素差异明显，特里喝姿墒山侵入体稀土总量较低，具不同明显的Eu正异常，而哈图岩体稀土总量较高，处于上部，并具Eu负异常。两者稀土配分形式（图3-25）相差不大，均为向右倾斜的轻稀土富集型。

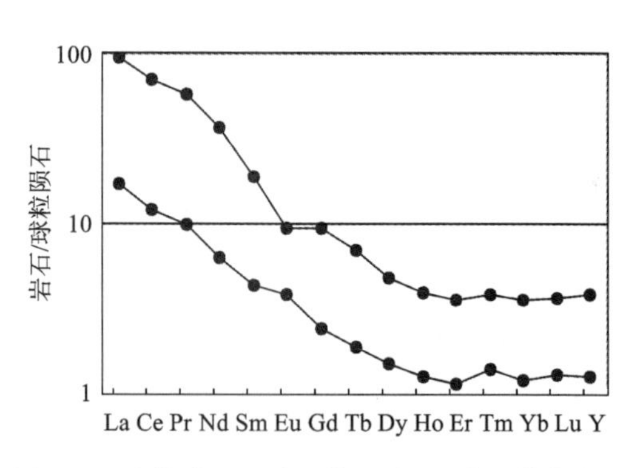

图3-25 乌拉哈达丁独立单元稀土元素配分曲线图

3）微量元素特征

该独立单元微量元素分析结果见表3-27。微量元素变化不大，多数元素含量较稳定，说明该独立单元侵入体的物质来源基本相同。与世界同类岩石平均值相比较，Sc、Hf、Sr、Ba、Bi、Co、Ni、Pb诸元素含量高于维氏值，其余各元素含量皆低于维氏平均值，Bi元素具局部富集。Rb/Li、Rb/Sr比值参数分别为1.26和0.32。

表3-26 乌拉哈达丁独立单元稀土元素分析结果 （$\times10^{-6}$）

样品号	La	Ce	Pr	Nd	Sm	Eu	Gd	Tb	Dy	Ho	Er	Tm	Yb	Lu	Y
AXT2106－3	6.25	11.57	1.37	4.50	1.01	0.34	0.74	0.11	0.58	0.11	0.29	0.05	0.30	0.05	2.91
AP1XT21－1	34.76	67.21	8.02	26.68	4.37	0.82	2.94	0.41	1.84	0.34	0.90	0.14	0.90	0.14	8.77

表3-27 乌拉哈达丁独立单元微量元素分析结果 （$\times10^{-6}$）

样品号	Li	Be	Sc	Zr	Hf	Rb	Sr	Ba	Cu	Zn	W
ADY2106－3	9.3	1.5	3.0	106	2.9	56	368	598	2.1	23.3	0.5
AP1DY21－1	13.2	1.3	4.6	147	3.8	86	292	1 481	6.5	40.4	0.4
样品号	Sb	Bi	Te	Th	Co	Ni	Nb	Pb	B	Ga	Ta
ADY2106－3	0.21	0.10	0.08	1.70	5.81	8.60	2.9	17.1	4.9	18.3	0.5
AP1DY21－1	0.24	0.17	0.08	14.2	5.92	8.76	6.9	28.9	2.8	17.2	0.5

4. 年代学研究

本次区调对阿拉恩木侵入体岩石进行了单矿物锆石U－Pb同位素地质年龄测定，获得385～380Ma的侵位年龄，因此乌拉哈达丁单元岩石应属中泥盆世的产物。

（三）早石炭世特里喝姿超单元

该超单元主要产于昆中断裂带两侧，出露面积约402.41km²，为测区之最。可分为乌拉斯太斑状二长花岗岩（$\pi\eta\gamma_{W}^{C1}$）单元和东达桑昂中粗粒钾长花岗岩（$\xi\gamma_{D}^{C1}$）单元，共有侵入体25个。

1. 地质特征

各侵入体受近东西向构造控制。岩体围岩为古—中元古代、早古生代地层及早期侵入体，该超单元与围岩呈侵入接触，或逆冲于早石炭世哈拉郭勒组之上，或被中生代地层沉积不整合覆盖。围岩热接触变质特征较明显。各单元均含少量的围岩岩石包体并平行于岩体边界。本超单元侵位深度中等，但根据围岩残留体出露推断属浅剥蚀程度。

2. 岩石学特征

乌拉斯太斑状二长花岗岩 岩石为肉红—灰红色，斑状结构，基质细粒结构，斑晶30%，成分主要为斜长石(10%～12%)、石英(15%～17%)、钾长石(1%～5%);基质 70%,主要由斜长石、钾长石、石英、黑云母组成。

东达桑昂中粗粒钾长花岗岩　岩石为肉红色,中粗粒花岗结构,块状构造,矿物成分主要为钾长石(49%～58%)呈半自形板状,条纹构造明显;石英(22%～29%)呈它形粒状,具破碎;斜长石(15%～18%)呈半自形柱状,聚片双晶较发育;黑云母(2%～5%)呈片状,具绿—黄色多色性。

从早到晚斜长石和暗色矿物含量递减,石英和钾长石含量递增,斜长石牌号逐渐递减,色率降低,岩石向富 Si、富碱方向演化。

3. 地球化学特征

1) 岩石化学特征

各单元岩石化学分析结果见表 3-28。不同单元岩石化学成分变化不大,反映其为同一岩浆演化的产物,SiO_2 含量较高,属酸性岩,$Al_2O_3>(K_2O+Na_2O+CaO)$,为铝过饱和岩石,$K_2O>Na_2O$,反映其为富钾类型。在 SiO_2-AR 图(图 3-26)中,两单元的投点主要落入碱性区,反映为碱性的酸性岩。岩石 DI 值较大,SI 值小,表明岩浆分异程度高。从早到晚岩石 SiO_2、K_2O 含量增高,其余氧化物含量降低,岩浆向富钾、富硅方向演化。

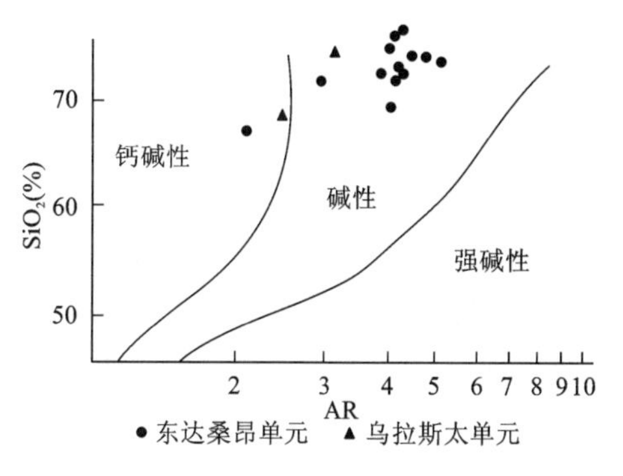

图 3-26　特里喝姿超单元 SiO_2-AR 图

表 3-28　特里喝姿超单元岩石化学分析结果　(%)

代号	样品号	SiO_2	TiO_2	Al_2O_3	Fe_2O_3	FeO	MnO	MgO	CaO	Na_2O	K_2O	P_2O_5	CO_2	H_2O^+	Σ
$\xi\gamma_D^{C1}$	$AP_6Gs24-1$	69.52	0.39	13.66	0.59	2.67	0.05	0.38	1.66	3.35	5.94	0.06	0.60	0.95	99.82
	AP_3Gs1-1	73.62	0.21	12.53	0.75	1.78	0.05	0.17	0.99	3.25	5.84	0.02	0.08	0.56	99.85
	AGs1887-1	71.84	0.32	14.43	0.15	1.97	0.03	0.55	1.65	3.30	4.48	0.08	0.08	0.88	99.76
	2A426-1	72.85	0.29	12.17	0.61	2.14	0.03	0.22	1.13	3.34	4.91	0.09	1.00	0.26	99.04
	2A315	74.05	0.20	13.11	0.77	1.50	0.04	0.36	0.34	3.81	5.04	0.06	0.78	0.25	100.31
	AGs2208-2	74.20	0.22	12.37	0.14	1.65	0.03	0.36	1.00	3.12	5.64	0.05	0.26	0.82	99.86
	AGs1264-1	76.41	0.16	11.73	0.08	1.45	0.03	0.24	0.84	2.72	5.04	0.03	0.37	0.76	99.86
	AGs2203-3	72.84	0.29	13.06	0.38	2.03	0.03	0.54	1.00	2.99	5.35	0.06	0.31	0.96	99.84
	AGs2212-1	75.94	0.13	12.15	0.92	0.70	0.01	0.17	0.88	2.73	5.21	0.02	0.35	0.66	99.87
	AGs2565-1	73.16	0.23	13.21	1.03	1.47	0.04	0.36	0.76	2.81	5.82	0.04	0.10	0.80	99.83
	AGs0813-1	72.08	0.39	13.37	0.73	2.08	0.04	0.45	0.79	2.66	5.99	0.07	0.13	1.02	99.80
	AGs1550-1	74.89	0.19	11.85	0.30	1.12	0.04	0.31	1.44	2.40	5.60	0.03	0.89	0.79	99.85
	AGs0324-1	74.27	0.27	12.39	0.37	1.90	0.03	0.40	0.62	2.61	5.66	0.05	0.31	0.94	99.82
	AGs1216-1	67.12	0.56	15.04	0.78	3.37	0.04	1.11	3.35	3.52	2.76	0.16	0.58	1.34	99.73
$\pi\eta\gamma_W^{C1}$	AP_3Gs6-1	74.25	0.14	13.51	0.32	1.22	0.03	0.34	1.51	3.85	3.82	0.06	0.06	0.68	99.79
	AGs2111-1	68.70	0.40	14.68	1.16	2.30	0.09	1.14	3.04	3.36	3.89	0.14	0.08	0.78	99.76

2) 稀土元素特征

该超单元稀土元素分析结果见表 3-29。稀土配分曲线见图 3-27。各单元稀土元素含量变化不大,早期单元稀土总量略低,在稀土配分曲线中位于下部,而晚期的东达桑昂单元稀土总量略高,位于配分曲线的上部。两单元整体稀土配分曲线类似,均为向右倾斜的轻稀土富集型,δEu 值低,具明显的 Eu

负异常，Sm/Nd 比值均小于 0.2，显示壳源型花岗岩的特点。

3）微量元素特征

各单元微量元素分析结果见表 3-30。不同侵入体，微量元素差别较小。与世界花岗岩类平均值相比较，总体富 Sc、Zr、Hf、Rb、W、Sb、Bi、Th、Pb，而贫 Li、Be、Sr、Cu、Zn、Co、Ni、Nb、B、Ga、Ta。从乌拉斯太单元至东达桑昂单元，Be、Zr、Hf、Rb、Cu、W、Bi、Th、Ni、Nb、Pb、B、Ga、Ta 含量逐渐递增，Li、Sc、Sr、Ba、Zn、Sb、Co 依次减少，Rb/Li、Rb/Sr 比值参数增大。

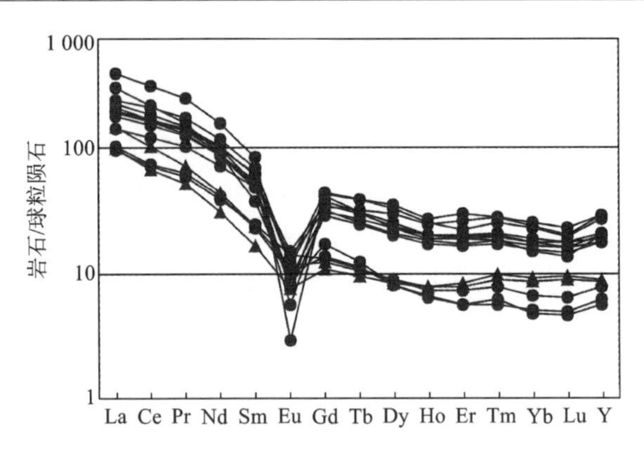

图 3-27　特里喝姿超单元稀土元素配分曲线图

● 东达桑昂单元　▲ 乌拉斯太单元

表 3-29　特里喝姿超单元稀土元素分析结果　　（$\times10^{-6}$）

代号	样品号	La	Ce	Pr	Nd	Sm	Eu	Gd	Tb	Dy	Ho	Er	Tm	Yb	Lu	Y
$\xi\gamma_{D}^{C1}$	AP6XT24－1	78.81	162.40	20.10	72.35	12.09	1.18	9.80	1.50	8.03	1.55	4.30	0.66	4.09	0.62	40.19
	AXT1887－1	38.25	71.12	8.71	29.66	5.37	0.89	4.14	0.65	3.10	0.55	1.39	0.22	1.20	0.18	12.88
	AP3XT1－1	145.90	299.90	34.38	114.20	19.57	0.26	12.83	1.80	8.97	1.71	4.82	0.73	4.45	0.69	42.56
	AXT2208－2	72.56	155.90	18.24	62.71	11.29	0.80	9.55	1.58	8.87	1.63	4.73	0.71	4.42	0.62	46.45
	AXT1264－1	52.90	118.60	14.31	52.57	11.46	0.49	10.66	1.85	11.30	2.13	6.49	0.99	6.30	0.87	64.53
	AXT1216－1	35.39	69.28	8.07	28.26	5.68	1.22	4.04	0.64	3.45	0.63	1.83	0.28	1.67	0.25	17.75
	AXT2203－3	74.07	164.40	18.99	65.28	11.56	0.67	8.78	1.45	7.63	1.45	4.22	0.62	3.91	0.56	39.94
	AXT2212－1	72.65	157.50	18.98	72.20	14.87	0.66	13.40	2.30	13.52	2.35	7.47	1.02	5.86	0.77	65.87
	AXT2565－1	89.33	204.40	24.16	85.97	16.38	1.08	13.60	2.27	12.71	2.20	5.55	0.92	5.67	0.76	61.07
	AXT0813－1	66.73	145.70	17.56	62.78	12.81	1.32	10.73	1.76	9.09	1.73	5.05	0.76	4.76	0.68	47.43
	AXT1550－1	113.80	210.20	22.12	66.01	8.86	0.72	5.27	0.71	3.09	0.57	1.41	0.20	1.26	0.19	14.09
	AXT0324－1	83.44	178.10	20.66	74.07	14.14	1.03	11.58	1.82	9.85	1.75	4.70	0.66	3.79	0.53	45.83
$\pi\eta\gamma_{W}^{C1}$	AP3XT6－1	37.15	66.00	7.10	22.35	3.80	0.67	3.32	0.56	3.19	0.66	1.97	0.32	2.16	0.34	19.28
	AXT2111－1	55.75	98.93	10.04	31.30	5.45	1.00	3.83	0.61	3.38	0.68	2.12	0.35	2.33	0.36	19.91

表 3-30　特里喝姿超单元微量元素分析结果　　（$\times10^{-6}$）

代号	样品号	Li	Be	Sc	Zr	Hf	Rb	Sr	Ba	Cu	Zn	W
$\xi\gamma_{D}^{C1}$	AP_3DY1－1	3.3	2.3	1.8	552	11.7	159	21	102	6.8	89.2	0.5
	ADY1887－1	26.7	2.1	2.9	167	4.5	103	336	982	5.7	48.0	0.4
	2A426－1	8.6	7.6	2.4	193	6.0	325	73	394	3.7	44.0	1.5
	2A315	7.2	9.7	3.1	223	6.0	222	54	287	2.9	38.0	2.9
	ADY2208－2	13.8	3.4	2.8	239	6.0	309	64	432	3.5	57.2	3.7
	ADY1264－1	10.3	5.3	2.0	223	6.1	360	46	244	3.0	66.6	2.1
	ADY2203－3	13.1	3.4	5.0	257	6.9	122	75	368	7.0	59.0	2.4
	ADY2212－1	4.3	3.9	1.6	236	7.2	252	34	228	13.8	32.0	2.1
	ADY2565－1	17.7	3.4	4.3	332	8.4	162	66	422	5.2	79.0	1.3
	ADY0813－1	10.3	2.8	5.0	454	9.5	261	91	727	4.5	83.1	1.6
	ADY1550－1	7.1	2.6	2.5	198	4.3	196	83	225	2.8	19.2	1.6
	ADY0324－1	10.0	2.5	3.9	323	7.1	241	84	561	3.9	73.6	1.0
	ADY1216－1	32.3	2.3	7.4	241	5.6	174	413	1 098	166.1	54.5	4.0
$\pi\eta\gamma_{W}^{C1}$	ADY2111－1	33.0	2.9	5.4	228	6.0	202	307	1 013	11.4	76.9	1.5

续表 3-30

代号	样品号	Sb	Bi	Te	Th	Co	Ni	Nb	Pb	B	Ga	Ta
$\xi\gamma_{D}^{C1}$	AP3DY1-1	0.19	0.10	0.07	28.0	3.35	8.76	20.80	35.6	2.5	21.4	0.88
	ADY1887-1	0.28	0.10	0.12	21.6	5.06	4.45	30.50	52.4	9.0	16.1	3.50
	2A426-1	0.37	0.15	0.02	30.0	6.05	10.90	24.00	46.5	3.5	18.5	0.77
	2A315	0.58	0.30	1.50	59.0	3.70	5.80	24.00	62.0	4.6	15.0	1.30
	ADY2208-2	0.20	0.10	0.08	49.8	4.25	5.33	0.99	36.5	6.2	22.0	0.99
	ADY1264-1	0.19	0.15	0.10	54.2	3.58	4.40	16.20	36.3	6.4	26.7	1.60
	ADY2203-3	0.26	0.22	0.11	31.0	3.14	4.23	12.00	34.5	2.0	14.8	1.20
	ADY2212-1	0.25	0.40	0.11	34.9	2.98	6.64	19.20	19.4	5.0	19.1	1.90
	ADY2565-1	0.25	0.19	0.09	34.2	1.82	3.29	19.30	31.9	2.0	18.4	1.40
	ADY0813-1	0.15	0.15	0.09	31.2	5.12	6.64	1.30	39.7	3.4	28.9	1.30
	ADY1550-1	0.14	0.10	0.08	50.0	3.45	5.86	0.50	45.0	4.7	13.9	0.50
	ADY0324-1	0.29	0.11	0.08	35.4	4.74	6.99	0.81	37.6	6.5	23.4	0.81
	ADY1216-1	0.68	0.10	0.09	10.8	10.41	9.90	13.20	19.0	5.4	20.7	0.50
$\pi\eta\gamma_{W}^{C1}$	ADY2111-1	0.50	0.10	0.11	33.3	8.83	6.19	12.40	34.6	4.5	15.7	1.00

4. 年代学研究

该超单元侵入最新地层为泥盆纪牦牛山组和中泥盆世乌拉哈达丁独立单元，并被早二叠世白木特单元闪长岩所超动，由此推测该超单元形成时代应晚于中泥盆世而早于早二叠世。本次区调又在特里喝姿、可可晒尔、土鲁英郭勒3个侵入体中采集到单矿物锆石U-Pb同位素测年组合样，年龄集中在351～325Ma之间，代表了侵入体成岩年龄。据此，我们将特里喝姿超单元形成时代归属为早石炭世是比较可靠的。

（四）晚石炭世海德郭勒超单元

该超单元零星出露于海德郭勒、波罗郭勒、木和德特等地，分布面积约37.13km^2。由布鲁吴斯特中细黑云花岗闪长岩（$\gamma\delta_{B}^{C2}$）单元和木和德特中细粒二长花岗岩（γ_{M}^{C2}）单元组成，有7个侵入体。

1. 地质特征

各侵入体受近东西向及北东-南西向断裂构造控制。侵入体均以岩株状产于古—中元古代及早古生代地层之中，被后期侵入体所超动。两单元由于受动力和热力构造事件的影响，岩石均不同程度地遭受了韧性变形。以上特征表明，该超单元属中浅剥蚀的中—深成岩相。

青海省地质调查院（1996）曾获Rb-Sr等时线（316.64±63.79）Ma年龄值，本报告予以采纳，将其形成时代确定为晚石炭世，仍沿用单元、超单元名称。

2. 岩石学特征

布鲁吴斯特中细粒黑云花岗闪长岩 岩石为灰—浅灰色，中细粒花岗结构，块状构造，矿物成分主要为斜长石（47%～57%）呈半自形—自形板状，环带构造常见，聚片双晶发育；石英（20%～25%）呈它形粒状，弱波状消光；钾长石（13%～17%）呈自形—半自形板状，条纹构造发育，具格子双晶，属微斜长石；黑云母（5%～8%）呈片状，具黄色—棕色多色性；角闪石（2%～4%）解理发育，具绿色—棕色多色性。

木和德特中细粒二长花岗岩 岩石为浅灰—灰红色，中细粒花岗结构，块状构造，矿物成分主要为斜长石(36%～37%)呈半自形板状，环带构造，聚片双晶发育，双晶纹细密；石英(23%～26%)呈它形粒状，弱波状消光；钾长石(32%～35%)呈半自形板状，格子双晶，条纹构造发育，属微斜长石；黑云母(3%～5%)呈板状，沿解理常见有绿泥石交代；角闪石(1%～2%)呈柱状，解理发育，为普通角闪石。

不同单元岩石的结构、构造、矿物特征相似，反映出岩浆的同源特点。从布鲁吴斯特单元到木和德特单元，岩石颜色变浅，色率降低，斜长石和暗色矿物含量减少，石英和钾长石含量增多，反映岩浆向富硅、富钾方向演化，岩性由花岗闪长岩变为二长花岗岩。

3. 地球化学特征

1) 岩石化学特征

各单元岩石化学分析结果见表 3-31。从早到晚岩石 SiO_2、Na_2O 含量增加，均属酸性岩，$Al_2O_3>(K_2O+Na_2O+CaO)$，为铝过饱和岩石类型，在 SiO_2-AR 图(图 3-28)中，早期布鲁吴斯特单元落入钙碱性区，而晚期木和德特单元则落在碱性区，反映岩浆从早到晚向富碱方向演化的特征。

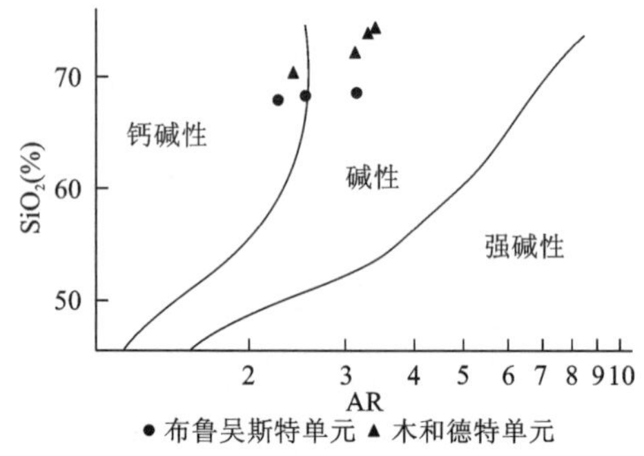

图 3-28 海德郭勒超单元 SiO_2-AR 图

表 3-31 海德郭勒超单元岩石化学分析结果 (%)

代号	样品号	SiO_2	TiO_2	Al_2O_3	Fe_2O_3	FeO	MnO	MgO	CaO	Na_2O	K_2O	P_2O_5	CO_2	H_2O^+	Σ
$\eta\gamma_{M}^{C2}$	AGs1381-1	74.35	0.16	13.43	0.09	1.82	0.05	0.34	1.14	3.63	4.09	0.05	0.08	0.56	99.79
	1A49	74.64	0.12	13.08	0.51	1.70	0.04	0.19	1.19	3.88	3.83	0.06	0.49	0.02	99.75
	1B320	70.56	0.32	14.83	0.35	1.86	0.04	1.35	2.30	4.05	2.90	0.11	1.04	0.06	99.77
	1AP39-1	72.86	0.13	13.64	0.83	1.74	0.06	0.38	1.55	4.20	3.60	0.07	0.34	0.01	99.41
$\gamma\delta_{B}^{C2}$	1B1527	69.01	0.36	14.19	0.69	2.22	0.02	1.85	2.26	4.03	2.85	0.10	1.64	—	99.22
	1614	68.32	0.56	14.22	0.86	2.78	0.10	1.33	3.59	3.59	3.24	0.15	0.72	0.01	99.47
	72	68.33	0.59	15.28	0.47	2.91	0.03	0.88	1.82	3.71	4.97	0.05	0.50	—	99.54

2) 稀土元素特征

各单元稀土元素分析结果见表 3-32，稀土配分曲线如图 3-29。早期稀土元素含量略高，稀土配分曲线位于上方，晚期稀土元素含量略低，配分曲线位于下方。稀土配分曲线相似，均为向右倾斜的轻稀土富集型，早期单元 Eu 负异常不明显，而晚期则具较明显的 Eu 负异常，反映为晚期有斜长石的分离结晶。

表 3-32 海德郭勒超单元稀土元素分析结果 ($\times10^{-6}$)

代号	样品号	La	Ce	Pr	Nd	Sm	Eu	Gd	Tb	Dy	Ho	Er	Tm	Yb	Lu	Y
$\eta\gamma_{M}^{C2}$	AXT1381-1	25.04	47.27	5.94	18.01	3.43	0.38	2.93	0.51	2.89	0.63	1.71	0.32	2.14	0.35	15.75
	1B320	33.00	44.00	9.20	25.00	4.36	0.84	3.30	0.40	2.40	0.92	1.35	0.68	1.10	0.30	13.00
	1AP39-1	30.00	46.00	5.70	22.00	4.00	0.57	2.85	0.20	2.80	0.68	1.60	0.82	2.10	0.30	19.50
$\gamma\delta_{B}^{C2}$	1B39	33.00	48.00	5.40	26.00	4.20	0.89	3.10	0.20	2.70	0.44	1.86	0.68	1.40	0.30	15.50

3) 微量元素特征

微量元素分析结果见表 3-33。各单元微量元素含量变化不大，与世界花岗岩平均值相比较，大部分元素平均含量趋于贫化，仅 Sc、Hf、Bi、Co、Ni、Pb、Ga 元素趋于富集。其中 Bi 元素大于维氏值 15 倍之多，富集程度较高。

表 3-33　海德郭勒超单元微量元素分析结果　($\times10^{-6}$)

代号	样品号	Li	Be	Sc	Zr	Hf	Rb	Sr	Ba	Cu	Zn	W
$\eta\gamma_{M}^{C2}$	ADY1381-1	29.2	1.7	2.2	102	3.3	133	105	1 000	4.0	31	0.50
	1A49	31.3	2.5	3.5	104	3.5	164	102	1 130	6.5	29	0.63
	1B320	16.9	1.5	4.2	173	5.0	137	458	477	4.7	33	1.87
	$1AP_3 9-1$	21.5	3.0	5.2	168	4.5	163	350	450	9.6	27	1.80
$\gamma\delta_{B}^{C2}$	1B1527	138.0	3.0	2.1	407	5.0	195	406	1 114	5.2	26	0.54
	$1AP_3 9-1$	21.5	3.0	5.2	168	4.5	163	350	450	9.6	27	1.80
	1614	18.2	3.0	3.4	200	6.1	137	450	400	6.3	25	2.40
	72	26.8	3.0	6.3	173	9.0	125	312	532	10.2	30	3.50
代号	样品号	Sb	Bi	Te	Th	Co	Ni	Nb	Pb	B	Ga	Ta
$\eta\gamma_{M}^{C2}$	ADY1381-1	0.45	0.10	0.13	13.5	1.9	2.78	8.9	31.5	3.0	20	0.74
	1A49	0.34	0.15	0.13	14.2	17.5	7.30	9.2	34.4	5.0	22	0.51
	1B320	0.18	0.22	0.20	18.0	7.7	17.50	11.0	30.0	2.5	21	0.32
	$1AP_3 9-1$	0.15	0.16	0.25	14.0	6.0	8.00	12.0	25.0	4.5	20	0.59
$\gamma\delta_{B}^{C2}$	1B1527	0.18	0.17	0.07	6.0	15.6	8.50	15.0	36.0	3.8	26	0.42
	$1AP_3 9-1$	0.15	0.16	0.25	14.0	6.0	8.00	12.0	25.0	4.5	20	0.50
	1614	0.18	0.20	0.34	17.5	10.0	10.00	14.5	10.0	3.1	20	0.40
	72	0.16	0.18	0.20	16.0	8.3	11.00	11.0	29.5	2.6	18	0.32

4. 构造环境

在花岗岩与构造环境 R_1-R_2 图(图 3-30)中,早期的布鲁吴斯特单元投点落在 2 区,为碰撞前构造环境,而晚期的木和德特单元投点则多落在 6 区,为同碰撞构造环境,反映了该超单元从早到晚,构造环境从稳定的碰撞前构造环境转变为活动的同碰撞构造环境。

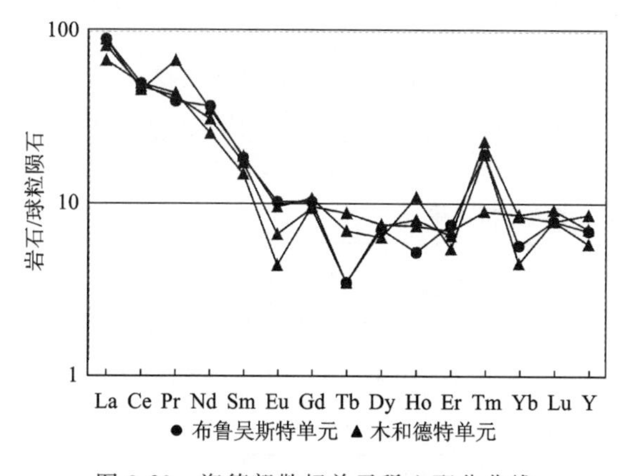

图 3-29　海德郭勒超单元稀土配分曲线

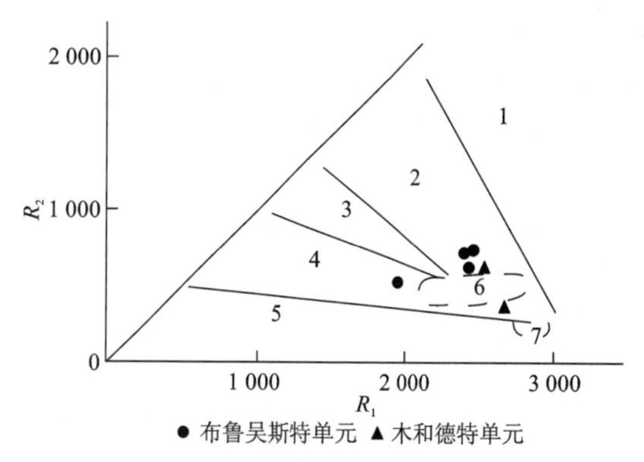

图 3-30　海德郭勒超单元 R_1-R_2 图

1. 地幔分异花岗岩;2. 碰撞前花岗岩;3. 碰撞后隆起花岗岩;4. 造山晚期—晚造山期花岗岩;5. 非造山期花岗岩;6. 同碰撞花岗岩;7. 造山后花岗岩

(五) 早二叠世布尔汗布达岩石组合

该类侵入体出露于东昆中构造混杂岩带内不同地段,另在东昆北、昆南构造混杂岩带中亦有零星分布,可分为白木特细粒闪长岩(δ_{B}^{P1})单元、桑根乌拉细粒黑云英云闪长岩($o\gamma_{S}^{P1}$)单元、波洛斯太中粒黑云花岗闪长岩($\gamma\delta_{B}^{P1}$)独立侵入体、埃肯肯得中细粒二长花岗岩($\eta\gamma_{A}^{P1}$)独立侵入体,总面积约 93.93km^2。

1. 地质特征

该侵入体均以岩株状产于古—中元古代、早古生代、早石炭世地层及早期侵入体中。各单元间均未见直接接触。根据不同单元中部分侵入体记录由围岩残留体推断布尔汗布达岩石组合为浅剥蚀的中浅成相。

2. 岩石学特征

白木特细粒闪长岩　岩石为灰—深灰色,细粒结构,块状构造,矿物成分主要为斜长石(55%～65%)呈宽板状,半自形—自形晶,聚片双晶发育;角闪石(21%～27%)呈自形柱状,棕—淡黄色多色性,解理完全;黑云母(5%～10%)呈片状,棕—淡黄色多色性明显,一组极完全解理;钾长石(2%～8%)呈它形,与斜长石接触部位见蠕英结构;石英(0～4%)呈它形粒状,表面干净。

桑根乌拉细粒黑云英云闪长岩　岩石为灰色,细粒花岗结构,块状构造,矿物成分主要为斜长石(55%～65%)呈自形短柱状、柱状,可见环带和净边;石英(20%～30%)呈它形粒状,波状消光;黑云母(9%～13%)呈片状,具破碎、弯曲;钾长石(1%～5%)呈它形填隙状,条纹构造发育。

波洛斯太中粒黑云花岗闪长岩独立侵入体　岩石为灰白色,中粒花岗结构,块状构造,矿物成分主要为斜长石(50%～55%)呈板状自形晶,聚片双晶发育,环带构造常见;石英(20%～22%)呈它形粒状;钾长石(10%～20%)呈它形粒状,条纹构造发育,格子双晶常见;黑云母(7%～14%)具棕—黄绿色多色性。

埃肯肯得中细粒二长花岗岩独立侵入体　岩石为灰绿色,中细粒花岗结构,块状构造,矿物成分主要为斜长石(28%～32%)呈半自形板柱状、短柱状,聚片双晶发育;钾长石(36%～40%)呈半自形板状,为微斜长石;石英(21%～26%)呈它形粒状,波状消光;黑云母(3%～6%)呈片状;角闪石(2%～4%)呈柱状,解理发育,为普通角闪石。

3. 地球化学特征

1) 岩石化学特征

将不同单元及独立侵入体的岩石化学分析结果列于表 3-34。从早到晚岩石化学成分变化范围宽,从中性—酸性。在 SiO_2-AR 图(图 3-31)中,不同单元或独立侵入体均投于钙碱性区,仅埃肯肯得独立侵入体投于碱性区,表明岩浆向富硅、富碱的方向演化。

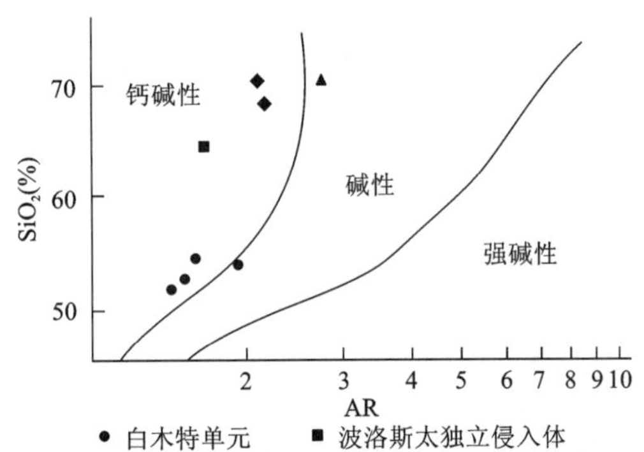

图 3-31　布尔汗布达岩石组合 SiO_2-AR 图

表 3-34　布尔汗布达岩石组合岩石化学分析结果　(%)

代号	样品号	SiO_2	TiO_2	Al_2O_3	Fe_2O_3	FeO	MnO	MgO	CaO	Na_2O	K_2O	P_2O_5	CO_2	H_2O^+	Σ
$\eta\gamma_{A}^{P1}$	AP_{19}Gs0-1	71.01	0.55	13.78	0.80	2.30	0.03	0.96	1.04	3.42	3.49	0.16	0.63	1.65	99.82
$\gamma\delta_{B}^{P1}$	AGs0435-1	64.52	0.57	16.34	0.80	3.97	0.09	1.77	4.49	2.31	2.44	0.15	0.16	1.18	98.79
$o\gamma_{S}^{P1}$	AGs2208-4	68.49	0.30	16.14	0.21	2.58	0.01	1.23	2.43	5.26	1.39	0.08	0.14	1.57	99.83
	AGs2215-2	69.96	0.33	14.45	0.29	2.22	0.03	1.20	2.59	4.24	1.69	0.08	1.17	1.58	99.83
δ_{B}^{P1}	AP_3Gs12-1	54.06	1.67	15.19	1.63	7.62	0.18	4.69	6.47	3.17	3.60	0.33	0.10	1.03	99.74
	AGs1203-2	54.79	1.36	16.89	3.10	5.58	0.17	3.11	7.28	3.29	2.05	0.41	0.19	1.53	99.75
	AGs2703-1	51.81	1.38	17.83	2.10	7.30	0.17	3.97	8.20	2.92	1.52	0.32	0.58	1.63	99.73
	AGs1919-1	52.86	1.79	17.68	0.19	5.83	0.12	4.05	8.34	2.92	2.18	0.69	0.23	2.80	99.68

2）稀土元素特征

该岩石组合稀土元素分析结果见表3-35。稀土配分曲线如图3-32。稀土总量变化较大，$\sum REE=(81.69\sim422.47)\times10^{-6}$，稀土配分形式相差不大，均为向右倾斜的轻稀土富集型，除英云闪长岩Eu负异常不太明显外，其他单元或独立侵入体均具较明显的Eu负异常，反映了斜长石不同程度的分离结晶。

3）微量元素特征

该岩石组合微量元素分析结果见表3-36。不同的单元或侵入体微量元素差异明显，埃肯肯得独立侵入体以贫Li、Sr、Ba、Cu、Zn、Te、Ta为特征，桑根乌拉单元Sc、Hf、Sr、W、Sb、Bi等元素含量趋于富集，波洛斯太独立侵入体低于维氏值的元素有Zr、Rb、Sr、Ba、Cu、Te、Th、B、Ta等，而白木特单元多数元素平均含量大于同类岩石丰度值的1～2倍，仅Sr、Zr、Cu、Te、Th、Nb、B、Ta元素低于维氏值。各单元或独立侵入体微量元素的变化可能与岩性的变化有关。

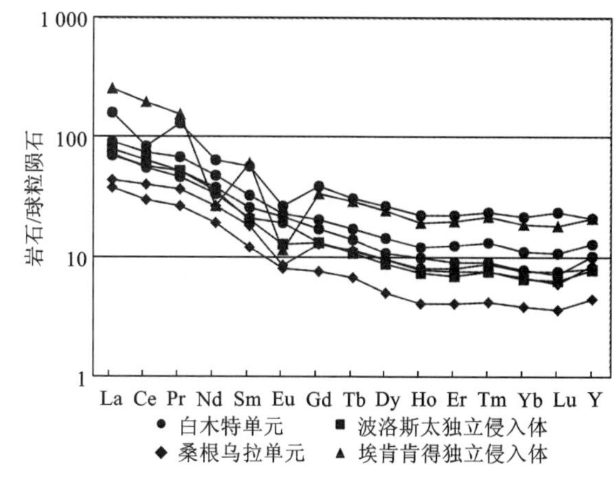

图3-32　布尔汗布达岩石组合稀土配分曲线图

表3-35　布尔汗布达岩石组合稀土元素分析结果　（$\times10^{-6}$）

代号	样品号	La	Ce	Pr	Nd	Sm	Eu	Gd	Tb	Dy	Ho	Er	Tm	Yb	Lu	Y
$\eta\gamma_A^{P1}$	$AP_{19}XT0-1$	96.30	188.10	21.40	19.00	14.20	1.00	10.47	1.70	9.28	1.68	4.94	0.77	4.66	0.70	48.27
$\gamma\delta_B^{P1}$	AXT0435－1	28.93	62.26	7.25	25.86	4.81	1.11	4.04	0.63	3.36	0.62	1.71	0.27	1.65	0.24	17.65
$o\gamma_S^{P1}$	AXT2208－4	13.92	29.12	3.66	14.04	2.80	0.70	2.34	0.39	1.92	0.35	1.01	0.15	0.96	0.14	10.19
	AXT2215－2	16.07	38.74	5.06	18.89	4.30	0.74	3.99	0.67	3.69	0.66	1.92	0.27	1.70	0.23	19.38
δ_B^{P1}	$AP_3XT12-1$	59.84	82.20	18.06	46.76	13.51	2.35	12.23	1.80	10.17	1.94	5.54	0.84	5.44	0.91	48.54
	AXT1203－2	34.07	71.93	9.44	34.51	7.61	2.01	6.24	0.99	5.50	1.05	3.14	0.47	2.78	0.41	29.27
	AXT2703－1	26.45	52.92	6.48	24.36	4.91	1.67	4.12	0.64	3.66	0.68	2.02	0.31	1.91	0.29	18.07
	AXT1919－1	25.92	54.50	7.25	27.42	6.03	1.92	5.22	0.82	4.15	0.84	2.26	0.32	1.95	0.27	22.91

表3-36　布尔汗布达岩石组合微量元素分析结果　（$\times10^{-6}$）

代号	样品号	Li	Be	Sc	Zr	Hf	Rb	Sr	Ba	Cu	Zn	W
$\eta\gamma_A^{P1}$	$AP_{19}DY0-1$	17.0	6.4	11.2	336	8.8	228	117	364	4.4	79.4	1.5
$\gamma\delta^{P1}$	ADY0435－1	43.1	2.3	7.4	158	3.8	114	289	608	8.7	84.5	107.6
$o\gamma_S^{P1}$	ADY2208－4	20.9	1.2	4.3	121	3.3	88	451	209	8.0	43.0	3.6
	ADY2215－2	45.9	1.9	5.0	125	3.5	105	376	238	15.5	43.0	1.6
δ_B^{P1}	ADY1919－1	33.0	2.3	9.8	77	2.2	113	832	1 134	16.3	112.6	1.2
	ADY2703－1	18.0	1.5	21.8	185	4.2	54	546	888	13.0	128.5	0.9
	ADY1203－2	13.6	1.6	22.4	212	4.8	72	441	782	18.3	121.5	0.9

代号	样品号	Sb	Bi	Te	Th	Co	Ni	Nb	Pb	B	Ga	Ta
$\eta\gamma_A^{P1}$	$AP_{19}DY0-1$	0.24	0.26	0.09	77.7	9.00	9.00	36.2	26.5	5.1	21.8	3.3
$\gamma\delta_B^{P1}$	ADY0435－1	1.00	0.34	0.07	15.0	13.30	10.36	11.8	48.2	5.0	20.2	1.8
$o\gamma_S^{P1}$	ADY2208－4	0.57	0.10	0.11	4.2	4.53	5.30	3.1	12.3	4.0	15.2	0.5
	ADY2215－2	0.34	0.23	0.12	7.5	5.16	7.10	5.1	13.2	2.0	15.8	0.5
δ_B^{P1}	ADY1919－1	0.19	0.10	0.01	5.6	21.46	24.01	0.8	25.1	32.8	24.7	0.8
	ADY2703－1	0.21	0.10	0.10	4.2	28.27	12.78	8.0	31.4	4.3	23.1	0.5
	ADY1203－2	0.21	0.10	0.07	8.8	23.02	12.57	10.9	26.5	3.4	17.5	0.6

4. 年代学研究

3件单矿物锆石U-Pb同位素测年样分别取自埃肯青得独立侵入体、波洛斯太独立侵入体及白木特单元岩石中，获得一致性年龄值289～280Ma，为早二叠世的产物。

三、印支期侵入岩

该期侵入岩零星分布于各构造混杂岩带内，总面积约268.16km²，占测区花岗岩类出露面积的15.3%。可分为早、中、晚3个侵入阶段。

（一）早三叠世波罗郭勒超单元

该超单元出露于图幅西北角下石头坑德—布鲁吴斯特一带，共有5个侵入体，岩体的延长方向与区域构造线方向一致，面积约79.48km²。根据岩石组合类型及结构特征划分高西里中细粒（不等粒）黑云二长花岗岩（$\eta\gamma_{G}^{T1}$）单元和下石头坑德中细粒钾长花岗岩（$\xi\gamma_{X}^{T1}$）单元。

1. 地质特征

波罗郭勒超单元在空间上密切共生，下石头坑德和布鲁吴斯特两个单元分别向北延入邻幅，前者在区内出露面积最大，后者主体在北邻诺木洪幅。与古—中元古代、早古生代地层及早期侵入体呈侵入接触。超单元内部下石头坑德单元与高西里单元呈涌动关系。

青海省地质调查院(1996)在该超单元内获Rb-Sr等时线年龄250～242Ma，且该超单元被晚三叠世八宝山组沉积不整合覆盖，故将其形成时代归属为早三叠世。

2. 岩石学特征

高西里中细粒黑云二长花岗岩　岩石为浅灰—灰红色，中细粒不等粒花岗结构，块状构造，矿物成分主要为斜长石(29%～34%)呈半自形柱状，具环带构造，聚片双晶发育；钾长石(38%～41%)呈它形粒状，格子双晶发育，为微斜长石；石英(23%～26%)呈它形粒状，常见波状消光和裂纹；黑云母(2%～4%)棕黑—浅黄色多色性。

下石头坑德中细粒钾长花岗岩　岩石为肉红色，中细粒花岗结构，块状构造，矿物成分主要为钾长石(45%～55%)呈它形粒状，具格子双晶和卡氏双晶；石英(29%～33%)呈它形粒状，波状消光；斜长石(13%～20%)呈半自形短柱状，聚片双晶发育，环带构造可见；黑云母(1%～3%)呈片状，多已绿泥石化。

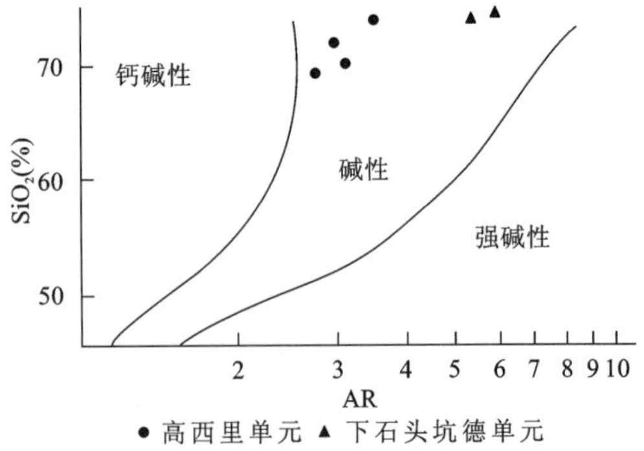

图3-33　波罗郭勒超单元SiO_2-AR图

3. 地球化学特征

1）岩石化学特征

两单元岩石化学分析结果见表3-37。超单元中不同侵入体化学成分差异不明显，反映为同一岩浆演化的产物，SiO_2含量高，$K_2O>Na_2O$，为富钾的酸性岩，里特曼指数低，碱度率高，均投影于SiO_2-AR图碱性区(图3-33)。

表 3-37　波罗郭勒超单元岩石化学分析结果　(%)

代号	样品号	SiO_2	TiO_2	Al_2O_3	Fe_2O_3	FeO	MnO	MgO	CaO	Na_2O	K_2O	P_2O_5	CO_2	H_2O^+	Σ
$\xi\gamma_X^{T1}$	1A141	75.47	0.09	11.84	0.60	0.85	0.01	0.01	0.66	3.21	5.71	0.02	0.28	0.08	98.83
	AGs1916 - 2	75.60	0.09	12.27	0.02	0.83	0.02	0.26	0.79	3.82	5.16	0.02	0.21	0.68	99.77
$\eta\gamma_G^{T1}$	AGs1923 - 1	75.31	0.12	12.95	0.21	1.32	0.04	0.26	1.04	3.61	4.17	0.03	0.08	0.65	99.79
	AGs1924 - 1	72.75	0.24	13.52	0.43	1.97	0.06	0.52	1.69	3.48	4.05	0.06	0.08	0.92	99.77
	AGs0634 - 1	69.62	0.32	14.47	0.75	2.62	0.08	0.6	2.06	3.83	3.92	0.07	0.21	1.21	99.76
	1B248	70.76	0.30	14.55	0.59	2.36	0.10	0.6	2.15	4.2	4.40	0.07	0.44	0.01	100.53

2）稀土元素特征

波罗郭勒超单元稀土元素分析结果见表 3-38，其稀土配分曲线见图 3-34。从表和图中可以看出，早期的高西里单元稀土总量略高，下石头坑德单元稀土总量略低，轻稀土富集，稀土配分曲线均为向右倾斜的轻稀土富集型，Eu 负异常明显。为地壳部分熔融的产物。

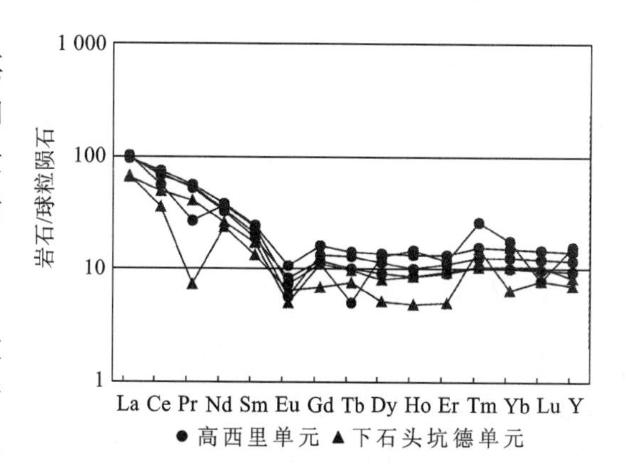

图 3-34　波罗郭勒超单元稀土配分曲线图

3）微量元素特征

各单元微量元素分析结果见表 3-39。不同单元微量元素特征相近，说明该超单元是同一岩浆演化的产物。与世界同类花岗岩平均值相比，总体富 Sc、Hf、Ba、Bi、Th、Pb，贫 Li、Be、Zr、Rb、Sr、Cu、Zn、W、Sb、Te、Co、Ni、Nb、B、Ga、Ta。从早到晚 Sc、Hf、Rb、W、Te、Nb、B 略有增加，Rb/Li、Rb/Sr 比值参数由小变大。

表 3-38　波罗郭勒超单元稀土元素分析结果　($\times10^{-6}$)

代号	样品号	La	Ce	Pr	Nd	Sm	Eu	Gd	Tb	Dy	Ho	Er	Tm	Yb	Lu	Y
$\xi\gamma_X^{T1}$	AXT1916 - 2	23.86	46.83	5.54	18.32	3.98	0.44	3.40	0.57	3.13	0.73	2.34	0.37	2.61	0.40	18.79
	1A48 - 3	25.00	34.00	1.00	17.00	3.10	0.56	2.10	0.44	1.95	0.42	1.25	0.54	1.60	0.30	16.00
$\eta\gamma_G^{T1}$	1B246 - 1	38.00	54.00	3.70	26.50	5.50	0.65	3.40	0.29	5.00	1.25	2.95	0.94	4.40	0.30	36.00
	AXT1923 - 1	36.12	64.77	7.41	23.73	4.82	0.49	4.17	0.76	4.34	0.87	2.77	0.45	3.11	0.46	26.23
	AXT1924 - 1	36.11	67.69	7.15	23.41	4.44	0.73	3.57	0.58	3.50	0.73	2.27	0.37	2.49	0.37	21.49
	AXT0634 - 1	35.05	70.64	7.76	27.02	5.63	0.93	4.91	0.83	5.21	1.16	3.38	0.56	3.77	0.57	32.14

表 3-39　波罗郭勒超单元微量元素分析结果　($\times10^{-6}$)

代号	样品号	Li	Be	Sc	Zr	Hf	Rb	Sr	Ba	Cu	Zn	W
$\xi\gamma_X^{T1}$	ADY1916 - 2	4.5	0.8	2.3	79	2.4	123	65	1 045	2.2	16.6	0.4
	1A141	12.2	2.7	6.8	118	14	157	166	518	3.9	29.0	3.5
$\eta\gamma_G^{T1}$	1B248	17.0	1.8	3.2	77	6.0	141	175	370	5.3	43.0	0.6
	ADY1923 - 1	24.2	2.6	3.5	132	3.7	165	173	1 118	3.0	42.0	0.4
	ADY1924 - 1	11.5	2.0	3.4	195	4.6	162	132	968	4.5	51.7	0.8
	ADY0634 - 1	16.8	2.6	5.1	284	6.3	182	157	1 115	5.7	56.4	1.6

续表 3-39

代号	样品号	Sb	Bi	Te	Th	Co	Ni	Nb	Pb	B	Ga	Ta
$\xi\gamma_{X}^{T1}$	ADY1916-2	0.12	0.10	0.10	14.9	2.32	3.95	0.50	25.5	4.2	12.5	0.50
	1A141	0.24	0.10	0.20	20.0	6.90	5.30	12.00	26.0	5.1	16.0	0.82
$\eta\gamma_{G}^{T1}$	1B248	0.20	0.10	0.10	22.5	4.40	3.70	14.50	49.0	1.6	15.5	0.63
	ADY1923-1	0.16	0.10	0.10	19.8	3.24	4.17	0.64	22.4	1.8	18.9	0.64
	ADY1924-1	0.09	0.12	0.10	17.7	4.84	4.42	0.78	25.0	2.4	16.2	0.78
	ADY0634-1	0.40	0.12	0.08	18.3	6.33	9.36	1.00	36.4	3.0	17.9	1.00

4. 构造环境

在花岗岩与构造环境 R_1-R_2 图(图 3-35)中,该超单元的投点大部分落在 6 区及附近,反映其形成的构造环境多为同碰撞构造环境,不同的单元形成的构造环境相差不大。

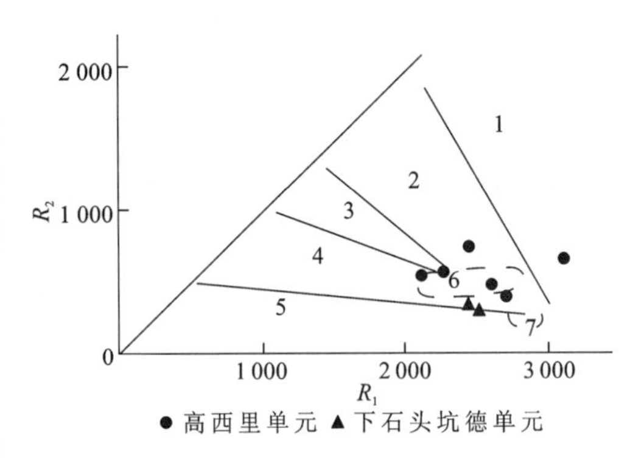

图 3-35　波罗郭勒超单元 R_1-R_2 图

1. 地幔分异花岗岩;2. 碰撞前花岗岩;3. 碰撞后隆起花岗岩;4. 造山晚期—晚造山期花岗岩;5. 非造山期花岗岩;6. 同碰撞花岗岩;7. 造山后花岗岩

(二) 中三叠世中酸性侵入岩

中三叠世侵入岩主要出露于东昆南构造混杂岩带内和巴颜喀拉浊积盆地之中,共有 24 个侵入体。该阶段岩浆活动形成两个不同的超单元。

北区——八宝超单元

该超单元集中分布在德特郭勒—土鲁英郭勒一带,根据岩石组合类型划分为牙马托多楼尕(δo_{Y}^{T2})、德特郭勒($o\gamma_{D}^{T2}$)、八宝山($\gamma\delta_{B}^{T2}$)、土鲁英郭勒($\eta\gamma_{T}^{T2}$)及埃坑德勒斯特浆混(Mm_{A}^{T2})5 个单元,共圈出 16 个侵入体,面积约 60.39km²。

1. 地质特征

各单元在空间分布上密切共生。超单元内部相对较早的 4 个单元之间为脉动侵入接触,埃坑德勒斯特单元分别与八宝山单元和土鲁英郭勒单元呈浆动关系,出现数十米宽的浆动混合带。各深浅岩体均遭受轻微韧性变形,发育糜棱面理,各方面特征表明该超单元侵位深度较深,剥蚀程度较浅。

2. 岩石学特征

牙马托多楼尕中细粒石英闪长岩　岩石为深灰色,中细粒结构,块状构造,矿物成分主要为斜长石(67%～73%)呈半自形短柱状,略显环带构造;角闪石(10%～18%)呈半自形长柱状,绿—黄绿色多色性,为普通角闪石;石英(10%～12%)呈它形粒状,具弱波状消光和裂纹;黑云母(1%～2%)呈鳞片状,几乎全绿泥石化。

埃坑德勒斯特中细粒英云闪长岩　岩石为灰—深灰色,中细粒结构,块状构造,矿物成分主要为斜长石(57%～62%)呈半自形厚板状,聚片双晶可见;石英(20%～25%)呈它形粒状;角闪石(4%～18%)呈半自形柱状,具多色性;钾长石(1%～4%)呈半自形—它形粒状,具格子双晶。

八宝山中细粒花岗闪长岩　岩石为灰白色,中细粒花岗结构,块状构造,矿物成分主要为斜长石(48%～55%)呈半自形短柱状,可见聚片双晶;石英(20%～27%)呈它形粒状,波状消光;钾长石(13%～15%)呈半自形板状,具卡氏双晶、格子双晶及条纹;角闪石(3%～9%)呈长柱状,绿—黄绿色多色性,为普通角闪石;黑云母(3%～5%)褐色,全绿泥石化。

土鲁英郭勒中细粒二长花岗岩　岩石为浅灰红色,中细粒花岗及文象结构,块状构造,矿物成分主要为斜长石(36%～42%)呈半自形厚板状;钾长石(25%～29%)呈半自形短柱状,为微斜长石;石英

(25%～30%)呈它形粒状;黑云母(3%～6%)呈片状,具褐—浅黄色多色性,常绿泥石化。

3. 地球化学特征

1) 岩石化学特征

各单元岩石化学分析结果见表3-40。在SiO_2-AR图(图3-36)中,牙马托多楼尕单元均落在钙碱性区,德特郭勒和八宝山单元大部分投点落在钙碱性区,少数落在碱性区,而土鲁英郭勒单元投点则均落在碱性岩区,反映岩浆向富硅、富碱的方向演化。

2) 稀土元素特征

稀土元素分析结果见表3-41,稀土配分曲线见图3-37。从表和图中可以看出,稀土配分曲线呈锯齿状,但总体为向右倾斜的轻稀土富集型,具有中等程度的Eu负异常。从早到晚Eu负异常逐渐明显,从稀土特征上看,该超单元为同源岩浆演化的产物。

表3-40　八宝超单元岩石化学分析结果　(%)

代号	样品号	SiO_2	TiO_2	Al_2O_3	Fe_2O_3	FeO	MnO	MgO	CaO	Na_2O	K_2O	P_2O_5	CO_2	H_2O^+	Σ
$\eta\gamma_T^{T2}$	P410-2	70.29	0.48	14.20	0.95	1.95	0.08	0.95	2.06	4.75	2.88	0.12	1.18	—	99.89
	1604	71.94	0.23	13.84	0.82	1.26	0.04	0.56	1.80	3.92	4.16	0.07	0.92	—	99.56
	2AP330-1	71.80	0.39	13.80	1.09	1.61	0.04	0.72	1.39	4.62	3.20	0.08	0.42	0.02	99.18
$\gamma\delta_B^{T2}$	P46-1	69.87	0.47	14.61	1.24	1.99	0.05	1.11	3.82	4.82	0.68	0.13	1.46	—	100.25
	1B206-6	68.86	0.52	14.43	0.01	2.54	0.06	0.94	1.87	4.9	2.79	0.09	1.96	0.32	99.29
	1B208	68.74	0.49	14.61	0.73	2.74	0.09	1.09	2.18	4.57	2.60	0.09	1.76	0.18	99.87
	2AP27-1	71.84	0.39	14.51	1.21	1.92	0.05	0.92	2.93	5.04	0.43	0.08	0.80	0.17	100.29
$o\gamma_D^{T2}$	P42-2	69.99	0.47	13.75	1.07	2.61	0.10	0.76	1.80	5.10	2.2	0.13	1.28	—	99.26
	P44-1	68.78	0.53	14.45	1.77	2.25	0.09	1.33	2.51	4.36	2.47	0.13	1.64	—	100.31
δo_Y^{T2}	2AP322-1	60.35	0.88	15.80	2.52	3.94	0.26	2.79	4.77	4.12	1.72	0.25	2.26	0.24	99.90
	A0338-1	60.89	0.73	15.83	1.25	4.00	0.11	2.30	3.46	3.36	3.32	0.16	1.88	2.49	99.78

表3-41　八宝超单元稀土元素分析结果　($\times10^{-6}$)

代号	样品号	La	Ce	Pr	Nd	Sm	Eu	Gd	Tb	Dy	Ho	Er	Tm	Yb	Lu	Y
$\eta\gamma_T^{T2}$	2AP330-1	39.00	57.00	2.70	25.00	4.50	0.80	5.40	0.20	3.30	0.20	1.80	0.40	2.60	0.30	27.0
$\gamma\delta_B^{T2}$	1BP21-1	22.00	34.00	1.00	19.00	3.16	0.67	2.75	0.20	3.10	0.30	1.75	0.20	2.40	0.30	24.0
	2AP27-1	29.00	38.00	5.10	23.00	4.60	0.82	3.40	0.92	3.40	0.46	2.00	0.46	2.55	0.30	25.0
δo_Y^{T2}	2AP322-1	31.00	53.00	2.50	28.50	5.80	1.32	4.70	0.21	4.70	0.52	2.50	0.50	3.10	0.30	32.0
	A0338-1	28.42	55.76	6.83	24.85	5.32	1.14	4.74	0.78	4.63	0.91	2.76	0.43	2.73	0.40	26.8

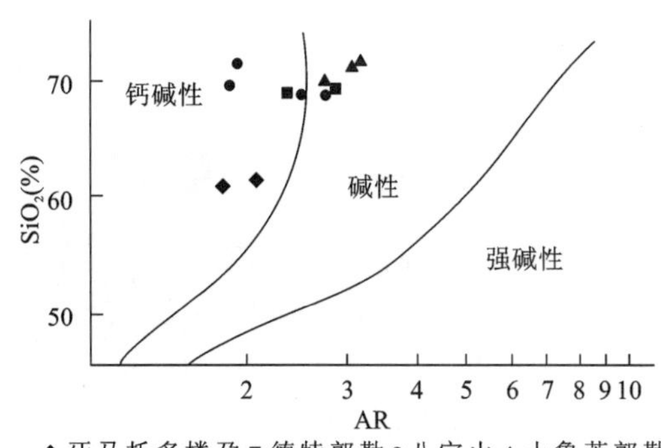

图3-36　八宝超单元SiO_2-AR图

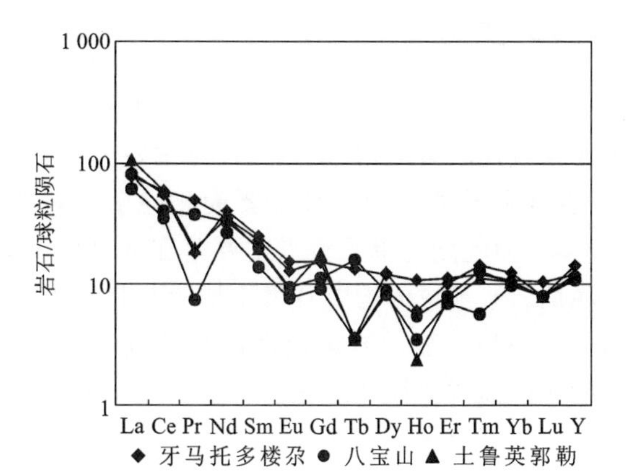

图3-37　八宝超单元稀土配分曲线图

3）微量元素特征

八宝超单元微量元素分析结果见表 3-42。各单元微量元素变化不大，总体富 Sc、Hf、Zn、W、Bi、Co。由牙马托多楼尕→德特郭勒→八宝山→土鲁英郭勒单元，Sc、Ba、Co 元素含量逐渐降低，Be、Sr、Sb、Te、Nb 等元素含量有序度逐渐增大，Rb/Li、Rb/Sr 比值总体呈递减趋势。

表 3-42　八宝超单元微量元素分析结果　（$\times10^{-6}$）

代号	样品号	Li	Be	Sc	Zr	Hf	Rb	Sr	Ba	Cu	Zn	W
$\eta\gamma_{T}^{T2}$	P410－2	10.2	4.20	4.5	115	5.3	111	278	256	8.9	20	0.90
	1604	5.2	5.09	3.7	144	6.0	237	170	467	7.6	13	230.00
	2AP330－1	4.6	2.23	4.2	109	6.0	108	235	225	10.2	18	1.10
$\gamma\delta_{B}^{T2}$	P46－1	20.3	4.00	6.5	300	8.6	385	400	300	15.4	100	1.06
	1B206－6	19.2	3.00	4.2	300	5.9	402	500	150	17.6	90	0.92
	1B208	12.1	2.80	4.5	227.5	6.0	344	327	384	14.6	57	1.30
	2AP27－1	25.8	2.80	5.1	253	6.0	311	443	226	19.3	20	0.83
$o\gamma_{D}^{T2}$	P42－2	27.5	2.10	6.5	131	4.1	75	390	310	12.5	51	2.80
	P44－1	6.4	2.10	4.2	187	5.0	43	422	533	10.1	69	3.10
δo_{Y}^{T2}	2AP322－1	6.4	2.10	13.5	187	5.0	43	422	533	10.3	69	1.00
	ADY0338－1	33.0	1.60	14.9	214	5.1	154	256	819	11.5	81	1.40

代号	样品号	Sb	Bi	Te	Th	Co	Ni	Nb	Pb	B	Ga	Ta
$\eta\gamma_{T}^{T2}$	P410－2	0.22	0.10	0.06	12	4.1	6.3	15	42.5	3.1	16.3	0.75
	1604	0.23	0.14	0.12	26.5	4.3	6.1	18.0	53.4	2.4	16.3	0.45
	2AP330－1	0.26	0.10	1.20	13.0	6.5	3.8	13.0	51.6	2.6	14.5	0.74
$\gamma\delta_{B}^{T2}$	P46－1	0.20	0.10	2.30	55.2	10	10.0	8.5	15.0	4.3	25.0	1.51
	1B206－6	0.18	0.24	1.60	45.8	10	10.0	10.3	15.0	3.6	25.0	0.58
	1B208	0.33	0.10	1.80	49.0	6.1	7.0	11.0	23.9	2.8	13.5	1.62
	2AP27－1	0.34	0.10	2.50	59.0	5.2	6.1	12.0	7.8	5.1	12.5	0.62
$o\gamma^{T2}$	P42－2	0.26	0.20	0.21	6.0	10.9	7.5	7.0	12.5	3.0	17.0	0.30
	P44－1	0.18	0.10	0.15	4.0	12.2	8.1	9.0	14.0	2.5	19.0	0.40
δo_{Y}^{T2}	2AP322－1	0.18	0.10	0.21	4.0	12.2	8.1	9.0	14.0	5.6	19.0	0.76
	ADY0338－1	0.19	0.10	0.07	11.8	15.2	9.6	0.5	27.9	5.4	18.7	0.50

4. 构造环境

在花岗岩与构造环境 R_1-R_2 图（图 3-38）中，八宝超单元投点比较分散，早期单元投点主要位于 2 区和 3 区，反映其形成的构造环境主要为碰撞前或碰撞后隆起的环境，而晚期的单元投点主要落在 6 区及其附近，表明晚期岩浆形成的构造环境主要为与挤压有关的同碰撞构造环境。显示岩浆活动由早到晚，构造环境由稳定的碰撞前构造环境演化为与挤压碰撞有关的造山环境。

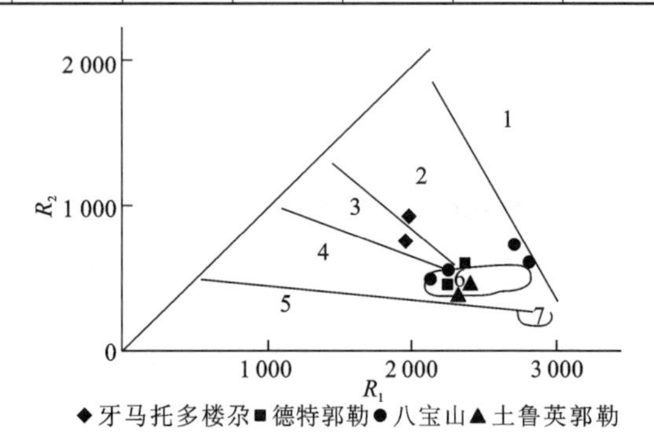

图 3-38　八宝超单元 R_1-R_2 图

1. 地幔分异花岗岩；2. 碰撞前花岗岩；3. 碰撞后隆起花岗岩；4. 造山晚期—晚造山期花岗岩；5. 非造山期花岗岩；6. 同碰撞花岗岩；7. 造山后花岗岩

5. 年代学研究

该超单元侵入的最新地层为早中三叠世洪水川组，其上被晚三叠世八宝山组不整合覆盖，故侵位时代当属中三叠世。对八宝山单元岩石进行了单矿物锆石 U－Pb 同位素地质年龄测试，获得的年龄值在245～233Ma 之间，反映岩体的侵位时代为中三叠世早期。据此，我们将本超单元的就位时代归属为中三叠世早期较为合理。

南区——喜马尕压超单元

该超单元由 8 个侵入体组成，分布在巴颜喀拉浊积盆地，面积约 29.67km²。可分浪卡日埃(δo_{L}^{T2})单元、喜马尕压陇巴($\eta\delta o_{X}^{T2}$)单元和琼走($\gamma\delta_{Q}^{T2}$)单元。

1. 地质特征

各单元侵入体受近东西向构造控制。其中喜马尕压复式岩体保存较完整，由外往内从中性→中酸性。侵位于二叠纪马尔争组和三叠纪巴颜喀拉山群中。超单元内部喜马尕压陇巴单元与浪卡日埃单元、琼走单元与喜马尕压陇巴单元均呈脉动型侵入接触，各单元中均含少量的深源暗色包体，琼走单元尚见有规模较大的围岩残留体，由此推断该超单元为浅剥蚀的中深成岩相。

2. 岩石学特征

浪卡日埃黑云石英闪长岩 岩石为灰色，细粒结构，块状构造，矿物成分主要为斜长石(50%～60%)呈板状自形晶，聚片双晶发育，环带构造可见；黑云母(10%～20%)呈片状，一组极完全解理；角闪石(8%～25%)呈柱状自形晶，两组完全解理；石英(10%)呈它形粒状。

喜马尕压陇巴石英二长闪长岩 岩石为浅灰色，细粒结构，块状构造，矿物成分主要为斜长石(35%～62%)呈板状自形晶，聚片双晶及环带构造发育；钾长石(16%～25%)呈它形，常由多个颗粒聚集在一起形成较大的颗粒；角闪石(8%～27%)呈长柱状，绿—黄绿色多色性，可见简单双晶；石英(7%～10%)呈它形粒状；黑云母(2%～6%)呈片状，褐—棕色多色性。

琼走黑云花岗闪长岩 岩石为灰白色，细粒花岗结构，块状构造，矿物成分主要为斜长石(45%～64%)呈板状自形晶，环带明显，聚片双晶发育；石英(20%～25%)呈它形粒状；钾长石(10%～18%)呈它形粒状，具格子双晶，条纹构造可见；黑云母(5%～10%)呈片状，棕红—黄绿色多色性；角闪石(2%～5%)呈柱状，具深绿—黄绿色多色性，闪石式解理。

3. 地球化学特征

1) 岩石化学特征

各单元岩石化学分析结果见表 3-43。从早到晚岩石的 SiO_2含量增加，alk 的含量增加，FeO、MgO 含量降低，岩浆向富硅、富碱方向演化，由早期的中性岩演化到晚期的酸性岩。($CaO+K_2O+Na_2O$)>(K_2O+Na_2O)，属正常型岩石化学类型，$Na_2O>K_2O$，里特曼指数小于 3.3，在 SiO_2－AR 图(图 3-39)中，所有样品均落在钙碱性区。

2) 稀土元素特征

各单元稀土元素分析结果见表 3-44，稀土配分曲线见图 3-40。从表和图中可以看出，不同单元稀土元素差别较大，其中喜马尕压陇巴单元轻稀土含量较低，浪卡日埃单元稀土总体较高，而琼走单元两个样品稀土元素则差别较大，两者好像具有互补关系，一个有明显 Eu 负异常，另一个则为 Eu 正异常。稀土配分曲线均为向右倾的轻稀土富集型。Sm/Nd 比值变化于 0.17～0.22 之间，显示壳源型花岗岩的特点。

表 3-43　喜马尕压超单元岩石化学分析结果　（%）

代号	样品号	SiO_2	TiO_2	Al_2O_3	Fe_2O_3	FeO	MnO	MgO	CaO	Na_2O	K_2O	P_2O_5	CO_2	H_2O^+	Σ
$\gamma\delta_Q^{T2}$	AGs0705－1	65.11	0.37	18.03	0.20	1.78	0.04	1.06	4.71	4.41	2.89	0.18	0.37	0.70	99.85
	A2143－1	65.25	0.47	15.46	0.64	3.58	0.08	2.09	4.00	2.85	3.83	0.19	0.12	1.17	99.73
	8Gs689－3	65.87	0.57	16.12	0.23	2.90	0.04	1.75	4.18	3.11	3.47	0.28	0.14	1.12	99.78
$\eta\delta o_X^{T2}$	Ags0694－4	56.52	0.48	15.78	1.45	5.80	0.17	4.00	7.63	3.85	1.03	0.11	1.33	1.65	99.80
	$7P_{15}Gs6$－7	58.76	0.59	16.20	1.61	5.02	0.12	3.53	6.39	3.28	2.83	1.02	0.45	0.26	100.06
	7Gs1219－2	62.55	0.50	15.85	1.29	3.95	0.05	3.09	5.21	3.30	3.16	0.90	0.12	0.21	100.18
δo_L^{T2}	$7P_{15}Gs6$－11	58.29	0.60	16.32	1.13	5.52	0.10	3.69	6.15	3.28	2.70	1.28	0.42	0.25	99.73
	Ags0696－1	55.94	0.83	16.43	1.62	5.93	0.15	4.30	7.99	2.80	1.95	0.30	0.08	1.41	99.73
	7G1217－2	56.47	0.65	16.59	1.79	5.48	0.15	4.15	8.04	3.26	1.89	1.22	0.12	0.32	100.13

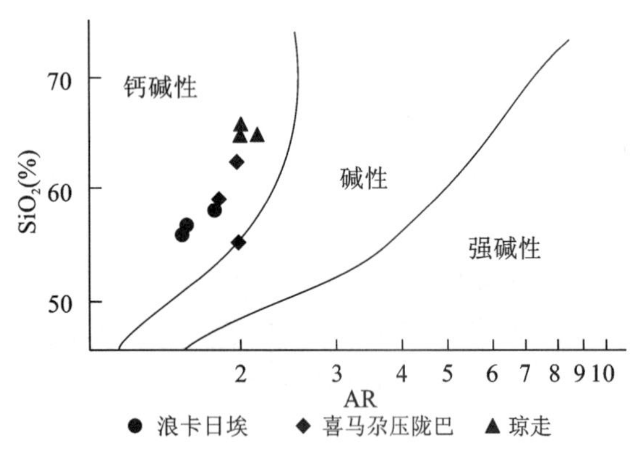

图 3-39　喜马尕压超单元 SiO_2－AR 图

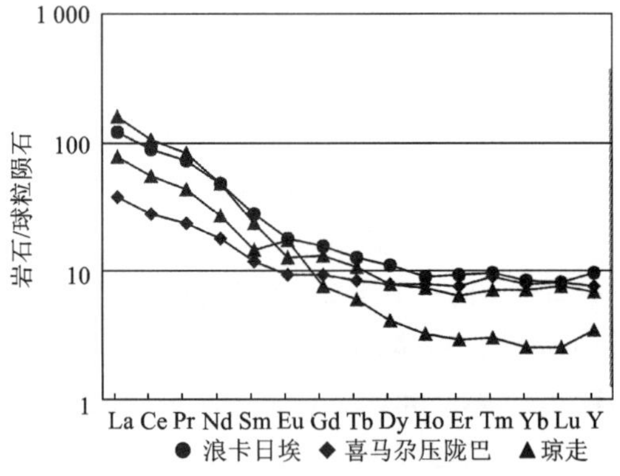

图 3-40　喜马尕压超单元稀土配分曲线图

表 3-44　喜马尕压超单元稀土元素分析结果　（$\times10^{-6}$）

代号	样品号	La	Ce	Pr	Nd	Sm	Eu	Gd	Tb	Dy	Ho	Er	Tm	Yb	Lu	Y
$\gamma\delta_Q^{T2}$	AXT2143－1	59.13	101.80	11.31	33.85	5.41	1.13	4.08	0.63	3.07	0.63	1.60	0.26	1.81	0.29	15.70
	AXT0705－1	28.39	52.50	6.00	19.47	3.36	1.54	2.34	0.35	1.60	0.28	0.75	0.11	0.65	0.10	7.90
$\eta\delta o_X^{T2}$	AXT0694－4	13.77	27.03	3.29	12.99	2.80	0.81	2.86	0.49	3.06	0.68	1.92	0.32	2.01	0.31	17.13
δo_L^{T2}	AXT0696－1	44.63	84.53	9.87	34.04	6.51	1.59	4.74	0.75	4.22	0.78	2.34	0.35	2.12	0.31	21.89

3）微量元素特征

各单元微量元素分析结果见表 3-45。由表可知，不同单元均亏损 Zr、Rb、Sr、Ba、Te、Ni、B、Ga，而富集 Li、Be、Sc、Hf、Cu、Zn、W、Sb、Bi、Th、Co、Nb、Pb、Ta。其中 Li 和 W 两元素富集程度较高。

4. 年代学研究

本次调研对琼走单元进行了单矿物锆石 U－Pb 同位素地质年龄测试，获得 228Ma 的成岩年龄，结合该类侵入体与围岩的接触关系，将喜马尕压超单元就位时代置于中三叠世。

表 3-45 喜马尕压超单元微量元素分析结果 ($\times 10^{-6}$)

代号	样品号	Li	Be	Sc	Zr	Hf	Rb	Sr	Ba	Cu	Zn	W
	ADY0705-1	36.30	3.50	4.10	121.00	3.40	117.00	528.00	481.00	7.20	57.60	0.40
$\gamma\delta_{Q}^{T2}$	ADY2143-1	31.20	2.70	10.60	185.00	4.10	100.00	439.00	966.00	9.50	42.00	16.90
	8Gs689-3	100.00	3.00	7.20	300.00	3.10	112.00	500.00	600.00	25.00	100.00	40.00
	ADY0694-4	12.00	2.20	30.10	71.00	2.00	45.00	416.00	310.00	7.20	103.00	1.100
$\eta\delta o_{X}^{T2}$	7P15Gs6-7	100.00	5.00	13.40	250.00	2.10	68.00	1 000.00	1 000.00	25.00	100.00	250.00
	7Gs1219-2	100.00	3.00	17.20	250.00	2.40	42.00	500.00	600.00	150.00	150.00	30.00
	$7P_{15}$Gs6-11	100.00	3.00	9.80	300.00	3.10	86.00	800.00	1 000.00	25.00	100.00	150.00
δo_{L}^{T2}	ADY0696-1	36.70	1.80	22.20	133.00	3.70	80.00	523.00	786.00	94.10	130.70	1.90
	7Gs1217-2	100.00	3.00	19.30	300.00	1.20	52.00	500.00	800.00	100.00	150.00	50.00

代号	样品号	Sb	Bi	Te	Th	Co	Ni	Nb	Pb	B	Ga	Ta
	ADY0705-1	0.26	0.15	0.10	12.00	7.95	13.89	12.60	26.10	4.10	21.20	0.80
$\gamma\delta_{Q}^{T2}$	ADY2143-1	0.37	0.11	0.13	25.30	10.10	3.05	38.20	15.40	9.00	9.30	3.80
	8Gs689-3	0.29	0.12	0.11	19.20	20.00	25.00	30.00	25.00	3.40	20.00	0.25
	ADY0694-4	9.30	0.21	0.02	3.40	24.00	25.20	7.90	21.70	3.50	17.40	0.70
$\eta\delta o_{X}^{T2}$	7P15Gs6-7	0.34	0.17	0.12	18.20	20.00	30.00	30.00	20.00	2.30	20.00	0.25
	7Gs1219-2	0.23	0.23	0.02	8.90	50.00	50.00	30.00	15.00	15.20	25.00	1.30
	$7P_{15}$Gs6-11	0.25	0.13	0.05	13.40	15.00	20.00	30.00	30.00	3.40	15.00	0.34
δo_{L}^{T2}	ADY0696-1	0.46	0.16	0.08	10.10	28.81	29.64	31.50	31.20	33.30	16.90	1.50
	7Gs1217-2	0.21	0.11	0.10	7.50	50.00	50.00	30.00	15.00	12.10	25.00	1.20

（三）晚三叠世呀勒哈特独立单元

该独立单元分布于图幅的东北角，在测区中部马尔争-布青山构造混杂岩带内亦有零星出露，共圈出 5 个侵入体，岩性为中细粒角闪黑云花岗闪长岩（$\gamma\delta_{Y}^{T3}$），面积约 98.62km^2。

1. 地质特征

侵入体均以岩基状侵位于中元古代、泥盆纪地层及早期侵入体之中。瑙木浑西侧见围岩残留顶盖，由此推测该独立单元为浅剥蚀的中深成岩相。

2. 岩石学特征

该独立单元岩石为中粒角闪黑云花岗闪长岩。岩石为灰—灰白色，中粒花岗结构，块状构造，矿物成分主要为斜长石（43%～50%）呈板状或宽板状自形晶，聚片双晶发育，环带构造常见；石英（23%～35%）呈它形粒状，弱波状消光；钾长石（13%～16%）呈半自形—它形粒状，卡氏双晶及格子双晶可见；黑云母（5%～6%）呈片状，棕褐色多色性，一组极完全解理；角闪石（4%～6%）呈柱状，解理发育。副矿物主要为磁铁矿、锆石、磷灰石等。

3. 地球化学特征

1）岩石化学特征

呀勒哈特独立单元岩石化学分析结果见表 3-46。从表中可以看出，侵入体 SiO_2 含量不高，61.44%～69.52%，平均 64.32%。$Na_2O > K_2O$，$(CaO + K_2O + Na_2O) > Al_2O_3 > (K_2O + Na_2O)$，属正常岩石化学类型。在 SiO_2-AR 图（图 3-41）中投点均落在钙碱性区，为钙碱性的酸性岩。包体岩石 SiO_2＝58.31%，属中性岩，在 SiO_2-AR 图中也落在钙碱性区。

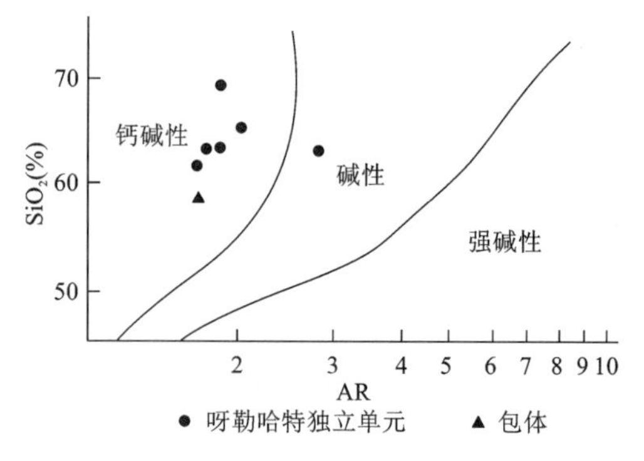

图 3-41　呀勒哈特独立单元 SiO_2-AR 图

表 3-46　呀勒哈特独立单元岩石化学分析结果　（%）

代号	样品号	SiO_2	TiO_2	Al_2O_3	Fe_2O_3	FeO	MnO	MgO	CaO	Na_2O	K_2O	P_2O_5	CO_2	H_2O^+	Σ
$\gamma\delta_{Y}^{T3}$	AGs1208－1	61.64	0.73	16.96	1.99	3.00	0.09	2.73	5.39	3.18	2.44	0.17	0.14	2.34	99.8
	AGs1213－1	65.42	0.65	15.55	1.67	2.65	0.08	1.27	3.99	3.53	2.93	0.21	0.68	1.10	99.73
	AGs1208－2	62.97	0.65	16.04	1.31	3.48	0.08	2.71	5.28	3.03	2.69	0.15	0.19	1.20	99.78
	AP 4Gs1－6	63.25	0.66	15.71	1.60	3.38	0.08	2.79	5.12	3.03	2.82	0.15	0.19	1.01	99.79
	AGs1561－1	69.52	0.34	13.66	1.48	2.3	0.06	2.52	2.86	4.09	0.58	0.07	0.56	1.79	99.83
	AGs1271－1	63.12	0.80	14.46	3.46	3.93	0.11	1.16	2.30	4.43	3.40	0.17	0.92	1.51	99.77
包体	AP 4Gs1－5	58.31	0.82	17.00	1.97	4.40	0.11	3.62	6.32	3.55	2.21	0.20	0.22	1.06	99.79

2）稀土元素特征

该独立单元稀土元素含量及特征及参数值见表 3-47，稀土配分曲线见图 3-42。从表和图中可以看出，该独立单元大部分样品稀土元素特征相近，而 AGs1561－1 样品稀土总量明显偏低，且轻稀土较亏损，轻、重稀土分馏强度不大，在配分曲线中位于下方，同时在轻稀土段与其他样品相差较大，重稀土与其他样品基本重合。AGs1271－1 样品稀土总量明显偏高，在配分曲线上位于上部，有意思的是其配分曲线的斜率和 AGs1561－1 样品相近，只是位置有差别。包体的稀土元素特征和该独立单元主体的特征一致，配分曲线也基本和主体岩石重合，可能反映了来源上的一致性。

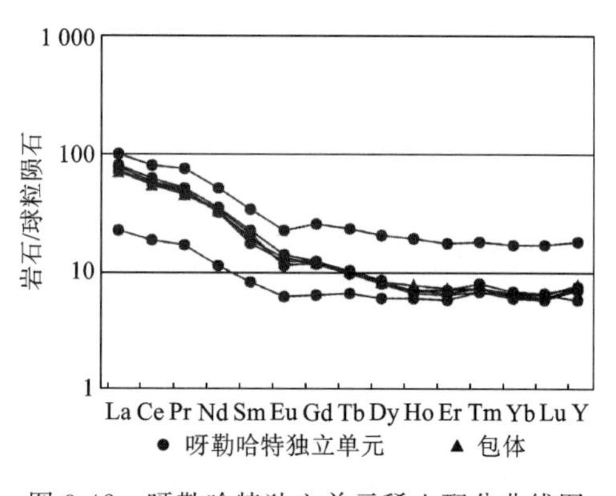

图 3-42　呀勒哈特独立单元稀土配分曲线图

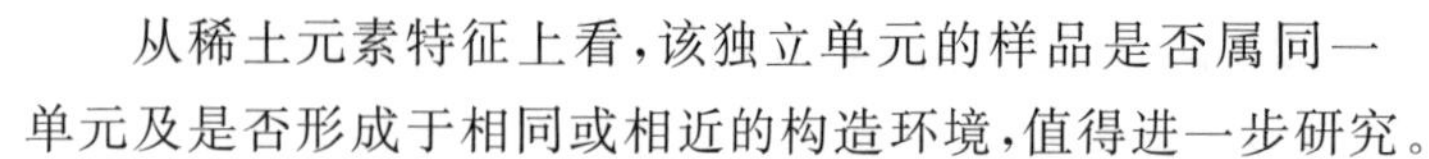

从稀土元素特征上看，该独立单元的样品是否属同一单元及是否形成于相同或相近的构造环境，值得进一步研究。

表 3-47　呀勒哈特独立单元稀土元素分析结果　（$\times10^{-6}$）

代号	样品号	La	Ce	Pr	Nd	Sm	Eu	Gd	Tb	Dy	Ho	Er	Tm	Yb	Lu	Y
$\gamma\delta_{Y}^{T3}$	A1208－1	25.88	54.85	6.62	22.79	4.01	1.07	3.63	0.58	3.00	0.60	1.64	0.26	1.50	0.22	16.27
	A1213－1	30.07	60.07	7.10	25.09	5.15	1.24	3.78	0.58	3.02	0.55	1.59	0.24	1.46	0.22	15.61
	A1208－2	28.32	56.85	6.79	22.61	4.64	1.00	3.60	0.56	3.06	0.59	1.74	0.28	1.68	0.25	16.53
	AP4XT1－6	26.94	55.26	6.55	24.13	4.86	0.98	3.66	0.59	3.21	0.58	1.74	0.26	1.59	0.23	16.58
	A1561－1	8.42	17.83	2.32	7.91	1.88	0.53	1.97	0.38	2.23	0.50	1.45	0.24	1.56	0.24	13.13
	A1271－1	36.99	78.48	10.34	36.78	7.87	1.95	7.85	1.36	7.83	1.64	4.39	0.65	4.25	0.64	40.42
包体	AP4XT1－5	25.93	52.10	6.22	23.45	4.28	1.13	3.63	0.59	3.16	0.65	1.78	0.26	1.64	0.24	17.21

3）微量元素特征

呀勒哈特独立单元微量元素分析结果见表3-48。从表中可以看出，微量元素所反映出的特征与稀土元素特征一致，其他样品的微量元素基本吻合，ADY1561－1和ADY1271－1样品的微量元素特征差别明显，可能反映了其在形成构造环境方面的差异。

表3-48 呀勒哈特独立单元微量元素分析结果 （$\times10^{-6}$）

样品号	Li	Be	Sc	Zr	Hf	Rb	Sr	Ba	Cu	Zn	W
AP4DY1－6	30.3	1.7	12.1	165	4.4	131	342	605	22.4	72.7	0.6
ADY1213－1	22.3	1.9	8.3	187	4.5	103	430	1 067	123.7	77.8	5.0
ADY1208－2	38.5	1.8	12.0	154	4.4	128	379	560	15.5	89.0	2.9
ADY1561－1	8.4	0.9	13.9	98	2.7	3	323	330	6.8	30.0	1.5
ADY1271－1	12.1	2.4	21.6	550	11.2	125	250	1 000	16.6	119.0	1.3
样品号	Sb	Bi	Te	Th	Co	Ni	Nb	Pb	B	Ga	Ta
AP4DY1－6	0.31	0.10	0.07	15.60	17.30	23.84	10.0	25.5	7.4	16.8	0.5
ADY1213－1	0.37	0.59	0.11	10.00	12.67	10.17	10.0	24.0	3.3	19.2	0.5
ADY1208－2	0.39	0.12	0.09	15.90	17.37	19.91	9.0	31.6	15.9	13.9	0.5
ADY1561－1	41.30	0.05	0.02	4.00	11.30	7.20	8.2	1.4	8.9	16.5	0.5
ADY1271－1	24.40	0.05	0.03	14.20	10.80	12.60	16.6	24.1	15.1	26.3	1.7

4. 年代学研究

本次调研对呀勒哈特单元岩石分别进行了Ar－Ar年龄和单矿物锆石U－Pb年龄测试，其中一件样品经美国印第安纳大学地球科学系Wintsch R P教授测试获Ar－Ar年龄值225Ma，另一件样品单矿物锆石U－Pb同位素地质年龄获上交点成岩年龄(229±10)Ma，谐和线年龄229Ma。综合上述同位素特征并结合区域地质构造背景，故将呀勒哈特独立单元侵位时代置于晚三叠世较为适宜。

四、燕山期侵入岩

燕山期岩浆旋回为测区内最晚的岩浆活动，侵入岩主要出露于东昆南构造混杂岩带和巴颜喀拉褶皱带中，面积约266.64km^2，占图区中酸性侵入岩总面积的15.1%。共出露15个侵入体，可分为两个超单元，分别位于不同的构造区内，现由北而南分述之。

（一）北区——早侏罗世注斯愣超单元

该超单元是本次区调填图从原八宝超单元解体出来的一个超单元，空间分布零星出露，面积19.77km^2，南缘明显受昆南断裂构造控制。由3个单元组成，即东达肯得单元($\gamma\delta_{D}^{J1}$)、昂桑确没单元($\eta\gamma_{A}^{J1}$)、怀德水外单元($\xi\gamma_{H}^{J1}$)，共出露9个侵入体。

1. 地质特征

各单元均以小岩株状出露。与古—中元古代苦海杂岩、早—中三叠世洪水川组、中三叠世闹仓坚沟组及早期侵入体均呈侵入接触。内部各单元之间未见直接接触。围岩包体多发育于侵入体的边部，深源暗色包体特别稀少，早期单元各侵入体普遍遭受韧性变形，发育糜棱面理，面理产状与区域构造线方向基本一致。该超单元侵入体侵位深度不大，剥蚀程度较浅。

青海省地质调查院(1996)在昂桑确没单元中获 K－Ar 年龄(197.4±9.6)Ma,结合地质资料以及东达肯得单元侵入最新地层中三叠世闹仓坚沟组,故将其时代定为早侏罗世。

2. 岩石学特征

东达肯德黑云花岗闪长岩 岩石为灰色,细粒花岗结构,块状构造,矿物成分主要为斜长石(45%～50%)呈自形柱状,聚片双晶和环带不发育;石英(24%～29%)呈它形粒状,波状消光;钾长石(15%～20%)呈它形粒状,可见格子双晶,为微斜长石;黑云母(5%～10%)呈柱状,已全部绿泥石化。副矿物主要为磁铁矿、榍石、锆石、磷灰石等。

昂桑确没黑云二长花岗岩 岩石为灰色,细粒花岗结构,块状构造,矿物成分主要为斜长石(36%～38%)呈自形—半自形柱状,核部蚀变较强,环带构造发育;石英(20%～28%)呈不规则它形粒状;钾长石(30%～35%)呈它形—半自形宽板状,条纹构造发育;黑云母(5%～6%)呈柱状,较破碎,棕褐—浅黄绿色多色性。岩石副矿物主要为榍石、锆石、磷灰石等。

怀德水外钾长花岗岩 岩石为肉红色,中细粒花岗结构及文象结构,块状构造,矿物成分主要为钾长石(47%～53%)呈半自形板状及粒状,具格子双晶;石英(28%～30%)呈它形粒状,有裂纹;斜长石(15%～20%)呈自形—半自形柱状,聚片双晶发育,环带构造可见;黑云母(1%～4%)呈片状,绿—黄色多色性,有破碎、弯曲现象。副矿物以磁铁矿为主,少量榍石、锆石。

3. 地球化学特征

1) 岩石化学特征

各单元岩石化学分析结果见表 3-49。从早到晚,岩石 SiO_2 含量增加,K_2O 含量逐渐增加,Al_2O_3、MnO、Na_2O 含量依次减少,岩石化学类型从铝过饱和类型→正常型递变。显示岩浆向富硅、富碱方向演化。各单元 SiO_2 含量均较接近于同类岩石平均值。里特曼指数变化区段宽,在 SiO_2－AR 图(图 3-43)中,绝大多数样品落入碱性岩区,个别落在钙碱性区,反映该超单元岩石以碱性岩为主。

表 3-49 注斯愣超单元岩石化学分析结果 (%)

代号	样品号	SiO_2	TiO_2	Al_2O_3	Fe_2O_3	FeO	MnO	MgO	CaO	Na_2O	K_2O	P_2O_5	CO_2	H_2O^+	Σ
$\xi\gamma_H^{J1}$	1C200－1	72.38	0.34	12.64	0.65	1.96	0.03	0.47	0.90	3.37	5.40	0.09	1.63	0.00	99.86
$\eta\gamma_A^{J1}$	A2208－3	72.26	0.29	14.39	0.13	1.77	0.02	0.93	2.79	3.69	2.14	0.09	0.14	1.20	99.84
	2DP115－1	74.34	0.15	12.54	0.07	1.63	0.04	0.43	0.91	3.24	5.21	0.02	1.00	0.14	99.72
$\gamma\delta_D^{J1}$	A1262－1	64.26	0.61	16.24	1.80	2.22	0.05	1.52	1.20	6.71	3.00	0.26	0.08	1.56	99.51

2) 稀土元素特征

该超单元稀土元素含量分析结果见表 3-50,稀土配分曲线如图 3-44 所示。从表和图中可以看出,早期两单元稀土元素含量相近,特征一致,晚期怀德水外单元稀土总量则明显偏高,在稀土配分曲线上位于曲线的上方,而且由于斜长石的分离结晶,晚期的钾长花岗岩 Eu 负异常明显。不同单元的共同特点为均属富集轻稀土型,配分曲线都向右倾,轻、重稀土分馏程度较强,Sm/Nd 比值参数小,显示明显的 Eu 负异常。

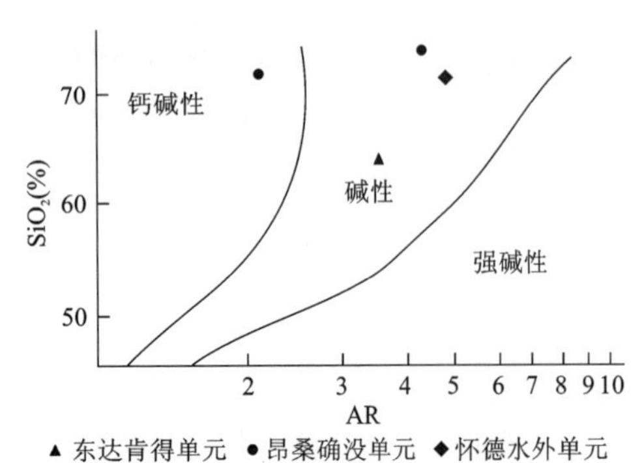

图 3-43 注斯愣超单元 SiO_2－AR 图

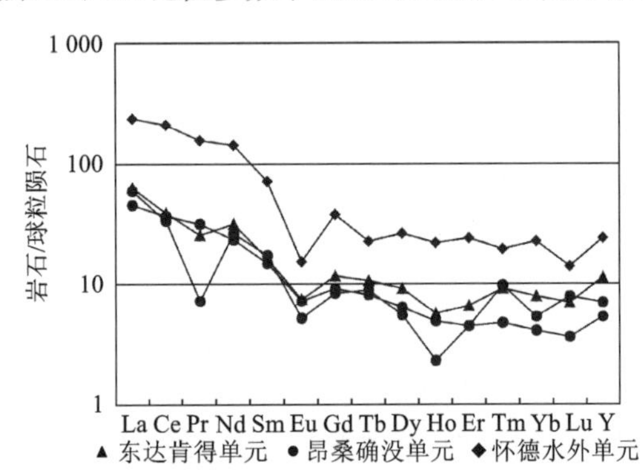

图 3-44 注斯愣超单元稀土配分曲线图

表 3-50 注斯愣超单元稀土元素分析结果 （$\times10^{-6}$）

代号	样品号	La	Ce	Pr	Nd	Sm	Eu	Gd	Tb	Dy	Ho	Er	Tm	Yb	Lu	Y
$\xi\gamma_{H}^{J1}$	1C303-1	86.00	200.00	21.00	100.00	16.60	1.35	11.50	1.30	10.20	1.85	6.00	0.69	5.70	0.54	54.00
$\eta\gamma_{A}^{J1}$	A2208-3	16.65	35.62	4.28	16.64	3.43	0.64	2.82	0.48	2.47	0.42	1.12	0.17	1.02	0.14	11.99
	2DP115-1	22.00	32.00	1.00	19.00	4.00	0.46	2.60	0.52	2.10	0.20	1.12	0.35	1.35	0.30	16.00
$\gamma\delta_{D}^{J1}$	A1262-1	23.50	36.87	3.52	22.65	3.75	0.65	3.54	0.63	3.56	0.48	1.64	0.33	1.99	0.27	25.29

3）微量元素特征

各单元微量元素分析结果见表 3-51。各单元间多数微量元素含量变化不大，绝大部分贫化与富集元素也基本相同，说明它们是同源岩浆演化的产物，与世界花岗岩类平均值相对比，总体是富 Be、Sc、Zr、Hf、Rb、Bi、Th、Pb、Ga，贫 Li、Sr、Ba、Cu、Zn、W、Sb、Te、Ni、B、Ta。

表 3-51 注斯愣超单元微量元素分析结果 （$\times10^{-6}$）

代号	样品号	Li	Be	Sc	Zr	Hf	Rb	Sr	Ba	Cu	Zn	W
$\xi\gamma_{H}^{J1}$	1C200-1	13.85	7.25	2.9	297	7.0	254	125	633	2.5	44.0	3.50
$\eta\gamma_{A}^{J1}$	2P115-1	5.80	9.75	3.4	168	6.0	187	204	208	8.5	20.0	1.61
	ADY2208-3	18.60	2.60	3.9	126	3.4	110	301	269	9.4	22.0	260
$\gamma\delta_{D}^{J1}$	ADY1262-1	23.00	5.50	8.3	374	7.9	396	681	2 804	22.8	97.9	1.40
代号	样品号	Sb	Bi	Te	Th	Co	Ni	Nb	Pb	B	Ga	Ta
$\xi\gamma_{H}^{J1}$	1C200-1	0.14	0.15	0.30	34.0	5.00	4.90	24.0	46.0	4.3	20.0	1.34
$\eta\gamma_{A}^{J1}$	2P115-1	0.20	0.18	0.70	15.0	3.60	8.30	23.0	62.0	5.2	18.0	1.58
	ADY2208-3	0.38	0.23	0.09	8.0	3.48	4.41	5.4	10.8	2.0	13.6	0.50
$\gamma\delta_{D}^{J1}$	ADY1262-1	0.24	0.20	0.09	65.3	13.60	13.31	1.7	68.8	3.7	22.4	1.70

（二）南区——早侏罗世扎日加超单元

本超单元群居性较强，出露面积较大，主要出露于扎曲河西面，由两个单元组成，即东波扎陇斑状黑云花岗闪长岩（$\pi\gamma\delta_{D}^{J1}$）单元和扎纳豹斑状黑云二长花岗岩（$\pi\eta\gamma_{Z}^{J1}$）单元。共出露 6 个侵入体，面积 246.87km^2。

1. 地质特征

各侵入体分布受北东-南西向构造控制。主要有东波扎陇、扎纳豹、扎曲、扎日加等侵入体，其中扎纳豹复式深成岩体为一较大的岩基，面积最大，其他侵入体均以似椭圆状的岩株产出。围岩主要为三叠纪巴颜喀拉山群，热接触变质明显，常见 20～500m 的红柱石角岩、堇青石角岩蚀变带。围岩中还见有动力变形特征，其产状与接触面近于平行。内接触带岩石侵位变形较显著，发育平行于接触面的面理构造，部分地段尚见有冷凝边。超单元内部扎纳豹单元与东波扎陇单元呈脉动型接触，界面较清楚，未见接触变质现象。各单元侵入体中均含少量的闪长质包体，围岩包体多发育于岩体的边部，岩性随围岩变化而变化。地貌上侵入体多组成山脊，局部较高位置偶见有围岩残留顶盖。野外资料表明该超单元侵位深度不大。

2. 岩石学特征

东波扎陇斑状黑云花岗闪长岩 岩石为浅白灰色，似斑状结构，基质中细粒花岗结构，斑晶含量

20%，成分主要为钾长石；基质80%，由斜长石、石英、黑云母构成。钾长石：格子双晶，条纹构造发育，属微斜条纹长石；斜长石(40%～45%)呈半自形—自形柱状，环带发育；石英(26%～30%)呈它形粒状；黑云母(8%～10%)呈片状，具深棕红—黄色多色性。

扎纳豹斑状黑云二长花岗岩 岩石为浅灰白色，似斑状结构，基质细粒结构，斑晶20%～35%，成分主要为钾长石；基质65%～80%，成分主要为钾长石、斜长石、石英、黑云母。

3. 地球化学特征

1) 岩石化学特征

该超单元中扎纳豹单元岩石化学分析结果见表3-52。从表中可以看出，该单元岩石化学成分一致性较好，SiO_2含量相近于酸性岩平均值，$Al_2O_3>(K_2O+Na_2O+CaO)$，为铝过饱和岩石化学类型。里特曼指数均小于2，在SiO_2-AR图(图3-45)中投点均落入钙碱性区。

2) 稀土元素特征

扎纳豹单元稀土元素含量及特征值见表3-53。稀土配分曲线如图3-46。该单元稀土总量略低于花岗岩的平均值，LREE/HREE比值大，具明显的轻稀土富集、重稀土亏损，具不同程度Eu负异常，配分曲线均为平稳的右倾斜式，Eu处"V"形较明显，Sm/Nd比值变化范围窄，所有这些特点显示该单元具壳型花岗岩的特征。

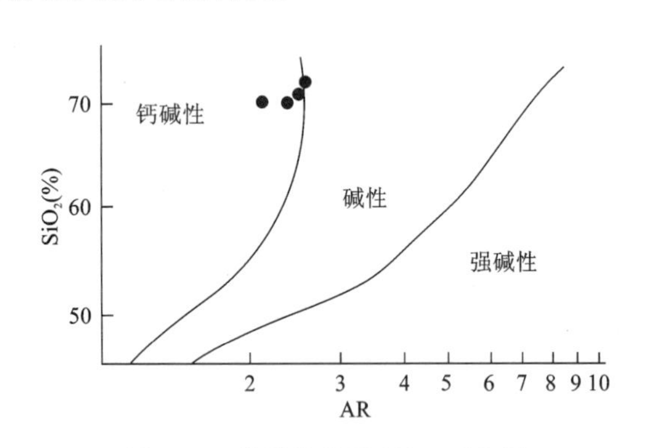

图3-45 扎纳豹单元SiO_2-AR图

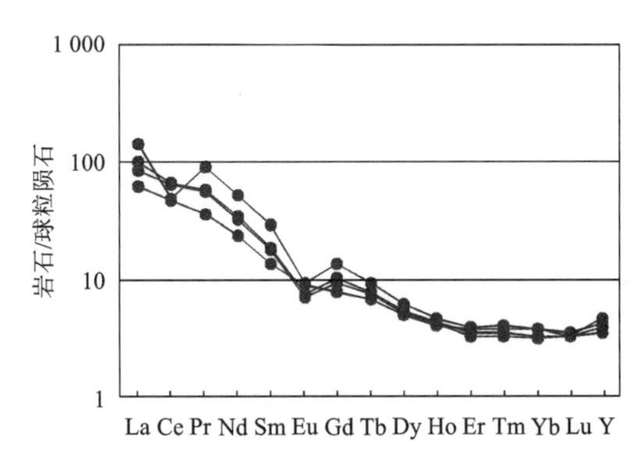

图3-46 扎纳豹单元稀土配分曲线图

表3-52 扎纳豹单元岩石化学分析结果 (%)

样品号	SiO_2	TiO_2	Al_2O_3	Fe_2O_3	FeO	MnO	MgO	CaO	Na_2O	K_2O	P_2O_5	CO_2	H_2O^+	Σ
AGs1341-1	70.39	0.47	14.39	0.33	2.18	0.05	1.34	2.58	3.04	3.73	0.16	0.07	1.10	99.83
AGs2153-2	72.03	0.35	14.38	0.12	2.00	0.05	0.87	1.82	3.11	3.96	0.11	0.22	0.82	99.84
AGs2154-1	71.07	0.32	14.78	0.11	1.97	0.05	0.88	1.84	3.07	3.99	0.14	0.51	1.10	99.83
AGs2801-1	70.14	0.36	14.93	0.32	2.25	0.05	1.26	3.02	3.26	3.00	0.12	0.27	0.82	99.80

表3-53 扎纳豹单元稀土元素分析结果 ($\times10^{-6}$)

样品号	La	Ce	Pr	Nd	Sm	Eu	Gd	Tb	Dy	Ho	Er	Tm	Yb	Lu	Y
AXT1341-1	52.47	47.11	12.62	37.14	6.58	0.84	4.14	0.55	2.32	0.42	0.96	0.16	0.92	0.14	9.33
AXT2153-2	31.80	61.08	7.73	23.23	4.13	0.62	2.90	0.45	1.97	0.37	0.80	0.13	0.78	0.13	7.97
AXT2154-1	36.85	63.30	8.04	24.43	4.26	0.67	3.17	0.46	2.03	0.39	0.87	0.14	0.81	0.13	8.61
AXT2801-1	22.83	44.55	4.99	16.55	3.14	0.81	2.40	0.40	1.88	0.36	0.94	0.15	0.94	0.13	10.23

3) 微量元素特征

扎日加超单元中扎纳豹单元微量元素分析结果见表3-54。与世界同类岩石平均值比较，Li、Sc、

Hf、Bi、Th、Nb、Pb诸元素含量均略高于维氏值，而Be、Zr、Rb、Sr、Ba、Cu、Zn、W、Sb、Te、Co、Ni、B、Ga、Ta等元素含量偏低。Rb/Li=0.28、Rb/Sr=1.12。上述特点均表明岩浆具壳源特征。

表3-54　扎纳豹单元微量元素分析结果　（$\times10^{-6}$）

样品号	Li	Be	Sc	Zr	Hf	Rb	Sr	Ba	Cu	Zn	W
ADY1341-1	103.1	3.2	6.7	237	5.8	145	219	445	9.4	74	0.4
ADY2153-2	164.3	4.4	4.1	137	3.8	149	175	349	6.6	57	0.5
ADY2154-1	142.3	4.5	4.2	144	3.7	209	177	385	6.0	47	0.9
ADY2801-1	72.4	3.2	5.9	133	3.6	160	320	595	7.4	49	0.9
样品号	Sb	Bi	Te	Th	Co	Ni	Nb	Pb	B	Ga	Ta
ADY1341-1	0.22	0.51	0.09	29.6	5.40	10.73	21.2	34.2	8	23.5	2.40
ADY2153-2	0.33	1.05	0.14	20.7	2.96	4.36	25.2	23.6	7	21.7	3.80
ADY2154-1	0.16	1.24	0.10	21.7	3.02	5.32	22.8	42.3	10	17.0	3.80
ADY2801-1	0.25	0.12	0.12	11.1	6.51	9.80	13.7	18.0	4	12.4	0.85

4. 年代学研究

本次工作对东波扎陇单元花岗闪长岩体进行了单矿物锆石U-Pb同位素地质年龄测试，获得191～187Ma的成岩年龄。结合区域地质构造背景，参照目前已有的地质资料，故将扎日加超单元侵位时代确定为早侏罗世。

五、花岗岩类侵入岩体的就位机制探讨

（一）加里东期侵入岩体就位机制

1. 早奥陶世埃里斯特独立侵入体

埃里斯特岩体呈一似蘑菇形的小岩株，岩性为花岗闪长岩，与早—中元古代苦海杂岩呈侵入关系，接触面多呈弧形弯曲，围岩受岩体影响与区域产状不协调。外接触带岩石常具变形特征，围岩接触变质作用较明显。据观察，岩体内部组构较发育，以长条状石英、斜长石定向排列构成强面理构造。紧靠接触带面理构造较为强烈，向内逐渐减弱。包体沿岩体边部分布，具压扁拉长中强程度的变形组构，定向性一致，其X/Z在1.5～10之间，一般为3～5。上述构造形式及围岩出现褶皱现象，说明该岩体应为主动的强力侵入机制。

该侵入体形成时代可能与东昆仑板块俯冲作用期一致，一方面俯冲作用形成了区域性南北向挤压力；另一方面俯冲作用使东昆仑陆缘弧发生碰撞，促使地壳岩浆局部熔融上升就位形成埃里斯特独立侵入体。

2. 晚奥陶世白石岭超单元

白石岭超单元由拉忍、达哇切、埃驴改3个单元组成，岩性由石英闪长岩至石英二长闪长岩到石英二长岩，三单元之间呈脉动关系，它们或者与古—中元古代、早古生代地层呈明显的侵入关系，或残留在后期侵入体内。埃里斯特、乌拉斯太那垴山、哈图等地侵入体沿北东—北西向大致呈不连贯的串状分布。形态为椭圆形及不规则形，所处位置均在韧性剪切带中，因此后期叠加构造较为明显。

岩体和围岩及侵入体内部的界面多呈平坦弧形，围岩受岩体影响产状与区域不协调，趋于和接触面

产状一致或小角度斜交。部分侵入体与围岩的接触带上有多组平行的断裂带，带内岩石破碎，受其影响暗色闪长质包体和围岩捕虏体被挤压拉长呈透镜状、不规则长条状等。三单元内部组构发育情况共同表现为暗色矿物组成强面理构造，或呈条带状分布，产状严格平行于岩体的边界，这种现象包体反映更为明显，靠近接触带包体压扁拉长显著，往内同样成分的包体变形减弱，X/Z 为 2～5，还见一些包体呈圆形或不规则状。

根据白石岭超单元在平面上的环形分布特征以及单元之间的接触关系，并发育与侵位近同时产生的断裂及其原生节理，可以推测岩体应为强力就位所形成。

白石岭超单元形成时代为晚奥陶世，正值古昆仑板块强烈俯冲碰撞时期，区域挤压作用加强，岩浆顺其产生的近东西向和北西向深断裂（昆中断裂）上升，在应力作用下多次脉动以热气球膨胀方式强力侵位。

3. 早志留世乌拉斯太那超单元

乌拉斯太那超单元在空间上相伴而生，为一巨大的复式岩基，南、北两侧分别被昆中和昆北断裂所夹持，形如向东散开、向西收敛的“楔”状侵入体，由内到外岩性分别为二长花岗岩和花岗闪长岩，二者之间呈脉动关系，在平面上组成具明显演化关系的同心环状岩体。

围岩热接触变质作用较明显，在岩体西端乌拉斯太—乌斯托一带的围岩接触带上，出露百余米宽的接触变质岩，向东至哈图附近，侵入体外侧常有几十米宽的混合片麻岩产生，反映了岩浆不仅具有较高的温度，而且还有一定的深度。另外，在该侵入体与围岩接触处可见明显的冷凝边，局部地段尚见近同期岩脉沿接触带充填。

各单元内部组构发育，暗色矿物黑云母片状定向排列，组成较强的片理构造，呈北西走向。超单元中断裂、节理较发育，岩石破碎，暗色闪长质包体及围岩捕虏体呈压扁拉长定向排列。在哈图一带，早期单元见包体密集现象，形态各异、大小不等，一般呈饼状、次圆状等。侵入体边部遭受韧性剪切，发育糜棱面理构造，镜下观察到钾长石、斜长石矿物具塑性变形，被拉伸成香肠状，黑云母多被揉碎变曲，位错而具布丁构造。

根据乌拉斯太那超单元上述构造形式和同位素年龄资料，我们可以认为：早志留世，由于板块俯冲和碰撞作用导致的重熔岩浆，沿东昆仑发生的近东西向和北西-南东向断裂上侵，就位形式具热气球膨胀式，岩浆多次脉动，晚一次岩浆进入早一次形成的岩体中心，并将其挤开，从而形成同心环状岩体的空间格局。

4. 中志留世胡晓钦独立单元

该单元 4 个侵入体皆呈扁豆形的小岩株产出，岩体长轴方向与区域构造线方向基本一致。岩性为辉长闪长岩，与早古生代纳赤台混杂岩群地层呈侵入关系。接触面多呈弧形弯曲，外接触带岩石具变形特征。围岩热变质作较明显，常见 30 余米宽的角岩化玄武岩、斜长石英角岩。岩体内部组构十分发育，长条状辉石和黑云母、斜长石定向排列构成强面理构造，表现出来的另有平行面理构造压扁拉长的闪长质深源包体、围岩捕虏体。紧靠接触带面理构造较为强烈，向内逐渐减弱。包体沿岩体边部分布，具中强程度压扁拉长的变形组构，定向性一致，其 X/Z 在 1.5～10 之间，一般为 3～5。综合上述构造形式及围岩出现变形现象，说明岩体侵位应为主动的强力侵位机制（图 3-47）。

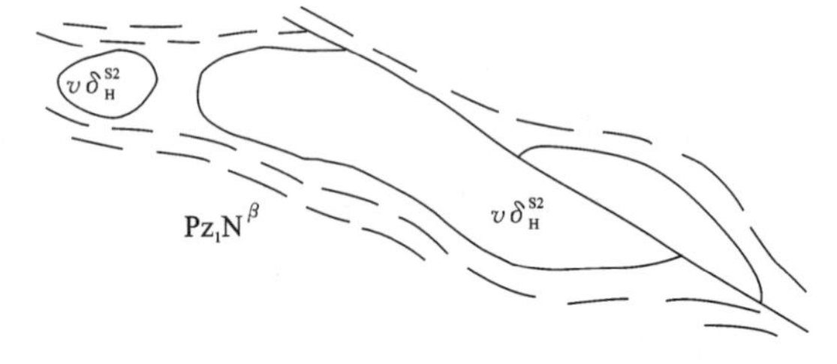

图 3-47　胡晓钦侵入体强力就位示意图

该单元侵入体形成时代可能与东昆仑大洋消减、板块俯冲作用期一致，在收缩环境中，一方面俯冲碰撞作用形成活动大陆边缘褶皱隆起；另一方面俯冲作用形成了区域性南北向挤压力，促使上地幔的中偏基性岩浆熔融上升就位形成胡晓钦独立单元。

（二）华力西期侵入岩体就位机制

1. 早泥盆世肯得乌拉超单元

由埃肯哈勒儿纸、可可晒尔、乌斯托 3 个单元组成的肯得乌拉超单元岩性分别为中细粒二长花岗岩、中粗粒二长花岗岩和角闪钾长花岗岩，其中较早的两个单元集中出露在可可晒尔一带，并构成一大型岩基，常见早期单元分布在可可晒尔单元外围，局部地段二者呈断层接触，相对较晚的角闪钾长花岗岩侵入体零星展布在乌斯托、额尾等地。各单元平面形态总体上呈不规则的椭圆状，长轴方向与区域构造线方向协调一致。

各单元内部组构较发育，具强—中等强度的面理构造，角闪石、黑云母片状暗色矿物定向排列平行于接触面，显同心环带展布，从内向外由少增多。超单元中断裂、节理发育，后期基性岩脉纵横穿插，围岩浅源包体长轴方向与侵入体面理产状一致。

以上特征表明，肯德乌拉超单元各单元均为主动的强力侵位机制。早泥盆世，随着板块俯冲、碰撞作用，形成了区域性南北向的挤压和近东西向剪切的共同应力，从而迫使重熔岩浆上升侵位，造就了肯得乌拉超单元。

2. 中泥盆世乌拉哈达丁独立单元

该单元侵入体多产于北东向、近东西和北西向断裂的交汇处，与围岩呈断层或侵入接触关系。围岩热接触变质现象不明显，而具动力变形特征。在岩体与围岩断层接触时，断面两侧常形成 20～80m 宽的破碎带。

综上侵入体组构特征推断，乌拉哈达丁单元经历了构造运动的改造和构造混杂，应为构造就位机制。中泥盆世，由于俯冲、碰撞作用形成了区域性多方位的挤压应力，使熔融岩浆尚未来得及固结成岩便发生迁移，逆冲于东昆仑陆壳之中，远观像似“无根”岩体。就位形式类似于构造岩浆岩片（tectono magmatic slice）。

3. 早石炭世特里喝姿超单元

该超单元分布范围广，岩体形态复杂多样，呈不规则的椭圆形，从老到新由乌拉斯太和东达桑昂两单元组成，岩性分别为斑状二长花岗岩、中粗粒钾长花岗岩，表现出东酸西基的特点，二者为脉动接触，其就位机制在 I－S 型花岗岩中较为特殊而引人注目。

各单元具中等强度的面理构造。晚期单元分布面积巨大，内部组构发育情况表现为暗色矿物组成面理构造，呈条带状分布，暗色包体压扁拉长作定向排列。同时在侵入体内发育两组共轭节理，由此可知，岩体就位过程中曾受剪切和挤压应力的共同作用。受其影响，各单元中的围岩包体压扁拉长的应力方向与断裂构造方向一致，为近东西向，包体形态有透镜状、不规则形、三角形等，其 X/Z 比值在 1.5～10 之间，一般为 2～5，部分地段还见有反“S”形围岩残留体。外接触带岩石常发生不明显的热变质角岩化现象，肯得冷侵入体发育与就位近同时产生的原生节理。

根据年龄资料，特里喝姿超单元的成岩时代正是板块向北强烈俯冲的阶段，由于东西向剪切和南北向挤压的共同作用，岩浆顺其产生的逆冲断裂侵位形成的，具体表现为早期单元岩浆固结成刚性侵入体后，与围岩产生滑动的边界，随着滑动位移增大，便形成一个虚脱的空间，深部岩浆即沿这个空间多次脉动侵入，与较早岩体接壤，从而形成西老东新叠置式空间的格局。

4. 晚石炭世海德郭勒超单元

该超单元各侵入体零星分布在东昆中构造混杂岩带内，长轴方向受断裂构造控制明显，展布方向各异。布鲁吴斯特和木和德特两个单元群居关系密切，早期花岗闪长岩分布于深成岩边部，或者被晚期二长花岗岩所包容，二者呈脉动关系。

两单元内部组构较发育，表现为以小透镜状，不明显的条带状暗色矿物和长条状斜长石、石英定向排列构成的面理构造，另有平行于面理构造压扁拉长的闪长质深源包体、围岩捕虏体。现以海德郭勒深成岩体为例说明该超单元侵位变形特征。该侵入体被后期断裂切割仅留南半部而呈 1/2 的圆形(图 3-48)。

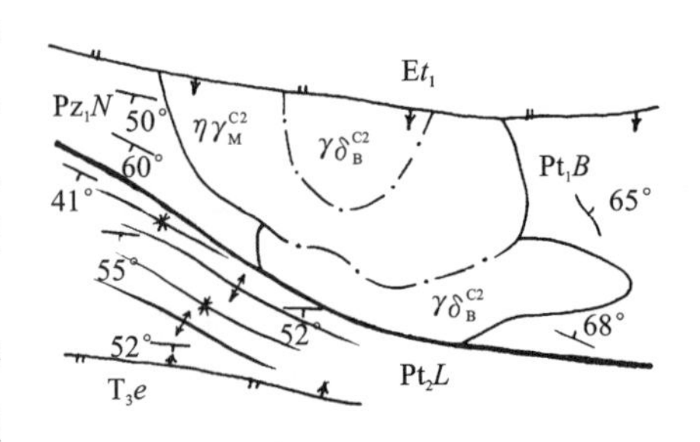

图 3-48　海德郭勒超单元主动就位示意图

木和德特单元呈牛轭状穿刺布鲁吴斯特单元而直接与围岩接触，面理走向随侵入体长轴形态变化而变化，紧靠接触带面理构造较为强烈，往内逐渐减弱。这种现象包体反映更为明显，越靠近接触面包体压扁拉长越显著，向内包体变形减弱。布鲁吴斯特单元分布于复式岩体的南、北两侧，北侧被晚期单元所包容，南侧呈不规则的透镜状，在单元的边部见有透镜状、不规则状、浑圆状围岩包体作定向分布平行于侵入体边界。

岩体和围岩或内部侵入体之间的界面多呈平坦弧形。围岩受岩体影响，其产状与区域产状不协调，远离侵入体则恢复正常，外接触带岩石具变形特征。另外在该岩体与围岩侵入接触带上，不仅能看到明显的细粒冷凝边，而且还见有近同期岩脉沿接触带充填。

综上特征表明，海德郭勒超单元应为主动的强力侵位机制。该超单元形成时代为晚石炭世，在板块俯冲作用下，较深部岩浆沿东昆仑发生的北西—近东西—北东向弧形断裂上侵，就位形式类似于热气球膨胀式，表现为岩浆两次脉动，后来的岩浆进入早一次膨胀的岩浆中心，不断向四周拓展，从而形成套环状的岩体。

5. 早二叠世布尔汗布达岩石组合

该类侵入体多产于北东向、近东西向和北西向断裂带上，分布方向各异。空间分布零星，各侵入体均以单个的岩株形式出露，绝大多数侵入体或多或少有定向组构，例如桑根单元，波洛斯太独立侵入体及哈图一带几个闪长岩体，在平面上表现为不规则的椭圆形，岩体与围岩有清楚的侵入接触界线，围岩具较明显的硅化、角岩化等热接触变质现象，变质晕平行于侵入体边界。侵入体长轴方向大致和区域构造线方向一致，而且在接触带附近所见到的黑云母、长石巨晶常具定向排列，闪长质暗色包体、围岩包体被扭曲变形呈“S”形现象，包体大小不等，形态各异，岩性随围岩变化而变化。向侵入体中心包体变形特征逐渐减弱乃至消失，分带性较差。

从上述侵入体组构特征分析，岩浆在侵位过程中始终处于主动(相对围岩)状态，属强力就位机制。区域资料表明：早二叠世时，沿昆中断裂带发生大规模的张裂，形成华力西期多岛小洋盆，随后拉张逐渐南移，至中晚二叠世时沿布青山拉张，而测区则发生俯冲、碰撞，形成一系列俯冲、碰撞型花岗岩，并在俯冲带的后缘产生拉张，形成布尔汗布达的岩石组合。

(三) 印支期侵入岩体就位机制

1. 早三叠世波罗郭勒超单元

波罗郭勒超单元分布于图幅的西北角，从昆北断裂带穿行而过，岩体内节理发育、岩石较碎裂。由高西里、下石头坑德两个单元组成，岩性分别为二长花岗岩、钾长花岗岩，表现出早期单元相对居中、晚期单元在边的外酸内基的特点，二者为涌动接触。各单元与元古宙、早古生代地层及早期侵入体呈侵入关系或断层接触，围岩热接触变质作用较明显。侵入体边部常具窄的冷凝边，暗色矿物及围岩包体大致定向排列并平行于接触面，往内明显减弱，同时围岩包体逐渐被暗色闪长质包体所取代。较早单元岩体边部有时见深源暗色包体密集分布，形态以椭圆状居多，定向性差，排列无序。

早三叠世，区内北部已开始处于活动大陆边缘前陆，由于向北俯冲碰撞仍在继续增强，加之东西向剪切和南北向挤压联合作用，岩浆顺其所产生的逆冲断裂侵位。另从岩体内部组构不甚发育、变形较弱及其平面分布的特征来看，波罗郭勒超单元就位机制具有主动—被动之间的过渡型侵位特征，较早侵入岩浆固结成刚性侵入体后，与围岩的边界构成滑移的边界线，随位移的增大，岩体边界与围岩之间出现层间滑移拉开，构成一个虚脱空间，较晚时，深部的岩浆沿着这个部位多次涌动侵入，固结成岩，表现为侧向位移在较早期岩体边部分布的现象。

2. 中三叠世侵入岩体就位机制

1）北区——八宝超单元

该超单元中土鲁英郭勒深成岩体与围岩多呈侵入关系。由5个单元组成，五者之间或呈脉动侵入，或为浆动关系，在平面上组成明显的演化顺序，常表现为内酸外基的特点，浆混单元分布在复式深成岩体的西南角。

岩体和围岩或侵入体之间的界面多呈弧形弯曲。围岩受岩体影响其产状常出现揉皱扭曲现象，并形成50～100余米宽的硅化、角岩化等热接触变质带，岩体边部常见一些次圆状、棱角状火山岩，变砂岩捕虏体，并平行于接触面，向内逐渐减弱变小，X/Z为4～6。

岩体不规则的产状、与围岩构造的不一致、围岩变形与岩体组构等显示，八宝超单元具有被动就位中破火山口塌陷模式特征，该超单元形成时代可能与板块俯冲作用转换期（调整期）一致。一方面俯冲作用形成了区域性南北向挤压应力，另一方面俯冲作用调整了上升的东昆仑陆缘弧发生裂陷。这样使深部岩浆沿下陷块体两侧上升，致使岩体与围岩间呈不规则多边形接触，岩体内部的接触界线则呈折线状，围岩块体每下陷一次，便促使岩浆上升一次。在这种持续塌陷上升的运动中，导致下地壳不同性质的岩浆，在上升的过程中多次脉动、浆动混合，显示出一定的特殊性，岩石的物质组分也反映了这一点。

2）南区——喜马尕压超单元

该超单元中喜马尕压深成岩体为一典型的一环套一环的同心圆状侵入体，从老到新由浪卡日埃、喜马尕压陇巴、琼走3个单元组成，岩性分别为石英闪长岩、石英二长闪长岩、花岗闪长岩。较早期单元分布于外围，晚期单元在中心，三者均为脉动关系，并见喜马尕压陇巴单元穿刺早期单元与围岩直接接触，在平面上组成明显演化顺序的内酸外基的套环状，在琼走单元内部和琼走与喜马尕压陇巴单元的侵入接触带上，暗色闪长质包体呈透镜状、饼状，局部尚见有角岩化砂岩捕虏体呈不规则状。浪卡日埃单元常见有围岩捕虏体，形态呈浑圆状或次棱角状，显S组构。局部地段浅色矿物常被压扁拉长，与面理产状一致，并平行于接触面产状，向内这种现象逐渐变弱消失。

围岩热接触变质作用较明显，10～30m宽的角岩化砂岩和斑点状板岩常环绕侵入体外侧分布，同时带内流褶十分发育，远离侵入体则恢复正常。另外在岩体与围岩侵入接触带上不仅能看到波状弯曲的界面，而且见有明显的细粒冷凝边。

根据上述岩体组构特征及其与围岩及构造的关系，喜马尕压超单元应为主动的强力侵位机制。该超单元形成时代为中三叠世，近南北向的挤压导致近东西向的褶皱构造，促使下地壳较深源岩浆局部熔融，产生的中性—中酸性岩浆多次脉动侵入，晚一次岩浆进入早一次形成的岩体中心，并将其推挤拓宽，从而形成同心环状岩体的空间格局，就位形式具热气球膨胀式（图3-49）。

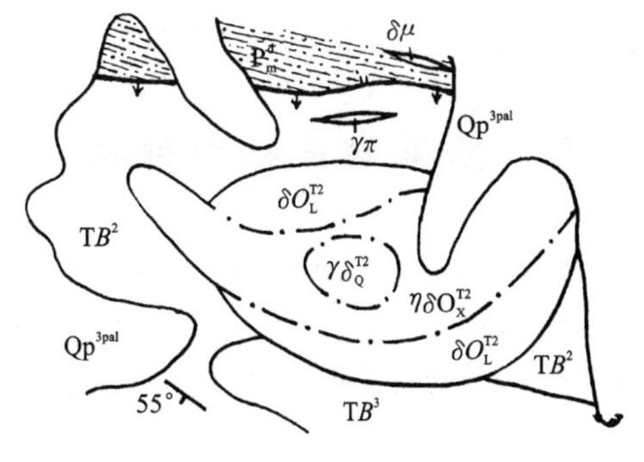

图3-49　喜马尕压超单元强力就位平面示意图

3. 晚三叠世呀勒哈特独立单元

该单元形态呈北西-南东向展布的大型不规则椭圆形，在岩基的北东侧哈图山前一带主要有两个方向压扁拉长的暗色包体定向排列，与长石巨晶的应力方向一致，为北北东向和南东东向，同时还见发育两组共轭节理分别为20°∠35°，110°∠75°。由此推测，岩体在就位过程中曾受东西方向剪切和南北向挤压应力的共同作用。侵入体和围岩接触带上均见有围岩捕虏体，并使围岩发生热变质角岩化现象。向西至扎不舌里尕熊一带面理组构不明显，包体多呈不规则状。马尔争一带出露的几个小岩株内部组构与上述特征基本相似。

根据年龄资料，呀勒哈特单元的成岩时代为东昆仑陆内造山汇聚发展阶段，而且从侵入体的分布来看，该单元是在强烈碰撞时期，由于南北向的挤压作用，岩浆顺其所产生的北西西-南东东向逆冲断裂侵位而形成的。另从岩体内断裂构造发育、内部组构特征来看，岩浆是在断裂扩张环境下被动就位的。

（四）燕山期侵入岩体就位机制

1. 北区——早侏罗世注斯愣超单元

该超单元分布零星，多产于北北西—北东东向断裂带中，围岩一般未因该超单元侵入而发生变形。外接触带岩石热蚀变现象不明显，内接触带中的围岩捕虏体大部分呈棱角—次棱角状产出。岩体内部组构较弱，3 个单元均具显微文象结构，反映岩浆结晶速度较快的情况下形成的特征。因此我们可以认为注斯愣超单元是局部熔融岩浆沿一系列张性裂隙快速上侵就位的。属被动的就位机制。

2. 南区——早侏罗世扎日加超单元

扎日加超单元中扎纳豹岩基平面形态呈一椭圆形，岩性自北而南分别为斑状花岗闪长岩和斑状二长花岗岩，从早到晚东波扎陇单元出露于北东侧，扎纳豹单元分布于南侧，面理构造较明显，主要表现为长石斑晶和暗色包体压扁拉长作定向排列并平行于接触面产状，由内向外这种变形强度更加显著。外接触带岩石热接触变质作用十分明显，产生数百米宽的红柱石角岩、堇青石角岩带，带内揉皱褶曲十分发育。岩体边部不仅能见到窄的冷凝边，而且另有平行于面理构造压扁拉长的围岩包体，形态以次棱角状居多，偶见有次圆状和透镜状。

上述岩体组构及与围岩的关系显示出，扎日加超单元定位类似于侧向迁移的底辟式强力就位机制。早侏罗世末，该区域进入陆内碰撞后的伸展环境，由于北东向挤压构造和北西向剪切应力作用导致板块下插速度不断增大，受其影响，下地壳物质局部熔融产生 S 型花岗质岩浆沿着扎日加断裂带上侵，在分异演化过程中，最后上升的二长花岗岩遇到较强硬的顶板围岩阻碍而沿旁侧扩张，在原地发生膨胀，从而形成北老南新分布的现象。

综上所述，测区各地质年代侵入岩的定位形式是丰富多彩的，受多种因素控制和影响，但起主导作用的是区域构造演化，随着板块构造的俯冲、碰撞，其定位形式总体由主动向被动方向演变。通过对测区侵入岩定位机制的分析，为各阶段深入研究提供了可靠的资料，也为构造研究提供了素材。

六、花岗岩类成因讨论

花岗岩类是组成大陆地壳的主要岩类之一，研究和探讨其成因早已是地学界所关注的问题，但时至今日，仍未有统一定论。本报告参照各家观点，结合测区具体情况，综合分析侵入岩地质特征、岩石学和副矿物特征、岩石地球化学特征，对加里东期—燕山期花岗岩类的成因，进行初步探讨。

（一）花岗岩类成因类型

目前国内外对岩浆成因的花岗岩，最常见的分类是划分为 I 型和 S 型两类，但随着地质学研究的深入，不少地区还划分有 I－S 型的过渡类型。

据中田节也、高桥正树(1977)的方法，作 A－C－F 图解，投影结果如图 3-50 所示。测区白石岭超单元、胡晓钦独立单元、波罗郭勒超单元、喜马尕压超单元、注斯愣超单元成分点绝大部分落入 I 型花岗岩区，乌拉斯太那超单元、乌拉哈达丁独立单元、特里喝姿超单元、海德郭勒超单元、布尔汗布达岩石组合、八宝超单元、呀勒哈特独立单元样品点分布于 I 型和 S 型两种不同成因类型的分界线两侧，埃里斯特独立侵入体、肯得乌拉超单元、扎日加超单元除个别样品偏差外，均投影于 S 型花岗岩区。

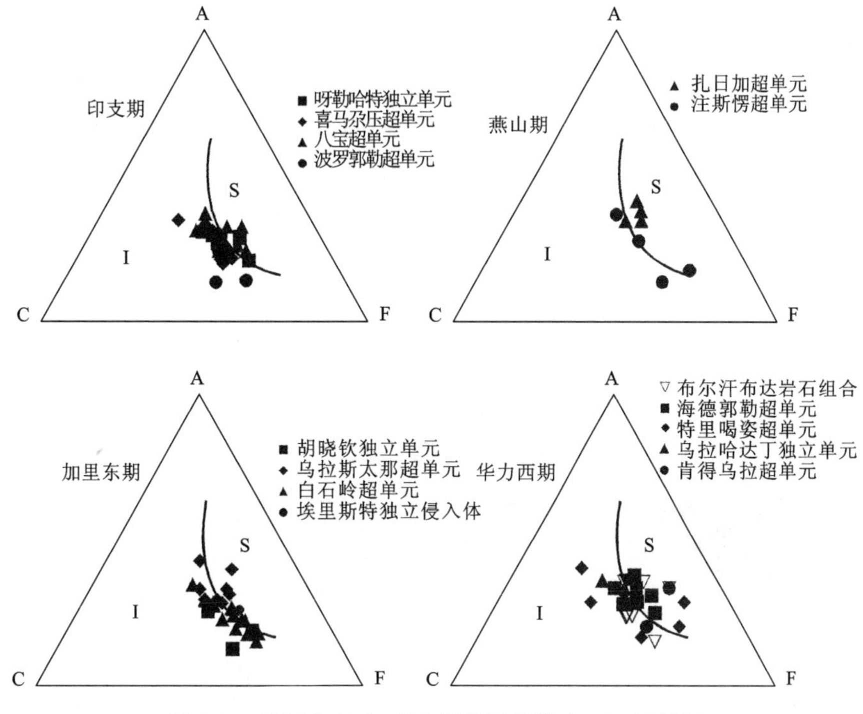

图 3-50 测区加里东-燕山期花岗岩类 A-C-F 图解

各单元和超单元的岩石学、副矿物及岩石地球化学特征也反映出类似的情况。具 I 型花岗岩特征主要表现在岩石类型以闪长岩、石英闪长岩、英云闪长岩、花岗闪长岩为主，岩石化学成分（Al/Na+K+12Ca）<1.1，Na_2O>3%，标准矿物刚玉小于 1%或不出现，常见透辉石。副矿物组合为磁铁矿+磷灰石+锆石，常出现褐帘石，地球化学上 Ni、Co、Bi、Sb、Ba、Sc、Be 等元素富集，Rb/Li、Rb/Sr 比值可与同熔型（I 型）花岗岩比值参数相对应，稀土元素含量低，δEu 值一般大于 0.6。

具 I-S 型花岗岩特征的岩石类型以英云闪长岩、花岗闪长岩、二长花岗岩为主，SiO_2、Na_2O 含量变化范围宽，标准矿物中刚玉、透辉石含量均较高，副矿物中常见石榴石呈金红色，锆石颜色具多色性，磁铁矿和钛铁矿并存现象与日本学者石原舜三（1977）划分“I 型花岗岩为磁铁矿系列，S 型花岗岩为钛铁矿系列”成因类型相吻合。微量元素 Rb/Li、Rb/Sr 比值参数值既有 I 型花岗的特点，又有 S 型花岗岩的特征。δEu 值多在 0.5～0.77 的区间内变化。

S 型花岗岩的岩石类型以二长花岗岩、钾长花岗岩为主，岩石化学成分上（Al/Na+K+12Ca）>1.1，Na_2O<3.38%，K_2O>Na_2O，标准矿物计算刚玉分子一般大于 1%，透辉石分子少见或不出现。副矿物种类多，均有榍石出现，变质矿物含量高，锆石颜色浅。W、Zn、Hf 等微量元素和稀土元素含量高，δEu 值小，多在 0.17～0.32 之间或小于 0.6。

（二）成岩温度与压力

将测区侵入岩样品的标准矿物成分投影在 Q-Ab-Or-H_2O 相关图解上（图 3-51），从图中可以看出，区内侵入岩的成岩温压从老至新由北而南分别如下：加里东期埃里斯特独立单元成岩温度为 780℃左右，成岩压力为 3kb（1kb=10^8Pa）左右，所以其成岩深度约 8～12km；白石岭超单元成岩温度为 750～800℃，初熔温度 700～750℃，成岩压力 2～3kb，形成深度为 25～30km；乌拉斯太那超单元成岩温度 700～750℃，成岩压力 1～2kb，推算其形成深度约 16～25km；胡晓钦独立单元成岩温度 780℃左右，成岩压力 3kb 左右，估算其成岩深度为 38～45km。华力西期肯得乌拉超单元成岩温度 700～750℃，成岩压力 1.2～3kb，推测形成深度为 8～10km；乌拉哈达丁独立单元成岩温度 730～760℃，成岩压力 1～2kb，其深度大致为 28～32km；特里喝姿超单元成岩温度 700～750℃，成岩压力为 1.5～2kb，推算形成深度为 16～22km；海德郭勒超单元成岩温度 680～725℃，成岩压力为 1.2～2.3kb，形成深度为 13～

20km;布尔汗布达岩石组合成岩温度 750~800℃,成岩压力为 1.5~3kb,其形成深度为 18~25km。印支期波罗郭勒超单元成岩温度 650~750℃,成岩压力为 1.2~2kb,形成深度为 11~14km;八宝超单元成岩温度 700~780℃,成岩压力为 2~3kb,形成深度为 12~18km;喜马尕压超单元成岩温度 680~765℃,成岩压力为 2.5~3kb,形成深度为 15~17km;呀勒哈特独立单元成岩温度 700~780℃,成岩压力为 2~3kb,其形成深度为 10~16.5km。燕山期注斯愣超单元成岩温度 700~790℃,成岩压力为 1~3kb,推测其形成深度为 8~12km;扎日加超单元成岩温度为 750℃左右,成岩压力为 0.5kb 左右,估算形成深度为 6~9km。

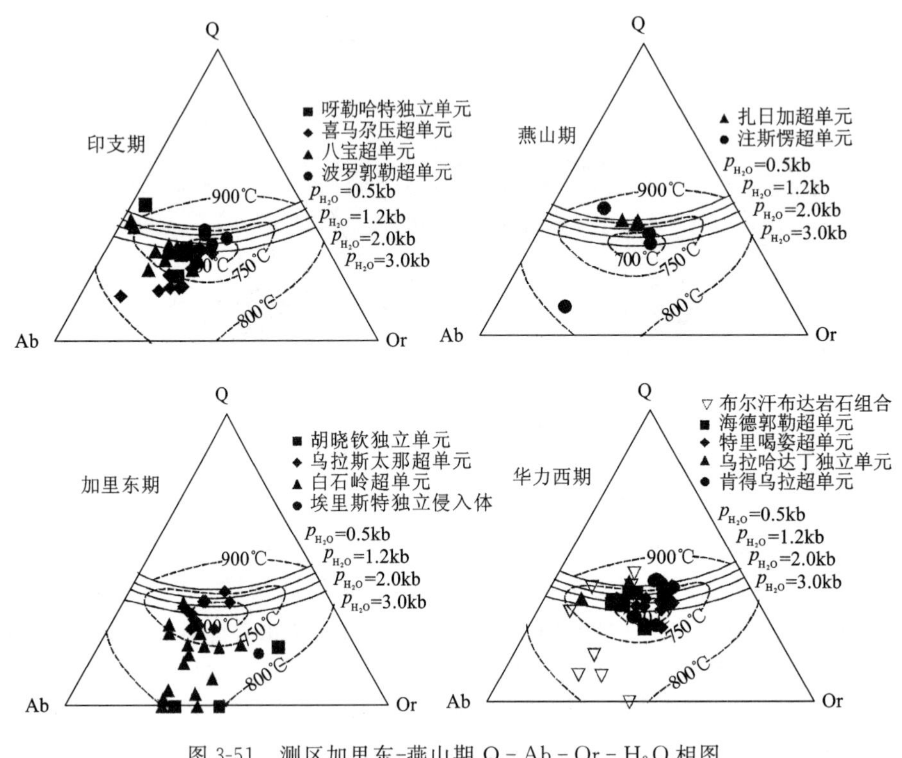

图 3-51 测区加里东-燕山期 Q-Ab-Or-H_2O 相图

(三)侵入岩成岩物质来源讨论

测区侵入岩物质来源有 3 种,分别讨论如下。

1. 来源于上地幔

这类侵入岩包括本章第一节中论述的镁铁质岩和超镁铁质岩,主要依据如下:

(1) 该类岩体是地幔残余型成因类型,也包括部分岩浆结晶分异成因类型。具地幔岩石学、岩石化学、副矿物、微量元素、稀土元素特征。

(2) 这些岩体与围岩多是"冷"侵位接触,说明其形成深度大,推测约 80km 以上。

2. 来源于壳幔和下地壳

该类侵入岩出露广泛,测区约 95%以上的侵入体属于此类,主要依据如下:

(1) 这类侵入岩在 A-C-F 图解上落入 I 型花岗岩范围或 I 型与 S 型花岗岩分界线的两侧,具 I 型或 I-S 型花岗岩的岩石学、岩石化学、副矿物、微量元素、稀土元素特征。

(2) 含较多的深源包体。

(3) 推测区内莫霍面深度约 82km,区内地层厚度为 30~40km,而这些单元、超单元形成深度大,为 15~45km,也就是说,其物源主要来自下地壳或更深的地方。

3. 来源上地壳

该类侵入岩包括埃里斯特独立侵入体、肯得乌拉超单元、扎日加超单元，依据如下：

(1) 这类侵入岩在 A－C－F 图解上落入 S 型花岗岩区，具 S 型花岗岩的岩石学、副矿物、岩石地球化学特征。

(2) 侵入岩形成深度大多小于 12km，是沉积岩源岩部分熔融形成花岗岩浆上侵所致。

从 A/MF－C/MF 图(图 3-52)中，区内加里东期侵入岩 99% 的投点落入变火成岩部分熔融区，华力西期除一个点偏差外，其余投影点均位于变杂砂岩部分熔融区间中。印支期则变化于变杂砂岩部分熔融区与变火成岩部分熔融区之间，这可能与围岩及当时的地质背景有关。燕山期花岗岩类成分点全部落入变杂砂岩部分熔融区内。由此表明，测区各岩浆旋回物源频繁交替变化于变杂砂岩部分熔融和变火成岩部分熔融之间，可能与当时各地的基底岩性变化及构造作用有关。

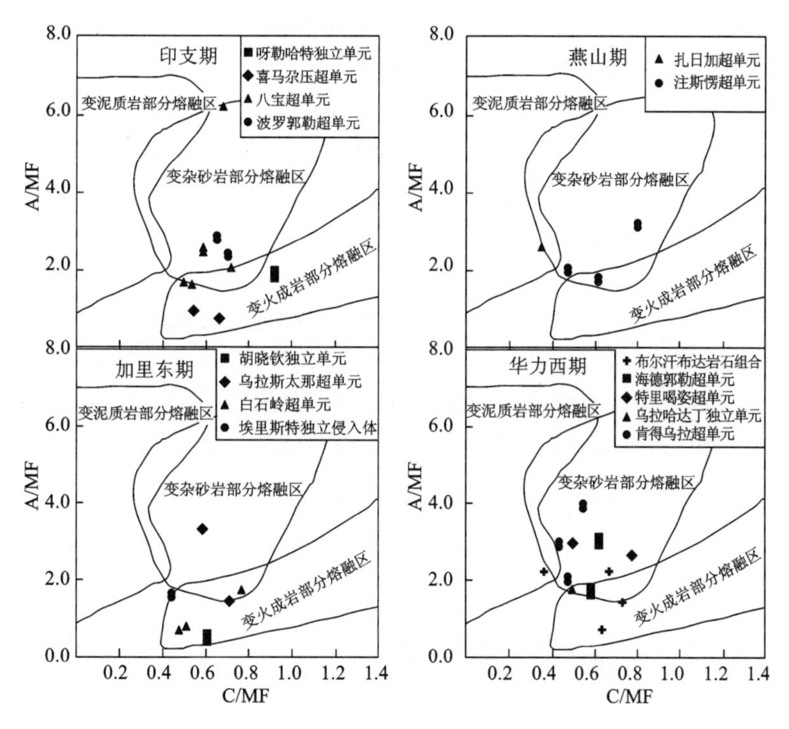

图 3-52　测区加里东-燕山期侵入岩 A/MF－C/MF 图解

(据 Taylor,1978)

第三节　火山岩

测区火山活动较强烈，自早古生代至晚三叠世均有不同程度、不同类型的火山活动，火山岩与板块构造的关系密切，其中以早古生代纳赤台群及晚三叠世鄂拉山组发育较好，火山岩岩石类型齐全，出露面积较大。不同时代火山岩主要特征简述如下。

一、早古生代纳赤台群火山岩

测区早古生代纳赤台群火山岩为早古生代纳赤台群的主要组成部分，主要分布在东昆中早古生代构造混杂岩带和东昆南早古生代构造混杂岩带内，火山岩出露面积较大，其中尤以哈图和诺木洪郭勒出露最好，厚度较大，岩石组合较齐全。

根据岩石组合，纳赤台群可分为变碎屑岩组合［(O—S)N^{d}］、变火山碎屑岩组合［(O—S)N^{v}］、玄武岩组合、中基性火山熔岩组合［(O—S)$N^{\alpha\beta}$］、超镁铁质岩组合［(O—S)N^{Σ}］和碳酸盐岩组合($Pz_1 N^{Ca}$)。不同组合中都有火山岩的分布。根据不同类型火山岩的分布可划分为两个不同的火山岩带，即北部以玄武岩为主，南部火山岩较复杂，包括有玄武岩、中基性火山熔岩、变火山碎屑岩等。其中变火山碎屑岩组合较少，主要出现于诺木洪郭勒纳赤台群的南侧，在空间上与中基性火山熔岩组合相伴出现。为阐述方便，这里我们将变火山碎屑岩组合和中基性火山熔岩组合统称为变火山岩组合。以下分玄武岩组合和变火山岩组合分别进行说明。

1. 地质特征

1）玄武岩组合

测区纳赤台群玄武岩组合分布于东昆中构造混杂岩带和东昆南早古生代构造混杂岩带内，主要出露于诺木洪郭勒、哈图一带。玄武岩组合中火山岩出露的厚度较大，火山岩主要由玄武岩组成，玄武岩枕状构造清楚，不同大小的枕壳为隐晶质—玻璃质物质，颜色较深，为灰黑色，向内结晶程度有所提高。基质中明显可见斜长石及辉石微晶，斑晶可见辉石、橄榄石。有些岩枕可见同心圆状裂纹及放射状裂纹。AP1 剖面上，该套玄武岩具强烈的构造变形，发育多条强劈理化带，玄武岩大多已形成玄武质糜棱岩或玄武质初糜棱岩，有时隐约可见类似于枕状构造，但由于劈理化而不清楚。

2）变火山岩组合

变火山岩组合主要见于诺木洪郭勒，位于玄武岩组合的南侧，与前者呈断层接触。岩石组合较复杂，除火山岩外，还有硅质岩、灰岩、凝灰岩、碎屑岩等以夹层或互层的形式存在，岩石变形变质较强。火山岩岩石类型复杂，熔岩和火山碎屑岩均较发育，岩石组合主要为玄武岩、粗面安山岩、玄武质粗面安山岩、玄武安山岩、安山岩、英安岩，及各种类型凝灰岩、火山角砾岩。岩石蚀变、片理化强烈，斑晶矿物成分已大部分蚀变成绿泥石、绿帘石。

2. 岩石学特征

1）玄武岩组合

岩石类型主要为玄武岩，少量火山碎屑岩。玄武岩多为斑状结构，基质结构较复杂，靠近岩枕边部，基质为骸晶结构，隐晶质—玻璃质结构。向内基质结晶程度增高，从拉斑玄武结构—辉绿结构—嵌晶含长结构。斑晶矿物主要为辉石、斜长石。凝灰岩多为玻屑凝灰岩，玻屑常具定向排列。

玻基玄武岩 玻基斑状结构。斑晶含量 3%～20%，主要由辉石、斜长石组成；基质主要由隐晶质、玻璃质物质组成。岩石具一定程度脱玻化，形成骸晶状、篱束状斜长石微晶，重结晶不好者常可见球粒状长英质集合体。岩石中可见气孔，多呈椭球状。

玄武岩 斑状结构。基质具间粒间隐结构、球粒结构；斑晶 5%，成分以辉石为主。基质结晶较差，多为隐晶质。可见斜长石微晶，排列无一定方向性，中间充填有辉石小微晶及隐晶—玻璃质。

粗玄岩 斑状结构、嵌晶含长结构、基质辉绿结构、粗玄结构。斑晶 5%，成分主要为辉石；基质主要由长条状斜长石微晶和辉石等组成。斜长石自形程度较好，多为长条状自形晶，排列无一定方向性，形成三角架，架中充填一颗或几颗辉石颗粒及一些金属矿物。岩石中尚见有绿色的蚀变矿物，多色性不明显，干涉色低，呈叶片状集合体，其尚保留了原矿物的等轴状外形，推测其原矿物应为橄榄石。在野外露头上枕状构造清楚，故应为玄武岩。

全蚀变中基性火山质糜棱岩 岩石为灰绿色，糜棱结构、残余斑状结构，平行构造，岩石由原斑晶和基质两部分组成。暗色矿物完全被阳起石取代，连基质也同样被蚀变矿物交代。基质呈定向排列，各方向不规则裂隙有的也具大致定向，或呈放射状与弯曲不规则状等。之后，再次遭受脆性断裂位错切割，其中充填石英、绿帘石及后一期的阳起石纤状变晶，这些反复叠加的构造变动及蚀变作用，使原岩仅能大致恢复为中基性火山岩。碎斑大小为 0.25～0.4mm，碎基已无法测其粒径。碎斑 15%(斜长石

10%、暗色矿物5%)，碎基65%[以次闪石为主，占40%，绿帘石(蚀变的斜长石)25%]，裂隙充填物(石英、绿帘石、次闪石)20%。

强蚀变玄武质糜棱岩　残余嵌晶含长结构、糜棱结构，定向构造。岩石主要由斜长石、单斜辉石及蚀变矿物组成。其中斜长石半自形板条状轮廓虽可见，但粒内应变有的具粒内微裂隙或呈不规则集合体状，少数颗粒测得斜长石牌号为An=56—60，为拉长石。暗色矿物主要为单斜辉石，均呈被拉长的透镜状、眼球状碎斑和碎基，并且已完全被纤闪石替换，仅保留假象。碎斑50%[斜长石(多蚀变)24%、辉石(已蚀变)26%]，碎基35%[斜长石13%、辉石(已蚀变)20%、磁铁矿2%]，裂隙充填物(次闪石、绿帘石、石英、方解石等)15%。

2) 变火山岩组合

变火山岩组合蚀变较强，岩石类型复杂，除火山岩外，还有沉积岩夹层等。火山岩岩石类型主要有蚀变玄武岩、蚀变安山岩、英安岩及各种类型的火山碎屑岩。

蚀变玄武岩　斑状结构，基质间粒间隐结构，斑晶15%～20%，成分主要为辉石。斑晶矿物多为自形晶，为短柱状晶形，蚀变较强，一般从边部和沿解理面进行，少数见明显的双晶，斜消光，最高干涉色二级蓝绿。基质主要由细小的斜长石微晶和隐晶质、绿泥石等组成。岩石中气孔、杏仁体较发育。

强蚀变安山岩　变余斑状结构，基质变余安山结构，碎裂构造。岩石经强烈的硅化及较强的碎裂作用，原岩已有很大改变。岩石经碎裂作用，碎成几大块，但位移不大，结构尚保留下来。暗色矿物斑晶已全部绿泥石化、褐铁矿化。斑晶斜长石强烈破碎、硅化和绢云母化。基质主要为黑云母化，鳞片状；斜长石微晶部分被保留下来。

英安岩　斑状结构，基质安山结构，杏仁状构造。斑晶35%，成分主要为斜长石。斜长石大小相差较大，多呈板条状自形晶，具有较强的泥化、绢云母化，聚片双晶发育。基质主要由毛毡状小微晶和隐晶质的斜长石、绿泥石，石英及不透明矿物组成。

粗面安山岩　斑状结构，基质间片间隐结构，斑晶5%～10%，成分主要为斜长石。基质由斜长石微晶和绿泥石、隐晶质等物质组成。斑晶斜长石呈宽板状自形晶，聚片双晶发育。基质由板条状斜长石微晶和绿泥石、隐晶质物质、铁质组成。

灰绿色安山质火山角砾岩　火山角砾结构，火山角砾占70%，角砾大小混杂，成分以安山岩为主。火山角砾间充填物见有安山质的岩屑、斜长石晶体以及安山质熔岩。晶屑的成分主要为斜长石，排列大致定向，岩屑成分与火山角砾相近，最后由安山质熔岩胶结起来。熔岩具明显的流动构造，矿物排列大致定向。

含火山角砾晶屑凝灰岩　含火山角砾晶屑凝灰结构，岩石中含有10%的火山角砾，火山角砾多不规则，呈飘带状等，成分为霏细岩。碎屑物以晶屑为主，30%～40%，成分主要为斜长石，大小0.5～2mm，颗粒表面有裂纹，聚片双晶可见。胶结物主要为火山灰，单偏光下呈土状集合体，正交偏光镜下局部略具光性，具一定程度的重结晶。

玄武岩质熔结凝灰岩　岩屑凝灰结构，弱定向构造。碎屑物以岩屑为主，少量斜长石晶屑，岩屑的成分多为玄武岩，晶屑成分主要为斜长石。填隙物主要由玄武质熔岩及绿泥石组成，玄武质熔岩中斜长石微晶多结晶较好。该岩石火山碎屑与填隙物成分相差不大，且火山碎屑具塑性形变，反映形成时温度较高，所以该岩石为靠近火山口附近的岩石。

灰绿色安山质晶屑凝灰岩　晶屑凝灰结构，块状构造，碎屑物成分主要为晶屑，少量岩屑、浆屑。晶屑(85%)成分主要为斜长石，聚片双晶常见。岩屑(10%)成分主要为安山岩，少量燧石类岩屑。浆屑(5%)外形呈不规则的火焰状等，脱玻化不强。胶结物主要为细小的火山灰尘，单偏光下略带绿色，正交偏光镜下基本无光性。碎屑物80%，胶结物20%。

3. 地球化学特征

对玄武岩组合和变火山岩组合火山岩进行了物质成分的测定。通过研究发现，不同的火山岩组合在物质成分上具有明显的差异，同时在形成时代上也存在一定的差别。

玄武岩组合

1）岩石化学特征

玄武岩组合火山岩的岩性基本为玄武岩，其岩石化学分析结果见表 3-55。SiO_2 含量较低，47.76%～53.00%，Al_2O_3 含量低，11.52%～14.06%，MgO 低而 $\sum FeO$ 高，MgO＝4.06%～8.13%，$\sum FeO$＝8.31%～12.98%，K_2O+Na_2O 含量低，alk＝2.25%～4.93%。玄武岩 SI＝21.55%～36.94%，反映岩浆的演化程度不高。在 SiO_2 -(K_2O+Na_2O)图（图 3-53）中纳赤台群玄武岩组合中的玄武岩一个样品落在碱性的 S1 区，为粗面玄武岩外，其他所有样品均落在 B 区，为亚碱性的玄武岩。亚碱性的玄武岩在 A－F－M 图（图 3-54）中除个别点外，均落在拉斑玄武岩区，反映本区纳赤台群玄武岩组合中的玄武岩为拉斑玄武岩。

表 3-55　早古生代纳赤台群玄武岩岩石化学分析结果　　（%）

样品号	岩石名称	SiO_2	TiO_2	Al_2O_3	Fe_2O_3	FeO	MnO	MgO	CaO	Na_2O	K_2O	P_2O_5	H_2O^+	CO_2	Σ
$AP_9$1－1	玄武安山岩	53.00	1.30	13.69	3.17	6.10	0.11	4.23	6.25	4.55	0.38	0.13	3.45	3.40	99.76
$AP_9$3－1	玄武岩	51.14	1.12	13.61	0.27	9.18	0.18	5.48	10.53	3.19	0.21	0.11	2.48	1.93	99.43
$AP_9$4－1	粗玄岩	48.80	1.00	13.46	3.94	7.77	0.19	8.04	10.44	2.78	0.44	0.10	2.71	0.11	99.78
$AP_9$6－1	玄武岩	48.06	1.05	13.45	1.96	9.53	0.20	8.13	8.97	2.90	0.22	0.10	3.40	1.81	99.78
$AP_9$8－1	玄武岩	50.42	1.09	12.23	2.40	9.07	0.18	7.39	10.23	3.81	0.05	0.10	2.40	0.34	99.71
$AP_9$9－1	玄武岩	48.61	1.06	13.39	1.88	8.68	0.19	7.41	12.57	2.65	0.30	0.10	2.76	0.19	99.79
$AP_9$13－1	玄武岩	48.60	1.21	13.53	2.61	10.20	0.23	6.87	11.41	2.30	0.37	0.11	2.30	0.04	99.78
$AP_9$15－1	粗玄岩	49.07	1.00	14.06	1.62	9.35	0.19	7.65	12.58	2.06	0.19	0.08	1.88	0.07	99.80
$AP_9$17－1	玄武岩	48.59	1.33	13.43	2.67	10.58	0.22	7.34	9.03	2.56	0.95	0.12	2.48	0.11	99.41
$AP_9$26－1	微晶玄武岩	47.76	0.73	11.52	3.59	5.08	0.14	4.41	18.38	4.04	0.11	0.06	2.26	1.71	99.79
2AP_7GS2－1①	玄武岩	50.07	1.51	13.50	3.30	9.33	0.20	6.99	10.61	2.20	0.38	0.14	0.32	2.38	100.93
2AP_7GS8－1①	枕状玄武岩	48.09	1.54	13.12	2.87	10.86	0.22	6.70	11.22	2.34	0.28	0.14	0.28	2.63	100.29
2AP_7GS8－2①	枕状玄武岩	48.29	1.26	13.59	2.33	10.69	0.22	6.73	10.57	2.55	1.01	0.14	0.32	2.91	100.61
2AP_7GS48－2①	玄武岩	48.27	1.10	13.95	1.91	9.92	0.20	7.36	11.57	2.29	0.70	0.16	0.32	2.66	100.41
2BGS307－2①	粗面玄武岩	50.28	1.05	18.05	2.80	6.34	0.19	4.06	5.55	3.45	2.47	0.32	0.28	6.13	100.97

注：①资料来源于海德郭勒幅等 8 幅 1∶5万区调报告，其他为本次实测，测试单位为湖北省地质实验研究中心。

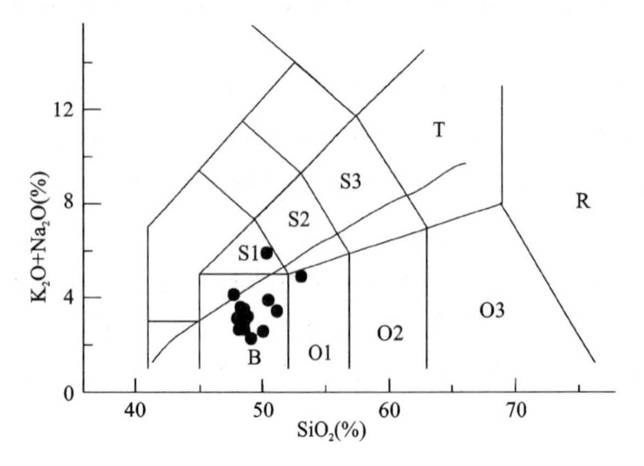

图 3-53　纳赤台群玄武岩组合 SiO_2 -(K_2O+Na_2O)图

B. 玄武岩；O1. 玄武安山岩；S1. 粗面玄武岩；S2. 玄武质粗面安山岩

（据 Bas 等，1986；IUGS，1989；图中碱性亚碱性界线据 Irvine and Baragar，1971）

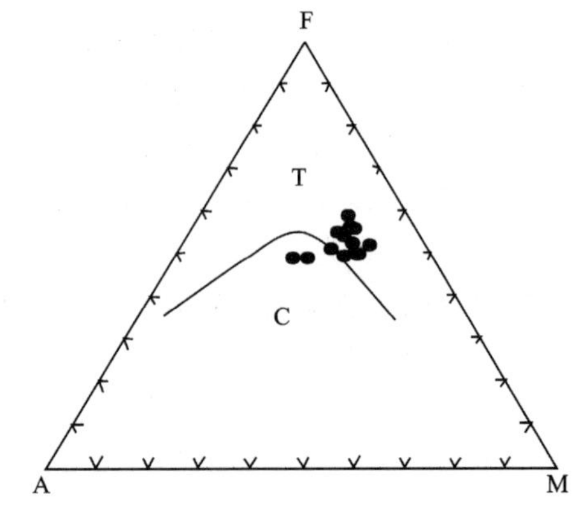

图 3-54　纳赤台群玄武岩组合 A－F－M 图

（据 Irvine 等，1971）

2）稀土元素特征

本区纳赤台群玄武岩组合火山岩的稀土元素分析结果见表 3-56。玄武岩稀土总量较低，$\sum REE=(37.49 \sim 69.15)\times10^{-6}$，$LREE=(15.58\sim30.21)\times10^{-6}$，$HREE=(21.91\sim39.31)\times10^{-6}$，LREE/HREE=0.71～0.96，轻、重稀土分馏不明显，$(La/Lu)_N=1.14\sim1.73$，$(La/Y)_N=1.14\sim1.83$，$\delta Eu=1.00\sim1.31$，Eu 正异常不太显著，其稀土配分曲线（图 3-55）为平坦型，无轻稀土富集或亏损，与正常洋中脊拉斑玄武岩稀土配分曲线相近。

表 3-56 纳赤台群玄武岩组合中玄武岩稀土元素分析结果 （$\times10^{-6}$）

样品号	岩石名称	La	Ce	Pr	Nd	Sm	Eu	Gd	Tb	Dy	Ho	Er	Tm	Yb	Lu	Y
AP$_9$1-1	玄武岩	4.47	11.35	1.84	8.73	2.44	1.01	3.68	0.63	4.24	0.87	2.53	0.41	2.59	0.41	23.95
AP$_9$3-1	玄武岩	4.31	10.91	1.61	7.29	1.92	0.88	2.86	0.48	3.16	0.62	1.80	0.29	1.73	0.28	16.75
AP$_9$4-1	粗玄岩	3.49	8.16	1.34	6.34	1.73	0.83	2.73	0.48	3.33	0.66	1.93	0.30	1.91	0.31	17.34
AP$_9$6-1	玄武岩	3.87	8.41	1.36	6.19	1.72	0.83	2.76	0.46	3.14	0.64	1.83	0.30	1.91	0.30	17.29
AP$_9$8-1	玄武岩	5.35	10.83	1.53	6.84	1.83	0.83	2.86	0.51	3.36	0.67	2.00	0.32	2.03	0.32	17.91
AP$_9$9-1	玄武岩	3.81	9.26	1.37	6.36	1.61	0.86	2.78	0.46	3.18	0.62	1.76	0.27	1.72	0.28	16.15
AP$_9$13-1	玄武岩	3.99	9.04	1.51	7.09	1.87	1.04	2.94	0.51	3.48	0.68	1.99	0.31	1.93	0.32	18.31
AP$_9$15-1	粗玄岩	3.19	7.51	1.31	5.42	1.56	0.81	2.50	0.44	2.96	0.60	1.60	0.27	1.67	0.28	15.26
AP$_9$17-1	玄武岩	4.47	12.32	1.74	8.33	2.24	1.11	3.63	0.59	4.09	0.82	2.40	0.38	2.40	0.38	22.34
AP$_9$26-1	微晶玄武岩	2.52	5.80	0.99	4.22	1.43	0.62	2.15	0.36	2.48	0.47	1.40	0.22	1.39	0.21	13.23
2AP$_7$2-1①	玄武岩	13.50	22.00	0.60	13.20	4.50	1.12	4.40	0.73	4.70	1.21	3.00	0.56	3.25	0.48	29.00
2AP$_7$48-2①	玄武岩	15.00	25.00	1.50	14.00	5.40	1.10	4.70	1.07	4.70	1.20	3.00	0.58	3.40	0.72	31.00

资料来源：①海德郭勒幅等 8 幅 1∶5万区调报告，其他为本次实测，测试单位为湖北省地质实验研究中心。

3）微量元素特征

玄武岩组合的微量元素分析结果及 MORB 标准化值见表 3-57。微量元素 MORB 标准化蛛网图见图 3-56。从表、图中可以看出，玄武岩中活动性较强的大离子亲石元素（如 Rb、Ba、Th 等）富集，活动性不强的高场强元素（如 Ce、Zr、Hf、Y 等）接近于 MORB，比值接近于 1，活动性较强的元素在部分熔融时易进入岩浆而使其丰度增加，不活动的元素只有在部分熔融程度较高时才进入熔体。从玄武岩微量元素蛛网图看，其分布形式与洋中脊玄武岩的分布形式相类似，接近于大洋中脊玄武岩或亚丁湾玄武岩。

表 3-57 纳赤台群玄武岩组合中玄武岩微量元素分析结果 （$\times10^{-6}$）

样品号	岩石名称	Co	Ni	Cu	Cr	Sr	Rb	Hf	Zr	Nb	Th	Pb	Ta	Ba
AP$_9$1-1	玄武岩	29.00	41.00	156.60	90.80	181.00	10.40	2.50	82.10	3.80	0.50	3.80	0.50	314.00
AP$_9$3-1	玄武岩	35.20	71.40	138.40	174.40	196.00	11.40	2.30	78.40	4.10	0.50	14.00	0.50	137.00
AP$_9$4-1	粗玄岩	46.00	103.20	136.70	238.60	225.00	26.00	2.10	72.20	4.40	0.50	14.10	0.50	174.00
AP$_9$6-1	玄武岩	45.20	93.90	134.00	201.90	244.00	11.20	2.20	69.70	4.30	0.50	19.40	0.50	120.00
AP$_9$8-1	玄武岩	44.20	84.10	119.70	158.90	89.00	3.00	2.00	80.40	4.40	0.50	13.10	0.50	45.00
AP$_9$9-1	玄武岩	40.00	99.30	147.80	220.20	273.00	21.70	2.30	71.30	4.20	0.60	17.00	0.50	124.00
AP$_9$13-1	玄武岩	45.50	83.60	147.00	110.40	207.00	27.00	2.50	85.20	4.80	0.70	14.60	0.50	154.00
AP$_9$15-1	粗玄岩	42.30	79.70	136.60	127.60	152.00	9.80	1.80	73.00	4.20	0.50	10.90	0.50	65.00
AP$_9$17-1	玄武岩	45.10	71.20	167.00	121.60	176.00	83.70	2.90	92.70	5.30	0.50	35.80	0.50	174.00
AP$_9$26-1	微晶玄武岩	37.30	136.50	86.70	264.00	266.00	3.40	2.00	51.30	3.90	0.50	13.70	0.50	108.00

测试单位为湖北省地质实验研究中心。

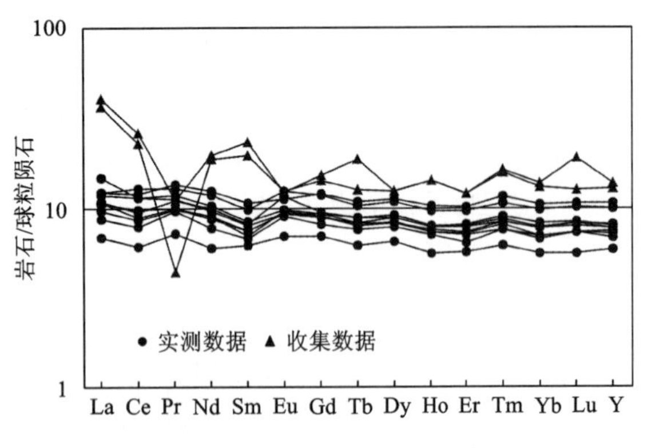

图 3-55　玄武岩组合稀土配分曲线图

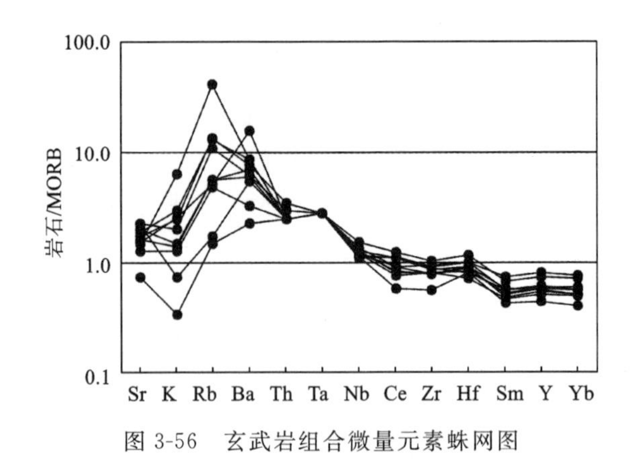

图 3-56　玄武岩组合微量元素蛛网图

变火山岩组合

变火山岩组合岩石组合较复杂，岩石类型主要有玄武岩、安山岩、英安岩等，各岩石类型遭受了较强的蚀变和低级变质作用，其岩石成分特征与玄武岩组合的火山岩有明显差异。

1）岩石化学特征

变火山岩组合岩石化学分析结果见表 3-58。SiO_2 成分变化较大，从 46.75%～63.65%；TiO_2 含量变化也较大，从 0.37%～1.61%；Al_2O_3 含量高，8.93%～19.31%；MgO＝1.98%～11.01%；全碱 alk＝2.50%～7.54%，反映既有亚碱性，又有碱性。在 SiO_2 -(K_2O＋Na_2O)图(图 3-57)中投点较分散，岩石类型主要为玄武岩、粗面玄武岩、玄武质粗面安山岩、玄武安山岩、安山岩、英安岩，同时，火山岩的碱度也有很大差异，既有碱性系列，又有亚碱性系列，亚碱性系列岩石在 A－F－M 图(图 3-58)中大部分样品落在钙碱性系列区。

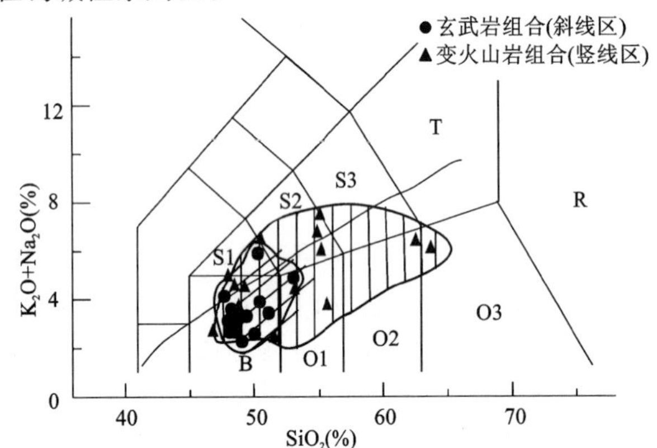

图 3-57　变火山岩组合 SiO_2 -(K_2O＋Na_2O)图及与玄武岩组合对比

B. 玄武岩；O1. 玄武安山岩；O2. 安山岩；O3. 英安岩；R. 流纹岩；

S1. 粗面玄武岩；S2. 玄武质粗面安山岩；S3. 粗面安山岩；T. 粗面岩

(据 Bas 等，1986；IUGS，1989)

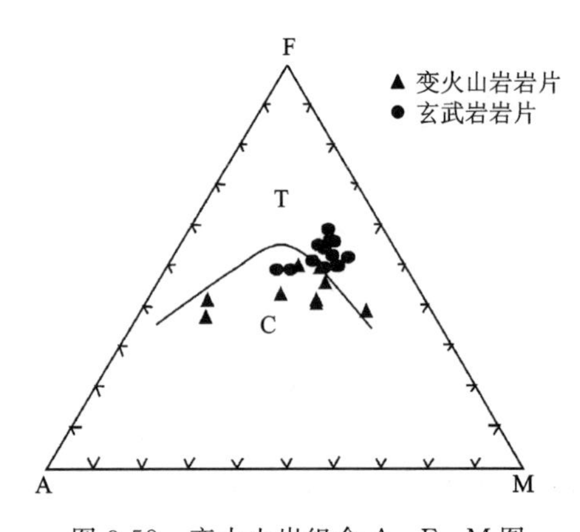

图 3-58　变火山岩组合 A－F－M 图

及与玄武岩组合对比

(据 Irvine 等，1971)

T. 拉斑玄武岩系列；C. 钙碱性系列

2）稀土元素特征

变火山岩组合稀土元素分析结果见表 3-59。变火山岩组合的稀土总量较玄武岩组合的高，∑REE＝(62.03～292.82)×10^{-6}，随岩石酸度及碱度的增加，稀土总量增加。轻稀土较富集，LREE＝(44.75～266.16)×10^{-6}，重稀土含量较低，HREE＝(11.42～61.10)×10^{-6}。轻、重稀土分馏明显，LREE/HREE＝1.73～9.98。除个别样品 δEu＞1 外，多数样品 δEu＜1，平均为 0.87，具轻微的 Eu 负异常。其稀土配分曲线(图 3-59)表现为明显右倾的轻稀土富集型，随 SiO_2 的增加，稀土总量增

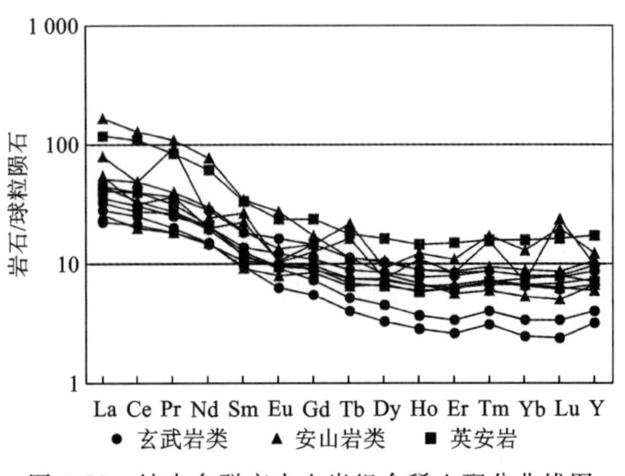

图 3-59　纳赤台群变火山岩组合稀土配分曲线图

高，配分曲线位于上部，总体与岛弧火山岩稀土配分曲线相近。从稀土配分形式上看，玄武岩组合与变火山岩组合具有明显的差异，玄武岩组合中玄武岩的配分曲线均为平坦型，而变火山岩组合样品的稀土配分曲线均为向右倾的轻稀土富集型，反映两者间在岩浆来源及形成环境等方面存在一定的差异。

表 3-58　纳赤台群变火山岩组合岩石化学分析结果　(%)

样品号	岩石名称	SiO_2	TiO_2	Al_2O_3	Fe_2O_3	FeO	MnO	MgO	CaO	Na_2O	K_2O	P_2O_5	H_2O	CO_2	Σ
$AP_{12}13-2$	玄武岩	48.54	0.84	16.37	1.40	7.35	0.15	7.68	8.33	3.71	0.83	0.19	3.72	0.41	99.52
$AP_{12}16-1$	玄武岩	46.75	0.42	9.60	4.01	5.15	0.17	11.01	13.97	2.17	0.69	0.13	2.19	3.40	99.66
$AP_{12}16-2$	蚀变玄武岩	48.62	0.37	8.93	5.44	4.16	0.20	7.23	16.08	3.29	0.25	0.14	1.81	3.48	99.99
$AP_{12}24-1$	玄武质粗面安山岩	54.86	0.95	15.73	0.76	5.30	0.10	3.58	5.34	4.18	2.62	0.20	2.86	3.26	99.74
$AP_{12}31-1$	安山岩	62.43	0.97	15.59	0.65	5.43	0.13	1.98	3.74	3.90	2.63	0.38	1.80	0.11	99.74
$AP_{12}37-1$	玄武岩	49.28	1.23	16.02	1.75	6.58	0.15	7.55	9.14	2.61	1.94	0.20	2.93	0.37	99.75
$AP_{12}41-1$	玄武安山岩	53.05	0.65	15.30	1.46	5.35	0.12	4.40	7.22	3.77	0.72	0.19	3.62	3.93	99.78
$AP_{12}49-1$	玄武质粗面安山岩	50.54	0.70	19.31	0.78	9.02	0.12	3.86	2.89	5.68	0.94	0.16	4.13	1.68	99.81
$AP_{12}61-1$	英安岩	63.65	0.46	15.04	1.75	3.20	0.12	1.98	3.17	4.84	1.31	0.16	2.23	1.91	99.82
$AP_{12}68-2$	粗面玄武岩	47.89	0.80	18.62	1.31	9.58	0.18	6.14	2.98	4.01	1.02	0.26	5.29	1.68	99.76
2BGS122－1①	玄武质粗面安山岩	55.12	1.61	16.23	1.40	5.45	0.10	2.99	4.38	4.19	1.85	0.46	0.18	6.29	100.25
$IP_{11}GS12-1$①	玄武质粗面安山岩	55.01	0.51	14.74	4.70	0.82	0.09	2.63	8.29	7.25	0.29	0.09	0.01	6.33	100.76
$T_{13}GS6$①	玄武安山岩	55.36	0.71	15.93	2.30	6.93	0.15	5.16	5.68	3.28	0.54	0.14	0.01	3.55	99.74
$IP_{11}GS9-1$①	玄武岩	51.49	0.63	14.87	2.44	5.03	0.13	4.91	12.96	1.60	0.90	0.11	0.01	4.80	99.88

资料来源：①据海德郭勒幅等8幅1∶5万区调报告，其他为本次实测，测试单位为湖北省地质实验研究中心。

表 3-59　变火山岩组合稀土元素分析结果　($\times 10^{-6}$)

样品号	岩石名称	La	Ce	Pr	Nd	Sm	Eu	Gd	Tb	Dy	Ho	Er	Tm	Yb	Lu	Y
$AP_{12}13-1$	变玄武岩	8.24	20.33	2.53	10.35	2.43	0.87	2.70	0.44	2.80	0.55	1.57	0.25	1.59	0.24	14.15
$AP_{12}13-2$	玄武岩	13.11	29.79	3.45	14.43	3.18	1.07	3.33	0.52	3.25	0.65	1.99	0.31	1.95	0.30	18.35
$AP_{12}16-1$	玄武岩	11.95	26.47	3.63	13.90	2.78	0.80	2.26	0.30	1.72	0.31	0.84	0.14	0.83	0.13	8.31
$AP_{12}16-2$	蚀变玄武岩	10.39	24.06	2.76	10.67	2.18	0.55	1.68	0.23	1.23	0.24	0.65	0.11	0.61	0.09	6.58
$AP_{12}24-1$	粗面安山岩	18.85	46.39	5.52	21.01	4.39	1.17	4.49	0.65	3.99	0.76	2.15	0.34	2.21	0.33	22.34
$AP_{12}31-1$	英安岩	43.52	104.60	11.43	44.11	7.76	2.06	7.16	1.03	6.24	1.25	3.70	0.57	3.91	0.63	36.61
$AP_{12}37-1$	玄武岩	16.55	38.47	5.07	20.00	4.20	1.42	4.45	0.65	3.97	0.75	2.07	0.31	1.98	0.30	20.65
$AP_{12}41-1$	安山岩	16.16	31.80	3.80	14.67	2.89	0.81	2.98	0.44	2.82	0.56	1.65	0.26	1.67	0.26	15.81
$AP_{12}49-1$	玄武质粗面安山岩	9.55	19.22	2.48	10.76	2.13	0.70	2.54	0.38	2.58	0.49	1.56	0.24	1.66	0.24	12.56
$AP_{12}61-1$	英安岩	15.17	37.87	4.31	15.19	2.63	0.81	2.78	0.40	2.48	0.51	1.51	0.25	1.86	0.30	14.81
$AP_{12}68-2$	玄武质粗面安山岩	62.18	123.50	14.98	55.25	7.89	2.36	5.33	0.65	3.12	0.59	1.42	0.21	1.30	0.19	13.85
2BREE122－1①	粗面安山岩	29.50	46.00	13.00	17.20	6.20	0.90	3.90	0.94	2.85	0.92	2.10	0.55	1.78	0.90	20.50
$2AP_8REE18-1$①	安山岩	20.00	30.00	5.00	14.20	5.10	0.93	4.40	1.25	3.45	1.05	2.70	0.62	3.20	0.76	26.00

资料来源：①海德郭勒幅等8幅1∶5万区调报告，其他为本次实测，测试单位为湖北省地质实验研究中心。

3）微量元素特征

变火山岩组合微量元素分析结果见表 3-60，微量元素 MORB 标准化蛛网图见图 3-60。变火山岩组合中火山岩大离子亲石元素 K、Rb、Ba、Th、Ta 等均较富集，比 MORB 高，同时其轻稀土 Ce 也较富集，重稀土及高场强元素亏损。其在蛛网图中一般只有一个峰值，常位于 Th 附近，而变火山岩组合中多数样品在 Rb 和 Th 附近存在两个峰值，Ba 略亏损，形成一个谷，同时由于 Ce 的富集，在 Ce 附近也形成一个峰，其蛛网图的分布样式与火山弧类型中智利火山岩相近，代表了火山弧的环境。

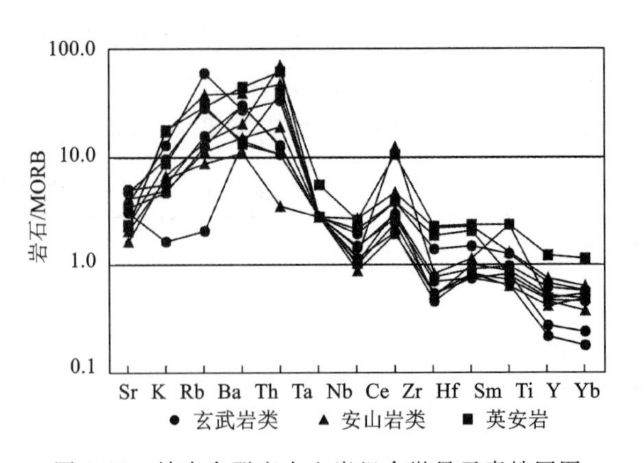

图 3-60　纳赤台群变火山岩组合微量元素蛛网图

表 3-60　变火山岩组合微量元素分析结果　（$\times10^{-6}$）

样品号	岩石名称	Co	Ni	Cu	Cr	Sr	Rb	Hf	Zr	Nb	Th	Pb	Ta	Ba
$AP_{12}13-1$	变玄武岩	35.90	64.60	72.20	89.60	555	55.90	2.00	42.20	4.00	2.10	18.70	0.50	284.00
$AP_{12}13-2$	玄武岩	28.50	102.60	47.00	240.80	594	31.60	2.20	69.40	5.10	2.50	13.30	0.50	606.00
$AP_{12}16-1$	玄武岩	56.00	248.00	24.70	946.10	401	24.90	1.80	62.70	5.20	2.60	21.40	0.50	595.00
$AP_{12}16-2$	蚀变玄武岩	34.60	157.70	47.90	645.50	362	4.20	1.80	49.70	3.50	2.10	20.60	0.50	265.00
$AP_{12}24-1$	粗面安山岩	16.70	13.50	13.10	80.60	278	74.10	5.50	196.20	9.50	9.60	15.40	0.50	773.00
$AP_{12}31-1$	英安岩	5.50	3.70	8.10	8.00	271	57.40	5.70	203.90	9.10	12.10	19.90	1.00	876.00
$AP_{12}37-1$	玄武岩	32.40	40.80	30.00	185.70	446	117.60	3.60	126.90	6.90	6.50	30.00	0.50	545.00
$AP_{12}41-1$	安山岩	17.30	16.50	57.50	33.70	490	22.40	2.40	46.30	3.70	3.80	17.60	0.50	298.00
$AP_{12}49-1$	玄武质粗面安山岩	20.00	8.70	138.70	19.10	246	17.40	2.00	48.30	3.10	0.70	2.20	0.50	221.00
$AP_{12}61-1$	英安岩	7.30	2.90	13.30	11.80	283	60.20	4.90	168.70	7.40	7.70	13.10	0.50	263.00
$AP_{12}68-2$	玄武质粗面安山岩	45.60	28.90	101.70	17.50	196	27.60	2.80	74.10	4.10	14.10	16.40	0.50	407.00

测试单位：湖北省地质实验研究中心，MORB 标准化值据 Pearce (1983)。

4. 构造环境分析

测区纳赤台群由玄武岩组合和变火山岩组合组成，不同的组合其火山岩在岩石化学、地球化学等方面存在着很大差异，反映它们形成的构造环境也不一样。在 $TiO_2-K_2O-P_2O_5$ 图（图 3-61）中，玄武岩组合的玄武岩绝大部分落在大洋区，为大洋拉斑玄武岩，而变火山岩组合的玄武岩及玄武质粗面安山岩样品则全部落在大陆区。在 La/10－Y/15－Nb/8 与构造环境关系图（图 3-62）中，玄武岩组合中的玄武岩样品大部分落在 3C 区，少数落在 2A 区，但也与 3C 区接近，为略富集的 E－MORB 型玄武岩，代表了洋中脊的构造环境，而变火山岩组合的玄武岩和玄武质粗面安山岩样品，主要落在 1A 区，为火山弧钙碱性玄武岩。在 TiO_2-FeO^*/MgO 与玄武岩构造环境关系图（图 3-63）中，玄武岩组合中的玄武岩绝大部分投点落在 MORB 区，为洋中脊玄武岩，而变火山岩组合的火山岩则投点较分散，但主要投在 IAT 和 CA 区，反映了其为岛弧拉斑玄武岩或火山弧钙碱性玄武岩。

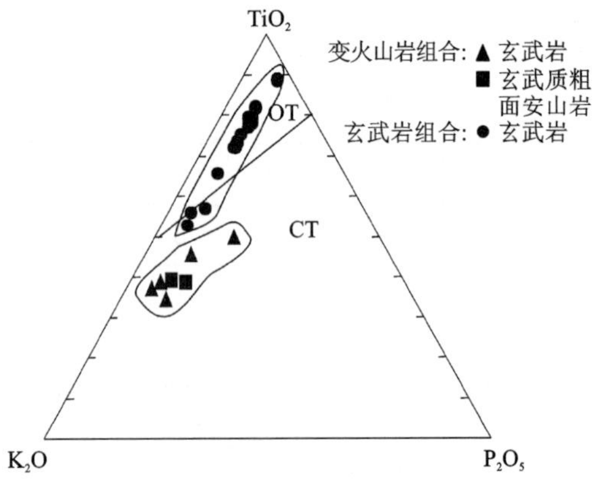

图 3-61　纳赤台群玄武岩 $K_2O-TiO_2-P_2O_5$ 图
（据 Pearce, 1975）
OT. 大洋拉斑玄武岩；CT. 大陆拉斑玄武岩

综上所述,测区早古生代火山岩有两种截然不同的火山岩类型,一种为典型的拉斑玄武岩,野外具典型的枕状构造,形成于拉张的洋中脊环境,玄武岩的稀土配分曲线为MORB所特有的平坦型,我们把它称为玄武岩组合;另一种类型为变质的火山岩,岩石组合较复杂,从基性到中酸性均有,其稀土配分曲线为特征的轻稀土富集型,形成于火山弧环境,主要为钙碱性火山岩,少量碱性火山岩。两者虽然在空间上相距不远,但代表了不同的构造环境,经历了构造的迁移和搬运。

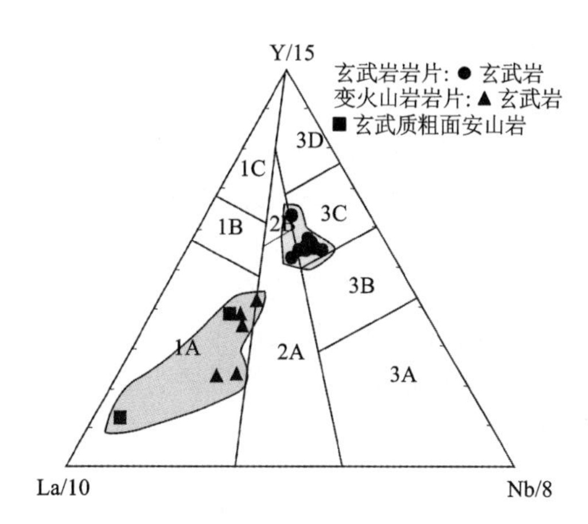

图 3-62　纳赤台群玄武岩 Y/15 - La/10 - Nb/8 图
(据 Cabanis 和 Lecolle,1989)
1. 火山弧:1A. 钙碱性玄武岩;1B. 过渡区;1C. 火山弧拉斑玄武岩;2. 大陆玄武岩:2A. 大陆玄武岩;2B. 弧后盆地玄武岩;3. 大洋玄武岩:3A. 陆内裂谷碱性玄武岩;3B、3C. E-型MORB(B 富集,C 略富集);3D. N-型 MORB

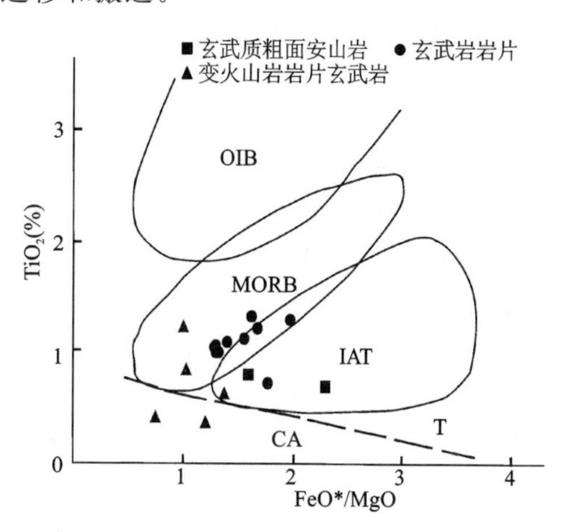

图 3-63　纳赤台群玄武岩 TiO_2 - FeO^* /MgO 图
(据 Miyashiro,1975)
OIB. 洋岛玄武岩;MORB. 洋中脊玄武岩;IAT. 岛弧拉斑玄武岩;CA. 钙碱性玄武岩

5. 地质年代学研究

前人曾测得玄武岩的 Sm - Nd 全岩等时线年龄为(884.1±37.6)Ma,把该套地层的时代定为中新元古代。中国地质科学院中法科考队在万保沟附近于万保沟群上部碳质页岩中发现小壳类化石,并测得块状玄武岩的 Rb - Sr 等时线年龄为(667±21)Ma,从而把万保沟群火山岩的时代定为晚震旦世—寒武纪。

我们对结晶较粗的玄武岩挑选了锆石,对其进行了目前较准确的锆石 SHRIMP U - Pb 定年。纳赤台群玄武岩组合$^{206}Pb/^{238}U$ 年龄的加权平均值为(419±5)Ma,代表了玄武岩组合形成时的结晶年龄。变火山岩组合中玄武岩的锆石 U - Pb 数据不太好,从 939～200Ma,根据两个年龄相近的锆石同位素年龄值进行平均,得到近似年龄值为(401±6)Ma,可以作为该组合年龄的参考值。

从玄武岩组合和变火山岩组合所获得的锆石 SHRIMP U - Pb 年龄资料,测区诺木洪附近前人所划万保沟群应为早古生代纳赤台群,其和万保沟地区万保沟岩群在物质成分上存在着明显差异,根据我们所获得的同位素年龄资料,其在形成时代上也与万保沟群不一致,反映诺木洪郭勒存在早古生代的洋陆转换,形成代表大洋环境的玄武岩组合和代表俯冲碰撞型的变火山岩组合,其中玄武岩组合形成时间略早,处于大洋张开的时间,变火山岩组合形成时间略晚,代表了构造环境由拉张到挤压收缩的转换。

二、晚古生代石炭纪—二叠纪火山岩

1. 地质及岩石学特征

石炭纪—二叠纪火山岩包括早石炭世哈拉郭勒组和石炭纪—二叠纪浩特洛哇组中的火山岩。火山活动较弱,火山岩出露面积小,呈条带状展布于图区中部及东部哈拉郭勒—草木策一带,西部埃可劣乌拉—恩德乌拉北侧也有部分出露。根据与其伴生的沉积地层特征,为海相喷发。火山岩多以夹层的形式存在于地层中。

1）哈拉郭勒组中的火山岩

在AP14剖面上哈拉郭勒组的火山岩中火山碎屑岩和熔岩均有少量分布，火山碎屑岩岩石类型主要有灰绿色岩屑晶屑凝灰岩、含角砾凝灰岩、灰绿色含火山角砾安山质凝灰岩；熔岩的主要岩性有英安岩、安山岩及玄武安山岩、玄武岩等。火山岩均以夹层的形式出现。

英安岩　浅灰绿色，斑状结构，基质显微隐晶结构、微晶结构。斑晶5%，成分主要为石英、斜长石。石英呈高温自形晶，边缘常被熔蚀成港湾状；斜长石呈板状自形晶，具极强的泥化、绢云母化，聚片双晶可见。基质由隐晶质物质组成，具不同程度的脱玻化而成霏细状的长英质物质及微晶状的长石、石英，重结晶矿物光性较强，但颗粒间界线模糊。

强蚀变安山岩　浅灰绿色，斑状结构，基质霏细结构。斑晶15%，成分主要为斜长石，少量自形磁铁矿。斜长石呈板状自形晶，现多已蚀变成绢云母集合体，只保留了斜长石的晶体轮廓。基质主要由隐晶质物质组成，现多已重结晶成微晶状长英质物质。

玄武安山岩　灰绿色，斑状结构，块状构造。斑晶含量5%，成分主要为斜长石、角闪石；基质由长条状斜长石微晶及隐晶质物质组成，岩石变质重结晶较强，可见柱状角闪石。

晶屑凝灰岩　灰绿色，晶屑凝灰结构，块状构造，岩石片理化较强。碎屑物主要为晶屑，成分为斜长石，基质为灰绿色火山灰、尘等。岩石较破碎，形成较强的片理化。

2）浩特洛哇组中的火山岩

浩特洛哇组出露面积不大，其中的火山岩出露面积更小，仅出现于埃肯牙马托沟中部，与上覆洪水川组呈角度不整合或断层接触，南北为断层所围限，出露面积仅约4km²，火山岩岩石组合主要有灰绿色、灰紫色安山质火山角砾岩，凝灰岩，安山岩，英安岩等，由于断裂的影响，岩石蚀变较强。

2. 地球化学特征

1）岩石化学特征

石炭纪—二叠纪火山岩岩石化学成分分析见表3-61。从表中可以看出，哈拉郭勒组中的火山岩岩石基性程度较高，SiO_2=50.06%～60.06%，碱含量较高，alk=5.13%～7.26%，σ=2.76～4.38。在SiO_2-(K_2O+Na_2O)图(图3-64)中均落在碱性的S1—S3区，岩石类型为玄武质粗面安山岩、粗面安山岩、粗面玄武岩。

浩特洛哇组中的火山岩的基性程度较低，SiO_2=60.78%～69.82%，碱含量较高，alk=4.49%～6.69%，σ=0.84～1.67，为钙碱性的岩石，在图3-64中，大部分落在O3区，为英安岩，少数落在O2区，为安山岩。从SiO_2-(K_2O+Na_2O)图3-64中可以看出，从哈拉郭勒组—浩特洛哇组，岩石的酸度增加，碱度降低。

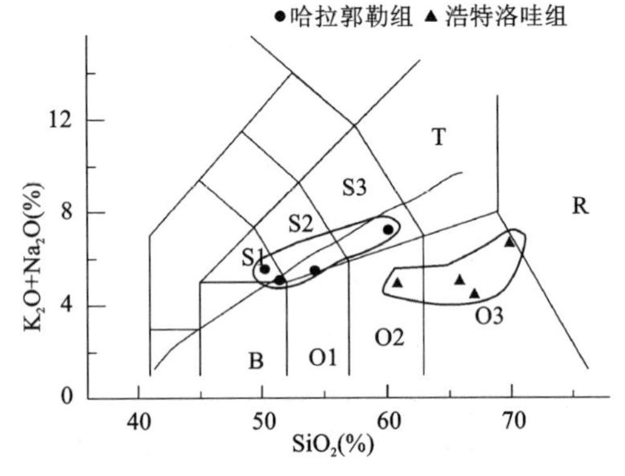

图3-64　石炭纪—二叠纪火山岩SiO_2-(K_2O+Na_2O)图
(据Bas等，1986；IUGS，1989)
O2.安山岩；O3.英安岩；S1.粗面玄武岩；
S2.玄武质粗面安山岩；S3.粗面安山岩；其他符号略

表3-61　石炭纪—二叠纪火山岩岩石化学分析结果　(%)

样品号	岩石名称	SiO_2	TiO_2	Al_2O_3	Fe_2O_3	FeO	MnO	MgO	CaO	Na_2O	K_2O	P_2O_5	H_2O	CO_2	Σ
$IP_{11}GS41-1$①	玄武质粗面安山岩	54.09	1.16	14.17	3.22	5.74	0.17	5.33	4.98	3.46	2.07	0.33	0.01	4.11	98.84
$IP_{11}GS49-1$①	粗面玄武岩	51.26	1.08	17.76	2.44	5.81	0.20	5.28	6.95	3.33	1.80	0.21	0.01	2.87	99.00
$IDP_2GS4-1$①	粗面玄武岩	50.06	0.72	19.34	0.47	6.75	0.15	3.00	6.21	4.70	0.86	0.21	0.18	4.83	97.48
$T_8GS1$①	粗面安山岩	60.06	0.68	15.51	2.36	2.83	0.07	2.34	3.53	4.60	2.66	0.20	0.12	4.77	99.73
$T_9P_{II}GS14-2$②	英安岩	69.82	0.23	12.88	0.86	1.83	0.09	0.60	3.23	4.32	2.37	0.05	0.28	3.40	99.96
$T_5GS2$②	安山岩	60.78	0.34	14.58	3.12	0.57	0.08	0.64	6.64	1.05	3.95	0.11	0.34	7.83	100.03
$T_5GS3$②	英安岩	66.92	0.33	14.68	1.37	1.65	0.05	0.73	3.69	0.96	3.53	0.09	0.32	5.50	99.82
$T_5GS4$②	英安岩	65.76	0.35	14.48	3.41	0.60	0.13	0.64	3.56	1.36	3.77	0.13	0.34	5.52	100.05

资料来源：海德郭勒幅等8幅1∶5万区调报告，①为哈拉郭勒组，②为浩特洛哇组。

2）稀土元素特征

石炭纪—二叠纪火山岩稀土元素分析结果见表 3-62，稀土配分曲线见图 3-65。从表和图中可以看出，收集资料的测试误差较大，配分曲线起伏较大，多个稀土元素形成较强的峰而使整个配分曲线呈锯齿状，但岩石总体稀土元素特征依然可见，哈拉郭勒组和浩特洛哇组中的火山岩稀土总量较高，$\sum$REE＝(126.39～230.03)$\times10^{-6}$，LREE＝(106.38～180.20)$\times10^{-6}$，HREE＝(20.01～49.83)$\times10^{-6}$，LREE/HREE＝3.54～5.32，轻稀土明显富集，且轻、重稀土分馏明显，$(La/Y)_N$＝7.12～17.80，平均 11.28，Eu 异常不明显，配分曲线均为向右倾的轻稀土富集型。

表 3-62　石炭纪—二叠纪火山岩稀土分析结果　（$\times10^{-6}$）

样品号	岩石名称	La	Ce	Pr	Nd	Sm	Eu	Gd	Tb	Dy	Ho	Er	Tm	Yb	Lu	Y
2DP$_2$REE4－1①	粗面玄武岩	21.50	69.00	4.40	27.00	4.40	1.55	4.00	2.05	3.90	1.02	1.95	1.25	2.00	1.45	18.50
79P$_{II}$ REE14－2	英安岩	27.00	53.00	2.00	21.00	2.70	0.68	2.90	0.90	1.90	0.36	0.97	1.35	1.18	1.15	9.30
79P$_{II}$ REE28－1	英安岩	40.00	90.00	3.20	39.00	6.60	1.40	6.60	1.10	5.70	0.50	3.00	1.03	3.00	1.40	27.50

资料来源：海德郭勒等 8 幅 1∶5万区调报告，①为哈拉郭勒组，其他为浩特洛哇组。

3）微量元素特征

石炭纪—二叠纪火山岩微量元素分析结果见表 3-63，其 MORB 标准化蛛网图见图 3-66。收集的资料由于年代不同，测试的项目不尽相同，从火山岩蛛网图中可以看出，哈拉郭勒组中的火山岩与浩特洛哇组中的火山岩在微量元素分布形式上具有一定的相似性，其大离子亲石元素 K、Rb、Ba、Th 富集，轻稀土也较富集，且在 Rb、Th 处形成两个较明显的峰，同时在 Ce 处也形成一个不太清楚的峰值，两个时代的火山岩微量元素分布形式非常相似，暗示了两者在形成环境上的相似性。该分布形式与火山弧构造环境中智利火山岩的相似，为钙碱性的大陆火山岩。

表 3-63　石炭纪—二叠纪火山岩微量元素分析结果　（$\times10^{-6}$）

样品号	岩石名称	Ba	Nb	Zr	Sr	Rb	Th	Zn	V	Ti	Sb	Co	Pb	Ta
2DP$_2$DY4－1①	粗面玄武岩	731	18	229	831	47	5	66	94	4 333				0.44
T$_8$DY1①	粗面安山岩	370	2.5	110	120	109	9	45	26	1 500	0.18	3.3	9	
79P$_{II}$ DY14－2	英安岩	423	12	113	207	100	15	26	25	1 616	0.24	2.8	6.6	0.63
79P$_{II}$ DY28－2	英安岩	912	13	210	151	139	18	57	29	1 934	0.3	6.7	30	0.76
T$_5$DY2	安山岩	1 000	16	250	210	153	18	88	19	1 700	0.14	2.6	65	
T$_5$DY3	英安岩	610	8	260	230	131	21	60	18	1 900	0.09	1.2	17	

资料来源：海德郭勒等 8 幅 1∶5万区调报告，①为哈拉郭勒组，其他为浩特洛哇组，空者未测试。

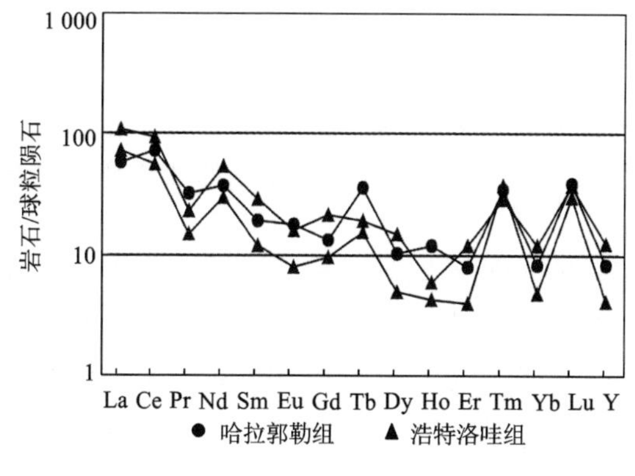

图 3-65　石炭纪—二叠纪火山岩稀土配分曲线图

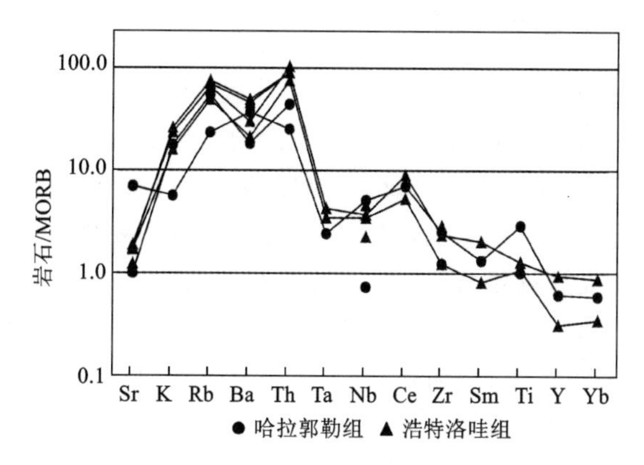

图 3-66　石炭纪—二叠纪火山岩微量元素蛛网图

3. 构造环境

在反映玄武岩与构造环境关系的 TiO_2 - FeO^* /MgO 图(图 3-67)中,哈拉郭勒组的玄武岩均落在IAT 区,为岛弧拉斑玄武岩,浩特洛哇组的火山岩由于酸度较高,投点均在图外,但反映了与哈拉郭勒组相似的构造环境。在 lgσ - lgτ 图解中(图 3-68),哈拉郭勒组的火山岩和浩特洛哇组的火山岩均落在B 区,为消减带火山岩,反映哈拉郭勒组和浩特洛哇组的火山岩均形成于消减带俯冲碰撞的构造环境,哈拉郭勒组的火山岩可能形成于消减带后侧弧后拉张的环境,形成的火山岩以碱性岩石为主。

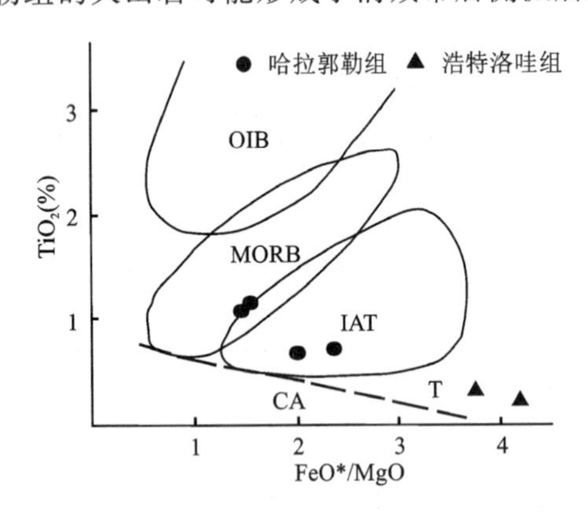

图 3-67 石炭纪—二叠纪火山岩 TiO_2 - FeO^* /MgO 图
(据 Miyashiro,1975)
OIB. 洋岛玄武岩;MORB. 洋中脊玄武岩;
IAT. 岛弧拉斑玄武岩

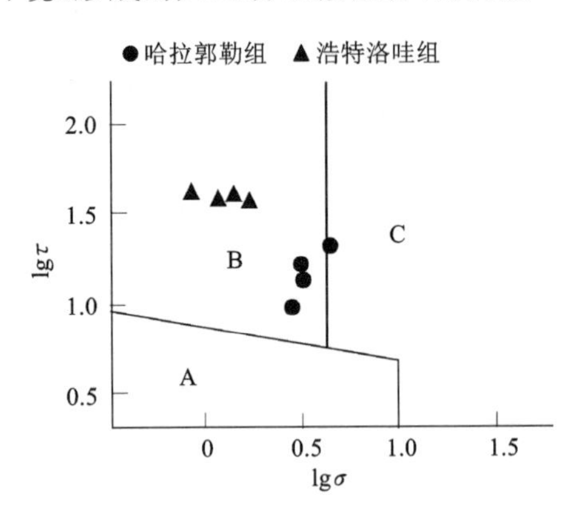

图 3-68 石炭纪—二叠纪火山岩 lgτ - lgσ 图
(据 Rittmann,1970)
A. 板内稳定区火山岩;B. 消减带火山岩;
C. A、B 区演化的火山岩

三、晚古生代二叠纪马尔争组火山岩

1. 地质特征

二叠纪马尔争组火山岩主要分布于马尔争-布青山晚古生代构造混杂岩带中,空间展布方向基本为东西向或北西西-南东东向,火山岩变质程度较高,已变成绿帘绿泥片岩和斜长角闪片岩,并与超镁铁质岩、硅质岩、斜长花岗岩等共同组成蛇绿岩。在巴颜喀拉三叠纪浊积盆地中,主要分布于扎拉依-哥琼尼洼断裂带及约古宗列北侧和南侧断裂带内,呈构造岩片的形式夹持于巴颜喀拉山群砂板岩中。

我们对马尔争组火山岩进行了系列实测剖面研究,在马尔争-布青山晚古生代构造混杂岩带测制了AP7 和 AP15 两条剖面,在扎拉依-哥琼尼洼断裂带测制了 AP29 和 AP30 两条剖面,在约古宗列南侧断裂带测制了 AP25 剖面。

2. 岩石学特征

1) 马尔争-布青山晚古生代构造混杂岩带

从马尔争-布青山晚古生代构造混杂岩带测制的两条剖面来看,马尔争组火山岩的岩石组合以玄武岩为主,少量安山岩及火山碎屑岩,岩石整体蚀变较强,构造破坏强烈,部分岩石经强烈的变质变形改造而形成各种浅变质岩及各种构造岩,其主要岩石类型描述如下:

变质细碧岩 岩石具变余粗玄结构—变余间片结构或变余间隙结构,变余粗玄结构表现在杂乱密集分布的斜长石长条状微晶形成的间隙中充填微晶绿泥石及绿帘石,并出现较多的阳起石,可能为原辉石颗粒蚀变的结果,变余间隙结构表现为杂乱分布的长英质长条状晶体孔隙中充填微晶或隐晶质物质,微晶主要见有极微细的绿泥石,隐晶质则为一些杂乱分布的灰黑色铁质,显晶质则出现较多的重结晶方解石。常具有板状构造。斜长石 50%,绿泥石 10%,绿帘石 10%,阳起石 30%。

强片理化绿泥碳酸盐化变玄武岩 岩石具鳞片粒状变晶结构，片状构造，主要矿物组成为方解石、绿泥石、绿帘石及磁铁矿，均系交代蚀变产物，原岩为玄武岩类，局部有玄武岩的残留，残留物中见长柱状的半自形斜长石三角架中填隙蚀变产物绿泥石、绿帘石。主要矿物方解石、绿泥石在岩石中呈交织状分布。岩石发育后期裂隙，沿裂隙充填方解石脉体。残留斜长石15%，蚀变方解石50%～55%，绿泥石20%，绿帘石5%～10%，磁铁矿5%。

变安山岩 岩石具变余斑状结构及球粒状结构，残留斑晶为较自形的斜长石，并沿解理缝发生裂解。球粒则主要为隐晶质的物质，呈放射状生长。其余物质有粒状相互嵌合的长英质颗粒及散布的一些呈针状的阳起石，鳞片状的绿泥石，少量绿帘石及一些灰白隐晶质斑点。根据物质成分，原岩应为中性火山岩-安山岩类。斜长石残留斑晶5%，微粒长英质颗粒70%～75%，阳起石1%，绿泥石5%～10%，隐晶质斑点5%，隐晶质球粒2%～3%，绿帘石小于5%。

碎裂岩化英安岩 岩石为斑状结构，基质微晶结构、碎裂结构。斑晶15%～20%，成分主要为斜长石，宽板状自形晶，具中等程度的绢云母化，聚片双晶发育。基质主要由斜长石长条状微晶及长英质微晶组成，斜长石微晶呈长条状，排列略具定向，基质主体由长英质物质组成，光性清楚，但颗粒间界线不清。岩石遭受了较强的碎裂岩化，裂纹发育。

变玄武安山质火山凝灰岩(强片理化) 岩石具变余火山碎屑结构，火山碎屑强定向排列构成构造片理，火山碎屑成分以岩屑为主，岩屑成分以绿泥绿帘斜长阳起片岩为主，呈椭圆形强定向排列，内部片理与外围基质片理平行一致。基质包括少量长石和石英火山晶屑，其余为隐晶质及一些变质作用的产物，包括绿泥石、绿帘石，出现较多的黑云母变斑晶。残余岩屑15%，长英质晶屑10%，绿泥石20%，绿帘石15%，黑云母10%，隐晶质30%。

2) 扎拉依-哥琼尼洼断裂带

火山岩主要分布于扎拉依-哥琼尼洼断裂带内，延伸方向为北西西-南东东向或近东西向，均以构造岩片的形式存在，单个岩片出露宽度一般不大。火山岩岩石组合主要为玄武岩，少量(玄武)安山岩，玄武岩一般均具气孔、杏仁构造，少量具枕状构造。

杏仁状玄武岩 岩石为斑状结构，基质拉斑玄武结构、间片间隐结构，定向构造。斑晶5%，成分主要为辉石呈柱状自形晶，解理完全，沿解理缝常发生蚀变，蚀变矿物主要为绿泥石，干涉色二级蓝绿。基质由细的长条状斜长石微晶和辉石、绿泥石及隐晶质物质组成。斜长石微晶细小，在岩石中大致定向排列。

(玄武)安山岩 岩石为无斑微晶结构，基质交织结构。岩石中基本无斑晶，结晶程度较低，主要由针柱状斜长石微晶和隐晶质、玻璃质物质组成。斜长石微晶呈针状、柱状，正交镜下光性清楚，不见双晶，中间充填有隐晶质、玻璃质。斜长石微晶在岩石中排列大致定向，形成较清楚的交织结构。岩石中见有数条石英、方解石细脉，脉的宽度不大，延伸较长。

枕状玄武岩 少斑结构，基质拉斑玄武结构，气孔、杏仁构造。斑晶含量小于1%，成分主要为辉石呈柱状晶形，略带红色，干涉色二级蓝绿。基质由板状斜长石微晶及辉石微晶、绿泥石及不透明矿物组成。斜长石微晶为板条状自形晶，在岩石中排列无明显方向性，辉石多为粒状晶形，少数为柱状，干涉色较高，基质中尚有一些绿泥石及不透明的金属矿物。岩石中气孔、杏仁构造发育，杏仁体中充填物主要为方解石、石英。岩石在野外具明显枕状构造。

3) 约古宗列南侧断裂带

该断裂带主要分布于约古宗列南侧断裂带郭洋大队一带，出露宽度不大，面积较小，火山岩主要出现于AP25剖面的开始部分，火山岩岩石组合主要为安山岩、玄武岩。

蚀变安山岩 变余斑状结构，基质变余安山结构，块状构造。大部分斜长石斑晶已消失，变为方解石集合体，集合体外形为斜长石自形柱状，环带清楚。暗色矿物斑晶为黑云母。基质斜长石微晶半定向排列于隐晶质之中，具碳酸盐化、泥化、绿泥石化。斑晶15%(斜长石为主，黑云母少量)，基质85%(微晶斜长石50%，暗色组分及隐晶质50%)。

蚀变辉石安山岩 变余斑状结构，基质变余安山结构，块状构造。岩石经强烈的碳酸盐化和绿泥石化，原生矿物几乎消失，但结构保留完好。斑晶斜方辉石自形短柱状，横切面近四边形，平行消光，正延性。斜长石斑晶自形柱状，完全被方解石替代，保留晶体轮廓。基质蚀变很强，蚀变物方解石、绿泥石、石英代替了原岩矿物，但保留了斜长石微晶形态及排列特征。斑晶10%，以斜方辉石为主，少量斜长石；基质90%，以方解石、石英、绿泥石为主，少量微晶斜长石+隐晶质。

辉石玄武岩　斑状结构，基质间粒间隐结构，常见杏仁构造。斑晶斜长石自形柱状。辉石呈自形，明显有两种：①未蚀变，干涉色二级底，斜消光，为普通辉石；②全部蛇纹石化为蛇纹石，原生矿物可能为斜方辉石。基质为板条状斜长石微晶半定向—不定向排列，其间夹有粒状辉石小晶体和显微隐晶质。斑晶10%，主要为辉石，少量斜长石；基质90%。

3. 地球化学特征

1）岩石化学特征

测区马尔争组火山岩岩石化学分析结果见表3-64。该套火山岩化学分析中 H_2O、CO_2 的含量较高，且玄武岩中见有较多的气孔、杏仁构造，致使岩石中 CO_2 含量偏高，在实际应用前，对化学分析资料进行了适当整理，其他岩石由于变质蚀变过程中形成了一些变质矿物，如绿泥石、绿帘石、角闪石等，成分的变化不易确定，故保持了原分析结果。

表3-64　马尔争组火山岩岩石化学分析结果　（%）

样品号	岩石名称	SiO_2	TiO_2	Al_2O_3	Fe_2O_3	FeO	MnO	MgO	CaO	Na_2O	K_2O	P_2O_5	H_2O	CO_2	Σ
AP_{15}Bb3－1	变玄武岩	51.06	1.15	13.21	1.89	8.80	0.17	7.44	8.96	3.00	0.88	0.13	2.58	0.58	99.85
AP_{15}Bb17－1	变玄武岩	48.10	1.13	12.17	2.72	6.08	0.19	6.86	11.43	3.16	0.10	0.10	3.07	4.71	99.82
AP_{15}Bb30－1	变玄武岩	54.44	0.86	17.02	2.54	9.75	0.21	7.79	4.06	2.32	0.90	0.10	0.00	0.00	100.00
AP_{15}Bb34－1	变玄武岩	47.56	0.90	13.13	1.44	8.88	0.16	7.45	7.19	2.18	1.30	0.08	4.43	5.13	99.83
ABb2736－1	变玄武岩	48.02	1.87	13.28	7.26	6.13	0.19	6.74	9.77	3.25	0.17	0.18	2.87	0.08	99.81
AP_7Bb18－1	玄武岩	52.00	1.54	13.28	1.36	8.97	0.19	8.20	5.25	4.06	0.52	0.15	3.86	0.47	99.85
AP_7Bb23－3	玄武岩	46.44	1.56	12.93	0.91	9.13	0.17	6.11	9.35	3.30	0.06	0.13	4.30	5.44	99.83
AP_7Bb29－3	变玄武岩	46.25	2.21	13.28	7.21	6.42	0.19	6.54	8.00	3.33	0.28	0.23	3.76	2.09	99.79
AP_{29}Bb1－1	杏仁状玄武岩	49.22	3.09	15.70	4.41	9.50	0.15	8.16	4.81	4.44	0.06	0.47	0.00	0.00	100.00
AP_{29}Bb3－1	杏仁状玄武岩	51.29	2.80	14.87	2.67	10.64	0.20	8.07	5.44	3.55	0.04	0.44	0.00	0.00	100.00
AP_{29}Bb10－1	杏仁状玄武岩	47.65	2.59	13.31	7.53	5.90	0.18	7.85	11.13	2.73	0.61	0.52	0.00	0.00	100.00
AP_{29}Bb10－2	玄武岩	45.93	2.30	11.48	4.74	6.70	0.18	8.91	10.74	2.15	1.17	0.46	3.43	1.57	99.76
AP_{30}Bb7－1	变玄武岩	47.22	1.61	9.81	1.53	7.60	0.12	9.08	11.25	0.59	1.07	0.15	3.87	5.90	99.80
AP_{30}Bb11－1	片理化玄武岩	50.91	1.66	14.25	7.93	7.45	0.16	12.31	4.09	1.01	0.01	0.22	—	0.00	100.00
AP_{25}Bb1－1	英安岩	67.21	0.26	14.76	0.51	2.08	0.03	0.99	3.61	3.74	1.94	0.14	2.05	2.51	99.83
AP_{25}Bb2－1	玄武安山岩	56.80	0.70	15.95	2.09	4.17	0.08	4.82	6.19	2.59	0.37	0.16	3.79	2.09	99.80
$1CP_6$GS14－1*	玄武质粗面安山岩	51.52	1.53	14.85	3.86	8.36	0.18	4.14	4.29	5.54	0.40	0.50	0.24	4.47	99.88
$1CP_4$GS4－1*	玄武岩	49.18	2.41	13.12	3.63	9.12	0.18	7.19	8.40	3.05	0.18	0.26	0.15	3.37	100.24

资料来源：*者据青海省区调综合大队海德郭勒幅等8幅1∶5万区调报告，其他为本次实测，测试单位为湖北省武汉市地质实验研究中心。

马尔争-布青山晚古生代构造混杂岩带

岩石 SiO_2 含量较低，从46.25%～52.00%，TiO_2 的含量变化较大，从0.90%～2.41%，其中西部AP15剖面的含量较低，东部AP7的含量略高。除收集的资料中个别点alk较高，落在碱性区，为玄武质粗面安山岩外，其他样品中 alk 的含量均较低。在 SiO_2 -(K_2O+Na_2O)图(图 3-69)中，大部分样品落在亚碱性的 B 区，为玄武岩，个别样品落在 S2 和 O1 区，分别为玄武质粗面安山岩和玄武安山岩。

在区分拉斑玄武岩系列和钙碱性系列的 A－F－M 图(图 3-70)中，马尔争-布青山晚古生代构造混杂岩带中亚碱性火山岩大部分落在拉斑玄武岩系列区，少数落在拉斑玄武岩和钙碱性玄武岩的过渡区。

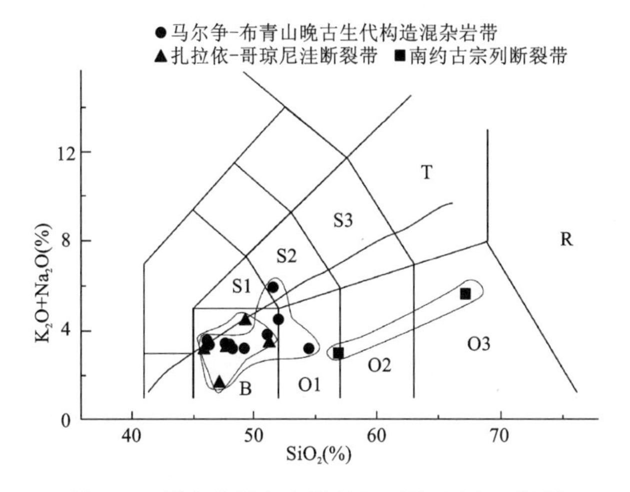

图 3-69　马尔争组火山岩 SiO_2 -(K_2O+Na_2O)图
(据 Bas 等，1986；IUGS，1989)
B. 玄武岩；O1. 玄武安山岩；O2. 安山岩；O3. 英安岩；
S2. 玄武质粗面安山岩；其他区符号略

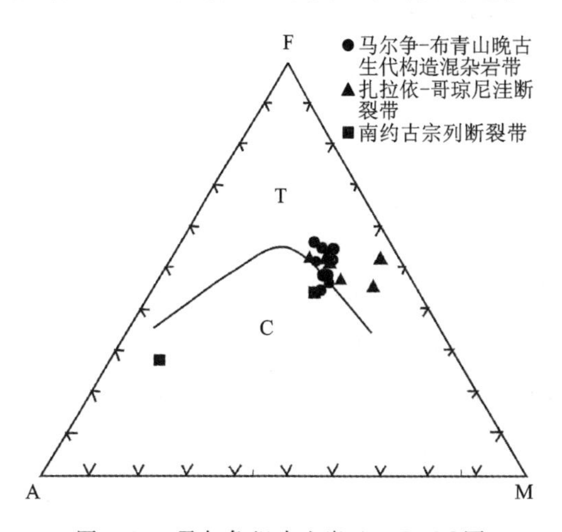

图 3-70　马尔争组火山岩 A－F－M 图
(据 Irvine 等，1971)
T. 拉斑玄武岩系列；C. 钙碱性系列

扎拉依-哥琼尼洼断裂带

该带火山岩主要为玄武岩，岩石中 SiO_2 为 45.93%～51.29%；TiO_2 为 1.61%～3.09%，其中西部 AP30 剖面的含量较低，东部 AP29 剖面的含量最高且均大于 2.30%。alk 的含量均较低，从 1.02%～4.50%，均为亚碱性系列。在图 3-69 中所有样品均落在亚碱性的 B 区，为亚碱性玄武岩。在区分拉斑玄武岩系列和钙碱性系列的 A－F－M 图(图 3-70)中，均落在 T 区，为拉斑玄武岩。

约古宗列南侧断裂带

该带马尔争组火山岩为测区分布最南侧的火山岩，火山岩出露较少，岩石成分 SiO_2 含量较高，为 3 个带中最高，SiO_2 为 56.80%～67.21%，TiO_2 含量最低，为 0.26%～0.70%，均小于 1%，与其他两个带差别较大，可能反映其形成环境或岩浆来源上的差异。

2) 稀土元素特征

(1) 马尔争-布青山晚古生代构造混杂岩带。马尔争组火山岩稀土元素分析结果见表 3-65。马尔争-布青山构造混杂岩带中玄武岩的稀土元素总量不高，$\sum$REE＝(54.27～142.39)×10^{-6}，LREE＝(20.40～86.40)×10^{-6}，HREE＝(25.30～59.77)×10^{-6}，轻、重稀土分馏不明显。部分样品轻稀土亏损，LREE/HREE＝0.44～0.55，$(La/Lu)_N$＝0.46～0.56，另一类则轻稀土略富集，LREE/HREE＝1.06～1.54，$(La/Lu)_N$＝1.70～3.19。其稀土配分曲线(图 3-71)也反映出两种明显不同的特征：一类为轻稀土亏损的近平坦型，配分曲线与 MORB 正常洋中脊拉斑玄武岩的配分曲线相近；另一类为轻稀土略富集型，配分曲线向右倾，与夏威夷洋岛型拉斑玄武岩配分曲线相近。反映出二叠纪时马尔争-布青山构造混杂岩带多岛洋的构造格局，形成的大洋不是一个统一的大洋，中间充满着洋岛、海山等，所以形成的玄武岩既有代表正常洋中脊的拉斑玄武岩，也有轻稀土略富集的洋岛型拉斑玄武岩。

(2) 扎拉依-哥琼尼洼断裂带。该断裂带中玄武岩的稀土元素总量较高，$\sum$REE＝(69.89～166.69)×10^{-6}，LREE＝(41.95～122.00)×10^{-6}，平均 94.20×10^{-6}，HREE＝(20.74～44.69)×10^{-6}。轻、重稀土分馏明显，LREE/HREE＝1.50～3.73，$(La/Lu)_N$＝4.15～10.26，其稀土配分曲线(图 3-71)均为轻稀土富集型，为向右倾的形态重稀土较平坦，且在 Y 处形成正异常，与洋岛型火山岩的稀土配分曲线相一致。总体轻稀土的富集较马尔争带明显，曲线向右倾的斜率较大。

表 3-65　马尔争组火山岩稀土元素分析结果　　（$\times 10^{-6}$）

样品号	岩石名称	La	Ce	Pr	Nd	Sm	Eu	Gd	Tb	Dy	Ho	Er	Tm	Yb	Lu	Y
AP$_{15}$Bb3－1	变玄武岩	6.07	17.62	2.37	10.62	2.99	0.97	3.64	0.67	4.21	0.84	2.54	0.40	2.53	0.37	23.15
AP$_{15}$Bb17－1	变玄武岩	2.34	6.66	1.22	6.60	2.55	1.03	3.68	0.70	4.72	0.96	3.09	0.47	3.08	0.46	27.74
AP$_{15}$Bb30－1	玄武安山岩	5.37	11.93	1.61	7.09	2.09	0.88	2.45	0.42	2.73	0.55	1.62	0.24	1.53	0.22	15.54
AP$_{15}$Bb34－1	变玄武岩	10.38	21.95	2.84	11.04	3.00	0.99	3.58	0.66	4.06	0.80	2.43	0.39	2.35	0.34	22.29
ABb2736－1	变玄武岩	8.41	21.65	3.45	14.51	4.22	1.52	4.65	0.79	4.52	0.84	2.29	0.36	2.03	0.29	22.73
AP$_7$Bb18－1	玄武岩	2.71	8.86	1.72	8.16	3.02	0.64	4.09	0.79	5.09	1.04	3.25	0.52	3.42	0.50	27.23
AP$_7$Bb23－3	玄武岩	2.80	8.62	1.58	8.62	3.54	1.16	4.82	0.96	6.39	1.31	4.24	0.66	4.28	0.63	36.48
AP$_7$Bb29－3	变玄武岩	13.83	36.60	5.14	22.53	6.17	2.13	6.91	1.15	6.56	1.19	3.38	0.50	2.88	0.40	33.02
AP$_{29}$Bb1－1	杏仁状玄武岩	23.56	54.20	6.99	28.30	6.81	2.14	6.49	1.03	5.37	0.97	2.62	0.38	2.16	0.29	25.38
AP$_{29}$Bb3－1	杏仁状玄武岩	20.33	44.64	6.07	25.21	6.08	1.91	5.82	0.91	4.89	0.89	2.37	0.34	1.92	0.26	23.78
AP$_{29}$Bb10－1	杏仁状玄武岩	19.71	44.96	6.17	25.06	6.09	2.04	5.94	0.95	4.94	0.87	2.34	0.33	1.84	0.25	23.48
AP$_{29}$Bb10－2	玄武岩	22.69	49.81	6.58	27.85	6.45	2.17	6.38	0.98	5.26	0.90	2.43	0.34	1.93	0.26	24.63
AP$_{30}$Bb7－1	变玄武岩	14.82	36.38	4.30	16.81	3.88	1.24	3.30	0.50	2.46	0.44	1.22	0.19	1.06	0.15	11.42
AP$_{30}$Bb11－1	片理化玄武岩	7.60	17.60	2.51	10.26	2.88	1.10	3.32	0.58	3.27	0.63	1.68	0.25	1.41	0.19	16.61
AP$_{25}$Bb1－1	英安岩	25.99	54.68	5.82	19.86	3.27	0.90	1.76	0.20	0.52	0.09	0.15	0.02	0.10	0.01	1.97
AP$_{25}$Bb2－1	玄武安山岩	17.83	38.78	4.63	17.77	3.80	0.96	3.53	0.56	3.28	0.62	1.82	0.28	1.76	0.26	17.48
1CP$_6$GS14－1*	玄武质粗面安山岩	37.00	56.00	4.60	31.00	7.80	1.95	6.80	1.07	6.50	1.45	3.80	0.54	4.50	0.60	37.50
1CP$_4$GS4－1*	玄武岩	15.50	26.00	0.50	19.50	6.00	1.82	5.70	0.70	5.26	1.02	2.65	0.54	2.50	0.38	28.00

资料来源：* 者据海德郭勒幅等 8 幅 1∶5万区调报告，其他为本次实测，测试单位为湖北省地质实验研究中心 。

（3）约古宗列南侧断裂带。该断裂带岩石酸度较高，其玄武安山岩的稀土配分曲线与扎拉依-哥琼尼洼断裂带一致，而英安岩的轻稀土富集程度高，LREE/HREE＝22.93，$(La/Lu)_N$＝269.81，稀土配分曲线显示出明显的向右倾的轻稀土富集型，且斜率较大，与岛弧高钾安山岩的稀土配分曲线相吻合。

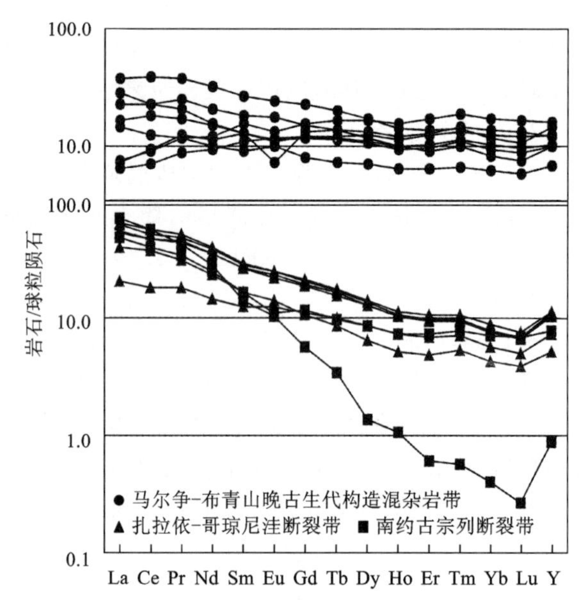

图 3-71　马尔争组火山岩稀土配分曲线图

3）微量元素特征

（1）马尔争-布青山晚古生代构造混杂岩带。马尔争组火山岩微量元素分析结果见表 3-66，其 MORB 标准化蛛网图见图 3-72。马尔争-布青山晚古生代构造混杂岩带中玄武岩的蛛网图和稀土配分曲线一样也有两种明显不同的形式：一种是大离子亲石元素 Sr、K、Rb 尤其是 K 也较亏损，仅 Ba、Th 较富集，整个配分形式基本平坦，与洋中脊玄武岩中胡安德富卡洋脊玄武岩一致，代表了拉斑质快速扩张的洋脊；另一种是大离子亲石元素较富集，曲线明显起伏较大，可能代表了洋岛富集的环境。

表 3-66　马尔争组火山岩微量元素分析结果　　（$\times 10^{-6}$）

样品号	岩石名称	V	Zn	Co	Ni	Cu	Cr	Sr	Rb	Hf	Zr	Th	Ba	Nb	Ta
$AP_{15}Bb3-1$	变玄武岩	263	102	44.7	113	38	238	98	17.5	1.7	70	1.2	161	6.50	0.50
$AP_{15}Bb17-1$	变玄武岩	277	87	40.0	76	52	197	167	3.0	2.0	63	1.0	64	1.30	0.50
$AP_{15}Bb30-1$	玄武安山岩	253	89	46.0	96	83	197	238	30.2	1.6	49	1.4	173	3.80	0.50
$AP_{15}Bb34-1$	变玄武岩	228	96	40.0	77	31	286	92	55.8	2.4	80	3.1	241	4.60	0.50
APBb2736 - 1	变玄武岩	318	131	49.0	111	68	207	245	3.0	2.9	104	1.0	138	6.40	0.50
$AP_{7}Bb18-1$	玄武岩	218	105	40.2	62	71	185	74	3.0	2.5	86	1.0	167	2.70	0.50
$AP_{7}Bb23-3$	玄武岩	274	95	44.5	49	42	81	211	3.0	2.8	87	1.0	56	1.20	0.50
$AP_{7}Bb29-3$	变玄武岩	324	115	46.2	79	85	101	229	3.0	3.5	132	1.5	138	10.40	0.50
$AP_{29}Bb1-1$	杏仁状玄武岩	232	142	53.8	209	119	294	386	3.0	4.1	169	2.8	90	32.20	2.70
$AP_{29}Bb3-1$	杏仁状玄武岩	220	105	42.8	141	51	216	806	3.0	3.8	153	2.0	88	24.40	1.90
$AP_{29}Bb10-1$	杏仁状玄武岩	209	122	50.8	219	100	264	596	5.1	3.4	136	2.1	263	29.20	2.10
$AP_{29}Bb10-2$	玄武岩	219	121	51.2	226	121	276	574	22.9	4.1	140	2.4	212	30.20	1.60
$AP_{30}Bb7-1$	变玄武岩	170	93	36.5	219	46	470	247	22.2	2.4	81	1.8	147	20.10	0.90
$AP_{30}Bb11-1$	片理化玄武岩	194	118	62.1	355	89	713	227	3.0	1.9	62	1.0	41	10.60	1.10
$AP_{25}Bb1-1$	英安岩	10	104	6.9	8	15	9	213	80.5	3.7	151	9.5	359	8.00	0.50
$AP_{25}Bb2-1$	玄武安山岩	116	89	26.4	65	48	245	235	7.4	3.0	130	6.4	529	6.10	0.50

测试单位：湖北省地质实验研究中心。

（2）扎拉依-哥琼尼洼断裂带。从表 3-66 和图 3-72 中可以看出，该带火山岩部分样品可能由于蚀变而使 K 的含量降低，从而使部分样品的配分形式在 K 处形成一个较明显的谷。总体看该带火山岩大离子亲石元素较富集，轻稀土也较富集，高场强元素及重稀土元素较平坦，且接近于 MORB，整个配分形式为左侧较突起的倒勺状。与过渡类型玄武岩中的雷克雅内斯火山岩相近，代表了大洋中脊-板内的拉斑玄武岩。

（3）约古宗列南侧断裂带。该带火山岩测试数据较少，只有两个：一个是大离子亲石元素富集，且 Rb、Th 富集程度较高，形成两个明显的峰值；另一个是大离子亲石元素中 Ba、Th 较富集，Sr、K、Rb 富集程度不高，配分形式类似于火山弧玄武岩中的新赫布里底和智利型火山岩，代表了钙碱性的大陆或大洋的构造环境。

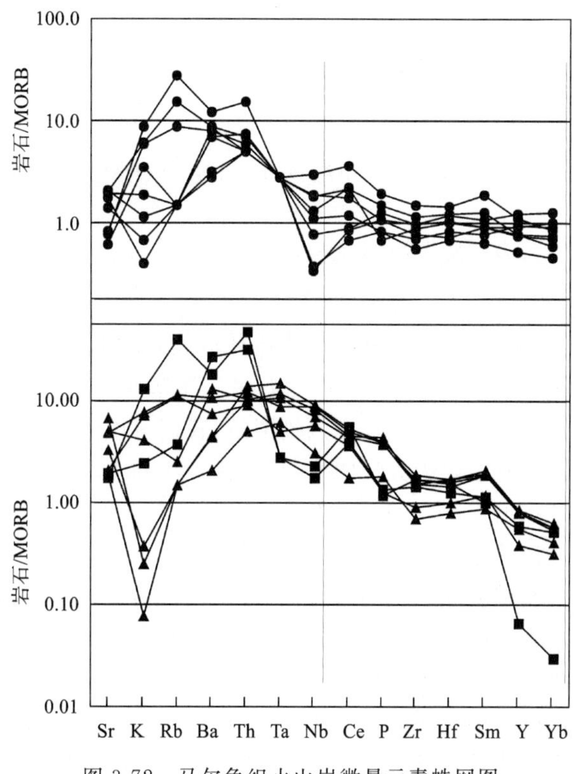

图 3-72　马尔争组火山岩微量元素蛛网图

4. 构造环境

从马尔争火山岩的物质成分看，不同构造带的火山岩有明显的差别，可能代表了不同的构造环境，而同一构造带中的火山岩在化学成分、稀土及微量元素上也存在一定的差别，表示了其形成的环境也有一定的差别。

1）马尔争-布青山晚古生代构造混杂岩带

从化学成分看，该带火山岩均为拉斑系列玄武岩，其稀土配分曲线和微量元素蛛网图均显示出火山岩与MORB的亲缘关系。玄武岩 TiO_2 含量中等，在 $TiO_2-\sum FeO/(\sum FeO+MgO)$ 图（图3-73）中，马尔争带玄武岩大部分落在HT，为高钛玄武岩，少数落在HT与LT过渡的、靠近LT区，表明大部分玄武岩来源于低压岩浆房，属洋中脊产物，少数可能形成于大洋中的洋岛和其他环境。在反映玄武岩洋陆构造环境的 $K_2O-TiO_2-P_2O_5$ 图（图3-74）中，马尔争带玄武岩大部分落在大洋区，少数落在大陆区，与化学成分反映出的特征一样，马尔争带玄武岩整体形成于洋中脊的环境，少数形成于大洋中洋岛或其他环境。在 TiO_2-FeO^*/MgO 图（图3-75）中，马尔争带玄武岩绝大部分落在MORB区，少数落在洋岛区及岛弧拉斑玄武岩区。

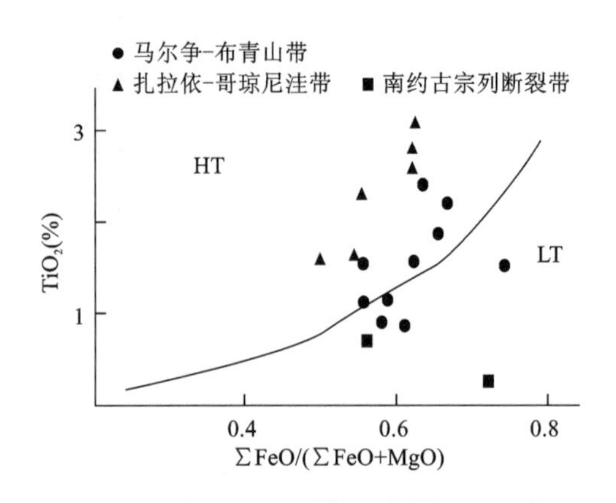

图3-73 马尔争组 $TiO_2-\sum FeO/(\sum FeO+MgO)$ 图
（据Serri等，1985）
HT. 高钛玄武岩；LT. 低钛玄武岩

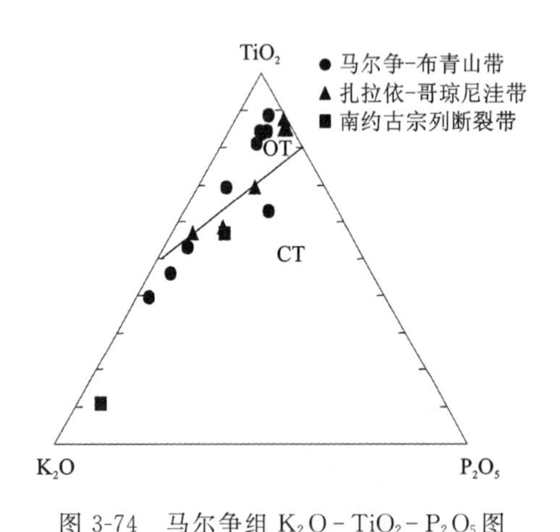

图3-74 马尔争组 $K_2O-TiO_2-P_2O_5$ 图
（据Pearce，1975）
OT. 大洋拉斑玄武岩；CT. 大陆拉斑玄武岩

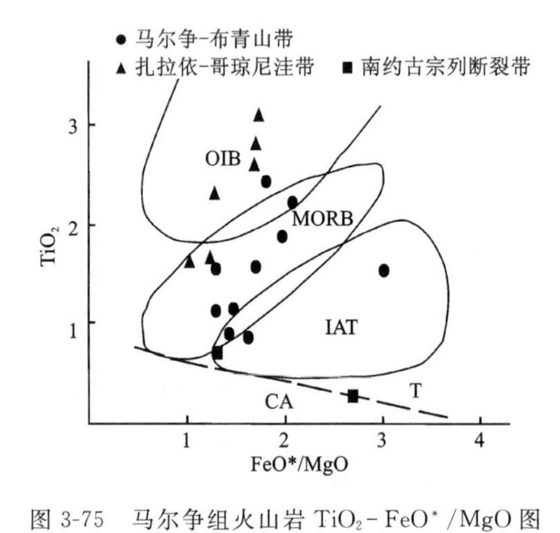

图3-75 马尔争组火山岩 TiO_2-FeO^*/MgO 图
（据Miyashiro，1975）
OTB. 洋岛玄武岩；MORB. 洋中脊玄武岩；
IAT. 岛弧拉斑玄武岩；CA. 钙碱性玄武岩

在微量元素与玄武岩构造环境关系的La/10－Y/15－Nb/8图（图3-76）中，马尔争带玄武岩有一半落在3D区，为N－MORB型，另一半落在2A区，为大陆玄武岩。

综合上述构造环境判别图解，我们可以看出，马尔争-布青山晚古生代构造混杂岩带玄武岩形成的构造环境主要为大洋中脊，只是该大洋并不是一个单独的大洋，中间有许多洋岛、海山等，所以部分火山岩显示出较富集的洋岛型的特征。

2）扎拉依-哥琼尼洼断裂带

该带玄武岩主要为拉斑玄武岩，且稀土元素、微量元素反映出较富集的特征，其与其他两个带玄武岩在化学成分上的最大差异是其 TiO_2 的含量高，在 $TiO_2-\sum FeO/(\sum FeO+MgO)$ 图（图3-73）中，该带玄武岩均落在HT区，为高钛玄武岩，表明其为来源于低压岩浆房的产物，为大洋构造环境。在反映玄武岩洋陆构造环境的 $K_2O-TiO_2-P_2O_5$ 图（图3-74）中，扎拉依-哥琼尼洼断裂带玄武岩均落在大洋区，反映了其形成于大洋的环境。在 TiO_2-FeO^*/MgO 图（图3-75）中，扎拉依-哥琼尼洼断裂带玄武岩绝大部分落在OIB区，少数落在MORB区，表明其主要形成于较富集的洋岛环境，少数形成于大洋中脊的构造环境。在微量元素与玄武岩构造环境关系的La/10－Y/15－Nb/8图（图3-76）中，扎拉依-哥琼尼洼断裂带玄武岩多数落在3A区，反映了陆间裂谷的构造环境，少数落在3B区，为富集的E－MORB型。

综上所述，扎拉依-哥琼尼洼断裂带玄武岩主要形成于较富集的洋岛环境，少数可能形成于洋中脊的构造环境，形成的玄武岩稀土元素及微量元素较富集。

3）约古宗列南侧断裂带

该带火山岩出露较少，在 $TiO_2-\sum FeO/(\sum FeO+MgO)$图（图 3-73）中，均落在 LT 区，为低钛玄武岩，反映其来源于高压岩浆房，代表了俯冲碰撞的环境。在反映玄武岩洋陆构造环境的 $K_2O-TiO_2-P_2O_5$图（图 3-74）中，该带火山岩落在 CT 区，为大陆环境。在反映构造环境的 TiO_2-FeO^*/MgO 图（图 3-75）和 La/10 - Y/15 - Nb/8 图（图 3-76）中，该带火山岩均落在岛弧构造环境。

综上所述，约古宗列南侧断裂带火山岩形成于岛弧构造环境。

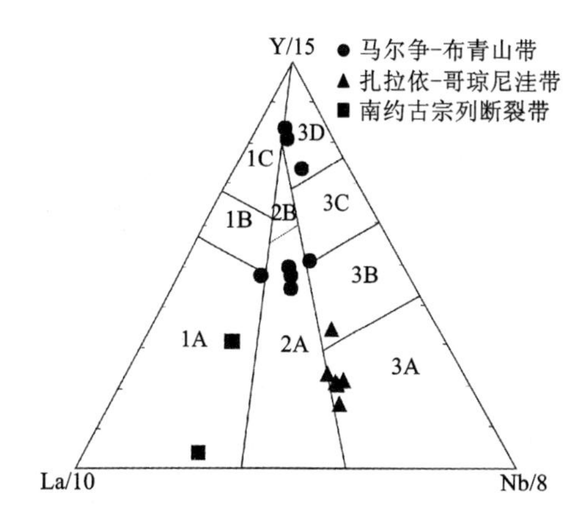

图 3-76　马尔争组火山岩 Y/15 - La/10 - Nb/8 图
（据 Cabanis 和 Lecolle，1989）
1. 火山弧：1A. 钙碱性玄武岩；1B. 过渡区；1C. 火山弧拉斑玄武岩；2. 大陆玄武岩：2A. 大陆玄武岩；2B. 弧后盆地玄武岩；3. 大洋玄武岩：3A. 陆间裂谷碱性玄武岩；3B、3C. E - MORB 型（B 富集，C 略富集）；3D. N - MORB 型

四、三叠纪火山岩

三叠纪是本区火山活动较强的时期之一，三叠纪火山岩主要分布于东昆南断裂以北地区，其中早中三叠世主要以爆发相为主，间有溢流相，晚三叠世以溢流相为主，局部爆发相，火山岩岩石类型复杂。

（一）早中三叠世火山岩

早中三叠世火山岩主要分布于测区中北部，火山岩分布面积较大，岩石类型复杂多样，以火山碎屑岩为主，赋存于早中三叠世洪水川组及闹仓坚沟组中。

1. 地质及岩石学特征

早中三叠世火山岩以中酸性岩为主，次为中性岩类，夹少量基性—中基性岩。其中洪水川组火山岩分布相对集中，主要分布于测区中北部埃肯牙马托一带，火山岩岩石类型主要有中酸性凝灰质火山角砾岩、中酸性熔岩火山角砾岩、中酸性岩屑晶屑凝灰岩、中酸性熔结凝灰岩、中酸性凝灰熔岩，以及少量玄武安山岩、安山岩、英安岩、流纹岩等，与其他地层常呈断层接触。闹仓坚沟组火山岩分布零散，呈条带状展布，火山岩岩石类型简单，主要为中酸性的火山碎屑岩。

2. 地球化学特征

1）岩石化学特征

测区早中三叠世火山岩岩石化学分析结果见表 3-67。火山岩的酸度较高，SiO_2为 62.95%～75.79%，属中酸性岩的范畴，其碱度部分样品较高，属碱性岩的范畴，在 $SiO_2-(K_2O+Na_2O)$图（图 3-77）中，洪水川组火山岩大部分投点落在 T 区、O3 区和 R 区，岩石名称分别为粗面岩、英安岩和流纹岩，闹仓坚沟组火山岩只有一个样品，投点落在 R 区，为流纹岩，反映了本区早中三叠世火山岩主要为中偏酸性的岩石，部分岩石碱度较高，为较碱性的粗面岩类。

对落在亚碱性区的火山岩，我们用 A - F - M 图（图 3-78）来判断其是拉斑玄武岩系列还是钙碱性系列。在 A - F - M 图中，除极个别的样品落在 T 区，属拉斑玄武岩系列外，绝大部分样品均落在 C 区，为钙碱性系列火山岩。

总体来看，早中三叠世火山岩主要为中酸性的火山岩，有大约 1/3 的样品碱度略高，属碱性的粗面岩，其他岩石为钙碱性的英安岩和流纹岩。

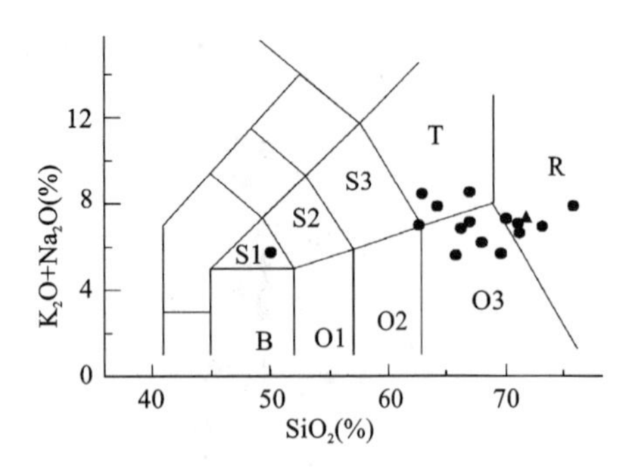

图 3-77　早中三叠世火山岩 SiO_2-(K_2O+Na_2O)图

(据 Bas 等,1986;IUGS,1989)

O3. 英安岩;R. 流纹岩;S1. 粗面玄武岩;S3. 粗面安山岩;T. 粗面岩

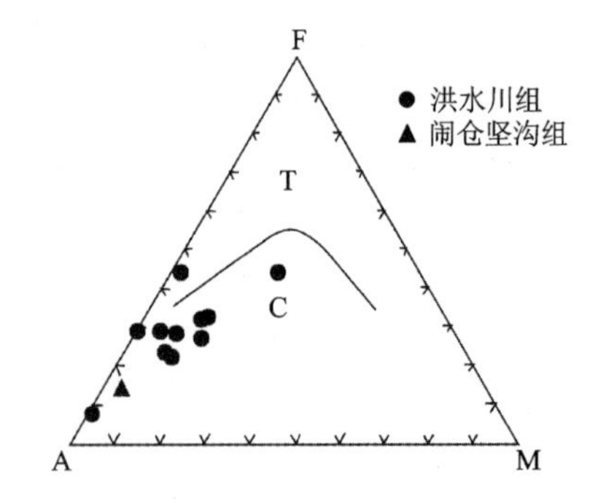

图 3-78　早中三叠世火山岩 A－F－M 图

(据 Irvine 等,1971)

T. 拉斑玄武岩系列;C. 钙碱性系列

表 3-67　早中三叠世火山岩岩石化学分析结果　　(%)

样品号	岩石名称	SiO_2	TiO_2	Al_2O_3	Fe_2O_3	FeO	MnO	MgO	CaO	Na_2O	K_2O	P_2O_5	H_2O	CO_2	Σ
1DP$_2$GS1－1	流纹岩	69.90	0.48	14.62	0.80	2.69	0.09	1.11	2.07	5.02	2.29	0.06	0.06	1.07	100.26
1DP$_2$GS8－1	英安岩	66.94	0.65	14.99	1.16	3.28	0.08	1.71	1.61	5.49	1.69	0.13	0.04	2.27	100.04
1DP$_2$GS12－1	英安岩	66.30	0.70	14.95	1.12	3.40	0.15	1.86	2.52	5.94	0.95	0.16	0.10	2.10	100.25
1DP$_2$GS13－1	流纹岩	71.10	0.30	13.17	0.57	1.88	0.07	0.94	2.45	5.11	1.56	0.07	0.16	3.06	100.44
1DP$_2$GS16－1	流纹岩	70.98	0.31	13.11	0.05	2.43	0.10	1.26	1.61	4.25	2.87	0.03	0.18	2.60	99.78
1DP$_2$GS17－1	粗面安山岩	62.65	0.20	14.85	0.76	3.95	0.19	1.91	3.79	4.75	2.28	0.25	0.14	3.70	99.42
1BP$_1$GS3－1	流纹岩	73.06	0.38	13.04	1.40	1.65	0.09	0.09	1.61	4.42	2.5	0.09	0.18	0.84	99.35
1BP$_1$GS5－1	粗面岩	64.17	0.80	15.09	2.10	2.94	0.11	1.34	2.38	5.25	2.66	0.23	0.14	2.14	99.35
1BP$_1$GS8－1	粗面岩	66.93	0.45	14.07	0.53	2.65	0.07	0.87	1.74	3.74	4.84	0.16	0.32	1.34	97.71
1BP$_1$GS9－1	英安岩	69.55	0.43	13.56	1.21	1.49	0.11	0.50	2.38	2.97	2.77	0.09	0.46	3.50	99.02
1BP$_1$GS18－1	英安岩	65.84	0.53	12.57	4.45	0.85	0.15	0.26	3.94	2.24	3.42	0.18	0.48	4.36	99.27
2CGS415－2	粗面玄武岩	49.84	0.98	18.53	2.54	6.12	0.18	4.47	5.36	5.08	0.73	0.30	0.4	5.36	99.89
2CGS12	粗面岩	62.95	0.58	16.04	1.77	2.76	0.15	1.25	2.49	4.88	3.63	0.21	0.24	2.36	99.31
79PIGS45	英安岩	67.97	0.55	15.34	1.96	1.25	0.04	1.69	2.64	3.31	2.9	0.09	0.16	2.08	99.98
2CGS133	流纹岩	75.79	0.20	12.94	0.08	0.63	0.04	0.12	0.82	4.87	3.05	0.02	0.08	0.86	99.50
2CGS205	流纹岩	71.75	0.25	13.53	0.88	0.55	0.03	0.41	1.66	2.35	5.01	0.09	0.42	2.92	99.85

资料来源:海德郭勒幅等 8 幅 1:5万区调报告,除最后一个样品为闹仓坚沟组外,其他样品均来自洪水川组。

2) 稀土元素特征

早中三叠世火山岩稀土元素分析结果见表 3-68。从表中可以看出,早中三叠世火山岩稀土总量较高,$\sum REE=(150.11\sim234.11)\times10^{-6}$,轻稀土富集,$LREE=(100.00\sim164.40)\times10^{-6}$, $HREE=(44.00\sim69.71)\times10^{-6}$,轻、重稀土分馏明显,LREE/HREE=2.00～2.66,$(La/Lu)_N=5.31\sim6.06$,稀土配分曲线(图 3-79)均为向右倾的轻稀土富集型,与火山弧火山岩的稀土配分曲线相近。

表 3-68　早中三叠世火山岩稀土元素分析结果　（$\times10^{-6}$）

样品号	岩石名称	La	Ce	Pr	Nd	Sm	Eu	Gd	Tb	Dy	Ho	Er	Tm	Yb	Lu	Y
1DP₂REE1－1	凝灰熔岩	28.33	56.36	8.89	30.29	6.09	1.26	5.82	0.93	5.45	1.20	3.41	0.50	3.56	0.53	29.76
1DP₂REE12－1	安山岩	24.98	50.57	7.94	27.13	5.11	1.11	5.03	0.80	4.67	1.00	2.90	0.50	3.07	0.46	25.57
1DREE306－1	安山岩	28.00	41.00	1.80	22.50	5.20	1.50	5.50	0.90	4.80	1.02	3.00	0.50	3.40	0.48	30.50
79PIREE45	熔岩凝灰岩	46.00	67.00	7.00	34.50	8.40	1.50	6.90	1.07	7.00	1.42	4.50	0.72	5.20	0.90	42.00

资料来源：海德郭勒幅等 8 幅 1∶5万区调报告，样品均来自洪水川组。

3）微量元素特征

早中三叠世火山岩微量元素分析结果见表 3-69，其 MORB 标准化蛛网图见图 3-80。从表和图中可以看出，早中三叠世火山岩微量元素总体较富集，其中大离子亲石元素富集程度较高，尤其是 Rb 和 Th 富集较强，形成两个明显的峰值，Nb 和轻稀土元素富集不强，仅 Ti 较亏损，其蛛网图的形式与火山弧火山岩中智利型火山岩相接近，为钙碱性的大陆型火山岩。

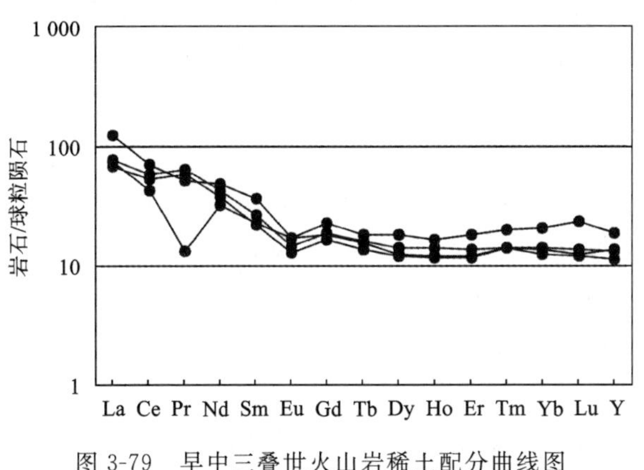

图 3-79　早中三叠世火山岩稀土配分曲线图

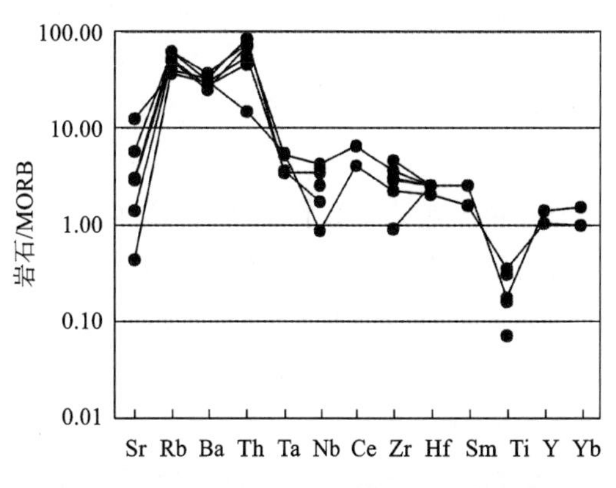

图 3-80　早中三叠世火山岩微量元素蛛网图

3. 构造环境

从早中三叠世火山岩的物质成分看，火山岩以中酸性为主，稀土元素中轻稀土富集，微量元素中大离子亲石元素富集，反映了其与火山弧的亲缘性。在 $\lg\tau-\lg\sigma$ 图（图 3-81）中，早中三叠世火山岩绝大部分点落在 B 区，为消减带火山岩。

表 3-69　早中三叠世火山岩微量元素分析结果　（$\times10^{-6}$）

样品号	岩石名称	Ba	Nb	Zr	Sr	Rb	Th	Zn	V	Ti	Cr	Hf	Cs	Ta
1BP1DY2－2	霏细岩	508	13	276	169	98	14	72	29	2 644	27	6	8.00	—
1BP1DY8－1	玄武安山岩	544	9	264	353	103	9	78	69	4 526	19	6	8.00	—
1DDP306－1	安山岩	618	3	198	689	125	3	257	130	5 297	23	5	—	1.00
2CDY133－1	凝灰岩	639	12	82	52	81	17	34	15	1 039	29	6	9.00	0.62
79PIDY45	熔岩凝灰岩	748	15	326	357	127	15	48	34	2 632	8	6	0.04	0.94
79DIDY54	凝灰岩	593	6	412	1 518	73	11	40	33	2 393	11	6	0.03	0.64

资料来源：海德郭勒幅等 8 幅 1∶5万区调报告，样品均来自洪水川组。

（二）晚三叠世火山岩

晚三叠世鄂拉山组火山岩

1. 地质及岩石学特征

测区鄂拉山组火山岩主要分布于图幅西北角埃肯德勒斯特地区的海德乌拉山一带，向东逐渐变窄。

岩石组合主要为玄武岩、流纹岩、粗面岩、凝灰岩、火山角砾岩夹少量碎屑岩，火山岩具双峰式特点，与八宝山组为整合接触。岩石多呈现紫红色，发育气孔构造、杏仁构造、流纹构造。

岩层中构造变形少见。岩层中共生的沉积岩基本为碎屑岩。依据岩石学方面的信息可以初步推测该组火山岩为陆相火山岩。

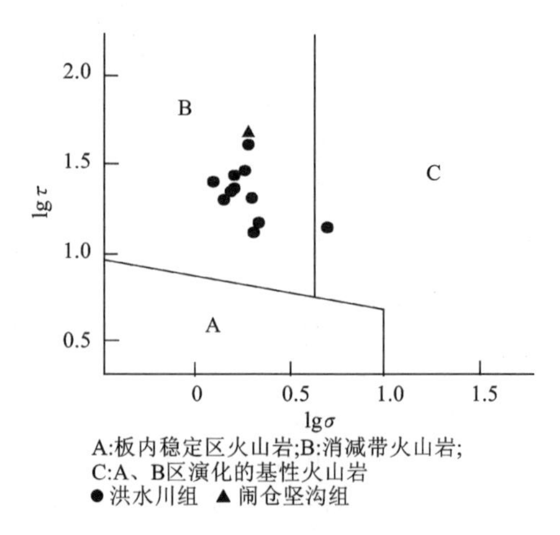

图 3-81　早中三叠世火山岩 lgτ－lgσ 图

组内岩石类型较复杂，主要类型有玄武岩、英安岩、流纹岩、粗面岩、安山岩、流纹质晶玻屑凝灰岩、流纹质安山质凝灰角砾岩、砾岩、砂岩、粉砂岩等。可大体分为熔岩、火山碎屑岩、沉积碎屑岩三大类。各类岩石的主要特征描述如下：

灰绿色玄武岩　斑状结构，基质为间粒间片结构。斑晶 5%，成分主要为斜长石、辉石。斜长石呈宽板状自形晶，聚片双晶发育。辉石呈短柱状自形晶，两组完全解理。基质斜长石微晶自形好，呈长条状，在岩石中搭成三角架，其内充填有小的辉石颗粒、绿泥石及金属矿物。岩石中气孔、杏仁发育，形态不很规则，中间充填绿泥石、石英等。

肉红色流纹岩　斑状结构，基质为隐晶质结构、霏细结构、显微晶质结构、球粒结构。斑晶 5%，成分主要为钾长石、石英。钾长石呈板状自形晶，条纹构造发育，干涉色一级灰。石英高温自形晶，边缘常被熔蚀而成港湾状。基质主要由隐晶质物质组成，现多已产生不同程度的重结晶，而形成球粒结构、显微晶质结构等。岩石中气孔、杏仁较发育，其中充填有石英，气孔被明显拉长定向，斑晶的排列也明显定向而形成流纹构造。

灰紫色豆状流纹岩　岩石为少斑结构，基质为隐晶质结构、霏细结构、显微晶质结构，豆粒状、肾状构造。斑晶含量少，成分主要为钾长石、石英；基质主要由隐晶质物质组成，岩石重结晶较强，多已结晶成霏细状的长英质集合体及显微晶质的长英质矿物。岩石中豆粒状、肾状构造明显，肾状体或豆粒整体结晶程度差，中间常结晶出一些小的菱形矿物，由于铁染而发红，推测为白云石。有些豆状体具同心圈层状构造，部分豆粒中间充填有纤维状长英质物质，单偏光下较干净。豆粒处见珍珠状裂纹。

灰紫色石英粗面岩　斑状结构，基质为隐晶质结构、球粒结构、霏细结构和微晶结构，流纹构造。斑晶主要为钾长石(5%)，少量石英。斑晶钾长石形态不规则，常多个颗粒形成聚斑，条纹发育，双晶不显。石英表面干净，裂纹发育。基质由隐晶质物质、不透明尘点状金属物质等组成。岩石脱玻化和重结晶较强，不同重结晶程度的物质在岩石中排列极具定向，相间呈条带状分布，不透明物质在岩石中排列也极具定向，构成明显的流纹构造。从重结晶物质较强的泥化看，成分多为长石，局部石英成带分布。

安山岩　斑状结构，基质为间隐结构—安山结构。斑晶含量少，占 10%，成分主要为斜长石。基质由细小的针状斜长石微晶和隐晶质、玻璃质物质组成。斑晶斜长石呈板条状自形晶。基质由细小针状斜长石微晶和隐晶质、玻璃质物质组成。岩石具气孔、杏仁构造，气孔常被压扁拉长，排列具明显的方向性。气孔中常充填有玉髓状石英。

绿泥石化橄榄粗玄岩　斑状结构，基质为粗玄结构。斑晶 5%～10%，主要为橄榄石呈它形粒状，现多已绿泥石化、蛇纹石化而只保留了原橄榄石外形，裂隙发育。基质斜长石微晶呈细长条状，其中充填有绿泥石和金属物质，从形态上看，充填物原矿物有辉石和橄榄石。橄榄石发育裂纹，蚀变过程中有铁质析出，而辉石基本无铁质析出。

英安岩　斑状结构，基质具微粒结构。斑晶占 50%，成分主要为斜长石(35%)、石英(10%)、黑云母(5%)；基质占 5%，由微粒状石英(30%)及斜长石(20%)组成。斑晶斜长石呈板状—宽板状自形晶，聚片双晶明显可见。石英具高温自形的晶形，边缘常被熔蚀，中间常镶嵌或包裹有斜长石的颗粒。黑云母已发生强烈的绿泥石化而呈现异常干涉色。

紫红色流纹质晶玻屑凝灰岩　晶屑玻屑凝灰结构，假流纹构造，碎屑物成分主要为玻屑，少量晶屑、浆屑。晶屑成分主要为钾长石、石英。玻屑多为鸡骨状、不规则状，具有一定程度的脱玻化，略具光性。浆屑呈火焰状，较大，变形较强，中间常重结晶成球粒及长英质集合体。玻屑在岩石中常被压扁拉长，排列具明显方向性。基质成分主要由更细小的火山灰尘组成，在岩石中排列也具明显的方向性，形成较典型的假流纹构造。

含角砾英安质晶屑凝灰岩　含角砾晶屑凝灰结构，岩石中含有5%的角砾，角砾成分为安山岩、英安岩等。碎屑物成分主要为晶屑，次为岩屑。晶屑的成分主要为斜长石，少量石英。岩屑的成分多为安山岩，少量英安岩、流纹岩。碎屑物占85%(斜长石60%、石英5%、岩屑15%、角砾5%)，胶结物占15%。

灰绿色玄武质熔结凝灰岩　含角砾晶屑岩屑凝灰结构，岩石中含有少量角砾，粒径2～4mm，成分主要为玻基玄武岩和安山岩。角砾含量约10%，碎屑物成分主要为晶屑、岩屑。晶屑的成分主要为斜长石呈板状或不规则状，常有炸裂纹。岩屑成分主要为玻基玄武岩、玄武岩、安山岩等。碎屑间由玄武质熔岩焊接起来，填隙物中熔岩斜长石微晶结晶较好，微晶间充填有绿泥石。碎屑物占75%(角砾10%、晶屑20%、岩屑45%)，胶结物占25%。

2. 地球化学特征

1) 岩石化学特征

鄂拉山组火山岩化学分析结果见表3-70。从表中可以看出，SiO_2分为两部分，SiO_2为47.85%～52.89%及65.42%～79.39%，火山岩碱性程度较高，其中基性者alk为2.87%～7.45%，酸性者为6.31%～9.32%。在SiO_2-(K_2O+Na_2O)图(图3-82)中，鄂拉山组火山岩主要分布于基性及酸性岩区，基性岩者碱性程度较高，投点多落在S1和S2区，为粗面玄武岩和玄武质粗面安山岩，少数落在B区，为玄武岩，酸性岩石主要为流纹岩，少量英安岩及较碱性的粗面岩。鄂拉山组火山岩具有双峰式特征，基性岩以碱性为主，亚碱性岩次之，酸性岩主要为亚碱性，少量碱性岩，在区分亚碱性岩石的A-F-M图(图3-83)中，鄂拉山组火山岩中亚碱性的岩石绝大部分为钙碱性的岩石。

故鄂拉山组火山岩由碱性和钙碱性的岩石组成，其中基性岩者大部分为碱性岩，酸性岩者大部分为钙碱性岩。

表3-70　三叠纪鄂拉山组火山岩岩石化学分析结果　(%)

样品号	岩石名称	SiO_2	TiO_2	Al_2O_3	Fe_2O_3	FeO	MnO	MgO	CaO	Na_2O	K_2O	P_2O_5	CO_2	H_2O^+	Σ
AP_{51}Bb3-1	英安岩	65.88	0.39	14.60	1.43	1.60	0.05	1.78	3.54	5.53	0.78	0.10	2.20	1.93	99.81
AP_{51}Bb5-1	英安岩	65.42	0.50	15.74	0.79	3.28	0.08	1.27	3.04	3.86	2.75	0.18	0.29	2.54	99.74
AP_{51}Bb16-1	玄武岩	51.35	1.49	16.49	4.84	4.27	0.15	5.45	8.54	2.67	0.20	0.19	1.78	2.43	99.85
AP_{51}Bb21-1	玄武岩	50.59	1.41	15.26	4.17	5.03	0.18	4.49	8.25	2.95	0.32	0.26	3.66	3.27	99.84
AP_{50}Bb8-1	流纹岩	76.04	0.20	11.19	2.51	0.65	0.03	0.25	0.74	4.28	2.70	0.03	0.52	0.68	99.82
AP_{50}Bb14-1	流纹岩	76.94	0.10	11.00	1.82	0.50	0.01	0.17	0.72	3.07	4.59	0.01	0.33	0.62	99.88
AP_{50}Bb15-1	流纹岩	79.39	0.08	10.20	1.55	0.60	0.02	0.21	0.27	2.27	4.38	0.01	0.10	0.80	99.88
AP_{50}Bb17-1	流纹岩	75.46	0.10	13.06	1.13	0.47	0.01	0.22	0.29	2.71	5.29	0.01	0.15	0.96	99.86
AP_{50}Bb25-1	玄武质粗面安山岩	51.73	1.26	16.63	3.36	4.18	0.14	5.64	5.87	4.66	1.95	0.28	0.68	3.12	99.50
AP_{50}Bb27-1	玄武质粗面安山岩	52.89	1.99	13.64	7.47	3.85	0.18	3.93	6.19	3.54	2.75	0.65	0.68	1.92	99.68
AP_{50}Bb29-1	玄武岩	51.13	2.23	14.96	4.89	4.97	0.14	4.82	6.37	2.66	1.46	0.70	2.09	3.37	99.79
AP_{50}Bb30-1	玄武质粗面安山岩	51.09	1.90	14.22	6.86	3.53	0.19	4.77	4.75	5.13	1.05	0.64	2.72	2.93	99.78

续表 3-70

样品号	岩石名称	SiO_2	TiO_2	Al_2O_3	Fe_2O_3	FeO	MnO	MgO	CaO	Na_2O	K_2O	P_2O_5	CO_2	H_2O^+	Σ
$1AP_1GS7-1^*$	玄武质粗面安山岩	50.25	1.69	15.86	7.82	1.48	0.13	2.80	6.10	6.80	0.65	0.47	0.28	5.10	99.43
$1AP_1GS52-1^*$	粗面玄武岩	51.18	1.08	16.37	3.38	4.05	0.11	6.25	7.09	4.96	0.39	0.27	0.41	3.99	99.53
$1AP_1GS60-1^*$	粗面玄武岩	50.24	1.52	15.77	4.35	4.25	0.14	4.89	6.90	4.43	1.32	0.34	0.36	5.34	99.85
$2AP_6GS5-1^*$	粗面玄武岩	50.48	1.37	16.15	3.38	4.88	0.13	6.71	7.46	2.94	2.70	0.30	0.46	3.24	100.20
$1AP_1GS13-1^*$	玄武质粗面安山岩	51.51	1.59	17.40	4.99	2.87	0.10	6.72	1.48	5.40	2.14	0.50	0.50	4.76	99.96
$2AGS417^*$	玄武岩	47.85	3.03	12.50	2.39	12.50	0.21	5.67	7.83	2.79	0.38	0.30	0.46	4.09	100.00
$2AP_6GS22-1^*$	粗面岩	68.36	0.26	13.86	2.48	1.89	0.08	0.22	1.45	4.75	4.57	0.05	0.42	1.38	99.77
$1AP_1GS32-1^*$	流纹岩	76.77	0.19	10.62	1.53	0.88	0.03	0.19	0.53	2.20	5.22	0.05	0.14	0.92	99.27
$1AP_1GS75-1^*$	流纹岩	75.91	0.12	10.96	1.76	1.19	0.01	0.25	0.82	3.08	3.21	0.02	0.22	1.55	99.10
$2AP_6GS9-1^*$	流纹岩	77.10	0.10	11.48	0.98	0.98	0.02	0.30	0.67	3.25	4.38	0.02	0.26	0.60	100.14
$2AP_6GS32-1^*$	流纹岩	73.70	0.10	12.55	1.31	0.39	0.03	0.41	2.22	1.03	3.80	0.02	0.36	3.48	99.40
$2AP_6GS33-1^*$	流纹岩	76.95	0.12	11.35	1.37	0.73	0.03	0.14	0.53	2.84	4.97	0.02	0.28	0.64	99.97

资料来源：* 者据海德郭勒幅等 8 幅 1:5万区调报告，其他为本次实测，测试单位为湖北省地质实验研究中心。

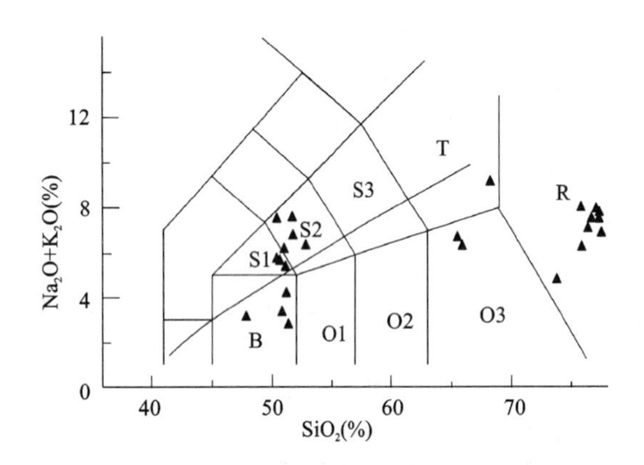

图 3-82　鄂拉山组火山岩 SiO_2-(K_2O+Na_2O)分类命名图

（据 Bas M J Le 等，1986；IUGS，1989）

B. 玄武岩；O1. 玄武安山岩；O2. 安山岩；O3. 英安岩；R. 流纹岩；S1. 粗面玄武岩；S2. 玄武质粗面安山岩；S3. 粗面安山岩；T. 粗面岩

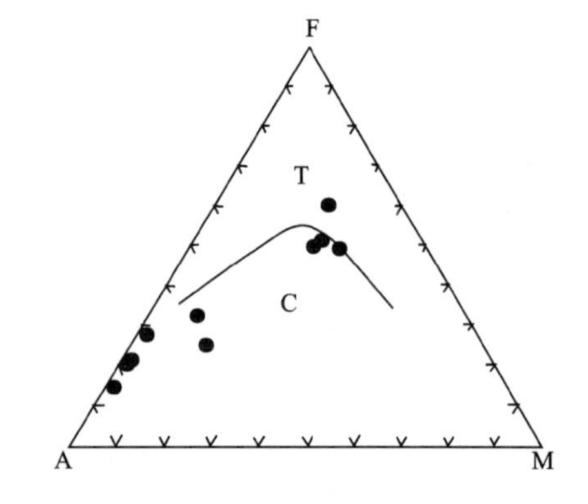

图 3-83　鄂拉山组火山岩 A-F-M 图

（据 Irvine T N 等，1971）

T. 拉斑玄武岩系列；C. 钙碱性系列

2）稀土元素特征

鄂拉山组火山岩稀土元素分析结果见表 3-71，稀土配分曲线见图 3-84。从表和图中可以看出，玄武岩类稀土元素总量较低，$\sum REE=(105.33\sim314.77)\times10^{-6}$，$LREE=(58.51\sim241.90)\times10^{-6}$，$HREE=(46.82\sim74.30)\times10^{-6}$，轻、重稀土分馏较明显，LREE/HREE＝1.25～3.32，$(La/Lu)_N=2.21\sim16.61$。中酸性岩类稀土总量较高，$\sum REE=(75.84\sim502.22)\times10^{-6}$，$LREE=(56.79\sim361.19)\times10^{-6}$，$HREE=(19.05\sim141.03)\times10^{-6}$，轻、重稀土分馏明显，LREE/HREE＝1.70～3.01，$(La/Lu)_N=4.54\sim10.17$。鄂拉山组玄武岩稀土配分曲线为轻稀土富集型，基本无 Eu 负异常，与裂谷碱性玄武岩的配分曲线相近。流纹岩的稀土配分曲线与玄武岩的配分曲线基本相近，大部分具明显的 Eu 负异常，稀土总量较玄武岩高，配分曲线位于上方。从配分曲线的形态上看，反映出裂谷的成因特征。

表 3-71　鄂拉山组火山岩稀土元素分析结果　　（×10⁻⁶）

样品号	岩石名称	La	Ce	Pr	Nd	Sm	Eu	Gd	Tb	Dy	Ho	Er	Tm	Yb	Lu	Y
AP_{51}Bb3－1	英安岩	12.65	26.25	3.31	11.45	2.40	0.73	2.26	0.36	1.95	0.40	1.16	0.18	1.19	0.18	11.37
AP_{51}Bb5－1	英安岩	27.06	62.97	7.53	26.15	5.15	1.28	4.24	0.63	3.42	0.65	1.86	0.29	1.85	0.29	18.22
AP_{51}Bb16－1	玄武岩	9.84	24.60	3.40	15.22	4.12	1.33	4.76	0.85	5.05	1.01	3.09	0.47	3.03	0.46	28.10
AP_{51}Bb21－1	玄武岩	11.22	29.43	4.22	18.17	4.59	1.47	5.32	0.88	5.42	1.06	3.24	0.50	3.12	0.48	29.46
AP_{50}Bb8－1	流纹岩	46.69	104.90	12.82	49.21	11.34	1.30	11.02	1.83	10.96	2.12	6.32	0.95	6.11	0.87	59.21
AP_{50}Bb14－1	流纹岩	53.90	124.60	15.27	56.85	13.87	0.34	14.32	2.43	14.84	2.86	8.73	1.33	8.60	1.23	82.59
AP_{50}Bb15－1	流纹岩	50.85	113.30	13.79	51.40	12.11	0.32	12.67	2.18	13.38	2.53	7.51	1.10	6.86	0.97	73.14
AP_{50}Bb17－1	流纹岩	74.35	169.20	20.76	78.28	18.13	0.47	17.54	2.67	15.14	2.89	8.79	1.39	9.29	1.34	81.98
AP_{50}Bb25－1	玄武质粗面安山岩	17.80	44.08	5.65	23.05	5.38	1.54	5.62	0.92	5.33	1.04	3.09	0.47	2.99	0.45	29.03
AP_{50}Bb27－1	玄武质粗面安山岩	30.03	70.62	9.19	37.16	8.61	2.18	8.41	1.30	7.81	1.48	4.38	0.65	4.09	0.59	41.38
AP_{50}Bb29－1	玄武岩	31.12	75.75	9.75	38.59	8.95	2.42	9.01	1.38	8.17	1.60	4.67	0.70	4.45	0.67	43.65
AP_{50}Bb30－1	玄武质粗面安山岩	31.45	73.68	9.42	38.80	8.79	2.39	9.06	1.42	8.10	1.59	4.57	0.67	4.28	0.64	43.83
$1AP_{1}$13－1*	玄武质粗面安山岩	27.60	60.79	9.21	36.40	7.24	1.55	6.95	1.08	6.03	1.20	3.26	0.50	3.08	0.43	29.90
$1AP_{1}$32－1*	流纹岩	67.12	133.10	20.30	66.00	13.28	0.21	12.34	1.97	11.47	2.40	6.46	1.00	6.32	0.93	56.92
$1AP_{1}$60－1*	粗面玄武岩	14.76	33.71	6.39	24.60	5.28	1.34	5.91	0.93	5.24	1.10	3.04	0.50	2.83	0.42	26.98
$2AP_{6}$5－1*	粗面玄武岩	38.00	63.00	6.20	27.50	7.70	1.55	6.50	1.01	5.60	1.30	3.30	0.65	3.70	0.56	36.50
2A316－1*	玄武安山岩	48.00	113.00	10.00	56.00	11.50	3.40	10.00	0.29	8.40	1.30	4.50	0.68	4.40	0.30	43.00
2A417－1*	玄武岩	24.00	41.00	3.40	23.50	7.90	2.15	7.60	1.45	6.50	1.35	3.70	0.60	3.80	0.76	38.00
$2AP_{6}$9－1*	流纹岩	37.00	64.00	6.00	27.00	9.20	1.03	8.70	1.60	8.20	1.66	4.70	0.73	5.20	0.65	53.00
2B112－1*	凝灰熔岩	47.00	79.00	5.40	24.00	6.40	0.58	5.00	0.81	4.50	1.10	3.00	0.60	4.00	0.48	34.50

资料来源：* 者据海德郭勒幅等 8 幅 1∶5万区调报告，其他为本次实测，测试单位为湖北省地质实验研究中心。

3）微量元素特征

鄂拉山组火山岩微量元素分析结果见表 3-72，其 MORB 标准化蛛网图见图 3-85。不同的岩石类型其微量元素特征相差较大，玄武岩中钙碱性的玄武岩微量元素总体较平坦，Sr、K、Rb 较亏损，Ba、Th 较富集，蛛网图的配分形式接近于夏威夷型火山岩，而碱性的玄武岩类岩石大离子亲石元素富集，蛛网图配分形式像一个倒扣的勺状，与板内玄武岩中亚速尔的碱性玄武岩类似。中酸性火山岩中 Sr 较亏损，K、Rb、Th 富集较高，Ba 略低，在蛛网图中 Rb 和 Th 处形成两个明显的峰值，其蛛网图配分形式接近于过渡类型的格林纳达岛火山岩。从火山岩微量元素特征可以看出，鄂拉山组火山岩形成于裂谷的构造环境，代表了板内的特征。

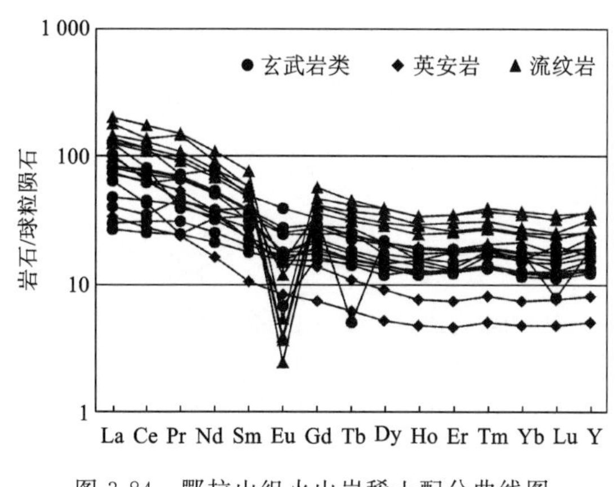

图 3-84　鄂拉山组火山岩稀土配分曲线图

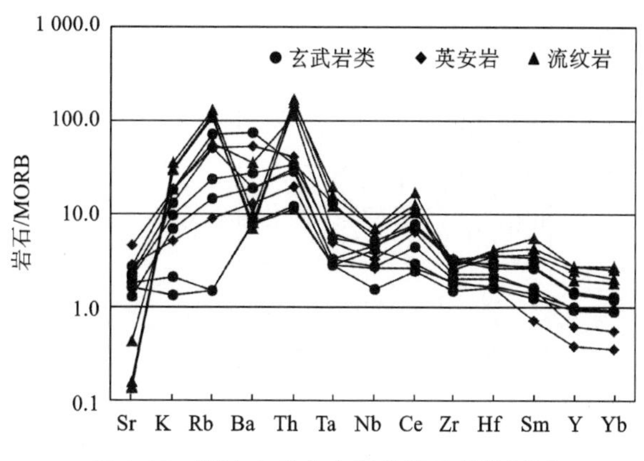

图 3-85　鄂拉山组火山岩微量元素蛛网图

表 3-72　鄂拉山组火山岩微量元素分析结果　　（$\times 10^{-6}$）

样品号	岩石名称	Co	Ni	Cu	Cr	Sr	Rb	Hf	Zr	Nb	Th	Pb	Ta	Ba
AP_{51}Bb3－1	英安岩	10.7	13.0	20.3	32.1	343	17.6	3.9	167	9.2	3.9	21.3	0.5	258
AP_{51}Bb5－1	英安岩	11.4	11.1	10.4	11.1	556	101.2	5.5	201	11.3	8.1	64.4	0.9	1 046
AP_{51}Bb16－1	玄武岩	39.8	36.7	27.1	107.9	193	3.0	3.9	135	5.4	2.2	27.8	0.5	156
AP_{51}Bb21－1	玄武岩	39.4	25.6	26.9	90.5	214	3.0	4.1	165	14.6	2.4	57.4	0.5	160
AP_{50}Bb8－1	流纹岩	3.2	5.7	8.2	10.6	51	112.6	8.6	300	14.9	22.8	56.7	1.1	701
AP_{50}Bb14－1	流纹岩	5.2	15.8	19.8	12.3	19	236	9.5	249	24.4	31.6	34.8	3.5	138
AP_{50}Bb15－1	流纹岩	3.2	6.8	10.7	14.0	16	218.9	8.4	225	21.0	28	43.3	2.2	160
AP_{50}Bb17－1	流纹岩	3.5	7.0	9.2	3.3	17	256.5	10	258	24.1	34.1	31.5	2.8	197
AP_{50}Bb25－1	玄武质粗面安山岩	39.4	51.3	16.1	211.7	276	101.0	4.9	185	9.6	5.7	62.3	0.6	370
AP_{50}Bb27－1	玄武质粗面安山岩	37.8	56.6	24.2	92.3	327	141.8	6.4	288	15.8	6.7	74.3	1.0	1 468
AP_{50}Bb29－1	玄武岩	40.4	57.5	37.2	109.4	256	47.0	6.9	294	18.0	6.7	45.8	2.3	555
AP_{50}Bb30－1	玄武质粗面安山岩	40.9	62.4	65.7	108.1	155	29.2	7.1	270	16.2	6.1	38.6	0.6	376

3. 构造环境分析

从鄂拉山组火山岩的物质成分看，其具有典型双峰式的特点，岩石主要由基性和中酸性岩组成，在火山岩物质成分频率直方图（图 3-86）中，我们可以明显地看出这点。鄂拉山组火山岩中，基性岩占 60％，中性岩占 10％，酸性岩占 30％，其分布形式与 Franco Barberi（1982）统计的不同裂谷带火山岩中的埃塞俄比亚裂谷火山岩接近。

在玄武岩微量元素与构造环境的 Y/15－La/10－Nb/8 图（图 3-87）中，鄂拉山组玄武岩大部分落在 2A 区，为大陆玄武岩，少数落在 1A 区，为钙碱性玄武岩，个别落在 3B 区，为富集的 E－MORB 型，反映了鄂拉山组火山岩从大陆开始拉张，局部拉张幅度较大，形成富集的 E－MORB 型玄武岩。在 Ti/100－Zr－Y×3 图（图 3-88）中，鄂拉山组玄武岩均落在 D 区，为板内玄武岩，反映了鄂拉山组火山岩是从稳定的板内开始拉张。在区分板内不同类型玄武岩的 Nb×2－Zr/4－Y 图（图 3-89）中，鄂拉山组玄武岩大部分落在 A－Ⅱ区和 C 区，其中 A－Ⅱ区代表了板内碱性＋板内拉斑玄武岩，而 C 区代表板内拉斑＋火山弧的构造环境。综合上述，构造判别图以及鄂拉山组火山岩的化学成分及稀土元素和微量元素特征显示，鄂拉山组火山岩形成于从大陆基础上拉张形成的裂谷环境，拉张的幅度不大，大部分为大陆玄武岩，部分地点拉张较强，形成大洋玄武岩，玄武岩的碱度较大，大部分玄武岩为碱性的玄武质粗面安山岩。火山岩的物质成分中以玄武岩和酸性的流纹岩及英安岩为主，缺少中性的成分。

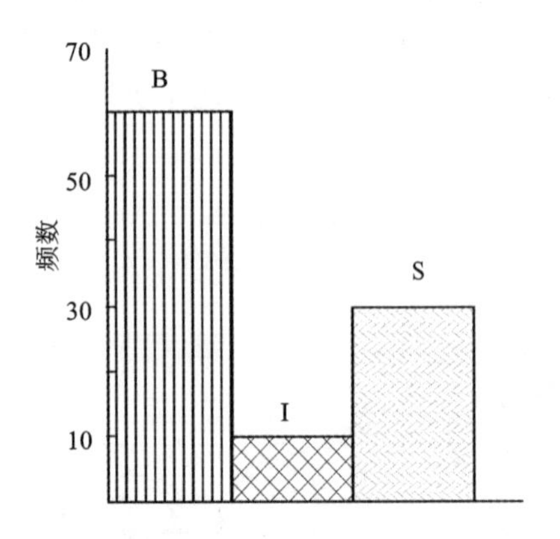

图 3-86　鄂拉山组火山岩样品直方图

B. 基性岩；I. 中性岩；S. 酸性岩

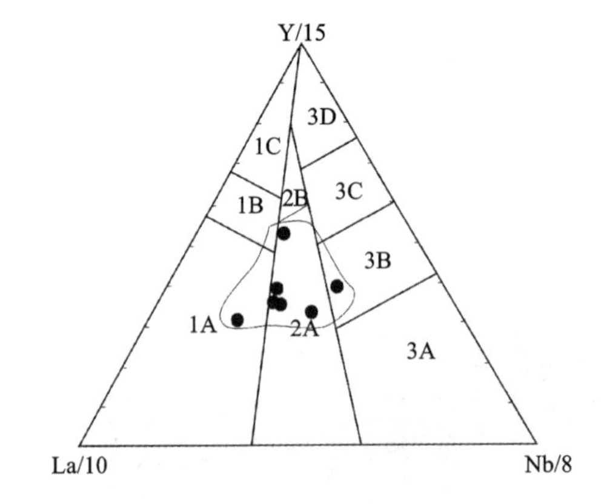

图 3-87　鄂拉山组玄武岩 Y/15－La/10－Nb/8 图

（据 Cabanis 和 Lecolle，1989）

1. 火山弧：1A. 钙碱性玄武岩，1B. 过渡区，1C. 火山弧拉斑玄武岩；2. 大陆玄武岩：2A. 大陆玄武岩，2B. 弧后盆地玄武岩；3. 大洋玄武岩：3A. 陆内裂谷碱性玄武岩，3B、3C. E－MORB 型（B 富集，C 略富集）；3D. N－MORB 型

4. 年代学研究

火山岩由于结晶较细，锆石获取较困难，前人在1∶5万填图时，曾获得了5个K－Ar年龄，分别为204Ma、206Ma、226Ma、(203.3±2.4)Ma、(247.3±3.2)Ma，时代差别43Ma。考虑到火山岩K－Ar同位素年龄结果误差较大，我们对结晶较粗的玄武岩挑选了锆石，进行锆石高精度U－Pb SHRIMP定年。获得$^{206}Pb/^{238}U$年龄的加权平均值为(204±2)Ma，代表了鄂拉山组火山岩形成时的结晶年龄。故测区海德郭勒附近出露的一套以火山岩为主的地层时代应为晚三叠世晚期—早侏罗世早期。考虑到该套地层与侏罗纪羊曲组平行不整合接触，其顶界表现为一沉积间断面和植物种群的差异，故我们把该套火山岩的时代定为晚三叠世晚期。

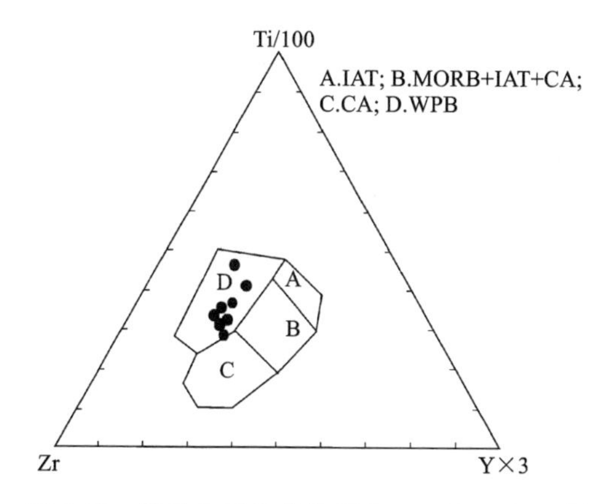

图3-88 鄂拉山组玄武岩Ti/100－Zr－Y×3图

(据Pearce和Cann，1973)

IAT.岛弧拉斑玄武岩；MORB.洋中脊玄武岩；

CA.钙碱性玄武岩；WPB.板内玄武岩

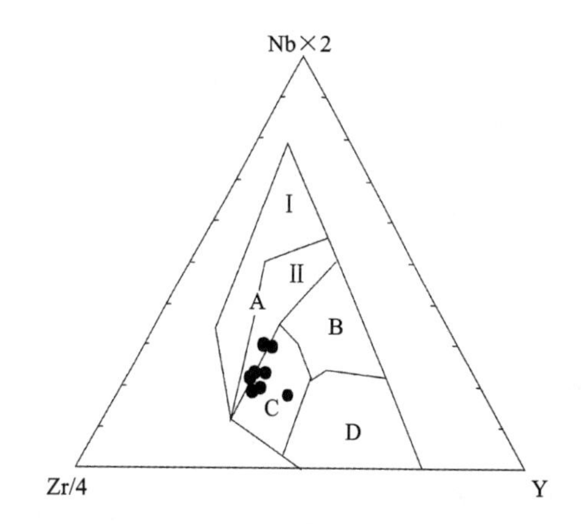

图3-89 鄂拉山组玄武岩Nb×2－Zr/4－Y图

(据Meschade，1986)

AⅠ.板内碱性玄武岩；AⅡ.板内碱性＋板内拉斑玄武岩；

B.E－MORB型；C.板内拉斑＋火山弧；

D.N－MORB型＋火山弧玄武岩

晚三叠世八宝山组火山岩

1. 地质及岩石学特征

晚三叠世八宝山组以陆源碎屑岩为主，有少量火山岩夹层，火山岩以火山碎屑岩为主，熔岩较少。火山碎屑岩的岩石类型主要为灰绿色流纹质岩屑晶屑凝灰岩、灰绿色安山质晶屑岩屑凝灰岩、安山质含角砾晶屑玻屑沉凝灰岩，熔岩主要为英安岩、流纹岩。

蚀变英安岩 变余斑状结构，基质变余指纹结构，千枚状构造，岩石经强烈的绢云母化，绢云母呈鳞片变晶交代斜长石，呈定向排列，显示千枚状构造。斑晶占10%，成分主要为斜长石，少量石英。斜长石斑晶呈自形柱状，被绢云母、方解石等强烈交代，双晶纹尚有保留。石英斑晶小，圆状。基质斜长石微晶与石英呈指纹状交生，绢云母化明显。

流纹岩 斑状结构，基质显微晶质及霏细结构，片状构造，由于蚀变矿物绢云母、绿泥石分布广泛而且均匀，又定向排列，岩石呈现片理化。斑晶占10%，成分主要为石英，次为斜长石、透长石。石英呈等轴粒状，具熔蚀现象。斜长石斑晶聚片双晶可见，为更—中长石。透长石具卡式双晶，轻微高岭石化。暗色矿物斑晶已全部变为绿泥石、铁质、方解石的集合体。基质由长英质组成，局部长英质物质组成霏细状结构。

流纹质岩屑晶屑凝灰岩 岩屑晶屑凝灰结构，块状构造，岩石碎屑物主要为岩屑(30%)、晶屑(60%)，少量玻屑(10%)。岩屑成分主要为绢云石英片岩、含砂泥岩、千枚岩等，形态不规则，略具磨圆。玻屑呈弧面棱角状、鸡骨状、气孔状。晶屑主要为石英(熔蚀极为发育)、钾长石(微斜长石)、斜长石(中酸性，偶见环带)，形态多为棱角状。胶结物为更细的火山尘。

2. 地球化学特征

1）岩石化学特征

八宝山组火山岩化学分析结果见表 3-73。从表中可以看出，岩石的 SiO_2 含量较高，均为中酸性岩，在 SiO_2 -(K_2O+Na_2O)图(图 3-90)中，八宝山组火山岩落在流纹岩和英安岩区。在 A－F－M 图中(图 3-91)，八宝山组火山岩均落在 C 区，为钙碱性的火山岩。

表 3-73 八宝山组火山岩岩石化学分析结果 (%)

样品号	岩石名称	SiO_2	TiO_2	Al_2O_3	Fe_2O_3	FeO	MnO	MgO	CaO	Na_2O	K_2O	P_2O_5	CO_2	H_2O	Σ
$AP_{19}Bb3-1$	英安斑岩	68.58	0.31	15.81	0.49	1.58	0.04	1.22	1.87	2.89	3.42	0.10	1.36	2.16	99.83
$AP_{19}Bb6-1$	流纹斑岩	75.13	0.04	13.24	0.14	0.93	0.06	0.40	0.99	3.94	3.54	0.01	0.47	0.93	99.82
$AP_{41}Bb4-2$	英安岩	68.87	0.23	15.53	0.92	1.63	0.06	2.62	0.99	2.01	2.99	0.05	0.89	3.02	99.81

测试单位：湖北省地质实验研究中心。

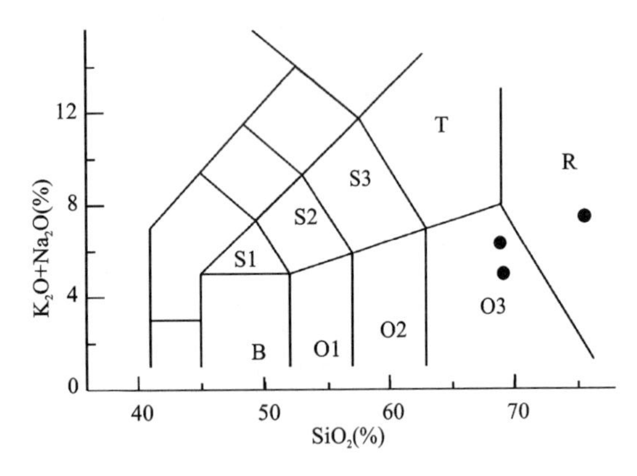

图 3-90 八宝山组火山岩 SiO_2 -(K_2O+Na_2O)图

(据 Bas 等，1986；IUGS，1989)

O3. 英安岩；R. 流纹岩；其他符号略

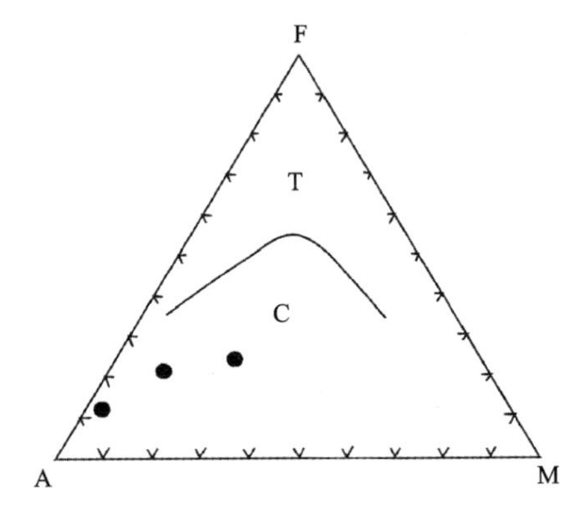

图 3-91 八宝山组火山岩 A－F－M 图

(据 Irvine 等，1971)

T. 拉斑玄武岩系列；C. 钙碱性系列

2）稀土元素特征

八宝山组火山岩稀土元素分析结果见表 3-74。从表中可以看出，八宝山组火山岩稀土特征变化较大，稀土总量 $\sum REE=(85.09\sim243.52)\times10^{-6}$，$LREE=(65.24\sim195.2)\times10^{-6}$，$HREE=(19.85\sim128.72)\times10^{-6}$，LREE/HREE＝0.71～4.04，$(La/Lu)_N=1.05\sim10.03$，稀土配分曲线(图 3-92)$AP_{19}Bb6-1$ 流纹岩为平坦型，且 Eu 负异常明显，其他两个样品为轻稀土富集型，且 Eu 负异常不明显，反映了八宝山组火山岩形成的构造环境可能有差异。

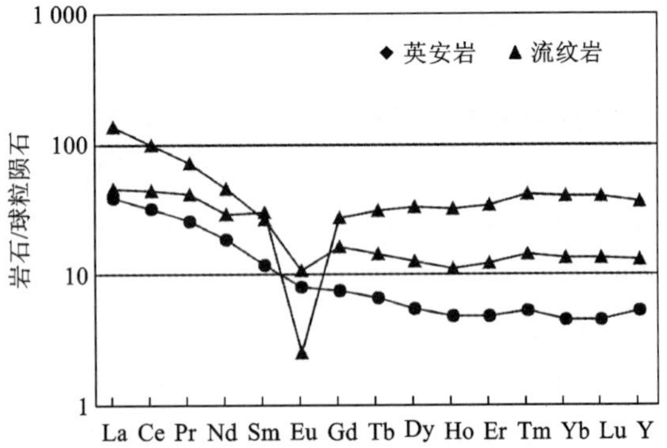

图 3-92 八宝山组火山岩稀土配分曲线图

3）微量元素特征

八宝山组火山岩微量元素分析结果见表 3-75，其 MORB 标准化蛛网图见图 3-93。从表和图中可以看出，八宝山组火山岩微量元素中大离子亲石元素富集，高场强元素及稀土元素亏损，其蛛网图配分形式是在左侧有两个明显的峰值，分别位于 Rb 和 Th 处，显示了火山弧的特点。

表 3-74　八宝山组火山岩稀土元素分析结果　　（$\times10^{-6}$）

样品号	岩石名称	La	Ce	Pr	Nd	Sm	Eu	Gd	Tb	Dy	Ho	Er	Tm	Yb	Lu	Y
$AP_{19}Bb3-1$	英安岩	14.08	30.85	3.56	13.34	2.71	0.70	2.35	0.39	2.09	0.41	1.19	0.19	1.12	0.17	11.94
$AP_{19}Bb6-1$	流纹岩	16.69	41.76	5.61	20.87	7.03	0.22	8.40	1.78	12.55	2.75	8.56	1.48	10.13	1.51	82.56
$AP_{41}Bb4-2$	流纹岩	50.26	95.91	9.90	32.09	6.14	0.93	5.03	0.83	4.77	0.96	3.08	0.51	3.33	0.52	29.26

测试单位：湖北省地质实验研究中心。

表 3-75　八宝山组火山岩微量元素分析结果　　（$\times10^{-6}$）

样品号	岩石名称	Zn	Co	Ni	Cu	Cr	Sr	Rb	Hf	Zr	Th	Pb	Ba	Nb	Ta
$AP_{19}Bb3-1$	英安岩	47	4.9	6	4	7	178	252.1	3.3	139	6.4	25.7	586	4.00	0.50
$AP_{19}Bb6-1$	流纹岩	48	2.9	9	7	12	144	285.4	5.0	103	52.2	86.2	511	15.40	2.90
$AP_{41}Bb4-2$	流纹岩	76	6.3	21	21	19	184	162.0	4.5	176	28.0	30.6	615	14.30	1.60

测试单位：湖北省地质实验研究中心。

3. 构造环境

八宝山组火山岩均为中酸性火山岩，其化学成分反映了其与火山弧间的亲缘关系，在反映中酸性岩构造环境的 $\lg\tau-\lg\sigma$ 图（图 3-94）中，八宝山组火山岩均落在 B 区，为消减带火山岩，反映了其形成于和俯冲、碰撞有关的构造环境中。

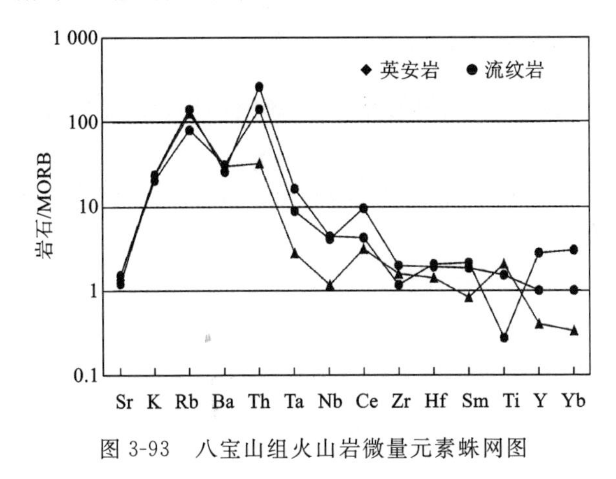

图 3-93　八宝山组火山岩微量元素蛛网图

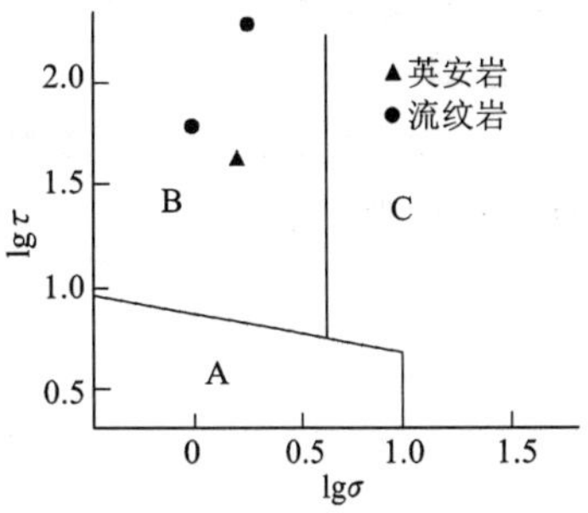

图 3-94　八宝山组火山岩 $\lg\tau-\lg\sigma$ 图
A. 板内稳定区火山岩；B. 消减带火山岩；
C. A、B 区演化的基性火山岩

第四节　脉　岩

测区脉岩发育，岩石类型复杂，主要岩石类型有辉长岩、辉绿岩、辉长辉绿岩、闪长（玢）岩、辉石闪长岩、石英闪长（玢）岩、花岗（斑）岩、花斑岩、钾长花岗（斑）岩、二长花岗（斑）岩、斜长花岗岩、花岗闪长（斑）岩、细晶岩、伟晶岩、煌斑岩、辉闪煌斑岩、斜辉煌斑岩、云斜煌斑岩，超浅成脉岩有安山玢岩、英安斑岩、流纹斑岩等。

酸—中基性岩分布广泛，既有区域性脉岩，又有专属性脉岩。肉红色二长花岗岩脉、钾长花岗岩脉、花岗（斑）岩脉广泛分布于布青山（含布青山）以北地区，具有区域性，这些脉岩主要是印支期岩浆活动的产物。早期变质脉岩在纳赤台群及其以前的地层中出露较多，在布青山南塔温查安片麻状石英闪长岩中获得锆石 U－Pb 同位素谐和线年龄 519Ma、528Ma。

侵入于哈图早二叠世闪长岩中的灰色石英闪长岩脉，本次获得锆石 U－Pb 同位素年龄 250Ma。与早印支期区内的构造背景相吻合。

辉绿岩脉呈带状分布，北带布尔汗布达山最为发育，常呈岩墙群密集分布于前三叠纪地层和岩体中，泥盆纪牦牛山组、早志留世二长花岗岩体中尤为发育(图 3-95)。在阿拉雅马与波洛斯太交汇口附近侵入于牦牛山组变形砾岩中的一组密集辉绿岩墙群中获得锆石 U－Pb SHRIMP 年龄为(248±11)Ma。本期次辉绿岩规模最大，脉体最密集，与东昆仑印支期拉张环境一致，与三叠纪洪水川组火山岩相当。可以分辨的较早一期辉绿岩与早古生代纳赤台群火山岩相当；最晚一期辉绿岩侵入与晚三叠世鄂拉山组火山岩同期。分布于昆南断裂以北，规模较小。中带(布青山带)，见有辉长岩、辉绿岩，与马尔争组火山岩有关，出露零星。南带分布于扎日加-鄂陵湖断裂带中，偶见。

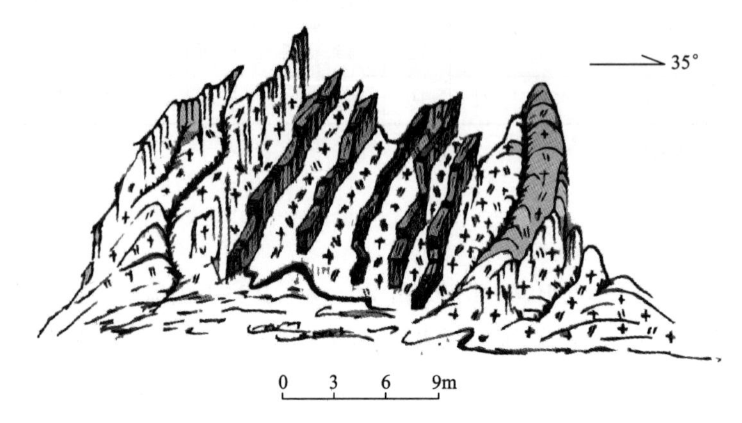

图 3-95　二长花岗岩中的基性岩墙群素描示意图

煌斑岩主要分布于扎日加-鄂陵湖断裂带中，间有闪斜煌斑岩、斜闪煌斑岩、辉闪煌斑岩。布尔汗布达山零星出露。

测区石英脉普遍发育，以巴颜喀拉山群中最为发育。大场—鄂陵湖一线较晚一期浅褐红色含金量较高，有些石英脉就是金矿体。大场有些石英脉中含有明金。

第四章 变质岩

第一节 变质岩系基本特征

一、东昆北古老基底单元变质岩系基本特征

（一）古元古代白沙河岩群(Pt_1B)

1. 岩石学特征

白沙河岩群(Pt_1B)分布于测区西北的拉忍，测区东北莫托妥、扎哈那仁、瑙木浑那仁一带。主要岩性有含橄榄石（透辉石）大理岩、含石榴石黑云二长片麻岩、二（黑）云二长片麻岩质初糜棱岩、黑云斜长角闪岩及片岩。

含橄榄石大理岩 灰白色，细粒粒状变晶结构，块状构造。矿物成分主要为方解石(97%)。方解石内部或颗粒之间有少量橄榄石，淡绿色，高正突起，常发生蛇纹石化。

含石榴石黑云二长片麻岩 灰色，具鳞片粒状变晶结构，片麻状构造、透镜状构造和强定向流动构造。钾长石3%～35%，为微斜长石和条纹长石，少数晶内具筛状变晶结构；斜长石22%～55%，聚片双晶发育；石英18%～25%，接触界线多呈齿状镶嵌，晶内明显波状消光，碎粒化重结晶和多边形化现象可见。

二（黑）云二长片麻岩质初糜棱岩 灰白色，初糜棱结构、残余鳞片花岗变晶结构，残余片麻状构造、条带状构造。碎斑80%，呈透镜状、眼球状。碎基约20%。碎斑组成：钾长石，为微斜长石、条纹长石；斜长石为中—更长石，具绢云母化；石英多呈齿状边镶嵌变晶，强波状消光；黑云母、白云母伴生，多被错碎呈碎片状沿一定方向分布；石榴石少量，为铁铝榴石。碎基由磨碎细粒化的长英质矿物和云母组成。

黑云斜长角闪岩 中细粒鳞片柱状变晶结构，块状构造。主要矿物成分：斜长石40%～50%，多为它形粒状，绢云母化较强；角闪石45%～50%，为普通角闪石，细粒至中粒短柱状；黑云母呈细粒鳞片状，在薄片中分布不均匀；石英少量。岩石中还有少量磁铁矿。

片岩 鳞片粒状变晶结构，强片状构造。主要矿物成分：斜长石具聚片双晶，粘土化强；钾长石常表现为对斜长石的交代；石英多呈拉长的扁豆状或多晶石英条带；黑云母呈鳞片状，棕红—棕黄色多色性，强定向排列；白云母无色，鳞片状，一组极完全解理，强定向排列；矽线石呈针状、长柱状，单偏光下呈淡蓝色，平行消光，强定向排列。

2. 岩石地球化学特征

白沙河岩群(Pt_1B)各类变质岩的岩石化学、稀土元素及微量元素分析结果见表4-1至表4-3。各类变质岩成分特征分述如下：

斜（二）长片麻岩类：①尼格里参数：氧化铝数t=3.69～11.18，属铝过饱和类型，石英数qz=97.23～209.13，为SiO_2过饱和，表明岩石中有较多石英。暗色组分fm=15.90～37.27。②稀土元素参数值：稀

土总量∑REE=(135.64～325.47)×10^{-6}之间，轻、重稀土比值 LREE/HREE=2.10～3.71，δEu=0.48～0.56，具 δEu 负异常，$(La/Yb)_N$=5.35～13.12。$(Y/Tb)_N$= 2.90～4.33。稀土元素配分模式见图 4-1，明显右倾，为轻稀土富集型。③微量元素特征：Ta=(0.5～2)×10^{-6}，Nb=(16～22.9)×10^{-6}，Nb/Ta=10.5～23.75，Zr=(215～341)×10^{-6}，Hf=(6～9.2)×10^{-6}，Zr/Hf=19.81～40.60，Cr=(5～ 46.5)×10^{-6}，Ni=(5.9～14.8)×10^{-6}，Co=(4.5～10.6)×10^{-6}。

表 4-1　白沙河岩群(Pt_1B)变质岩岩石化学分析结果表　(%)

样品号	岩石名称	SiO_2	TiO_2	Al_2O_3	Fe_2O_3	FeO	MnO	MgO	CaO	Na_2O	K_2O	H_2O^+	P_2O_5	CO_2	∑
AP_{45}6-2	含二云二长片麻岩	73.75	0.27	12.65	0.34	2.12	0.04	0.41	1.26	1.78	5.67	1.12	0.10	0.24	99.75
AP_{45}11-1	花岗质片麻岩	74.16	0.25	12.60	0.10	1.97	0.03	0.63	1.38	2.16	5.04	1.04	0.15	0.33	99.84
AP_{45}13-1	含二云斜长片麻岩	69.48	0.70	13.41	0.42	4.98	0.09	1.01	1.89	2.14	3.71	1.69	0.19	0.10	99.81
AP_{45}13-2	含二云斜长片麻岩	71.48	0.61	12.66	0.40	3.93	0.08	0.90	1.55	2.07	4.03	1.73	0.16	0.18	99.78
AP_{45}18-1	深灰色黑云斜长片麻岩	49.36	1.19	14.55	0.86	8.30	0.14	9.16	9.65	2.49	0.89	2.37	0.12	0.71	99.79
AP_{45}24-2	灰色二云母角闪片岩	59.64	0.85	14.33	0.85	5.90	0.30	4.59	7.33	0.48	2.49	2.58	0.16	0.31	99.81
IP_{12}GS12-1	角闪斜长片麻岩	52.84	0.78	14.52	0.87	6.22	0.11	9.72	8.90	2.95	0.69	0.01	0.07	1.67	99.35
IP_{12}GS5-1	斜长角闪岩	53.75	0.76	13.88	2.36	5.21	0.18	7.72	7.89	1.81	3.98	0.02	0.12	1.60	99.28
$1AP_4$GS5-1	黑云斜长角闪片岩	49.43	1.64	15.99	0.25	6.61	0.08	8.30	9.14	3.36	2.18	0.14	0.27	1.94	99.33
$1AP_4$GS5-2	透辉角闪岩	49.73	0.88	6.13	1.25	11.29	0.19	21.37	5.07	1.11	0.60	0.18	0.07	1.98	99.85
$1AP_4$GS5-3	含透辉黑云斜长片麻岩	64.62	0.83	14.72	0.72	5.04	0.12	3.27	4.25	1.15	3.20	0.18	0.21	2.30	100.61
$1AP_4$GS5-4	黑云条痕状片麻岩	71.93	0.76	12.76	0.24	4.46	0.10	1.36	0.96	2.34	3.30	0.01	0.09	1.78	100.09

斜长角闪岩类：①尼格里参数：t=-11.94～-4.72，属 Al 正常型，qz=-26.61～65.76，为 SiO_2 饱和岩石，暗色组分 fm=40.85～80.15。②稀土元素参数值：∑REE=(79.01～144.86)×10^{-6}，LREE/HREE=2.28～2.91，δEu=0.51，$(La/Yb)_N$=4.64～6.19，Y/Tb=3.38。为轻稀土富集型(图 4-1)。③微量元素：Ta=0.5×10^{-6}，Nb=(7.6～16.5)×10^{-6}，Nb/Ta=32，Zr=87.5×10^{-6}，Hf=(2.8～6)×10^{-6}，Zr/Hf=23.00～43.50。斜长角闪岩类的 V 含量相对较高，具中基性火成岩特点。

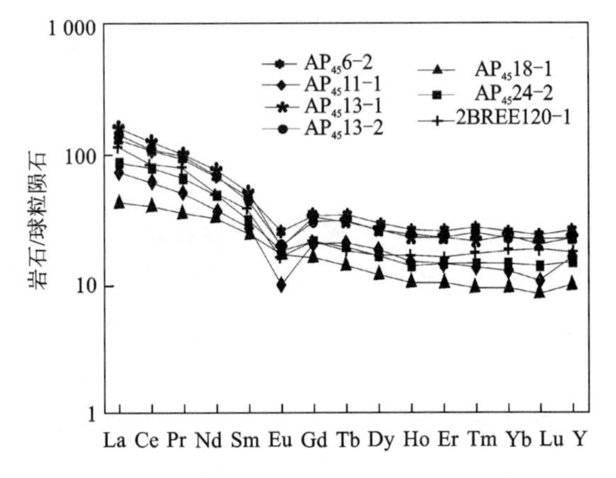

图 4-1　白沙河岩群稀土元素配分形式图

花岗质片麻岩：①尼格里参数：t=3.77，属铝稍饱和类型，qz=211.28，表明石英大量出现，暗色组分 fm=15.90。②稀土元素参数：∑REE=165.3×10^{-6}，LREE/HREE=2.1，δEu=0.54，$(La/Yb)_N$=5.99，Y/Tb=2.67。稀土配分形式图为轻稀土富集型(图 4-1)。③微量元素特征：Ta=1.2×10^{-6}，Nb=9.8×10^{-6}，Nb/Ta=8.17，Zr=146×10^{-6}，Hf=3.9×10^{-6}，Zr/Hf=37.44。

(二) 中元古代小庙岩群(Pt_2X)

1. 岩石学特征

分布于图幅东北哈图、波洛斯太和乌拉斯太—瑙木浑漻特里—赫拉特那仁一线。岩石组合在哈图和波洛斯太一带以黑云更长变粒岩、二(黑)云(长石)石英片岩和透辉石大理岩、透辉石变粒岩为主，夹黑云母片岩及少量的片麻岩、混合岩。

二(黑)云(长石)石英片岩　鳞片花岗变晶结构，片状构造。主要矿物：斜长石为不规则粒状变晶，偶见聚片双晶；石英常于斜长石中呈筛孔状分布；黑云母、白云母呈不规则片状变晶，大致沿一定方向平行较连续呈条带分布，黑云母多色性显著，具绿泥石退变，白云母有进变质交代黑云母的现象。岩石中含有堇青石或矽线石。

黑云更长变粒岩　鳞片粒状变晶结构，定向构造。主要矿物：斜长石呈不规则粒状，具轻微绢云母化现象，有双晶被切割、微错裂等现象；石英呈它形粒状；黑云母呈片状，红棕—浅黄色多色性，具退变绿泥石化，局部可见少量白云母交代黑云母。

透辉石大理岩　粒状变晶结构、糜棱结构，平行条带状构造。岩石主要由方解石组成，其次有透辉石、石榴石、斜长石、石英及氧化铁等。方解石碎斑被拉长定向排列，长透镜状，聚片双晶带有弯曲，方解石碎基夹杂有少数其他矿物的碎基，粒径很小，有动态重结晶和被拉长现象，一些碎粒化颗粒分布于碎斑边缘，形成核幔构造。

表 4-2　白沙河岩群(Pt_1B)变质岩稀土元素分析结果　($\times 10^{-6}$)

样品号	岩石名称	La	Ce	Pr	Nd	Sm	Eu	Gd	Tb	Dy	Ho	Er	Tm	Yb	Lu	Y
$AP_{45}6-2$	含二云二长片麻岩	43.52	89.54	12.41	43.66	9.52	1.89	9.46	1.71	9.61	1.93	5.66	0.89	5.48	0.79	52.58
$AP_{45}11-1$	花岗质片麻岩	24.16	52.16	6.53	22.97	5.49	0.74	5.37	1.02	6.18	1.09	3.08	0.44	2.72	0.35	33.00
$AP_{45}13-1$	含二云斜长片麻岩	55.23	112.00	13.77	51.16	10.70	1.46	9.21	1.57	9.19	1.73	5.10	0.77	5.08	0.70	47.80
$AP_{45}13-2$	含二云斜长片麻岩	48.20	94.86	12.78	43.71	8.93	1.49	8.01	1.52	8.53	1.79	5.01	0.81	4.91	0.73	45.02
$AP_{45}18-1$	含黑云斜长片麻岩	13.97	33.72	4.55	20.6	4.88	1.29	4.22	0.70	4.05	0.76	2.18	0.32	2.03	0.28	20.07
$AP_{45}24-2$	灰色二云母角闪片岩	29.19	68.88	8.34	30.75	6.38	1.32	5.67	0.94	5.49	1.02	3.06	0.47	3.18	0.46	29.44
2BREE120-1*	斜长黑云石英片岩	40.50	74.00	10.50	31.00	8.00	1.25	6.00	0.90	5.40	1.23	3.30	0.58	3.90	0.60	35.00

* 是收集的数据。

表 4-3　白沙河岩群(Pt_1B)变质岩微量元素分析结果　($\times 10^{-6}$)

样品号	岩石名称	Li	Be	Nb	Ta	Rb	Sr	Ba	Cu	Pb	Zn	W	B	Ga	Zr	Hf	Sc	Th
$AP_{45}6-2$	含二云二长片麻岩	20.90	2.6	22.9	1.5	204	89	1217	6.9	51.2	61	1.4	8.7	28.8	215	6.0	20.4	12.4
$AP_{45}11-1$	花岗质片麻岩	31.30	2.2	9.8	1.2	72	138	497	7.4	43.8	26	2.3	13.6	20.9	146	3.9	3.4	16.0
$AP_{45}13-1$	含二云斜长片麻岩	57.4	2.5	19.0	0.8	77	125	657	11.7	38.1	77	1.6	5.5	23.6	341	8.4	11.3	21.6
$AP_{45}13-2$	含二云斜长片麻岩	45.5	2.3	21.0	2.0	216	127	1 056	10.4	32.9	67	1.5	8.3	24.2	304	9.2	13.2	18.5
$AP_{45}18-1$	含黑云斜长片麻岩	35.0	1.3	7.9	0.5	30	373	241	41.3	20.0	75	0.7	11.9	14.9	87.5	2.8	25.8	2.2
$AP_{45}24-2$	灰色二云母角闪片岩	45.0	3.0	16.0	0.5	46	217	437	30.4	36.4	94	1.2	26.5	23.2	173	4.9	12.8	11.9

2. 岩石地球化学特征

小庙岩群(Pt_2X)各类变质岩的岩石化学、稀土元素及微量元素分析结果见表 4-4 至表 4-6。其中绢英岩化学特征较为特别，其他 3 件样品化学特征基本一致。

黑云石英片岩和混合岩：①尼格里参数：$t=21.92\sim24.16$，属铝过饱和型，$qz=35.82\sim57.62$，暗色组分 $fm=26.68\sim27.15$。②稀土元素参数值：$\Sigma REE=(183.69\sim223.95)\times10^{-6}$，$LREE/HREE=3.64\sim3.88$，$\delta Eu=0.5\sim0.53$，具 δEu 的负异常，$(La/Ta)_N=9.54\sim10.22$，$Y/Tb=9.37\sim9.94$。稀土元素配分形式(图 4-2)呈明显右倾的轻稀土富集型，具有明显的 Eu 负异常。③微量元素特征：$Ta=(1.3\sim1.9)\times10^{-6}$，$Nb=(14.3\sim19.8)\times10^{-6}$，$Nb/Ta=7.53\sim10.41$，$Zr=(178\sim267)\times10^{-6}$，$Hf=(4.4\sim6.5)\times10^{-6}$，$Zr/Hf=40.45\sim41.30$，$Cr=69.1\times10^{-6}$，$Co=17.7\times10^{-6}$。

绢英岩：①尼格里参数：t＝17.22，属铝过饱和型，qz＝310.62，说明 SiO_2 过饱和，暗色组分 fm＝32.02。②稀土元素特征：$\sum REE = 106.15\times10^{-6}$，LREE/HREE＝3.04，$\delta Eu$＝0.52，$(La/Yb)_N$＝6.92，Y/Tb＝9.26。稀土元素配分形式(图 4-2)呈明显右倾的轻稀土富集型，与其他岩性基本一致。③微量元素特征：Ta＝0.5×10^{-6}，Nb＝4.7×10^{-6}，Nb/Ta＝9.4，Zr＝60.1×10^{-6}，Hf＝1.8×10^{-6}，Zr/Hf＝33.39，Sr/Ba＝0.12～0.41，反映陆缘沉积的特点。

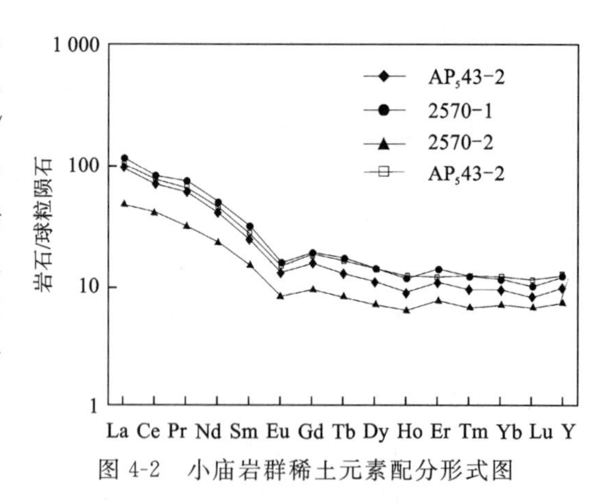

图 4-2　小庙岩群稀土元素配分形式图

二、东昆南古中元古代苦海杂岩变质岩系基本特征

（一）岩石学特征

苦海杂岩($Pt_{1-2}K$)呈片状分布于测区中北部可可晒尔、哈拉郭勒沟北侧、桑根乌拉和草木策等地，多被侵入体围绕。与纳赤台群、哈拉郭勒组等地层呈断层接触。在测区西部以断块的形式赋存于马尔争-布青山构造混杂岩带中。岩石以眼球状黑云(角闪)钾(二)长正片麻岩、糜棱岩化含石榴石黑云斜长变粒岩、含矽线石榴石黑云斜长片麻岩及条带状含石榴石黑云斜长混合质初糜棱岩为主，夹斜长角闪岩及大理岩透镜体。

表 4-4　小庙岩群(Pt_2X)变质岩岩石化学分析结果　　(%)

样品号	岩石名称	SiO_2	TiO_2	Al_2O_3	Fe_2O_3	FeO	MnO	MgO	CaO	Na_2O	K_2O	H_2O^+	P_2O_5	CO_2	Σ
$AP_5$43－2	黑云石英片岩	67.7	0.65	14.33	0.58	4.93	0.05	1.97	1.51	1.48	4.44	1.76	0.16	0.20	99.70
$AP_5$43－2*	黑云石英片岩	69.21	0.67	13.62	0.57	4.62	0.05	1.82	1.92	1.7	3.73	1.51	0.19	0.92	100.50
2570－1	条痕状混合岩	69.01	0.75	13.45	0.46	5.43	0.07	2.65	1.49	2.15	2.81	1.26	0.19	0.10	99.80
2570－2	绢英岩	76.76	0.28	7.62	1.31	2.25	0.07	0.79	4.1	0.16	0.28	3.05	0.23	2.96	99.86

* 是收集的数据。

表 4-5　小庙岩群(Pt_2X)变质岩稀土元素分析结果　　($\times10^{-6}$)

样品号	岩石名称	La	Ce	Pr	Nd	Sm	Eu	Gd	Tb	Dy	Ho	Er	Tm	Yb	Lu	Y
$AP_5$43－2	黑云石英片岩	35.48	66.91	8.27	28.7	5.61	1.10	4.63	0.74	4.17	0.79	2.37	0.35	2.34	0.31	21.92
$AP_5$43－2*	黑云石英片岩	40.06	80.33	9.72	32.83	6.43	1.25	5.68	0.90	5.22	1.01	2.92	0.46	2.83	0.42	27.41
2570－1	条痕状混合岩	43.64	79.94	9.69	35.11	7.07	1.30	5.77	0.97	5.29	1.01	3.02	0.45	2.77	0.38	27.54
2570－2	绢英岩	17.70	38.00	4.22	15.92	3.37	0.69	2.81	0.47	2.68	0.54	1.70	0.25	1.71	0.25	15.84

* 是收集的数据。

表 4-6　小庙岩群(Pt_2X)变质岩微量元素分析结果　　($\times10^{-6}$)

样品号	岩石名称	Li	Be	Nb	Ta	Rb	Sr	Ba	Cu	Pb	Zn	W	B	Ga	Zr	Hf	Sc	Th
$AP_5$43－2	黑云石英片岩	44.2	2.6	14.3	1.9	59	105	815	19.6	29.7	81	0.9	15.9	20.1	178	4.4	11.8	15.8
$AP_5$43－2*	黑云石英片岩	34.7	2.2	19.8	1.3	166	116	769	7.5	30.0	99	1.0	12.9	21.0	223	5.4	14.4	19.4
2570－1	条痕状混合岩	70.7	2.9	17.7	1.7	68	150	426	11.9	26.9	79	0.7	5.6	20.5	267	6.5	13.3	18.8
2570－2	绢英岩	32.1	1.8	4.7	0.5	19	54	133	74.1	21.3	75	1.4	15.2	9.2	60	1.8	8.7	5.6

* 是收集的数据。

眼球状黑云(角闪)钾(二)长正片麻岩　斑状变晶结构，基质具不等粒鳞片花岗变晶结构。眼球状、片麻状构造。变斑晶呈透镜状，矿物成分为钾长石和斜长石。基质矿物为钾长石、斜长石、黑云母、石英。变质矿物组合为绢云母＋绿泥石。

糜棱岩化含石榴石黑云斜长变粒岩　糜棱岩化结构，基质具显微鳞片花岗变晶结构，片麻状构造、平行定向构造及流状构造。主要矿物：斜长石、钾长石、石英、黑云母、石榴石。

含(矽线)黑云斜长片麻岩　显微鳞片花岗变晶结构、糜棱结构，片麻状、流状构造。变斑晶由斜长石、钾长石及少量石英构成。基质主要有黑云母、石英、斜长石、钾长石。

（二）岩石地球化学特征

苦海杂岩($Pt_{1-2}K$)各类变质岩的岩石化学、稀土元素及微量元素分析结果见表4-7至表4-9。不同岩石类型的化学成分特点如下。

斜(二)长片麻岩类(含变粒岩)：①尼格里参数：t＝－11.41～8.31，属Al正常型或Al稍饱和型，qz＝－2.34～271.92，为SiO_2饱和至过饱和，暗色组分fm＝13.94～37.49，指示Mg、Fe含量变化范围相对较宽。②稀土元素参数值：$\sum$REE＝(172.19～372.18)×10^{-6}，LREE/HREE＝2.33～6.74，δEu＝0.30～0.98，$(La/Yb)_N$＝6.17～36.70，Y/Tb＝21.89～38.46。稀土元素配分曲线(图4-3)为右倾的轻稀土富集型，多数具Eu负异常。③微量元素特征：Ta＝(0.5～3.6)×10^{-6}，Nb＝(12.3～20.6)×10^{-6}，Nb/Ta＝5.97～24.6，Zr＝(215～333)×10^{-6}，Hf＝(5.6～7.6)×10^{-6}，Zr/Hf＝36.76～43.82，Cr＝11.2×10^{-6}，Ni＝11×10^{-6}，Co＝10×10^{-6}。

斜长角闪岩类：①尼格里参数：t＝－12.61，属Al正常型。qz＝－4.14，显示SiO_2饱和，暗色组分含量较高，fm＝47.13。②稀土元素参数值：$\sum$REE＝177.69×10^{-6}，LREE/HREE＝2.15，δEu＝0.69，$(La/Yb)_N$＝6.16，Y/Tb＝27.79。稀土元素配分曲线为右倾的轻稀土富集型，具明显Eu负异常。③微量元素特征：Zr＝174×10^{-6}，Hf＝4×10^{-6}，Zr/Hf＝43.5，Nb＝14×10^{-6}，Cr＝87×10^{-6}，有火成岩的特点。

眼球状片麻岩：①尼格里参数：t＝1.14，为铝饱和型，qz＝67.76，SiO_2过饱和，fm＝8.92，暗色组分含量较低。②稀土元素参数值：$\sum$REE＝446.21×10^{-6}，LREE/HREE＝5.59，δEu＝0.55，$(La/Yb)_N$＝17.17，Y/Tb＝24.51。稀土元素配分曲线(图4-4)为右倾的轻稀土富集型，与花岗岩稀土配分形式相似。③微量元素特征：Ta＝3.6×10^{-6}，Nb＝(20～29.3)×10^{-6}，Nb/Ta＝8.14，Zr＝(299～350)×10^{-6}，Hf＝(5～8)×10^{-6}，Zr/Hf＝39.86～70，Cr＝62.3×10^{-6}。岩石的宏观面貌及岩石化学成分分析均显示该眼球状片麻岩原岩为火成岩。

表4-7　苦海杂岩($Pt_{1-2}K$)变质岩岩石化学分析结果　(%)

序号	样品号	岩石名称	SiO_2	TiO_2	Al_2O_3	Fe_2O_3	FeO	MnO	MgO	CaO	Na_2O	K_2O	H_2O^+	P_2O_5	CO_2	Σ
1	AP_{44}22－1	黑云斜长片麻岩	70.76	0.49	12.16	0.99	2.37	0.05	1.53	2.46	2.40	3.92	1.63	0.21	0.82	99.79
2	AP_{44}39－2	糜棱岩化含石榴石黑云斜长变粒岩	72.12	0.47	12.99	0.28	3.53	0.05	0.81	1.52	1.99	4.92	0.77	0.15	0.18	99.78
3	1397－1	眼球状片麻岩	65.18	0.62	14.59	0.72	2.93	0.06	2.73	2.00	2.77	5.48	1.87	0.35	0.33	99.63
4	2206	石榴黑云二长片麻岩	72.21	0.57	12.3	0.56	3.4	0.07	1.00	1.45	1.96	4.46	1.46	0.10	0.26	99.80
5	2207－2	条带状黑云斜长片麻岩	70.76	0.71	12.52	0.21	3.93	0.07	1.42	2.52	1.79	3.99	1.36	0.16	0.33	99.77
6	2216－2	条带状黑云斜长片麻岩	74.62	0.25	12.47	0.21	2.27	0.03	0.38	1.06	1.89	5.55	0.81	0.18	0.10	99.82

续表 4-7

序号	样品号	岩石名称	SiO_2	TiO_2	Al_2O_3	Fe_2O_3	FeO	MnO	MgO	CaO	Na_2O	K_2O	H_2O^+	P_2O_5	CO_2	Σ
7	2AGS38－1*	条痕状片麻岩	72.22	0.28	13.38	0.67	2.34	0.06	0.81	0.51	2.55	5.50	0.10	0.09	0.86	99.37
8	$2AP_4GS10$－1*	长英质黑云斜长片麻岩	69.04	0.40	15.45	0.57	3.07	0.05	0.73	1.85	1.95	5.50	0.18	0.18	1.48	100.45
9	$2AP_4GS17$－1*	黑云斜长角闪岩	50.83	2.08	13.62	0.87	10.77	0.19	6.01	9.24	2.45	1.22	0.26	0.39	2.10	100.04
10	$2AP_4GS23$－1*	黑云斜长片麻岩	64.05	0.75	15.74	0.33	5.29	0.07	2.36	3.41	3.98	2.08	0.30	0.30	1.33	99.99
11	$2AP_4GS29$－1*	黑云二长片麻岩	71.75	0.40	13.27	0.42	3.24	0.05	0.63	1.60	2.59	4.97	0.18	0.14	0.92	100.16
12	IP_7GS21*	浅灰色片麻岩	78.22	0.12	10.20	0.12	1.60	0.01	0.42	0.86	1.85	6.28	0.01	0.17	0.44	100.30
13	IP_7GS24*	浅灰色粗粒片麻岩	73.47	0.17	10.75	0.50	1.69	0.03	0.95	2.57	2.74	4.66	0.01	0.01	2.20	99.75
14	GS1518*	条带状片麻岩	72.66	0.28	12.08	0.39	2.21	0.02	0.82	1.31	2.18	5.47	0.02	0.12	1.92	99.48
15	GS1519*	黑云斜长片麻岩	57.57	1.03	15.66	3.22	5.47	0.17	3.25	3.41	6.80	0.15	0.02	0.07	3.20	100.02
16	$IP_{16}GS1$－1*	石英变粒岩	85.61	0.29	5.51	0.74	2.55	0.03	1.11	0.72	0.59	1.67	0.01	0.05	1.44	100.32
17	$IP_{16}GS9$－1*	黑云辉石斜长片麻岩	67.88	0.76	12.71	0.77	4.19	0.08	3.26	3.31	2.74	2.09	0.01	0.14	1.44	99.38
18	$AP_{19}13$－1	片麻状混染中粗粒二长花岗岩	63.22	0.72	14.38	0.69	3.45	0.05	2.68	2.64	2.16	5.75	2.21	0.38	1.22	99.55
19	$AP_{19}25$－1	眼球状含角闪石黑云钾长片麻岩	61.04	0.88	14.61	0.54	4.22	0.07	2.94	3.61	2.66	4.94	2.34	0.45	1.33	99.63
20	$AP_{19}30$－1	眼球状钾长片麻岩	59.60	0.85	14.70	0.93	3.67	0.06	3.04	3.78	2.04	6.34	2.19	0.47	1.84	99.51
21	$AP_{44}47$－2	弱糜棱岩化眼球状角闪二长片麻岩	63.05	0.83	14.45	0.74	3.58	0.07	2.77	3.20	2.21	5.95	1.44	0.35	0.56	99.20
22	$2AP_4GS7$－1*	眼球状黑云母片麻岩	62.19	0.68	16.33	0.36	3.57	0.05	2.41	1.90	3.30	5.18	0.44	0.27	2.78	99.46

* 是收集的数据。

表 4-8　苦海杂岩($Pt_{1-2}K$)变质岩稀土元素分析结果　　($\times10^{-6}$)

样品号	岩石名称	La	Ce	Pr	Nd	Sm	Eu	Gd	Tb	Dy	Ho	Er	Tm	Yb	Lu	Y
$AP_{44}22$－1	黑云斜长片麻岩	28.60	60.62	7.99	29.77	7.36	1.30	6.54	0.91	4.60	0.71	1.80	0.25	1.47	0.21	20.06
$AP_{44}39$－2	糜棱岩化含石榴石黑云斜长变粒岩	58.11	120.90	14.50	54.02	10.56	1.35	9.11	1.51	8.08	1.46	4.34	0.61	3.77	0.49	41.27
$AP_{19}13$－1	片麻状混染中粗粒二长花岗岩	109.20	212.50	25.31	88.84	15.27	2.74	10.47	1.53	7.43	1.28	3.26	0.46	2.56	0.36	34.75
$AP_{19}25$－1	眼球状含角闪石黑云钾长片麻岩	114.00	242.00	28.40	102.00	18.60	3.02	12.00	1.80	8.57	1.50	4.15	0.59	3.39	0.43	41.10
$AP_{19}30$－1	眼球状钾长片麻岩	129.00	252.00	31.60	106.00	18.30	3.21	12.1	1.76	8.31	1.47	3.68	0.52	2.92	0.40	37.30
$AP_{44}47$－2	弱糜棱岩化眼球状角闪二长片麻岩	93.80	201.00	23.40	83.40	14.90	2.56	9.95	1.44	6.77	1.20	3.09	0.44	2.60	0.35	31.20
1397－1	眼球状片麻岩	85.07	175.00	22.59	79.44	14.07	2.29	10.44	1.58	7.75	1.43	3.46	0.56	3.34	0.46	38.73
2206－1	石榴黑云二长片麻岩	64.50	137.80	16.10	60.35	12.44	1.25	10.12	1.62	8.67	1.63	5.71	0.87	5.86	0.87	44.39
2207－2	条带状黑云斜长片麻岩	48.84	104.90	12.46	47.76	9.77	1.53	7.99	1.16	5.59	0.94	2.53	0.36	2.29	0.34	25.39
2216－2	条带状黑云斜长片麻岩	41.98	88.38	10.90	41.03	9.46	0.89	8.61	1.54	9.28	1.74	5.25	0.76	4.59	0.61	50.25

表 4-9　苦海杂岩($Pt_{1-2}K$)变质岩微量元素分析结果　　　　　　　　　　　　($\times10^{-6}$)

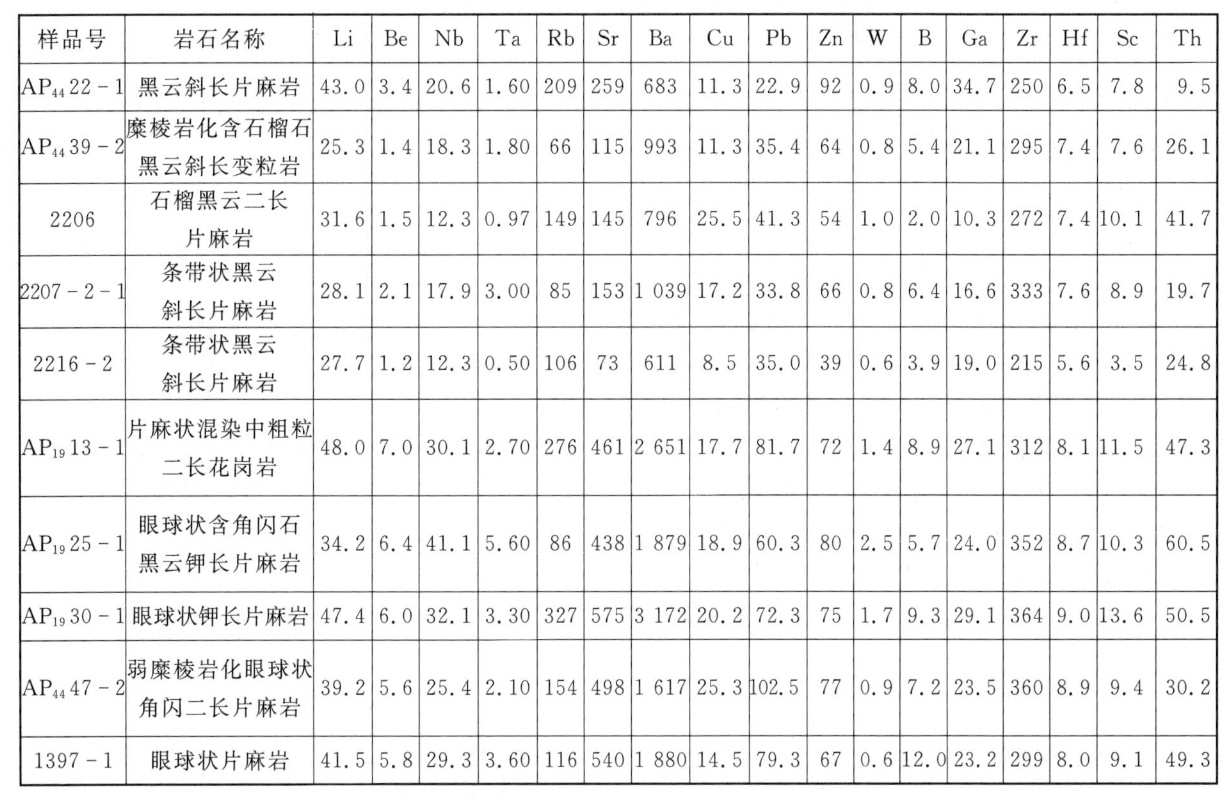

样品号	岩石名称	Li	Be	Nb	Ta	Rb	Sr	Ba	Cu	Pb	Zn	W	B	Ga	Zr	Hf	Sc	Th
AP_{44}22－1	黑云斜长片麻岩	43.0	3.4	20.6	1.60	209	259	683	11.3	22.9	92	0.9	8.0	34.7	250	6.5	7.8	9.5
AP_{44}39－2	糜棱岩化含石榴石黑云斜长变粒岩	25.3	1.4	18.3	1.80	66	115	993	11.3	35.4	64	0.8	5.4	21.1	295	7.4	7.6	26.1
2206	石榴黑云二长片麻岩	31.6	1.5	12.3	0.97	149	145	796	25.5	41.3	54	1.0	2.0	10.3	272	7.4	10.1	41.7
2207－2－1	条带状黑云斜长片麻岩	28.1	2.1	17.9	3.00	85	153	1 039	17.2	33.8	66	0.8	6.4	16.6	333	7.6	8.9	19.7
2216－2	条带状黑云斜长片麻岩	27.7	1.2	12.3	0.50	106	73	611	8.5	35.0	39	0.6	3.9	19.0	215	5.6	3.5	24.8
AP_{19}13－1	片麻状混染中粗粒二长花岗岩	48.0	7.0	30.1	2.70	276	461	2 651	17.7	81.7	72	1.4	8.9	27.1	312	8.1	11.5	47.3
AP_{19}25－1	眼球状含角闪石黑云钾长片麻岩	34.2	6.4	41.1	5.60	86	438	1 879	18.9	60.3	80	2.5	5.7	24.0	352	8.7	10.3	60.5
AP_{19}30－1	眼球状钾长片麻岩	47.4	6.0	32.1	3.30	327	575	3 172	20.2	72.3	75	1.7	9.3	29.1	364	9.0	13.6	50.5
AP_{44}47－2	弱糜棱岩化眼球状角闪二长片麻岩	39.2	5.6	25.4	2.10	154	498	1 617	25.3	102.5	77	0.9	7.2	23.5	360	8.9	9.4	30.2
1397－1	眼球状片麻岩	41.5	5.8	29.3	3.60	116	540	1 880	14.5	79.3	67	0.6	12.0	23.2	299	8.0	9.1	49.3

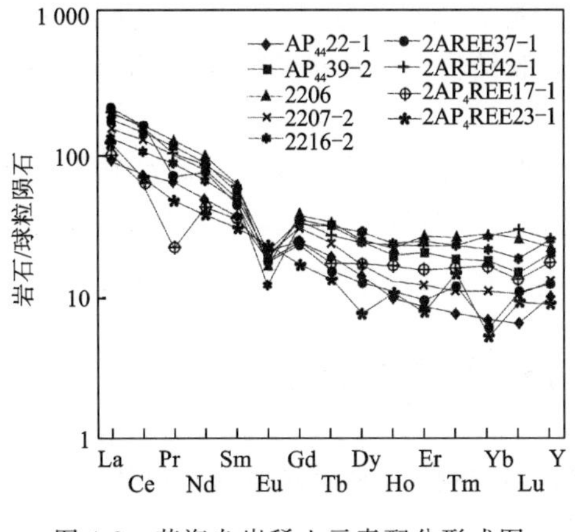

图 4-3　苦海杂岩稀土元素配分形式图

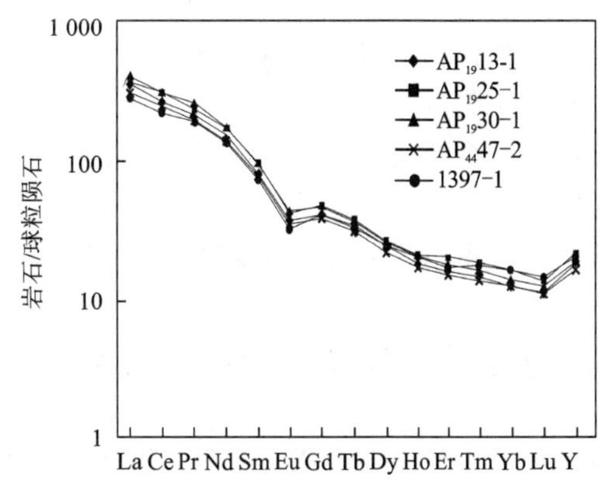

图 4-4　眼球状片麻岩稀土元素配分形式图

三、东昆中和东昆南中元古代、早古生代变质岩系基本特征

(一) 中元古代狼牙山组(Pt_2l)

狼牙山组分布于测区西部布尔汗布达山主脊达哇切以及测区北部下石头坑地区，呈条带状近东西向展布。主要由一套变碳酸盐岩夹少量变碎屑岩组成。主要岩石类型的变质特征如下：

硅质条带结晶白云岩　细粒粒状变晶结构，条带状构造。主要矿物成分：白云石多呈不规则粒状镶嵌，粒径 0.04～0.2mm，在富硅条带状中见有自形程度好的菱形晶。硅质条带由微晶石英颗粒构成，颗粒边界成缝合线状。

结晶灰岩　细粒粒状变晶结构，条带状构造、块状构造，主要由方解石细晶组成，因结晶粒度及含有杂质的变化而呈现出条带状构造。

（二）早古生代纳赤台群[(O—S)*N*]

纳赤台群在测区西部呈东西向展布于布尔汗布达山主脊附近，在哈拉郭勒、巴隆两地呈条带状东西向展布，岩石组合为玄武岩、变质碎屑岩夹变火山岩、变火山碎屑岩。在哈拉郭勒、可可晒尔等地已变质成绿泥绿帘片岩及斜长角闪片岩。主要变质岩石的岩石学特征如下：

变砂岩类　变余砂状结构，板片状构造。碎屑颗粒沉积特征清楚，长石有中等的高岭石化、绢云母化。胶结物主要为硅、泥质，重结晶较强。

变火山岩类　主要包括强蚀变安山岩、蚀变玄武安山岩及少量蚀变玄武岩。岩石为变余斑状结构，基质为变余安山结构或变余间片结构，变形定向构造。斑晶斜长石具泥化、绢云母化、绿泥石化、硅化和强碳酸盐化，基质具较强的绿泥石化、绢云母化和黑云母化。

变火山碎屑岩类　主要包括安山质晶屑凝灰岩、火山角砾晶屑凝灰岩、熔结玻屑凝灰岩、安山质凝灰角砾岩等。变余晶屑凝灰结构，块状构造、假流纹构造。晶屑主要为斜长石，具较强的泥化、绢云母化、绿泥石化。火山灰、尘多已蚀变成绿泥石，有部分铁质析出。

斜长角闪片岩　鳞片柱粒状变晶结构，片状构造。岩石主要由斜长石、角闪石及少量黑云母、石英组成。角闪石具深蓝绿—浅黄绿色多色性，为高绿片岩相-低角闪岩相的特征。

（三）牦牛山组(D*m*)

测区内牦牛山组(D*m*)分布于哈图沟、乌拉斯太沟及波洛斯太沟的下游，呈东西向条带状展布。主体岩性为一套强变形砾岩，夹少量的变砂岩、板岩和少量的碳酸盐岩透镜体。

强变形砾岩　变余砂砾状结构、糜棱结构，平行条带状构造。砾石成分：砂岩、片岩、灰岩、花岗岩、火山角砾。均被拉长定向排列，长宽比在(2∶1)～(4∶1)之间，胶结物呈条带状平行排列，并产生绿泥石、阳起石等新生矿物。

板岩类　具变余泥质结构，板状构造，变形强的地段具千枚状构造。物质成分主要为泥质和少量粉砂质。泥质具一定程度的变质重结晶，定向排列。处于强变形带中的板岩具显微花岗鳞片变晶结构，千枚流动状构造。由石英集合体形成眼球状、透镜状碎斑。

四、马尔争-布青山二叠纪马尔争组(P*m*)变质岩特征

马尔争组分布于图幅中部马尔争—恩达尔可可一带，在巴颜喀拉山浊积盆地内扎拉依—哥琼尼洼一线呈断块出露。主要岩石的变质特征如下：

变火山岩类　包括变玄武岩、变安山岩等。岩石具变余斑状结构、基质具变余拉斑玄武结构、变余交织结构，片状构造极发育，有变余的气孔、杏仁构造。斑晶主要为斜长石和少量辉石；基质有部分或全部重结晶为绿泥石、绿帘石、阳起石、绢云母。

斜长角闪片岩类　柱粒状变晶结构，片状构造。主要矿物为角闪石和斜长石，还有少量黑云母、石英、白云母。

片岩类　岩石包括绢云石英(构造)片岩、富钙二云构造片岩、绿泥(构造)片岩、阳起石构造片岩、绿泥绿帘斜长阳起石片岩、含角砾的阳起石构造片岩及含黑云母绿帘绿泥斜长片岩等。岩石为鳞片粒状变晶结构及纤维状柱状变晶结构，片状构造。主要矿物：石英具动态重结晶等变形现象；绢云母呈叶片状；白云母呈鳞片状，多与绿泥石共生；绿泥石呈淡绿色，鳞片状，与绿帘石、绢云母常共生在一起；绿帘石呈细小柱粒状，高正突起，糙面显著；钠长石呈长板柱状；方解石呈无色透明；阳起石具浅绿—无色多色性，斜消光。

板岩　变余含粉砂泥质结构，板状构造、变余层理构造。泥质已重结晶为绿泥石、绢云母和少量的

绿帘石,鳞片状绢云母、绿泥石极具定向,形成板状。

变砂岩类 变余砂状结构、显微鳞片变晶结构、片状结构,定向构造。岩石中泥质杂基多已变质成绿泥石、白云母、绿帘石等。绿泥石形成片理与岩石原生层理大角度斜交。

强片理化大理岩 粒状变晶结构、显微碎裂结构,块状构造、片状构造。主要矿物方解石呈透镜状,周围环绕有绿泥石、绢云母及长英质细粒矿物颗粒。

五、三叠纪巴颜喀拉山群浅变质地层的变质特征

巴颜喀拉山群砂、板岩分布于测区南部广大地区。岩石中的原岩结构、沉积构造基本保存完整,但板理化极强,在一些强构造带、变形带中的岩石片理化极强,原岩结构、构造不复存在。主要岩石类型的变质特征如下:

浅变质砂岩 具细粒砂状结构、变余细粒砂状结构,层状构造、弱的定向构造。碎屑中的斜长石颗粒表面绢云母化,钾长石表面高岭石化,黑云母具很弱的绿泥石化,云母片的解理常有扭折弯曲。杂基中的泥质已重结晶为绿泥石和绢云母,定向排列。

板岩 包括粉砂质千枚状板岩、含粉砂钙泥质板岩、含粉砂泥质板岩、砂质千枚状板岩。岩石具变余泥质结构、显微鳞片变晶结构,板状、千枚状构造。其中绢云母鳞片变晶和少量绿泥石鳞片变晶定向排列构成板理和千枚理。

在扎拉依—哥琼尼洼一线,受构造变质、变形影响,巴颜喀拉山群砂、板岩已变质成片岩、变粒岩。

第二节 变质作用特征、变质相及变质相系划分

测区变质作用以区域变质作用和动力变质作用为主,局部地区热接触变质作用发育。

依据变质岩中特征变质矿物、共生矿物组合的分布,测区内区域变质岩可划分3个变质相带。白沙河岩群和苦海杂岩属低角闪岩相-高角闪岩相变质带;小庙岩群为低角闪岩相变质;纳赤台群和马尔争组大面积属低绿片岩相变质,局部达高绿片岩相变质程度。测区南部巴颜喀拉山群地层单元变质程度较浅,属低绿片岩相。

一、东昆北基底单元高角闪岩相变质岩系——白沙河岩群

(一)白沙河岩群主要变质矿物特征

白沙河岩群变质相带的划分主要依据实测剖面岩石中特征变质矿物和典型的矿物共生组合来确定。白沙河岩群中特征矿物的镜下特征和成分特征如下。

矽线石:针状、长柱状,单偏光下呈淡蓝色、平行消光,正延性,强定向排列,发育横裂纹。与白云母、黑云母、石英、斜长石等矿物共生。

石榴石:多为它形粒状,浅褐紫色,粒径0.1～2mm。在变形岩石中与绿泥石和云母一起构成压力影构造。其矿物成分见表4-10。在石榴石与变质带关系图解中分列于蓝晶石和矽线石两个带(图4-5)。

黑云母:鳞片状,一般具棕红—棕黄色多色性,强定向排列,绿泥石化强烈。其矿物成分见表4-10。在图4-6中落于角闪岩相区。

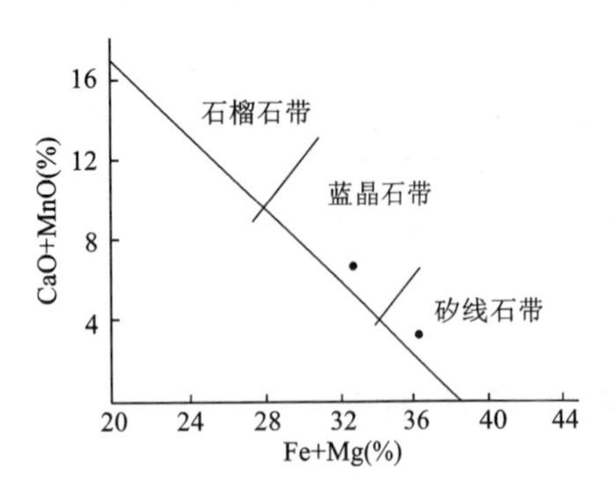

图 4-5 石榴石成分与变质带关系图

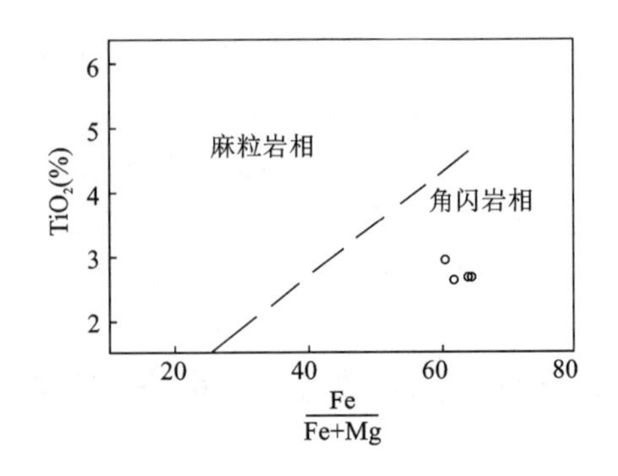

图 4-6 黑云母成分与变质相关系图

表 4-10 白沙河岩群含石榴石黑云二长片麻岩中黑云母、石榴石电子探针分析结果 (%)

样品号	AP_{45}Bb49－1	AP_{45}Bb49－1	AP_{45}Bb49－1	AP_{45}Bb49－1w	AP_{45}Bb49－1w	样品号	AP_{45}Bb49－1	AP_{45}Bb49－1
矿物	Bi	Bi	Bi	Bi	Bi	矿物	Gar	Gar
SiO_2	36.44	33.01	34.70	33.98	35.24	SiO_2	37.30	37.14
TiO_2	0.36	2.71	2.73	2.99	2.74	TiO_2	—	—
Al_2O_3	21.62	18.07	18.95	19.61	19.65	Al_2O_3	21.70	21.99
Cr_2O_3	—	—	—	0.01	—	Cr_2O_3	—	—
FeO	18.84	20.82	22.36	20.33	21.68	FeO	30.66	32.28
MnO	0.06	0.05	—	0.13	0.07	MnO	5.41	1.97
MgO	8.79	7.11	6.99	7.49	6.73	MgO	1.97	3.91
CaO	—	0.01	0.02	—	—	CaO	1.26	1.44
Na_2O	0.16	0.06	0.17	0.07	—	Na_2O	—	—
K_2O	11.21	10.68	10.78	10.23	11.08	K_2O	—	—
Σ	97.48	92.52	96.70	94.84	97.19	Σ	98.30	98.73

角闪石：细粒至中粒短柱状，褐—淡褐绿色或绿—淡黄绿色多色性，横断面发育菱形解理。矿物成分见表 4-11。晶体结构式中$(Ca+Na)B \geq 1.34$，$NaB < 0.67$，$CaB > 1.34$，属钙质角闪石，进一步分类(图 4-7)多属镁角闪石类，也有部分属阳起石质角闪石类，在图 4-8 中投于角闪岩相区。

斜长石：片岩、片麻岩中斜长石牌号 An＝18—32，斜长角闪岩及角闪斜长片麻岩中 An＝25—34，皆属中—更长石。形态为它形粒状，普遍发育聚片双晶，绢云母化退变质强烈。矿物成分见表 4-12。

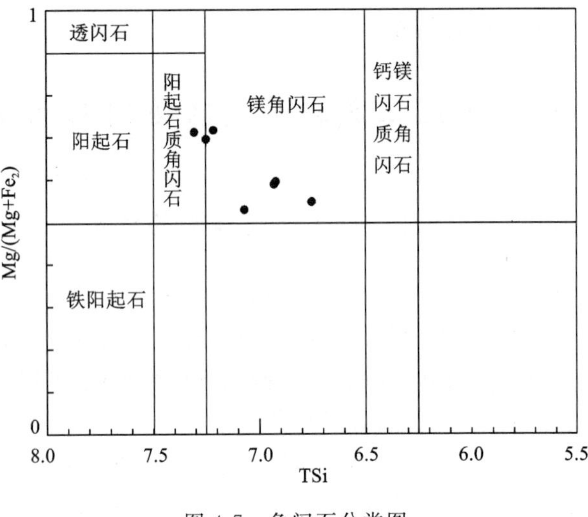

图 4-7 角闪石分类图

(二) 白沙河岩群典型的共生矿物组合

白沙河岩群矿物共生组合见表 4-13。

以上变质矿物成分特征和变质矿物组合特征，反映白沙河岩群主期变质作用在低角闪岩相-高角闪岩相范围内，再根据角闪石压力计，白沙河岩群主期变质作用属低压变质相系。

表 4-11　白沙河岩群(Pt_1B)角闪石电子探针分析结果　（%）

样品号	AP_1Bb1－1	AP_1Bb1－1	AP_1Bb1－1	AP_1Bb1－1	AP_1Bb22－1	AP_1Bb22－1	AP_1Bb22－1	AP_1Bb3－1	AP_1Bb3－1
SiO_2	45.73	45.96	44.22	47.20	50.32	50.22	49.62	48.20	47.78
TiO_2	0.78	0.84	1.67	0.86	0.58	0.70	0.78	0.65	0.66
Al_2O_3	6.95	6.88	7.64	7.37	5.38	6.13	6.24	6.17	6.29
FeO	17.76	17.84	18.41	17.69	11.77	11.94	12.07	14.52	15.29
Cr_2O_3	—	—	—	—	0.11	0.03	—	—	—
MnO	0.37	0.25	0.35	0.26	0.16	0.22	0.14	0.18	0.17
MgO	11.37	11.39	10.20	10.52	15.19	15.13	14.43	13.63	13.52
CaO	11.02	11.30	11.74	11.78	12.44	12.57	12.23	11.87	11.62
Na_2O	1.14	1.08	0.77	0.93	0.60	0.68	0.65	1.75	1.61
K_2O	0.74	0.72	0.81	0.83	0.54	0.60	0.62	0.99	0.96
Σ	95.86	96.26	95.81	97.44	97.09	98.22	96.78	97.96	97.90

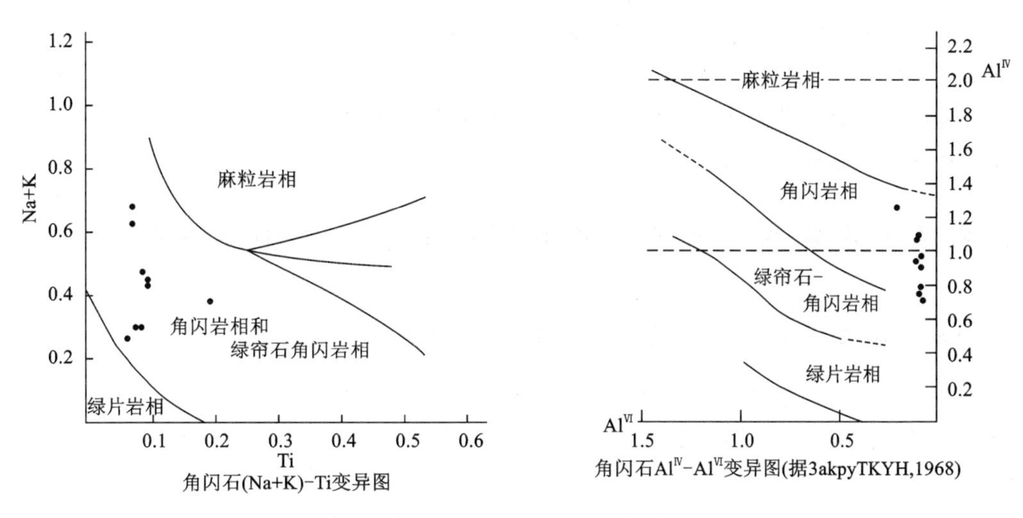

图 4-8　白沙河岩群角闪石变异图

表 4-12　白沙河岩群(Pt_1B)斜长石电子探针分析结果　（%）

样品号	AP_1Bb1－1	AP_1Bb1－1	AP_1Bb3－1	AP_1Bb3－1	AP_1Bb22－1	AP_1Bb22－1	AP_1Bb22－1
SiO_2	59.79	60.12	64.88	64.83	45.86	46.07	47.53
TiO_2	—	—	—	—	—	—	—
Al_2O_3	25.56	25.11	21.84	22.44	34.16	35.10	34.02
FeO	0.17	0.10	0.05	0.14	—	—	0.09
MnO	—	—	—	—	—	—	—
MgO	—	—	—	—	—	—	—
CaO	6.80	6.73	2.79	2.78	17.94	17.50	16.66
Na_2O	7.57	7.82	10.38	10.18	1.50	1.40	1.86
K_2O	0.26	0.34	0.16	0.17	0.02	0.02	0.04
Cr_2O_3	0.06	—	—	—	—	—	—
Σ	100.21	100.22	100.10	100.55	99.48	100.10	100.20

表 4-13　白沙河岩群(Pt_1B)典型的共生矿物组合

岩石名称	峰期变质矿物组合	后期变质矿物组合	岩石名称	峰期变质矿物组合	后期变质矿物组合
长英质变质岩	Kf+Pl+Q+Bit+Mu+Gt	Chl	混合岩类	Pl+Q+Bit	
	Pl+Q+Bit+Mu+Sil		基性变质岩	Pl+Hb+Bit	
	Kf+Pl+ Mu(鱼)+Gt	Q+Bit+Mu+Gt+Ep+Chl		Pl+Hb+Bit+Kf+Q	
	Kf+Pl+Q+Bit+Mu	Pl+Q+Bit+Mu		Pl+Hb+Bit+Mu+Q	Ep+Chl+Act+Bit+Mu
	Kf+Pl+Q+Bit+Gt	Ser+Chl	钙质变质岩	Pl+Hb+Bit+Ep+Q	
	Kf+Pl	Q+Bit		Fo+Cal	
	Pl+Q+Bit+Hb			Di+Cal	Di+Wl+Phl+Pl+Q
	Kf+Pl+Q+Bit+Mu+Gt+Hb			Di+Fo+Cal	

（三）白沙河岩群的变质期次

混合岩化黑云二长片麻岩质初糜棱岩的岩相学特征，从微观方面反映了白沙河岩群的变质历程。首先，在区域动力热流变质作用下，形成角闪岩相黑云斜长片麻岩，其变质矿物组合：斜长石＋石英＋黑云母＋石榴石。之后，发生混合岩化作用，表现为钾长石交代斜长石，此次变质作用形成的矿物有钾长石、白云母。晚期韧性剪切动力变质作用使岩石发生绿片岩相的退变质作用，黑云母退变为绿泥石，并产生新的矿物组合：绿泥石＋绿帘石。

二、东昆北基底单元低角闪岩相变质岩系——小庙岩群

（一）小庙岩群主要变质矿物镜下特征和成分特征

红柱石：不规则粒状变晶，淡红色或绿色，平行消光。与白云母、黑云母共生。

堇青石：不规则粒状变晶，具筛状变晶结构，绢云母化、绿泥石化较强。

矽线石：柱状、针状变晶，集合体呈禾束状，常与黑云母、白云母和绿泥石聚集成条带状产出。有时可见矽线石与黑云母呈渐变过渡的关系。

透辉石：不规则粒状，淡绿色，在变粒岩中稀疏分布。在大理岩中有被次闪石交代的现象。

石榴石：细小粒状，常与黑云母、石英、透辉石等矿物共生。矿物成分见表 4-14，在石榴石与变质带关系图解中投于矽线石带(图 4-9)，推测受到后期岩浆热事件的影响。

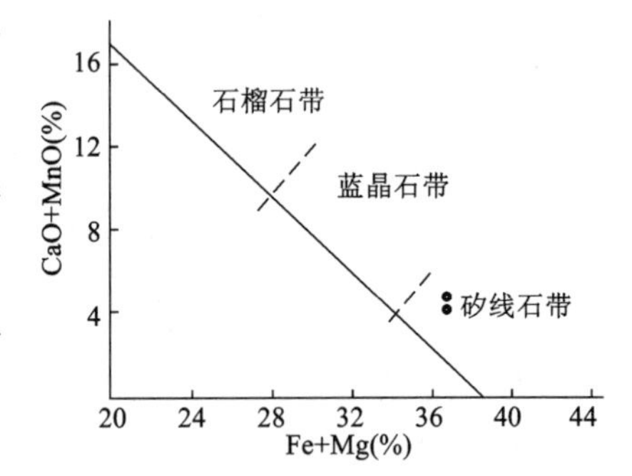

图 4-9　石榴石成分与变质带关系图

表 4-14　小庙岩群(Pt_2X)石榴二云二长片麻岩石榴石、黑云母电子探针分析结果　　(%)

样品号	AP_5Bb2-1	AP_5Bb2-1	AP_5Bb2-1	AP_5Bb2-1	AP_5Bb2-1
矿物	Bit	Bit	Chl(?)	Gar	Gar
SiO_2	30.63	32.32	26.25	36.96	35.43
TiO_2	1.21	0.77	—	—	—
Al_2O_3	19.45	21.44	19.54	21.64	21.61
FeO	33.65	30.53	37.22	36.29	36.44

续表 4-14

样品号	AP_5Bb2-1	AP_5Bb2-1	AP_5Bb2-1	AP_5Bb2-1	AP_5Bb2-1
矿物	Bit	Bit	Chl(?)	Gar	Gar
MnO	0.08	0.11	0.25	3.79	3.91
MgO	2.21	2.45	2.17	0.40	0.24
CaO	0.82	0.21	0.28	0.59	0.92
Na_2O	0.02	0.03	0.06	—	0.02
K_2O	3.84	3.63	1.42	—	—
Σ	91.93	91.50	87.19	99.65	98.58

黑云母：不规则鳞片状，具棕红—棕黄色多色性，有被白云母进变质交代的现象。绿泥石退变质现象明显。

上述变质矿物组合特征反映小庙岩群主期变质作用达低角闪岩相，再根据红柱石、堇青石等为典型低压变质矿物，小庙岩群主期变质作用应属低压变质相系。

（二）哈图地区小庙岩群典型的共生矿物组合

哈图地区小庙岩群典型的共生矿物组合见表 4-15。

表 4-15　哈图地区小庙岩群典型的共生矿物组合

岩石名称	峰期矿物组合	后期韧性剪切形成的矿物
泥质变质岩	Cor+Bit+Q+Pl	Chl+Mu
	Cor+Bit+Pl+Q+Mu	
	Ad+Bit+Mu+Q +Gt	
	Pl+Q+Bit	Chl+Mu
	Mu+Sil+Bit+Pl+Q	
	Sil+Bit+Pl+Q	Q+Ser、Mu(云英岩化)
	Sil+Bit+Pl+Q+Gt	Sil+Bit+Pl+Q+Gt(细粒化)
	Sil+Bit+Q+An	Chl+Mu+Q+An
	Kf+Pl+Q+Bit+Mu(鱼)	Chl+Mu
长英质变质岩	Pl+Q+Bit(Kf 交代 Pl)	Mu+Gt(晚期热变质作用形成)
	Kf+Q+Bit+Mu+Pl	Ser+Chl
	Pl+Q+Bit+Mu+Sil(Kf 交代 Pl)	Ser+Chl
	Pl+Q+Bit+Mu+Sil(Kf 交代 Pl)	
混合岩	Pl+Q+Bit+Mu(基体)、Kf+Q(脉体)	
	Pl+Q+Bit(基体)、Kf+Q(脉体)	Chl+Mu
钙质变质岩	Di+Pl+Q	Url+Chl+Act
	Di+Gt+Cal	

（三）小庙岩群的变质期次

从共生的变质矿物组合可明显划分出两期变质作用，早期为红柱石、堇青石+黑云母低角闪岩相变质作用，后期为绿泥石+绢(白)云母低绿片岩相变质作用。

三、东昆南混杂岩带中高角闪岩相变质岩系——苦海杂岩

(一) 典型变质矿物特征

矽线石:长柱状,边部被绢云母化,呈层状分布,与钾长石共生。

石榴石:细小它形粒状变晶,粉红色、无色均质体,与钾长石、黑云母等矿物共生。矿物成分见表 4-16。在石榴石与变质带关系图解中多集中于矽线石带(图 4-10)。

黑云母:细小鳞片状,暗红棕色,平行相间排列,具绿泥石化退变质。黑云母氧化物含量见表 4-17。在黑云母与变质带关系图上分布于角闪岩相和麻粒岩相的交界处(图 4-11)。

表 4-16 苦海杂岩(Pt_2K)变质岩石石榴石电子探针分析结果 (%)

样品号	AP_{44}Bb23 - 1	AP_{44}Bb23 - 1	AP_{44}Bb23 - 1	AP_{44}Bb23 - 1	AP_{44}Bb39 - 2	AP_{44}Bb39 - 2	2216 - 2 - 1	2216 - 2 - 2	2216 - 2 - 2
SiO_2	37.46	37.32	37.62	26.92	37.91	38.02	36.44	34.21	36.68
TiO_2	—	0.02	—	0.44	—	—	—	2.09	—
Al_2O_3	21.97	22.00	21.93	20.17	21.74	21.67	21.53	20.23	21.66
FeO	35.19	32.53	31.97	25.39	31.68	32.37	35.54	25.61	34.70
MnO	0.75	1.49	2.20	0.16	0.78	0.78	3.35	0.25	3.50
MgO	2.09	4.35	3.84	12.99	3.44	3.40	0.78	2.99	0.88
CaO	2.48	1.72	1.44	0.03	2.81	3.05	0.91	—	0.87
Na_2O	—	—	—	—	—	—	—	—	—
K_2O	—	—	—	0.38	—	—	—	10.88	—
Cr_2O_3	—	—	—	0.02	—	—	—	—	—
Σ	99.94	99.42	99	86.51	98.36	99.28	98.55	96.26	98.29

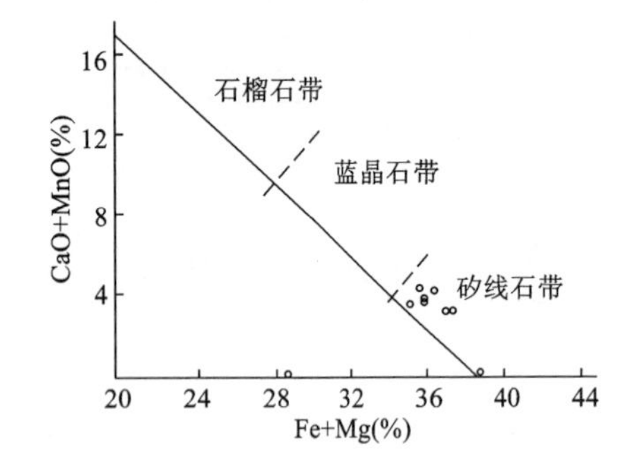

图 4-10 石榴石成分与变质带关系图

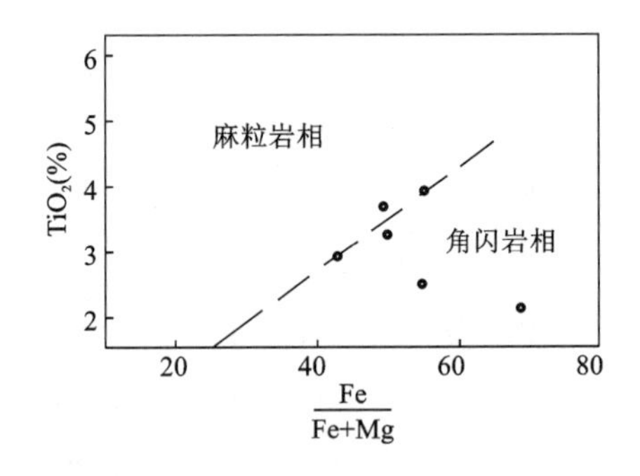

图 4-11 黑云母成分与变质相关系图

以上变质矿物成分特征和组合特征,反映苦海杂岩主期变质作用达高角闪岩相,再根据钾长石+石榴石、钾长石+矽线石等为中压和低压变质矿物,苦海杂岩主期变质作用可划归中-低压变质相系。

表 4-17 苦海杂岩(Pt_2K)变质岩石黑云母电子探针分析结果 (%)

样品号	2216 - 2 - 1	2216 - 2 - 2	AP_{44}Bb1 - 1	AP_{44}Bb1 - 1	AP_{44}Bb1 - 1	AP_{44}Bb17 - 1	AP_{44}Bb17 - 1	AP_{44}Bb23 - 1
SiO_2	28.33	38.36	33.60	38.09	31.52	42.00	28.74	34.04
TiO_2	0.52	0.88	0.95	0.76	2.13	0.23	0.40	0.72
Al_2O_3	20.01	25.03	19.42	22.16	19.84	23.64	20.39	20.38

续表 4-17

样品号	2216-2-1	2216-2-2	AP_{44}Bb1-1	AP_{44}Bb1-1	AP_{44}Bb1-1	AP_{44}Bb17-1	AP_{44}Bb17-1	AP_{44}Bb23-1
FeO	34.31	14.98	25.19	21.45	27.73	15.43	33.02	25.01
MnO	0.41	0.23	0.01	0.05	0.13		0.15	0.01
MgO	3.48	2.20	5.94	5.62	7.09	3.08	4.76	6.27
CaO	0.05	0.07	—	—	—	0.02	0.05	0.37
Na_2O	—	—	—	—	6.20		0.02	
K_2O	3.60	6.27	7.94	7.55		6.63	1.95	3.86
Σ	90.71	88.02	93.05	95.68	94.64	91.06	89.55	90.66

（二）变质期次

根据变质矿物共生组合(表 4-18)，苦海杂岩至少经历了两次以上的变质作用。首先，区域动力热流变质作用使得苦海杂岩达到高角闪岩相变质程度，生成钾长石＋斜长石＋石英＋黑云母＋石榴石＋矽线石和角闪石＋斜长石＋石英＋黑云母为代表的变质矿物组合。后期，低温动力变质作用产生了绿帘石＋绢云母＋绿泥石的矿物组合。

表 4-18 苦海杂岩中代表性的矿物共生组合

岩石名称	峰期矿物组合	后期韧性剪切形成的矿物组合
长英质变质岩	Kf+Pl+Q+Bit+Mu+Gt	Ser+Chl、Ep+Chl+Ser
	Kf+Pl+Q+Bit+Gt	Chl
	Kf+Pl+Q+Bit+Gt+Sil	
	Pl+Q+Bit+Gt	Ep+Chl+Mu
	Kf+Pl+Q+Bit+Mu	
基性变质岩	Pl+Hb(绿—棕)+Q(蚀变辉绿岩)	Ep+Chl+Act+Ser
	Pl+Hb+Bit+Q	Ser+Chl
	Pl+Hb(黄—绿)+Q+Aug	
	Pl+Hb(绿褐—黄褐)+Di	
眼球状片麻岩		Zo+Chl、Ser+Chl
钙质变质岩	Cal	Mu +Q+Chl
	Cal+Mu	

四、绿片岩相变质岩系——中元古代—中生代中浅变质岩系

（一）变质相带的划分

测区狼牙山组、纳赤台群和马尔争组的变质变形特征明显，但大部分岩石的原岩结构、构造基本保留，变质矿物带为绢云母＋绿泥石带或绿帘石＋绿泥石＋阳起石带。

大面积巴颜喀拉山群砂、板岩变质矿物组合为绢云母＋绿泥石。在扎拉依-哥琼尼洼断裂带附近变为片岩和变粒岩，矿物组合为石英＋绿帘石＋绿泥石＋白云母，变质程度属高绿片岩相(表 4-19)。

表 4-19　测区中元古代—中生代中浅变质岩系变质作用特征一览表

时代	地层单元	共生矿物组合	变质程度	变质作用类型	变质作用期次
中生代	巴颜喀拉群(*TB*)	变质砂板岩:Ser+Chl+Ep+Ser+Chl 片岩:Q+Ser+Chl+Bit 变粒岩:Q+Ep+Chl+Mu	主体为低绿片岩相,构造带附近为高绿片岩相	区域低温动力变质作用	印支期
晚古生代	马尔争组(P*m*)	碎屑岩类:Ser+Chl+Cal 火山岩类:Chl+Ep+Ser+Act 片岩:Hb+Pl+Q+Chl+Ep、Act+Ep+Chl+Qz	为低绿片岩相,局部达高绿片岩相	区域低温动力变质作用,局部强烈动力变质作用	海西期—印支期
早古生代	牦牛山组(D*m*)	变泥质岩类:Cor+Bit+Q 强变形火山角砾岩:Hb+Pl+Bit	高绿片岩相	强动力变质作用叠加区域低温动力变质作用	海西期
	纳赤台群(Pz_1N)	碎屑岩类:Chl+Ep+Ser、Chl+Ser+Q+Mu 火山岩类:Chl+Ser+Cal+Bit、Chl+Ep+Ser+Act	低绿片岩相-高绿片岩相	强动力变质作用叠加区域低温动力变质作用	加里东期
中元古代	狼牙山组(Pt_2l)	钙质岩类:Cal+Q+Ol+Sep	低绿片岩相-高绿片岩相	以区域低温动力变质作用为主	晋宁期—加里东期

(二) 变质条件

选送牦牛山组(D*m*)白云质大理岩的方解石与白云石共生矿物作探针分析,结果见表 4-20。通过塔兰蔡夫方解石-白云石温压计图解(图 4-12),获得牦牛山组(D*m*)动力变质条件为:T=190～580℃,p=2.2～5.1GPa。属低绿片岩相-高绿片岩相的中压环境。

表 4-20　纳赤台群白云质大理岩中方解石、白云石矿物探针分析结果　　(%)

样品号	矿物	FeO	MnO	MgO	CaO	Σ
AP_1Bb49-3	方解石	0.45	1.04	0.47	50.56	52.53
AP_1Bb49-3	方解石	0.79	1.07	1.00	53.49	56.35
AP_1Bb49-3	白云石	2.64	1.53	21.61	33.98	59.76
AP_1Bb49-3	白云石	2.56	1.41	21.21	33.44	58.61
AP_1Bb49-3	方解石	0.66	0.90	2.65	48.46	52.67
AP_1Bb49-3	方解石	0.98	0.83	0.62	54.10	56.53

第三节　变质变形关系

一、东昆北古老结晶基底变形与变质作用关系

白沙河岩群中大理岩的塑性流褶皱是测区内保留最早的变形样式,变形条件属高角闪岩相较深构造层次环境。白沙河岩群的主期面理形成于晋宁期,岩石中普遍发育钩状褶皱、无根褶皱,“σ”形碎斑、

矿物拉伸线理、生长线理较常见，形成于角闪岩相的中深构造层次变质变形环境。拉忍地区变质岩锆石 Pb－Pb 年龄(811±22)～(776±30)Ma，代表变质、变形事件发生的时间。

小庙岩群(Pt_2X)在低角闪岩相变质作用条件下，形成钩状褶皱、无根褶皱以及鞘褶皱，"σ"形碎斑特别发育。变质岩中锆石 U－Pb 同位素年龄(1 097±30)～(969±32)Ma，代表变质、变形事件发生的时间，变形环境属中深构造层次。加里东期小庙岩群与早古生代纳赤台群、牦牛山组一起卷入右旋韧性剪切带中，形成糜棱面理及拉伸线理，变形环境相当于低绿片岩相中构造层次，局部达到高绿片岩相。

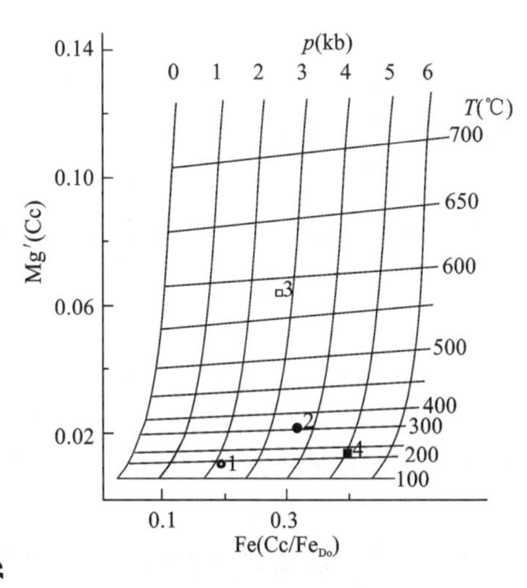

图 4-12 牦牛山组方解石-白云石温压计

($1kb=10^5Pa$)

二、东昆南苦海杂岩变形与变质作用的关系

苦海杂岩的负变质成因的片麻岩中发育片内无根褶皱，"W"形褶皱也较发育，与晋宁早期变质作用有关，同时形成钾长石＋斜长石＋石英＋黑云母＋石榴石＋矽线石的矿物组合，变形变质条件属高角闪岩相较深构造层次环境。苦海杂岩在加里东期形成一些韧性剪切带，变形样式为糜棱面理、糜棱线理，变形条件属绿片岩相浅构造层次的环境，与之同期形成的变质矿物组合有绿帘石＋绢云母＋绿泥石、白云母＋绿帘石＋绿泥石。

三、纳赤台群与加里东期动力变质作用的关系

纳赤台群发育较强的韧性剪切变形样式，砾岩中的砾石被拉成条带状，早期面理被 N－I 型置换形成糜棱面理，变质砂、板岩中砂岩呈透镜状、长条状，与变形同时生成的矿物组合有绿帘石＋绿泥石＋绢云母、角闪石＋黑云母，其变形条件为高绿片岩相、中构造层次的韧性剪切环境。由动力变质作用发生的时间推断与加里东期关系最为密切。

四、巴颜喀拉山群变质、变形的关系

巴颜喀拉山群发育一系列北西西向展布的褶皱和断层，岩层中板劈理极为发育，变形条件从浅构造层次渐变为浅-表构造层次，变质条件为低绿片岩相。扎拉依-哥琼尼洼断裂附近，变形、变质程度达高绿片岩相，岩石片理发育，矿物组合为白云母＋绿泥石＋绿帘石。

第四节 变质作用温压环境及变质作用动力背景探讨

各个变质岩系在造山带的形成、演化过程中充当着不同的角色，利用变质矿物生长过程中各个阶段的温压条件和变质作用发生的时间，可恢复变质条件的演化历史。但测区内变质岩由于缺乏矿物叠加生长环带，已无法恢复各期变质作用构造环境的演化历史，在此仅通过一些峰期变质温压条件对各期构造运动变质条件和动力背景略作探讨。

一、白沙河岩群(Pt_1B)变质条件

在图幅内两个地区采集了矿物对温压样品，黑云母-石榴石温度计样品取自图幅西北的拉忍一带，

而角闪石-斜长石地质温压计样品来自东侧的哈图沟。

对拉忍地区含石榴石黑云二长片麻岩中共生的黑云母和石榴石作探针分析，分析结果见表4-10。分别用两个石榴石与每个黑云母配对，使用比尔丘克黑云母-石榴石温度计图解(图4-13)，结果指示石榴石温度由中心至边缘有逐渐升高的趋势，反映该期变质作用为一个逐渐升温的过程，白沙河岩群(Pt_1B)峰期变质温度在640～680℃之间。矿物组合反映其形成压力在0.2～0.4GPa之间(据贺高品)，属低压相系；另一温度在480～580℃之间，矿物组合指示其压力大致为0.4GPa，变质程度为高绿片岩相，中压变质相系。

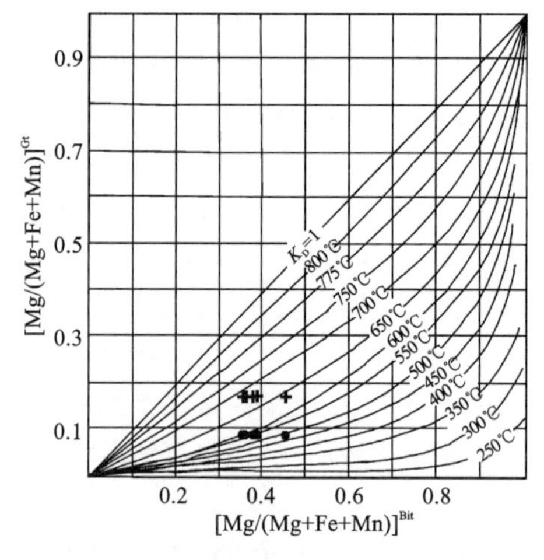

图4-13　黑云母和石榴石Mg-Fe分配系数与变质温度的关系

二、小庙岩群(Pt_2X)变质条件

在小庙岩群石榴二云二长片麻岩里选矿物石榴石、黑云母各两点作探针分析，结果见表4-14，使用比尔丘克黑云母-石榴石温度计图解投图结果不理想，投点集中于图解左下角，温度大致在430～600℃之间。

小庙岩群锆石U-Pb法同位素年龄1 097～969Ma，指示其峰期变质作用发生于晋宁期。据小庙岩群与相邻早古生代的纳赤台群同处于一个韧性剪切带以及其变形特征一致的事实，小庙岩群在加里东期遭受到较强的动力变质作用，时限大约在428～426Ma之间(据1∶25万冬给错纳湖幅资料)，使前期变质矿物细粒化，变形变质条件属低绿片-高绿片岩相，中压相系。

三、苦海杂岩($Pt_{1-2}K$)变质条件

苦海杂岩($Pt_{1-2}K$)变质岩石石榴石和黑云母电子探针分析结果见表4-16、表4-17。使用比尔丘克黑云母-石榴石温度计投图结果(图4-14)形成两个温度范围580～660℃和430～470℃。含石榴石黑云斜长片麻岩锆石Pb-Pb年龄(706±17)Ma，基本代表580～660℃的变质作用发生的时间。岩石中钾长石+石榴石的组合代表一种中压的变质环境，推测苦海杂岩在晋宁期处于碰撞造山的构造环境中。加里东期苦海杂岩的变质温度环境应在430～470℃之间。

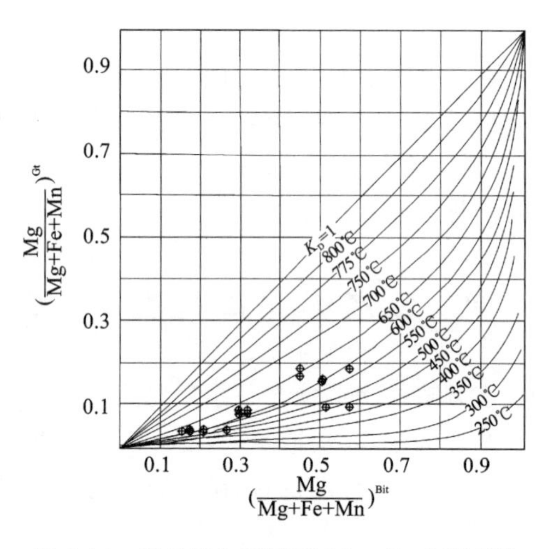

图4-14　黑云母和石榴石Mg-Fe分配系数与变质温度的关系

四、前寒武纪中—深变质岩系对比及构造背景

横穿图幅北部的昆中构造带历来被认为是华北、华南两大板块的界线。测区内的苦海杂岩与白沙河岩群、小庙岩群分别位于该构造带的两侧，通过它们之间的对比，可以获得东昆仑地区元古宙时期大地构造演化的一些信息。

(一) 小庙岩群的同位素年代学研究成果

从哈图沟采集了3件同位素年龄样品，其中一件绢英岩样品锆石Pb-Pb法同位素年龄为(975±45)Ma，另外两件构造片麻岩和变粒岩样品选用离子探针对其锆石进行U-Pb同位素年龄测定，得出以下结论：

(1) 小庙岩群(Pt_2X)碎屑物源区年龄大于24亿年，25亿～24亿年的年龄峰值反映了一次强烈的变质热事件。个别32亿年的碎屑锆石年龄指示源区存在古太古代的陆核。

(2) 沉积时间在 2 400～1 100Ma 之间。

(3) 变质及深熔锆石给出的 1 074～1 035Ma 年龄值代表了小庙岩群的主期变质时间，与全球尺度的 Rodinia 超大陆的形成时间吻合，因此，东昆仑地区基底岩系的区域动力变质和广泛的深熔作用实际上记录了 Rodinia 大陆的聚合信息，是 Rodinia 大陆聚合事件在东昆仑地区直接的地质表现。

(4) 一些更年轻的年龄数据则反映后期变质事件的改造。

(二) 苦海杂岩与东昆北基底单元形成的大地构造背景

根据稀土元素和部分微量元素在变质反应过程中相对稳定的特性，将苦海杂岩与东昆北白沙河岩群、小庙岩群进行对比(表 4-21)。小庙岩群与白沙河岩群从地球化学方面相对接近，变质程度相对于白沙河岩群较低。而苦海杂岩的地球化学特征与东昆北基底有较明显的差异。但是，同位素年龄和岩石中主期片麻理的变形特征都说明它们在晋宁期都发生了强烈的变形变质。

表 4-21　测区前寒武纪中深变质岩系对比

地层单元		苦海杂岩	白沙河岩群	小庙岩群
岩石组合		条痕(带)状(含矽线石榴石)黑云斜长片麻岩、眼球状黑云(角闪)钾(二)长正片麻岩	黑(二)云斜(二)长片麻岩、含橄榄石(透辉石)大理岩	二云更长变粒岩、二(黑)云(长石)石英片岩
地球化学特征	化学性质相对稳定的比值参数	负变质成因片麻岩类	负变质成因片麻岩类	片岩类
	LREE/HREE	2.33～6.74	2.10～3.71	3.04～3.88
	δEu	0.30～0.98	0.48～0.56	0.5～0.53
	$(La/Yb)_N$	6.17～36.70	5.35～13.12	6.92～10.22
	Y/Tb	21.89～38.46	2.90～4.33	9.26～9.94
	Nb/Ta	5.97～24.60	10.5～23.75	7.53～10.41
	Zr/Hf	36.76～43.82	19.81～40.60	33.39～41.30
年代学资料	推测成岩年龄(Ma)	(1 644±46)～(2 330±50)	(2 444±35)左右	(1 097±30)以前
	变质年龄(Ma)	706±17 750.1±17.5 746.8±6.10 957.64±1.609 2 213±17.48	776±30 797±28 811±22 1 990	969±32 975±45 1 097±30
变质程度		中压高角闪岩相	低压高角闪岩相	低压低角闪岩相
变形特征	晋宁期	“W”形片内无根褶皱	“I”“N”“W”形无根褶皱，“σ”形碎斑、矿物拉伸线理、生长线理等	“I”“N”“W”形无根褶皱，“σ”形碎斑特别发育
	加里东期	糜棱岩带	糜棱岩带	糜棱面理、拉伸线理
原岩		中酸性变质侵入体、碎屑岩夹中基性火山岩和碳酸盐岩	以灰岩和杂砂岩为主，夹中基性火山岩-火山碎屑岩	杂砂岩、泥质岩夹不纯泥砂质灰岩、不纯的石英岩
沉积物源区构造背景		活动和被动大陆边缘	性质不明	大陆岛弧
变质期次		晋宁期和加里东期	晋宁期和加里东期	晋宁期和加里东期

考虑到小庙岩群原岩性质明确，以陆源碎屑岩为主，运用La－Th－Sc图解（图4-15）判断小庙岩群物源区的大地构造背景以及进一步和苦海杂岩、白沙河岩群对比，结果发现小庙岩群与苦海杂岩物源区明显分属两个不同的大地构造环境，小庙岩群物源来自于大陆岛弧，而苦海杂岩的物源来自于活动大陆边缘或被动大陆边缘，说明苦海杂岩在晋宁运动之前处于一个相当活跃的构造背景当中。白沙河岩群投点分散，表明古元古代大地构造背景与如今的板块构造体系可能有本质上的差异。

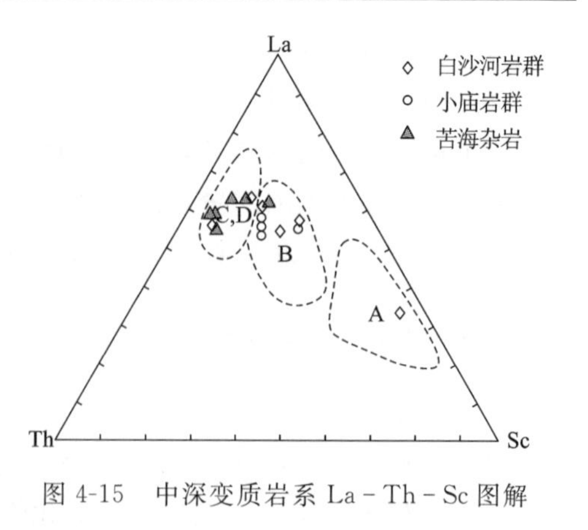

图4-15　中深变质岩系La－Th－Sc图解

第五节　接触变质作用

位于测区南部巴颜喀拉山群中的扎加岩体周围接触变质作用明显，接触变质带宽为1～5km。在此以该接触变质带为代表概述测区内接触变质作用特征。

（一）扎加岩体接触变质带宏观特征

接触变质带呈环状分布于扎加岩体、扎日加岩体周围，扎加岩体北西侧接触变质带宽度最大在5km左右，扎日加岩体南侧宽度较小，有1km多。接触带的岩石组成为红柱石二云母片岩、红柱石黑云母片岩、二云石英片岩、黑云石英片岩、堇青石黑云石英片岩、变质长石杂砂岩、斑点板岩等。

接触变质带自岩体由里到外变质矿物具一定的分带性，靠近岩体为红柱石＋黑云母带，局部地段出现堇青石，宽2～3km，外侧为黑云母带，最宽有2km左右，常被断层破坏或被第四系掩盖。同时变质矿物随着远离岩体，其粒度和含量逐渐变小和减少，紧挨岩体边部，红柱石大小在（1mm×4mm）～（3mm×10mm）之间，含量为30％～40％，距离岩体2km左右处，其粒度变小为（0.7mm×2mm）～（1mm×4mm），含量衰减为5％～15％。接触变质带内岩石中变形从靠近岩体的塑性复杂揉皱到远离岩体逐渐变为紧闭的斜卧褶皱。

（二）扎加岩体接触变质岩岩石学特征

二（黑）云母石英（构造）片岩　鳞片粒状变晶结构、显微鳞片花岗变晶结构，条纹片状构造、片状构造。主要矿物：石英呈它形粒状，粒径为0.01～0.03mm，颗粒边界呈缝合线状或线状，平行定向排列，与黑云母伴生或集中呈条带；长石属钠长石；绢云母呈细鳞片状，定向极强；黑云母呈细鳞片状，具棕—浅棕黄色多色性，常呈斑块状集中，并与长柱状方解石和相对粗粒的石英颗粒聚集在一起，黑云母内有白云母鳞片包体，方向与外围片理不一致；钾长石粒状变晶呈团状、透镜状集合体，属微斜长石；绿泥石呈淡绿色，鳞片状，为黑云母蚀变产物。黑云母（绿泥石）与方解石和较粗粒石英集合体外形常呈柱状或四边形，可能为红柱石（堇青石）的残留假象。白云母为构造后结晶。红柱石呈团状。

红柱石二（黑）云母（石英）片岩　斑状变晶结构，基质鳞片粒状变晶结构，片状构造。变斑晶为红柱石，常呈假四方柱状，较自形，较多情况下呈假象，现多被绢云母交代，或已彻底退变为黑云母＋绿泥石＋白云母＋石英，仅局部残留；基质为细粒石英、斜长石和细鳞片状白云母、黑云母组成，尚见少量黄绿色粒状黑电气石。黑云母棕—浅黄色多色性明显。后期有绿泥石化及方解石化。变斑晶内部包裹体构成的面理与外围基质中片理有一定的延续性，为同构造变斑晶。

变质长石杂砂岩　变余细粒砂状，基质具鳞片粒状变晶结构。基质由重结晶形成的石英、钠长石、白云母、黑云母及少量的黑电气石组成。砂岩中的灰质扁豆体已变质为含角闪黝帘石大理岩。变质矿物组合：方解石＋黝帘石＋角闪石＋石英。

堇青石红柱石绢云黑云角岩　斑状变晶结构，基质具鳞片粒状变晶结构，平行定向构造。变斑晶为红柱石，粒径为2～4mm，具拉长变形，成破碎状，具绿泥石化。基质中：堇青石呈它形粒状，大小在0.13～0.31mm之间，见三连晶、对顶消光现象，晶内常有绢云母；黑云母呈短片状，红褐—浅黄褐色多色性，多聚集成条带状平行分布；电气石呈棒状分布于黑云母条带中；绢云母（白云母）呈细小的揉碎、揉皱状鳞片；石英呈微—细粒状变晶。

（三）扎加岩体接触变质相带的划分及变质特征

扎加岩体热接触变质作用产生的典型共生矿物组合有红柱石＋堇青石＋黑云母＋白云母＋电气石＋石英、红柱石＋黑云母＋斜长石＋石英＋白云母、方解石＋黝帘石＋角闪石＋石英、黑云母＋钠长石＋绿泥石＋石英等。依据特征变质矿物及矿物组合，扎加岩体接触变质带可划分出两个变质矿物带：靠近岩体的红柱石＋黑云母带和距离岩体3km以外的黑云母带，相对应的变质相分别为钠长绿帘角岩相。

扎加岩体周围接触变质岩镜下显示出的热变质矿物生长顺序：首先出现红柱石，其次生成黑云母、绢云母（白云母），最后形成电气石。变质作用和变形过程为：扎加岩体最先侵入时，泥砂质原岩受热变成红柱石角岩，发生变质的同时伴随着变形，红柱石同构造变斑晶是最好的佐证；之后，岩体不断侵入，使围岩变形进一步增强，红柱石变斑晶遭受变形，同时鳞片状白云母、黑云母等矿物强烈定向，形成片岩；随着岩体热量持续降低，红柱石角岩中的变斑晶逐渐分解形成绢云母、绿泥石等矿物；最后在区域低温动力变质作用下形成斜切片理的黑云母。

第五章　地质构造与构造演化史

第一节　区域构造格架及构造单元划分

一、构造单元划分

不同的研究目的、研究内容及大地构造观点会导致产生不同的构造单元划分方案，因此，在对一个地区进行构造单元划分时需要有一些限定的划分原则。造山带地区区域地质调查的主要目的是体现造山带的结构与演化，因此，在对测区进行构造单元划分时，我们遵循三方面的基本原则，即以新全球构造理论为指导，突出主构造旋回，以地层、岩石、构造及其时空配置关系为基础。构造单元划分方案见表5-1及图5-1。

对各构造带涵义做以下进一步的明确：

(1) 对东昆北古老基底单元强调其作为柴达木陆块南缘的一部分，与柴达木地块具有相同的昆北型硬基底构成，即古元古代白沙河岩群和中元古代小庙岩群。在显生宙以来的长期洋陆转化过程中相对稳定。

(2) 过去对有关东昆中的断裂在测区东部地区的延伸形式并不十分明确，一般认为从巴隆南侧一带通过，另一种意见认为应该是更南部的额尾一带的变质岩与三叠纪的弧形断裂边界。我们的调查分析结果表明，东昆中断裂不是一条线，而是一条较宽的构造带，应单独作为一个构造单元划分出来，在西部的拉忍一带表现为以一系列叠瓦状向南的逆冲岩席，在东部哈图一带表现为南、北两强构造变形带及其所夹持的透镜状构造域。该构造混杂岩带在东邻的冬给措纳湖幅中存在中元古代、早古生代和晚古生代不同时代的蛇绿构造混杂岩系，具有复合构造混杂岩带的特征，其中晚古生代表现为不连贯的有限小洋盆。中元古代蛇绿岩组合在测区没有明显的证据，晚古生代的有限小洋盆也没有延至本区，此时本区以剥蚀为主，为此本测区的东昆中构造带主要表现为早古生代构造混杂岩带。

表5-1　测区构造单元划分一览表

测区构造单元划分
东昆北古老基底单元
———西部：海德郭勒-布鲁无斯特断裂；东部：阿拉胡德生-哈图韧性剪切带断裂———
东昆中早古生代构造混杂岩带
—西部：海德乌拉-德特断裂；东部：可鲁波-特里喝姿喝特里-牙马托-希里可特断裂—
东昆南早古生代构造混杂岩带
————东昆南断裂————
马尔争-布青山晚古生代构造混杂岩带
———马尔争-布青山南缘断裂———
北亚带
巴颜喀拉三叠纪浊积盆地：——扎拉依-哥琼尼洼断裂——
南亚带

（3）东昆南构造混杂岩带在东邻的冬给措纳湖幅中表现为古老块体被一些与马尔争-布青山蛇绿混杂岩带相连通的晚古生代有限小洋盆环绕的构造格局，进入本测区，早古生代的蛇绿混杂岩特征清楚，而晚古生代主要表现为大陆边缘的稳定—次稳定类型沉积，不具备构造混杂岩带的特性，因此我们将其限定为早古生代构造混杂岩带。但它与东昆中构造混杂岩带有明显的区别，表现为①基底性质不同，东昆中早古生代构造混杂岩带是可以与柴达木地块基底相对比的基底岩系，姜春发称之为昆北型硬基底，包括古元古代白沙河岩群和中元古代小庙岩群，而东昆南构造混杂岩带的基底为昆南型软基底，即古中元古代苦海杂岩，两者在变质岩石学方面存在明显差别；②构造形式不同，东昆中构造带总体呈现出幅度较大的弧形构造线，而东昆南构造混杂岩带则总体显示为北西西-南东东方向的构造线方向；③细部特征不同，东昆南构造混杂岩带包含有一些蛇绿岩块体，而东昆中构造混杂岩带未见蛇绿岩块体。

（4）马尔争-布青山构造混杂岩带所代表的古洋盆过去一般认为从晚古生代一直延续到中三叠世末，我们这次在该构造带中调查发现具有化石依据的早石炭世海陆交互相碎屑岩、灰岩含煤组合，可能反映此时尚未裂解成洋盆，从而限定了古洋盆的时代下限。同时我们还发现了有化石依据的晚二叠世格曲组与阿尼玛卿蛇绿混杂岩系和树维门科组之间的不整合接触关系，从而限定了古洋盆的时代上限，即闭合时间。因此，我们将混杂岩发育的时限限定在晚古生代，且主要为早中二叠世。

（5）巴颜喀拉山群是一套岩性十分单调的浊积相陆源碎屑堆积，以扎拉依-哥琼尼洼断裂带为界，北、南部地区的碎屑浊积岩系成分特点有所差异，进一步划分为北亚带和南亚带。

二、构造单元基本特征

（一）东昆北古老基底单元

东昆北古老基底单元仅出现于图区的东北角和西北角（图 5-1），其南界西部为海德郭勒-布鲁无斯特断裂；东部为阿拉胡德生-哈图韧性剪切带断裂。区域上该单元出现大量海西-印支期的二长花岗岩、花岗闪长岩及英云闪长岩等，属壳型或壳幔混源型同造山岩浆演化系列，显示出岩浆弧的特点，因而也有东昆北岩浆弧带之称。

东昆北古老基底单元最根本的特征是具有相对古老而固结程度较高的基底岩系，其与柴达木盆地的基底为一整体，在多旋回演化过程中是夹持在华北和扬子板块之间的一个微板块。

测区东昆北古老基底单元的基底岩系主要为古元古代白沙河岩群和中元古代的小庙岩群，前者为一套片麻岩、变粒岩、混合片麻岩夹大理岩等，它们呈孤立块体残留于海西-印支期的花岗岩系中，后者为一套强变形片麻岩。盖层地层系统主要有中元古代冰沟群狼牙山组及泥盆纪牦牛山组，前者表现为一套硅质条带白云质灰质大理岩；后者主要为一套强变形砾岩，为一套陆相河流相砾岩，具有磨拉石建造，反映加里东期南部碰撞造山后形成的山前磨拉石盆地堆积。测区西北角尚发育古近纪沱沱河组的陆相红色碎屑岩沉积。

构造变形主要体现为基底变质岩系中的塑性流动构造及一系列总体近东西向的断裂构造。在西部地区构造变形主要体现于南部边界断裂，表现为北倾的正断层；在东部地区主要为一系列北西西-南东东走向、倾向北北东的脆性逆冲断裂系，但南部边界则体现为明显的绿片岩相韧性逆冲性质。沿东昆中构造带北侧发育有系列密集辉绿岩墙群，代表一次强烈的张裂事件，辉绿岩墙群的锆石 SHRIMP 年龄为 248Ma，岩墙群也遭受强烈的韧性逆冲改造。

（二）东昆中早古生代构造混杂岩带

该构造带结构复杂，西部地区呈现为一系列向南逆冲的叠瓦状岩席，主要包括基底变质岩系古元古代白沙河岩群和中元古代小庙岩群、中元古代冰沟群狼牙山组、早古生代纳赤台群、加里东期石英闪长

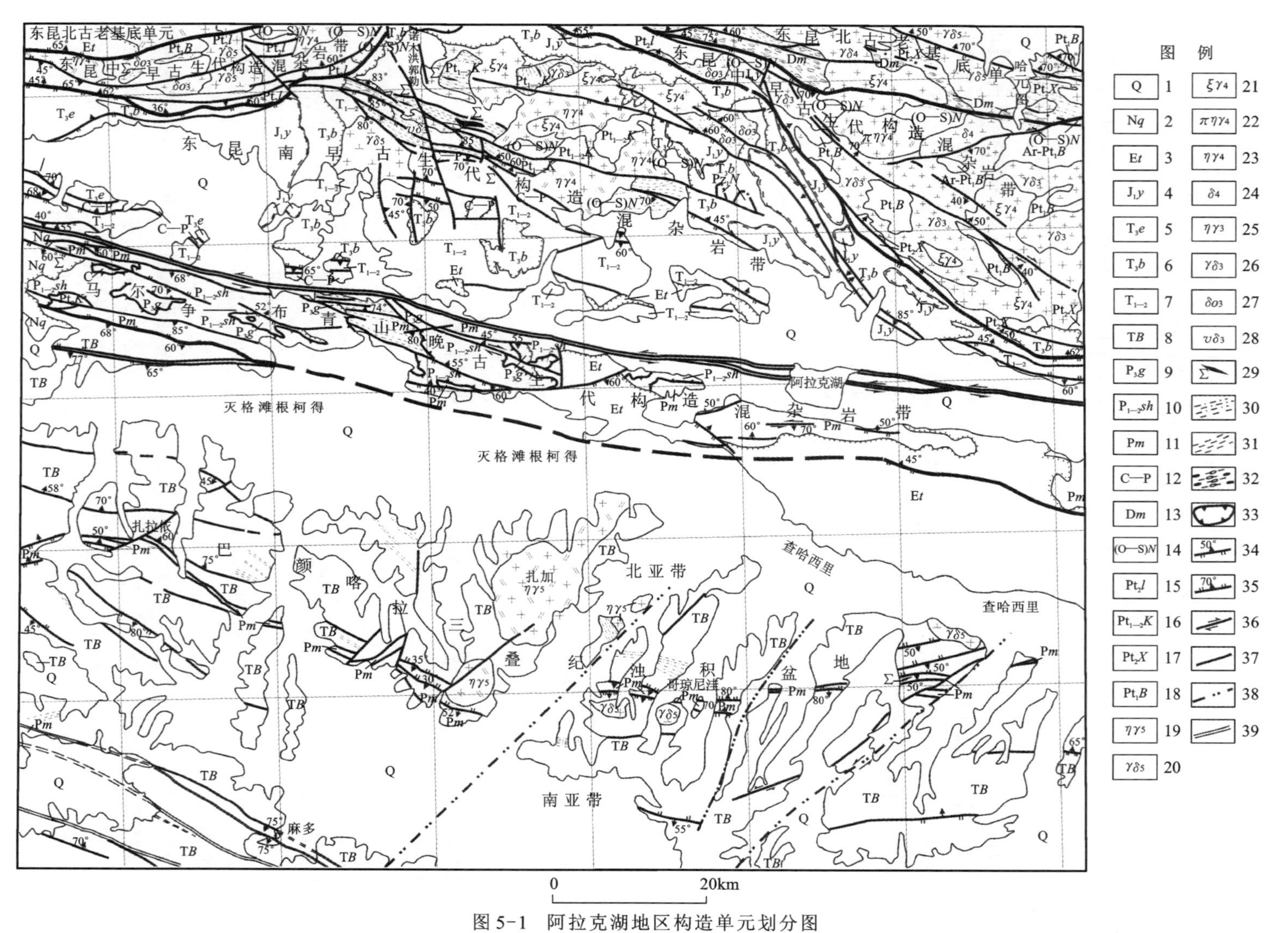

图 5-1　阿拉克湖地区构造单元划分图

1.第四系；2.新近纪曲果组；3.古近纪沱沱河组；4.早侏罗世羊曲组；5.晚三叠世鄂拉山组；6.晚三叠世八宝山组；7.早中三叠世洪水川组、闹仓坚沟组；8.三叠纪巴颜喀拉山组；9.晚二叠世格曲组；10.早中二叠世树维门科组；11.早中二叠世马尔争组；12.石炭纪—二叠纪哈拉郭勒组、浩特洛哇组；13.泥盆纪牦牛山组；14.奥陶纪—志留纪纳赤台群；15.中元古代狼牙山组；16.早中元古代苦海杂岩；17.中元古代小庙岩群；18.古元古代白沙河岩群；19.印支-燕山期二长花岗岩；20.印支-燕山期花岗闪长岩；21.海西期钾长花岗岩；22.海西期似斑状二长花岗岩；23.海西期二长花岗岩；24.海西期闪长岩；25.加里东期二长花岗岩；26.加里东期花岗闪长岩；27.加里东期石英闪长岩；28.加里东期辉石闪长岩；29.超镁铁质岩；30.韧性剪切带；31.强劈理化带；32.强片理化砾岩；33.推覆构造；34.逆断层及产状；35.正断层及产状；36.平移断层；37.性质不明断层；38.遥感解译断层；39.活断层岩、海西期二长花岗岩、印支期花岗闪长岩。白沙河岩群主要由长英质片麻岩、糜棱岩、大理岩、斜长角闪岩等组成；狼牙山组则为一套硅质条带白云质灰质大理岩、含橄榄石大理岩夹少量千枚状板岩、板岩及富藻灰质角砾的同生砾岩；早古生代纳赤台群为一套绿片岩相变玄武岩。

东部地区为南、北两强变形带夹持的一眼球状块体，块体中物质主体为侵入岩系，包括有加里东期花岗闪长岩、石英闪长岩；海西期的钾长花岗岩、二长花岗岩及闪长岩等。侵入岩系中存在一系列古老基底变质岩系，包括古元古代白沙河岩群和中元古代小庙岩群，由片麻岩、变粒岩、云母片岩、二云石英片岩及大理岩等构成；靠北侧发育有中元古代狼牙山组及早古生代纳赤台群。狼牙山组主要为一套硅质条带白云质灰岩，纳赤台群则为一套绿片岩相变玄武岩。

构造带的构造变形较为复杂，主期构造格局为印支期的挤压构造，总体为一系列由北向南的逆冲断裂，前期构造主要为晋宁期发育于基底岩系中的韧性剪切构造和加里东期发育于纳赤台群内部及与狼牙山组之间的构造混杂变形。后期构造变形主要体现于喜马拉雅期沿北部边界地带的左旋走滑和伸展正断层活动。

（三）东昆南早古生代构造混杂岩带

东昆南早古生代构造混杂岩带是测区地层发育较完整的一个构造带。根据地层接触关系可划分出6个构造层。

(1) 古中元古代基底岩系——苦海杂岩：由黑云斜长（二长）片麻岩、眼球状黑云二长片麻岩、大理岩，及少量角闪石岩、阳起石岩透镜体等构成。

(2) 早古生代纳赤台群：为一套蛇绿构造混杂岩系，岩石组合包括变枕状玄武岩、碳酸盐岩、变中基性火山熔岩、变火山碎屑岩、变碎屑岩，及少量超镁铁质岩、硅质岩。除可可晒尔沟口可见碳酸盐岩整合于枕状玄武岩之上外，大部分为经受强构造变形变位的构造混杂岩系，地层已失去内部的连续性，不同岩系之间也多为构造接触，内部则显示强烈的剪切变形。

(3) 晚古生代滨浅海盖层沉积：包括早石炭世哈拉郭勒组和石炭纪—二叠纪浩特洛哇组，总体为一套滨浅海相的碎屑岩和含生物的碳酸盐岩建造，少量火山岩建造。

(4) 早中三叠世上叠边缘海裂谷盆地沉积：包括早中三叠世洪水川组和中三叠世闹仓坚沟组，其中洪水川组下部主要为一套滨浅海相陆源碎屑岩建造，上部主要为一套火山凝灰岩、玄武安山岩及碎屑岩。闹仓坚沟组总体为一套碳酸盐岩系夹有一些火山凝灰岩及碎屑岩，洪水川组和闹仓坚沟组在横向上具有一定的相变关系。

(5) 晚三叠世—早侏罗世陆相火山-碎屑含煤盆地：包括晚三叠世八宝山组和早侏罗世羊曲组，八宝山组下部主要为一套粗碎屑岩组合，包括紫红色复成分砾岩、砂岩夹流纹岩、凝灰岩等，上部为钙泥质粉砂岩、砂岩、碳质粉砂质页岩夹煤线。

(6) 古近纪沱沱河组：主要发育沱沱河组下段，总体为暗紫色复成分砾岩、砂岩。

该构造带变形极为复杂，不同构造层的主体构造格局有显著差异。苦海杂岩中发育一些韧性剪切及塑性流变构造；早古生代纳赤台群为一套构造混杂岩系，显示为一系列近东西向的断片，内部也表现为强烈的剪切构造变形，原始的连续性已基本被破坏；上古生界则表现为一系列近东西向较紧闭褶皱和断裂构造的组合；中下三叠统常以近东西向的褶皱为主；晚三叠世八宝山组—侏罗系羊曲组则以近东西向开阔平缓的上叠向斜构造为主要特色。

与多旋回开合演化相匹配的岩浆活动在该构造带表现突出，主要有加里东期花岗闪长岩、辉石闪长岩、石英闪长岩；海西期二长花岗岩、钾长花岗岩。

（四）马尔争-布青山晚古生代构造混杂岩带

马尔争-布青山晚古生代构造混杂岩带北以东昆南断裂与东昆南早古生代构造混杂岩带为界，南以马尔争-布青山南缘断裂与巴颜喀拉三叠纪浊积盆地单元为邻，呈宽约10km的条带沿北西西-南东东方向展布，构造线的展布方向与构造带的延伸方向一致。

构造带的岩石地层构成较为复杂，其中构造混杂岩系即区域上的阿尼玛卿混杂岩，其构成包括早中二叠世马尔争组，少量基底变质岩系——苦海杂岩和早石炭世哈拉郭勒组，混杂岩系之上构造叠覆有早中二叠世树维门科组，晚二叠世格曲组与构造混杂岩系及树维门科组呈角度不整合接触关系，更新地层为古近纪沱沱河组和新近纪曲果组，它们与下伏地层均呈角度不整合关系。不同岩石地层单元岩石组合概括如下。

(1) 古中元古代苦海杂岩：呈构造岩片夹持于阿尼玛卿蛇绿混杂岩之中，以斜长角闪片岩为主。

(2) 早石炭世哈拉郭勒组：呈构造岩片夹持在马尔争组混杂岩中，表现为一套呈互层产出的灰—灰黑色生物碎屑灰岩与碎屑岩，代表一套较稳定的滨浅海沉积。

(3) 早中二叠世马尔争组：构成复杂，为构造混杂岩的主体部分，包括有浅变质的砂、板岩浊积岩系，硅质岩，中酸性火山岩，变质玄武岩，及碳酸盐岩、超基性岩等，不同岩性单元均以构造岩片形式产出，总体构造格局为一系列北西西向岩片组合，岩片内部也都有不同程度的构造岩化，显示出构造混杂堆积的面貌。变形层次显示东部较浅西部较深，东部构造岩主要为低绿片岩相的构造劈理化，而西部达角闪岩相的各种结晶构造片岩。

(4) 早中二叠世树维门科组：与下伏岩系在岩石组合及构造关系上均不协调，与周围岩系多为低角度断层接触，属一套半原地的推覆体系统。岩性主要为灰—灰白色块层状生物礁灰岩及生物碎屑灰岩。

(5) 晚二叠世格曲组：角度不整合于马尔争组及树维门科组之上，或被树维门科组推覆体构造覆盖。主要岩石组合下部为一套石英砾岩、含砾砂岩、砂岩夹板岩及薄层灰岩，上部为块状生物礁灰岩。

(6) 古近纪沱沱河组：角度不整合于下伏岩系之上，主要为一套河湖相碎屑岩系。

构造带的北界为东昆南大断裂，该断裂呈北西西向横贯测区中部，是一规模巨大的大型左旋走滑断裂，沿断裂带明显出现断陷谷地，并明显影响到现代水系分布的格局，控制着第四纪沉积，沿断陷谷地发育阿拉克湖、红水川及托索湖等具有拉分性质的高原湖泊。该断裂带现今仍在强烈活动，沿断裂地震活动频繁，泉水和湖泊沿断陷分布。流经断裂的水系拐折，地震鼓包的斜列方式以及雁列式的地裂缝反映断裂新构造活动仍为左旋运动。

(五) 巴颜喀拉三叠纪浊积盆地

巴颜喀拉三叠纪浊积盆地主体由三叠纪巴颜喀拉山群浊积岩系构成，主要岩石构成为岩屑长石砂岩、粉砂质板岩及板岩，南部出现较多的中基性火山岩，时代主要为早中三叠世。此外，在一些断夹块中发育一些前三叠纪构造混杂岩系，包括二叠纪生物(礁)灰岩、超镁铁质岩、枕状玄武岩、蚀变基性岩、硅质岩以及尚未取得时代依据的片岩、大理岩等中低级变质岩系，总体组成可与北部的马尔争组混杂岩相对比。巴颜喀拉山群之上上覆第三纪河湖相沉积和第四纪湖积、冲洪积、冰积及沼泽堆积等。

以扎拉依-哥琼尼洼断裂为界可将该单元分为北亚带和南亚带。北亚带更富陆源物质，成分成熟度低于南亚带，砂岩相对富云母碎屑和沉积岩、花岗岩和变质岩岩屑，主要矿物成分石英和长石含量变化很大；南亚带有较多的火山物质，相对富含火山岩岩屑，主要矿物成分石英和长石含量变化较小。测区巴颜喀拉山群的物质源区主体来自北部。

巴颜喀拉山群的总体构造轮廓为一系列北西西-南东东向的复杂褶皱-断裂构造组合。主期褶皱构造的轴向为北西西-南东东向，表现为正常或倒转，并普遍发育透入性的轴面劈理。褶皱构造普遍发育透入性的轴面劈理。褶皱构造轴面多倾向南西，反映北东方向的推挤应力来自南部。新构造活动也表现较强，发育扎拉依-哥琼尼洼和麻多等多条北西西向活动断层及扎曲等多条北东向活动断裂，沿活动断层在近代发生多次4级以上地震。

该单元中零星分布一系列花岗岩质侵入体，时代为晚三叠世—早侏罗世。规模较大者为呈北东-南西方向延伸的早燕山期扎加岩体，岩体的侵入引起围岩的接触热变质作用，形成接触热变质带，并发育与岩体展布方向一致的岩浆热动力变形面理。岩体的侵位发生于主期变形后，为由南西向北东斜向上的强力就位，并伴有侧向的挤压作用。

第二节 构造变形

一、构造层次及变形变质相的划分

Mattauer (1980)首次使用"构造层次"的概念，他把显示一种主导变形机制的不同区段称为构造层次，并将地壳划分为上、中、下 3 个构造层次。根据测区的实际，我们建议构造层次的五分方案。

(1) 深部构造层次：主导变形机制为流动。相当于 Mattauer 划分的深部构造层次的下亚构造层次。以片麻理的上界为限。

(2) 中深构造层次：主导变形机制为压扁和剪切。相当于 Mattauer 划分的深部构造层次的上亚构造层次。以板劈理的透入性发育为特色，板劈理对原始层理发生了较彻底的置换。

(3) 中部构造层次：主导变形机制包括弯曲滑动和压扁作用，相当于 Mattauer 划分的深部构造层次与中部构造层次的过渡带。除明显的褶皱构造表现外，轴面劈理也十分发育，但一般以间隔轴面劈理发育为主，上界为劈理前锋面，劈理对层理发生中等程度的置换。

(4) 中浅构造层次：主导变形机制为弯曲滑动，相伴较弱的压扁作用。轴面劈理仅体现于应变局部化带。相当于 Mattauer 划分的中部构造层次。

(5) 浅表构造层次：主导变形机制为弯曲滑动和脆性剪切作用，是褶皱和脆性断裂相伴发育或断裂构造发育地带，褶皱构造没有轴面劈理相伴。相当于 Mattauer 划分的浅部构造层次。

构造变形相是岩石在一定构造变形环境中的构造表现，即一定变形温压环境中在一定的变形机制作用下形成的变形构造组合。显然，构造变形相与构造层次存在紧密联系，不同构造层次的构造变形相各有不同。

测区跨越多个不同的构造单元。不同构造单元经历了不同的地质演化历程，造就了各不相同的构造变形相，形成一幅复杂多样的构造面貌(图 5-2)。从时间角度上看，反映在不同构造层中的主期构造变形特征迥异，其中零星出露的前寒武纪变质岩系内部总体表现为透入性的韧性剪切变形，是测区深层次构造变形的反映；早古生代纳赤台群和二叠纪马尔争组则总体表现为一套绿片岩相条件下的构造混杂变形，反映一套中深层次-中部构造层次的构造变形组合；测区中南部广泛分布的三叠纪巴颜喀拉山群表现为中部构造层次的变形，而测区中北部的三叠纪洪水川组、闹仓坚沟组的主期构造变形则以中浅层次极低级变质条件下的褶皱变形为特色；晚三叠世—早侏罗世的八宝山组和羊曲组则表现为浅表层次的褶皱-冲断变形。燕山-喜马拉雅期的表层脆性断裂构造影响全区，对不同时期、不同层次的构造变形发生叠加改造。从空间上看，同一地层岩石单位由于所处的构造部位的不同，其构造变形相也往往存在有明显差异，如三叠纪巴颜喀拉山岩群在扎加岩体的外接触带形成一套独特的反映高温条件下的岩浆热动力构造组合；二叠纪马尔争组自西向东，其构造变形层次变浅，由中深层次的绿帘角闪岩相的韧性剪切变形变为极低级变质条件下的中浅层次构造变形。不同构造单元的构造层、构造层次及变形变质环境划分见表 5-2。

需要指出，现今剥露于地表的各构造层次的构造变形是不同时期的产物，这里所进行的不同构造层次的划分体现的是不同构造层的主期构造变形。显然，随着地质历史的演化，早期的构造变形相要被较新的构造变形相叠加改造，较深的构造层次的变形也会叠加上较浅层次构造变形的烙印。

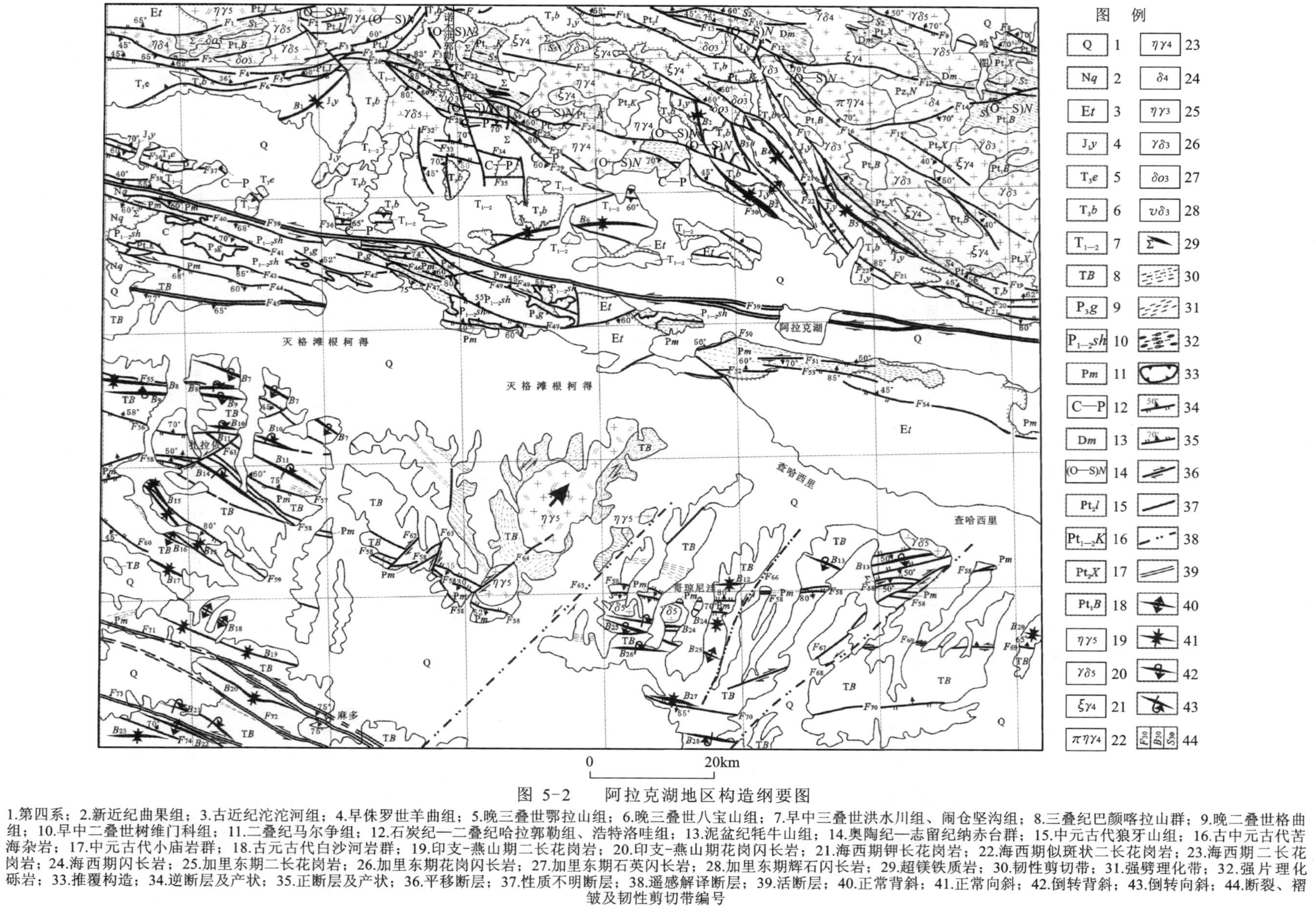

图 5-2　阿拉克湖地区构造纲要图

1.第四系；2.新近纪曲果组；3.古近纪沱沱河组；4.早侏罗世羊曲组；5.晚三叠世鄂拉山组；6.晚三叠世八宝山组；7.早中三叠世洪水川组、闹仓坚沟组；8.三叠纪巴颜喀拉山群；9.晚二叠世格曲组；10.早中二叠世树维门科组；11.二叠纪马尔争组；12.石炭纪—二叠纪哈拉郭勒组、浩特洛哇组；13.泥盆纪牦牛山组；14.奥陶纪—志留纪纳赤台群；15.中元古代狼牙山组；16.古中元古代苦海杂岩；17.中元古代小庙岩群；18.古元古代白沙河岩群；19.印支-燕山期二长花岗岩；20.印支-燕山期花岗闪长岩；21.海西期钾长花岗岩；22.海西期似斑状二长花岗岩；23.海西期二长花岗岩；24.海西期闪长岩；25.加里东期二长花岗岩；26.加里东期花岗闪长岩；27.加里东期石英闪长岩；28.加里东期辉石闪长岩；29.超镁铁质岩；30.韧性剪切带；31.强劈理化带；32.强片理化砾岩；33.推覆构造；34.逆断层及产状；35.正断层及产状；36.平移断层；37.性质不明断层；38.遥感解译断层；39.活断层；40.正常背斜；41.正常向斜；42.倒转背斜；43.倒转向斜；44.断裂、褶皱及韧性剪切带编号

表 5-2　测区不同构造单元不同构造层的构造层次及构造变形相

构造单元	构造层	构造层次	构造变形相	变形变质环境
东昆北古老基底单元	古元古代的白沙河岩群和中元古代的小庙岩群	深层次	韧性剪切流动	角闪岩相
	泥盆纪牦牛山组	中部层次	韧性剪切压扁	绿片岩相
	古近纪沱沱河组	浅表层次	脆性断裂	未变质
东昆中早古生代构造混杂岩带	古元古代白沙河岩群和中元古代小庙岩群	深层次	韧性剪切流动	角闪岩相
	中元古代冰沟群狼牙山组	中部层次—中浅层次	脆韧性压扁-冲断	绿片岩相
	早古生代纳赤台群	中部层次—中浅层次	韧性剪切压扁	绿片岩相
东昆南早古生代构造混杂岩带	古中元古代基底岩系——苦海杂岩	深层次	韧性剪切流动	角闪岩相
	早古生代纳赤台群	中深层次	韧性剪切压扁	绿片岩相
	早石炭世哈拉郭勒组和石炭纪—二叠纪浩特洛哇组	中浅层次	弯曲-滑断	低绿片岩相
	早中三叠世洪水川组—中三叠世闹仓坚沟组	中浅层次	褶皱弯曲	极低级变质
	晚三叠世—早侏罗世陆相火山-碎屑含煤盆地	浅表层次	褶皱-冲断	未变质
	古近纪沱沱河组	浅表层次	脆性断裂	未变质
马尔争-布青山晚古生代构造混杂岩带	苦海杂岩	深层次	韧性剪切流动	角闪岩相
	早石炭世哈拉郭勒组	中部层次	韧性剪切压扁	低绿片岩相
	早中二叠世马尔争组	深层次—中部层次	韧性剪切压扁	低绿片岩相
	早中二叠世树维门科组	浅表层次	脆性滑断-弯曲	极低级变质
	晚二叠世格曲组	浅表层次	脆性滑断-弯曲	极低级变质
	古近纪沱沱河组及曲果组	浅表层次	脆性滑断	未变质
巴颜喀拉三叠纪浊积盆地	三叠纪巴颜喀拉山群	中部层次	褶皱压扁	极低级变质

二、深层次韧性剪切流动构造

深层次韧性剪切流动构造广泛发育于测区的基底中深变质岩系，包括古元古代白沙河岩群、中元古代小庙岩群及古中元古代苦海杂岩。由于测区古老基底变质岩系分布局限，因此深层次韧性剪切流动构造带的发育及延伸也不完整。主要深层次韧性剪切流动构造变形带特征见表 5-3。

（一）深层次韧性剪切流动构造变形特征

1. 白沙河岩群及小庙岩群前寒武纪韧性剪切流动构造

1）拉忍沟白沙河岩群中的北西西-南东东向韧性剪切流动变形构造(S1)

透入性发育于白沙河岩群中，特征详见表 5-3。变形矿物组合代表一套高温条件下的韧性剪切变

表 5-3　测区主要深层次韧性剪切流动构造变形带特征一览表

编号	韧性剪切带名称	产状		构造岩	变形矿物组合	韧性剪切带性质	指向标志	发育岩系	发育时代
		糜棱面理	拉伸线理						
S1	拉忍沟北西西-南东东向韧性剪切变形	10°～40° ∠70°～85°	测有产状 295°∠35° 120°∠30°	糜棱岩化片麻岩、片麻岩质的糜棱岩、眼球状长英质糜棱岩、构造片岩	石英、长石、角闪石、白云母、黑云母、石榴石、矽线石、硅灰石、透灰石	右旋走滑韧性剪切	不对称长英质眼球体、S-C组构	古元古代白沙河岩群	9亿～10亿年早晋宁期
S2	巴隆朝火鹿陶勒盖北西-南东向韧性剪切变形	10°～30° ∠65°～85°	总体侧伏向东，侧伏角60°～70°	糜棱岩化片麻岩、构造片岩、片麻岩质初糜棱岩或糜棱岩、钙质糜棱岩等	(1)长石、石英、角闪石、黑云母、白云母及矽线石、透灰石等；(2)阳起石、绿泥石、绢云母	早期为左旋平移-逆冲型韧性剪切，晚期叠加右旋走滑韧性剪切	长石不对称“σ”形旋转碎斑系、“σ”形长英质脉体的构造透镜体、S-C组构、云母鱼	中元古代小庙岩群	
S3	莫托妥北西-南东向韧性剪切变形	20°～60° ∠60°～80°	近水平，测有产状 295°∠5°	花岗质构造片麻岩、石榴黑云斜长构造片麻岩、角闪黑云斜长构造片麻岩、眼球状构造片麻岩等	长石、石英、黑云母、角闪石、石榴石	右旋走滑韧性剪切运动	不对称“σ”“δ”形长英质眼球体、构造透镜体、S-C组构	古元古代白沙河岩群	
S4	牙马托北西-南东向韧性剪切变形	15°～50° ∠30°～60°或195°～245° ∠62°～77°	低角度向南东方向倾伏，倾伏角 5°～15°	构造片麻岩、构造片岩	长石、石英、云母	不详	不清	中元古代小庙岩群	
S5	可可晒尔郭勒北西-南东向韧性剪切变形	主要倾向南西，局部受岩体影响倾向转为南西西，倾角一般 60°～80°	低角度向南东倾伏，倾伏角 9°～21°	眼球状(角闪)黑云二长构造片麻岩、糜棱岩化含石榴石(角闪)黑云斜长片麻岩等	长石、石英、黑云母、角闪石、石榴石	右旋逆-平移韧性剪切运动	眼球体的不对称形态组构	古中元古代苦海杂岩	
S6	东哈拉郭勒北侧北西-南东向韧性剪切变形	185°～225° ∠60°～85°	与面理倾向基本一致	眼球状黑云二长花岗质构造片麻岩	长石、石英、黑云母、角闪石	韧性逆冲	不对称长石或长英质眼球体	古中元古代苦海杂岩	

形。总体剪切流动方向为右旋走滑韧性剪切流动(图 5-3)。

2）巴隆朝火鹿陶勒盖小庙岩群中的北西-南东向韧性剪切变形(S2)

广泛发育透入性的变形面理、糜棱面理,特征详见表 5-3。定向流动构造明显,发育包括鞘褶皱的剪切流动褶皱,并可见长石或长英质旋转碎斑系或构造透镜体等。构造岩的原岩为一套角闪岩相的高温变质岩系,变质矿物组合出现高温变质矿物矽线石、透灰石,代表高角闪岩相条件下的韧性剪切。运动学标志反映为南盘上升的左旋平移-逆冲型韧性剪切流动(图 5-4)。

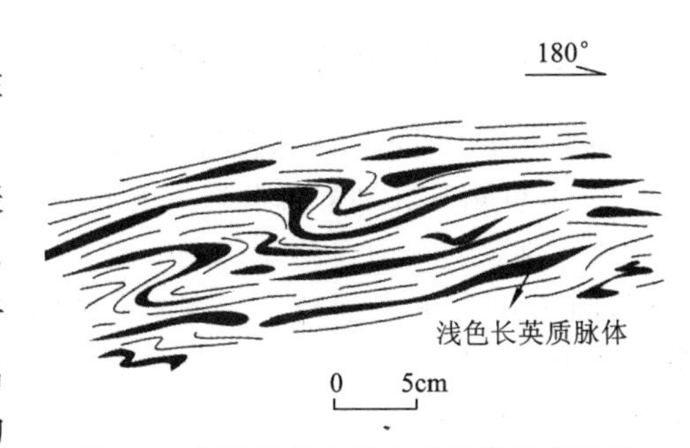

图 5-3 花岗质片麻岩中的塑性流变褶皱

3）莫托妥白沙河岩群中的北西-南东向韧性剪切变形(S3)

透入性发育于哈图—莫托妥一带的白沙河岩群中,形成透入性的糜棱面理或构造片麻理,有关特征详见表 5-3。变形矿物组合反映为角闪岩相变质条件下较高温的变形环境。总体为右旋韧性剪切流动过程中的差异剪切流动(图 5-5)。

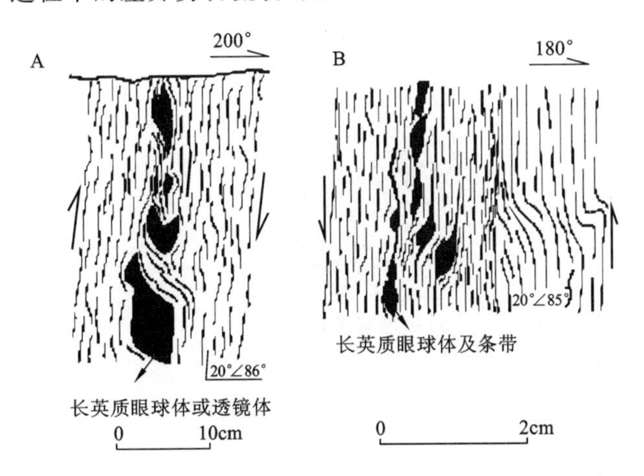

图 5-4 构造片岩及构造片麻岩中的不对称长英质眼球体或透镜体指示左旋平移-逆冲型韧性剪切

A. 构造片岩,剖面素描;B. 构造片麻岩,水平切面素描

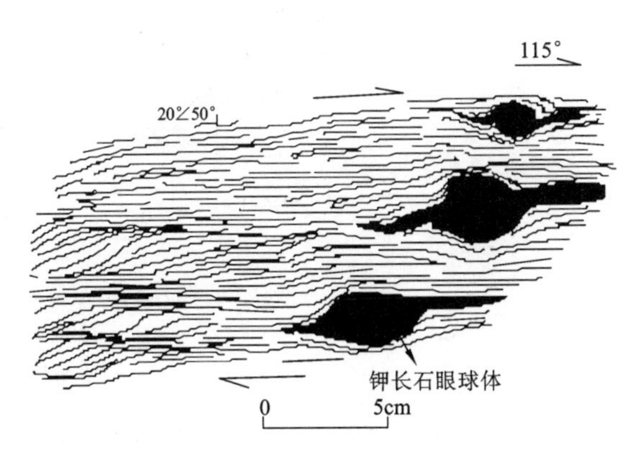

图 5-5 花岗质构造片麻岩中的“σ”形和“δ”形钾长石眼球体及 S－C 组构,指示右旋走滑韧性剪切

4）牙马托小庙岩群中北西-南东向的强韧性剪切变形(S4)

透入性发育于牙马托—额尾—仁那尕洛一线的前寒武纪变质岩系中,特征详见表 5-3。广泛出现剪切流动褶皱(图 5- 6)。变形岩石中的指向标志不明显,应与哈图沟一带苦海群中的韧性剪切变形属同一构造体制。

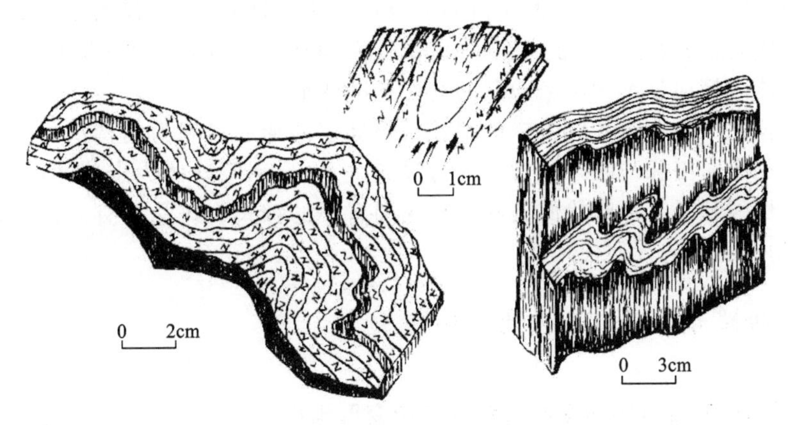

图 5-6 斜长角闪片岩中的剪切流动褶皱(2166 点)

2. 苦海杂岩前寒武纪韧性剪切构造

零星分布于可可晒尔郭勒和哈拉郭勒一带的苦海杂岩内部也表现出较强烈的深层次韧性剪切变形。

1）可可晒尔郭勒苦海杂岩中的北西-南东向韧性剪切变形(S5)

透入性发育于可可晒尔郭勒一带苦海杂岩中，变形带总体延伸方向为北西-南东向，构造面理倾向南西，倾角 60°～80°，面理上发育向南缓倾伏的拉伸线理，倾伏角 9°～21°。主要构造岩为一套眼球状或条纹条带状(角闪)黑云二长构造片麻岩、糜棱岩化含石榴石(角闪)黑云斜长片麻岩等。宏观上构造岩中常见眼球状钾长石单晶或钾长石与石英集合体，大小一般(0.4cm×0.6cm)～(0.8cm×1.2cm)，少数达(3cm×5cm)～(6cm×10cm)，长轴平行构造片麻理面的定向性良好，一些斜长角闪岩包体亦普遍压扁拉长，形态多呈不规则椭圆状。构造片麻岩中见有片内无根褶皱。显微尺度岩石的流动构造清楚，尤其是石英的晶内塑性变形明显，并呈明显的定向拉长环绕钾长石的眼球体定向排列，构成岩石的流动构造。眼球体的不对称形态组构显示总体为右旋逆-平移韧性剪切运动，即水平面上为右旋走滑，剖面上显示为韧性逆冲(图 5-7)。

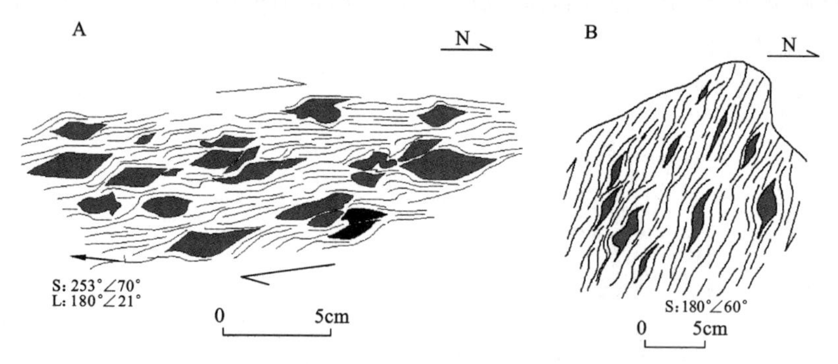

图 5-7 眼球状构造片麻岩中钾长石眼球体的不对称形态组构，
显示右旋逆-移韧性剪切流动
A. 水平切面，0323 点；B. 剖面，2128 点

2）东哈拉郭勒北侧苦海杂岩中的北西-南东向韧性剪切变形(S6)

该变形发育于东哈拉郭勒北侧苦海杂岩的变质侵入体内，这里苦海杂岩的主体构成为眼球状黑云二长花岗质构造片麻岩、含钾长石斑晶的片麻状石英二长闪长岩及片麻状似斑状二长花岗岩，后者截切前者片麻理。韧性剪切变形主要体现于眼球状黑云二长花岗质构造片麻岩，总体面理展布方向为北西西-南东东方向，倾向 185°～225°，倾角 60°～85°不等。构造岩总体为一套变形程度不一的眼球状黑云二长花岗质构造片麻岩，眼球体为钾长石单晶或钾长石集合体，平行片麻理作定向排列。钾长石眼球体有两类：一类为钾长石巨晶，大小一般(1.5cm×3cm)～(2cm×6cm)，含量一般 5%～10%；另一类为相对较细的眼球体，大小一般(0.5cm×1cm)～(1cm×2.5cm)，含量一般在 30%以上。眼球体的形态因切面的不同而有所不同，垂直片麻理面的铅直面上眼球体定向性好，显示强的定向流动构造，而水平切面上眼球体定向性弱，流动构造不明显，显示为近平行面理倾向方向上的韧性剪切运动。不对称眼球体的形态组构及眼球体的拖尾显示为由南向北的韧性逆冲变形。

眼球状黑云二长花岗质构造片麻岩中的钾长石眼球体的形成表现为同构造的钾质代入，切入变形岩石中的一些钾长花岗岩细脉与眼球体常表现为过渡关系，显示眼球体为岩浆注入而成。含钾长石斑晶的片麻状石英二长闪长岩及片麻状似斑状二长花岗岩中的钾长石斑晶虽有一定的定向性，但均表现为自形晶，反映为构造后期的钾质代入。

（二）深层次韧性剪切变形的构造年代学

1. 白沙河岩群和小庙岩群中的深层次韧性剪切变形年代学

测区基底变质岩系白沙河岩群和小庙岩群中的透入性构造变形面理就是区域变质岩系的片麻理和

片理，峰期变质作用的矿物共生组合是变形面理的基本构成，变质作用类型表现为区域动力变质作用，因此，主期变形事件的时间与峰期变质作用的时间应该大体同时。白沙河岩群和小庙岩群的深层次韧性剪切变形具有类似的总体变形格式和构造变形相，意味着现存在于两岩群中的主期构造变形——韧性剪切流动受控于同一构造背景。锆石年代学分析结果也说明了它们变形时间的统一性。

1）锆石热蒸发法获得的年龄信息

我们分别对拉忍沟白沙河岩群中的北西西-南东东向韧性剪切变形和巴隆朝火鹿陶勒盖小庙岩群中的北西-南东向韧性剪切变形进行了锆石U－Pb热蒸发法年龄测试。拉忍沟白沙河岩群中的北西西-南东东向韧性剪切带中的两件构造片麻岩样品获得的Pb－Pb年龄介于811～776Ma，大体应代表峰期变质时间；巴隆朝火鹿陶勒盖小庙岩群中的北西-南东向韧性剪切带中一个构造片麻岩样品获得(975±45)Ma，我们在东邻的冬给措纳湖幅强变形的小庙岩群中也获得介于1 011～913Ma的锆石Pb－Pb年龄。这些锆石Pb－Pb年龄信息反映了晋宁早期的一次强烈的构造热事件时间。

2）锆石SHRIMP U－Pb年龄分析结果

为了进一步确定变质岩系的变形变质年代，我们选取了两个位于巴隆朝火鹿陶勒盖小庙岩群中的北西-南东向韧性剪切带中的构造片麻岩样品进行锆石SHRIMP U－Pb年龄分析，结合锆石背散射电子图像和阴极发光电子图像进行的锆石SHRIMP U－Pb年龄分析结果表明，两个样品都反映出极为相似的早晋宁期的构造-热事件信息，分别获得(1 035±48)Ma和(1 074±42)Ma的年龄，体现为在构造作用下的一次强烈的深融事件，反映了主期变形变质事件年龄，是罗迪尼亚大陆聚合在测区的表现。

2. 苦海杂岩中的深层次韧性剪切变形年代学

苦海杂岩($Pt_{1-2}K$)变质温压计分析显示两个温度范围，分别为580～660℃和430～470℃，对可可晒尔郭勒北西-南东向韧性剪切系中的含石榴石黑云斜长片麻岩进行颗粒锆石热蒸发年龄测试，获得Pb－Pb年龄为(706±17)Ma，这一年龄质基本可代表580～660℃的变质作用发生的时间。

苦海杂岩中存在较多的眼球状构造片麻岩，即钾长石或钾长石与石英集合体的眼球体常呈带密集出现，如可可晒尔郭勒韧性剪切系、埃里斯特乌拉和东哈拉郭勒北侧北西-南东向韧性剪切系，这些带状眼球体的出现代表了一次强烈的深融事件，形成典型的岩浆型锆石，由于它们具有同构造性质，因此其年龄可以代表其主期变形年龄，为此，我们选取对东哈拉郭勒北侧北西-南东向韧性剪切系中的一眼球状构造片麻岩进行锆石SHRIMP U－Pb年龄分析，锆石的背散射电子图像和阴极发光电子图像显示测年锆石具有明显的岩浆锆石特征，多呈半自形—自形柱状，环带极为发育，体现了明显的深融作用特征。锆石SHRIMP U－Pb年龄测试结果表明，除个别锆石获得约10亿年的年龄信息和约24亿年的年龄信息外，其他明显具有深融成因的锆石获得(428±4)Ma的组合年龄值，代表深融事件的年龄，或眼球状片麻岩的变形变质年龄。

三、构造混杂变形

蛇绿构造混杂岩是造山带中的强构造变形带，是整个造山带演化构造过程的集中表现场所。蛇绿混杂岩本身为一系列构造岩片的组合体，其发育自始至终贯穿着构造作用，构造过程十分复杂，经历了包括洋陆转换阶段的俯冲增生、碰撞增生和陆内变形多阶段的复杂构造混杂过程。造山作用主旋回及后造山阶段的构造作用都会在这一构造带中留下深刻的印迹，因此，对蛇绿构造混杂岩带构造混杂过程的了解是探究整个造山带造山作用过程的关键和基础。

测区是一经历了多旋回洋陆转换演化的造山带，其中发育较多的不同时代的构造混杂岩系，在东昆中和东昆南蛇绿构造混杂岩带中发育一套早古生代构造混杂岩系——纳赤台群；马尔争-布青山蛇绿构造混杂岩群中发育一套晚古生代构造混杂岩系——马尔争组。上述不同构造阶段的构造过程在测区不同时代的混杂岩系中均留下构造形迹。卷入混杂岩系中的古老块体中的早期变形已在上一节的深层次韧性剪切流动变形部分进行了阐述，碰撞后的更浅层次的变形将在后面有关章节说明。这里重点说明的是在洋陆转换过程中发生的构造混杂变形，总体体现为在收缩构造背景下的中深层次—中部构造层次变形。

（一）东昆中构造混杂岩带的构造混杂变形

东昆中早古生代构造混杂岩带的构成较为复杂，在结构上表现为不同单元岩系的交织。代表早古生代古洋壳或大陆边缘沉积的纳赤台群的主要构成为具有枕状构造的玄武岩系，在变形过程中一般体现为相对刚性的块体，其内部变形并不明显。但是，纳赤台群与其他时代岩系的交织出现说明其经历了强烈的构造混杂作用。

1. 布鲁无斯太—德特一带的构造混杂变形

东昆中构造带在测区西北部的基本构造轮廓是发生于燕山期的一系列弧形叠瓦状向南逆冲的构造组合（详见后）。洋陆转换阶段的构造混杂变形形迹表现并不清楚，但是，从布鲁无斯太—德特一带的图面结构来看，这里的早古生代纳赤台群的玄武岩组合与代表昆北基底盖层的中元古代狼牙山组碳酸盐岩组合在平面上以断片形式交替分布，显示出明显的构造混杂外貌。由于玄武岩的能干性高，中深层次的韧性变形主要出现于中元古代的狼牙山组中，表现为极为复杂的塑性流动褶皱和白云岩中硅质条带的石香肠化（图5-8）。一些变砂岩或板岩呈透镜状被夹持于白云岩中，其内部呈现出强烈的板劈理化，其中的绢云母和绿泥石的广泛出现说明变形发生于绿片岩相的变质温压条件。

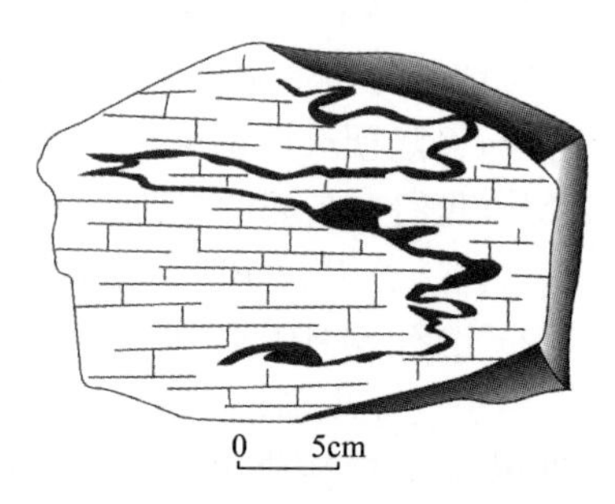

图5-8 硅质条带白云质灰岩中的硅质条带显示出的复杂揉皱

2. 波洛斯太—巴隆一带的构造混杂变形

波洛斯太—巴隆构造混杂变形带是东昆中构造变形带的基本组成部分，构造混杂变形透入性发育于波洛斯太—巴隆一带的泥盆纪牦牛山组及其与早古生代纳赤台群的接触带，宽一般2～4km。母质主要为泥盆纪牦牛山组的一套复成分砾岩及少量钙泥质板岩，受强烈的构造变形影响，形成强变形砾岩岩片。砾岩砾石成分多为大理岩及变质砂岩等，受变形影响砾石多被压扁拉长呈扁豆状或椭圆状。由于不同砾石能干性的不同，变形程度也各不相同，其中砂岩砾石的变形程度远低于大理岩砾石的变形程度，根据巴隆南侧71个砂岩砾石和71个大理岩砾石的分别统计，X∶Y∶Z分别为5.80∶2.23∶1和12.08∶2.94∶1。基质主要为变质的砂及火山凝灰质的糜棱岩，基质中强定向的变质矿物主要为绿泥石、绿帘石，反映变形发生在绿片岩相的变质温压条件下。

强变形砾岩中构造面理具有透入性，面理高角度倾向北，产状一般350°～30°∠65°～85°，面理上砾石的定向性显示拉长线理，为高角度向北东方向倾伏，产状为55°∠75°。砾石的不对称性及砾石与基质间构成的斜组构显示为左旋平移-逆冲型韧性剪切作用。

巴隆南侧牦牛山组强变形砾岩与纳赤台群的玄武岩组合[(O—S)N^{β}]间也呈现为强烈的构造混杂关系，在接触带两者之间呈指状相互混杂，接触带的玄武岩也显示出强烈的韧性变形，形成强蚀变玄武质糜棱岩。

（二）东昆南构造混杂岩带的构造混杂变形

东昆南构造混杂岩带的构造混杂变形主要集中于诺木洪郭勒-捎斯兰赶拢郭勒构造混杂变形带，强变形主要发育于早古生代纳赤台群能干性相对较低的变细粒碎屑岩组合、变中基性火山岩组合和碳酸盐岩组合中及其结合带，原始层序混乱，已很难恢复。而变玄武岩组合则变形较弱，保持成层有序的特点。

构造混杂变形带宽一般5～6km，构造面理倾向一般180°～210°，倾角一般70°～80°，根据主要物质组成可划分出一系列岩片，包括有变碎屑岩岩片、变火山碎屑岩岩片、变中基性火山熔岩岩片、碳酸盐岩岩片、硅质岩岩片及超镁铁质岩岩片。不同岩片间均为断层或剪切带接触，岩片内部进一步显示出不同物质的多级构造混杂，如变碎屑岩岩片中强片理化的变质砂泥质碎屑岩与变玄武岩、变安山岩、变安山质火山碎屑岩等相间出现，在变中基性火山熔岩岩片中有含放射虫的硅质岩透镜体和超镁铁质岩透镜体，总体显示极强的构造混杂，原始层序已被彻底破坏(图 5-9)。

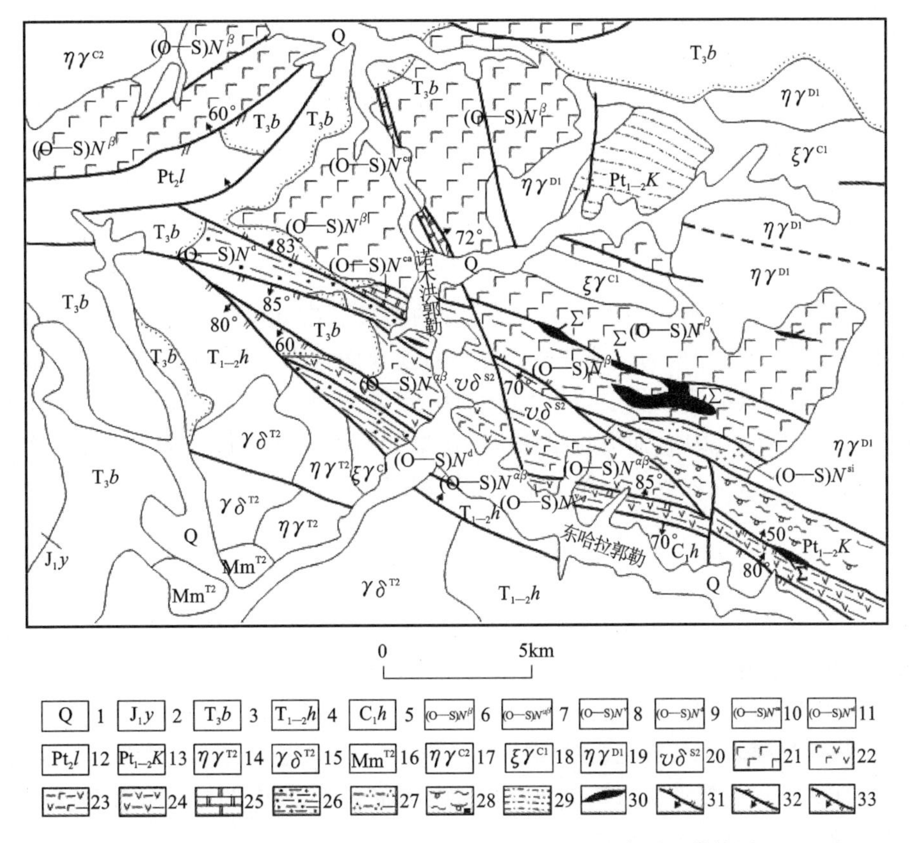

图 5-9　诺木洪郭勒一带纳赤台群不同岩石组合平面结构图

1. 第四纪冲洪积物；2. 早侏罗世羊曲组；3. 晚三叠世八宝山组；4. 早中三叠世洪水川组；5. 早石炭世哈拉郭勒组；6. 玄武岩组合；7. 中基性火山熔岩组合；8. 火山碎屑岩组合；9. 碎屑岩组合；10. 碳酸盐岩组合；11. 变硅质岩组合；12. 中元古代狼牙山组；13. 苦海岩群；14. 中三叠世二长花岗岩；15. 中三叠世花岗闪长岩；16. 中三叠世浆混花岗岩；17. 中石炭世二长花岗岩；18. 早石炭世钾长花岗岩；19. 早泥盆世二长花岗岩；20. 中志留世辉石闪长岩；21. 玄武岩；22. 中基性火山熔岩；23. 强片理化中基性火山熔岩；24. 强片理化火山碎屑岩；25. 大理岩；26. 强片理化碎屑岩；27. 变硅质岩糜棱岩；28. 眼球状片麻岩；29. 糜棱岩；30. 超镁铁质岩透镜体；31. 逆断层；32. 斜冲断层；33. 正断层

在构造带西部诺木洪郭勒大三岔口北侧，变火山碎屑岩岩片及变碎屑岩岩片变形最为强烈，发生透入性片理化或强板劈理化，在强劈理化的变质砂泥质碎屑岩中砂岩表现为相对刚性体，受变形多发生构造透镜体化；在强劈理化硅泥质岩石中，硅质岩表现为相对的刚性体而呈透镜状夹持于强片理化的泥质岩中，薄层的硅质岩条带尚呈现出片内的紧闭无根钩状褶皱。在片(劈)理面上拉伸线理多向南东中等角度倾伏，倾伏角在 50°左右。新生的变质矿物主要为绢云母、绿泥石、绿帘石等，为绿片岩相变质变形产物。不对称的砂岩构造透镜体的排列及构造片理的“S”形弯曲指示由南向北的斜冲运动，即右旋平移-逆冲型剪切变形。构造混杂变形也强烈影响到与北部变玄武岩组合的接触边界，接触带本身即为强构造变形带，表现为岩石破碎，极强的片(劈)理化，片(劈)理化呈菱形网络状，将岩石分割成不同级次的构造透镜体，构造带产状 210°∠50°。

构造带中段的东哈拉郭勒北部，变形带受到海西期左旋走滑韧性剪切的改造，这里强韧性剪切变形发生于早古生代纳赤台群变火山岩岩片及其与南侧的早石炭世哈拉郭勒组的接触带上，北侧即为苦海杂岩在 428Ma 左右深融作用下形成的眼球状构造片麻岩带。这里变火山岩在构造变形作用下形成了绿泥方解石构造片岩或糜棱岩，糜棱面理或构造片理极为发育，产状 210°∠65°，构造片岩中分析出较多的石英脉，在剪切作用下石英脉被剪切拉断形成不对称构造透镜体，平面上显示出左旋走滑运动(图 5-10)。

构造带东段的捎斯兰赶拢郭勒一带，出露的构造混杂带宽约 5km，这里纳赤台群表现为一套绿泥绢云石英构造片岩、绢云绿泥构造片岩及绿泥片岩、糜棱岩等，原岩为中酸性火山岩组合。构造面理具有透入性，产状一般 170°～185°∠65°～75°，构造片岩中一些石英脉或长英质脉呈现出变形条带状构造，并发育有透镜体化、揉皱，局部出现鞘褶皱。其他变形构造尚见有旋转碎斑系、S－C 组构等，显示总体为右旋平移-逆冲型韧性剪切变形。

构造混杂变形应该是一个较漫长的持续过程。区域资料显示，西北地区早古生代洋盆的最大裂解时间为奥陶纪，志留纪为收缩阶段，因此构造混杂变形过程中的早期俯冲增生变形主要应在奥陶纪之后的志留纪，我们在东邻 1∶25 万冬给措纳湖幅区域地质调查过程中，根据变形岩石的构造年代学研究获得东昆中构造混杂岩带的构造混杂变形发生在(446±2.2)～(408±1.6)Ma 之间，其中(446±2.2)Ma 为侵入于变形混杂岩系中的岛弧形花岗闪长岩，代表俯冲型的构造混杂变形的开始，测区在东昆中和东昆南构造带中也出现较多的年龄范围为 446～426Ma 的岛弧形花岗闪长岩，且总体显示出北部较老、南部较年轻的分布规律，反映俯冲型的构造混杂变形始自晚奥陶世末，延续至志留纪，且俯冲作用由北向南迁移。测区诺木洪郭勒枕状玄武岩的锆石 SHRIMP 年龄测得(419±5)Ma，说明直至志留纪晚期仍有新生洋壳的产生，洋盆仍未关闭，而泥盆纪牦牛山组磨拉石的出现则代表加里东期洋盆的彻底封闭，因此碰撞型的构造混杂变形应发生于志留纪末期，持续挤压变形一直延续到泥盆纪。

（三）布青山-马尔争构造混杂岩带中马尔争组的构造混杂变形

横贯测区中部的布青山-马尔争构造混杂岩带是一个经受多期构造变形叠加的复杂构造带，其中，以马尔争组为代表的构造混杂岩系中发育早期洋陆转换过程中的构造混杂变形。

由于树维门科组推覆体的覆盖和第三纪地层的角度不整合覆盖，马尔争组断续沿马尔争-布青山构造混杂岩带出露，出露规模较大处有克腾哈布次哈、马尔争山南坡边沿地带、树维门科及恩达尔可可等地。总体来看，西部地区构造变形层次较深，达深层次，东部变浅，为中部构造层次变形；在西部地区，混杂岩带构造变形层次北部较深，南部较浅。

西部克腾哈不次哈郭勒角闪岩相条件下的构造混杂变形透入性发育于混杂岩系中，糜棱面理或构造片理具有透入性，以水外芒克山主脊为线，北侧产状大多倾向 SW200°～240°，倾角 40°～50°，南部产状倾向一般 20°～40°，倾角一般 55°～75°，北侧片理面上拉伸线理较发育，线理倾伏向主要为 275°～340°，倾伏角 25°～40°。两侧物质构成明显不同，北侧主要为一套强变形的变碎屑岩，南侧则主要为一套强片理化的变玄武岩。构造岩包括有斜长角闪片岩、钙泥质构造片岩、石英片岩、阳起石片岩及绿泥绿帘斜长构造片岩、片状辉石角闪岩等，片柱状矿物定向极强，石英的晶内塑性变形明显。运动学标志显示北侧向北斜冲(左旋平移-逆冲型韧性剪切)，南侧向南逆冲运动，呈现出花状构造形式(图 5-11)。

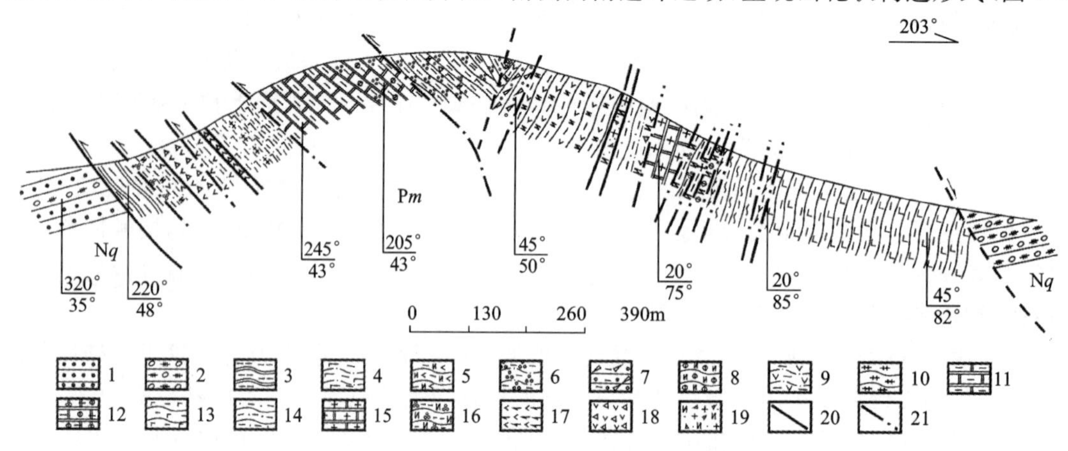

图 5-11 克腾哈布次哈郭勒马尔争组混杂岩系实测构造剖面图

1. 砂岩；2. 复成分砾岩；3. 千枚状板岩；4. 钙泥质构造片岩；5. 斜长角闪片岩；6. 石英质构造片岩或超糜棱岩；7. 强片理化岩屑砂岩；8. 绿泥绿帘斜长片岩；9. 强片理化变安山岩；10. 阳起石构造片岩；11. 强片理化大理岩；12. 强片理化硅质白云质大理岩；13. 片理化变玄武岩；14. 浅粒岩；15. 含透闪石大理岩；16. 黑云石英片岩；17. 角闪辉石岩；18. 碎裂岩化安山岩；19. 碎裂岩化斜长花岗岩；20. 脆性断层分界；21. 韧性剪切分界

马尔争山南部边缘的马尔争组混杂岩系为一套宽为1～2km遭受强劈理化的浅变质的砂板岩复理石建造，与更南部的巴颜喀拉山群复理石相比，其岩性更为复杂，包含有较多的灰岩，并出现少量枕状玄武岩透镜体，变形更为强烈，混杂变形总体体现为强烈的板劈理化，板劈理产状多倾向南西，倾角40°～70°不等，夹于板岩中的砂岩及砂板岩中的灰岩和玄武岩多发生构造透镜体化，不对称构造透镜体的排列显示向北的逆冲型变形。

树维门科一带出露的马尔争组混杂岩系显示为高绿片岩相条件下的韧性变形构造，原岩极为复杂，包括碎屑岩、碳酸盐岩、玄武岩、硅质岩及火山凝灰岩等。受变形影响，不同岩系间均为构造边界(图5-12)，内部则表现为不同程度的片理化。片理透入性广泛发育，其中在变质碎屑岩及变玄武岩中最为强烈，后者多形成绿泥绿帘构造片岩，残留的较新鲜玄武岩则呈构造透镜体状。构造片理产状北侧主体倾向南西，倾角50°～80°不等，南侧主体倾向北东，倾角40°～70°不等。根据不对称构造透镜体的排列，总体为南盘上升。

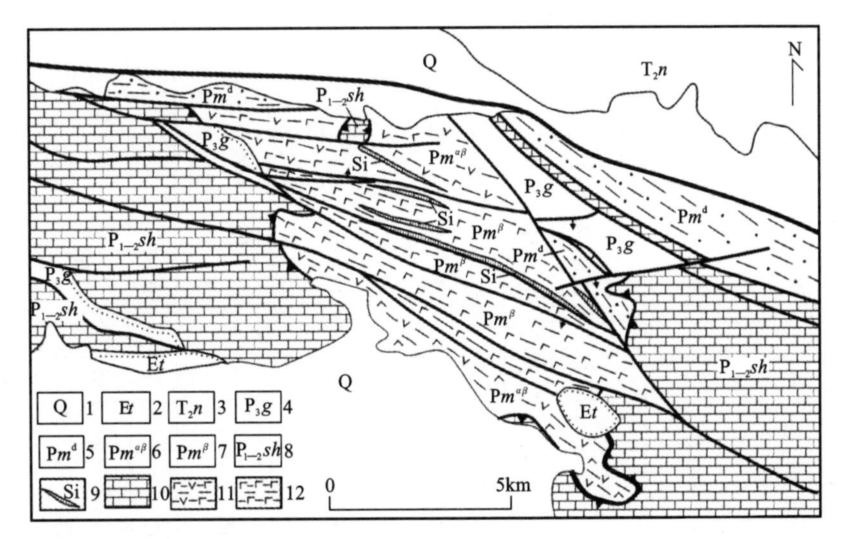

图5-12　马尔争组混杂岩不同岩石组合平面结构及其与树维门科组的构造关系图

1.第四系；2.古近纪沱沱河组；3.中三叠世闹仓坚沟组；4.晚二叠世格曲组；5.马尔争组碎屑岩组合；6.马尔争组中基性火山岩组合；7.马尔争组玄武岩组合；8.早中二叠世树维门科组；9.硅质岩；10.生物灰岩；11.强片理化变中基性火山岩；12.强片理化变玄武岩

出露于恩达尔可可一带的马尔争组构造混杂岩系为一套强变形的砂板岩系，变形形式主要体现为一系列紧闭同斜褶皱及其强烈板劈理的置换，总体板劈理倾向南南东，倾角一般30°～60°，并多出现强板劈理化带，对原始层理发生彻底置换。砂板岩中呈构造透镜状的砂岩或灰岩极为普遍(图5-13)。

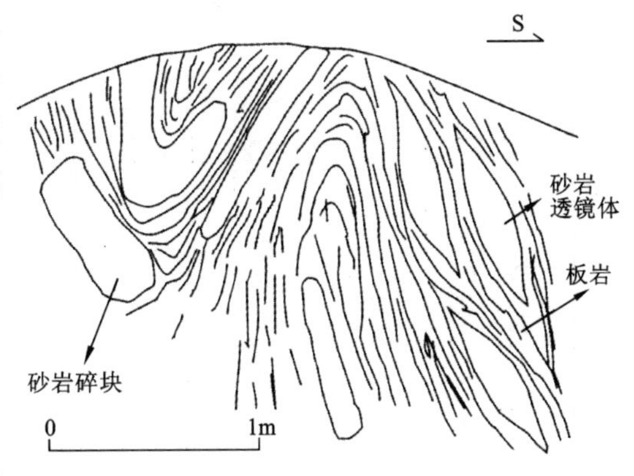

图5-13　恩达尔可可一带马尔争组砂板岩的强变形，砂岩呈构造透镜体产出

四、中部构造层次—浅表层次的褶皱-断裂构造

中—浅表构造层次的褶皱-断裂构造变形遍布全区，并对前期的深层次韧性剪切流动变形及构造混杂变形发生不同程度的叠加改造。测区中部构造层次—浅表层次的主要断裂及褶皱构造分别见表5-4、表5-5。

(一) 东昆北单元浅表层次的脆性断裂构造

测区东昆北单元基本构造格局主要表现为一系列脆性断裂构造，西北角主要为一北倾的边界断裂，东部巴隆一带主要为一系列北西-南东向断裂组合。

表 5-4 测区主要断裂构造特征一览表

断裂编号	断裂名称	断裂产状	断裂规模		构造岩	断层性质及相关构造	切错岩石地层单元	断层时代
			长	宽				
F_1	海德郭勒-布鲁无斯特近东西向断裂	倾向北，倾角 65°	>32km	20～30m	碎裂岩、绿泥石化及钾化、构造透镜体发育	正断层，发育邻断裂揉皱	Pt_1B，Pt_2l，(O—S)N，Et，$\eta\gamma G^{T1}$等	长期活动边界断裂，最新活动时间为喜马拉雅期
F_2	温冷恩-拉忍近东西向弧形断裂	弧形倾向南，倾角 45°～65°	>35km	3～10m，最宽达 100m	碎裂岩、碎粉岩	逆断层	Pt_1B，Pt_2l，(O—S)N，δoL^{O3}，$\gamma\delta_B^{C2}$，$\eta\gamma G^{T1}$	燕山期
F_3		335°∠60°	20km	约 20m	断层泥、断层角砾岩	左旋平移-逆断层，发育断层劈理、断层泉	Pt_2l，(O—S)N，T_3b^1，$\eta\gamma G^{T1}$	燕山期，喜马拉雅期有复活
F_4		倾向南，倾角 40°	24km	0.5m	构造透镜体、强劈理化带	逆冲断层	Pt_2l	燕山期
F_5	海德乌拉-德特近东西向弧形断裂	弧形倾向北，倾角一般 35°～50°，局部达 70°	>50km	5～60m	碎裂岩、碎粉岩、断层泥、构造透镜体	逆冲断层，发育擦痕、摩擦镜面、邻断裂劈理和牵引褶皱	Pt_2l，T_3e，T_3b^1，J_1y	燕山期
F_6		总体倾向北西，倾角陡立	约 32km，向东与 F_5 合并	不详	碎裂岩	逆断层，发育断层劈理、揉皱	T_3e，T_3b^1，J_1y，Et	成形于燕山期，喜马拉雅期复活
F_7		走向北西-南东，倾角近直立	约 11km	不详	碎裂岩	性质不明，推测为左旋平移断层	Pt_2l，T_3b^1，J_1y，$\eta\gamma G^{T1}$	燕山期?
F_8	哈拉炸北西-南东向断裂	35°∠70°	>6km	约 2m	碎裂岩	逆断层	Pt_2X，$\gamma\delta Y^{T3}$	燕山期
F_9	呀勒哈特北西-南东向断裂	25°～30°∠50°～70°	>26km	100～200m	碎裂岩、断层泥、断层角砾岩、绿泥石化、碳酸盐化	逆断层	Pt_2X，$\gamma\delta Y^{T3}$	燕山期
F_{10}	桑根哈不策洛-波洛斯太北西-南东向断裂	总体倾向北，局部倾向南，倾角 45°～60°	22km	100m	构造角砾岩、碎裂岩	逆断层，发育擦痕、摩擦镜面	Pt_2l，Dm，$\gamma\delta_B^{P1}$	成形于海西期，燕山期再次活动
F_{11}		110°～115°∠58°～60°	约 4km	50m	碎裂岩、碎粉岩、断层角砾岩	左旋正-平移断层，发育斜列构造透镜体牵引构造	(O—S)N，Dm，J_1y	燕山期

续表 5-4

断裂编号	断裂名称	断裂产状	断裂规模		构造岩	断层性质及相关构造	切错岩石地层单元	断层时代
			长	宽				
F_{12}	阿拉胡德生-哈图北西西-南东东向断裂	10°～25°∠60°～75°	>57km	25～50m	碎裂岩	逆断层	$(O—S)N$,Dm,J_1y,$\xi\gamma_D^{C1}$,$\xi\gamma_W^{D1}$,$\pi\eta\gamma_W^{C1}$	燕山期
F_{13}		200°∠70°	23km，向西向东均与F_{10}合并	150m	碎裂岩,钾化	逆断层,发育次级小断层	$(O—S)N$,J_1y	燕山期
F_{14}	瑙木浑-妥熊北西-南东向断裂	走向 NEE75°～85°,倾角近直立	>23km	约 100m	碎裂岩、构造角砾岩	左旋平移,发育构造透镜体、强片理化带、擦痕、阶步等	Pt_1B,$(O—S)N$,Dm,$\gamma\delta_N^{S1}$,δ_B^{P1}	成形于燕山期,喜马拉雅期再活动
F_{15}		220°∠40°	约 16km	不详	碎裂岩	逆断层	$\gamma\delta_N^{S1}$,$\eta\gamma_E^{S1}$	燕山期
F_{16}	特里喝姿-冬托妥那仁北西-南东向断裂	30°～35°∠50°～70°	约 30km	300 余米	碎裂岩、断层泥、断层角砾岩	右旋平移-逆断层	$\gamma\delta_N^{S1}$,$\xi\gamma_D^{C1}$,$\eta\gamma_E^{S1}$	燕山期
F_{17}	特里喝姿喝特里-牙马托-希里可特北西-南东向弧形断裂	北西—近东南向的弧形,西段倾向北东,倾角 35°～60°,东段倾向北,倾角 55°～62°	>60km	50～300m 不等	碎裂岩、构造角砾岩	逆冲断层,发育挤压构造透镜体	Pt_1B,Pt_2X,T_2n,T_3e,T_3b,J_1y	燕山期
F_{18}	可鲁波北西-南东向断裂	10°～20°∠55°	>25km	不详	碎裂岩	逆断层	Pt_2l,$(O—S)N$,T_3b,J_1y	燕山期
F_{19}		走向北西西-南东东,倾向不详	>10km	不详	破碎带	性质不明,可能为逆断层	C_1h,T_2n,T_3b	可能为燕山期
F_{20}		10°～35°∠45°	> 16km,向西与F_{21}交汇	不详	碎裂岩	逆断层	T_2n	燕山期
F_{21}	东托妥-扎哈拉仁北西-南东向断裂	西段:30°～60°∠45°～60°;东段:190°～230°∠45°～85°	>60km	2～50m 不等，一般 20～30m	碎裂岩、片理化带、断层角砾岩	逆断层,发育挤压构造透镜体、牵引褶皱、挤压揉皱、断层劈理等	C_1h,T_2n,T_3b,J_1y 等	燕山期

续表 5-4

断裂编号	断裂名称	断裂产状	断裂规模		构造岩	断层性质及相关构造	切错岩石地层单元	断层时代
			长	宽				
F_{22}	可可晒尔-草木策-瑙木浑牙马托北西-南东向弧形断裂	西段:10°～15°∠50°～55°;东段:35°∠60°	约 70km	50～100m	碎裂岩、构造角砾岩	逆断层,后期有左旋走滑运动,发育间隔断层劈理、擦痕等	$Pt_{1-2}K$,C_1h,T_2n,T_3b,J_1y,$\eta\gamma_K^{D1}$,$\xi\gamma_D^{C1}$	燕山期成形,喜马拉雅期复活
F_{23}	胡晓钦乌拉北西西-南东东向断裂	测有:204°∠60°	约 16km	3m	强(劈)片理化带及构造透镜体的发育,并出现超镁铁质岩透镜体	逆断层,发育挤压构造透镜体、牵引褶皱,为南侧混杂岩系强变形带的北部边界断裂	(O—S)N	发育于加里东期,印支-燕山期复活
F_{24}	诺木洪郭勒-草木策北西西-南东东向断裂	走向北西西,西端:25°∠83°;中东部:200°～210°∠70°～80°	约 55km	达 100～150m	碎裂岩、构造透镜体、强劈理化带	总体为由南向北逆冲	$Pt_{1-2}K$,(O—S)N,T_3b,$\xi\gamma_D^{C1}$	发育于加里东期,印支-燕山期复活
F_{25}		走向北西,倾向北东倾角 50°	约 14km,向西与 F_{24} 汇合	不详	碎裂岩、强劈理化带,沿断裂带有超镁铁质岩构造就位呈透镜状	逆断层	$Pt_{1-2}K$,(O—S)N	发育于加里东期,印支-燕山期复活
F_{26}		180°～190°∠60°～85°	约 14km	20～80m	碎裂岩	正断层	(O—S)N,T_3b	发育于加里东期,印支-燕山期复活
F_{27}		西端:220°∠50°;中东部:25°～30°∠80°～85°	约 20km,向西与 F_{26} 汇合,向东与 F_{25} 汇合	30～50m	碎裂岩	总体为北盘上升的逆断层,发育擦痕、断层滑沫线理、断层间隔劈理	(O—S)N,T_3b	发育于加里东期,印支-燕山期复活
F_{28}	东哈拉郭勒北西西-南东东向断裂	总体:190°～230°∠65°～70°;局部:30°∠60°～80°	约 25km,向西交汇于 F_{29}	15～70m	构造片岩、糜棱岩、碎裂岩、碎粉岩、构造角砾岩	早期为左旋韧性剪切、主期为逆断层,后期发生向南的正向滑动,发育间隔断层劈理、擦痕等	(O—S)N,C_1h,(C—P)h,$\xi\gamma_D^{C1}$	主期为印支-燕山期
F_{29}	东哈拉郭勒北西-南东向断裂	215°～230°∠60°～80°	约 44km,向北西交汇于 F_{26}	20～80m	断层角砾岩、碎裂岩	逆断层	(O—S)N,C_1h,(C—P)h,$T_{1-2}h$	印支-燕山期

续表 5-4

断裂编号	断裂名称	断裂产状	断裂规模		构造岩	断层性质及相关构造	切错岩石地层单元	断层时代
			长	宽				
F_{30}		35°∠45°	约 15km	10～15m	碎裂岩、强片理化带	逆断层	$(C—P)h, T_3b, J_1y$	燕山期
F_{31}	诺木洪郭勒-东达牙马托北北西-南南东向断裂	75°∠70°～80°	约 26km	10～20m	碎裂岩、断层角砾岩	左旋平移-逆断层，发育牵引褶皱	$(O—S)N, C_1h$, $(C—P)h, T_{1-2}h$	不详
F_{32}		弧形，55°～80°∠45°～65°	约 14km	约 100m	碎裂岩、断层角砾岩、强片理化	右旋平移-逆断层	$T_{1-2}h, \gamma\delta_B^{T2}$	不详
F_{33}		倾向西，倾角 70°	约 11km	＞100m	碎裂岩、断层泥、断层角砾岩	逆断层，发育挤压构造透镜体、擦痕、磨擦镜面	$T_{1-2}h, T_3b, \gamma\delta_B^{T2}$	不详
F_{34}		20°∠70°～80°	约 13km	50～150m	碎裂岩、断层角砾岩、断层泥、褐铁矿化	逆断层，发育挤压构造透镜体	$(C—P)h, T_{1-2}h, \gamma\delta_B^{T2}$	印支期
F_{35}		200°∠50°～90°	约 13km	＞10m，最宽 200m	碎裂岩、断层角砾岩、断层泥、褐铁矿化	逆断层，发育挤压构造透镜体、断层泉	$(C—P)h, T_{1-2}h, \gamma\delta_B^{T2}$	印支期
F_{36}		走向北西西，产状测有 215°∠60°	＞40km	不详	碎裂岩、断层角砾岩、断层泥、强劈理化带	逆断层	$(C—P)h, T_3e, T_2n$	燕山期
F_{37}	恩德乌拉-德里特北西西-南东东向断裂	走向北西西，呈弧形弯曲，倾向沿走向方向发生变化	＞ 23km，东部被第四系覆盖	约 50m	碎裂岩、断层角砾岩、碳酸盐岩质糜棱岩、强板劈理化带	压性断层，与 F_{36} 及其他同向断裂构成叠瓦状逆冲或楔冲组合	$(C—P)h, T_{1-2}h$	燕山期
F_{38}		测有 195°∠40°	10km	＞100m	碎裂岩、断层角砾岩、钙质糜棱岩	压性断层	$T_{1-2}h, T_2n$	燕山期
F_{39}	东昆南北西西-南东东向活动断裂	走向北西西-南东东倾角近直立	＞ 140km，两端延出图外	＞100m，有分支复合	碎裂岩、断层角砾、断层泥、强劈理化带	左旋走滑断裂，沿断裂发育拉分盆地、断层泉、断陷湖、斜列地震鼓包等	Pm, T_2n, Q	喜马拉雅期，为仍在活动的活断裂
F_{40}		185°～210°∠56°～68°	约 27km	约 100m	碎裂岩、断层角砾岩、强片理化带	逆断层	$P_{1-2}sh, Pm$	印支-燕山期

续表 5-4

断裂编号	断裂名称	断裂产状	断裂规模		构造岩	断层性质及相关构造	切错岩石地层单元	断层时代
			长	宽				
F_{41}		200°∠60°～70°	>28km，西端延出图外	150m	碎裂岩、断层角砾岩	正断层，发育断层牵引	C_1h，$P_{1-2}sh$，Pm，Nq	可能成形于印支-燕山期，喜马拉雅期复活
F_{42}		10°∠52°	约 13km	达 200m	断层角砾、断层泥	逆断层	$P_{1-2}sh$，P_3g	印支-燕山期
F_{43}		中部测有：215°∠85° 东端测有：20°∠50°	约 30km	100m	断层角砾、断层泥	北盘上升	Pm，$P_{1-2}sh$，P_3g	成形于印支-燕山期，喜马拉雅期复活
F_{44}		总体产状：185°～200°∠60°～77°，局部倾向北北东	>32km，西端延出图外	30～50m	断层角砾岩、碎裂岩、碎粉岩、断层泥	早期右旋走滑运动，相伴倾竖不对称牵引褶皱，后期叠加正断层运动	Pm，TB	印支-燕山期为右旋走滑，喜马拉雅期发生正断层活动
F_{45}	马尔争山南缘近南西向断裂	183°～190°∠65°～77°	约 35km	3m	碎裂岩、挤压构造透镜体、强劈理化带、硅化石英脉	早期逆冲断层，发育挤压揉皱及折劈构造，后期叠加正断层运动，导致南侧第四纪地层的牵引弯曲	TB，Q	印支-燕山期发生逆冲运动，喜马拉雅期正断层运动
F_{46}		30°∠60°	约 21km	约 100m	构造片岩、强片理化带构造透镜体、碎裂岩	早期应发生有韧性逆冲运动，后期叠加脆性正断层	Pm，P_3g，$P_{1-2}sh$	印支-燕山期韧性逆冲运动，喜马拉雅期正断层运动
F_{47}	灭丝特-乌兰乌拉南缘北西-南东向弧形断裂	北西-南东向向南突出弧形，北西部倾向南西，东部倾向南南东，中部倾向北，倾角 55°～75°	约 50km	50～150m	碎裂岩、强片理化带、绿泥石化、黄铁矿化	总体北盘上升，中部表现为逆断层，东、西两侧表现为正断层	Pm，P_3g，$P_{1-2}sh$，Et	喜马拉雅期
F_{48}		向南南西微微突出的弧形，产状测有：185°～200°∠55°～70°	约 18km	大于 50m	碎裂岩、断层角砾岩、构造透镜体	向北逆冲	Pm，P_3g，$P_{1-2}sh$	印支-燕山期

续表 5-4

断裂编号	断裂名称	断裂产状	断裂规模		构造岩	断层性质及相关构造	切错岩石地层单元	断层时代
			长	宽				
F_{49}		15°∠45°	约 25km	约 20m	碎裂岩、断层角砾岩	右旋平移，发育近水平擦痕	Pm,P_3g,$P_{1-2}sh$,C_1h	印支-燕山期
F_{50}		330°∠55°	约 18km	2～3m	碎裂岩、断层角砾岩	性质不明	Pm,Et	喜马拉雅期
F_{51}		西部：180°∠70°；东部：20°∠50°	约 15km	东部：50～60m，西部：0.3～0.4m	碎裂岩	西部为北倾逆断层，伴生同向小型逆断层；东部转为高角度南倾左旋平移断层	Pm	印支-燕山期
F_{52}		东西走向，顺走向倾向发生变化，测有：5°∠60°及 175°∠70°	约 20km	不详	碎裂岩、断层角砾岩	南盘上升，并兼有左旋平移运动，发育挤压构造透镜体、擦痕及摩擦镜面	Pm,Et	喜马拉雅期
F_{53}		走向北西西-南东东，倾向北北东，倾角 85°	约 13km	达 150m	碎裂岩	逆断层，造成南侧第三纪地层弯曲而变陡	Pm,Et	喜马拉雅期
F_{54}		20°～30°∠45°	＞30km	不详	碎裂岩	逆断层	Et	喜马拉雅期
F_{55}	北格涌尕玛考-启得喜然北西西-南东东向断裂	东部：10°∠60°；西部：210°∠60°	＞ 35km，向西延出图外	30～40m	碎裂岩	与褶皱相伴，为走向断层，东部由北向南逆冲，西部由南向北逆冲	TB	印支-燕山期
F_{56}	扎拉依陇哇-稍日哦旁安北西西-南东东向断裂	测有：5°～20°∠58°～70°	＞ 34km，向西延出图外	30～50m	碎裂岩、强劈理化带、石英脉	与褶皱相伴，为走向逆断层，发育挤压揉皱，沿断裂发育断层泉	TB	印支-燕山期
F_{57}		20°～32°∠60°～75°	约 27km	35～50m	碎裂岩、石英脉	与褶皱相伴，为走向逆断层	TB	印支-燕山期
F_{58}	扎拉依-哥琼尼洼北西西-南东东向断裂构造带	东西向横贯全区，由系列断裂夹持二叠纪混杂岩系断夹块组成，倾向不稳定，倾角一般大于 50°	＞140km，两端延出图外	500～1 000m，最大宽度 3 000m	构造片岩、碎裂岩	早期左旋走滑韧性剪切，发育构造片岩、矿物拉伸线理、不对称压力影、旋转碎斑系、S-C组构等；主期断裂活动的组合形式为楔冲运动	Pm,TB	印支-燕山期

续表 5-4

断裂编号	断裂名称	断裂产状	断裂规模		构造岩	断层性质及相关构造	切错岩石地层单元	断层时代
			长	宽				
F_{59}	南格涌尕玛考北西-南东向断裂	测有 210°∠80°	约 30km	>20m	碎裂岩、石英脉	表现为正断层，根据其与构造线方向一致推测早期应为走向逆断层	Pm，TB	成形于印支-燕山期，喜马拉雅期发生正断层活动
F_{60}		205°～212°∠45°～50°	>9km	2～5m	网状强劈理化带及挤压构造透镜体	与褶皱伴生的走向逆断层	TB	印支-燕山期
F_{61}		走向北东，倾向不详	约 23km	不详	遥感解译断层	左旋平移断层	Pm，TB	不详
F_{62}		走向北东，倾向不明	约 11km	不详	遥感解译断层，断层泉呈线状排列	性质不明	Pm，TB	不详
F_{63}		走向北东，倾向不明	约 17km	不详	遥感解译断层	根据错移关系推测为右旋平移断层	Pm，TB	不详
F_{64}	扎日加北西-南东向断裂	走向北东，产状测有：310°～330°∠60°～65°	约 25km	8～100m	碎裂岩、断层角砾岩、强劈理化带	根据错移关系推测为右旋平移断层	Pm，TB	不详
F_{65}	扎曲北东-南西向断裂	走向北东，倾向不详，据直线形展布推测近直立	>51km	不详	遥感解译断层，线性沟谷地貌	根据错移关系及直线形展布推测为左旋平移断层	Pm，TB	不详
F_{66}	那加壤北西-南东向断裂	走向北东，倾向不详，据直线形展布推测近直立	约 33km	不详	遥感解译断层，线性沟谷地貌	根据错移关系及直线形展布推测为左旋平移断层	Pm，TB	不详
F_{67}	龙然杰阁北西-南东向断裂	走向北东，线性负地形	约 40km	约 100m	碎裂岩、石英脉	根据错移关系推测为右旋平移断层		
F_{68}	龙拉加日苟北西-南东向断裂	走向北东，倾向不详，根据直线形展布推测倾角近直立	约 47km	不详	遥感解译断层，线性沟谷地貌	根据错移关系及直线形展布推测为左旋平移断层	Pm，TB	不详

续表 5-4

断裂编号	断裂名称	断裂产状	断裂规模		构造岩	断层性质及相关构造	切错岩石地层单元	断层时代
			长	宽				
F_{69}		倾向北,倾角 65°	＞27km	约 30m	碎裂岩、石英脉	左旋逆-平移断层,发育倾竖牵引褶皱、近水平擦痕	Pm,TB	印支-燕山期
F_{70}		近东西走向,倾向北,倾角不详	约 20km	约 50m	碎裂岩、断层角砾岩、石英脉、	逆断层	TB	印支-燕山期
F_{71}	麻多北西-南东向断裂	呈北西-南东向直线形展布,线性负地形,产状 210°∠75°	＞45km,北西及南东方向均延出图外	不详	断层角砾、断层泥	早期为逆冲挤压,后期为左旋平移断层	Pm,TB	成形于印支-燕山期,第四纪发生左旋平移
F_{72}	北约古宗列北西-南东向断裂	北西-南东向直线形延伸,倾角近直立	＞15km,两端均延出图外	＞20m	断层角砾、碎裂岩、断层泥	早期逆冲,后期左旋平移,沿断层分布断层泉、堰塞水塘	Pm,TB	
F_{73}	南约古宗列北西-南东向断裂	北西-南东向直线形延伸,倾角近直立	＞ 9km,两端均延出图外	不详	断层角砾岩、碎裂岩	早期为逆冲挤压,后期为左旋平移断层	Pm,TB	

表 5-5　测区主要褶皱构造特征一览表

褶皱编号	褶皱名称及基本形式	规模	褶皱基本特征	位态分类	发育时代
B_1	西哈拉郭勒北东-南西向向斜	长约 25km，长宽比约 1:1	为东昆中构造带向南逆冲推覆引起的前缘斜歪向斜。褶皱层由 T_3b—J_1y 构成，向斜核部最新地层出露 J_1y^2，翼部及向斜仰起端最老地层为 T_3b^1。北西翼被东昆中构造带向南的叠瓦状逆冲推覆构造逆掩破坏，地层产状一般倾向南，远离断层倾角一般为 20°～30°，断层附近由南北倾角逐渐变陡至近直立，甚至倒转；南东翼地层产状总体为 280°～305°∠10°～25°，仰起端地层产状为 230°∠28°～35°，代表枢纽产状	斜歪倾伏褶皱	燕山期，与东昆中构造带叠瓦状逆冲断层一起构成冲断-褶皱构造组合
B_2	草木策-阿东北西-南东向向斜构造	长约 32km，长宽比约 4:1	褶皱层由 T_3b—J_1y 组成，核部最新地层为 J_1y^1，翼部最老地层为 T_3b^1。总体为一北西-南东向延伸的并作弧形弯曲的复式向斜构造。北东部草木策一带延伸方向为北北西-南南东，两翼产状为东翼约 240°∠50°，西翼约 70°～80°∠20°～25°，向南南东方向仰起；南东部总体为北西-南东向，由两个次级向斜和一个次级背斜构成，次级向斜两翼相对倾斜，北东翼产状一般为 225°～230°∠20°～30°，南西翼产状一般为 30°～40°∠35°～45°，向北东方向仰起(信手剖面 0412～0416)	斜歪倾伏褶皱，枢纽沿走向发生起伏	
B_3	特里喝姿莫火鹿北西-南东向背斜	长约 28km，长宽比约 6:1	褶皱层由 T_3b—J_1y 组成，核部最老地层为 T_3b^1，并剥露下伏基底岩系 Pz_1N，翼部最新地层为 J_1y^1。北东翼地层产状一般为 30°～50°∠20°～35°，南西翼地层产状一般为 205°～230°∠20°～30°，枢纽向南东及北西方向低角度倾伏。翼部发育次级褶皱。轴面近直立	直立倾伏褶皱	
B_4	东托特北西-南东向向斜	长约 21km，长宽比(3:1)～(4:1)	褶皱层由 T_3b—J_1y 构成，向斜核部最新地层为 J_1y^1，翼部最老地层为 T_3b^1。北东翼被走向断层切割破坏。北东翼产状一般为 22°～230°∠10°～30°，南西翼产状一般为 30°～50°∠20°～35°，总体向北西方向仰起	直立倾伏褶皱	
B_5	特里喝姿喝特里-瑙木浑牙马托北西-南东向向斜	长约 33km，长宽比大于 6:1	褶皱层由 T_3b—J_1y 构成，核部最新地层为 J_1y^1，翼部最老地层为 T_3b^1。向斜呈北西-南东向延伸，北西部被断层截切破坏。向斜为复式褶皱，由两个次级向斜和一个次级背斜构成，次级向斜两翼相对倾斜，北东翼产状一般为 220°～240°∠55°～70°，南西翼产状一般为 30°～40°∠30°～45°，轴面倾向北东。枢纽呈波状起伏	斜歪水平褶皱	
B_6	浩特洛哇近东西向向斜	长约 30km，长宽比约 3:1	褶皱层由 $T_{1-2}h$ 及 T_2n 构成，核部最新地层为 T_2n^3，翼部最老地层为 $T_{1-2}h^1$。向斜总体呈近东西向延伸，北翼地层产状一般为 160°～180°∠25°～40°，南翼地层产状一般为 350°～20°∠20°～40°，为宽缓的直立褶皱。枢纽向两端仰起，两端枢纽倾伏角约 20°～25°。向斜为一系列次级褶皱构造复杂化	直立倾伏褶皱	印支期
B_7	稍日哦旁安北西西-南东东向背斜	长约 32km，长宽比大于 6:1	褶皱层为 TB，核部为 TB^1，两翼为 TB^2。北翼地层产状一般为 190°～210°∠50°～65°，南翼产状一般为 200°～220°∠40°～60°，北翼倒转，南翼正常，为同斜倒转褶皱。地层分布显示总体向西倾伏。背斜为一系列次级褶皱复杂化	斜歪倾伏褶皱	印支-燕山期

续表 5-5

褶皱编号	褶皱名称及基本形式	规模	褶皱基本特征	位态分类	发育时代
B_8	近东西向向斜	长约 21km，长宽比约 8:1	褶皱层为 TB，核部最新地层为 TB^3，翼部最老地层为 TB^1，北翼被走向断裂切割破坏。向斜西部为正常向斜，北翼产状为 210°～220°∠30°～60°，南翼产状一般为 0°∠50°～70°；向斜东部为倒转褶皱，北翼测有 218°∠38°，南翼测有 200°∠77°。向斜总体向东仰起，枢纽向西倾伏。向斜为一系列次级褶皱复杂化	斜歪倾伏褶皱	印支-燕山期
B_9	北西西-南东东向倒转背斜	长约 24km，长宽比约 5:1	褶皱层为 TB，核部最老地层为 TB^1，翼部最新地层为 TB^3。背斜西部为轴面倾向北的同斜倒转褶皱，北翼产状正常，一般为 0°∠50°～70°，南翼产状倒转，一般为 5°～20°∠50°～70°；东部为轴面倾向南的倒转褶皱，北翼倒转，产状测有 200°∠77°，南翼正常，产状一般为 180°～200°∠35°～60°。枢纽总体向西倾伏。背斜被一系列次级褶皱复杂化	斜歪倾伏褶皱	印支-燕山期
B_{10}	北西西-南东东向倒转向斜	长约 12km，长宽比约 5:1	褶皱层为 TB，核部最新地层为 TB^3，翼部地层为 TB^2。总体为轴面倾向南的倒转褶皱，内部被一系列次级褶皱复杂化。北翼正常翼产状一般为 180°～200°∠35°～60°，南翼倒转翼产状测有 200°∠82°。枢纽发生由波状起伏，为非圆柱状褶皱	斜歪倾伏褶皱	印支-燕山期
B_{11}	北西-南东向向斜	长约 20km	褶皱层为 TB，核部最新地层为 TB^3，翼部地层为 TB^2。向斜由一系列次级褶皱构造组成，次级褶皱形式复杂多变，有正常，也有倒转，轴面产状多变，或倾向北北东，或倾向南南西，或近直立。枢纽总体近水平。沿褶皱走向轴面劈理十分发育，在砂岩中表现更为明显，呈 1～10mm 的间隔劈理	斜歪-直立水平褶皱	印支-燕山期
B_{12}	近东西向向斜	长大于 8km	褶皱层为 TB，核部最新地层为 TB^3，两翼地层为 TB^2。北翼地层产状一般 180°∠32°～57°，南翼一般 340°～360°∠50°，总体为近东西向轴面近直立的向斜。根据地层单元展布推断向斜向东仰起	直立水平-倾伏褶皱	印支-燕山期
B_{13}	北西-南东向同斜背斜	长约 25km，长宽比大于 10:1	褶皱层为 TB，核部地层为 TB^1，两翼地层为 TB^2。北翼产状 170°～190°∠40°～60°，南翼 170°～190°∠25°～45°，总体为近东西向、轴面倾向南的同斜背斜。地层单元的总体展布显示枢纽近水平	斜歪水平褶皱	印支-燕山期
B_{14}	北西-南东向倒转向斜	长约 15km，长宽比大于 5:1	褶皱层为 TB，核部地层为 TB^4，两翼及转折端方向地层依次为 TB^3、TB^2。向斜总体呈北西-南东向延伸，北东翼被扎拉依-哥琼尼洼构造带切割破坏，产状测有 212°∠58°，南西翼产状 210°～240°∠80°～82°，为轴面倾向南西的倒转向斜。向斜被一系列次级褶皱复杂化。地层单元的分布显示向斜枢纽向北西方向倾伏，向南东方向仰起	斜歪倾伏褶皱	印支-燕山期
B_{15}	北西-南东向向斜	长大于 16km，长宽比大于 7:1	褶皱层为 TB，核部地层为 TB^5，两翼地层依次为 TB^3、TB^2，但连续性被一系列走向断裂破坏。向斜总体呈北西-南东向延伸，北东翼发育系列次级褶皱，包络面总体走向北北西，倾向南西西，倾角一般 30°～40°，南西翼代表性产状测有 43°∠41°，总体为轴面近直立的中常褶皱	直立水平褶皱	印支-燕山期

续表 5-5

褶皱编号	褶皱名称及基本形式	规模	褶皱基本特征	位态分类	发育时代
B_{16}	北西-南东向背斜	长约 10km，线性褶皱	北西方向被第四系覆盖，并被扎拉依-哥琼尼洼断裂带截切，北东翼的完整性被走向断裂破坏。核部地层为 TB^2，两翼地层依次为 TB^3、TB^4。北东翼代表性产状测有 43°∠41°，南西翼代表性产状 210°～240°∠35°～50°，其中南西翼次级褶皱十分发育，表现为系列轴面倾向南西的倒转褶皱，并发育有强烈的轴面劈理。总体为轴面近直立的中常褶皱	直立水平褶皱	印支-燕山期
B_{17}	北西-南东向向斜	长大于 20km，线性褶皱	北西及南东方向均被第四系覆盖。核部地层为 TB^4，两翼地层主体为 TB^3。北东翼代表性产状为 210°～240°∠35°～50°，南西翼代表性产状 30°～45°∠30°～60°，北东翼（即 B_{16} 之南西翼）次级褶皱较发育。总体为轴面近直立的中常褶皱	直立水平褶皱	印支-燕山期
B_{18}	北西-南东向背斜	长大于 8km，线性褶皱	北西及南东方向均被第四系覆盖。核部地层为 TB^3，两翼地层主体为 TB^4。北东翼代表性产状为 30°～45°∠30°～60°，南西翼代表性产状为 210°～220°∠40°～60°。总体为轴面近直立的中常褶皱	直立水平褶皱	印支-燕山期
B_{19}	北西-南东向向斜	长大于 20km	北西及南东方向均被第四系覆盖。核部地层为 TB^4，两翼地层主体为 TB^3。北东翼代表性产状为 210°～220°∠40°～60°，南西翼代表性产状为 25°～35°∠30°～40°。次级褶皱极为发育，且均为正常褶曲。总体为轴面近直立的复式中常褶皱	直立水平褶皱	印支-燕山期
B_{20}	北西-南东向向斜	长约 18km，线性褶皱	核部最新地层为 TB^5，两翼地层主体为 TB^4。北东翼代表性地层产状为 210°～240°∠50°～65°，南西翼代表性地层产状为 50°～65°∠60°～80°。两翼及核部次级褶皱发育，形态多样，表现为倒转或正常。北东翼次级褶皱轴面多倾向南西，南西翼次级褶皱轴面多倾向北东，总体向向斜转折端方向收敛。褶皱组合形态为轴面近直立的复式向斜	直立水平褶皱	印支-燕山期
B_{21}	北西-南东向同斜倒转向斜	长约 13km，线性褶皱	核部地层为 TB^5，两翼地层主体为 TB^4。北东翼为正常翼，代表性地层产状为 205°～215°∠60°～70°，南西翼为倒转翼，代表性地层产状为 200°～220°∠60°～80°。两翼及核部次级倒转褶皱发育，轴面均倾向南西。总体为轴面倾向南西的复式同斜倒转褶皱	斜歪水平褶皱	印支-燕山期
B22	北西-南东向同斜倒转背斜	长大于 11km，线性褶皱	核部地层为 TB^3，南西翼地层为 TB^4，北东翼被南约古宗列断裂破坏。南西翼代表性地层产状为 190°～205°∠40°，南西翼残缺，代表性地层产状测有 215°∠47°。两翼及核部次级倒转褶皱发育，轴面均倾向南西。地层岩石分布显示枢纽向北西方向倾伏。总体为轴面倾向南西的复式同斜倒转褶皱	斜歪水平-倾伏褶皱	印支-燕山期

续表 5-5

褶皱编号	褶皱名称及基本形式	规模	褶皱基本特征	位态分类	发育时代
B_{23}	近东西向向斜	长大于 10km，线性褶皱	褶皱层主要为 TB^4。北翼地层产状测有 232°∠35°、195°∠18°，南翼代表性地层产状为 340°～360°∠50°～55°，两翼地层产状显示向斜向东仰起。总体为轴面倾向南的中常褶皱	斜歪倾伏褶皱	印支-燕山期
B_{24}	近东西向向斜	长约 20km，线性褶皱	核部地层为 TB^3，翼部地层为 TB^2，西侧的北翼被花岗岩侵入破坏。北翼代表性地层产状为 165°∠35°，南翼代表性地层产状在东部为 10°～25°∠30°～35°，西部为 290°∠50°，反映该向斜西部为轴面南倾的倒转向斜，东部为一轴面近直立的开阔正常向斜构造。地层分布及两翼产状显示向斜略向西仰起	斜歪-直立水平褶皱	印支-燕山期
B_{25}	北西-南东向背斜	长约 22km，线性褶皱	核部地层为 TB^2，翼部地层为 TB^3。北翼代表性地层产状在东部为 10°～25°∠30°～35°，西部为 290°∠50°，南翼代表性地层产状为 195°∠40°，反映该向斜西部为轴面倾向南的倒转背斜，东部为一轴面近直立的开阔正常向斜构造	直立水平褶皱	印支-燕山期
B_{26}	近东西向倒转向斜	长约 10km，线性褶皱	核部地层为 TB^3，翼部地层为 TB^2。北翼代表性地层产状为 195°∠40°，南翼代表性地层产状为 190°∠51°，反映该向斜西部为轴面倾向南的倒转向斜	直立水平褶皱	印支-燕山期
B_{27}	北西西-南东东向向斜	延伸长约 10km，线性褶皱	核部地层为 TB^3，两翼地层为 TB^2，其中南翼被走向断层切割破坏。北翼代表性地层产状为 210°∠50°～60°，南翼代表性地层产状为 10°∠15°～30°，为一轴面倾向北的斜歪褶皱	斜歪水平褶皱	印支-燕山期
B_{28}	近东西向倒转向斜	长大于 12km，东部延出图外，线性褶皱	核部地层为 TB^3，两翼地层为 TB^2。北翼正常翼代表性地层产状为 180°∠65°，南翼倒转翼代表性地层产状为 0°～5°∠80°，为一轴面倾向南的同斜倒转褶皱	斜歪水平褶皱	印支-燕山期

1. 西部海德郭勒-布鲁无斯特近东西向断裂(F_1)

该断裂构成东昆北单元与东昆中构造带的边界,倾向北,倾角约65°,发育20~30m的构造破碎带,以碎裂岩及构造角砾岩为主。根据断层效应分析,该断层现今主要表现为北倾正断层,但根据其产状关系与南部的东昆中构造带向南的逆冲断裂组相同判断,早期该边界断裂也发生有向南的逆冲推覆作用。

2. 东部巴隆一带北西-南东向脆性断裂组

主要脆性断裂构造有哈拉炸北西-南东向断裂(F_8)、呀勒哈特北西-南东向断裂(F_9)、桑根哈不策洛-波洛斯太北西-南东向断裂(F_{10})、阿拉胡德生-哈图北西西-南东东向断裂(F_{12}),有关断裂特征见表5-4。总体特征可概括为:①呈北西-南东向延伸,中等—高角度倾向北北东或北东;②构造岩主要为碎裂岩系列的碎裂岩、断层泥及断层角砾岩;③断层性质主要为逆断层,组合形式为一组向南的叠瓦状逆断层组合,主期活动时间为燕山期;④尽管这一断裂组位于东昆中构造带北侧,但与东昆中构造带燕山期的活动密切相关(详见后)。

(二) 东昆中构造带中浅层次—浅表层次断裂构造组合

测区东昆中断裂构造带为分隔东昆北基底构造单元与东昆南构造混杂岩带的一长期演化的宽阔的构造带,其展布总体呈弧形弯曲,西部为近东西向向南突出的弧形构造,中部向北突出图外,东部则呈北西-南东向延伸。构造带实际为一系列断裂构造构成的断裂组。其影响范围涉及两侧相邻区域。

1. 西部海德郭勒—拉忍一带近东向弧形断裂组

该弧形断裂组为测区东昆中断裂构造带向西的延伸部分,主干断裂包括温恩冷-拉忍近东西向弧形断裂、海德乌拉-德特近东西向弧形断裂等(F_2、F_3、F_4、F_5),各断裂特征见表5-4。从它们的特点及组合形式来看,总体构成向南逆冲的叠瓦状逆冲断裂组合,其中的F_2、F_4显示出反冲断裂的特点。

向南的叠瓦状逆冲影响到南侧上三叠统—下侏罗统地层,使之发生斜歪牵引褶皱变形,从近水平产状变化为邻断裂的高角度倾斜,构成叠瓦状冲断-褶皱构造变形组合(图5-14)。

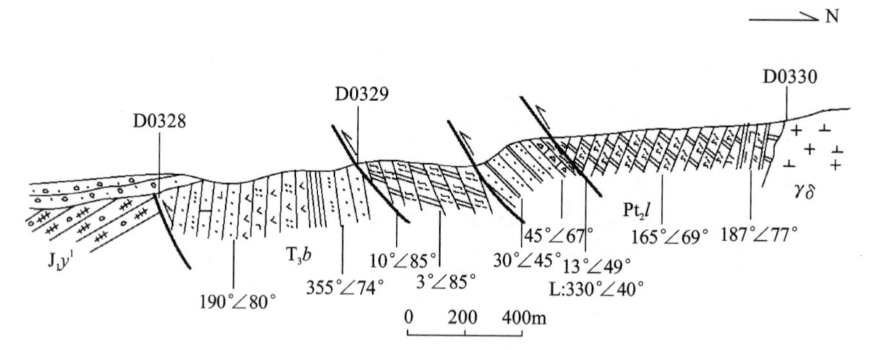

图5-14 恩门得苏以北布尔汗布达山南坡叠瓦状逆冲断层组合图

1.复成分砾岩;2.砾岩;3.砂岩;4.粉砂岩;5.页岩;6.硅质条带(纹带)白云岩;7.粉砂质板岩;8.硅质条带(纹带)白云质灰岩;9.钙质砾岩;10.砂屑灰岩;11.钙质砂岩;12.玄武安山质泥灰岩;13.花岗闪长岩;14.逆断层

2. 东部波洛斯太-哈图北西-南东向弧形断裂组

东部波洛斯太—哈图一带的东昆中构造带浅表层次的主体构造形式表现为南、北两强构造破碎带及其所夹持的透镜状弱破碎构造域。北部主干断裂为阿拉胡德生-哈图北西西-南东东向断裂(F_{12}),南部主干断裂为特里喝姿喝特里-牙马托-希里可特北西-南东向弧形断裂(F_{17})。其间发育的主要同向断

裂还有 F_{15}、F_{16}、F_{19}。两主干断裂均中高角度倾向北北东或北东，向南西方向逆冲(图 5-15)。其他主要同向断裂也主要表现为逆冲性质。垂直或斜交构造线方向发育有北东-南西方向的走滑断层，代表性的断裂有 F_{11} 和 F_{14}，其中 F_{11} 与逆冲断裂组近于正交，具有逆断层的特点，斜列构造透镜体及牵引构造显示为左旋正-平移断层；F_{14} 与逆冲断裂组斜交，形成宽达百米的构造破碎带，发育碎裂岩、强劈理化带、构造透镜体及圆筒状的磨砾岩等，在断面上发育近水平擦痕及与擦痕垂直的阶步，系列运动的指向标志显示为左旋走滑运动。走滑构造变形也影响到北部的东昆北构造单元，主要体现为一系列近东西向陡立的走滑裂隙系统的发育。

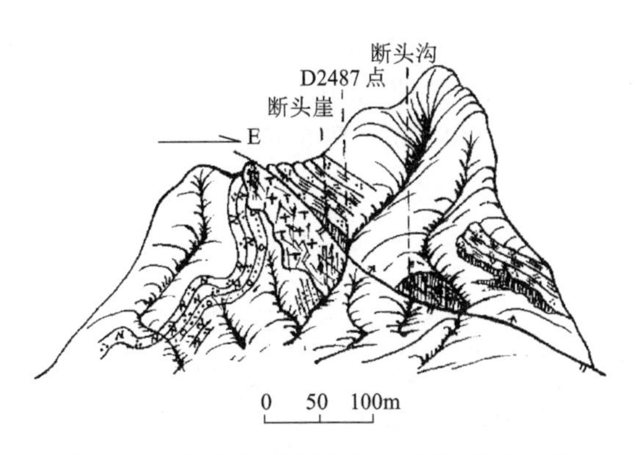

图 5-15　特里喝姿喝特里-牙马托-希里可特北西-南东向断裂景观素描(2187 点处)

向南西方向的逆冲断裂同样影响到南部的上三叠统—下侏罗统地层，使之发生褶皱和冲断构造变形(详见后)，共同构成叠瓦状冲断-褶皱构造变形组合。冲断-褶皱作用影响的最新地层为侏罗纪羊曲组，据此推测主期活动发生在燕山期。

（三）东昆南构造单元中—浅表层次褶皱及断裂构造

东昆南构造单元褶皱-断裂构造极为复杂，包括有一系列不同时期和不同方向发育于中、中浅及浅表不同构造层次的构造变形。主要褶皱构造特征见表 5-5。

1. 褶皱构造

褶皱构造主要表现于中生界地层中，断夹块中的晚古生代地层及新生界第三纪地层也出现明显的褶皱构造，不同构造层褶皱构造特征各异。

1）晚古生代断夹块中的褶皱变形

东昆南地区晚古生代地层主要以断夹块形式出现，主要断夹块有阿拉克湖东北侧早石炭世哈拉郭勒组断夹块、东哈拉郭勒沟早石炭世哈拉郭勒组和石炭纪—二叠纪浩特洛哇组断夹块及恩德乌拉-德里特石炭纪—二叠纪浩特洛哇组断夹块。

阿拉克湖北东侧早石炭世哈拉郭勒组断夹块受 F_{21} 和 F_{22} 断层控制，夹持于晚三叠世八宝山组或早侏罗世羊曲组中。断夹块内部发育一些露头尺度的褶皱构造，总体显示较复杂形态，与两侧晚三叠世八宝山组—早侏罗世羊曲组中的宽缓褶皱变形形成鲜明对照(图 5-16)。褶皱构造轴线总体与断夹块的构造走向一致，褶皱类型主要为中常褶皱，两翼夹角 50°～100°不等，岩石厚度和能干性控制了褶皱的基本形态和劈理的发育形式，中厚层灰岩转折端一般较圆滑，轴面劈理为正扇形的间隔劈理，为等厚褶皱；粉砂岩或板岩褶皱转折端较尖棱，轴面劈理为反扇形的连续劈理，转折端具有明显的加厚(图 5-17)。

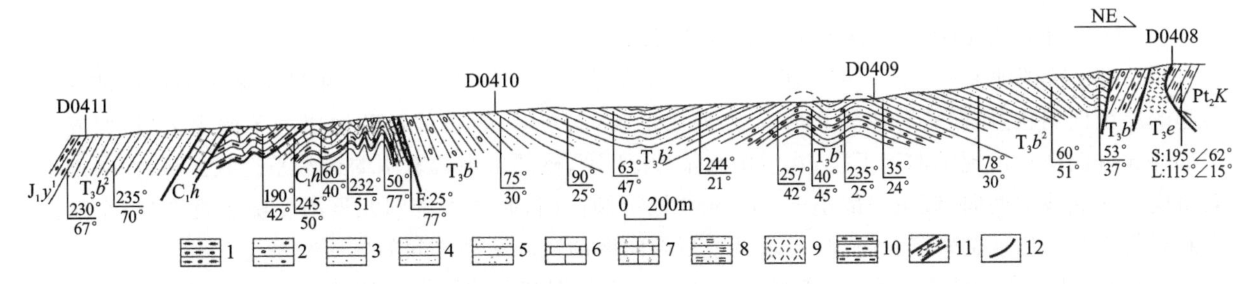

图 5-16　阿拉克湖北东早石炭世哈拉郭勒组断夹块及晚三叠世八宝山组—早侏罗世羊曲组褶皱构造剖面图

1. 复成分砾岩；2. 含砾砂岩；3. 砂岩；4. 粉砂岩；5. 石英砂岩；6. 灰岩；7. 生物碎屑灰岩；8. 云母石英构造片岩；9. 流纹岩；10. 碳泥质板岩；11. 断层破碎带；12. 断层

东哈拉郭勒沟石炭纪哈拉郭勒组断夹块中的褶皱变形表现不明显，仅在阿得可肯德沟的生物灰岩中见有岩层的弯曲，表现为一较大露头规模的开阔背斜构造，其枢纽近水平，转折端处发育轴面间隔劈理，产状为 240°∠85°(图 5-18)。

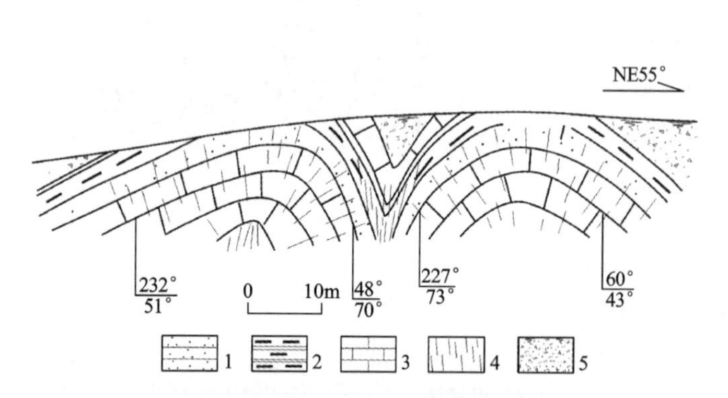

图 5-17　阿拉克湖东北早石炭世哈拉郭勒组断夹块中的褶皱构造及其轴面劈理

1. 石英砂岩；2. 碳泥质板岩；3. 灰岩；4. 轴面劈理；5. 残坡积碎屑

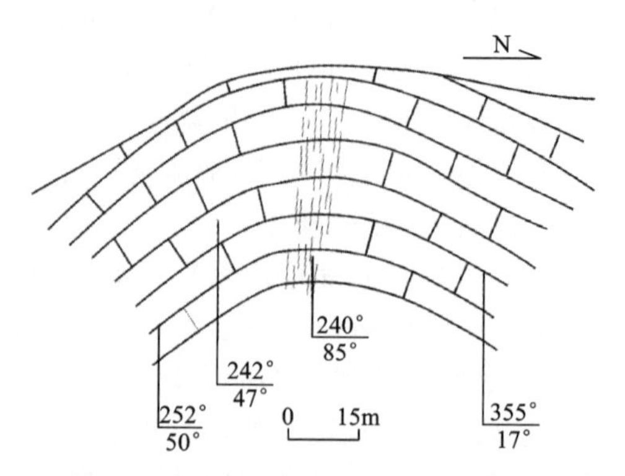

图 5-18　东哈拉郭勒北侧早石炭世哈拉郭勒组生物碎屑灰岩中的褶皱构造及其轴面劈理

恩德乌拉-德里特石炭纪—二叠纪浩特洛哇组断夹块受断裂 F_{36} 和 F_{37} 控制，内部没有明显的褶皱构造表现。

2）早中三叠世洪水川组—闹仓坚沟组的褶皱构造

褶皱构造变形是东昆南构造带早中三叠世地层的基本构造变形形式。表现突出的为发育于牙马托—浩特洛哇一带的浩特洛哇近东西向复式向斜构造(B_6)(图 5-19)，克腾哈不次哈以北的一套洪水川组碎屑岩表现为板劈理对层理的强烈置换，但主体褶皱构造形态难以恢复。

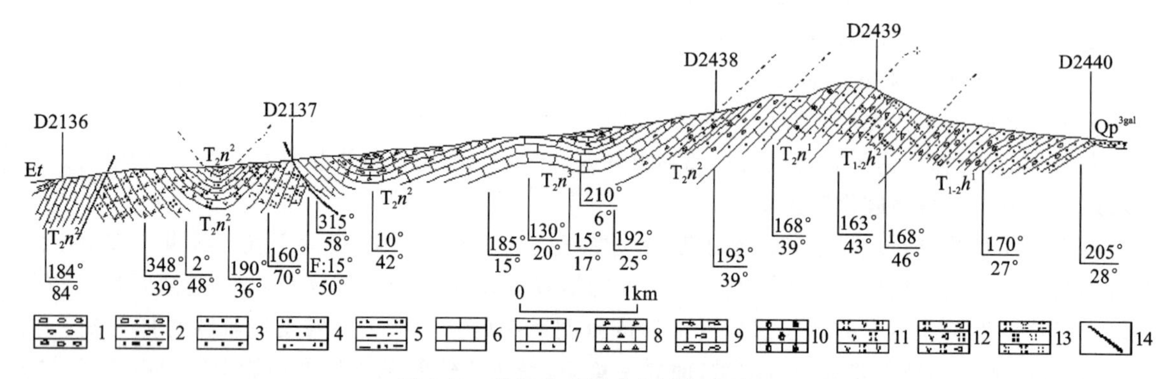

图 5-19　浩特洛哇复式向斜构造剖面

1. 砾岩；2. 含砾砂岩；3. 砂岩；4. 粉砂岩；5. 粉砂质泥岩；6. 灰岩；7. 砂屑灰岩；8. 砾屑灰岩；9. 条带状灰岩；10. 生物碎屑灰岩；11. 安山质火山凝灰岩；12. 安山质含角砾火山凝灰岩；13. 流纹质火山凝灰岩；14. 断层

3）晚三叠世八宝山组—早侏罗世羊曲组的褶皱构造

(1) 西哈拉郭勒上三叠统八宝山组—下侏罗统羊曲组褶皱构造(B_1)。为东昆中断裂向南逆冲推覆引起的斜歪向斜构造，向斜总体呈北东东-南西西走向，向东仰起，核部最新地层为羊曲组上段，两翼及东部仰起方向依次出现羊曲组下段，八宝山组上段、下段，核部出现较宽阔的近水平产状区域，南翼地层低角度倾向北或北西向，倾角一般小于 20°，北翼地层倾向南，倾角由南向北逐渐变陡至近直立，至东昆中断裂附近甚至出现倒转产状，反映与东昆中断裂向南的逆冲活动之间的成因联系(图 5-20)。

(2) 东托特-瑙木浑牙马托上三叠统八宝山组—下侏罗统羊曲组褶皱构造。为一套北西-南东向延伸的长轴状复式褶皱构造组合，包括一系列图面地层分布反映的复式背斜、向斜构造(见图 5-2 之 B_2、B_3、B_4、B_5)，其间被一系列走向断裂构造所破坏，并有石炭系哈拉郭勒组呈断夹块形式出露(见图5-16)。褶皱构造一般特征是向斜核部最新地层为羊曲组下段，背斜核部最老地层出露八宝山组下伏褶皱基底

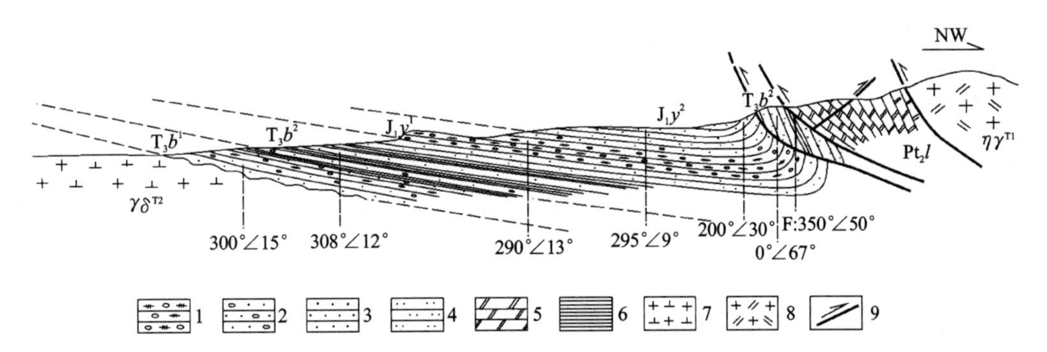

图 5-20　西哈拉郭勒上三叠统八宝山组—下侏罗统羊曲组向斜构造剖面图

1. 复成分砾岩；2. 含砾砂岩；3. 砂岩；4. 粉砂岩；5. 白云质灰岩；6. 页岩；7. 花岗闪长岩；8. 二长花岗岩；9. 逆冲断层

岩系纳赤台群，呈穹状被八宝山组环绕。褶皱枢纽北西部总体向南东方向倾伏，南东部总体向北西方向倾伏，其间仍有波状起伏，褶皱两翼均正常，形态类型包括平缓褶皱、开阔褶皱和中常褶皱等不同形式，轴面近直立或高角度倾向南西或北东，转折端形态各异，包括圆弧状、箱状等（图 5-16、图 5-21、图5-22）。值得注意的是北西部这套褶皱岩系底部与下伏岩系之间具有韧性滑脱现象，发育低角度韧性滑脱带，褶皱岩系底部八宝山组下段的底部有明显的构造缺失现象，反映出薄皮滑脱构造特点（图 5-21）。有关各向斜构造特征见表 5-5。

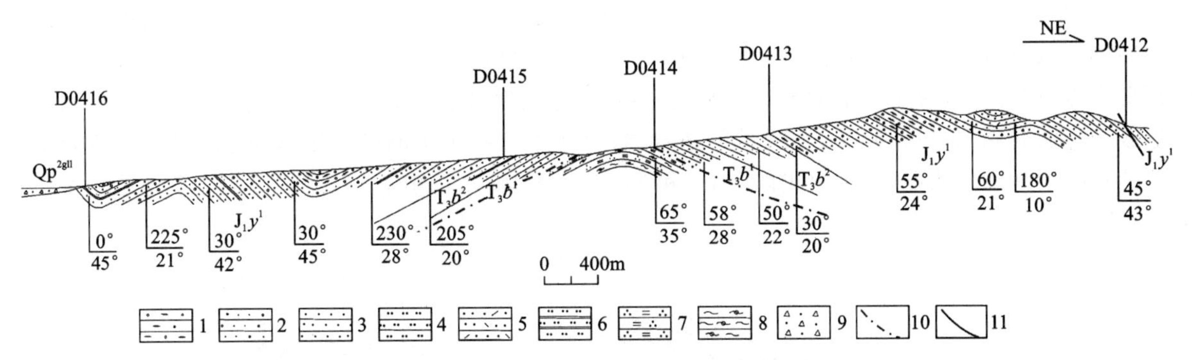

图 5-21　阿东沟上三叠统八宝山组—下侏罗统羊曲组褶皱构造剖面图

1. 复成分砾岩；2. 含砾砂岩；3. 砂岩；4. 粉砂岩；5. 凝灰质砂岩；6. 粉砂质板岩；7. 白云石英片岩；8. 绿帘绿泥构造片岩；9. 冰碛砾石；10. 韧性滑脱断层；11. 脆性断层

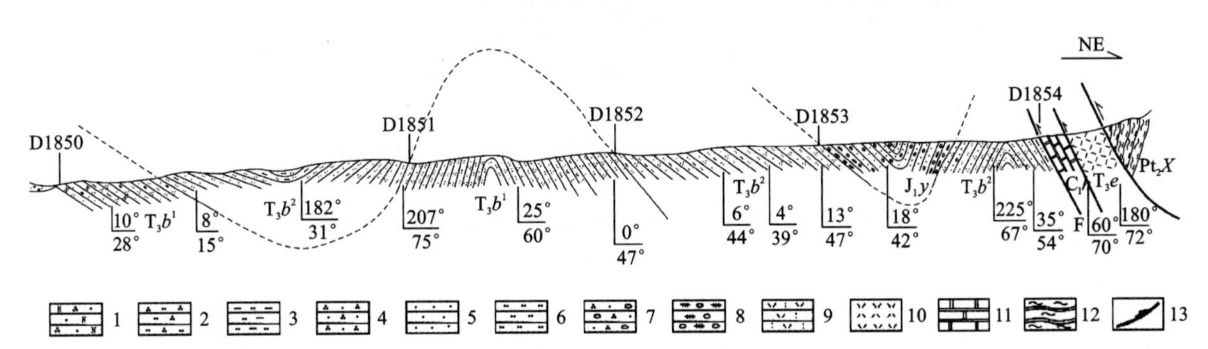

图 5-22　瑙木浑沟上三叠统八宝山组—下侏罗统羊曲组褶皱构造剖面图

1. 长石石英砂岩；2. 石英粉砂岩；3. 泥质粉砂岩；4. 石英细砂岩；5. 细砂岩；6. 粉砂岩；7. 含砾石英砂岩；8. 复成分砾岩；9. 凝灰岩；10. 流纹岩；11. 大理岩；12. 逆断层

（3）阿得可下瓦勒儿特上三叠统八宝山组褶皱构造。为一上叠盆状向斜构造，向斜极为平缓开阔，翼部倾角一般小于 20°，轴向近东西，岩石中发育东西向高角度间隔轴面劈理，劈理间隔较大。

4）古近纪沱沱河组褶皱构造。古近纪地层沱沱河组产状平缓，褶皱构造不明显，主要有哈日阿纸近东西向向斜构造。该向斜出露最大宽约 2km，延伸长达 25km，两翼倾角低缓，一般小于 20°，北翼边缘局部可达60°。总体为一开阔直立向斜。

2. 断裂构造

东昆南地区主要断裂构造组合有波洛斯太-额尾北西-南东向弧形逆冲断裂构造组合、诺木洪郭勒-捎斯兰赶拢郭勒北西西-南东东向脆性断裂构造组合、恩德乌拉-得里特北西西-南东东向逆冲断裂组合及诺木洪郭勒-牙马托近南北向断裂构造组合。

1）波洛斯太-额尾北西-南东向弧形逆冲断裂构造组合

该断裂构造组合实际为与东昆中构造带南部边界断裂特里喝姿喝特里-牙马托-希里可特北西-南东向弧形断裂(F_{17})平行并与之有成因联系的一组断裂构造。主要包括F_{20}、F_{21}（冬托妥-扎哈拉仁断裂）和F_{22}（可可晒尔-草木策-瑙木浑牙马托断裂）。各主要断裂构造特征见表5-4。冬托妥-扎哈拉仁断裂及可可晒尔-草木策-瑙木浑牙马托断裂两者在西段为由北向南的叠瓦状逆冲，中东段则表现为背向式的逆冲断层组合，造成下石炭统哈拉郭勒组及闹仓坚沟组地层呈断夹块形式挤出，后期有左旋走滑运动的叠加。各断裂特征见表5-4。

2）诺木洪郭勒-捎斯兰赶拢郭勒北西西-南东东向脆性断裂构造组合

该断裂组合为一系列脆性断裂活动叠加在早期（加里东期）的构造混杂变形之上，且表现出多期活动特点，一般沿不同岩片边界发生逆冲活动，但也有更晚期的正断层活动，造成早古生代混杂岩系构造的进一步复杂化。主干断裂包括F_{23}（胡晓钦乌拉断裂）（图5-23）、F_{24}（诺木洪郭勒-草木策）、F_{25}、F_{26}、F_{27}、F_{28}（东哈拉郭勒北侧断裂）、F_{29}（东哈拉郭勒南侧断裂）等。这些断裂的产状不稳定，表现为不同断裂倾向不一致，或同一断裂沿走向方向倾向发生变化，但倾角一般都在60°以上。由于多期活动，形成的构造岩也较复杂，既有早期活动形成的糜棱岩系列，包括糜棱岩、构造片岩、强片理化带，也有脆性活动形成的碎裂岩系列，包括碎裂岩、断层角砾岩、断层泥等。各主干断裂特征详见表5-4。该断裂组合后期的正断层活动较明显，表现突出的有F_{26}和F_{28}（东哈拉郭勒北侧断裂），后者造成上盘地层的牵引弯曲（图5-24）。

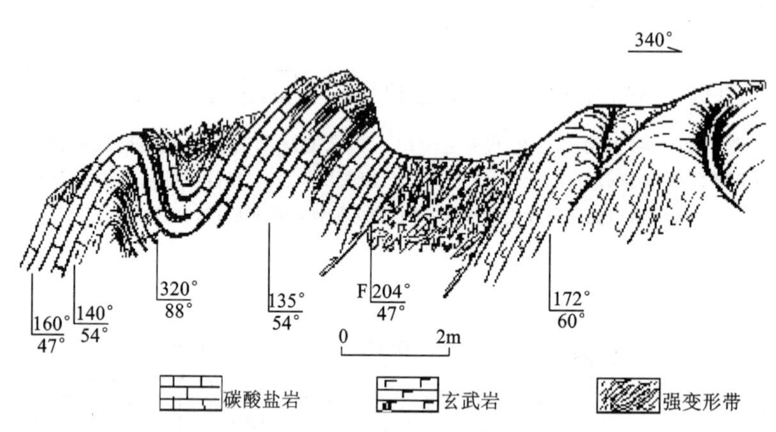

图5-23　胡晓钦乌拉断裂(F_{23})纳赤台群碳酸盐岩组合逆冲于玄武岩组合之上

（诺木洪郭勒）

断裂构造组合成形于加里东期，主期脆性逆冲活动为印支-燕山期，伸展正断层活动可能发生在喜马拉雅期。

3）恩德乌拉-得里特北西西-南东东向逆冲断裂组合

该断裂组合为一组平行延伸的北西西-南东东向断裂构造组合，主干断裂包括F_{36}、F_{37}、F_{38}，各断层特征见表5-4。各断层一般为不同地层单元的构造边界，造成不同地层单元以断夹块形式夹持于断裂之间，各断层间距500～1 500m，断面倾向北或倾向南，倾角一般60°～70°。由于露头较差，断层性质难以确定。根据断层该断裂组合产状与地层构造走向线的一致性（走向断裂）且一般出现邻断裂强劈理化带，推测为一组压性断层。

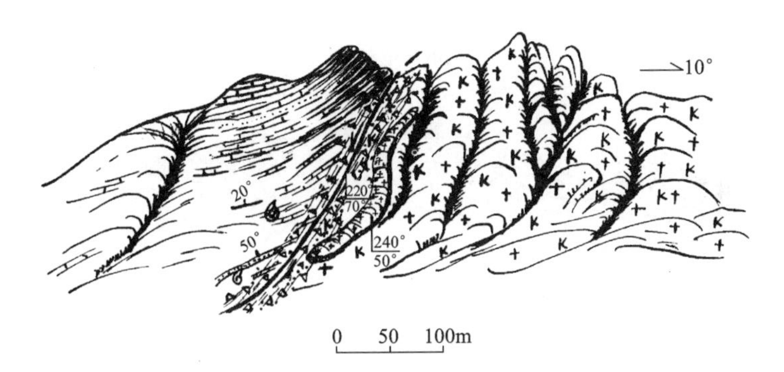

图 5-24　东哈拉郭勒北侧断裂早石炭世哈拉郭勒组灰岩与钾长花岗岩之间的正断层

4）牙马托近东西向断裂构造组合

该断裂组合包括 F_{34} 和 F_{35} 两断裂，切割早中三叠世洪水川组和石炭纪—二叠纪浩特洛哇组，被近南北向断裂切错。断裂总体近东西向延伸，向背倾斜，倾角一般大于 70°。两断层相对逆冲，构成对冲型断裂组合。

根据断层与褶皱、地层和其他方向断裂切割关系推测断层形成于印支期。为一组由早中三叠世地层构成的构造层的走向断裂。

5）诺木洪郭勒-牙马托近南北向断裂构造组合

该断裂组合在诺木洪郭勒至牙马托一带发育一系列规模不等的近南北向断裂，主要包括 F_{31}（诺木洪郭勒-东达牙马托断裂）、F_{32} 和 F_{33}。延伸最长者为诺木洪郭勒-东达牙马托断裂（F_{31}），长达约 30km。该断裂北部顺纳赤台群的碳酸盐岩组合和玄武岩组合边界发育，南部切入洪水川组，并切错牙马托近东西向断裂构造组合，为一东倾逆断层，断裂特征见表 5-4。牙马托一带发育一些较小规模的近南北向断裂（F_{32} 和 F_{33} 等），单条断裂延伸一般 5～10km，高角度倾向东或西，倾角一般在 70°以上，具有逆断层性质。

（四）马尔争-布青山构造带浅表层次构造变形

主要体现为一系列脆性断裂构造变形，包括以二叠纪生物礁灰岩为推覆体主体的逆冲推覆构造和北西西-南东东向脆性断裂构造组合。

1. 逆冲推覆构造

沿马尔争-布青山构造混杂岩带断续分布着大套的树维门科组块层状生物礁灰岩，它们一般分布于地貌的高处，集中分布于海拔较高的马尔争山一带和乌兰乌拉一带，与其他岩系的界线往往顺等高线延伸或以低角度波状产出，它们覆于马尔争组不同岩片及上二叠统格曲组等不同岩系之上，两者的接触带表现为强烈的构造破碎，形成碎裂岩、构造角砾岩、构造透镜体等断层岩，显示出与下伏岩系之间明显的构造接触关系，具有明显的外来体性质。由于推覆体与其他岩系接触界面往往露头欠佳，或受后期断裂破坏，推覆带的指向标志往往不明确，导致推覆方向难以确定。但推覆构造的整体特征和下伏受影响岩系的构造特征反映出马尔争推覆体总体为由北向南逆冲[图 5-25(a)]，而乌兰乌拉推覆体总体为由南向北的逆冲推覆[图 5-25(b)]，显示出逆冲推覆方向的不确定性。

根据：①东昆仑地区树维门科组所构成的推覆体一般只限于沿马尔争-布青山晚古生代构造混杂岩带（或阿尼玛卿构造混杂岩带）或两侧附近分布；②推覆体的物质构成主要只限于二叠系树维门科组生物灰岩；③推覆体推覆方向存在不确定性，既有由北向南的显示，也有由南向北的表现；④沿马尔争-布青山展布的早中二叠世生物灰岩不仅存在无根的外来推覆体形式，也有以构造岩片形式夹持于其他构造混杂岩系之间并作为混杂岩系统的一部分。我们认为，树维门科组所构成的推覆体原始状态很可能为阿尼玛卿洋中的海山或碳酸盐岩台地，当阿尼玛卿洋俯冲闭合时，在阿尼玛卿洋俯冲、闭合及碰撞后的挤压应力作用下，这些海山或碳酸盐岩台地由于其密度较小而与原基座脱离构成无根的推覆体，且少部

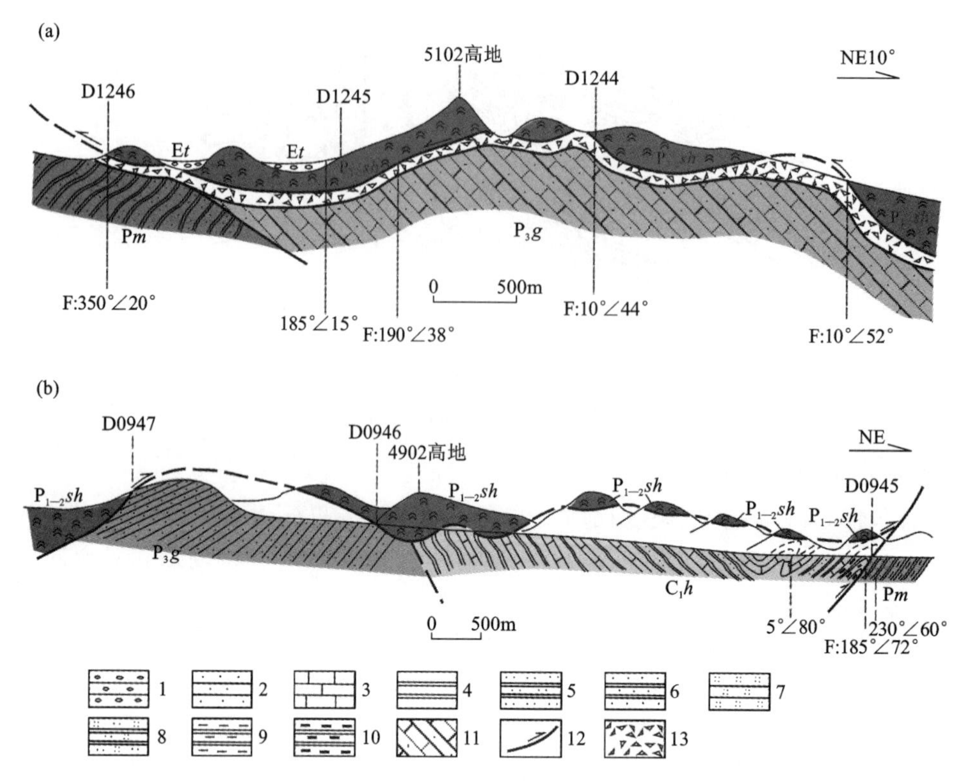

图 5-25 马尔争-乌兰乌拉逆冲推覆构造剖面

(a)马尔争推覆体南缘综合构造剖面(依克马尔争);(b)乌兰乌拉推覆体北缘综合构造剖面(乌兰乌拉)

1. 砾岩;2. 砂岩;3. 灰岩;4. 板岩;5. 粉砂质板岩;6. 砂质板岩;7. 凝灰岩;8. 凝灰质粉砂质板岩;9. 千枚状板岩;10. 碳质板岩;11. 灰岩夹砂岩;12. 逆冲断层面;13. 逆冲推覆带

分俯冲插入于其他岩系之中而成为马尔争组混杂岩的一部分,印支-燕山期,推覆体的再次活动而推覆于格曲组地层之上,因此,沿马尔争-布青山混杂岩带展布的早中二叠世生物灰岩推覆体具有半原地性质。

2. 北西西-南东东向脆性断裂构造组合

沿马尔争-布青山混杂岩带的北西西-南东东向脆性断裂构造极为发育,主要断裂包括 F_{39}~F_{44} 和 F_{46}~F_{54},各断裂特征见表 5-4。

F_{39}断裂即东昆南断裂,为分隔东昆南早古生代构造混杂岩带与马尔争-布青山晚古生代构造混杂岩带的东昆南活动断裂的边界断裂,分隔东昆南早古生代构造混杂岩带与马尔争-布青山晚古生代构造混杂岩带的东昆南活动断裂呈北西西向横贯测区中部,是一规模巨大的大型左旋走滑断裂,在 TM 图像上反映极为明显。沿断裂带明显出现断陷谷地带,并影响到现代水系分布的格局,控制着第四纪沉积,泉水和湖泊沿断陷分布,沿断陷谷地发育阿拉克湖、红水川及托索湖等具有拉分性质的高原湖泊。该断裂带现今仍在强烈活动,地震活动频繁,对第四纪沉积物形成明显的切割破坏(图 5-26)。地震鼓包的斜列方式反映断裂新构造活动为左旋运动。

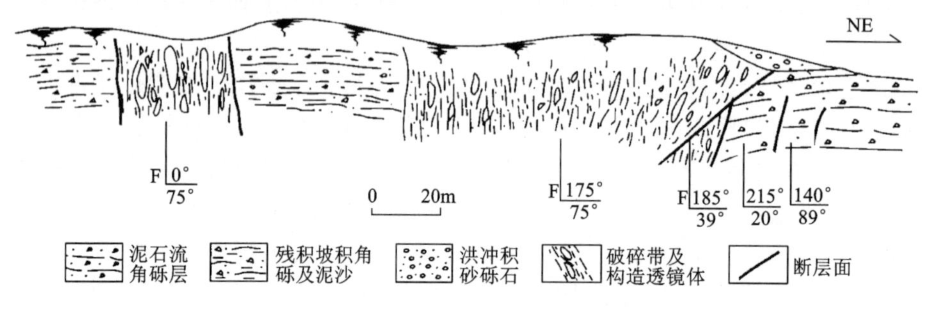

图 5-26 东昆南活断层切割第四纪沉积

F_{44}和F_{54}为分隔马尔争-布青山晚古生代构造混杂岩带与巴颜喀拉构造单元的边界断裂，前者位于西部，断层产状185°～200°∠60°～70°，显示多期活动性质，早期为右旋走滑运动，伴生有不对称的倾竖牵引褶皱，后期叠加正断层运动。后者位于东部地区，产状20°～30°∠45°，显示向南的逆冲断层性质。

构造带内的其他北西西-南东东向断裂，性质较为复杂，它们叠加在早期混杂构造变形及逆冲推覆构造变形之上，使该构造变形更为复杂化。断裂产状在树维门科以西地区多倾向南，倾角60°～85°，而在树维门科以西地区产状多倾向北，倾角主要为40°～60°。断裂带宽窄不一，宽者达200m，窄者仅2～3m。断裂带内发育碎裂岩、断层角砾岩和断层泥等碎裂岩系列不同类型的构造岩。断裂性质较为复杂，树维门科以西主要表现为一系列的南倾正断层，而以东主要表现为一系列北倾逆断层，并叠加有后期的左旋走滑运动。

根据该断裂构造组合的地质背景、断裂特点和断裂叠加改造关系推断，该断裂构造组合的活动历史可概括如下：

(1) 成形于印支-燕山期，主要为挤压逆冲运动，与大规模的逆冲推覆构造相伴生，伴有右旋走滑运动，主要体现于中西部地区。

(2) 喜马拉雅期的正断层活动，主要体现于西部地区。

(3) 喜马拉雅期的左旋走滑运动及逆冲活动，主要体现于东部地区。

(五) 巴颜喀拉山三叠纪复理石单元中部构造层次—浅表层次的褶皱-断裂变形

巴颜喀拉山三叠纪复理石单元主体由中下三叠统巴颜喀拉山群碎屑复理石构成。这套岩系的主体构造形式为发育于中部构造层次的一套北西西-南东东方向的褶皱构造及相伴的同方向断裂构造，其中走向断裂构造多被后期更浅层次的脆性活动叠加改造。此外一系列浅表层次的北东-南西西向的断裂也十分发育。中部地区侵入于巴颜喀拉山群的扎加岩体引起十分复杂的岩浆热动力构造。

1. 褶皱构造

运用构造-地层法通过详细地质填图和剖面研究，将该套岩系恢复出5个岩性段。在图面尺度由不同岩性段反映的褶皱构造极为复杂，由一系列的北西西-南东东向倒转或正常的背、向斜构成，并显示出明显的复式褶皱特征(见图4-20)。图面尺度反映的褶皱构造及其特征见表5-5。褶皱类型包括正常褶皱、倒转褶皱和同斜褶皱，褶皱位态类型主要有斜歪倾伏褶皱、斜歪水平褶皱和直立水平褶皱。其中倒转褶皱或同斜褶皱的倒转翼一般倾向南西西，即轴面倾向南南西，而正常褶皱的轴面倾向不稳定，既有南南西，也常见倾向北北东或近直立。褶皱枢纽呈波状起伏，为非圆柱状褶皱。褶皱轴面劈理广泛发育，层劈关系成为我们地质调查时判定地层正常或倒转的良好标志。劈理对原始层理常造成较强的置换，一些部位劈理与层理平行，或层理被劈理彻底置换，形成一些强板劈理化带。变质泥质岩的板理常呈叶片状，砂岩中的劈理则往往呈密集的间隔劈理，间隔劈理的组合形态呈现为平行状或菱形网络状，微劈石厚0.5～2cm，劈理域宽一般0.2～0.5cm，在劈理域中常富集白云母或绢云母。受褶皱压扁作用，砂岩中的钙质结核形态呈平行轴面的椭球状，$Y:Z=1.6\sim1.7$。

2. 断裂构造

巴颜喀拉山群中的断裂构造根据其展布方向可划分为两组：其一为与构造线方向大体一致的北西西-南东东向断裂；其二为与构造线方向近垂直或高角度斜交的北东-南西向断裂。

1) 北西西-南东东向断裂

为一组纵向断裂构造，大部分断裂构造显示为纵向逆断层性质，但一些断层也具有正断层及走滑断层性质，一些断裂表现出多期活动的特点，反映巴颜喀拉山群主期褶皱-断裂形成后的复杂构造变形历史。主要断裂构造特征见表5-4。对该方向断裂自北而南做以下概括。

(1) 马尔争山南缘活动正断层(F_{45})。发育于测区西侧马尔争山南部边缘，是地貌的明显分界线，北侧即为高耸的马尔争山，南侧为高原腹地的丘陵地貌。测区延伸长度35km。断层不仅切错巴颜喀拉山群,也切错控制了更新世地层沉积。南盘半固结的早更新世砂砾石层层理的总体弯曲显示出明显的正断层牵引,但砂砾石层也出现了一些小的近东西向波状褶皱弯曲,说明在正断层活动过程中存在短期的收缩挤压。断裂北侧近巴颜喀拉山群砂板岩呈现强烈不对称褶皱及折劈构造则显示早期强烈的向北逆冲运动性质(图5-27)。断裂北侧砂岩中碎屑锆石颗粒裂变径迹测年显示其于182.9Ma左右经受了一次强构造-热事件,反映了该断裂的早期活动时间,即相当于整个巴颜喀拉山群的主期褶皱-冲断构造变形时间。

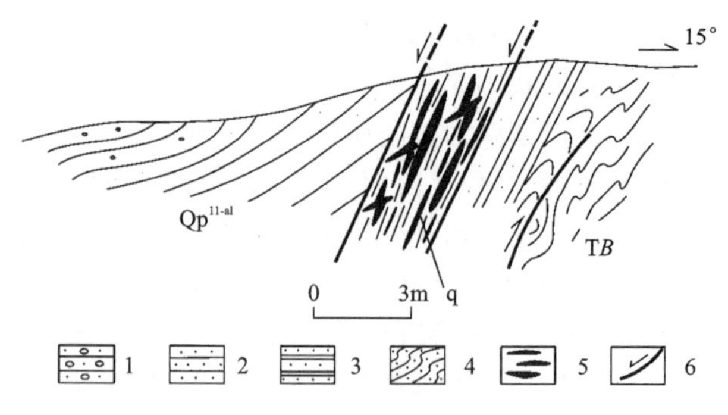

图5-27　马尔争山南缘断裂的多期活动

1.砂砾岩;2.砂岩;3.泥质板岩;4.石英脉体;5.断层

(2) 北亚带北西西-南东东向断裂构造组。扎拉依-哥琼尼洼断裂构造带北侧的北西西-南东东向断裂构造主要有F_{55}、F_{56}、F_{57}。断面主体倾向北北东,倾角55°~75°,断层破碎带宽一般30~50m,带中岩石碎裂,并发育强劈理化带及挤压揉皱,脉石英普遍。断层性质均为逆断层。

(3) 扎拉依-哥琼尼洼断裂构造带。发育于测区巴颜喀拉山群分布区的中部,呈近东西向横贯全区,东、西两侧延出图外。该构造带以夹持一套晚古生代二叠纪混杂岩系为特色,其组成包括玄武岩、大理岩化生物碎屑灰岩、绿片岩相变碎屑岩、绿帘绿泥构造片岩、绿帘阳起构造片岩、绿泥绢云石英片岩等。带宽一般500~1 000m,最大宽度达3 000m。带中不同岩石呈构造岩片状产出,不同岩片边界断裂及内部构造片理倾向沿走向很不稳定,时而北倾,时而南倾,与两侧的巴颜喀拉山群总体地层或板理倾向基本一致,倾角一般在50°以上。

构造带经受过多期活动,早期韧性变形见于中部的阿鹏鄂—哥琼尼洼一带,形成各种绿片岩相条件下的构造片岩。构造面理显示为两期,早期为片理,晚期为显微尺度的褶劈,露头尺度的透入性面理即为显微尺度的褶劈,其平行构造带展布方向,沿透入性褶劈理面发生有透入性的韧性剪切滑动。不对称的压力影、S-C组构等显示总体为左旋走滑韧性剪切,沿褶劈理面的矿物拉伸线理近水平。主期构造活动为构造带中系列混杂岩构造岩片以脆韧性-脆性楔冲逆冲作用形式构造就位于巴颜喀拉山群中(图5-28、图5-29),总体楔冲岩席的倾向沿走向的不同反映了楔冲方向在构造带不同部位发生变化,从而体现出楔冲岩席的半原地性质,即相当于巴颜喀拉山群的基底岩系上冲的结果。需要进一步说明的是,该构造带对巴颜喀拉山群复理石建造的发育也有明显的控制。根据砂岩的物质成分统计(见第七章),该构造带以北砂岩相对富碎屑云母、沉积岩、花岗岩和变质岩岩屑,主要矿物成分石英和长石含量变化很大,而南区砂岩相对富含火山岩岩屑,主要矿物成分石英和长石含量变化较小,推测该构造带在三叠系复理石发育过程中起着一定的隔阻作用。

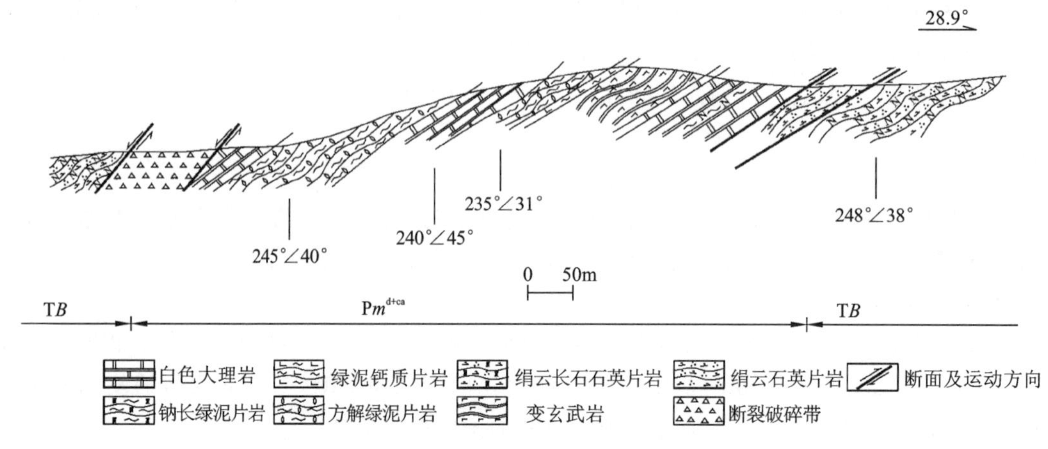

图5-28　扎拉依-哥琼泥洼构造断裂带在贡恰陇巴处的构造地层剖面图

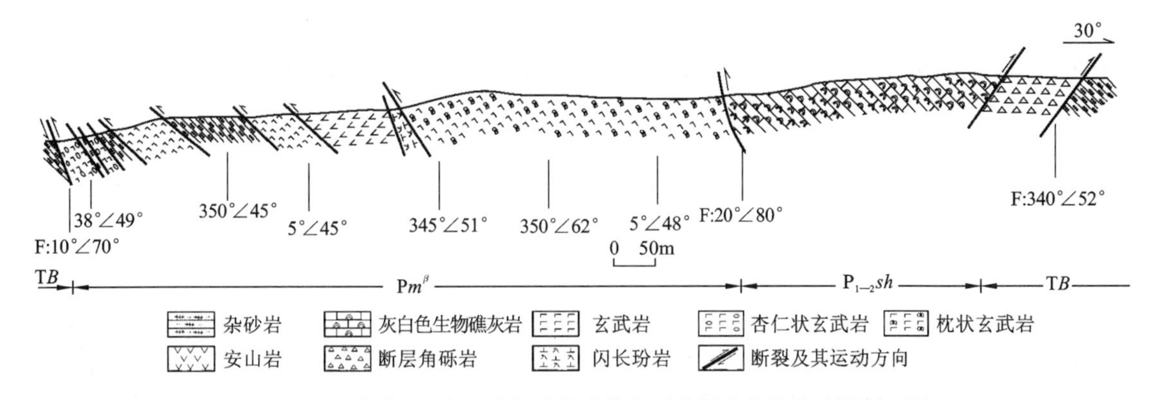

图 5-29　扎拉依-哥琼泥洼构造断裂带在哥琼泥洼的构造地层剖面图

（4）南亚带北侧北西西-南东东向断裂构造组。包括 F_{59}、F_{60}、F_{69}、F_{70} 等断裂，它们分布于扎拉依-哥琼尼洼断裂构造带南侧。其中 F_{59}、F_{60} 位于西部，倾向南南西，倾角 45°～80°不等，以逆断层为主，发育网状强劈理化带及挤压构造透镜体，F_{59} 后期发生有正断层活动；F_{69}、F_{70} 位于东部，倾向北，倾角在 65°以上，断层性质主要为逆断层，F_{69} 具有较大的左旋平移分量，伴生有倾竖牵引褶皱和近水平擦痕。断层带中脉石英普遍。

（5）麻多一带北西西-南东东向活动断裂构造组。测区西南角麻多乡一带发育 3 条北西西-南东东向活断裂（F_{71}、F_{72}、F_{73}），它们平行展布，两端均延出图外，最北侧的活断裂往南东方向出现分叉。这些活断裂的新构造活动多是沿古老断裂的再活动，北支断裂的北西部带中也有二叠纪的生物礁灰岩断片及玄武岩断片，南支断裂的东南则控制着一套中基性火山岩的分布。这些断裂在地貌上及遥感影像上有明显显示，均形成沟谷地带。断裂有切断第四纪沉积物的现象，沿断裂有大量的断层泉、洼地分布，构造岩主要为构造角砾及断层泥。中支活断层运动性质主要为左旋走滑，形成拉分式的陷落地貌（图 5-30）。北支则表现为高角度南倾正断层。

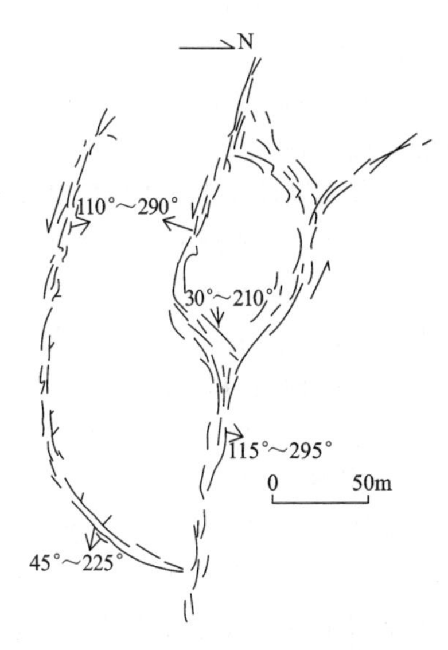

图 5-30　麻多一带北西西-南东东向活断层左旋走滑形成的拉分式陷落地貌

2）北东向断裂组

该断裂组由多条平行排列的北东向断裂构成，造成北西西向构造线的错移。主要断裂构造有 F_{61}～F_{68}，包括扎日加北东向断裂、扎曲北东向断裂、那加壤北东向断裂、龙然杰阁北东向断裂和龙拉加日苟北东向断裂等，各断裂特征见表 5-4。龙然杰阁北东向断裂和龙拉加日苟北东向断裂在北东方向合二为一。

断裂多沿沟谷分布，直接的构造破碎带难见，其中扎日加北东向断裂特征较清楚，断层延伸长约 15km，断面产状 305°～330°∠60°。破碎带宽 2～100m 不等，为构造角砾岩、碎裂岩、断层泥等，伴生断层劈理，断面上有擦痕。断层运动性质沿断裂走向有变化，南西段为右旋平移，中段为右旋斜冲，北东段为逆断层。地质界线的错移显示各断层性质有所不同。扎拉依北东向断裂为左旋平移，那加壤北东向断裂为左旋平移，龙然杰阁北东向断裂为右旋平移，龙拉加日苟北东向断裂为左旋平移。

该组断裂可能形成于燕山期，扎加岩体长轴方向与断裂方向一致表明断裂可能控制了岩体的就位。晚新生代以来，断裂发生有明显活动，控制了测区南部巴颜喀拉山群中的系列沟谷地貌、串珠状小型湖泊或洼地及断层上升泉的分布，沿断裂还有 4～5 级现代地震活动发生。

（六）岩浆热动力构造

该构造主要表现于测区南部巴颜喀拉山构造带的扎加-扎日加花岗闪长岩岩体。该岩体呈北东向侵位于巴颜喀拉山群中，引起围岩的接触热变质作用，形成宽达4～6km的接触变质带，红柱石和黑云母则遍布整个接触变质带，靠岩体边缘偶见堇青石。接触热变质岩主要有红柱石二云母片岩、红柱石黑云母片岩、二云石英片岩、黑云石英片岩、堇青石黑云石英片岩等。

接触变质带中岩石岩浆热动力构造明显。在露头尺度上主要表现形式为构造片理、片理面上的矿物拉伸线理、紧闭的复杂揉皱以及一些韧性剪切带，在岩体东、西两侧岩浆热动力作用的特点上有所不同。

在岩体的北西接触带扎纳依陇巴，接触变质带构造片理总体走向为北东-南西向，倾向南东，与岩体边界线或岩体的延伸方向平行，并与岩体向南东内倾的侵入界面倾向同向，而与巴颜喀拉山群的区域构造线方向正交。在片理面上，红柱石和黑云母等热变质矿物定向排列构成矿物拉伸线理，显示沿片理面发生有韧性剪切滑动，线理产状多向南西缓倾伏，倾伏角介于20°～30°之间，由长石旋转碎斑系、S-C组构或S-C′组构反映接触变质带透入性的左旋逆-平移韧性剪切变形[图5-31(a)]。值得注意的是，红柱石柱体尽管均沿片理分布，但线理有时并不明显，而呈弥散状分布，反映在热变质过程中也出现有压扁变形。接触变质带中另一变形形式是一系列紧闭揉皱的发育，其轴面或褶劈面倾向北西或南东，与片理面基本平行，但揉皱的包络面总体为北西-南东走向，反映与岩体就位动力有关的北东-南西走向的揉皱对巴颜喀拉山群主期北西-南东向面理的叠加变形。在岩体的东南接触带扎日尕拉压一带，接触变质带构造片理走向仍与边界线方向平行，由云母、红柱石等变质矿物体现的片理面上的矿物拉伸线理测有247°∠5°、205°∠25°、30°∠10°，"S"形的片理弯曲显示右旋韧性剪切作用的存在[图5-31(b)]。与红柱石显示的矿物拉伸线理也强弱不一，甚至在标本尺度，不同条带中的红柱石有些构成线理，有些则呈弥散状分布，反映在接触变质过程中不同阶段的不同动力过程的变质结晶，即存在岩体的侧向挤压压扁作用。与北西侧类似，北东-南西走向的揉皱也十分发育，这些褶皱的变形面为片理或层理，平行轴面的褶劈构造发育，其产状为290°～310°∠76°～78°，常沿褶劈带构成右旋韧性剪切带。褶劈构造及与片理、韧性剪切的关系说明在接触热变质过程中北东-南西向剪切应力与北西-南东向挤压应力共存，从而反映较为复杂的岩浆热动力过程。

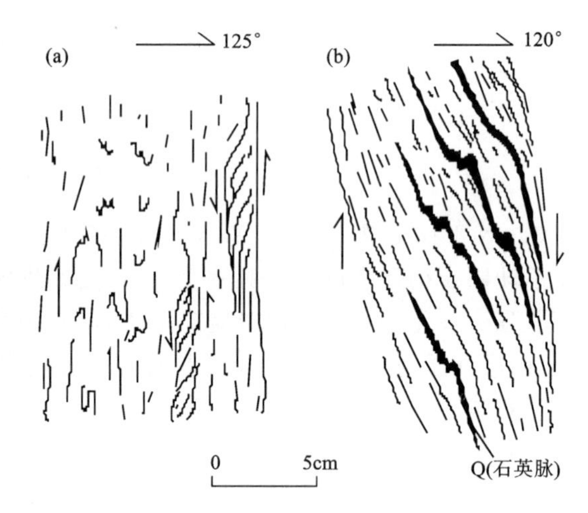

图5-31 扎加岩体两侧接触变质带中的热动力构造韧性剪切指向标志

(a)北西接触变质带中的S-C组构，指示水平面上的左旋韧性剪切；(b)南东接触变质带中片理的"S"形拖曳，指示水平面上的右旋

复杂的岩浆热动力过程也体现于显微尺度。在显微镜下，两期面理普遍存在：早期为片理，片理由云母、石英、长石等矿物构成；晚期为一组透入性的显微折劈(宏观也表现为片理)，折劈带中相对富集难溶矿物云母及黑色碳泥铁质。红柱石变斑晶主要与早期片理为同构造结晶生长，可见具假四方形断面的红柱石变斑晶，其外围片理在侧翼环绕，变斑晶两端则与内部片理呈"S"形连续。在晚期的构造过程中，红柱石变斑晶的形态及结构均发生了明显变化，成分上绢云母化强烈而普遍，形态上常发生椭圆形化。云母则显示两期生长，早期同构造云母构成片理，后期云母类矿物结晶相对较粗，并穿切早期片理，在后构造结晶的云母中见有早期面理的残缕构造。

上述接触带不同部位的岩浆热动力构造变形，综合反映了扎加岩体为由南西向北东斜向上的强力就位，并伴有侧向的挤压作用(图5-32)。

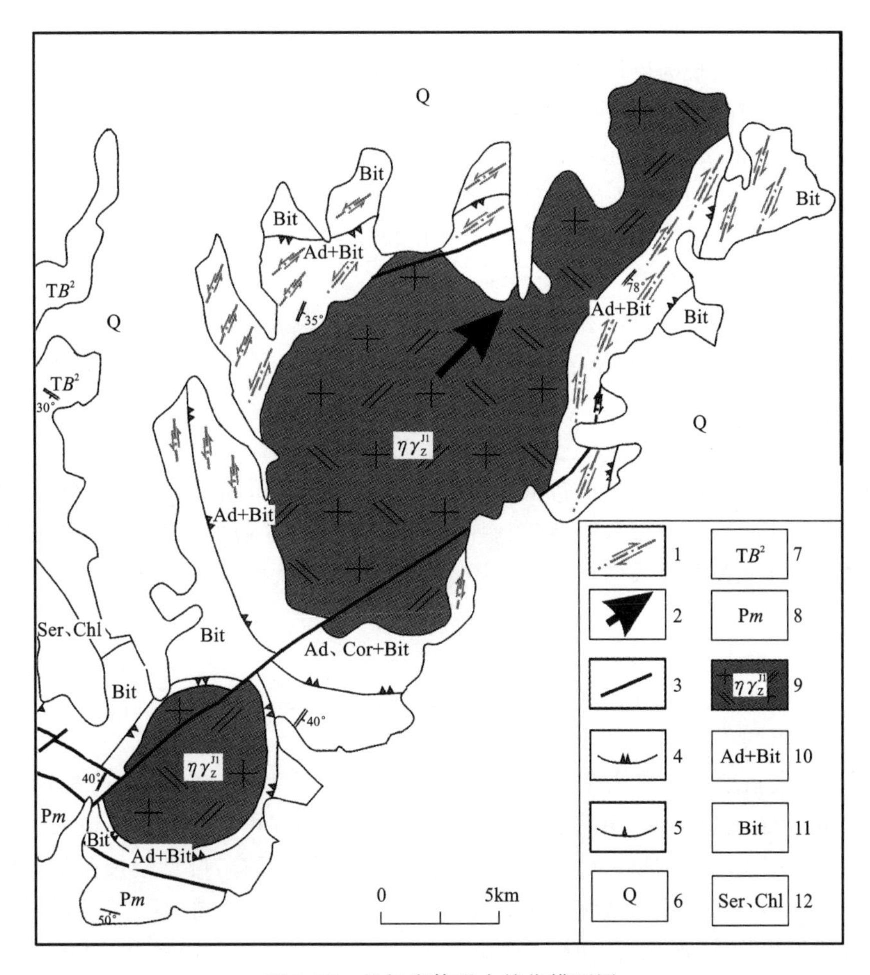

图 5-32 扎加岩体强力就位模型图

1. 接触带韧性剪切方向；2. 扎加岩体就位方向；3. 断层；4. 普通角闪石角岩相；5. 钠长绿帘角岩相；6. 第四系；7. 巴颜喀拉山群二组；8. 马尔争组；9. 二长花岗岩；10. 红柱石＋黑云母变质矿物带；11. 黑云母变质矿物带；12. 绢云母＋绿泥石变质矿物带

第三节 新构造运动

新构造运动是指新近纪以来的构造运动，主要指 3.4Ma 的青藏运动 A 幕、2.5Ma 的青藏运动 B 幕、1.7Ma 的青藏运动 C 幕、0.7Ma 的昆黄运动和 0.15Ma 的共和运动。

一、新构造运动的表现

（一）新构造上升运动的表现

1. 夷平面

测区最高夷平面相当于区域上崔之久等(1996)确定的主夷平面。此主夷平面在测区分布广泛，夷平面上普遍发育一层粘土，在马尔争灰岩区的夷平面上可见钟乳石、岩溶角砾岩和砖红色粘土等。区域上根据溶洞中新生方解石的裂变径迹年龄在 19～7Ma 之间(崔之久等，1996)及主夷平面上的岩溶洼地沉积中发现大量的三趾马动物群，大部分动物为晚中新世的代表分子，推断主夷平面的形成时代应在中新世。测区沱沱河组上段表现为巨厚的紫红色粉砂岩与泥岩构成的细碎屑沉积及新近纪五道梁组含石膏沉积，表明测区中新世存在一段长期低地貌反差及构造稳定时期。夷平面的高程具有东西向排列的盆岭地貌特点，从北到南依次为：布尔汗布达山一带，高程 5 300～5 500m；牙马托—浩特洛哇一带，高程 4 800～5 000m；马尔争—乌兰乌拉一带，高程 5 300～5 500m；扎拉依—扎加一带，高程 5 000～5 300m。各带高程差距 300～500m。这种高程差异反映了后期构造隆升的不均衡，应该是上新世以来断块差异隆升使高原面解体的结果。

测区次级夷平面主要发育于黄河源地区错尼—琼簇—洋果拉泽一带，高程 4 800～5 000m，其特点是山顶见明显平缓平台，但未发育常见于主夷平面上的砖红色粘土等。其形成时代尚不清楚。

2. 早更新世地层隆起成山

在测区查哈西里一带发育一套早更新世湖积—河湖积—洪冲积砾石层，目前已隆升成山，并成为加鲁河内陆水系与黄河外泄水系的分水岭，它控制了南侧中晚更新世湖积和南、北两侧晚更新世洪冲积的分布，其隆升时代应在早更新世之后(979.6ka B P之后)中更新世晚期之前[(195.0±21.4)ka B P之前]。

3. 河流阶地

测区河流阶地非常发育，不同区段的河流阶地发育级数和类型具有一定的差异。根据阶地级数和发育特点可划分 3 个区段。

(1) 黄河源黄河水系地区和阿拉克湖加鲁河水系地区：常见为 T_2、T_1 两级阶地，T_1 阶地为堆积阶地，河拔高一般 1m 左右，分布极广，并常在其上发育全新世沼泽沉积。在黄河源地区 T_1 阶地测得 OSL 年龄(18.9±1.7)ka B P。T_2 阶地在黄河源区仅在麻多一带零星发育，可见侵蚀阶地、基座阶地和堆积阶地。河拔高一般 5～7m。OSL 年龄(56.5±7.1)ka B P。在阿拉克湖地区 T_2 阶地仅分布于山麓和沟口洪积扇区，亦为堆积阶地，河拔高一般 5～7m。OSL 年龄为(86.6±9.5)ka B P 和(53.5±5.4)ka B P。

(2) 灭格滩根柯得格尔木河水系地区：主要为 T_1 阶地和洪积扇组成的大滩，T_1 为堆积阶地，河拔高一般 1～5m。OSL 年龄(13.3±1.4)ka B P。

(3) 哈图及哈拉郭勒—诺木洪郭勒及柴达木盆地小河水系区：为 T_5、T_4、T_3、T_2、T_1 阶地。在哈图一带 T_1 阶地河拔高 2～3m，T_2 阶地河拔高 4～5m，T_3 阶地河拔高 8～9m，T_4 阶地河拔高 13～15m，T_5 阶地河拔高 40～50m。其中 T_5 阶地为堆积阶地，其他阶地为以 T_5 阶地为基座的内叠阶地。T_3 阶地的 OSL 年龄为(11.4±1.3)ka B P，T_4 阶地的 OSL 年龄为(13.3±1.2)ka B P，T_5 阶地的 OSL 年龄为(18.4±2.5)ka B P。在哈拉郭勒—诺木洪郭勒一带，T_1 阶地河拔高 2～3m，T_2 阶地河拔高 4～5m，T_3 阶地河拔高 20～22m，T_4 阶地河拔高 24～30m，T_5 阶地河拔高 40～50m。其中 T_5 阶地为堆积阶地，其他阶地以 T_5 阶地为基座的内叠阶地。T_2 阶地的 OSL 年龄为(10.4±1.4)ka B P，T_3 阶地的 OSL 年龄为(10.9±1.3)ka B P，T_5 阶地上部的 OSL 年龄为(21.9±2.9)ka B P，下部为(52.4±5.6)ka B P。

河流阶地的形成与新构造运动、气候和河流侵蚀基准面等关系密切。南区黄河源、阿拉克湖及灭格滩根柯得地区河流阶地级数少、阶地低，反映了该地区相对上升运动不明显，部分阶地的形成与水系基准面变化的关系更为密切。如黄河源区 T_1 阶地的形成可能是由于黄河进入两湖后，湖水水面下降引起河流侵蚀基准面下降，从而加速了上游河流的下蚀作用而形成的。北区小河水系阶地发育且高度大，因其侵蚀基准面一直为柴达木盆地面，其河流阶地的形成应主要与新构造上升运动有关。

北区河流阶地均为以 T_5 阶地为基座的内叠阶地，T_5 阶地面非常宽广，大多数地段被切割深度达 40～50m 后仍未见基座。说明在 T_5 阶地沉积前该区遭受过强烈的剥蚀，反映了当时该区地壳的强烈隆升，根据 T_5 阶地年龄最大值为(52.4±5.6)ka B P，并结合阿拉克湖及黄河源地区的 T_2 阶地年龄最大值为(86.6±9.5)ka B P，说明此期隆升时间应为中更新世末—晚更新世初，与区域上的共和运动时间相当。

T_5 阶地沉积之后[(18.4±2.5)ka B P之后]陆续形成了 T_5、T_4、T_3、T_2、T_1 阶地，每级阶地发育时间间距明显缩短，说明晚更新世晚期以来地壳振荡运动加剧。

4. 洪冲积扇

测区洪冲积扇特别发育，各主要山体两侧均有分布，其发育时间主要为晚更新世和全新世，洪冲积扇的发育状况与山体新构造上升运动关系密切。如灭格滩根柯得的晚更新世洪冲积扇主要发育在其北靠马尔争-布青山一侧，说明晚更新世马尔争-布青山抬升明显，而南侧扎加-扎纳依构造活动相对稳定；在阿拉克湖-乌兰乌苏郭勒两侧的洪冲积扇均很发育，但南侧的洪冲积扇发育时代主要为晚更新世，而北侧洪冲积扇在晚更新世和全新世均很发育，说明马尔争-布青山主要在晚更新世有明显新构造上升运动，而布尔汗布达山在晚更新世和全新世均有明显新构造抬升。

5. 沉积盆地建造与山体隆升

测区为相对隆升的山体与相对沉降的山间盆地呈近东西向展布的盆岭地貌。沉积盆地的沉积特征反映了周围山体的构造状态。一般来说，粗碎屑沉积反映地貌反差增大，周围山体构造隆升强烈，而细碎屑沉积则反映地貌反差较小且周围山体构造相对稳定。根据测区沉积盆地沉积特征反映的构造运动特点如下：

上新世曲果组两套粗碎屑夹一套细碎屑沉积组合，反映了测区上新世发生了两期构造活动和一期相对构造稳定时期，而沉积物颜色由沱沱河组的紫红色变为曲果组的灰褐色与灰黄色、灰色交替变化，反映了测区气候已由中新世的干旱炎热转为上新世的温暖潮湿。这种变化可能与上新世构造隆升造成的海拔升高有关。此次运动后，测区海拔已达到 2 000m 以上。此次构造活动相当于区域上的青藏运动 A 幕和青藏运动 B 幕。

早更新世早期（1 840～1 525ka B P）：先为一套粉砂质、泥质细碎屑湖相沉积，后转为砾、砂、粉砂、粉砂质粘土旋回发育的湖三角洲沉积，总体反映为构造相对稳定时期。

早更新世中期（1 525ka B P 后）：为河流砂砾卵石—湖积砂砾、卵石沉积，是区域上青藏运动 C 幕的沉积响应，因该地层主要分布于布尔汗布达山南坡，反映青藏运动 C 幕时期布尔汗布达山的强烈上升。

早更新世晚期（1 113.9～836ka B P）：先为湖滨砾石沉积，后转为河流砂砾卵石沉积，是昆黄运动的沉积响应，因该时期地层广泛发育于马尔争南、北两侧，且河流流向为由马尔争向外流，反映昆黄运动时期马尔争-布青山的强烈上升。

中更新世：早期和晚期均发育冰碛物，早期冰期为倒数第三期冰期，说明昆黄运动后测区已隆升到相当高的高度；中期为间冰期，发育一套洪冲积砂砾石沉积，反映了昆黄运动后测区地貌反差已经较大。晚期冰期为倒数第二期冰期，是共和运动的沉积和气候响应。

晚更新世早期为洪冲积砾石—卵石沉积，发育洪冲积扇，反映了共和运动后的强地貌反差特点；晚更新世中晚期（52.4～18.4ka B P）（T_5阶地沉积时期）为洪冲积砂砾石沉积，沉积厚度大，阶地面宽广，反映此时期地壳隆升较弱，地壳处于相对稳定阶段；晚更新世末期（18.4～10.4ka B P）（T_4—T_2阶地沉积时期）以多级阶地发育及砾石—卵石沉积为特色，反映地壳振荡运动加剧。

全新世以来测区北部以洪冲积砾石—卵石沉积为主，反映强地貌反差特点；南部以砂或砂砾石沉积为主，因 T_1 阶地总体较低，故地壳活动相对稳定。

（二）新构造水平运动的表现

1. 上新世及第四纪地层发生变形与褶皱

测区上新世曲果组普遍发生了褶皱变形，岩层倾角一般 10°～30°，主要为青藏运动的结果；测区第四纪地层总体近水平产出，但在局部地区，如马尔争南坡的早更新世湖河积砾石层中岩层倾角达 40°～60°，岩层明显受到近南北向的挤压变形。

2. 活动断裂的平移活动

测区大多数近东西向活动断裂均具有一定的走滑活动，常常形成走滑拉分盆地及雁列式地震鼓包。

二、主要活动断裂

（一）昆南断裂

测区内位于红水川河谷南畔，横贯测区，两端分别延出图外，区内长 140km。规模宏伟，断层标志明显，多期活动断裂北侧出露有三叠纪地层，与南侧二叠系呈断层接触。局部地段见切割第四系现象。

地貌上形成红水川等近北西西向断层谷，成为布尔汗布达山系和布青山系的天然分界。沿断带断层泉、断层湖发育。断裂带在航片上呈现相当清楚的线状构造影像。

断裂西段，沿断带有 400～600m 宽的挤压破碎带，带上发育紫色、黄色、灰色断层泥及断层角砾。破碎带上有构造透镜体，长轴与挤压面平行，围绕透镜体有平行的片理和叶理。断裂东段，断面绝大部分被沼泽、湖泊掩盖，仅在局部第四系阶地中出露。断面从晚更新世洪冲积砂砾层中通过，断面微向南倾，倾角 85°。断带砾石被错断，断层泥部分保存，构成一排排平行擦阶，向西倾，倾角 30°，指示南盘上升，向东平移，即为压扭性断层。

断裂的现代活动首先从现代地震表现出来。据资料记载，近几十年内，东邻测区沿此断裂发生了 3 次强震。其中 1973 年 1 月 7 日，在 E98°24′，N35°24′的托索湖出水口，发生 8 级强震，地裂缝 230km，形成断层湖、泉数十处，沿断裂带弱震更加频繁。沿断层线大小鼓丘成群出现。另外，一些地段还有北东走向的斜列鼓丘，与断裂形成挤压“入”字形分支，可反映主断面右行扭动的特征。

研究认为，区域上该断裂经历了以下几个活动阶段：①上新世—早更新世初，断裂发生强烈的挤压逆冲运动，断裂两侧构造抬升不均衡；②早更新世末—中更新世初，仍以挤压抬升为主，在东段断裂性质开始转变为走滑运动，托索湖河谷高阶地 T_5 形成；③中更新世晚期—晚更新世初，以强烈的左旋走滑运动为特征，形成一系列壮观的错断地貌，加鲁河、托索河和红水河谷中 T_4、T_3、T_2 三级河流阶地形成；④全新世断裂仍表现为以左旋走滑运动为主，错断第四纪晚期的洪积扇和水系冲沟，并发育多期古地震活动，加鲁河、托索河、红水河谷中，T_1 阶地形成。

（二）扎拉依-哥琼尼洼断裂

该断裂呈北西西向断续展布于测区南部，新构造活动迹象清楚。线性展布的现代洪积扇明显受其控制，也是上升泉的线状溢出带。河流沿其发生同步转折，沿断线断块山地貌十分发育，两侧多为线性槽或平原边界。其东延邻区万波湾尔玛沟口同一地区分别于 1931 年 7 月 29 日和 1937 年 2 月 13 日发生了 5.5 级和 5 级地震。主断面倾向北东，倾角 30°～60°，为逆断层。

据物探资料，该断裂切割深度在 15km，可达测区深部基底之滑脱面。

（三）玛卡日埃断层

该断层呈北西向断续展布于测区南部。东段到达扎陵湖北岸。沿玛卡日埃峡谷西延，西段到达扎尕曲南岸。两端均延入邻区。

新构造活动迹象清楚，断层崖、断层三角面等断层构造地貌发育。部分地段为破背斜谷，沿断带断续见构造岩分布并见断层泥等。沿断层带上升泉多见。据黄河源考察队资料（南京地理所），在鄂陵湖底有新鲜的断块存在，其明显切割湖底更新统堆积泥沙。在该断裂与北东向断裂交汇地带 1963 年 4 月 20 日发生了 4 级弱震，其北部于 1947 年 1 月 21 日发生了 5.3 级中强震。断面北倾，倾角 35°～60°，为逆断层。

据纵贯麻多盆地的约古宗玛曲两岸阶地不发育情况分析，黄河形成于全新世早期，之前整个星宿海盆地为与扎陵湖、鄂陵湖并存的大型断陷冰融淡水湖泊，随着外泄水系黄河的形成，玛卡日埃峡谷被该断裂切穿，打开了星宿海冰融湖之“闸门”，湖水经扎陵湖、鄂陵湖大量外泄，最后退却并加积现代河流相冲洪积物，形成现代堆积平原地貌。

（四）麻多南断裂带

该断裂带呈北西向分布于巴颜喀拉山主脊北坡的山麓地带，是区域上野牛沟深断裂的北西段，为一条至今仍在活动的区域性深大断裂带。次级断裂发育，构成几十米到2km宽的断裂带。沿此带形成宽大的窄长谷地，局部可见堆积高达500m的构造岩山体，形成新鲜的断层陡坎。陡坎由断层泥、碎裂岩块、冲洪积砾掺杂而成，沿线有现代地震发生。南部邻区1973年12月16日发生了2.8级地震，是上升泉的溢出地带，也是显著的地貌单元界线。新构造运动期为正断层地堑陷落，断面向北东倾，倾角40°～75°，控制了该带线形构造盆地之边界。第四纪之后多次复活。测区南邻断带内获得32.77万年的构造热释光年龄样品。沿线水系发生同步转折，表明全新世该断裂具有右行走滑属性，按水系线错折宽度推测，错距大于500m。

据地球物理资料，该断裂切割深度达30km，达上地壳的壳内低阻低速滑脱界面，壳内低阻低速滑脱界面对测区地壳演化具明显的控制作用。以该断裂为界，以北块体总体向南东方向倾滑，以南块体相对向北西错移。

（五）阿棚鄂-扎加断裂组

多条北东向断裂，使早期的北西向断层线错移、岩层错断。沿断裂破碎强烈，在扎加一带控制中更新世冰碛的分布。该断裂组形成于燕山期，燕山期扎加岩体长轴方向与断裂带一致。晚新生代以来明显活动。在扎陵湖西岸发育一条北东向断裂（玛卡垒断裂），该断裂规模较大，沿断裂上升泉、积水洼地、小型湖泊串成一线，形成明显的负地形带。

第四节 构造变形序列

综合测区上述不同形式的构造变形，其构造变形序列概括于表5-6。

表5-6 主要构造变形序列简表

<table>
<tr><th>序列</th><th>时代</th><th colspan="2">变形特征</th><th>演化阶段</th><th>地壳运动</th><th>变质作用</th><th>侵入活动</th></tr>
<tr><td>D_{14}</td><td>晚更新世—全新世</td><td colspan="2">北西西-南东东向的左旋走滑断裂及北东-南西向断裂的复活，形成拉分盆地、地震裂缝、地震鼓包、断层泉等</td><td rowspan="6">高原隆升阶段</td><td rowspan="2"></td><td rowspan="6">未变质</td><td rowspan="6">无</td></tr>
<tr><td rowspan="3">D_{13}</td><td rowspan="3">更新世</td><td rowspan="3">更新世伸展正断裂系统（以马尔争山南缘断裂为代表）</td><td>晚更新世
查哈西里山崛起</td></tr>
<tr><td>早更新世晚期—中更新世
马尔争山-布青山崛起</td><td>共和运动
昆黄运动</td></tr>
<tr><td>早更新世中晚期布尔汗布达山
开始崛起</td><td>青藏运动
C幕</td></tr>
<tr><td>D_{12}</td><td>新近纪</td><td colspan="2">近南北向挤压，形成近东西向褶皱-逆冲断裂</td><td>青藏运动
A幕、B幕</td></tr>
<tr><td>D_{11}</td><td>古近纪</td><td colspan="2">地面抬升以及夷平面的形成</td><td>喜马拉雅运动</td></tr>
</table>

续表 5-6

序列	时代	变形特征	演化阶段	地壳运动	变质作用	侵入活动
D_{10}	早白垩世	142～137Ma 巴颜喀拉山群北西西-南东东向断裂复活	陆内调整阶段	燕山运动	未变质 ↑ 极低级变质	
D_9	早侏罗世	约 190Ma 扎加-扎日加岩浆热动力构造、系列北东向断裂构造的形成及北部近南北向断裂构造的逆冲复活		印支-燕山运动		$\pi\eta\gamma_{Z}^{J1}$ $\pi\gamma\delta_{D}^{J1}$ δ_{Q}^{T2} $\eta\delta o_{X}^{T2}$ δo_{L}^{T2}
D_8	晚三叠世—早侏罗世	巴颜喀拉山群浊积盆地闭合，广泛的北西-南东或北西西-南东东向的褶皱-断裂变形，树维门科组推覆构造的复活				
D_7	中三叠世末期	洪水川组—闹仓坚沟组的近东西向褶皱变形	多旋回洋陆转换阶段	印支运动	极低级变质	Mm_{A}^{T2} $\eta\gamma_{T}^{T2}$ $\gamma\delta_{B}^{T2}$
D_6	中三叠世	237Ma 左右以波罗斯太—巴隆一带为代表的密集基性岩墙群				$o\gamma_{D}^{T2}$ δo_{Y}^{T2} $\xi\gamma_{X}^{T1}$ $\eta\gamma_{G}^{T1}$
D_5	中二叠世末—晚二叠世初	树维门科组的有限逆冲推覆变形 马尔争-布青山混杂岩系的构造混杂变形		海西运动	极低 ↑ 低级 ↑ 中级	$\eta\gamma_{A}^{P1}$ $\gamma\delta_{B}^{P1}$ $o\gamma_{S}^{P1}$ δ_{B}^{P1} $\eta\gamma_{M}^{C2}$ $\gamma\delta_{B}^{C2}$ $\xi\gamma_{D}^{C1}$ $\pi\eta\gamma_{W}^{C1}$
D_4	志留纪末—泥盆纪	东昆中和东昆南构造混杂岩带构造混杂变形		加里东运动	低级变质	$o\gamma_{W}^{D2}$ $\xi\gamma_{W}^{D1}$ $\eta\gamma_{K}^{D1}$ $\eta\gamma_{A}^{D1}$
D_3	早古生代	以纳赤台群为代表的洋盆裂解				$\upsilon\delta_{H}^{S2}$ $\eta\gamma_{E}^{S1}$ $\gamma\delta_{N}^{S1}$ ηo_{A}^{O3} $\eta\delta o_{D}^{O3}$ δo_{L}^{O3} $\gamma\delta_{A}^{O1}$
D_2	中元古代末	大约 10 亿年的板块碰撞 白沙河岩群、小庙岩群、苦海杂岩北西-南东向或北西西-南东东向构造片麻理或片理的形成、透入性的韧性剪切及相关的剪切褶皱	前晋宁期基底形成阶段	晋宁运动	中级 ↑ 高级	
D_1	古元古代末	白沙河岩群区域片麻理的形成		25 亿～24 亿年?		

第五节　构造演化

根据测区地质构造基本特征,其演化过程概括如下(图 5-33)。

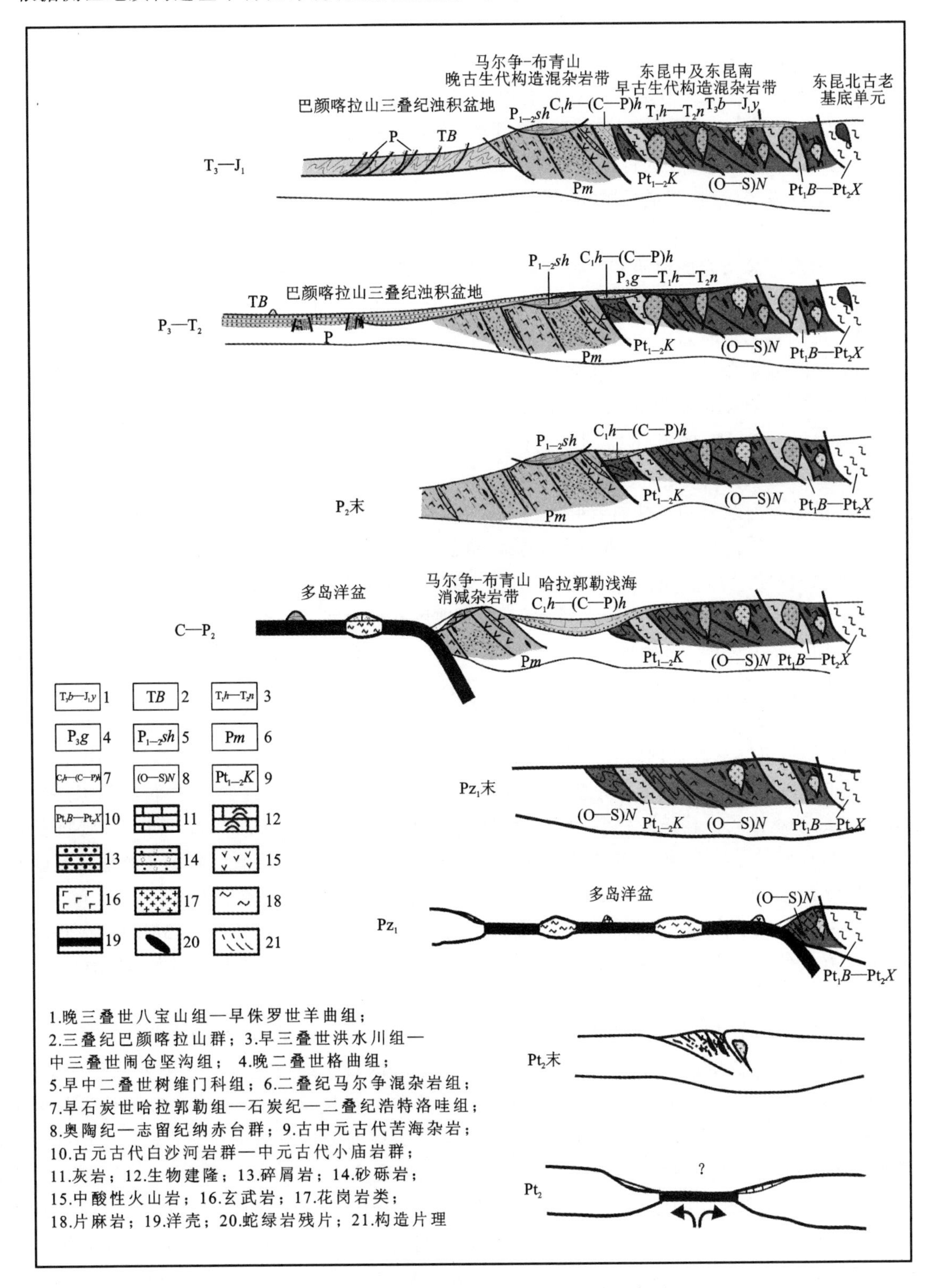

图 5-33　阿拉克湖地区构造古地理演化示意图

一、基底演化过程及罗迪尼亚(Rodinia)超大陆的形成

测区基底演化过程主要涉及北部白沙河岩群和小庙岩群与南部的苦海杂岩之间的关系。

以东昆中构造带为界的北部白沙河岩群和小庙岩群与南部的苦海杂岩在变质岩石学方面存在明显差别;以白沙河岩群为代表的北部基底实际上为柴达木地块基底南部边缘的一部分,具有固结较早、规模较大的特点;以苦海杂岩为代表的南部基底,分布零星,固结相对较晚。

区域上的年龄资料显示,北部基底岩系白沙河岩群形成年龄一般不应老于25亿年,而应该在25亿~19亿年之间,属于古元古代。但是我们对其上覆的中元古代小庙岩群的锆石SHRIMP年龄测试结果表明,其中出现较多的大于24亿年的碎屑锆石年龄,个别锆石年龄达34亿年,并且产生25亿~24亿年的年龄峰值,说明其源区存在太古宙的岩系。因此,白沙河岩群的时代可能跨到太古宙。中元古代测区进入相对稳定的发展阶段,形成反映相对较稳定环境的变质钙砂泥质岩系小庙岩群和钙硅质岩系冰沟群狼牙山组。

南部基底岩系苦海杂岩的地质年代跨度较大,青海区调队(1993)在南木塘幅1∶5万区调中获得侵入其中基性岩墙群全岩Sm-Nd年龄(2 213±17.48)Ma,1998年在本图幅以东的1∶25万兴海幅中对苦海杂岩中的角闪斜长片麻岩中获得锆石U-Pb年龄(2 330±50)Ma的上交点年龄和(746.8±6.1)Ma的下交点年龄,角闪斜长片麻岩中得到(957.64±1.609)Ma的角闪石Ar-Ar年龄,在扎那合热地区超基性岩中获得1 440Ma的Sm-Nd年龄。中国地质大学在东邻的1∶25万冬给措纳湖幅的二长变粒岩中获得(1 644±46)Ma的锆石U-Pb上交点年龄。据此,我们将苦海杂岩($Pt_{1-2}K$)形成时代划归于古元古代—中元古代。

东昆仑地区的苦海杂岩和白沙河岩群中出现较多的超镁铁质岩块,它们与围岩均为构造接触,一般将其作为东昆仑最早的古洋壳残片,青海省地质调查院原1∶5万填图时曾在哈拉郭勒北侧获得苦海杂岩中的超镁铁质岩块的Sm-Nd等时年龄为1 004.71Ma,东邻地区清水泉一带白沙河岩群中的超镁铁质块体的Sm-Nd等时年龄为1 372~1 279Ma,兴海地区扎那合热一带产于苦海杂岩中的超基性岩块的Sm-Nd等时年龄测得有1 440Ma,这些年龄值说明其构造侵位于苦海杂岩和白沙河岩群中的古洋壳残片形成于中元古代,代表着分隔以白沙河岩群和小庙岩群为代表的北方陆块与以苦海杂岩为代表的南方陆块之间的洋盆。

在大约10亿年包括测区在内的整个东昆仑地区发生过一次重要的构造-热事件,这一构造-热事件代表了南、北陆块发生碰撞,使以清水泉蛇绿岩为代表的洋盆闭合,并奠定了测区基底岩系深层次韧性剪切流动构造的基本格局。构造年代学的直接证据是北部小庙岩群获得的969Ma和1 094Ma的锆石SHRIMP年龄,反映的是这次构造-热事件所引起的深融作用,大约10亿~9亿年的年龄值也反映在锆石的Pb-Pb年龄上,所获得的北部白沙河岩群和小庙岩群变质岩系中的锆石蒸发年龄介于975~776Ma(东部冬给措纳湖幅获得的小庙岩群变质岩系锆石蒸发年龄介于1 011~913Ma)。在测区南部苦海杂岩中变粒岩的Pb-Pb年龄偏年轻[Pb-Pb年龄(706±17)Ma],但区域上在兴海地区有(957.64±1.609)Ma角闪石Ar-Ar年龄的表现。

这一构造-热事件时间与全球尺度的Rodinia超大陆的形成时间是吻合的,测区基底岩系的深层次韧性剪切流动构造和广泛的深融作用则是Rodinia大陆聚合的直接地质纪录。这里要特别提出的是,作为柴达木地块基底构成一部分的北部基地一般被认为属华北板块,而苦海杂岩一般被认为与扬子板块具有亲缘性。过去人们一般认为在中元古代时期或震旦纪以前柴达木地块与华北板块是焊合的一个整体,但最近郭进京等(1999)在中祁连前寒武纪基底湟源群变质火山岩中获得(917±6.7)Ma的单颗粒锆石年龄,侵入于湟源群中的碰撞型花岗岩获得(917±12)Ma的单颗粒锆石年龄,从而确定湟源群沉积时代为中新元古代,而不是古元古代,并认为中祁连与扬子地块亲缘性更大,9亿~10亿年的早晋宁运动包括整个华南、松潘、柴达木-中祁连-阿拉善、塔里木、中天山、中昆仑等地块拼合成统一的块体,在此之前,柴达木-祁连-阿拉善统一地块可能属扬子板块的一部分;陆松年等(2001)也在柴达木北缘识

别出一条规模宏大的岩浆杂岩带，已获得的年龄资料和地球化学特征显示它们是新元古代早期汇聚过程的产物；于海峰和陆松年等（2000）在甘肃北山也获得柴达木地块与塔里木地块在新元古代早期（913Ma）以深层次韧性剪切形式进行焊合的构造年代学证据，因此柴达木陆块在中元古代应该与华北板块和塔里木地块是分离的，新元古代早期才与它们碰撞焊合，并成为 Rodinia 超大陆的组成部分。然而测区南、北基底岩系地质特征的确也显示较大的差异，在物质成分上，北部白沙河岩群原岩建造以灰岩和杂砂岩为主夹中基性火山-火山碎屑岩，小庙岩群原岩为杂砂岩、泥质岩夹不纯泥砂质灰岩，偶见不纯的石英岩夹层的岩石组合，属浅海陆缘碎屑岩建造；而南部的苦海杂岩构成复杂，既有变质碎屑岩-中基性火山岩-碳酸盐岩组合，也出现较多的中酸性变质侵入体，具有明显的杂岩特性。因此我们认为，这些不同的基底岩系可能是介于华北板块和扬子板块之间的一些不同的微陆块，它们各具特色，不能简单地将它们划归华北板块或扬子板块。

二、罗迪尼亚（Rodinia）大陆的解体和古生代的洋陆转化

（一）对原划分的新元古代万保沟群和早古生代纳赤台群关系的新理解

东昆仑地区的东昆南构造带的新元古代—早古生代前人划分出两套岩系，即新元古代的万保沟群和早古生代的纳赤台群，两者关系的确定影响到对整个东昆仑地区构造演化的认识。万保沟群原始定义为东昆仑南坡一套浅变质碎屑岩、火山岩和碳酸盐岩系列，纳赤台群为一套绿片岩夹碳酸盐岩系列。从目前研究来看，①纳赤台岩群与万保沟岩群之组成在空间上互为穿插，为一套连续形成于新元古代晚期到早古生代的物质建造，目前显示为交织的一套构造混杂岩系；②原来确定的万保沟群中由于古生物化石的不断发现而不断解体出早古生代纳赤台群，万保沟群倾向于只保留一套变玄武岩组合和一套含叠层石的碳酸盐岩组合，含叠层石碳酸盐岩组合置于新元古代的时代依据是根据其藻类化石的对比，但其中的玄武岩的时代依据并不充分，其时代归属依然有待于进一步考证。

在本测区，前人在诺木洪郭勒一带进行 1∶5万 8 幅联测区域地质调查时，对东昆南构造混杂岩系中的浅变质枕状玄武岩进行了 Sm－Nd 全岩等时线年龄分析，获得(884.1±37.6)Ma 的年龄，据此，认为分布于东昆南地区的构造混杂岩系时代为新元古代，并与格尔木的万保沟地区的新元古代万保沟群进行对比。我们调查显示，测区这套混杂岩系时代应为早古生代，相当于纳赤台群（见第三章）。原 1∶5万区域地质调查报告没有展示(884.1±37.6)Ma 的 Sm－Nd 等时年龄的原始数据和等时线图，因此我们无法对该年龄的意义进行评价。但我们对该套枕状玄武岩进行锆石 SHRIMP 年龄分析结果表明，其形成时间为 419Ma，相当于晚志留世。这一年龄数据和我们在附近的硅质岩中发现的疑源类放射虫以及潘裕生等(1996)在哈拉郭勒发现的早古生代化石是统一的，因此我们认为测区东昆南地区的构造混杂岩系为早古生代，称纳赤台群。

由于本图幅涉及范围有限，我们尚无法对整个东昆南地区的万保沟群时代归宿下结论，但需提出以下几点引起注意：

(1) 陆松年等(2001)最近的研究表明，Rodinia 大陆解体的启动时间大约为 800Ma，大陆的裂解以基性岩墙群和 A 型花岗岩的侵入为标志，新元古代时期还没有出现真正的大洋，即便出现一些火山岩沉积，也是一些小规模的具有拗拉槽特点的沉积序列，真正的大洋出现于奥陶纪，而东昆仑地区所谓的万保沟群中的玄武岩显示出明显的枕状构造特征，具有明显的大洋特征。因此将万保沟群玄武岩归为新元古代与整个罗迪尼亚大陆的裂解背景是不协调的。

(2) 尚无可靠的同位素年龄依据证明原万保沟群时代为新元古代，相反原万保沟群中早古生代化石的不断发现，使保留下来的新元古代万保沟群含义越来越窄，其中的变质碎屑岩由于化石的不断发现而不断被剔除出去划归早古生代纳赤台群，目前新元古代万保沟群的基本构成主要为玄武岩和藻纹层状的碳酸盐岩石，而我们的年代学资料和与玄武岩伴生的硅质岩中的疑源类微体化石的发现证明所谓万保沟群的玄武岩时代至少也有早古生代的构成。

(3) 东昆南构造带中万保沟群和纳赤台群在空间上往往相伴出现,两者以一系列断片形式交织出现,在变质程度和变形格局上基本一致,往往难以分辨。

(4) 中国西部众多的微地块上稳定分布有震旦纪冰碛层和早寒武世的含磷层,说明中国西部各个微地块在早寒武世以前形成统一的大陆块,并与整个罗迪尼亚超大陆连为一体,而东昆仑地区新元古代大洋的存在显然与此是矛盾的。

所有这些意味着原万保沟群和纳赤台群可能就是同一套岩系,且时代主要为早古生代。

(二) 早古生代的洋陆转化

测区东昆南早古生代构造混杂岩系体现早古生代时期东昆南地区发生了广泛的裂解作用,形成东昆南多岛洋盆,区域资料显示奥陶纪为多岛洋盆的最大裂解阶段,出现洋壳,并出现超镁铁质岩系,诺木洪郭勒约 419Ma 枕状玄武岩锆石的 SHRIMP 年龄说明直到晚志留世仍存在洋盆。不同岩片的玄武岩的岩石地球化学特征显示出不同的构造环境,其中枕状玄武岩岩片主要由拉斑玄武岩组成,稀土配分曲线为平坦型,具洋脊玄武岩的特征,微量元素成分上也反映了其形成于拉张的洋脊环境,而变火山岩岩片的火山岩岩石组合较复杂,既有熔岩,又有火山碎屑岩,熔岩中从基性到中酸性均有,有时岩石的碱度变化也较大,既有碱性,也有亚碱性,且亚碱性者多为钙碱性的火山岩,稀土配分曲线多为右倾的轻稀土富集型,反映了其与俯冲有一定的联系,形成于火山弧环境。这两类不同火山岩虽然在空间上相距不远,但代表了不同的构造环境,经历了构造的迁移和搬运。

志留纪洋盆转为收缩阶段,出现代表岛弧挤压环境的花岗闪长岩-二长花岗岩,测区已获得的代表性的花岗岩年龄有 408Ma 的 Rb-Sr 全岩等时线年龄(青海省地质调查院)、(426.5±2.9)Ma 的 Rb-Sr 等时线年龄(潘裕生等,1996)和 430Ma 的锆石 U-Pb 上交点年龄(本图幅工作)。由于强烈的俯冲挤压,在哈拉郭勒北侧的苦海杂岩中出现强烈的深融作用,并形成眼球状构造片麻岩,颗粒锆石 SHRIMP 测年显示深融作用的时间发生在 428±4Ma 的中志留世。洋盆闭合发生于加里东期末,在东昆南和布青山地区的苦海杂岩中出现了较多的泥盆纪碰撞型二长花岗岩-英云闪长岩-钾长花岗岩系列。

(三) 晚古生代洋陆转化阶段(泥盆纪—中二叠世)

早古生代末的碰撞作用使整个东昆仑地区再次焊合为统一块体,在东昆中构造带北侧出现以泥盆纪牦牛山组为代表的磨拉石建造,显示造山阶段的崎岖地形。

经过一定时期剥蚀夷平后,早石炭世测区再次开始接受海相沉积,早石炭世—中二叠世,东昆南断裂以北地区沉积面貌总体相对稳定,表现为相对稳定的滨浅海盖层沉积,局部出现火山岩,而以南地区除石炭纪为相对稳定的滨浅海沉积外,进入二叠纪强烈裂解分化,出现包括斜坡相复理石建造、深海硅泥质岩建造、基性和中基性火山岩建造、台地相或海山富生物的碳酸盐岩建造、代表洋壳的蛇绿岩组合以及一些古老陆块,显示出多岛洋的构造古地理格局。马尔争组混杂岩中的蛇绿岩组成相对较完整,包括变玄武岩(已变成绿帘绿泥片岩及斜长角闪片岩、超镁铁质岩、硅质岩及斜长花岗岩等。玄武岩的地球化学特征显示出不同的构造环境。岩石化学分析结果表明大部分为亚碱性玄武岩,个别为玄武质粗面安山岩和玄武安山岩,亚碱性火山岩大部分落在拉斑玄武岩系列区,少数落在拉斑玄武岩和钙碱性玄武岩的过渡区。玄武岩稀土配分曲线反映出两种明显不同的特征:一种为轻稀土亏损的近平坦型,配分曲线与 MORB 正常洋中脊拉斑玄武岩的配分曲线相近;另一种为轻稀土略富集型,配分曲线向右倾,与夏威夷洋岛型拉斑玄武岩配分曲线相近。玄武岩微量元素的蛛网图和稀土配分曲线一样也有两种明显不同的型式:一种是大离子亲石元素 Sr、K、Rb 尤其是 K 也较亏损,仅 Ba、Th 较富集,整个配分形式基本平坦,与洋中脊玄武岩中胡安德富卡洋脊玄武岩一致,代表了拉斑质快速扩张的洋脊;另一种大离子亲石元素较富集,曲线明显起伏较大,可能代表了洋岛富集的环境。

上述特点说明二叠纪时马尔争-布青山构造混杂岩带及其以南的巴颜喀拉山群分布区为一种多岛

洋的构造格局，形成的玄武岩既有代表正常洋中脊的拉斑玄武岩，也有轻稀土略富集的洋岛型拉斑玄武岩。在马尔争组混杂岩系中出现的树维门科组生物礁相灰岩很可能属于一些碳酸盐岩海山或碳酸盐岩台地，混杂岩系中出现的少量前寒武纪变质岩系（苦海杂岩）代表当时洋中古陆块的存在。因此当时的大洋不是一个干净的大洋，中间存在着岛弧、洋岛、海山、陆块等。布青山带所获得的远洋放射虫硅质岩主要为早二叠世早期（可能包括晚石炭世），暗示晚石炭世—早二叠世早期裂解作用达到最大限度。

尽管晚古生代期间东昆南断裂以北地区在沉积面貌上相对稳定，但构造岩浆活动频繁，泥盆纪时期由于加里东期末碰撞后的持续挤压和可能的陆内俯冲环境导致大规模的部分熔融，形成大量的中酸性—酸性同构造岩浆侵入，各侵入体单元所显示与区域构造线方向近平行的不规则椭圆形，岩体中普遍存在片麻状构造或眼球状构造，且这种片麻状构造由岩体中心向边部渐强，反映同造山侵入体的构造特性，显示泥盆纪侵入体为主动的强力侵位机制。石炭纪—二叠纪侵入岩也以中酸性花岗岩类为主，岩体分布于南部俯冲带以北地区，因此从构造位置上测区石炭纪—二叠纪岩体相当于岛弧或弧后地区，由于造山作用的减弱，石炭纪—二叠纪侵入岩的构造属性与泥盆纪侵入体相比明显减弱，主要表现为强弱不一的包体呈平行定向排列，而片麻状构造不显或极其微弱。

中二叠世末的晚海西运动是东昆仑地区的又一次重要构造转折，俯冲碰撞形成马尔争-布青山构造混杂岩系，原海山或台地碳酸盐岩与基座脱根仰冲覆于构造混杂岩系之上。代表碰撞的直接标志是晚二叠世具有底砾岩特征的格曲组与早中二叠世马尔争组或树维门科组之间的角度不整合接触关系。东部相邻地区的构造年代学研究也显示碰撞作用发生于267～256Ma的中二叠世晚期，与构造-地层分析显示的结果是一致的。与俯冲碰撞作用相伴形成许多花岗岩，类型主要有花岗闪长岩和英云闪长岩，晚海西期的碰撞作用引起角闪岩相-绿片岩相变质作用，东部浅、西部深。

（四）晚二叠世—中三叠世的洋陆转换阶段

晚二叠世格曲组与马尔争组或树维门科组之间的角度不整合关系标志着阿尼玛卿洋的闭合。进入三叠纪，马尔争-布青山带以岛链形式出现，其北部地区发育弧后盆地，沉积洪水川组和闹仓坚沟组，以南地区则表现为以晚古生代混杂岩系为基底裂解形成宽阔的浊积岩盆地，这一盆地并非简单的、统一的盆地，内部有明显的分异，表现为一系列的上古生界混杂岩断隆与三叠纪浊积岩的间列，南部地区在浊积岩的发育过程中尚有中酸性火山岩喷发相伴，总体构成堑-垒-火山岛链相间的构造古地理格局。

中三叠世末东昆南弧后盆地闭合，近南北向的挤压导致以近东西向的褶皱构造为主伴有冲断构造，岩石中广泛发育轴面或层间劈理。中三叠世末的印支运动可能也是巴颜喀拉山浊积盆地闭合并发生构造变形的开始。

三、陆内构造过程

（一）晚三叠世—侏罗纪

晚三叠世开始，测区全面进入陆内构造演化阶段。

北部地区晚三叠世—侏罗纪花岗岩体现为碰撞后的壳源花岗岩，岩体内部组构较弱，显微文象结构明显，所显示出较快速的岩浆结晶速度，反映为局部熔融岩浆沿张性裂隙快速上侵的被动就位机制。晚三叠世—侏罗纪东昆南一些地区有陆相火山盆地及陆相含煤碎屑岩盆地，沉积八宝山组、鄂拉山组和羊曲组，另一些地区则发生缓慢的隆升剥蚀。沉积区中鄂拉山组火山岩的岩石及地球化学特征显示出具有明显双峰结构的大陆裂谷火山岩，反映出伸展裂解的构造环境，早侏罗世末的燕山运动导致一系列近东西向的褶皱-冲断构造发育，并广泛发育近东西向的轴面或层间间隔劈理。

南部巴颜喀拉山浊积盆地区晚三叠世—早侏罗世也出现较多的碰撞后花岗岩侵入，但与北部地区表示出不同的构造环境，扎加-扎日加花岗岩的接触带不同部位的岩浆热动力构造变形反映为由南西向北东斜向上的强力就位，并伴有侧向的挤压作用。因此，南部地区晚三叠世—早侏罗世总体表现为收缩的构造背景，且可能显示出双向的构造挤压，可能是整个松潘-甘孜-巴颜喀拉山造山带于晚三叠世—早侏罗世双侧造山作用的表现(许志琴等，1992)。测区巴颜喀拉山群碎屑岩的锆石裂变径迹颗粒测年结果也显示巴颜喀拉山浊积盆地大约在180～170Ma的早侏罗世末期、表现为一次强烈的构造-热事件后的快速冷却，并最终奠定巴颜喀拉山群的主体北西西-南东东走向的褶皱-冲断构造格架。晚三叠世—早侏罗世的构造挤压使马尔争-布青山构造带构造进一步复杂化。使构造带中的岩系进一步发生构造混杂，晚二叠世格曲组也呈岩片状被卷入到构造混杂岩系中。

(二) 山系隆升过程(成山作用)

45～38Ma印度板块与欧亚板块发生陆-陆碰撞，特提斯洋消失，中国西部进入了一个崭新的构造发展阶段。从大量的古地貌和古地理调查以及研究资料来看，中国西部造山带保存着两级夷平面：一级夷平面的准平原阶段为古近纪的渐新世；二级夷平面即主夷平面的形成时代在上新世初。测区主要发育的是二级夷平面。上新世末(距今5.0Ma前后)，差异构造活动增强，形成了一系列的断陷湖盆，一直到早更新世早期(1 840～1 525ka B P)，测区仍为一套相对稳定的粉砂质、泥质湖相沉积，后转为砾、砂、粉砂、粉砂质粘土旋回发育的湖三角洲沉积，古地理景观为平缓高原上内陆湖泊发育，尚未发育大河流，因此，现今的近东西向山盆相间的地貌格局当时并没有成形。更新世中晚期以来的差异断块抬升，使测区古夷平面解体，造成主夷平面的高程具有东西向排列的盆岭地貌特点，从北到南高低相间。早更新世中晚期的1 525ka B P左右北部的布尔汗布达山首先出现显著地貌分异，南侧山前堆积粗碎屑沉积，马尔争山-布青山的成形发生于早中更新世之交，是影响整个祁连—昆仑—黄河源地区的昆黄运动(1 100～700ka B P)(崔之久等，1998)在测区的主要表现。研究区更南部的查哈西里山在1 113.9～979.6ka B P之间的沉积特征也显示了这一事件的影响，即由湖相转变为冲洪积相，但在这一时期查哈西里山总体仍为沉积区，山系并未形成，其真正突出高原面构成现代地貌轮廓发生于早更新世之后。因此，研究区3条主要山系的成形时间表现出由北向南的迁移。这种山系地貌的迁移性也影响到第四纪高原湖盆沉积中心的向南迁移，直至现今，盆地沉积中心南移至扎陵湖区。

测区山系崛起在时空演化上呈现出由北向南的迁移趋势，可能反映青藏高原隆升后北部边缘的重力失稳解体，山系的崛起与青藏高原的伸展塌陷有关。

第六章　专项地质调查——中新生代隆升及沉积、地貌与环境响应

测区位于青藏高原北缘，是研究青藏高原隆升作用的关键场所。有关青藏高原北缘的隆升作用的专题研究已经取得了一些成果(陈正乐等，2001；许志琴等，1996；崔之久等，1996，1998；李吉均等，1996；李长安等，1999；George et al.，2001)，为本区有关中新生代研究提供了很好的参考。但可以看出，前人有关研究多的主要涉及第三纪以来新生代的高原隆升过程，而对高原隆升前即新近纪以前一直到三叠纪期间的隆升剥露过程的中生代隆升剥露注意较少，另外，对高原边缘山系现代盆山相间的地貌格局的形成演变过程与青藏高原整体隆升的关系缺乏精细刻画。

第一节　中生代隆升剥露

重点研究的核心问题是巴颜喀拉山群的构造-热历史及北部东昆仑地区中生代的隆升剥露。

一、巴颜喀拉山群的构造-热历史

测区巴颜喀拉山三叠纪浊积复理石单元是世界上最大的巴颜喀拉山-松潘-甘孜三叠纪复理石盆地北部边缘部分。由于巴颜喀拉-松潘-甘孜三叠纪复理石盆地正好处于华北板块、扬子板块和羌塘地体的交汇部位，因此，围绕这一巨大复理石单元的碎屑物物源(Bruguier et al.，1997；Nie et al.，1994；Weislogel et al.，2006；She et al.，2006)、构造格架(许志琴等，1992)及沉积地层格架(Du et al.，1998，1999)等方面开展了许多研究。这些研究主要探究巴颜喀拉山-松潘-甘孜三叠纪复理石盆地性质以及古特提斯洋盆关闭的时间。而对盆地闭合及闭合后的构造-热历史的时间框架缺少良好的限定。本次调查过程中，我们采用碎屑锆石和磷灰石裂变径迹热年代学方法试图对测区涉及的巴颜喀拉山群所遭受的构造-热历史作一限定。对测区巴颜喀拉山群分布区的西部从南到北选取了5件砂岩样品进行碎屑锆石和磷灰石颗粒年龄分析，年龄测试在美国Union College地质系裂变径迹实验室进行。样品位置见图6-1，测试结果见表6-1、表6-2。

根据测试结果，并结合区域地质背景我们对有关年龄信息作如下解释：

(1) 在锆石颗粒裂变径迹误差范围内，北区3件样品具有292～282Ma的锆石颗粒裂变径迹峰值年龄(图6-2)，老于巴颜喀拉山群的沉积年龄，联系到北部昆仑山地区具有较多的石炭纪—二叠纪花岗岩侵入体，推测这一峰值年龄区间很可能代表了北部物源区的岩浆侵入活动。南区两件锆石样品显示其237.6～236.5Ma的锆石颗粒裂变径迹峰值年龄的锆石颗粒多为自形形态，两件样品WGC-13和WGC-15自形者分别达到73%和80%，而其他年龄段的锆石颗粒自形者分别占30%和33%，几个具有大于260Ma的颗粒则无一例外地为浑圆状。联系到南区砂岩中火山岩岩屑较多，我们认为南区两件样品的P3峰值年龄237.6Ma和236.5Ma很可能反映了样品中混入火山岩的锆石年龄，从而限定了样品的沉积年龄，即中三叠世，因此，提供了测区缺少化石依据的巴颜喀拉山群存在中三叠世的时代信息。

(2) 颗粒锆石裂变径迹峰值年龄185～170Ma(P2)和142～137Ma(P3)是两次构造-热事件的反映。从晚期的构造-热事件来看，没有完全重置早期的锆石裂变径迹，因而，同沉积火山年龄的信息仍然能够得以保存。这也意味着后期的构造-热事件对于锆石裂变径迹来说只是部分愈合，所达到的峰期

温度(180～240℃)应该是在锆石裂变径迹的愈合带中。沉积后的颗粒锆石裂变径迹的两个峰值年龄(185～170Ma 和 142～137Ma)反映了岩石曾两度进入锆石裂变径迹愈合带，即经历了两次构造-热事件。P2 (185～170Ma)年龄出现于所有的样品中，且具有最大的丰度。反映该峰值的锆石颗粒的裂变径迹应遭受了沉积后的构造-热事件的热重置，185～170Ma 代表了这一构造-热事件后的冷却年龄。然而，这一构造-热事件并没有完全重置所有锆石颗粒的裂变径迹，仍然存在占有相当比例的较老的 P3 峰值，因此，P2 所代表的构造-热事件仍然是一部分重置的构造-热事件，且峰期温度不会超过 240℃。锆石裂变径迹 P2 峰值年龄(185～170Ma)所反映的构造-热事件与巴颜喀拉山-松潘-甘孜三叠纪复理石盆地的区域演化具有很好的一致性。据前所述，巴颜喀拉山-松潘-甘孜三叠纪复理石的构造变形事件发生在晚三叠世—早侏罗世，185～170Ma 的颗粒锆石裂变径迹峰值年龄略滞后于构造加载时间，可能反映了峰期加热时间滞后于最大的构造加载时间。颗粒锆石裂变径迹峰值年龄 P3(142～137Ma) 仅出现于两件靠近区域性大断裂的样品，意味着这一次构造-热事件弱于前一次构造-热事件，可能与断裂活动的加热有关。这一热事件也与由其他区域地质年代学反映的早白垩世热事件相吻合(Mock et al.，1999；Chen and Arnaud，1997)。

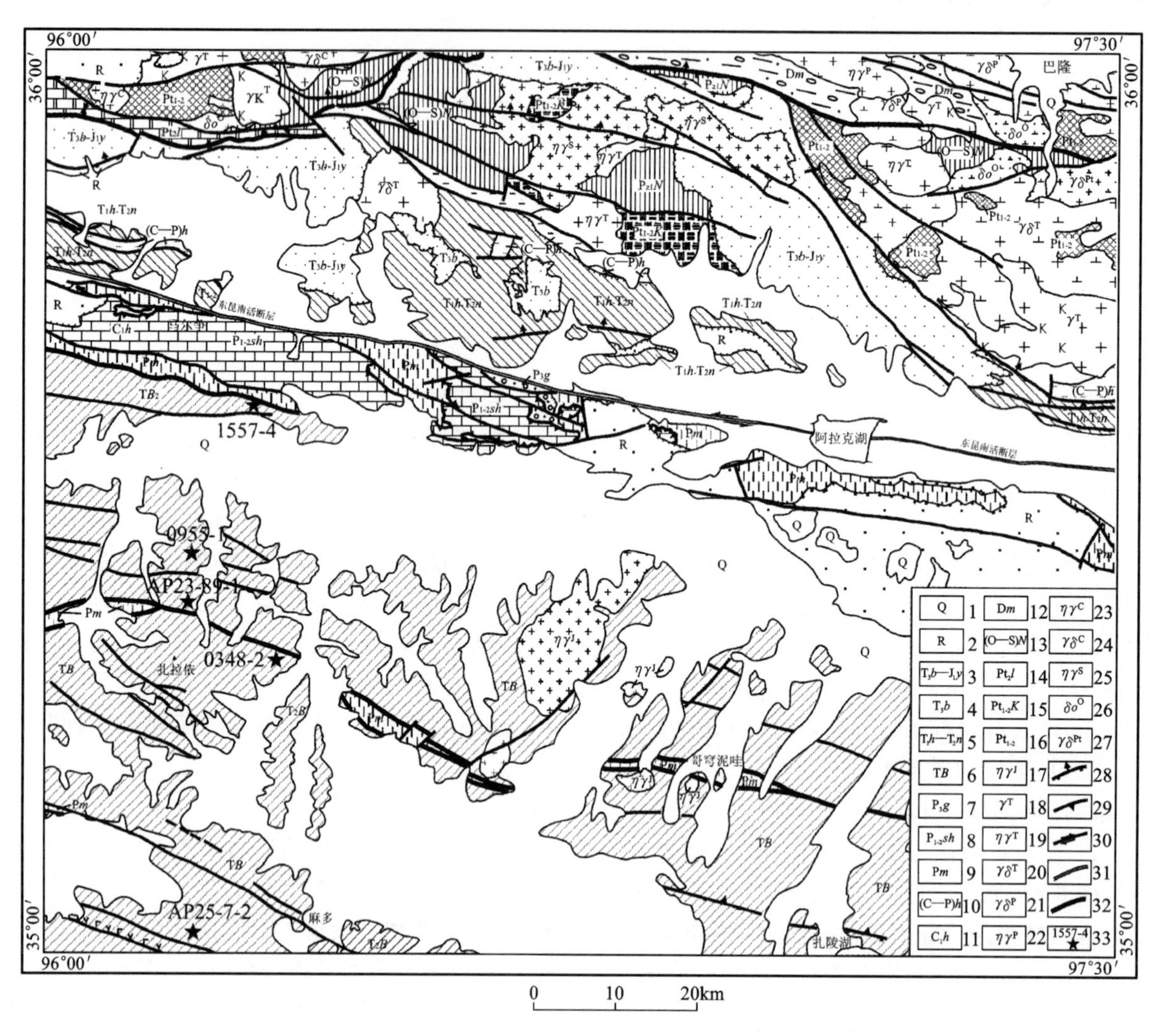

图 6-1　裂变径迹样品分布图

1.第四系；2.第三系；3.晚三叠世八宝山组—侏罗纪羊曲组；4.晚三叠世八宝山组；5.早中三叠世洪水川组和闹仓坚沟组；6.中三叠世巴颜喀拉山群；7.晚二叠世格曲组；8.早中二叠世树维门科组；9.二叠纪哈拉郭勒组；10.石炭纪—二叠纪浩特洛哇组；11.早石炭世哈拉郭勒组；12.泥盆纪牦牛山组；13.早古生代纳赤台混杂岩群；14.中元古代狼牙山组；15.古中元古代苦海杂岩；16.古中元古代白沙河岩群和小庙岩群；17.侏罗纪二长花岗岩；18.三叠纪钾长花岗岩；19.三叠纪二长花岗岩；20. 三叠纪花岗闪长岩；21.二叠纪花岗闪长岩；22.二叠纪二长花岗岩；23. 石炭纪二长花岗岩；24.石炭纪花岗闪长岩；25.志留纪二长花岗岩；26.泥盆纪石英闪长岩；27.早古生代花岗闪长岩；28.逆断层；29.逆冲断层；30.走滑断层；31.活动断层；32.构造边界；33.样品位置及样品编号

表 6-1 巴颜喀拉山群碎屑锆石颗粒裂变径迹测年结果

样品号	岩石名称	颗粒数	Central Age (Ma)	χ^2 2 Age (Ma)	Peak 1 Age (Ma)	Peak 2 Age (Ma)	Peak 3 Age (Ma)
1557-4	砂岩	54	212.3 −10.6/+11.2	194.2 −7.2/+7.5		182.9 −8.1/+8.5 (71.8%)	292.4 −21.8/+23.5 (28.2%)
0955-1	砂岩	38	179.8 −9.7/+10.3	155.6 −5.8/+6.0	136.9 −7.8/+8.2 (37.9%)	183.7 −11.4/+12.2 (37.9%)	286.0 −19.7/+21.1 (24.2%)
AP23-89-1	砂岩	19	201.7 −13.5/+14.5	186.9 −8.9/+9.4		170.4 −10.8/+11.6 (65.3%)	282.2 −25.9/+28.4 (34.7%)
0348-2	砂岩	34	189.2 −9.2/+9.6	188.2 −7.6/+7.9		162.9 −8.9/+9.4 (58.9%)	237.6 −15.8/+16.8 (41.1%)
AP25-7-2	砂岩	49	171.4 −6.9/+7.2	164.0 −5.8/+6.0	142.0 −11.0/+12.0 (29.0%)	177.0 −10.9/+11.6 (58.3%)	236.5 −29.0/+33.0 (12.7%)

表 6-2 巴颜喀拉山群砂岩的碎屑磷灰石裂变径迹年龄测试结果

样品号	岩石名称	颗粒数	Central Age (Ma)	±95% C.I.	2 Age (Ma)	±95% C.I.	P(2)% (#Grains Passing)
1557-4	砂岩	15	130.3	+26.5/−22.0	131.1	+20.2/−17.5	3.2(15)
0348-2	砂岩	17	95.8	+26.0/−20.5	78.4	+15.0/−12.6	2.7(15)
AP25-7-2	砂岩	10	65.0	+26.3/−18.8	58.8	+17.2/−13.3	1.1(10)

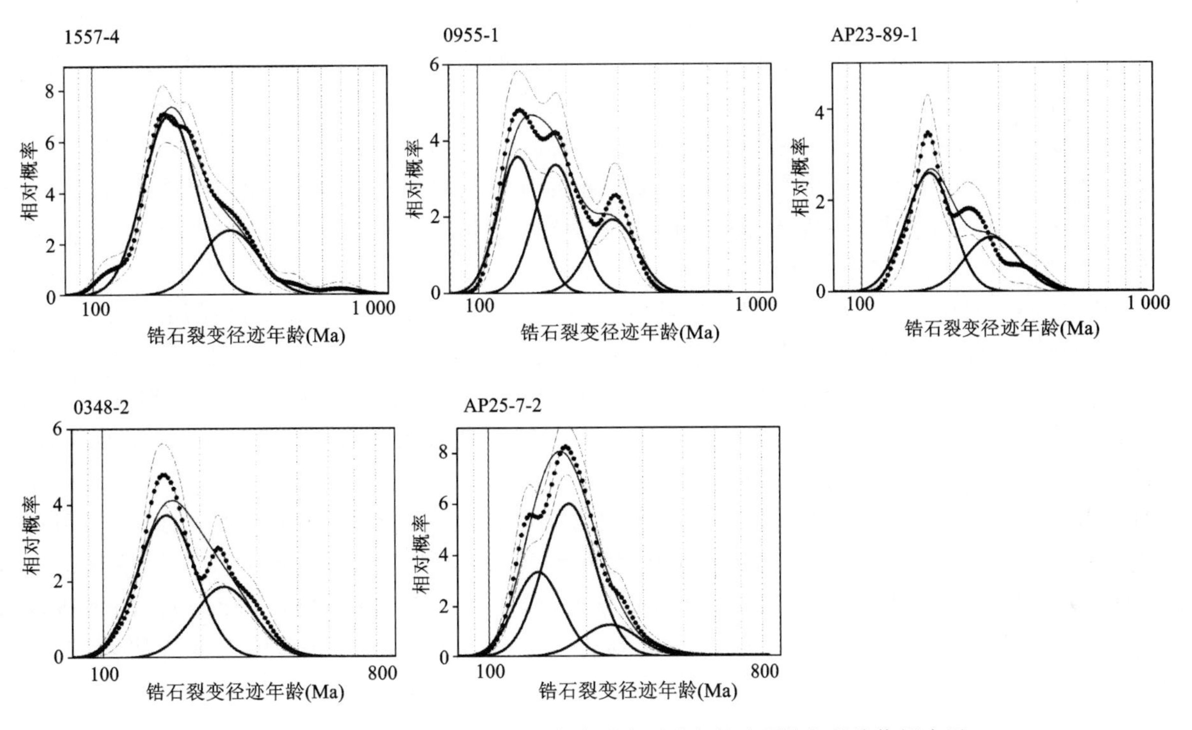

图 6-2 测区巴颜喀拉山群砂岩中碎屑锆石裂变径迹颗粒年龄峰值拟合图

粗点线为实测的所有颗粒年龄分布(细点线为95%置信区间),粗实线为拟合峰,细实线为近似模拟线

(3) 综合锆石和磷灰石颗粒裂变径迹年代学与沉积学反映的巴颜喀拉山群的构造-热历史轨迹为：①290～280Ma 源区岩浆侵入；②235Ma 至三叠纪末巴颜喀拉山沉积加载；③晚三叠世—早白垩世变形-构造加载，180～170Ma 达峰期温度 210～230℃；④142～137Ma 局部断裂活动引起的构造加热；⑤北部边缘约 130Ma、南区约 96Ma 冷却至 100°C(根据磷灰石裂变径迹年龄结果)；⑥至今冷却至地表常温。可用图 6-3 表示。

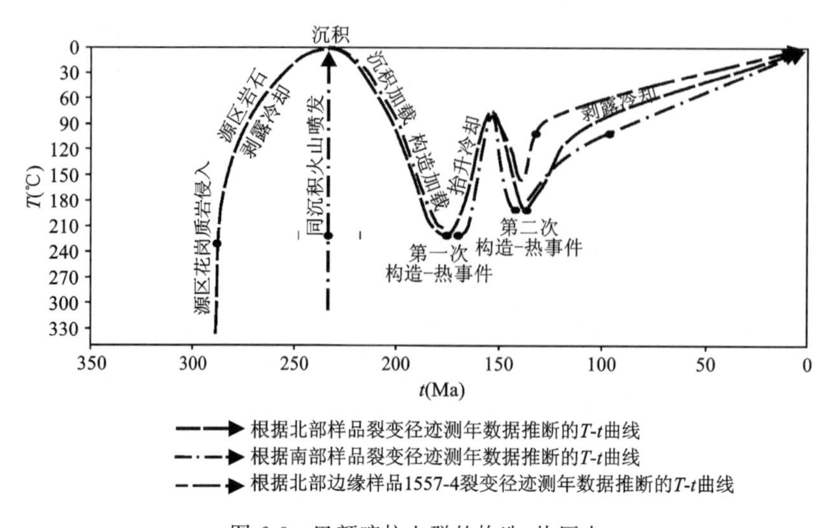

图 6-3 巴颜喀拉山群的构造-热历史

二、中生代古隆升剥露

(一) 方法与测试结果

为了揭示研究区中生代的抬升剥露历史，我们选取地形高差较大的额尾-哈图和哈拉郭勒南侧的阿布特哈达-哈拉郭勒进行裂变径迹样品的系统采集。哈图一带的锆石裂变径迹样品来自不同时代的花岗岩，海拔从 5 230m 的布尔汗布达山主脊向北至 3 260m 的昆仑山与柴达木盆地的交界地带。哈拉郭勒南侧裂变径迹样品来自早中三叠世洪水川组火山岩和闹仓坚沟组砂岩及角度不整合其上的晚三叠世八宝山组砂岩，海拔从 5 040m 的夷平面向北迅速下降到约 4 200m 的哈拉郭勒沟，其中样品 0335－1 为不整合面以上的晚三叠世八宝山组砂岩。各类样品的分布及高程见图 6-4。样品测试在美国 Union College 地质系裂变径迹实验室完成，测试结果见表 6-3 和表 6-4。

另外，为了获得研究区晚三叠世以来的总的剥露幅度，我们对哈图一带的一时代为晚三叠世的花岗闪长岩和一时代为早二叠世的闪长岩进行角闪石结晶压力估算。岩体的结晶压力在没有构造或流体超压的条件下与侵位深度存在一定的关系。测区晚三叠世总体为伸展环境，早二叠世南侧阿尼玛卿洋盆也处于扩张时期，东昆仑地区也不存在强烈的构造动力作用，因此，这两个时期构造超压及流体超压作用甚微，通过对岩浆结晶压力的估算可获得剥露幅度的信息。Johnson 和 Rutherford (1989)通过实验研究所提出的花岗岩类钙质角闪石全铝压力计使我们可以对酸性岩体的侵位深度进行限定，并进而探讨其剥露过程。对上述两岩体的角闪石进行电子探针成分分析，利用钙质角闪石成因类型判别图解对角闪石进行成因类型判别，确定适于进行角闪石压力计估算的成分点，即落入酸性岩浆结晶角闪石区(A 区)的成分点，然后利用 Johnson 等(1989)提出的钙质角闪石全铝压力计计算式：$p=4.23AlT\sim3.46$ 对酸性岩浆结晶角闪石的结晶压力进行估算，估算结果见表 6-5。

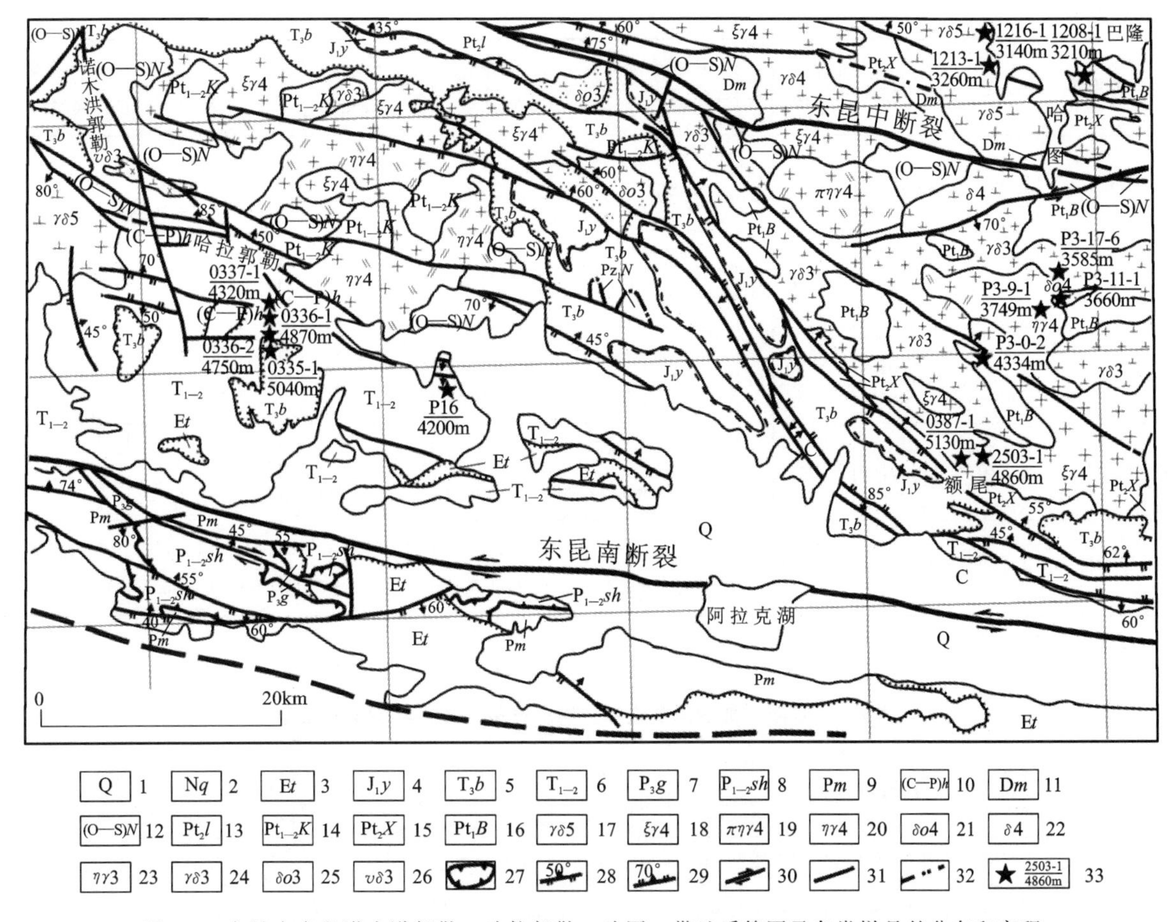

图 6-4 东昆仑东段诺木洪郭勒—哈拉郭勒—哈图一带地质简图及各类样品的分布和高程

1.第四系;2.新近纪曲果组;3.古近纪沱沱河组;4.早侏罗世羊曲组;5.晚三叠世八宝山组;6.早中三叠世洪水川组、闹仓坚沟组;7.晚二叠世格曲组;8.早中二叠世树维门科组;9.早中二叠世马尔争组;10.石炭纪—二叠纪哈拉郭勒组、浩特洛哇组;11.泥盆纪牦牛山组;12.奥陶纪—志留纪纳赤台群;13.中元古代狼牙山组;14.古中元古代苦海杂岩;15.中元古代小庙岩群;16.古元古代白沙河岩群;17.印支期花岗闪长岩;18.海西期钾长花岗岩;19.海西期似斑状二长花岗岩;20.海西期二长花岗岩;21.海西期石英闪长岩;22.海西期闪长岩;23.加里东期二长花岗岩;24.加里东期花岗闪长岩;25.加里东期石英闪长岩;26.加里东期辉石闪长岩;27.推覆构造;28.逆断层及产状;29.正断层及产状;30.平移断层;31.性质不明断层;32.韧性剪切带;33.样品位置、编号及样点高程

表 6-3 研究区不同高程基岩锆石裂变径迹年龄测试结果

位置	样品号	样点海拔(m)	岩石名称	时代或层位	颗粒数(个)	中值年龄(Ma)	χ^2年龄(Ma)	P1 年龄峰值(Ma)	P2 年龄峰值(Ma)	P3 年龄峰值(Ma)
哈图一带	1213-1	3 260	花岗闪长岩	225 Ma	15	157.5(−6.9/+7.2)	158.3(−6.5/+6.7)	158.4(100.0%)(−6.5/+6.7)		
	P3-11-1	3 660	石英闪长岩	280 Ma	15	156.1(−7.5/+7.9)	156.1(−7.2/+7.6)	156.2(100.0%)(−7.2/+7.6)		
	P3-9-1	3 749	二长花岗岩	430 Ma	10	152.0(−7.1/+7.4)	152.0(−7.1/+7.4)	152.0(100.0%)(−7.1/+7.4)		
	P3-0-2	4 334	钾长花岗岩	351 Ma	12	172.4(−7.3/+7.6)	172.4(−7.3/+7.6)	172.4(100.0%)(−7.3/+7.6)		
	2503-1	4 860	钾长花岗岩		13	179.2(−7.8/+8.1)	179.8(−7.1/+7.4)	179.9(−7.1/+7.4)		
	0387-1	5 130	钾长花岗岩		27	181.1(−7.9/+8.2)	182.3(−6.9/+7.2)	182.4(100%)(−6.9/+7.2)		

续表 6-3

位置	样品号	样点海拔(m)	岩石名称	时代或层位	颗粒数(个)	中值年龄(Ma)	χ^2 年龄(Ma)	P1 年龄峰值(Ma)	P2 年龄峰值(Ma)	P3 年龄峰值(Ma)
哈拉郭勒南侧	0335－1	5 040	砂岩	T_3b	45	179.9 (－7.7/＋8.0)	173.5 (－6.3/＋6.5)	170.3(86.6%) (－6.9/＋7.2)	277.0(13.4%) (－31.5/＋35.4)	
	0336－2	4750	火山岩	$T_{1-2}h$	15	168.7 (－8.3/＋8.7)	168.6 (－8.3/＋8.7)	168.7(100.0%) (－8.3/＋8.7)		
	0336－1	4 870	火山岩		22	164.8 (－8.4/＋8.8)	164.7 (－8.4/＋8.8)	164.8(100.0%) (－8.4/＋8.8)		
	0337－1	4 320	火山岩		19	160.9 (－6.6/＋6.9)	160.9 (－6.6/＋6.9)	160.9(100.0%) (－6.6/＋6.9)		
	P16	4 200	砂岩	T_2n	75	171.5 (－7.2/＋7.5)	151.5 (－4.8/＋5.0)	148.2(53.6%) (－6.8/＋7.1)	193.3(40.4%) (－12.9/＋13.8)	468.4(6.0%) (－48.9/＋54.4)

注:误差为 65%置信度。

表 6-4　哈图一带不同高程基岩磷灰石裂变径迹年龄测试结果

样品号	样点海拔(m)	岩石名称	侵入时代	测量颗粒数	中值年龄(Ma)	χ^2 年龄(Ma)
1213－1	3 260	花岗闪长岩	T_3(225Ma)	20	82.3(－9.4/＋10.6)	82.9(－8.7/＋9.7)
P3－0－2	4 334	花岗闪长岩	S_1(430Ma)	20	98.2(－17.5/＋21.3)	88.8(－11.9＋13.7)
0387－1	5 130	钾长花岗岩	C_1(351Ma)	20	92.8(－12.0/＋13.7)	92.9(－11.8/＋13.4)

注:误差为 95%置信度。

表 6-5　哈图一带中酸性侵入岩中角闪石全铝压力计算结果

序号	样品号	岩石名称	时代	角闪石 Ti 克分子含量	角闪石 Si 克分子含量	角闪石 Al^T 克分子含量	结晶压力($\times10^5$Pa)	推算结晶深度(km)
1	1208－1	花岗闪长岩	T_3(229~225Ma)	0.007	7.881	0.150	－2.83	
				0.016	7.786	0.229	－2.49	
				0.017	7.807	0.203	－2.60	
				0.008	7.868	0.139	－2.87	
2	1213－1	花岗闪长岩		0.123	6.994	1.285	1.97	6.8
				0.075	7.154	1.079	1.10	3.8
				0.055	7.492	0.695	－0.52	
				0.111	7.007	1.229	1.74	6.0
3	1216－1	花岗闪长岩		0.158	6.922	1.321	2.13	7.3
				0.167	6.686	1.620	3.39	11.7
				0.148	6.986	1.198	1.61	5.5
				0.159	6.816	1.444	2.64	9.1

续表 6-5

序号	样品号	岩石名称	时代	角闪石 Ti 克分子含量	角闪石 Si 克分子含量	角闪石 Al^T 克分子含量	结晶压力 ($\times 10^5$ Pa)	推算结晶深度(km)
4	P3－11－1	石英闪长岩	P_1(280Ma)	0.149	6.809	1.454	2.69	9.3
				0.172	6.725	1.627	3.42	11.8
				0.194	6.702	1.511	2.93	10.1
				0.117	6.601	1.861	4.41	15.2
5	P3－17－6	石英闪长岩		0.139	6.940	1.395	2.44	8.4
				0.162	6.799	1.567	3.17	10.9
				0.162	6.832	1.472	2.77	9.6

注：侵位深度换算时取地壳平均密度为 2.9g/cm³。

（二）解释

哈图一带的晚三叠世花岗闪长岩的一件样品 1208－1 的角闪石在 Ti－Si 图解上均落入 C 区，即次生交代角闪石区（图 6-5），显示出经受了明显的次生交代作用，不能进行角闪石压力计算；另一件花岗闪长岩样品 1213－1 中一个成分点明显落入次生交代角闪石区（图 6-5），另一个成分点落在次生交代角闪石区和酸性岩浆结晶角闪石区的交界地带，也显示遭受了一定次生交代的影响，估算结果偏小，其他两个角闪石颗粒成分点落入酸性岩浆结晶角闪石区，结晶压力分别为 1.74kb 和 1.97kb，相当的岩体侵位深度为 6～7km。1216－1 号样品的 4 个角闪石颗粒成分点均落入酸性岩浆结晶角闪石区（图 6-5），估算的岩浆结晶压力平均值为 2.44kb，相当的岩体侵位深度为 8.4km。因此晚三叠世花岗闪长岩的侵位深度大体为 8km。哈图沟南端的石英闪长岩的一件样品（P3－11－1）的 4 个角闪石颗粒成分点有 3 个落入或偏向深源捕虏晶区（B 区）（图 6-5），代表岩浆就位过程中结晶较早的角闪石，不能反映就位深度，只有一个成分点落入 A 区，其结晶压力为 2.69kb，相当的结晶深度为 9.3km，可作为岩体侵位深度的上限；另一件石英闪长岩样品 P3－17－6 的 3 个角闪石颗粒成分点中有两个落在 A 区和 B 区过渡带，显示出具一定深源捕虏晶特点，另一个成分点落入 A 区的角闪石估算的结晶压力为 2.44kb，相当的结晶深度为 8.4km，大体可代表岩体的侵位深度。因此，早二叠世石英闪长岩的侵位深度约为 8～9km。

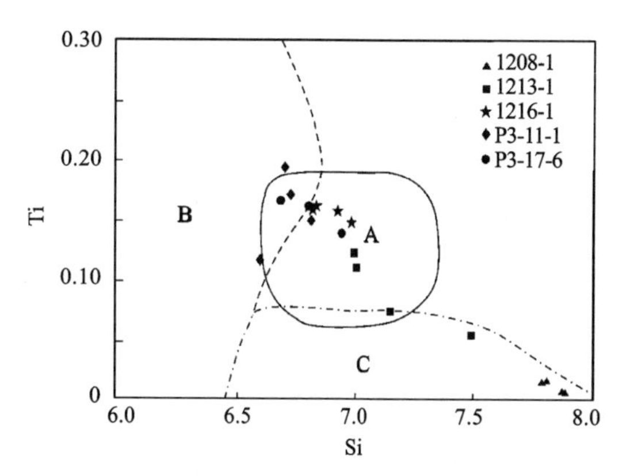

图 6-5　哈图一带中酸性侵入岩体 Ti－Si 图解
A. 酸性岩浆结晶的角闪石；B. 深源捕虏晶；
C. 次生交代角闪石

总之，哈图一带晚海西-印支期以来的总体剥露幅度为 8～9km。此外，早二叠世石英闪长岩与晚三叠世的花岗闪长岩即便算上两岩体间现在的海拔高度差，其侵位深度差值也仅 1～2km，可能反映早二叠世至晚三叠世期间极为缓慢的剥蚀速率，大约为 20～40m/Ma。

哈图一带花岗岩区的锆石裂变径迹颗粒年龄分析显示，各样品均显示为单峰分布，峰值年龄、中值年龄和 χ^2 年龄具有良好的一致性，说明尽管各样品的形成时代存在差异，但各样品在中生代时期冷却经过锆石裂变径迹封闭温度等温面后再没有因为后期的构造-热事件而发生热重置或部分热重置，同一样品的不同锆石颗粒由于形成时物理化学条件较均一，因此其铀含量大体一致，形成的裂变径迹在其经历的热历史过程中具有类似的热行为，由此，各样品记录的锆石裂变径迹中值年龄可以反映样品冷却经过锆石裂变径迹封闭温度等温面的时间。如果不同样品在同一块体内受统一的隆升—剥露—冷却过程的控制，那么裂变径迹年龄与样品点海拔高程之间的关系就能反映该块体的一段隆升—剥露历史。综合各样品的高程和年龄关系，可以看出，除 1213－1 号样品明显偏离外，其他

5件相对集中的样品的锆石裂变径迹年龄与海拔高程总体存在明显的正向关系，即随海拔高程的增高而增大[见表6-3，图6-6(a)]，假定等温面保持不变，利用线性回归计算出181～152Ma之间的绝对平均抬升速率约为47.2m/Ma。另外，从图6-6(a)中还可以看出，较早期(181～172Ma之间)平均抬升速率约88m/Ma，而较晚期(172～152Ma之间)平均抬升速率约37m/Ma，特别是两件相对较低海拔的样品(P3-9-1和P3-11-1)所反映的锆石裂变径迹年龄在156～152Ma之间，几乎没有抬升，反映了此时已逐渐转为稳定。1213-1号样品的明显偏离与它和其他5件样品相距较远分属不同的块体有关，其间为东昆中断裂分隔。

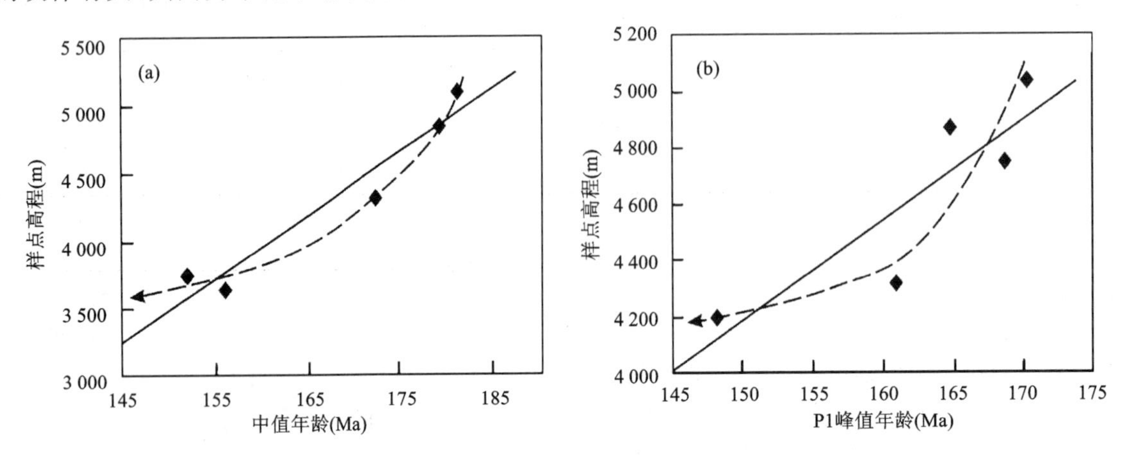

图6-6　东昆仑东段巴隆乡哈图和哈拉郭勒一带锆石裂变径迹年龄-样点高程图解

(a)哈图一带侵入岩中锆石裂变径迹年龄随高程的变化；(b)哈拉郭勒沟南侧三叠纪碎屑岩和火山岩中锆石裂变径迹年龄随高程的变化

结合磷灰石裂变径迹年龄(见表6-4)，东昆中断裂北侧1213-1号样品反映的157.5～82.3Ma之间的平均冷却速率为1.6℃/Ma，假如冷却是由剥露引起，以地温梯度30℃/km计，换算的剥蚀速率为53.3m/Ma，82.3Ma以来的平均冷却速率为1.2℃/Ma，换算的剥蚀速率为40m/Ma；东昆中断裂以南的P3-0-2号样品反映的172.4～98.2Ma之间的平均冷却速率为1.6℃/Ma，换算的剥蚀速率为53.3m/Ma，98.2Ma以来的平均冷却速率为1.0℃/Ma，换算的剥蚀速率为33m/Ma；0387-1号样品反映的181.1～92.8Ma之间的平均冷却速率为1.4℃/Ma，换算的剥蚀速率为47m/Ma，92.8Ma以来的平均冷却速率为1.0℃/Ma，换算的剥蚀速率为33m/Ma。不同样品记录的岩石剥蚀速率相似，即平均剥蚀速率介于33～53m/Ma，且中侏罗世—早白垩世略快，为33～53m/Ma，而晚白垩世以来为33～40m/Ma。

阿布特哈达—哈拉郭勒一带锆石裂变径迹年龄颗粒年龄分析结果显示[表6-3，图6-6(b)]，两件火山岩样品的锆石裂变径迹颗粒年龄具有良好的单峰年龄分布，且中值年龄、χ^2年龄和峰值拟合年龄具有良好的一致性，反映不同测年颗粒的铀含量大体一致，形成的裂变径迹在其经历的热历史过程中具有类似的热行为。而两件砂岩样品具有较复杂的颗粒年龄构成，反映碎屑锆石的不同来源和不同成因。较老的峰值年龄(P2和P3)反映的是一些具有低铀含量的古老锆石在后期构造-热事件中裂变径迹未受到彻底的热重置，峰值年龄数据不具备更多的地质意义，而最小的峰值年龄(P1)反映的是样品剥露冷却最后一次离开锆石裂变径迹封闭温度等温面或经受构造-热事件后冷却最后一次构造-热事件后冷却离开锆石裂变径迹封闭温度等温面的时间，因此在进行冷却历史分析时，最小的峰值年龄(P1)具有最重要的热历史意义。这样，根据峰值拟合年龄P1与样点海拔高程之间关系得出170～148Ma之间的平均抬升速率为35.7m/Ma[图6-6(b)]。另外从图6-6(b)中也可看出抬升速率减慢的趋势，170～160Ma之间具有相对较快的抬升，抬升速率约77m/Ma，而160～148Ma之间抬升速率极为缓慢，约9m/Ma。

（三）结论与讨论

根据上述分析，可以概括出以下结论和推论：

(1) 哈图一带晚海西-印支期以来的总体剥露幅度为 8～9km。早二叠世—晚三叠世初为剥蚀作用极为缓慢阶段，大约为 20～40m/Ma。这种低速缓慢剥蚀阶段说明，当时哈图一带不应出现很大的地貌反差，而可能反映了当时的近海地带的较平缓地势。在二叠纪—中二叠世，其南部不远的东昆南地区广泛发育海侵地层，尽管早三叠世洪水川组与下伏地层间存在区域性的角度不整合，但看来并没有造成长期快速抬升剥露的巨型山系。

(2) 两个地形剖面的系列样品的锆石裂变径迹年龄分析结果都揭示了东昆仑地区在中晚侏罗世处于缓慢的隆升剥露阶段，其中中侏罗世相对较快，抬升速率为 77～88m/Ma，晚侏罗世相对较慢，抬升速率小于 37m/Ma，且呈现越来越慢的趋势。这种抬升作用的减慢趋势预示着在中侏罗世早期或早侏罗世晚期存在一次构造强抬升时期，这一构造强抬升时期应对应着晚三叠世八宝山组—早侏罗世羊曲组构造层的褶皱冲断变形，锆石裂变径迹所记录的中晚侏罗世的抬升历史可能是早中侏罗世之交强构造抬升期的逐渐衰退。

(3) 锆石裂变径迹结合磷灰石裂变径迹测试结果反映中侏罗世以来的剥蚀速率也很缓慢，一般不超过 55m/Ma。岩石的剥蚀速率与锆石裂变径迹年龄-高差法推算的岩石抬升速率基本为同一量级，也就是说至少在侏罗纪—白垩纪期间剥蚀作用与岩石抬升作用基本处于平衡状态，反映了当时的一种相对稳定的构造状态。

第二节　第三纪高原隆升与夷平面的形成

根据测区内第三纪地层沉积特征及反映的古地理、古气候和古构造特征等资料，我们认为本区第三纪存在一次地面抬升、一次强烈隆升和两期夷平阶段。依据如下。

一、渐新世地面抬升阶段

测区最老的新生代地层为沱沱河组，为一套红色陆相碎屑岩建造。下段具明显的旋回结构特征，即由砾岩—含砾砂岩—泥质粉砂岩构成的旋回沉积；中段基本层序特征为含砾粗砂岩与粉砂质泥岩构成的韵律性旋回沉积；上段表现为由粉砂岩、泥岩构成的向上变细的沉积韵律。整套地层均为紫红色色调，反映了干旱炎热的气候环境。沱沱河组分布于马尔争—布青山一带，特别是在马尔争内部的断裂带中及研究区西部的布尔汗布达山南、北两侧均有分布，并在靠近山系处往往为以中等角度倾角向山系外倾斜，说明沉积时马尔争-布青山和布尔汗布达山山系尚未形成。沱沱河组下段和中段以复成分砾岩为主的粗碎屑沉积物的出现，揭示出研究区沱沱河组沉积的早中期发生了较强烈的构造运动，但强氧化色反映的干旱炎热气候环境说明海拔高度低于 2 000m。此期地面抬升发生于沱沱河组沉积的早中期，笔者未获沱沱河组时代资料。与区域资料对比，沱沱河组中下段相当于沱沱河组正层型剖面——格尔木市唐古拉山乡阿布日阿加宰剖面的沱沱河组全部，其精确沉积时代尚有争议，大多数资料将其归于古近纪。根据与其整合接触的上覆地层为古近纪沱沱河组上段和中新世五道梁组，其时代可能为渐新世，此期构造运动属于喜马拉雅运动。

二、中新世夷平阶段

青藏高原夷平面的确认被认为是 20 世纪 70 年代以来大规模地貌考察的重要成果之一。崔之久等认为青藏高原存在两级夷平面，一级夷平面为山顶面；二级夷平面为主夷平面。夷平面调查结果表明研究区只有一期经过后期构造隆升不均一改造的主夷平面。主夷平面上普遍发育一层暗褐色粘土，在马尔争海拔 5 400m 的灰岩区夷平面上可见钟乳石、岩溶角砾岩和砖红色粘土等。主夷平面的高程具有东西向排列的盆岭地貌特点，反映上新世青藏运动以来不均衡差异断块抬升。夷平面的形态保存状况也与高原差异隆升关系密切，相对隆升强烈的布尔汗布达山和马尔争—布青山一带的夷平面保存面积较小，而相对隆升较小的牙马托—浩特洛哇和扎拉依—扎加一带及高原腹地的巴颜喀拉山区的夷平面保存面积较大，可见明显的平顶山地貌。

夷平面是外营力长期侵蚀的结果，它的形成需要长时期的构造相对稳定。研究区沱沱河组上段表现为巨厚的紫红色粉砂岩与泥岩构成的细碎屑沉积及新近纪五道梁组石膏沉积，表明研究区存在一段长时期低地貌反差及构造稳定期。沱沱河组上部整合于可作为标志层的含石膏层五道梁组之下，相当于正层型剖面——格尔木市唐古拉山乡阿布日阿加宰剖面的雅西措组(因位于产石膏的五道梁组之下的雅西措组以碳酸盐岩为主，而研究区以细碎屑岩为主，故将其并入沱沱河组)。区域上雅西措组含轮藻：*Obtusochara brevicylindrica*；介形虫：*Eucypris mutilis*，*Candoniella* sp.；腹足类：*Voluto* sp.。总体时代属中新世，部分资料显示可达渐新世。五道梁组含介形虫：*Eucypris qaibeigouensis*；孢粉：*Abietineaepollenites*，*Tricolpopollenites*，时代相当于中新世。根据夷平面溶洞中新生方解石的裂变径迹年龄在 19～7Ma 之间，及主夷平面上的岩溶洼地沉积中发现的三趾马动物群，大部分为晚中新世的代表分子，推断主夷平面的形成时代应为中新世。

三、上新世强烈隆升阶段

经历了中新世构造稳定时期后，于上新世开始了新一轮粗碎屑沉积(曲果组)，表明地貌反差增大，构造活动重趋活跃。曲果组下部为以砾岩为主的湖滨及河道粗碎屑沉积环境；随着湖进的发展，水体逐渐加深，中部出现泥岩、泥灰岩与细砂岩和粉砂岩互层为特征的沉积序列，生物大量繁殖；上部以砾岩为主的粗碎屑沉积明显增加，生物衰亡，沉积环境逐渐从滨湖向扇三角洲相转变。曲果组产轮藻：*Charites* sp.；腹足类：*Galba* sp.；介形类：*Candona* sp.，*Candoniella* sp.，*Cyclocypris* sp.，*Ilyocypris* sp.，*Eucypris* sp.，*Leucocythere* aff. *tropis*，*Candoniella formosa*。其中 *Leucocythere* aff. *tropis* 常见于共和盆地上新世曲果组和早更新世阿乙亥组，*Candoniella formosa* 见于柴达木盆地上新世晚期狮子沟组。区域上该套地层广泛分布于唐古拉山与巴颜喀拉山地区，局部地区见不整合覆于五道梁组之上，时代归为上新世。曲果组两套粗碎屑夹一套细碎屑沉积组合，反映了研究区上新世发生了两期构造活动和一期相对构造稳定时期，而沉积物颜色由沱沱河组的紫红色变为曲果组的灰褐色与黄灰色、灰色交替变化，反映了研究区气候已由中新世的干旱炎热转为上新世的温暖潮湿，这种变化可能与上新世构造隆升造成的海拔升高有关。这两期构造活动相当于青藏运动 A 幕和 B 幕。

第三节　第四纪高原隆升及其沉积、环境与地貌响应

一、第四纪高原隆升与盆山耦合

(一) 成因类型与相变示踪

研究区最老的第四纪沉积——阿拉克湖北侧的早更新世早期(1 840～1 525ka B P)沉积仍显示为一套相对稳定的粉砂质、泥质湖相沉积，后转为砾、砂、粉砂、粉砂质粘土旋回发育的湖三角洲沉积，反映

当时的古地理景观为平缓高原上的内陆湖泊，并未出现反映地貌反差大的冲洪积物。

早更新世中晚期(1 525ka B P以后)，北部布尔汗布达山南坡发育的一套以冲积砾石层为主、部分洪积砾石层的山区河流相沉积，说明布尔汗布达山地区出现了明显的地貌反差，南部的查哈西里一带仍为继承早更新世早期的湖滨相的砂砾石沉积。这种沉积相的差别说明，青藏运动时期布尔汗布达山开始强烈上升，而南部的马尔争-布青山及更南部的查哈西里山并没有突出高原面。早更新世晚期(1 113.9～836ka B P)马尔争—恩达尔可可—布青山一线开始控制沉积作用，两侧沉积由湖滨砾石层逐渐转为地貌反差较大的冲积砂砾石层，其中郭勒乌苏—八宝滩一带的早更新世晚期的河湖相沉积明显夹持于北侧的布尔汗布达山和南侧的马尔争山之间，具山间盆地的性质，反映南侧的马尔争山发生了强烈隆升。更南部的查哈西里山此时表现为广泛的沉积区，并未成山，这里早更新世地层向南缓倾，层位随地形海拔的升高而升高，测得的最高层位沉积年龄为 979.6ka B P，反映查哈西里山的崛起发生在早更新世以后。但是，沉积特征显示出由湖相向冲洪积相的转变，反映物源区地貌差异性加大的趋势。

中更新世早期出现一套冰碛物，即望昆冰碛层，其主要分布在布尔汗布达山的南坡，说明中更新世早期布尔汗布达山已上升到相当高的海拔高度。

中更新世中晚期，仅在阿拉克湖至红水川南侧的恩达尔可可山-布青山北缘分布有洪冲积砾石沉积，OSL 年龄(179.8±18.1)ka B P，东邻冬给措纳湖幅的查干额热格中更新世剖面的热释光年龄分析和磁性地层分析显示沉积时代为 300～110ka B P，这些沉积明显受恩达尔可可山-布青山崛起的控制。查哈西里山一带及北侧未见中更新世沉积，但南侧错陇日阿地区发育内陆盆地沉积，说明查哈西里此时已上升并将沉积中心迁移到南侧错陇日阿一带。伴随中晚更新世之交的共和运动，研究区布尔汗布达山、马尔争山-布青山进一步崛起，并进入倒数第二期冰期，布尔汗布达山、布青山、扎加—扎日加和琼走—错尼等山区均见冰碛和冰蚀谷，在工作区南侧扎日加东南测得冰水沉积物 OSL 年龄为(151±13.2)ka B P。

(二) 物源和古流向示踪

早更新世中期(1 525.5～1 113.9ka B P)北部的布尔汗布达山已经崛起，并在南侧山前发育冲洪积，而南部的查哈西里山为滨湖沉积区，滨湖相砂砾石层的砾石成分以灰绿色砂岩和脉石英占绝大部分，没有见到第三纪的紫红色砂砾岩的砾石[图 6-7(g)]，说明此时查哈西里山一带滨湖沉积的物源区不可能来自北部，因为北侧基岩大量分布的是第三系紫红色碎屑岩系，因此，物源主要为南部的巴颜喀拉山群分布区。进入早更新世晚期(1 113.9～836ka B P)，查哈西里山一带冲洪积砂砾石层中除仍有较多的灰绿色砂岩、板岩和脉石英外，第三纪的紫红色砂砾岩占有极大的比例，最高含量达 50%[图 6-7(g)]，反映物源为北侧的第三纪地层分布区，山顶最高层位粗的冲洪积物的砾石扁平面产状统计也反映物源来自北部(图 6-8)。这种砾石成分的变化所反映出的物源的变化说明，在早更新世末期，北部恩达尔可可-布青山开始崛起，成为南部查哈西里沉积物的物质供应区。往西的马尔争山两侧早更新世晚期(836.3ka B P)的沉积物也反映与马尔争山的崛起存在密切关系。马尔争山北部郭勒乌苏—八宝滩一带早更新世晚期的湖积-冲积的砾石层中主要为二叠纪树维门科组礁灰岩(靠南侧达 98%以上)和 第三系的紫红色砂岩(局部达 60%)，少量为板岩、火山岩，这些物质显然系来自于南侧广泛分布于马尔争山一带的相应地层，在八宝滩靠上部层位的冲积物测得砾石总体扁平面产状为 230°～240°∠22°～25°，也显示主体由南西向北东的水流方向；马尔争山南侧的早更新世晚期的砾石成分同样以生物灰岩和紫红色砂岩为主，少量灰绿色砂岩、板岩和花岗岩，物质来自于北侧的马尔争山，而非南侧的巴颜喀拉山群的砂板岩。由此说明早更新世晚期马尔争山-恩达尔可可山-布青山强烈隆起并起到控制两侧盆地沉积的作用。

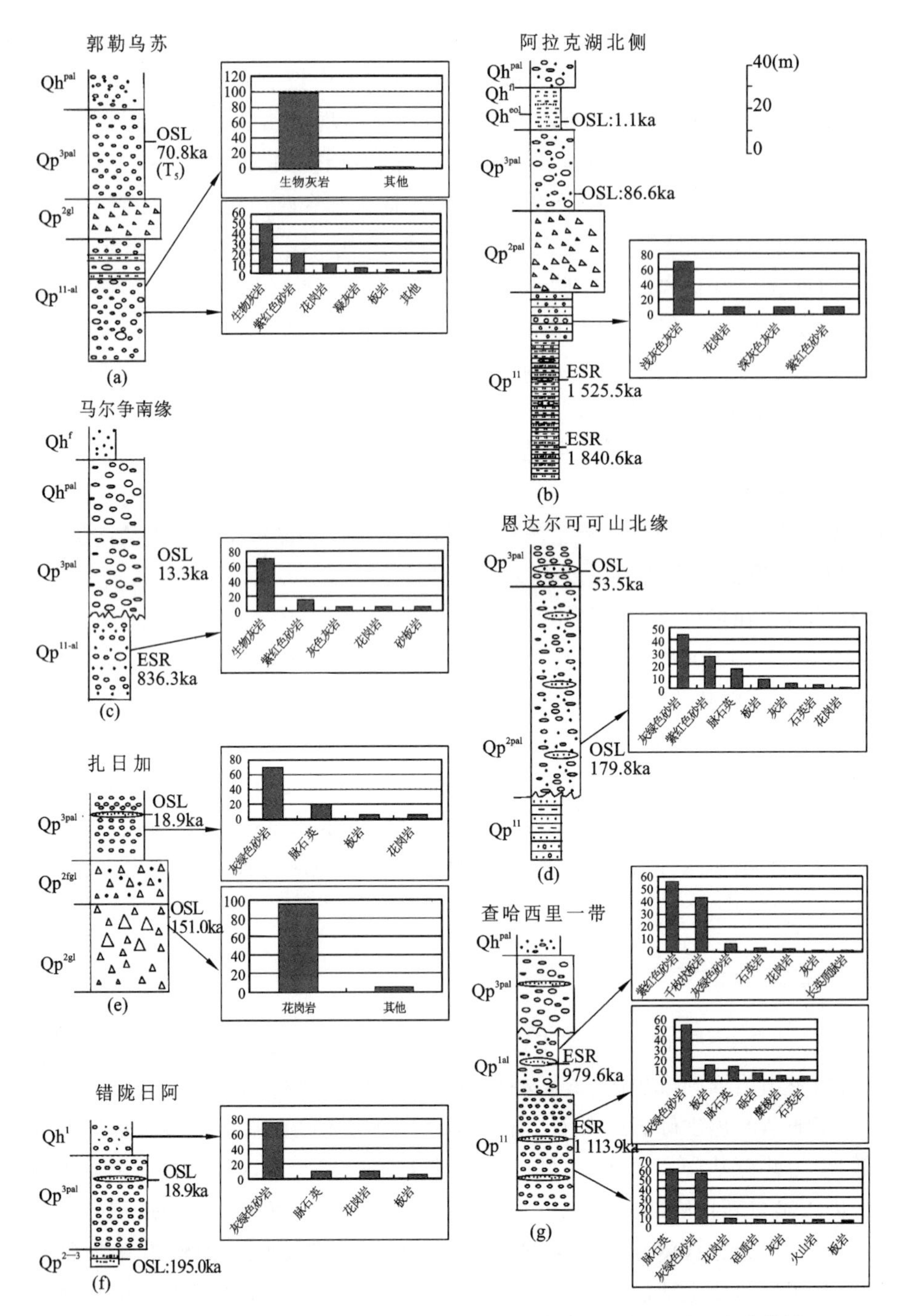

图 6-7　东昆仑阿拉克湖一带不同部位第四纪综合地层柱及砾石成分统计

中更新世，分布于恩达尔可可山(马尔争山-布青山带)北麓的冲洪积砂砾石层的砾石成分也以灰绿色砂板岩、石英岩和紫红色砂岩为主[图 6-7(d)]，反映为来自强烈隆起剥蚀的恩达尔可可山(马尔争山-布青山带)的近源堆积，与早更新世晚期相比，地貌反差明显增大。晚更新世研究区广泛发育冲洪积扇群，北部及中部地区冲洪积扇群与现代地貌格局基本匹配，主要分布于布尔汗布达山、马尔争山两侧山前谷地，物源来自相邻山区，反映布尔汗布达山与马尔争山-布青山之间的山-谷相间的现代地貌格局在晚更新世已基本定形。查哈西里山体现代地貌形态显示为北部较陡，南部则极为平缓，与此相适应，北侧山前的晚更新世冲洪积扇群也较明显，显示晚更新世时查哈西里山的崛起及其对北侧洪积扇

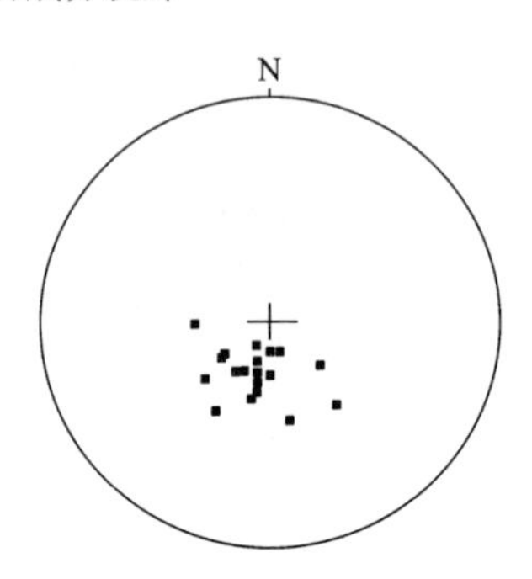

图 6-8　查哈西里早更新世洪冲积物的砾石扁平面产状极点图(下半球投影)

群的控制。查哈西里山南部与青藏高原腹地的丘形地貌缓缓过渡,在过渡部位的洼地中继承中更新世的高原湖泊沉积。更南部至扎陵湖北侧广大地区出现一系列的北东-南西方向的宽缓谷地。这些谷地由于其流线形、贯穿形的特点而被认为是倒数第二或第三次冰期冰盖作用的侵蚀地貌,但我们在这一带的地质调查结果表明,除了靠近扎加-扎日加出现与扎加-扎日加的局部高山地貌相适应的中晚更新世的冰碛或冰水沉积外,没有找到大规模冰盖作用的依据。宽缓槽谷中主要分布的是晚更新世的冲洪积物,与水流作用有关。但值得注意的是,这些谷地多显示出由南向北逐渐变宽的趋势,水系的发育也很有特色,虽然主谷地的河流现一般由北向南流向扎陵湖,但支流往往呈现由南向北汇入主谷地河流。这种水系结构特点说明,扎陵湖北侧晚更新世时期的水流流向为由南向北,物质向北汇入查哈西里山南侧的高原湖泊,后由于北部查哈西里山的持续抬升,南部黄河水系向北袭夺原向北流的河流,并造成北侧湖泊的萎缩消失。由此看来,查哈西里山高出高原面的抬升作用(成山作用)主要成形于晚更新世时期,晚于北部的马尔争山-布青山。

(三)第四纪盆山迁移规律及其动力学

从上述分析可以看出,研究区有证据的显著地貌分异首先出现于北部的布尔汗布达山,即早更新世中晚期的1 525ka B P左右,马尔争山-布青山的成形发生于早中更新世之交,这次成山作用在整个青藏高原昆仑-黄河源地区具有广泛影响。崔之久等(1998)对昆仑垭口地区的研究,将这一期间(1 100～700ka B P)发生的构造运动称为昆仑-黄河运动。这一成山作用事件也影响到北部祁连山地区。根据赵志军等(2001)的研究,祁连山北部角度不整合于玉门砾岩之上的酒泉砾石层底部的年龄为840ka B P,不整合面年龄为930～840ka B P,与昆仑-黄河运动在时间上可进行对比。研究区更南部的查哈西里山在1 113.9～979.6ka B P间的沉积特征也显示了这一事件的影响,即由湖相转变为冲洪积相。但在这一时期查哈西里山总体仍为沉积区,山系并未形成,其真正突出高原面构成现代地貌轮廓发生于早更新世之后。因此,研究区3条主要山系的成形时间表现出由北向南的迁移。这种山系地貌的迁移性也影响到高原湖盆沉积中心的迁移。早更新世中期湖盆沉积中心应在阿拉克湖一带,中晚期则迁移至查哈西里山一带,而早更新世之后由于查哈西里山的隆起,盆地沉积中心继续南移至错陇日阿一带,全新世以来盆地沉积中心南移至现今的扎陵湖区。

究竟是什么动力因素控制青藏高原北部第四纪的成山作用及其迁移性?长期以来人们一般习惯于将青藏高原的抬升过程与印度板块和欧亚板块碰撞后的陆内俯冲挤压相联系,并常常将青藏高原周缘山系的成山作用过程与青藏高原的整体隆升未加区别地进行讨论。近年来,人们开始注意到高原周缘山系地质过程的特殊性。Bendick 和 Bilham(1999)通过对比喜马拉雅山前缘和阿尔金山前缘的最大垂直隆升速率、最大河流侵蚀速率、最大地貌差异、微震事件频率以及最大应力方向旋转等认为,青藏高原南北缘具有响应一个单一应力场,提出很可能受构造和重力势能之间的平衡所控制。崔之久等(1998)提到昆仑-黄河运动为抬升—断陷的突发式的隆升过程,并特别提到西大滩谷地及两侧山系是伴随东昆南走滑断裂的活动而产生相应的断块山和断陷谷。赵志军等(2001)提出青藏高原北部在早中更新世之交为强烈的构造挤压隆升,但并没有对挤压作用的构造依据进行论述。

研究表明,东昆仑地区所呈现的成山作用的迁移性显示出特殊的构造背景和动力机制,主要动力机制为地壳强烈加厚和整体抬升后高原边缘的重力失稳垮塌及均衡作用。具体表现为一系列伸展条件下的断块成山和断陷成谷,这种伸展构造格局已被野外地质调查发现的大量第四纪伸展断裂构造所佐证,且这种伸展断裂构造与地貌形态常呈现出明显的相关性。如布青山为一不对称山系,其北坡相对高差大,南坡相对高差小,与此相应的伸展构造特征是北坡发育向北的阶梯状正断裂系统,而南坡发育堑垒构造;布尔汗布达山为一近对称的山系,因而表现为近对称的一套背向式正断层体系或滑脱裂隙系统(图6-9)。这种与地貌相匹配的构造组合形式显然与两大山系的差异隆升崛起有关。最南部的查哈西里山南坡缓、北坡陡,更新世地层缓倾向南,与南坡缓坡坡角近一致,地貌形态和第四纪地层产状呈现出受北部边界断裂控制的掀斜构造。人们也许会将这种伸展构造解释为东昆仑地区第四纪的明显左旋走滑断裂的派生构造,问题是这些伸展正断层系统在产状上与昆仑左旋走滑断裂近平行产出,与由东昆仑左旋走滑断裂派生的张性结构面在空间产状配置关系上是不相符合的。成山作用的深部过程可能反映为青藏高原北部岩石圈根的拆沉作用，地球物理资料已经显示青藏高原北部岩石圈地幔相对于南部出现明显减薄，异常热的岩石圈地幔出现有部分熔融，在地表出现有碱性火山岩活动。

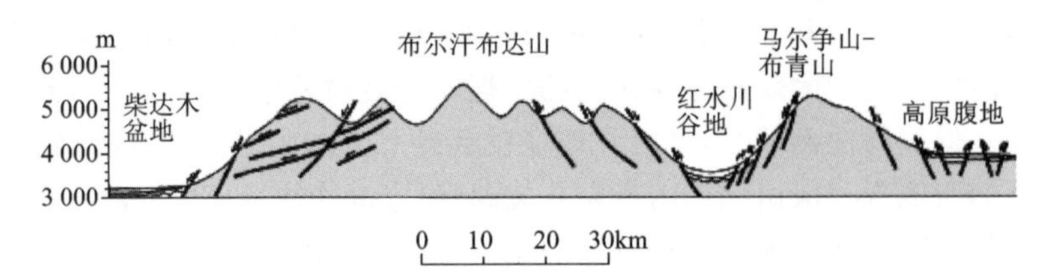

图 6-9 东昆仑地区现代地貌与更新世伸展断裂系统示意图

二、第四纪高原隆升与水系变迁

（一）水系变迁历史

根据高原隆升引起的沉积响应记录，本区高原隆升引起的水系变迁大致经历了下列阶段。

1. 早更新世小型内陆盆地无序水系阶段

早更新世早期(1 840～1 525ka B P)，先为一套粉砂质、泥质湖相沉积，后转为砾、砂、粉砂、粉砂质粘土旋回发育的湖三角洲沉积，孢粉组合显示当时的植被为针、阔叶混交林草原植被与疏林草原植被交替出现；介形虫反映主要为淡水环境，介形虫化石数量多，但壳壁都很薄，反映当时湖泊面积较大，水体平静。相应气候为温暖、温凉及干湿交替，反映当时地壳运动相对稳定，但高原隆升已达到一定高度。

早更新世中期(1 525～1 113.9ka B P)，为河流砂砾卵石—湖积砂砾卵石沉积，是青藏运动C幕的沉积响应。该地层主要分布于布尔汗布达山南坡，反映青藏运动时期布尔汗布达山的强烈上升。

早更新世晚期(1 113.9～836ka B P)，先为湖滨砾石沉积，后转为河流砂砾卵石沉积，是昆仑-黄河运动的沉积响应。因该时期地层广泛发育于马尔争山南、北两侧，反映昆仑-黄河运动时期布青山的强烈上升。古地理景观为伴随着布青山的隆升形成郭勒乌苏、查哈西里两个内陆盆地或谷地，并发育围绕沉积盆地的短程河流。此时柴达木盆地水系尚未越过布尔汗布达山。

2. 中更新世冰川水系与东流水系发育阶段

早更新世末期的昆仑-黄河运动在研究区活动强烈，研究区中部的查哈西里早更新世沉积盆地强烈上升，使昔日的古湖盆隆升为今日分水岭，而南部则相对下沉，形成错陇日阿和鄂陵湖-扎陵湖盆地。并随着进一步隆升和环境变化，在中更新世早期，布青山、扎加和布尔汗布达山已升到雪线以上的高度，开始发育冰川。该期冰碛物分布在布尔汗布达山南坡、布青山、扎加-扎日加和琼走-错尼等山区，在冰碛物的外侧可见冰水沉积。另外，在阿拉克湖至乌兰乌苏郭勒南侧发育一套中更新世洪冲积砾石沉积，应系间冰期产物。根据冲积层的动力学标志和河谷地貌特征分析，大约沿昆南构造带即现在阿拉克湖—托索湖一带自中更新世可能存在一条自西向东的大河。上述资料说明，昆仑-黄河运动使得本区差异升降加剧，布青山、布尔汗布达山的隆起和昆南断裂带(阿拉克湖—托索湖)一带、错陇日阿湖及鄂陵湖-扎陵湖地区的下陷，使本区形成近东西向排列的盆山格局。与此同时，随着布尔汗布达山的隆起和柴达木盆地的相对下陷，形成了两山相隔的三大水系，即北区的柴达木南缘内陆水系、阿拉克湖-托索湖古河水系(可能向东与共和古河湖相连)和错陇日阿内陆水系及扎陵-鄂陵两湖内陆水系(此时还未与黄河连通)。东西向水系的形成反映了中更新世时东西向盆山构造已经形成。

3. 晚更新世柴达木盆地内陆水系向南溯源侵蚀阶段

大约从 150ka B P 开始，青藏高原又经历了一次强烈的构造运动，即共和运动，使早中更新世的河湖相地层褶皱变形。构造抬升运动与河流侵蚀基准面下降及流域扩大的水量增长相结合，使峡谷受到前所未有的强烈切割。如龙羊峡自 150ka B P 以来下切达 800m 左右。此次构造运动称为共和运动。这次运动可能使青藏高原东北部抬升数百米。

这次构造抬升使青藏高原东北部地区水系格局发生了新的变化，通过主支流转换和河流改道，使现代水系格局基本定形。研究区东部阿拉克湖的泄水河——乌兰乌苏郭勒的下游水系加鲁河的最高阶地 T_4年龄为 113.0ka B P 左右，标志着此时加鲁河的最终贯通。加鲁河是一条发育于昆仑山南侧，自南而北横切布尔汗布达山，流入柴达木盆地的内陆河流。它的形成正是因为昆仑山与柴达木盆地之间强烈的差异构造隆升，使昆仑山北坡水系的活力增加，发生强烈的溯源侵蚀，最后切过昆仑山主分水岭，袭夺了昆南断裂带原由西向东流向共和古湖的东西向水系。与此同时，西部的格尔木河也切过昆仑山主分水岭溯源侵蚀到研究区西部的灭格滩根柯得盆地，北面的诺木洪郭勒也切过昆仑山主分水岭进入哈拉郭勒及马尔争北坡一带，与加鲁河争夺和分享原东西向水系。晚更新世以河流阶地发育为主要特色，加鲁河穿过布尔汗布达山进入阿拉克湖一带（小园包一带最老阶地 OSL 年龄 86.6ka B P），随后切穿布青山进入布青山和查哈西里之间的盆地。布尔汗布达山和布青山两侧洪积扇特别发育，总体反映高原仍在隆升。晚更新世中晚期（52.4～18.4ka B P）（T_5 阶地沉积时期）为洪冲积砂砾石沉积，沉积厚度大，阶地面宽广，反映此时期地壳隆升较弱，地壳处于相对稳定阶段；晚更新世末期（18.4～10.4ka B P）（T_4～T_2阶地沉积时期）以多级阶地发育及砾石-卵石沉积为特色，反映地壳振荡运动加剧。晚更新世晚期即末次冰期，在布尔汗布达山两侧 4 500m 以上的沟谷中发育冰蚀谷，冰蚀谷中冰碛物发育。

研究区南部的错陇日阿及鄂陵湖-扎陵湖盆地地区，晚更新世时期仍为内陆湖水系。

因此，晚更新世总体为柴达木盆地水系向南溯源侵蚀和发展阶段，至晚更新世末期已形成了布尔汗布达山草木策-浩特洛哇-马尔争以北的小河水系、布尔汗布达山草木策-浩特洛哇-查哈西里以东的加鲁河水系、马尔争-扎加-扎拉依以西的格尔木河水系、查哈西里-琼簇-错尼之间的错陇日阿盆地内陆水系及鄂陵湖-扎陵湖盆地内陆水系，除研究区南部未与黄河相通，黄河外泄水系尚未形成外，其他水系格局已经形成。

4. 全新世黄河外泄水系形成与发展阶段

全新世，沉积类型丰富多样，如湖沼沉积、洪冲积、风积等。T_1阶地一般较低，说明全新世高原隆升并不强烈。研究区南部从全新世开始鄂陵湖从东北部沿黄河外泄，从而开始了河、湖并存及两湖外流的时代，使研究区南部成为黄河水系的一部分，其证据是在玛多县城以上的黄河两岸仅发育 T_1 阶地。鄂陵湖黄河入口处的河北岸 T_1阶地深 0.5～0.8m 地层内的野驴、野牛等动物化石，测定^{14}C年代为（6 970±176）a B P，说明这段黄河形成于全新世。黄河进入鄂陵湖-扎陵湖盆地后，黄河水系也加快了其溯源侵蚀速度，以多个方向向北袭夺其北侧的错陇日阿盆地水系，目前已将错陇日阿内陆盆地袭夺得仅剩一小湖。

（二）未来水系变迁趋势

未来水系变迁趋势是人们非常关心的问题。李长安等（1997，1999）认为由于柴达木盆地的河流（如加鲁河、诺木洪河系、格尔木河水系）的侵蚀活力较强，它们不断地向南溯源侵蚀，从全新世至今已使分水岭向南推移了 6～10km。随着高原的继续隆升，加鲁河水系源头一旦进入第三系与早更新世湖相层区，由于岩性易于侵蚀，其溯源的速率将会大大加快，加鲁河与黄河争夺鄂陵湖与扎陵湖是必然要发生的。此观点仍值得进一步商榷。根据研究区及相邻地区黄河水系和柴达木内陆水系的溯源侵蚀发展历史分析，笔者认为未来水系发展趋势不一定是加鲁河袭夺两湖，而可能是黄河加快下蚀作用和溯源侵蚀，鄂陵湖和扎陵湖将逐渐消失成为河流，黄河水系最终将袭夺柴达木内陆水系。理由有如下几点：

(1) 河流的下蚀作用和溯源侵蚀与侵蚀基准面、构造隆升、岩性、流量和流速等多种因素有关。对于本区来说，主要影响因素应是侵蚀基准面和流量。加鲁河自早更新世晚期昆仑-黄河运动引起昆仑山隆起和柴达木盆地相对下陷出现地貌反差而开始发育以来，以柴达木盆地地面作为侵蚀基准面(目前高2 700～2 800m)对布尔汗布达山进行下蚀，大约于中更新世中期切过主分水岭，进入阿拉克湖一带，并不断向属于内陆水系的两湖及错陇日阿等盆地区溯源侵蚀，与此相类似的还有诺木洪河、格尔木河等。而两湖盆地区，在更新世时期为内陆水系，其侵蚀基准面为湖面(两湖目前高 4 300m 左右，黄河袭夺前可能更高，错陇日阿目前高 4 600 余米)，故下蚀作用和溯源侵蚀能力较弱，因而形成了北部山高谷深、南部高差较小的地貌格局。但随着全新世黄河溯源侵蚀进入两湖地区，原有水系格局发生了巨大的变化。尽管目前黄河流域的海拔高度比诺木洪河、加鲁河所处的高，但黄河的侵蚀基准面要低得多(最终侵蚀基准面为海平面)，所处气候属半干旱气候，与北部诺木洪河、加鲁河流域的干旱气候区相比水量要大一些，其下蚀和溯源侵蚀能力应更强。

(2) 从溯源发展历史来看，1.1Ma 时黄河的源头还刚切穿积玉峡进入循化盆地，150ka B P 进入共和盆地，37ka B P 进入若尔盖盆地(王云飞等，1995)，至目前已溯源近千千米，而诺木洪河、加鲁河到目前为止各自长度均不到 300km。

(3) 从下蚀作用幅度来看，黄河的下蚀幅度也比诺木洪河、加鲁河要大得多，如 150ka B P 以来龙羊峡黄河河谷下切达 800m 左右，而同时期的诺木洪河、加鲁河河谷下切仅 20～50m。

(4) 从本区河流袭夺现象来看，黄河进入两湖以前为流向柴达木盆地的内陆水系袭夺两湖及错陇日阿等内陆湖水系；黄河进入两湖地区后，由于两湖地区侵蚀基准面的下降，黄河水系向错陇日阿等内陆水系发展，在扎陵湖以北的错尼—龙然加日苟一带，向南流向两湖的河流袭夺原向北流的河流现象非常明显，目前已将错陇日阿内陆盆地袭夺得仅剩一小湖，在西侧稍日哦一带也有黄河水系袭夺格尔木河水系的现象。说明自黄河进入两湖后，两湖地区河流的下蚀作用已强于北侧内陆水系的下蚀作用。因此，未来水系变迁趋势不一定是加鲁河袭夺两湖，而可能是黄河加快下蚀作用和溯源侵蚀，鄂陵湖和扎陵湖将逐渐消失成为河流，黄河水系最终将袭夺柴达木内陆水系。

结束语

本图幅是我国实施西部地质大调查在西部空白区全面展开1:25万地质调查项目的首批1:25万图幅之一。本图幅工作的3年中,在中国地质调查局及西北项目办公室的领导下,在中国地质大学(武汉)和青海省地质调查院各级领导的支持和关怀下,通过图幅队全体调研人员的共同努力,取得一批可喜成果。

(1) 以活动论和板块构造理论为指导,通过野外调查和前人成果的综合分析归纳,合理建立了测区构造格架。

(2) 以岩石地层单位为基础,较合理地建立了测区地层系统,对部分地层进行了多重地层划分对比。在原万保沟群的枕状玄武岩中获得419Ma的锆石SHRIMP年龄,为早古生代昆仑多岛洋体制的建立提供了年代学的支持。

(3) 对区内大量分布的花岗岩类建立了侵入岩等级体制,鉴别出一些具异源岩浆演化特点的侵入体,讨论了岩浆岩的构造环境。对测区主要变质岩系的变质温压条件、变质相系、变质相带进行了归纳。获得了大量的岩石同位素测年数据。

(4) 建立了测区构造变形事件与变形序列,提出了测区构造演化模式,反演了测区地质构造发展历程,对东昆仑地区中生代古成山作用进行了探索,恢复了巴颜喀拉山群经历的构造-热历史。

(5) 对阿拉克湖湖积地层及风成沙进行了较详细的研究,对测区第四纪气候演化特征进行了探讨,特别是总结了近4.5ka B P以来测区暖冷期变化规律,为高原隆升的环境响应提供了新的资料。提出了未来黄河将加快溯源侵蚀,并将袭夺柴达木盆地内陆水系的见解。新发现了相当于齐家文化的巴隆古文化层。对测区主要山系在第四纪以来成山作用进行了研究。

(6) 在阿拉克湖地区的沱沱河组红色沉积地层中新发现具有找矿前景的砂岩型铜矿,通过区域矿产分布规律和区域成矿地质背景的分析,圈定了测区成矿远景区。

(7) 通过"计算机辅助地质填图系统"的试点研究,高精度超微区SHRIMP年龄测试及分子化石分析等新技术、新方法的运用,极大地提高了区调成果的高新技术含量。

主要参考文献

白文吉，胡旭峰，杨经绥，等. 山系的形成与板块构造碰撞无关[J]. 地质论评，1993，39(2)：111－116.

陈文寄，李齐，周新华，等. 西藏高原南部两次快速冷却事件的构造含义[J]. 地震地质，1996，18(2)：109－115.

陈文寄，李齐. MDD模式与构造热年代学进展. 见：欧阳自远. 世纪之交矿物学岩石学地球化学的回顾与展望[M]. 北京：原子能出版社，1998.

崔之久，高全洲，刘耕年，等. 夷平面、古岩溶与青藏高原隆升[J]. 中国科学(D辑)，1996，26(4)：378－386.

崔之久，伍永秋，刘耕年. "昆仑-黄河运动"的发现及其性质[J]. 科学通报，1997，42(18)：1 986－1 989.

丁林. 东喜马拉雅构造结上新世以来快速抬升的裂变径迹证据[J]. 科学通报，1995，40(16)：1 497－1 501.

董文杰，汤懋苍. 青藏高原隆升和夷平过程的数值模型研究[J]. 中国科学(D辑)，1997，27(1)：65－69.

方小敏，吕连清，杨胜利，等. 昆仑山黄土与中国西部沙漠发育和高原隆升[J]. 中国科学(D辑)，2001，31(3)：177－184.

方小敏，李吉均，Rob Van der Voo. 西秦岭黄土的形成时代及与物源区关系探讨[J]. 科学通报，1999，44(7)：779－782.

高全洲，陶员，崔之久，等. 青藏高原古岩溶的性质、发育时代和环境特征[J]. 地理学报，2002，57(3)：267－274.

高全洲，崔之久，刘耕年，等. 晚新生代青藏高原岩溶地貌及其演化[J]. 古地理学报，2001，3(1)：85－90.

高延林，吴向农，左国朝. 东昆仑山清水泉蛇绿岩特征及其大地构造意义[J]. 中国地质科学院西安地质矿产研究所所刊，1988(21)：17－28.

葛全胜，等. 中国过去3ka冷暖千年周期变化的自然证据及其集成分析[J]. 地球科学进展，2002，17(1)：96－103.

葛全胜，郑景云，满志敏，等. 过去2000a中国东部冬半年温度变化序列重建及初步分析[J]. 地学前缘，2002，9(1)：169－181.

古凤宝. 东昆仑地质特征及晚古生代—中生代构造演化[J]. 青海地质，1994(4)：4－13.

国家自然科学基金委员会. 全球变化：中国面临的机遇和挑战[M]. 北京：高等教育出版社，1998.

胡世雄，王珂. 现代地貌学的发展与思考[J]. 地学前缘，2000，7(增刊)：67－78.

姜春发，杨经绥，冯秉贵，等. 昆仑开合构造[M]. 北京：地质出版社，1992.

康兴成. 利用树轮资料重建青海都兰地区过去1835年来的气候变化[J]. 冰川冻土，2000，22(1)：65－71.

康兴成，Graumlich L J，Sheppard P. 青海都兰地区1835年来的气候变化——来自树轮资料[J]. 第四纪研究，1997(1)：70－75.

康兴成，Graumlich L J. 青海都兰地区1835年轮序列的建立和初步分析[J]. 科学通报，1997，42(10)：1 089－1 091.

康兴成，张其花. 青海都兰过去2000年来的气候重建及其变迁[J]. 地球科学进展，2000，15(2)：215－221.

李长安，于庆文，骆满生，等. 东昆仑晚新生代沉积、地貌与环境演化初步研究[J]. 地球科学——中国地质大学学报，1997，22(4)：347－350.

李长安，殷鸿福，于庆文. 东昆仑山构造隆升与水系演化及其发展趋势[J]. 科学通报，1999，44(2)：211－213.

李光岑，林宝玉. 昆仑山东段几个地质问题的探讨. 见：地质矿产部青藏高原地质文集编委会. 青藏高原地质文集(1)[M]. 北京：地质出版社，1982.

李吉均，方小敏，马海洲，等. 晚新生代黄河上游地貌演化与青藏高原隆起[J]. 中国科学，1996，26(4)：316－322.

李廷栋. 青藏高原隆升的过程机制[J]. 地球学报，1995(1)：1－9.

李万春，李世民，濮培民，等. 高分辨率古环境指示器——湖泊纹泥研究综述[J]. 地球科学进展，1999，14(2)：172－176.

李玉成，王苏民，黄耀生，等. 气候环境变化的湖泊沉积学响应[J]. 地球科学进展，1999，14(4)：412－416.

李玉梅. 最近2.5Ma黄土高原环境变化研究进展——来自洛川黄土地层的证据[J]. 地球科学进展，2002，17(1)：118－125.

刘光秀，施雅风. 青藏高原全新世大暖期环境特征之一初步研究[J]. 冰川冻土，1997，19(2)：114－123.

刘光秀，张平中. 青藏高原若尔盖地区RH孔800～150ka B P的孢粉记录及古气候意义[J]. 沉积学报，1994，12(4)：101－109.

刘嘉麒，王文远. 第四纪地质定年与地质年表[J]. 第四纪研究，1997(3)：193－201.

刘兴起，沈吉，王苏民，等. 青海湖16ka以来的花粉记录及其古气候古环境演化[J]. 科学通报，2002，47(17)：1 351－1 355.

马昌前，杨坤光，唐仲华. 花岗岩类岩浆动力学——理论方法及鄂东花岗岩类例析[M]. 武汉：中国地质大学出版社,1994.

满志敏.关于唐代气候冷暖问题的讨论[J].第四纪研究,1998,9(1):20-30.

潘保田,陈发虎.青藏高原东北部15万年来的多年冻土演化[J].冰川冻土,1997,19(2):124-132.

潘桂棠,陈智梁,李兴振,等.东特提斯地质构造形成演化[M].北京:地质出版社,1997.

潘桂棠,等.青藏高原新生代构造演化[M].北京:地质出版社,1990.

潘桂棠、王培生,等.青藏高原新生代构造演化[M].北京:地质出版社,1990.

潘裕生,周伟明,许荣华,等.昆仑山早古生代地质特征与演化[J].中国科学(D辑),1996,26(4),302-307.

秦大河.中国西部环境演变评估[M].北京:科学出版社,2002.

青海省地震局,中国地震局地壳应力研究所.东昆仑活动断裂带[M].北京:地震出版社,1999.

青海省地质矿产局.青海省区域地质志[M].北京:地质出版社,1991.

青海省地质矿产局.青海省岩石地层[M].武汉:中国地质大学出版社,1997.

任金卫,汪一鹏,吴章明,等.青藏高原北部东昆仑断裂带第四纪活动特征和滑动速率[M].//中国地震局科技发展司活动断裂研究编委会.活动断裂研究理论与应用.北京:地震出版社,1999.

沈吉,张恩楼,夏威岚.青海湖近千年来气候环境变化的湖泊沉积记录[J].第四纪研究,2001,21(6):508-513.

沈永平,王根绪,吴青柏,等.长江—黄河源区未来气候情景下的生态环境变化[J].冰川冻土,2002,24(3):308-314.

施少华,杨怀仁,王郇,等.中原地区晚全新世以来的环境变化[J].地理学报,1992,47(2):119-128.

施雅风,李吉均,李炳元.青藏高原晚新生代隆升与环境变化[M].广州:广东科技出版社,1998.

史正涛,张世强,周尚哲,等.祁连山第四纪冰碛物的ESR测年研究[J].冰川冻土,2000,22(4):353-357.

宋长青,孙湘君.中国第四纪孢粉学研究进展[J].地球科学进展,1999,14(4):401-406.

孙鸿烈,郑度,等.青藏高原形成演化与发展[M].广州:广东科技出版社,1998.

孙有斌,周杰,安芷生.晚新生代黄土高原风尘堆积与粉尘源区干旱化问题[J].地学前缘,2001,8(1):77-81.

唐领余,李春海.青藏高原全新世植被的时空分布[J].冰川冻土,2001,23(4):367-374.

王成善,丁学林.青藏高原隆升研究新进展综述[J].地球科学进展,1998,13(6):526-531.

王富葆,李升峰,申旭辉,等.吉隆盆地的形成演化、环境变迁与喜马拉雅山隆起[J].中国科学(D辑),1996,26(4):329-335.

王根绪,沈永平,刘时根.黄河源区降水与径流过程对ENSO事件的响应特征[J].冰川冻土,2001,23(1):16-21.

王国灿,侯光久,张克信,等.东昆仑东段中更新世以来的成山作用及其动力转换[J].地球科学——中国地质大学学报,2002,27(1):4-12.

王国灿,梁斌,张天平,等.造山带非史密斯地层的构造复位——东昆仑造山带研究实践[J].中国区域地质,1998(增刊):25-30.

王国灿,杨巍然.大别造山带中新生代隆升作用的时空格局——构造年代学证据[J].地球科学,1998,23(5):461-467.

王国灿,张克信,梁斌.东昆仑造山带结构及构造岩片组合[J].地球科学——中国地质大学学报,1997,22(4):352-356.

王国灿,张天平,梁斌,等.东昆仑造山带东段昆中复合蛇绿混杂岩带及"东昆中断裂带"地质涵义[J].地球科学——中国地质大学学报,1999,24(2):129-133.

王国灿.隆升幅度及隆升速率研究方法综述[J].地质科技情报,1995,14(2):17-22.

王国灿.沉积物源区剥露历史分析的一种新途径——碎屑锆石和磷灰石裂变径迹热年代学[J].地质科技情报,2002,21(4):35-40.

王乃昂,王清,史正涛,等.河西走廊末次冰期砂楔的发现及其古气候意义[J].冰川冻土,2001,23(1):46-50.

王绍令,李位乾.黄河源区第四纪地层古地理环境演化探讨[J].冰川冻土,1992,14(1):45-54.

王绍武,龚道溢.全新世几个特征时期的中国气温[J].自然科学进展,2000,10(4):325-332.

王绍武,叶瑾琳,龚道溢.中国小冰期的气候[J].第四纪研究,1998(1):54-64.

王士峰,伊海生.气候与青藏高原隆升的耦合关系[J].青海地质,1999,8(2):25-30.

王苏民,薛滨.中更新世以来若尔盖盆地环境演化与黄土高原比较研究[J].中国科学(D辑),1996,26(4):323-328.

旺罗,刘东生,韩家懋等.中国第四纪黄土环境磁学研究进展[J].地球科学进展,2000,15(3):335-341.

温贤弼,薛连明.东昆仑山的槽型石炭纪[J].中国区域地质,1984(9):49-61.

吴锡浩,安芷生.黄土高原黄土—古土壤序列与青藏高原隆升[J].中国科学(D辑),1996,26(2):103-110.

吴锡浩,王富葆,安芷生,等.晚新生代青藏高原隆升的阶段和高度[M].//刘东生,安芷生.黄土高原第四纪地质全球变化.第三集.北京:科学出版社,1992.

向树元，王国灿，林启祥，等.东昆仑北缘都兰县巴隆一带人类活动遗迹的发现及其环境背景[J].地质通报，2002，21(11)：764－767.

解玉月.昆中断裂东段不同时代蛇绿岩特征及形成环境[J].青海地质，1998(1)：27－35.

徐强，潘桂棠，许志琴，等.东昆仑地区晚古生代到三叠纪沉积环境和沉积盆地演化[M].北京：地质出版社，1998.

许清海，阳小兰，梁文栋，等.东昆仑山区更新世植被与环境变化的孢粉学证据[J].冰川冻土，2001，23(4)：407－413.

许志琴，姜枚，杨经绥.青藏高原北部隆升的深部构造物理作用——以"格尔木-唐古拉山"地质及地球物理综合剖面为例[J].地质学报，1996，70(3)：195－206.

薛喜元，张增析.阿尼玛卿山地区超基性岩带铜矿成矿特征和找矿预测[J].青海地质，1995(2)：22－33.

杨保，施雅冈，李恒鹏.过去2ka气候变化研究进展[J].地球科学进展，2002，17(1)：110－117.

杨森楠，王家映，张胜业，等.青、川地区大地电磁测深剖面及岩石圈构造特征.中国大陆构造论文集[M].武汉：中国地质大学出版社，1992.

杨巍然，简平.构造年代学——当今构造研究的一个新学科[J].地质科技情报，1996，15(4)：39－43.

杨巍然，王国灿，简平.大别造山带构造年代学[M].武汉：中国地质大学出版社，2000.

杨晓燕，夏正楷.中国环境考古学研究综述[J].地球科学进展，2001，16(6)：761－768.

姚檀栋，杨志红，皇翠兰，等.近2ka来高分辨的连续气候环境变化记录——古里雅冰芯2ka记录初步研究[J].科学通报，1996，41(12)：1 103－1 106.

姚小峰，郭正堂，赵希涛，等.玉龙山东麓古红壤的发现及其对青藏高原隆升的指示[J].科学通报，2000，45(15)：1 671－1 677.

殷鸿福，张克信，王国灿，等.非史密斯旋回与非史密斯方法——中国造山带研究的理论与方法[J].中国区域地质，1998(增刊)：1－9.

殷鸿福，张克信.东昆仑造山带的一些特点[J].地球科学——中国地质大学学报，1997，22(4)：339－342.

殷鸿福，张克信.中央造山带的演化及其特点[J].地球科学——中国地质大学学报，1998，23(5)：437－441.

尹集祥，徐均滔，刘成杰，等.拉萨至格尔木地层.见：青藏高原地质演化[M].北京：科学出版社，1990.

于革，薛滨，王苏民，等.末次盛冰期中国湖泊记录及其气候意义[J].科学通报，2000，45(3)：250－255.

于庆文，张克信.东昆仑红水川中更新世晚期沉积序列及其时代依据[J].地球科学——中国地质大学学报，2000，25(2)：122－278.

于庆文，李长安，张克信，等.试论造山带成山运动与环境变化调查方法[J].中国区域地质，1999，18(1)：91－95.

于学政，邓晋福，罗照华.青藏高原隆升与东昆仑地区金矿遥感地质研究[M].北京：地震出版社，1999.

袁道先，等.桂林20万年石笋高分辨率古环境重建[M].桂林：广西师范大学出版社，1999.

岳乐平，Heller F，邱占祥，等.兰州盆地第三系磁性地层年代与古环境记录[J].科学通报，2000，45(18)：1 998－2 003.

张德二.我国"中世纪温暖期"气候的初步推断[J].第四纪研究，1993(1)：7－15.

张国伟，柳小明.关于"中央造山带"几个问题的思考[J].地球科学——中国地质大学学报，1998，23(5)：443－448.

张振克，王苏民.中国湖泊沉积记录的环境演变：研究进展与展望[J].地球科学进展，1999，14(4)：417－422.

张宗祜.中国北方晚更新世以来地质环境及未来生存环境变化趋势[J].第四纪研究，2001，21(3)：208－217.

章午生.德尔尼铜矿地质[M].北京：地质出版社，1981.

赵秀锋，郭东信，黄以职，等.晚更新世以来昆仑山区黄土沉积及其气候记录[J].冰川冻土，1993，15(1)：63－69.

郑本兴，王苏民.黄河源区的古冰川与古环境探讨[J].冰川冻土，1996，18(3)：211－218.

郑健康.东昆仑区域构造的发展演化[J].青海地质，1992(1)：15－25.

钟大赉，丁林.青藏高原的隆升过程及其机制探讨[J].中国科学(D辑)，1996，26(4)：289－295.

周尚哲，李吉均.黄河源区更新世冰盖初步研究[J].地理学报，1994，49(1)：64－71.

周尚哲，李吉均.冰期之青藏高原新研究[J].地学前缘，2001，8(1)：67－75.

朱云海，张克信，Pan Yuanming，等.东昆仑造山带不同蛇绿岩带的厘定及其构造意义[J].地球科学——中国地质大学学报，1999，24(2)：134－138.

朱云海，张克信，拜永山.造山带地区花岗岩类构造混杂现象研究——以清水泉地区为例[J].地质科技情报，1999，18(2)：11－15.

朱志直，赵民，郑健康.昆仑山中段"纳赤台群"的解体与万保沟群的建立[M].//青藏高原地质文集(16).北京：地质出版社，1985.

竺可桢.中国近5 000年来气候变迁的初步研究[J].科学通报，1973 (2)：168－189.

Adams M G and Su Q. The nature and timing of deformation in the Beech Mountain thrust sheet between the Grandfather Mountain and Mountain City Windows in the Blue Ridge of NWN Carolina[J]. The Journal of Geology, 1996, 104(2): 197－213.

An Z, Kutzbach J E, Prell W L, et al. Evolution of Asian monsoons and phased uplift of the Himalaya-Tibetan Plateau since late Miocene times[J]. Nature, 2001, 411 (6833): 62－66.

Bernet M, Zattin M, Garver J I, et al. Steady－state exhumation of the European Alps[J]. Geology, 2001, 29(1): 35－38.

Blanckenburg F V, Villa I M and Baur H, et al.. Time calibration of a PT－path from the Western Tauern Window, Eastern Alps: the problem of closure temperature[J]. Contrib. Mineral. Petrol., 1989, 101: 1－11.

Blythe A E, Murphy J and O'Sullivan P B. Tertiary cooling and deformation in the south－central Brooks Range: evidence from zircon and apatite fission－track analyses[J]. The Journal of Geology, 1997, 105(5): 583－599.

Brandon M T. Probability density plot for fission－track grain－age samples[J]. Radiation Measurement, 1996, 26(5): 663－676.

Burchfiel B C, Chen Z, Liu Y, et al.. Tectonics of the Longmen Shan and adjacent regions, central China[J]. International Geology Review, 1995, 37(8): 661－735.

Cervery P F, Steidtmann J R. Fission track thermochronology of the Wind River Range, Wyoming: evidence for timing and magnitude of Laramide exhumation[J]. Tectonics, 1993, 12(1): 77－91.

Chen S, Wilson C J L, Deng Q, et al.. Active faulting and block movement associated with large earthquakes in the Min Shan and Longmen Mountains, northeastern Tibetan Plateau[J]. J. Geophys. Res, 1994, 99: 24 025－24 038.

Copeland P and Harrison T M. Episodic rapid uplift in the Himalaya revealed by $^{40}Ar/^{39}Ar$ analysis of detrital K－feldspar and muscovite, Bengalfan[J]. Geology, 1990, 105 (B12): 354－357.

Dewey J F, Shackleton R M, Chang C, et al.. The tectonic evolution of the Tibetan Plateau: Philosophical Transactions of the Royal Society of London[J]. Series A: Mathematical and Physical Sciences, 1988, 327: 379－413.

Freeman S R, Inger S and Butler R W H, et al.. Dating deformation using Rb－Sr in white mica: Greenschist facies deformation ages from the Entrelor shear zone, Italian Alps[J]. Tectonics, 1997, 16(1): 57－76.

Garver J I and Bartholomew A. Partial Resetting of fission tracks in detrital zircon: Dating low Temperature events in the Hudson Valley (NY)[J]. GSA Abstracts with Programs, 2001, 33 (1): 83.

Garver J I, Brandon M T, Roden T M K, et al.. Exhumation history of orogenic highlands determined by detrital fission－track thermochronology. In Ring U, Brandon M T, Lister G S, Willett S D. Exhumation processes; normal faulting, ductile flow and erosion[J]. Geological Society Special Publications, 1999, 154: 283－304.

Garver J I, Brandon M T. Fission－track ages of detrital zircons from Cretaceous strata, southern British Columbia: Implications for the Baja BC hypothesis[J]. Tectonics, 1994a, 13 (2): 401－420.

Garver J I, Brandon M T. Erosional denudation of the British Columbia Coast Ranges as determined from fission-track ages of detrital zircon from the Tofino Basin, Olympic Peninsula, Washington; with Suppl[J]. Data 9432: Geological Society of America Bulletin, 1994b, 106 (11): 1 398－1 412.

Garver J I, Solovier A V, Bullen M E, et al.. Towards more complete record of the Magmatism and exhumation in continental arcs, using detrital fission－tract thermochrometry[J]. Phys. Chem. Earth (A), 2000, 25 (6－7): 565－570.

George A D, Marshallsea S J, Wyrwoll K H, et al.. Miocene cooling in the northern Qilian Shan, northeastern margin of the Tibetan Plateau, revealed by apatite fission－track and vitrinite－reflectance analysis[J]. Geological Society of America, 2001, 29 (10): 939－942.

Gilchrist A R, Summerfield M A, Cockburn H A P. Landscape dissection, isostatic uplift and morphologic development of orogens[J]. Geology, 1994, 22: 963－966.

Goodge J W and Dallmeyer D R. Contrasting thermal evolution within the Ross Orogen, Antarctica: evidence from mineral $^{40}Ar/^{39}Ar$ ages[J]. The Journal of Geology, 1996, 104(4): 435－458.

Granger D E, et al.. Spatially averaged long－term erosion rates measured from in sita－produced cosmogenic nuclides in Alluvial sediment[J]. The Journal of Geology, 1996, 104: 249－257.

Grivet M, Rebetez M and Ben Ghouma N, et al.. Apatite fission-track age correction and thermal history analysis from projected track length distributions[J]. Chemical Geology (Isotope Geoscience Section), 1993, 103: 157－169.

Gu X. Geochemical characteristics of the Triassic Tethys－turbidites in the northwestern Sichuan, China: implications for provenance and interpretation of the tectonic setting[J]. Geochim. Cosmochim. Acta,1994,58:4 615 - 4 631.

Hejl E. "Cold spot"during the Cenozoic evolution of the Eastern Alps: thermochronological interpretation of the apatite fission - track data[J]. Teotonophysics,1997,272:159 - 173.

Hsu K and 15 others. Tectonic evolution of the Tibetan Plateau: a working hypothesis on the archipelago model of the orogenesis[J]. International Geology Research,1995,37:473 - 508.

Johnson M J. The system controlling the composition of clastic sediments, In Johnson, M J and Basu A, eds. , Processes Controlling the Composition of Clastic Sediments: Boulder, Colorado[J]. Geological Society of America Special Paper, 1993,284:1 - 19.

Kral J, Gurbanov A G. Apatite fission track data from the Great Caucasus pre - Alpine basement[J]. Chemie der Erde, 1996,56(2):177 - 192.

Kurz W, Neubauer F and Genser J. Kinematics of Penninic nappes (Glockner Nappe and basement - cover nappes) in the Tauern Window (Eastern Alps, Austria) during subduction and Penninic - Austroalpine collision[J]. Eclogae Geol. Helv. ,1996,89(1):573 - 605.

Ma Changqian, et al.. The roots of the Dabieshan ultrahigh - pressure metamorphic terrane: constraints from geochemistry and Nd - Sr isotope systematics[J]. Precambrian Research,2000,102:279 - 301.

Maltman A J. Deformation structures from the toes of active accretionary prism[J]. Journal of the Geological Society London,1998,155: 639 - 650.

Margaret E Coleman and Kip V. Hodges. Contrasting Oligocene and Miocene thermal histories from the hanging wall and footwall of the South Tibetan detachment in the central Himalaya from $^{40}Ar/^{39}Ar$ thermochronology, Marsyandi Valley, central Nepal[J]. Tectonics,1998,17(5):726 - 740.

Miller J M and Gray D R. Structural signature of sediment accretion in a Palaeozoic accretionary complex, southeastern Australia[J]. Journal of Structural Geology,1996,18:1 245 - 1 258.

Miller J M and Gray D R. Subduction - related deformation and the Narooma anticlinorium eastern Lachlan Fold belt, southeastern New South Wales[J]. Australian Journal of Earth Sciences,1997,44 (2): 237 - 251.

Mock C, Arnaud N O and Cantagrel J M. An early unroofing in northeastern Tibet? Constraints from $^{40}Ar/^{39}Ar$ thermochronology on granitoids from the eastern Kunlun range (Qinghai, NW China)[J]. Earth and Planetary Science Letter,1999,171:107 - 122.

Molnar P and Tapponnier P. Cenozoic tectonics of Asia, effects of a continental collision[J]. Science,1975,189:419 - 426.

Molnar P, England P and Martinod J. Mantle dynamics, uplift of the Tibetan Plateau, and the Indian Monsoon[J]. Reviews of Geophysics,1993,31:357 - 396.

Molnar P, England P. Late Cenozoic uplift of mountain ranges and global climate change: chicken or egg? [J]. Nature, 1990,346:29 - 34.

Murphy M A, Yin A, Harrison S B, et al.. Did the Indo - Asian collision alone create the Tibetan plateau? [J]. Geology, 1997,25:719 - 722.

Owens T J and Zandt G. Implications of crustal property variations for models of Tibetan plateau evolution[J]. Nature, 1997,387 (1):37 - 43.

Pearce J A. Role of the sub - continental lithosphere in magma genesis at active continental margins. In: Hawkesworth C J and Norry M J (eds), Continental basalts and mental xenoliths[J]. Shiva, Nantwich,1983:230 - 249.

Plafker G, Naeser C W, Zimmermann, et al.. Cenozoic uplift history of the Mount Mckinley area in the central Alaska Range based on fission - trace dating[J]. US Geological Survey Bulletin 1992,2041:202 - 212.

Seward D. Mancktelow Neogene kinematics of the central and western Alps: Evidence from fission - track dating[J]. Geology,1994,22(9):803 - 806.

Shen F, Royden L H and Burchfiel B C. Large - scale crustal deformation of the Tibetan Plateau[J]. Journal of Geophysical Research, B, Solid Earth and Planets,2001,106 (4):6 793 - 6 816.

Tapponnier P, Peltzer G, Dain A Y L, et al.. Propagating extrusion tectonics in Asia: New insights from simple experiments with plasticine[J]. Geology,1982,10:611 - 616.

Umhoefer P J and Miller R B. Mid - Cretaceous thrusting in the southern Coast belt, British Columbia and Washington, after strike - slip fault reconstruction[J]. Tectonics,1996,15(2):545 - 565.

Wang Guocan and Yang Weiran. Accelerated Exhumation during Cenozoic in the Dabie Mountains: Evidence from Fission - Track Ages[J]. Acta Geologica Sinica,1998(4):409 - 419.

Williams I S and Claesson S. Isotopic evidence for the Precambrian provenance and Caledonian metamorphism of high - grade paragneisses from Seve Nappes,Scandinavian Caledonides,II . Ion microprobe zircon U - Th - Pb[J]. Contrib. Minerai. Petrol. ,1987,97:205 - 217;

Yin A,and Harrison T M. Geologic evolution of the Himalayan - Tibetan orogen[J]. Annual Review of Earth and Planetary Sciences,2000,28:211 - 280.

Zhang K J. Cretaceous palaeogeography of Tibet and adjacent areas (China): tectonic implications[J]. Cretaceous Research,2000,21:23 - 33.